Siddhartha Mukherjee

Das Lied der Zelle

Siddhartha Mukherjee

DAS LIED DER ZELLE

Wie die Biologie die Medizin revolutioniert – Medizinischer Fortschritt und der Neue Mensch

Aus dem Amerikanischen
von Sebastian Vogel

Ullstein

Besuchen Sie uns im Internet:
www.ullstein.de

Einige Namen und identifizierende Details wurden abgewandelt. Abgewandelte Versionen von Passagen auf S. 22–27, S. 283, S. 291, S. 335, S. 399–400, S. 447–450, S. 454 f., geschrieben von Siddhartha Mukherjee, MD, sind in früheren Ausgaben von *The New Yorker*, *The New York Times Magazine* und *Cell* erschienen.

Ungekürzte Ausgabe im Ullstein Taschenbuch
1. Auflage Mai 2024
2. Auflage 2026

Bei Fragen zur Produktsicherheit wenden Sie sich bitte an
produktsicherheit@ullstein.de
Titel der amerikanischen Originalausgabe: *The Song of the Cell: An Exploration of Medicine and the New Human* (Verlag Scribner, einem Imprint von Simon & Schuster, New York 2022)
Umschlaggestaltung: zero-media.net, München
nach einer Vorlage von Penguin Random House UK
Titelabbildung: Modify from the drawing »Glial cell in the developing mouse spinal cord« by Santiago Ramón y Cajal © Instituto Cajal, Madrid
Gesetzt aus der Minion Pro
Satz und Repro: LVD GmbH, Berlin
Druck und Bindearbeiten: CPI books GmbH, Leck
ISBN 978-3-548-06920-3

Für W. K. und E. K. – zwei der Ersten,
die Grenzen überschritten haben

INHALT

In der Summe der Teile gibt es nur die Teile. Die Welt muss mit den Augen vermessen werden.
– Wallace Stevens[1]

Physiologisch ist ja das Leben eine fortwährende rhythmische Bewegung der Zellen.
– Friedrich Nietzsche[2]

VORSPIEL

»Die Elementarteile des Organismus«

»Ganz einfach«, sagte er. »Es ist eines der Beispiele dafür, wie ein kritischer Kopf eine Wirkung erzielen kann, die einem anderen bemerkenswert erscheint, und nur, weil er den kleinen Punkt übersehen hat, der die Grundlage für die Schlussfolgerung bildet.

– Sherlock Holmes zu Dr. Watson[1]

Das Gespräch fand im Oktober 1837 beim Abendessen statt.[2] Die Dämmerung war hereingebrochen, und in den Hauptstraßen von Berlin leuchteten schon die Gaslampen. Nur vereinzelt haben sich Erinnerungen an den Abend erhalten. Es wurden keine Notizen gemacht und keine wissenschaftliche Korrespondenz geführt. Uns bleibt nur die Geschichte darüber, wie zwei Freunde – Institutskollegen – bei einer zwanglosen Mahlzeit über Experimente diskutierten und sich über eine entscheidende Idee austauschten. Einer der beiden hieß Matthias Schleiden und war Botaniker. Über seine Stirn zog sich eine auffällige, entstellende Narbe, das Überbleibsel eines früheren Selbstmordversuchs. Bei dem zweiten, dem Zoologen Theodor Schwann, reichten die Koteletten bis zu den Wangen hinunter. Beide arbeiteten an der Berliner Universität unter Leitung des angesehenen Physiologen Johannes Müller.

Schleiden, ein ehemaliger Rechtsanwalt, beschäftigte sich mit Aufbau und Entwicklung von Pflanzengeweben. Im Rahmen seiner

»Heusammelei«, wie er sie nannte, hatte er Hunderte von Fundstücken aus dem Pflanzenreich gesammelt: Tulpen, Traubenheide, Fichten, Gräser, Orchideen, Salbei, Linanthus, Erbsen und Dutzende von Lilienarten.[3] Seine Sammlung wurde in Botanikerkreisen bewundert.[4]

An jenem Abend unterhielten sich Schwann und Schleiden über die Phytogenese, den Ursprung und die Entwicklung der Pflanzen. Dabei teilte Schleiden seinem Gegenüber etwas Wichtiges mit: Bei all seinen Pflanzenfunden hatte er eine »Einheitlichkeit« von Aufbau und Struktur beobachtet. Wenn Pflanzengewebe – Blätter, Wurzeln, Keimblätter – sich entwickelte, wurde stets eine auffällige subzelluläre Struktur sichtbar, der Zellkern. (Über die Funktion des Kerns wusste Schleiden nichts, aber er erkannte seinen charakteristischen Aufbau.)

Die größte Überraschung war vielleicht eine weitreichende Einheitlichkeit im Aufbau der Gewebe. Jeder Teil der Pflanze war nach dem Baukastenprinzip aus eigenständigen, unabhängigen Einheiten aufgebaut – den *Zellen.* »Jede Zelle führt ein Doppelleben«, schrieb Schleiden ein Jahr später. »Das eine ist völlig unabhängig und gehört nur zu ihrer eigenen Entwicklung; das andere folgt daraus insofern, als sie zum Teil einer Pflanze geworden ist.«[5]

Ein Lebewesen innerhalb des Lebendigen. Ein unabhängiges Lebewesen, eine Einheit, die einen Teil des Ganzen bildet. Ein lebender Baustein, enthalten in dem größeren lebendigen Organismus.

Schwann spitzte die Ohren. Auch ihm war der Zellkern ins Auge gefallen, allerdings in den Zellen eines sich entwickelnden Tiers, nämlich einer Kaulquappe. Und auch er hatte die Einheitlichkeit im mikroskopischen Aufbau der Gewebe von Tieren beobachtet. Die »Einheitlichkeit«, die Schleiden bei den Pflanzenzellen gesehen hatte, war vielleicht ein tieferes Prinzip, das für alles Leben galt.

In Schwanns Kopf nahm ein noch unfertiger, aber zutiefst radikaler Gedanke Gestalt an, ein Gedanke, der für die Geschichte von Biologie und Medizin zum Wendepunkt werden sollte. Vielleicht schon an diesem Abend, vielleicht auch ein wenig später lud er Schleiden ein (oder drängte ihn möglicherweise sogar), in das Labor seines Anatomiesaals zu kommen, wo er sein Material aufbewahrte. Schleiden blickte durch das Mikroskop. Er konnte es bestätigen: Was den mikroskopischen Aufbau einschließlich des auffälligen Zellkerns anging, sah das entstehende Tier fast genauso aus wie eine Pflanze.[6]

Tiere und Pflanzen – unterschiedlicher, so schien es, können Lebewesen nicht sein. Und doch hatten sowohl Schwann als auch Schleiden festgestellt, dass ihre Gewebe unter dem Mikroskop geradezu gespenstisch ähnlich aussahen. Schwanns Ahnung war richtig gewesen. Wie er sich später erinnerte, waren die beiden Freunde an jenem Abend in Berlin auf eine allgemeingültige, entscheidende wissenschaftliche Erkenntnis gestoßen: Sowohl Tiere als auch Pflanzen haben eine »gemeinsame Methode, sich durch Zellen zu bilden«.[7]

Im Jahr 1838 stellte Schleiden seine Beobachtungen in einem umfangreichen Aufsatz mit dem Titel *Beiträge zur Phytogenesis* zusammen.[8] Ein Jahr später folgte Schwann mit seinem Werk über die Zellen der Tiere: *Mikroskopische Untersuchungen über die Übereinstimmung in der Struktur und dem Wachstum der Tiere und Pflanzen.*[9] Tiere und Pflanzen, so Schwanns Feststellung, sind ähnlich organisiert: Jeder Organismus ist ein »Aggregat aus vollständigen Individuen«.

In diesen beiden bahnbrechenden Arbeiten, die in einem Abstand von nur einem Jahr erschienen, wurde die gesamte Welt des Lebendigen auf ein einziges klares Prinzip zurückgeführt. Schleiden und Schwann waren nicht die Ersten, die Zellen gesehen hatten, und sie waren auch nicht die Ersten, die erkannten, dass Zellen die Grundeinheiten der Lebewesen sind. Ihre scharfsinnige Erkenntnis lag vielmehr in der Feststellung, dass für alle Lebewesen ein zutiefst einheitliches Prinzip von Organisation und Funktion gilt. »Ein gemeinsames Band«, so Schwann, verbindet die verschiedenen Reiche des Lebendigen.[10]

Ende 1838 verließ Schleiden Berlin und nahm eine Stellung an der Universität Jena an.[11] Im Jahr 1839 wechselte auch Schwann auf eine Position an der Katholischen Universität im belgischen Leuven.[12] Obwohl die beiden aus Müllers Institut in unterschiedliche Richtungen gingen, führten sie weiterhin eine lebhafte Korrespondenz, und ihre Freundschaft blieb bestehen. Ihre bahnbrechenden Arbeiten über die Grundlagen der Zelltheorie lassen sich aber zweifelsfrei auf Berlin zurückführen, wo sie enge Kollegen und Freunde gewesen waren. Sie hatten, wie Schwann es formulierte, die »Elementarteile der Lebewesen« gefunden.

Dieses Buch erzählt die Geschichte der Zelle. Es ist eine Chronik der Entdeckung, dass alle Lebewesen einschließlich des Menschen aus solchen »Elementarteilen« bestehen. Es berichtet darüber, wie organisierte Ansammlungen dieser eigenständigen lebendigen Einheiten – Gewebe, Organe und Organsysteme – durch ihr Zusammenwirken umfassende physiologische Phänomene ermöglichen: Immunität, Fortpflanzung, Empfindungsfähigkeit, Kognition, Reparatur und Verjüngung. Umgekehrt ist es aber auch eine Geschichte darüber, was geschieht, wenn Zellen nicht mehr funktionieren und unser Körper von der Zellphysiologie zur Zellpathologie kippt – wenn die Fehlfunktionen von Zellen die Fehlfunktionen des Organismus auslösen. Und schließlich ist es auch eine Geschichte darüber, wie unsere immer weiter reichenden Kenntnisse über Physiologie und Pathologie der Zellen in Biologie und Medizin eine Revolution auslösten, die zu einer Verwandlung der Medizin und zur Verwandlung von Menschen durch diese Medizin geführt hat.

Zwischen 2017 und 2021 schrieb ich drei Artikel für das Magazin *New Yorker*.[13] Der erste handelte von der Zellmedizin und ihrer Zukunft; insbesondere ging es darin um die Erfindung umprogrammierter T-Zellen, die Krebszellen angreifen. In dem zweiten berichtete ich über eine neue Vorstellung von Krebs, in deren Mittelpunkt der Gedanke von der *Ökologie* der Zellen steht – es ging nicht um einzelne Krebszellen, sondern um den Krebs an seiner Stelle im Organismus und um die Frage, warum manche Stellen im Körper bösartigen Tumoren offensichtlich eine viel angenehmere Umgebung bieten als andere. Den dritten schrieb ich in der Anfangszeit der Covid-19-Pandemie; darin berichtete ich darüber, wie Viren sich in unseren Zellen und unserem Organismus verhalten und wie wir auf der Grundlage solcher Verhaltensweisen besser verstehen können, warum manche Viren bei Menschen so verheerende physiologische Wirkungen haben.

Irgendwann fragte ich mich, welche thematischen Zusammenhänge zwischen den drei Artikeln bestehen. Im Mittelpunkt stand in allen Fällen die Geschichte der Zellen und ihrer Umgestaltung. Eine Revolution war im Gange, aber es gab auch eine unbeschriebene Vergangenheit (und Zukunft): eine Geschichte über Zellen, über unsere Fähigkeit, Zellen zu manipulieren, und über den Wandel der Medizin, den diese Revolution einleitet.

Aus dem Samen, den ich mit den drei Artikeln gelegt hatte, wuchsen in diesem Buch eigene Stängel, Wurzeln und Ableger. Die Chronik beginnt in den 1660er- und 1670er-Jahren, als ein schüchterner niederländischer Tuchhändler und ein unkonventioneller englischer Universalgelehrter unabhängig voneinander und in einer Entfernung von mehr als 300 Kilometern durch ihre selbst gebauten Mikroskope blickten und die ersten Anzeichen von Zellen entdeckten. Sie setzt sich fort bis zur Gegenwart: Heute verändern Forschende menschliche Stammzellen und verabreichen sie Patienten mit chronischen, potenziell lebensbedrohlichen Krankheiten wie Diabetes oder Sichelzellanämie, und in die zellulären Gehirnschaltkreise von Männern und Frauen mit hartnäckigen neurologischen Krankheiten werden Elektroden eingeführt. Außerdem führt es uns an die Schwelle einer ungewissen Zukunft, in der wissenschaftliche Eigenbrötler (einer von ihnen wurde mit einer dreijährigen Gefängnisstrafe belegt und dem dauerhaften Verbot, Experimente anzustellen) Embryonen mit »redigierten« Genen konstruieren und mit Zelltransplantation die Grenzen zwischen Natürlichem und Künstlichem verschwimmen lassen.

Ich greife auf eine Vielfalt von Quellen zurück: Interviews, Begegnungen mit Patientinnen und Patienten, Spaziergänge mit Forschenden (und ihren Hunden), Institutsbesuche, Blicke durchs Mikroskop, Unterhaltungen mit Krankenschwestern, Patientinnen und Patienten, Ärztinnen und Ärzten, historische Quellen, wissenschaftliche Veröffentlichungen und persönliche Briefe. Dabei ist es nicht meine Absicht, eine umfassende Geschichte der Medizin oder der Anfänge der Zellbiologie zu schreiben. Dafür gibt es andere mustergültige Beispiele wie *Die Kunst des Heilens: eine medizinische Geschichte der Menschheit von der Antike bis heute* von Roy Porter[14], *The Birth of the Cell* von Henry Harris[15] oder *Müller's Lab* von Laura Otis. Hier möchte ich darüber berichten, wie der Begriff der Zelle und unsere Kenntnisse über Zellphysiologie nicht nur Medizin und Wissenschaft, sondern auch Biologie, Gesellschaftsstruktur und Kultur verändert haben. Am Ende steht die Geschichte einer Zukunft, in der wir lernen, diesen Bausteinen neue Formen zu geben oder vielleicht sogar synthetische Zellen und Körperteile von Menschen zu erzeugen.

Eine solche Version der Geschichte der Zelle hat zwangsläufig Lücken und Leerstellen. Die Entwicklung der Zellbiologie ist unauflöslich mit den Wegen von Genetik, Pathologie, Epidemiologie, Erkenntnistheorie, Taxonomie und Anthropologie verknüpft. Spezialisten für bestimmte Nischen der Medizin oder Zellbiologie, die das Schwergewicht zu Recht auf ganz bestimmte Zelltypen legen, hätten die gleiche Geschichte vielleicht durch eine ganz andere Brille betrachtet; Botaniker, Bakteriologen und Mykologen werden zweifellos eine angemessene Konzentration auf Pflanzen, Bakterien und Pilze vermissen. Auf all diese Fachgebiete nicht nur flüchtig vorzudringen, würde bedeuten, in Labyrinthe einzutreten, die sich in weitere Labyrinthe verästeln. Viele Aspekte der Geschichte habe ich in Fuß- und Endnoten ausgelagert.* Ich bitte darum, sie gewissenhaft zu lesen.

Auf unserem ganzen Weg werden wir viele Patienten kennenlernen, darunter einige meiner eigenen. Manche tragen hier einen Namen; andere wollten anonym bleiben, sodass Namen und erkennbare Details weggelassen wurden. Ich empfinde eine unbeschreibliche Dankbarkeit gegenüber diesen Männern und Frauen, die in unbekanntes Gelände vorgedrungen sind und sowohl ihren Körper als auch ihren Geist einem sich immer weiter entwickelnden, ungewissen Feld der Wissenschaft anvertraut haben. Und ich empfinde ein ebenso unbeschreibliches Entzücken, dass ich miterleben kann, wie die Zellbiologie in einer neuen Form der Medizin lebendig wird.

---

* Es bleibt allerdings eine unvermeidliche Frage. Ich habe kaum etwas darüber geschrieben, muss sie aber erwähnen: Die Frage nach Kosten, Gleichbehandlung und Zugang zu Therapien. Einige derartige Themen werden in den letzten Kapiteln kurz angesprochen, aber sie verlangen nach einer umfassenderen Diskussion, als es in dem vorliegenden Buch möglich ist. Dass eine Geschichte der Zellen auch eine Einführung in Themen von Politik, Gesundheitswesen, Kosten, Gleichbehandlung und Inklusion gibt, ist unmöglich.

EINLEITUNG

»Wir kommen zuletzt auf die Zelle zurück«

Wie wir uns auch drehen und wenden,
wir kommen zuletzt auf die Zelle zurück.
– Rudolf Virchow, 1858[1]

Im November 2017 musste ich zusehen, wie mein Freund Sam P. starb. Seine Zellen hatten gegen seinen Körper rebelliert.[2]

Im Frühjahr 2016 hatte man bei Sam ein bösartiges Melanom diagnostiziert. Der Krebs hatte zuerst die Form einer Warze von der Größe einer schwarzvioletten Münze mit einem dunklen Hof gehabt und lag in der Nähe seiner Wange. Seine Mutter Clara, eine Malerin, hatte die Stelle zum ersten Mal während eines spätsommerlichen Urlaubs auf Block Island bemerkt. Sie hatte ihm zugeredet – und später gebettelt und gedroht –, er solle den Fleck von einem Hautarzt untersuchen lassen, aber Sam war ein viel beschäftigter, aktiver Sportjournalist. Er schrieb für eine große Zeitung und hatte kaum Zeit, sich Sorgen wegen eines lästigen Flecks auf der Wange zu machen. Als ich ihn im März 2017 sah und untersuchte – ich war nicht sein Onkologe, aber ein Freund hatte mich gebeten, ihn mir anzusehen –, war der Tumor zu einer daumengroßen länglichen Masse herangewachsen, und in der Haut gab es Hinweise auf Metastasen. Als ich die Geschwulst berührte, zuckte er vor Schmerz zusammen.

Auf Krebs zu stoßen, ist etwas ganz anderes, als mitzuerleben, wie beweglich er ist. Das Melanom war quer über Sams Gesicht in Richtung des Ohrs gewandert. Bei genauerem Hinsehen hatte es Spuren seines Wegs hinterlassen wie eine Fähre, die durch das Wasser fährt: Das Kielwasser bestand aus kleinen dunkelroten Tropfen.

Selbst Sam, der Sportjournalist, der sich während seines ganzen Lebens mit Tempo, Beweglichkeit und Gelenkigkeit beschäftigt hatte, war erstaunt darüber, mit welcher Geschwindigkeit das Melanom voranschritt. Wie, so fragte er mich hartnäckig – *wie, wie, wie* –, hatte eine Zelle, die jahrzehntelang vollkommen still in seiner Haut gelegen hatte, plötzlich die Fähigkeiten erworben, durch sein Gesicht zu wandern und sich dabei explosiv zu vermehren?

Doch Krebszellen »erfinden« all diese Fähigkeiten nicht. Sie bilden sich nicht neu, sondern reißen die Macht an sich – oder genauer gesagt, werden diejenigen Zellen, die am besten überleben, wachsen und Metastasen bilden können, auf natürliche Weise selektioniert. Die Gene und Proteine, mit deren Hilfe Zellen die zum Wachstum erforderlichen Bausteine erzeugen, werden von den Genen und Zellen zweckentfremdet, mit denen ein Embryo an den ersten Lebenstagen sein schnelles Größenwachstum vorantreibt. Die Wege, auf denen eine Krebszelle sich im Körper über größere Entfernungen bewegt, leiten sich von denen ab, mit denen Zellen, zu deren Wesen die Beweglichkeit gehört, herumwandern. Die Gene, die eine ungezügelte Zellteilung ermöglichen, sind veränderte, mutierte Formen von Genen, die in normalen Zellen für die Zellteilung sorgen. Krebs ist, kurz gesagt, nichts anderes als Zellbiologie, sichtbar gemacht in einem pathologischen Spiegel. Als Onkologe bin ich zuallererst Zellbiologe – allerdings einer, der die normale Welt der Zellen so betrachtet, als wäre sie in einem Spiegel auf den Kopf gestellt.

Im Vorfrühling 2017 erhielt Sam ein Medikament, das seine eigenen T-Zellen zu einer Armee machen sollte, damit sie die Rebellenarmee, die in seinem Körper heranwuchs, bekämpfen konnten. Bedenken wir einmal: Sams Melanom und seine T-Zellen hatten jahre- oder vielleicht jahrzehntelang nebeneinanderher gelebt und sich gegenseitig im Wesentlichen nicht beachtet. Der bösartige Tumor war für das Immunsystem unsichtbar. Jeden Tag waren Millionen T-Zellen an seinem Melanom vorübergeschwommen und einfach weitergewandert – Zaungäste, die ihre Gesichter von der Katastrophe der Zellen abgewandt hatten.

Der Wirkstoff, den man Sam verschrieben hatte, sollte möglichst den Tumor sichtbar machen, sodass seine T-Zellen das Melanom als »fremden« Eindringling erkannten und ihn ganz ähnlich abwehrten, wie sie es mit Mikroorganismen taten. Die passiven Zaungäste sollten zu aktiven Kämpfern werden. Wir veränderten die Zellen in seinem Körper so, dass das zuvor Unsichtbare sichtbar wurde.

Die Entdeckung dieses medizinischen »Enthüllungsmechanismus« war der Höhepunkt eines gewaltigen Fortschritts der Zellbiologie, der bis in die 1950er-Jahre zurückreicht: Allmählich verstand man, mit welchen Mechanismen die T-Zellen zwischen Selbst und Nichtselbst unterscheiden; man identifizierte die Proteine, an denen die Immunzellen fremde Eindringlinge erkennen; und erkannte, auf welchen Wegen unsere normalen Zellen sich vor den Angriffen dieses Wahrnehmungssystems schützen und Krebszellen sich unsichtbar machen; dann entwickelte man Moleküle, die den Krebszellen ihre Tarnkappe rauben. Jede Erkenntnis baute auf früheren Erkenntnissen auf und wurde von den Zellbiologen in harter Arbeit gewonnen.

Praktisch sofort nachdem die Behandlung bei Sam begonnen hatte, lief in seinem Körper ein Bürgerkrieg ab. Seine T-Zellen wussten jetzt über den Krebs Bescheid und wurden gegen seine bösartigen Zellen in die Schlacht geschickt, wobei ihre Rache weitere Rachekreisläufe in Gang setzte. Eines Tages wurde die rote Geschwulst auf seiner Wange heiß, weil die Immunzellen den Tumor besiedelt und einen Kreislauf der Entzündungen in Gang gesetzt hatten; anschließend brachen die bösartigen Zellen ihre Zelte ab und machten sich davon, wobei sie nur ein glimmendes, ersterbendes Lagerfeuer zurückließen. Als ich ihn einige Wochen später sah, waren die längliche Masse und die kleinen Flecken dahinter verschwunden. Stattdessen fand ich nur noch den sterbenden Überrest eines Tumors vor, eingeschrumpft wie eine große Rosine. Eine Remission hatte stattgefunden.

Wir feierten bei Kaffee und Schokodragees. Die Remission hatte Sam nicht nur körperlich verändert, sondern ihm psychisch Auftrieb gegeben. Zum ersten Mal seit Wochen sah ich, wie die Sorgenfalten in seinem Gesicht sich glätteten. Er lachte.

Aber dann kam die Wende. Der April 2017 war ein grausamer Monat. Die T-Zellen, die seinen Tumor angegriffen hatten, richteten sich nun gegen die Leber und lösten eine Autoimmun-Hepatitis aus, eine Leberentzündung, die sich mit immununterdrückenden Medikamenten kaum unter Kontrolle halten ließ. Im Oktober erfuhren wir, dass der Krebs – der sich noch wenige Wochen zuvor in Remission befunden hatte – es sich in Haut, Muskeln und Lunge gut gehen ließ; er hatte sich in neuen Organen versteckt und Nischen gefunden, in denen er den Angriff der Immunzellen überleben konnte.

Sam hielt während all dieser Siege und Niederlagen eine eiserne Würde aufrecht. Sein ätzender Humor wirkte zeitweilig wie eine eigene Form des Gegenangriffs, als wollte er den Krebs austrocknen. Als ich ihn eines Tages an seinem Schreibtisch im Newsroom besuchte, fragte ich ihn, ob er mir in einem privaten Raum – vielleicht in der Herrentoilette – zeigen könne, wo die neuen Tumore aufgetreten waren. Darauf lachte er fröhlich. »Bis wir in der Toilette sind, ist er schon wieder an einen neuen Ort gewandert. Sieh ihn dir lieber da an, wo er jetzt ist.«

Die Ärzte schwächten den Immunangriff ab, um die Autoimmun-

Hepatitis unter Kontrolle zu bringen, aber nun begann der Krebs wieder zu wachsen. Sie begannen erneut mit der Immuntherapie zur Bekämpfung des Krebses, und die heftige Hepatitis kehrte wieder. Es war, als würde man einer Art bestialischer Kriegsführung zusehen: Legte man die Immunzellen an die Leine, zerrten sie an ihren Ketten und wollten angreifen und töten, ließ man sie los, griffen sie unterschiedslos den Krebs und die Leber an. Sam starb an einem Wintermorgen, wenige Monate nachdem ich zum ersten Mal seinen Tumor betastet hatte. Am Ende hatte das Melanom gewonnen.

Im Jahr 2019 nahm ich an einem stürmischen Nachmittag an der University of Pennsylvania in Philadelphia an einer Tagung teil. In einem Hörsaal in einem Backsteingebäude an der Spruce Street hatten sich fast 1000 Forschende, Ärzte, Ärztinnen und wissenschaftliche Mitarbeiter von Biotechnologieunternehmen versammelt. Sie sollten über Fortschritte auf einem kühnen medizinischen Neuland diskutieren: über die Heilung von Krankheiten mithilfe genetisch abgewandelter, in Menschen verpflanzter Zellen. Es gab Vorträge über die Modifikation von T-Zellen, über neue Viren, die Gene in Zellen transportieren können, und über die nächsten wichtigen Schritte bei der Zelltransplantation. Die Sprache auf und hinter dem Podium hörte sich an, als wären Biologie, Robotertechnik, Science-Fiction und Alchemie an einem wilden Abend zusammengetroffen und hätten ein frühreifes Kind hervorgebracht. »Neustart des Immunsystems.« »Therapeutische Umgestaltung von Zellen.« »Langfristiges Fortbestehen verpflanzter Zellen.« Die Tagung handelte von der Zukunft.

Aber auch die Gegenwart war anwesend. Nur wenige Reihen vor mir saß Emily Whitehead. Sie war damals 14, ein Jahr älter als meine ältere Tochter. Sie hatte zerzauste braune Haare, trug ein gelb-schwarzes Hemd zu dunklen Hosen und befand sich im siebten Jahr der

Remission einer Leukämie. »Sie hat sich gefreut, dass sie einen Tag nicht zur Schule musste«, sagte mir Tom, ihr Vater. Emily lächelte bei dem Gedanken.

Emily wurde als Patientin Nummer 7 am Children's Hospital of Philadelphia (CHOP) behandelt.[3] Fast alle Zuhörer im Publikum kannten sie oder hatten von ihr gehört: Sie hatte die Geschichte der Zelltherapie verändert. Im Mai 2010 hatte man bei Emily eine akute lymphoblastische Leukämie (ALL) diagnostiziert. Von dieser Form der Leukämie, einer der am schnellsten fortschreitenden Krebserkrankungen überhaupt, sind vorwiegend kleine Kinder betroffen.

Die ALL-Behandlung ist eine der heftigsten Chemotherapiemethoden, die man jemals entwickelt hat: Man verabreicht eine Kombination aus sieben oder acht Wirkstoffen, von denen manche direkt in die Rückenmarksflüssigkeit injiziert werden und Krebszellen abtöten sollen, die sich im Gehirn und Rückenmark verstecken. Die Kollateralschäden der Behandlung – dauerhafte Taubheitsgefühle in Fingern und Zehen, Gehirnschäden, Wachstumsverlangsamung und lebensbedrohliche Infektionskrankheiten, um nur einige zu nennen – sind oftmals furchterregend, durch die Therapie werden aber rund 90 Prozent der jungen Patienten und Patientinnen geheilt. Emilys Erkrankung gehörte leider zu den restlichen zehn Prozent: Sie sprach auf die Standardtherapie nicht an. 16 Monate nach Behandlungsbeginn erlitt sie einen Rückfall. Sie wurde für eine Knochenmarktransplantation – die einzige Heilungsmöglichkeit – vorgemerkt, aber während sie auf einen geeigneten Spender wartete, verschlechterte sich ihr Zustand.

»Die Ärzte haben mir gesagt, ich sollte nicht googeln«, erzählte mir Emilys Mutter Kari. »Aber natürlich habe ich genau das getan.«

Was sie im Netz fand, ließ es ihr kalt den Rücken herunterlaufen: Unter Kindern, die einen frühen Rückfall oder zwei Rückfälle erleiden, überlebt fast keines. Als Emily Anfang März 2012 in die Kinderklinik kam, waren nahezu alle Organe von bösartigen Zellen durchsetzt. Ihr betreuender Arzt war der Kinderonkologe Stephan Grupp, ein sanftmütiger, stämmiger Mann mit ausdrucksvollem Schnauzbart. Er nahm sie in eine klinische Studie auf.

Im Rahmen der Versuche erhielt Emily Infusionen mit ihren eigenen T-Zellen. Diese Zellen waren aber durch Gentherapie in Waffen verwandelt worden, die Krebszellen erkennen und abtöten konnten. Anders als bei Sam, bei dem man die Immunität mit Medikamenten *innerhalb* des Organismus aktiviert hatte, waren Emilys T-Zellen entnommen und *außerhalb* des Körpers herangezüchtet worden. Mit dieser Behandlungsform hatten der Immunologe Michel Sadelain vom Sloan Kettering Institute in New York und Carl June von der University of Pennsylvania Pionierarbeit geleistet; dabei hatten sie auf früheren Arbeiten des israelischen Wissenschaftlers Zelig Eshhar aufgebaut.

Wenig mehr als 100 Meter von der Stelle entfernt, an der wir saßen, befand sich die sogenannte Station für Zelltherapie, eine bunkerähnliche abgeschlossene Einrichtung mit Stahltüren, keimfreien Räumen und Brutschränken. Dort verarbeiteten technische Teams die Zellen, die man im Rahmen der klinischen Studien bei Dutzenden von Patientinnen und Patienten gesammelt hatte, und brachten sie dann in riesigen Tiefkühlschränken unter. Jeder Schrank trug den Namen einer Gestalt aus der Fernseh-Comicserie *Die Simpsons*, ein Teil von Emilys Zellen war in Krusty der Clown eingefroren. Ein weiterer Teil ihrer Zellen war genetisch so abgewandelt worden, dass sie ein Gen ausprägten, das die Leukämie erkennen und abtöten sollte; diese Zellen wurden im Labor gezüchtet, bis ihre Zahl exponentiell anstieg, und anschließend wieder ins Krankenhaus gebracht, wo man sie Emily per Infusion verabreichte.

Während der Infusionen, die sich über drei Tage hinzogen, ereignete sich nicht viel. Emily lutschte an einem Eis am Stiel, während Dr. Grupp die Zellen in ihre Blutgefäße tropfen ließ. Abends ging sie mit ihren Eltern zum Übernachten zu einer Tante, die in der Nähe wohnte. Die ersten beiden Abende spielte sie und ritt huckepack auf ihrem Vater. Am dritten Tag kam der Zusammenbruch: Sie musste erbrechen und bekam beunruhigend hohes Fieber. Eilig brachten ihre Eltern sie wieder ins Krankenhaus. Dort ging es rapide bergab. Die Nieren versagten. Emily wechselte zwischen Bewusstsein und Bewusstlosigkeit, das Multiorganversagen stand kurz bevor.

»Nichts schien noch einen Sinn zu haben«, erzählte mir Tom. Seine sechsjährige Tochter wurde auf die Intensivstation verlegt, wo ihre Eltern und Grupp die ganze Nacht an ihrem Bett blieben.

Der Arzt und Wissenschaftler Carl June, einer der Miterfinder dieser Therapieform, erklärte mir geradeheraus: »Wir haben geglaubt, sie würde sterben. Ich habe an den Verwaltungsleiter der Universität eine E-Mail geschrieben und ihm mitgeteilt, dass eines der ersten Kinder, die wir behandelt hatten, sterben würde. Die Studie war gescheitert. Ich habe die E-Mail im Entwurfsordner gespeichert, aber nie auf Senden geklickt.«

Die technischen Assistenten der Universität arbeiteten die ganze Nacht, um die Ursache des Fiebers aufzuspüren. Anzeichen für eine Infektion fanden sie nicht, aber sie stießen auf eine erhöhte Konzentration bestimmter Moleküle im Blut: Zytokine, Signale, die bei einer aktiven Entzündung ausgeschüttet werden. Insbesondere die Menge eines Zytokins, Interleukin 6 (IL-6) genannt, lag um das Tausendfache über dem Normalwert. Während die T-Zellen die Krebszellen abtöteten, schütteten sie eine Riesenwelle dieser chemischen Botensubstanzen aus, wie eine aufgewühlte Menschenmenge, die bei Ausschreitungen flammende Flugblätter verteilt.

Jetzt kam June eine seltsame Wendung des Schicksals zu Hilfe: Seine eigene Tochter litt an jugendlicher Arthritis, einer entzündlichen Erkrankung. Er wusste von einem neuen Medikament, das IL-6 blockiert und erst vier Monate zuvor von der US-Arzneimittelbehörde FDA zugelassen worden war. In letzter Not schrieb Grupp eilig einen Antrag an die Krankenhausapotheke und bat um die Genehmigung, die neue Therapie außerhalb des normalen Anwendungsbereichs einsetzen zu dürfen. Noch am gleichen Abend erteilte das Gremium seine Zustimmung, und Grupp spritzte Emily in der Intensivstation eine Dosis des IL-6-Blockers.

Zwei Tage später, an ihrem siebten Geburtstag, wachte Emily auf. »Bumm«, sagte Dr. June und gestikulierte mit den Händen. »Bumm«, sagte er noch einmal. »Es ist einfach dahingeschmolzen. Als wir 23 Tage später eine Knochenmarkbiopsie vorgenommen haben, sahen wir eine vollständige Remission.«

»Ich habe nie einen Patienten gesehen, der so krank war und dem es so schnell besser ging«, sagte mir Grupp.

Die beherzte Behandlung von Emilys Krankheit und ihre verblüffende Genesung waren für das Fachgebiet der Zelltherapie die Rettung. Die Remission hat bei Emily Whitehead bis heute angehalten. In ihrem Knochenmark und ihrem Blut ist kein Krebs mehr nachzuweisen. Sie gilt als geheilt.

»Wenn Emily gestorben wäre, hätten wir wahrscheinlich die ganze Studie beendet«, sagte mir June. Es hätte die Krebstherapie um vielleicht zehn Jahre oder noch mehr zurückgeworfen.

Während einer Tagungspause schlossen Emily und ich uns einer Besichtigungstour über das Klinikgelände an. Geleitet wurde sie von Dr. Bruce Levine, einem Kollegen von Dr. June. Er ist der Gründungsdirektor der Einrichtung an der Pennsylvania State University, an der die T-Zellen abgewandelt werden, die Qualitätskontrolle durchlaufen und sich dann vermehren. Er war einer der Ersten, die Emilys Zellen in die Hand bekamen. Die technischen Assistenten arbeiteten dort einzeln oder zu zweit, erledigten Aufgaben, optimierten Protokolle, transferierten Zellen zwischen Brutschränken und sterilisierten ihre Hände.

Die Einrichtung hätte auch gut ein kleines Denkmal für Emily sein können. Die Wände waren mit Fotos von ihr übersät: Die achtjährige Emily mit Zöpfen; Emily mit zehn und einem Schild in der Hand; Emily mit zwölf und fehlenden Vorderzähnen, lächelnd neben Präsident Barack Obama. Irgendwann während des Rundgangs sah ich, wie die echte Emily aus dem Fenster zum Krankenhaus gegenüber blickte. Sie konnte fast in das Zimmer auf der Intensivstation sehen, in dem sie nahezu einen Monat gefangen gewesen war.

Der Regen prasselte herab und zog Streifen aus Tröpfchen über die Fenster.

Ich fragte mich, wie sie sich wohl fühlte. Mir war klar, dass es im Krankenhaus drei Versionen von ihr gab: die Emily, die heute in der Schule freihatte und hierhergekommen war; die Emily auf den Bildern, die in der Intensivstation gelebt hatte und fast gestorben wäre; und die Emily, die tiefgefroren nebenan im Gefrierschrank Krusty der Clown lag.

»Kannst du dich daran erinnern, wie du ins Krankenhaus gekommen bist?«, fragte ich.

»Nein«, sagte sie und starrte hinaus in den Regen. »Ich weiß nur noch, wie ich entlassen wurde.«

Während ich zusah, wie Sams Krankheit fortschritt und sich zurückzog, und als ich dann die bemerkenswerte Genesung von Emily Whitehead miterlebte, wusste ich es genau: Ich wurde Zeuge der Geburt einer neuen Art der Medizin, bei der man Zellen als Hilfsmittel zur Bekämpfung von Krankheiten zweckentfremdet – man könnte von Zelltechnik sprechen. Gleichzeitig handelte es sich aber auch um die Neuauflage einer jahrhundertealten Geschichte. Wir sind aus

Zelleinheiten aufgebaut. Unsere Verletzlichkeit erwächst aus der Verletzlichkeit von Zellen. Unsere Fähigkeiten, Zellen (im Fall von Sam wie auch von Emily Immunzellen) zu verändern oder zu manipulieren, ist zur Grundlage einer neuartigen Medizin geworden – aber diese Medizin ist noch im Entstehen begriffen. Die Vertiefung unserer Kenntnisse über Zellen führte zur Geburt der Zellmedizin, und die wiederum wird den Verlauf unserer Zukunft verändern. Eigentlich ist das schon geschehen. Hätten wir gewusst, wie wir Sams Immunzellen effizienter gegen sein Melanom hätten einsetzen können, ohne den Autoimmunangriff in Gang zu setzen: Wäre er dann heute noch am Leben und würde, den Spiralblock in der Hand, für eine Zeitschrift seine Sportberichte schreiben?

Zwei neue Menschen, zwei Beispiele für die Manipulation und Umgestaltung von Zellen. Bei Emily reichte unser Wissen über die biologischen Eigenschaften der T-Zelle anscheinend aus, um eine tödliche Krankheit seit über einem Jahrzehnt und hoffentlich für ihr ganzes weiteres Leben in Schach zu halten. Bei Sam dagegen fehlten uns offensichtlich noch einige entscheidende Kenntnisse darüber, wie man die Angriffe der T-Zellen auf den Krebs und auf das eigene Ich ins Gleichgewicht bringen kann.

Was wird die Zukunft bringen? Eines möchte ich klarstellen: Ich verwende überall in diesem Buch und auch in seinem Titel die Formulierung »neuer Mensch«. Das meine ich in einem genau umrissenen Sinn. Es geht mir ausdrücklich nicht um die »neuen Menschen«, die in Science-Fiction-Zukunftsvisionen vorkommen: mit KI verbesserte, von Robotern unterstützte, mit Infrarot ausgestattete, blaue Pillen schluckende Lebewesen, die fröhlich die realen wie auch die virtuellen Welten bevölkern wie Keanu Reeves im schwarzen Gewand. Und ich meine auch nicht die »transhumanen« Menschen mit verbesserten Fähigkeiten, die über jene, die wir derzeit besitzen, hinausgehen.

Vielmehr meine ich einen erneuerten Menschen mit abgewandelten Zellen, der (im Wesentlichen) aussieht wie du und ich. Eine Frau mit lähmenden, hartnäckigen Depressionen, deren Nervenzellen (Neuronen) mit Elektroden stimuliert werden. Ein kleiner Junge, der sich einer experimentellen Knochenmarktransplantation mit genetisch veränderten Zellen unterzieht und damit von der Sichelzellenkrankheit geheilt wird. Ein Typ-1-Diabetiker, bei dem seine eigenen, modifizierten Stammzellen das Hormon Insulin produzieren und damit im Blut eine normale Konzentration der Glucose, des Treibstoffs unseres Organismus, aufrechterhalten. Ein Achtzigjähriger, dem man nach mehreren Herzinfarkten ein Virus spritzt, damit es sich in seiner Leber ansiedelt und auf Dauer den Cholesterinspiegel niedrig hält und damit die Verstopfung der Arterien verhindert, sodass die Gefahr einer weiteren Beeinträchtigung des Herzens sinkt. Ich meine meinen Vater, dem eingepflanzte Neuronen oder ein neuronenstimulierendes Gerät einen stabileren Gang verschafft, sodass er nicht den Sturz erleidet, der zu seinem Tod führt.

Ich finde solche »neuen Menschen« und die zellbiologischen Methoden zu ihrer Schaffung weitaus spannender als ihre imaginären Science-Fiction-Entsprechungen. Wir haben diese Menschen verändert, um Leiden zu lindern. Dazu haben wir eine Wissenschaft genutzt, die mit unvorstellbarer Mühe und Liebe geschaffen und gestaltet werden musste, aber auch eine Technologie, die so genial ist, dass sie fast unwirklich erscheint: Man verschmilzt eine Krebszelle mit einer Immunzelle und erzeugt so eine unsterbliche Zelle, die Krebs heilen kann; oder man entnimmt eine T-Zelle aus dem Körper eines kleinen Mädchens, verändert sie mit einem Virus, macht sie so zur Waffe gegen Leukämie und schleust sie wieder in den Organismus ein. Solche neuen Menschen werden wir in praktisch jedem Kapitel dieses Buchs kennenlernen. Und wir werden nicht nur erfahren, wie man Körper und Körperteile mit Zellen neu aufbaut, sondern wir werden die neuen Menschen auch in Gegenwart und Zukunft wiedertreffen: in Cafés, Supermärkten, Bahnhöfen und Flughäfen; in Wohnvierteln und in unserer eigenen Familie. Wir werden sie unter unseren Verwandten und Großeltern, unseren Eltern und Geschwistern finden – und vielleicht auch in uns selbst.

In noch nicht einmal zwei Jahrhunderten – vom Ende der 1830er-Jahre, als die Wissenschaftler Matthias Schleiden und Theodor Schwann die Ansicht vertraten, dass alle Tier- und Pflanzengewebe aus Zellen bestehen, bis zum Frühjahr von Emilys Genesung – verbreitete sich in Biologie und Medizin eine radikal neue Vorstellung, die beide Wissenschaften in allen Aspekten berührte und für alle Zeiten veränderte: Jedes komplexe Lebewesen ist eine Ansammlung winziger abgegrenzter, sich selbst regulierender Einheiten – lebender Kammern, wenn man so will, oder »lebender Atome«, wie der niederländische Mikroskopiker Antoni van Leeuwenhoek sie 1676 nannte.[4] Jeder Mensch ist ein Ökosystem aus solchen lebendigen Einheiten. Wir sind Ansammlungen von Pixeln, zusammengesetzte Gebilde, deren Dasein das Ergebnis einer zusammenwirkenden Anhäufung ist.

Wir sind eine Summe von Teilen.

Die Entdeckung der Zellen und das neue Bild vom menschlichen Organismus als Ökosystem von Zellen führten auch zur Entstehung einer neuen Form der Medizin, deren Grundlage die therapeutische Veränderung von Zellen war. Oberschenkelhalsbruch, Herzstillstand, Immunschwäche, Alzheimer-Demenz, AIDS, Lungenentzündung, Lungenkrebs, Nierenversagen, Arthritis – sie alle sind der neuen Vorstellung entsprechend die Folge, wenn Zellen oder Zellsysteme nicht normal funktionieren. Und alle kann man als Schauplätze einer Zelltherapie betrachten.

Der Wandel der Medizin, der durch unsere neuen Kenntnisse über Zellbiologie möglich wurde, lässt sich ganz grob in vier Kategorien einteilen.

Die erste betrifft die Anwendung von Medikamenten, chemischen Substanzen oder physikalischer Stimulation mit dem Ziel, die Eigenschaften der Zellen zu beeinflussen – ihre Interaktionen, ihre Kommunikation und ihr Verhalten. Antibiotika gegen Krankheitserreger, Chemotherapie und Immuntherapie gegen Krebs, Neuronenstimulation mit Elektroden zur Beeinflussung der Nervenschaltkreise gehören zu dieser Kategorie.

In die zweite Kategorie fällt die Übertragung von Zellen zwischen Organismen (einschließlich der Rückübertragung in den eigenen Körper); Beispiele sind Bluttransfusion, Knochenmarktransplantation und In-vitro-Befruchtung (IVF).

Die dritte umfasst den Einsatz von Zellen zur Synthese einer Substanz wie Insulin oder Antikörper, die dann zu therapeutischen Zwecken verwendet wird.

Die vierte Kategorie ist erst in jüngster Zeit hinzugekommen: die genetische Abwandlung von Zellen mit nachfolgender Transplantation zur Erzeugung von Zellen, Organen und Organismen mit neuen Eigenschaften.

Manche dieser Therapieverfahren, darunter Antibiotika und Bluttransfusion, haben in der medizinischen Praxis einen so festen Platz, dass wir sie kaum als »Zelltherapie« wahrnehmen. Ihren Ursprung haben sie aber in unseren Kenntnissen über Zellbiologie (die Keimtheorie war, wie wir in Kürze genauer erfahren werden, eine Erweiterung der Zelltheorie). Manch andere, so die Immuntherapie gegen Krebs, sind Entwicklungen des 21. Jahrhunderts. Wieder andere, beispielsweise die Infusion abgewandelter Stammzellen zur Diabetesbehandlung, sind ganz neu und gelten als experimentell. Aber all diese Verfahren, ob alt oder neu, sind »Zelltherapie«, denn sie basieren entscheidend auf unseren Kenntnissen über die Biologie der Zellen. Und jeder Fortschritt hat den Weg der Medizin ebenso verändert wie unsere Vorstellungen davon, was es heißt, ein Mensch zu sein und als Mensch zu leben.

Im Jahr 1922 wurde ein Vierzehnjähriger mit Typ-1-Diabetes aus dem Koma aufgeweckt – oder eigentlich neu geboren –, indem man ihm Insulin aus der Bauchspeicheldrüse eines Hundes verabreicht hatte. Als Emily Whitehead 2010 ihre Infusion mit CAR-T-Zellen (*chimeric antigen receptor cells*, Zellen mit Antigenrezeptor-Chimären) erhielt, oder als zwölf Jahre später die ersten Patienten mit Sichelzellanämie überlebten und mit genetisch veränderten Blutstammzellen von ihrer Krankheit befreit wurden, erlebten wir einen Übergang vom Jahrhundert des Gens zu einem sich anschließenden und sich mit ihm überschneidenden Jahrhundert der Zelle.[5]

Eine Zelle ist die Einheit des Lebens. Aber das wirft eine weiter reichende Frage auf: Was ist eigentlich »Leben«? Es dürfte eines der metaphysischen Dilemmata in der Biologie sein, dass wir uns immer noch damit herumschlagen, genau das zu definieren, was uns definiert. Eine Definition des Lebens kann sich nicht auf eine einzelne Eigenschaft gründen. Der ukrainische Biologe Serhiy (oder Sergey, wie er oft genannt wurde) Tsokolov formulierte es so: »Jede Theorie, Hypothese oder Sichtweise macht sich Definitionen des Lebens in Übereinstimmung mit ihren eigenen wissenschaftlichen Interessen und Voraussetzungen zu eigen. Es gibt im wissenschaftlichen Diskurs Hunderte von funktionierenden, üblichen Definitionen des Lebens, aber über keine davon konnte man einen Konsens herstellen.«[6] (Und Tsokolov, der leider 2009 auf dem Höhepunkt seiner intellektuellen Laufbahn starb, konnte ein Lied davon singen, denn für ihn war die Angelegenheit besonders ärgerlich: Er war Astrobiologe; in seiner Forschung ging es darum, Leben außerhalb der Erde zu finden. Aber wie kann man Leben finden, wenn Wissenschaftler Schwierigkeiten haben, den Begriff überhaupt zu definieren?)

Die Definition des Lebens ist nach heutigem Stand so etwas wie eine Speisekarte. Sie besteht nicht aus einem Posten oder einer einzigen Eigenschaft, sondern aus einer ganzen Reihe von Dingen, einer Gruppe von Verhaltensweisen, einer Abfolge von Prozessen. Damit man einen Organismus als lebendig bezeichnen kann, muss er in der Lage sein, sich fortzupflanzen, zu wachsen, Stoffwechsel zu betreiben, sich auf Reize einzustellen und ein inneres Milieu aufrechtzuerhalten. Komplexe, vielzellige Lebewesen besitzen darüber hinaus »emergente« Eigenschaften, wie man sie nennen könnte[7]: Eigenschaften, die aus Systemen von Zellen erwachsen wie die Mechanismen, sich gegen Verletzungen und eingedrungene Lebewesen zu verteidigen, Organe mit spezialisierten Funktionen, physiologische Systeme der Kommunikation zwischen Organen, ja sogar Empfindungsfähigkeit und Kognition. Dass all diese Eigenschaften letztlich in den Zellen oder Zellsystemen angesiedelt sind, ist kein Zufall. In einem gewissen Sinn kann man Leben also als den Besitz von Zellen definieren und Zellen als Gebilde, die Leben besitzen.[8]

Eine solche rekursive Definition ist nicht unsinnig. Hätte Tsokolov sein erstes astrobiologisches Wesen kennengelernt – beispielsweise einen ektoplasmatischen Alien von Alpha Centauri – und sich gefragt, ob er/sie/es »lebendig« ist oder nicht, hätte er überprüfen können, ob dieses Wesen der Liste der Eigenschaften von Lebewesen entspricht. Er hätte aber das Wesen auch fragen können: »Hast du Zellen?« Sich Leben ohne Zellen vorzustellen, ist schwierig, und ebenso ist es unmöglich, sich Zellen ohne Leben auszumalen.

Diese Tatsache macht vielleicht deutlich, wie wichtig die Geschichte der Zellen ist: Wir müssen Zellen verstehen, wenn wir den Körper des Menschen verstehen wollen. Wir brauchen sie, um die Medizin zu verstehen. Vor allem aber brauchen wir die Geschichte der Zellen, um die Geschichte des Lebens und unseres eigenen Ichs zu erzählen.

Was ist eine Zelle überhaupt? In einem eng gefassten Sinn ist sie eine selbstständige lebende Einheit, die als Decodierungsapparat für ein Gen tätig wird. Gene liefern Anweisungen – einen Code, wenn man so will – für den Aufbau der Proteine, jener Moleküle, die in einer Zelle praktisch alle Tätigkeiten verrichten. Proteine ermöglichen biologische Reaktionen, koordinieren Signale innerhalb der Zelle, bilden ihre Strukturelemente und schalten Gene ein oder aus, um so die Identität, den Stoffwechsel, das Wachstum und den Tod der Zelle zu steuern. Sie sind in der Biologie die zentralen Funktionsträger, die Molekülmaschinen, die Leben ermöglichen.* Die Gene mit dem Code zum Aufbau der Proteine liegen in der Desoxyribonukleinsäure (DNA), einem doppelsträngigen, spiralförmigen Molekül, das in den Molekülen seinerseits in wurstförmigen Gebilden verpackt ist, den Chromosomen. Soweit wir wissen, ist DNA in jeder lebenden Zelle vorhanden (außer sie wurde von der Zelle ausgestoßen). In der Wissenschaft hat man vielfach nach Zellen gesucht, in denen nicht DNA, sondern andere Moleküle – beispielsweise RNA – die Anweisungen tragen, aber bisher hat man solche Zellen mit RNA-codierten Anweisungen nie gefunden.

---

* Gene liefern den Code zum Aufbau von Ribonukleinsäure (RNA), und die wird ihrerseits beim Aufbau der Proteine entschlüsselt. Manche RNA-Moleküle tragen aber nicht nur den Code zur Herstellung von Proteinen, sondern sie führen in den Zellen auch vielfältige Aufgaben aus, von denen manche noch nicht aufgeklärt sind. Außerdem kann RNA auch Gene regulieren und bei manchen biologischen Reaktionen mit Proteinen zusammenwirken.

Mit *Decodierung* meine ich, dass Moleküle innerhalb einer Zelle bestimmte Abschnitte der genetischen Information ablesen wie Musiker in einem Orchester, die ihre Stimme aus einer Partitur spielen; auf diese Weise prägen sich die Anweisungen aus den Genen – das individuelle Lied der Zelle – physisch in Form von Proteinen aus. Oder einfacher gesagt: Ein Gen trägt die Information, die Zelle entschlüsselt diese Information. Eine Zelle wandelt also Informationen mithilfe des genetischen Codes in Proteine um. Ein Gen ohne Zelle lebt nicht – es ist eine Bauanleitung in einem unbeteiligten Molekül, eine Musikpartitur ohne Musiker, eine einsame Bibliothek, in der niemand die Bücher liest. Erst die Zelle verleiht einer Gruppe von Genen materielles und physisches Dasein. Man könnte sagen: Die Zelle *belebt* die Gene.

Aber eine Zelle ist nicht nur eine Gen-Decodierungsmaschine. Nachdem sie die genetische Information umgesetzt und eine bestimmte Gruppe von Proteinen synthetisiert hat, die in ihren Genen codiert sind, wird die Zelle zu einer Integrationsvorrichtung. Sie nutzt die Proteine (und die von ihnen erzeugten biochemischen Produkte) und verbindet sie miteinander: Durch Koordination ihrer Funktionen und Verhaltensweisen (Bewegung, Stoffwechsel, Signalübertragung, Lieferung von Nährstoffen an andere Zellen, Beobachtung fremder Objekte) erzeugt sie die Eigenschaften des Lebens. Und dieses Verhalten manifestiert sich seinerseits als Verhalten des Lebewesens. Der Stoffwechsel eines Organismus geht auf den Stoffwechsel der Zelle zurück. Die Fortpflanzung eines Organismus geht auf die Fortpflanzung einer Zelle zurück. Reparatur, Überleben und Tod eines Organismus gehen auf Reparatur, Überleben und Tod von Zellen zurück. Das Verhalten eines Organs oder eines Organismus wurzelt im Verhalten einer Zelle. Das Leben eines Organismus wurzelt im Leben einer Zelle.

Und schließlich ist die Zelle eine Teilungsmaschine. Moleküle in ihrem Inneren – wiederum Proteine – setzen den Prozess der Genomverdoppelung in Gang. Der innere Aufbau der Zelle ändert sich. Die Chromosomen, in denen das genetische Material der Zelle physisch angesiedelt ist, teilen sich. Zellteilung treibt Wachstum, Reparatur, Regeneration und letztlich die Fortpflanzung voran, alles grundlegende, definierende Merkmale des Lebens.

Ich habe mich während meines ganzen Lebens den Zellen gewidmet. Jedes Mal, wenn ich eine davon strahlend, glitzernd und lebendig unter dem Mikroskop sehe, erlebe ich wieder den gleichen Nervenkitzel wie damals, als ich zum ersten Mal eine Zelle betrachtete. An einem Freitagnachmittag im Herbst 1993, ungefähr eine Woche nachdem ich als Doktorand an das Institut von Alain Townsend an der Universität Oxford gekommen war, um Immunologie zu studieren, hatte ich die Milz einer Maus zerkleinert und die blutige Masse zusammen mit Faktoren, mit denen ich die T-Zellen stimulieren wollte, auf eine Petrischale gestrichen. Das Wochenende verging, und am Montagmorgen schaltete ich das Mikroskop ein. Der Raum war so schwach erleuchtet, dass man nicht einmal die Vorhänge zuziehen musste – in der Stadt Oxford herrschte immer gedämpftes Licht (wenn das wolkenlose Italien ein für Teleskope gemachtes Land ist, dann ist das neblige, düstere England wie geschaffen für Mikroskope). Ich legte die Schale unter das Objektiv. Unter der Zellkulturnährlösung lagen Massen durchsichtiger, nierenförmiger T-Zellen, und die besaßen etwas, was ich nur als inneres Glühen und leuchtende Üppigkeit bezeichnen kann – die Anzeichen für gesunde, aktive Zellen. (Wenn Zellen sterben, lässt das Glühen nach; dann schrumpfen sie und werden körnig oder pyknotisch, um den Jargon der Zellbiologen zu benutzen.)

»Als ob Augen mich ansehen«, flüsterte ich mir selbst zu. Und zu meinem Erstaunen bewegte sich die T-Zelle: Gezielt und voller Absicht suchte sie eine infizierte Zelle, die sie beseitigen und töten konnte. Sie war lebendig.

Jahre später war es dann nicht weniger spannend und faszinierend, die zellbiologische Revolution mitzuerleben, die sich bei Menschen abspielte. Als ich Emily Whitehead in einem neonbeleuchteten Korridor vor dem Hörsaal der University of Pennsylvania zum ersten Mal begegnete, war mir, als hätte sie mir gestattet, in ein Tor einzutreten, das Zukunft und Vergangenheit verbindet. In meiner Ausbildung hatte ich mich zunächst mit Immunologie, dann mit Stammzellforschung und schließlich mit Krebsbiologie beschäftigt, bevor ich zum medizinischen Onkologen wurde.* Emily verkörperte all diese vergangenen Leben: nicht nur meines, sondern – noch wichtiger – das Leben und die Anstrengungen vieler Tausend Wissenschaftler und Wissenschaftlerinnen, die während Tausenden von Tagen und Nächten in Tausende von Mikroskopen geblickt hatten. Sie verkörperte unseren Wunsch, zum leuchtenden Herz der Zelle vorzudringen und seine endlos fesselnden Rätsel zu lüften. Und sie verkörperte unser sehnliches Bestreben, Zeugen der Geburt einer neuen Medizin zu werden, der Zelltherapie, deren Grundlage die von uns entschlüsselte Physiologie der Zellen ist.

Den umgekehrten Schauer erlebte ich, als ich meinen Freund Sam in seinem Krankenzimmer besuchte und zusehen musste, wie er Woche für Woche von Remission und Rückfällen gequält wurde.

---

* Zwischen 1996 und 1999 hatte ich sogar einen kurzen Ausflug in die Neurobiologie unternommen. Damals hatte ich an der Harvard Medical School bei Professor Constance Cepko gearbeitet und die Entwicklung der Netzhaut erforscht. Ich hatte Gliazellen studiert, lange bevor sie in der Neurobiologie in Mode kamen. Cepko, eine Entwicklungsbiologin und Genetikerin, brachte mir die Wissenschaft und Kunst der Verfolgung von Zelllinien bei, eine Methode, die wir später in diesem Buch noch genauer kennenlernen werden.

Dieses Mal erlebte ich das Gegenteil: nicht Begeisterung, sondern das Bewusstsein dafür, wie viel noch zu lernen und zu wissen blieb. Als Onkologe beschäftige ich mich mit Zellen, die außer Rand und Band geraten sind; Zellen, die Räume besetzen, in denen sie nichts zu suchen haben; Zellen, die sich unkontrolliert teilen. Solche Zellen stören genau die Verhaltensweisen, die ich in diesem Buch beschreibe, und werfen sie über den Haufen. Ich versuche zu verstehen, warum und wie das geschieht. Gewissermaßen bin ich ein Zellbiologe, der in einer auf dem Kopf stehenden Welt gefangen ist. Die Geschichte der Zellen ist in das Geflecht meines wissenschaftlichen und persönlichen Lebens verwoben.

Während ich zwischen den ersten Monaten des Jahres 2020 bis 2022 eifrig schrieb, fraß sich die Covid-19-Pandemie wie ein Flächenbrand um den Erdball. Mein Krankenhaus, meine Wahlheimat New York und mein Heimatland wurden von Kranken und Toten überschwemmt. Im Februar 2020 waren die Intensivbetten am Columbia University Medical Center, an dem ich arbeite, vollständig belegt. Patienten erstickten an ihren eigenen Ausscheidungen, während mechanische Beatmungsgeräte Luft in ihre Lungen pumpten und wieder heraussaugten. Der Vorfrühling des Jahres 2020 war eine besonders düstere Zeit: New York war nicht mehr wiederzuerkennen – die Stadt hatte sich in eine windumtoste Metropole mit leeren Bürgersteigen und Straßen verwandelt, in der Menschen sich vor anderen Menschen versteckten. Fast ein Jahr später, im April und Mai 2021, rollte die tödlichste Welle über Indien. Dort wurden Leichen auf Parkplätzen, in abgelegenen Gassen, in Slums und auf Kinderspielplätzen verbrannt. In den Krematorien brannte das Feuer so oft und so heftig, dass die Metallroste, auf denen die Toten lagen, korrodierten und schmolzen.

Ich selbst saß anfangs in einem Arbeitszimmer im Krankenhaus, und später, als die Krebsklinik bis auf ein Mindestmaß heruntergefahren wurde, isolierte ich mich zu Hause mit meiner Familie. Ich starrte aus dem Fenster zum Horizont und dachte immer noch an Zellen. An Immunität und ihre Schwachpunkte. Die Virologin Akiko Iwasaki von der Yale University erklärte mir, der wichtigste von SARS-CoV2 (dem *severe acute respiratory syndrome coronavirus 2*, meist kurz »Corona« genannt) ausgelöste Krankheitsprozess sei eine »immunologische Fehlzündung« – eine Regulationsstörung der Immunzellen.[9] Ich hatte den Begriff zuvor noch nie gehört, aber er hatte für mich eine große Durchschlagskraft: Auch diese Pandemie war im Kern eine Krankheit der Zellen. Ja, da war das Virus, aber Viren sind ohne Zellen untätig und leblos. Erst unsere Zellen hatten die Seuche zum Leben erweckt. Wenn wir die Pandemie verstehen wollten, mussten wir uns wieder darauf konzentrieren, nicht nur die Eigenheiten des Virus, sondern auch die Immunzellen und ihre Fehlfunktionen zu verstehen.

Eine Zeit lang schien es so, als würde jeder Weg und Umweg meiner Gedanken mich immer wieder zurück zu den Zellen führen. Ich weiß nicht genau, inwieweit ich dieses Buch ins Leben gebracht habe und inwieweit dieses Buch von mir gefordert hat, es zu schreiben.

In *Der König aller Krankheiten* habe ich von den drängenden Bestrebungen berichtet, eine Heilung für Krebs zu finden oder ihm vorzubeugen. In *Das Gen* ging es um die Bestrebungen, den Code des Lebendigen zu entschlüsseln. *Das Lied der Zelle* nimmt uns mit auf eine ganz andere Reise: Wir wollen das Leben unter dem Gesichtspunkt seiner einfachsten Einheit verstehen – der Zelle. Dieses Buch handelt nicht von der Suche nach Heilung oder von der Entschlüsselung eines Codes. Einen einzelnen Feind gibt es nicht. Die Menschen, die darin vorkommen, wollen das Leben verstehen, indem sie Anatomie, Physiologie und Verhalten einer Zelle verstehen, aber auch ihre Wechselwirkungen mit umgebenden Zellen. Die Musik einer Zelle. Und medizinisch streben sie danach, eine Zelltherapie zu finden, die Bausteine der Menschen zu nutzen, um Menschen neu aufzubauen und zu reparieren.

Deshalb konnte ich mich nicht für eine chronologische Darstellung entscheiden, sondern ich musste einen ganz anderen Aufbau wählen. Jeder Teil des Buchs greift eine grundlegende Eigenschaft komplexer Lebewesen auf und befasst sich mit ihrer Geschichte. Jeder Teil ist eine kleine historische Darstellung – eine Chronologie der Entdeckungen. Jeder Teil beleuchtet eine grundlegende Eigenschaft des Lebendigen (Fortpflanzung, Selbstständigkeit, Stoffwechsel), die ihre Wurzeln in einem bestimmten System von Zellen hat. Und in jedem Teil ist von der Geburt einer neuen zellbiologischen Methode die Rede (zum Beispiel von Knochenmarktransplantation, In-vitro-Befruchtung, Gentherapie, Tiefer Hirnstimulation, Immuntherapie), die aus unseren Kenntnissen über Zellen erwächst und unsere Vorstellungen über Aufbau und Funktionsweise der Menschen infrage stellt. Das Buch selbst ist eine Summe von Teilen: Historische und persönliche Geschichten, Physiologie und Pathologie, Vergangenheit und Zukunft werden zu einem Ganzen versponnen. Es ist, wenn man so will, ein Aufbau aus Zellen.

Als ich dieses Projekt im Winter 2019 in Angriff nahm, wollte ich das Buch ursprünglich Rudolf Virchow widmen. Ich war eingenommen von diesem zurückhaltenden, progressiven Mann der leisen Töne[10], einem Arzt und Wissenschaftler, der sich den pathologischen gesellschaftlichen Kräften seiner Zeit widersetzte, das freie Denken befürwortete, ein Vorreiter des öffentlichen Gesundheitswesens war, Rassismus verabscheute, eine eigene Fachzeitschrift herausbrachte, sich einen einzigartigen, selbstsicheren Weg durch die Medizin bahnte und die Fundamente für die Erforschung der Krankheiten in Organen und Geweben legte, die sich auf Fehlfunktionen von Zellen stützten – die »Zellularpathologie«, wie er sie nannte.[11]

Aber am Ende kam ich auf einen Patienten und Freund zurück, dessen Krebs mit einer neuartigen Immuntherapie behandelt wurde, und auf Emily Whitehead – beide haben uns Wege zu neuen Erkenntnissen über Zellen und Zelltherapie eröffnet. Sie gehörten zu den Ersten, die unsere Bemühungen miterlebten, Zellen für die Therapie nutzbar zu machen und die Zellularpathologie in eine Zellmedizin zu verwandeln – was zum Teil gelungen ist, zum Teil aber auch nicht. Ihnen und ihren Zellen ist dieses Buch gewidmet.

TEIL 1

ENTDECKUNG

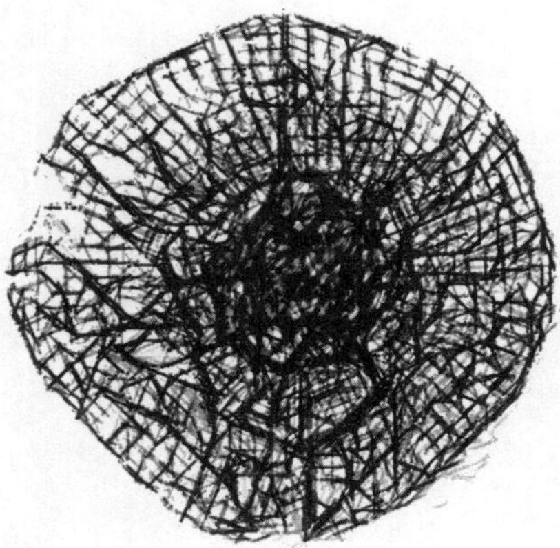

Wir beide, du und ich, waren anfangs nur einzelne Zellen.

Unsere Gene sind – allerdings nur geringfügig – unterschiedlich. Unsere Körper haben sich auf unterschiedlichen Wegen entwickelt. Unsere Haut, unsere Haare, unsere Knochen, unser Gehirn, alle sind unterschiedlich aufgebaut. Unsere Lebenserfahrungen unterscheiden sich stark. Ich habe zwei Onkel durch eine seelische Krankheit verloren. Meinen Vater habe ich durch einen Teufelskreis im Gefolge eines Sturzes verloren. Ein Knie durch Arthritis. Einen Freund – viele Freunde – durch Krebs.

Aber obwohl zwischen unseren Körpern und unseren Erfahrungen so große Lücken klaffen, haben du und ich zwei Eigenschaften gemeinsam. Erstens ist jeder von uns aus einem Embryo hervorgegangen, der aus einer einzigen Zelle bestand. Und zweitens sind aus dieser einen Zelle viele geworden – die Zellen, die deinen und meinen Körper bevölkern. Wir sind aus den gleichen materiellen Einheiten aufgebaut wie zwei unterschiedliche Materieklumpen, die aus den gleichen Atomen bestehen.

Woraus bestehen wir? Manche antiken Denker glaubten, wir würden aus Menstruationsblut erschaffen, das sich zu einem Körper verfestigt. Andere glaubten, wir seien vorgeformt – kleine Miniwesen, die sich im Lauf der Zeit aufblähten wie Luftballons in Menschengestalt, die für einen Festtagsumzug aufgeblasen werden. Manche meinten, die Menschen seien aus Schlamm und Flusswasser geformt worden. Manche glaubten, wir würden uns im Mutterleib allmählich aus kaulquappenähnlichen Wesen in Geschöpfe mit Fischmaul und schließlich in Menschen verwandeln.

Würden wir aber durch ein Mikroskop auf deine und meine Haut oder deine und meine Leber blicken, so würden wir feststellen, dass sie auffallend ähnlich sind. Und wir würden erkennen, dass wir tatsächlich alle aus lebendigen Einheiten aufgebaut sind: den Zellen. Die erste Zelle brachte mehr Zellen hervor, aus denen durch Teilung noch mehr Zellen entstanden, bis sich allmählich unsere Leber, unser Darm und unser Gehirn bildeten, all die komplizierten anatomischen Elemente des Organismus.

Wann wurde uns klar, dass Menschen tatsächlich aus eigenständigen, lebenden Einheiten zusammengesetzt sind? Oder dass diese Einheiten die Grundlage aller Funktionen bilden, die ein Organismus erfüllen kann – mit anderen Worten: dass unsere Physiologie letztlich in der Physiologie der Zellen wurzelt? Und umgekehrt: Seit wann gehen wir davon aus, dass unser medizinisches Schicksal und unsere Zukunft untrennbar mit den Veränderungen in diesen lebenden Einheiten verbunden sind? Dass unsere Krankheiten die Folge einer Zellularpathologie sind?

Solchen Fragen – und damit auch der Geschichte einer Entdeckung, die Biologie, Medizin und unseren Begriff vom Menschen betraf und radikal veränderte – wenden wir uns als Erstes zu.

KAPITEL 1

Die ursprüngliche Zelle

Eine unsichtbare Welt

Aechtes Wissen ist sich des Nicht-Wissens bewußt.
– Rudolf Virchow in einem Brief an seinen Vater, 1842[1]

Zunächst einmal müssen wir dankbar sein, dass Rudolf Virchow so eine leise Stimme hatte.[2] Virchow wurde am 13. Oktober 1821 im preußischen Pommern (das heute zwischen Polen und Deutschland aufgeteilt ist) geboren. Sein Vater Carl war Bauer und Stadtkämmerer. Über seine Mutter Johanna Virchow, geborene Hesse, wissen wir nur wenig. Rudolf war ein gewissenhafter, intelligenter Student – nachdenklich, aufgeweckt und sprachbegabt. Er lernte Deutsch, Französisch, Arabisch und Latein und wurde für seine Studienleistungen ausgezeichnet.

Mit 18 Jahren schrieb er an der Oberschule einen Aufsatz mit der Überschrift »Ein Leben voller Arbeit und Mühe ist keine Last, sondern eine Wohltat« und begann, sich auf eine Berufslaufbahn im Klerus vorzubereiten. Er wollte Pastor werden und vor einer Gemeinde predigen. Aber Virchow machte sich Sorgen wegen seiner schwachen Stimme. Glaube erwuchs aus der Stärke der Inspiration, und Inspiration aus der Stärke der Redekunst. Aber wenn nun niemand hören konnte, was er von der Kanzel vermittelte? Da schienen ihm Medizin und Wissenschaft für einen zurückhaltenden, fleißigen, sanftmütigen Jungen passender zu sein. Nachdem er 1839 das Abitur gemacht hatte, erhielt er ein Militärstipendium und studierte Medizin am Friedrich-Wilhelms-Institut in Berlin.

Die Welt der Medizin, in die Virchow Mitte des 19. Jahrhunderts eintrat, gliederte sich mehr oder weniger in zwei Disziplinen: Anatomie und Pathologie. Die erste war relativ weit entwickelt, die zweite dagegen steckte noch in einem ziemlichen Kuddelmuddel. Die Anatomen hatten Form und Aufbau des menschlichen Körpers seit dem 16. Jahrhundert zunehmend genau beschrieben. Der bekannteste Anatom aller Zeiten war der flämische Wissenschaftler Andreas Vesalius, der als Professor an der Universität im italienischen Padua arbeitete.[3] Der Sohn eines Apothekers kam 1533 nach Paris, wo er Chirurgie studierte und praktizierte. Dabei stellte er fest, dass in der chirurgischen Anatomie ein völliges Durcheinander herrschte. Es gab nur wenige Lehrbücher und keinen systematischen Bauplan des menschlichen Körpers. Die meisten Chirurgen und ihre Studenten stützten sich im weitesten Sinne auf die anatomischen Lehren des römischen Arztes Galen, der von 129 bis 216 n. Chr. gelebt hatte. Galens jahrhundertealte Abhandlungen über die Anatomie des Menschen stützten sich auf Untersuchungen an Tieren. Sie waren vollkommen veraltet und in vielen Fällen regelrecht falsch.

Der Keller des Pariser Hospitals Hôtel-Dieu, wo man verwesende Leichen sezierte, war ein muffiger, unbelüfteter, spärlich erleuchteter Raum, in dem halbwilde Hunde unter den Tischen herumstreiften und an allem knabberten, was herunterfiel – Vesalius bezeichnete einen solchen Anatomiesaal einmal als »Fleischmarkt«. Die Professoren »saßen auf erhöhten Stühlen und gackerten wie die Dohlen«, schrieb er; gleichzeitig hackten die Assistenten wahllos auf die Leichen ein und zerrten Organe und andere Körperteile heraus, als würden sie die Watte aus einem Plüschspielzeug ziehen.[4]

»Die Ärzte versuchten nicht einmal, zu schneiden«, schrieb Vesalius verbittert, »und die Barbiere, denen man das Handwerk der Chirurgie übertragen hatte, waren zu unwissend und verstanden die Schriften der Professoren über das Sezieren nicht … Sie zerhacken einfach die Dinge, die ihnen nach Anweisung des Arztes gezeigt werden, und der, der selbst nie Hand an das Schneiden gelegt hat, steuert das Boot einfach mit seinen Kommentaren – und das nicht ohne Hochmut. So werden alle Dinge falsch gelehrt, und die Tage vergehen mit törichten Disputen. Den Zuschauern des Tumults werden weniger Tatsachen vorgelegt, als ein Metzger sie einem Arzt auf seinem Fleischmarkt zeigen könnte.« So gelangte er zu dem düsteren Schluss: »Abgesehen von den acht Bauchmuskeln, die schrecklich zugerichtet und in der falschen Reihenfolge waren, hatte mir nie jemand einen Muskel gezeigt, ebenso wenig einen Knochen und noch viel weniger die Abfolge der Nerven, Venen und Arterien.«

Frustriert und verwirrt entschloss sich Vesalius, einen eigenen Atlas des menschlichen Körpers zu erstellen. Oft zog er zweimal am Tag durch die Leichenhäuser in der Nähe des Krankenhauses und suchte nach Toten, die er in sein Labor bringen konnte. Die Gräber auf dem Friedhof der Unschuldigen, die häufig der Luft ausgesetzt waren, sodass die Leichen bis auf die Knochen verwesten, lieferten ihm ausgezeichnet erhaltenes Material für seine Zeichnungen des Skeletts. Und als Vesalius am Gibet de Montfaucon vorüberkam, dem riesigen dreistöckigen Galgen von Paris, sah er dort tote Sträflinge hängen. Heimlich nahm er frisch gehenkte Leichen mit, deren Muskeln, innere Organe und Nerven noch so weit intakt waren, dass er sie Schicht für Schicht abtragen und die Lage der Organe aufzeichnen konnte.

Die gewissenhaften Zeichnungen, die Vesalius im Lauf der nächsten zehn Jahre anfertigte, bedeuteten für die anatomische Erforschung des Menschen eine Umwälzung.[5] Nebenbei schnitt er auch das Gehirn in horizontale Scheiben wie eine Melone, die von der

Spitze her aufgeschnitten wird; auf diese Weise schuf er Bilder, wie sie ganz ähnlich auch ein moderner Computertomograf (CT) erzeugen würde. Bei anderen Gelegenheiten präparierte er die Blutgefäße über den Muskeln, oder er schnitt die Muskeln lappenförmig auf wie eine Reihe anatomischer Fenster, durch die er die darunter liegenden Oberflächen und Schichten betrachten konnte.

Den Bauch des Menschen zeichnete er, wie man ihn von unten nach oben sehen würde, also aus der gleichen Perspektive, in der auch der italienische Maler Andrea Mantegna den Leichnam Christi im 15. Jahrhundert in seinem Bild *Die Beweinung Christi* dargestellt hatte; das Bild teilte er in Scheiben auf, wie ein Magnetresonanztomograf (MRT) sie darstellen würde. In Zusammenarbeit mit dem Maler und Drucker Jan van Kalkar schuf er die bis dahin detailliertesten und genauesten Zeichnungen der menschlichen Anatomie. Seine Arbeiten veröffentlichte er 1543 in dem siebenbändigen Werk *De Humani Corporis Fabrica* (»Über den Aufbau des menschlichen Körpers«).[6] Das Wort *Fabrica* (»Gewebe«) im Titel war ein Hinweis auf Sichtweise und Zweck: Der menschliche Organismus wurde hier nicht als Geheimnis betrachtet, sondern als physisches Material; nicht als Geist, sondern als Gewebe. Das Werk war zum Teil ein medizinisches Lehrbuch mit fast 700 Abbildungen, zum Teil auch eine wissenschaftliche Abhandlung mit Darstellungen und Diagrammen, die für die nachfolgenden Jahrhunderte die Grundlagen für anatomische Untersuchungen an Menschen bildeten.

Zufällig erschien das Werk im gleichen Jahr, in dem auch der polnische Astronom Nikolaus Kopernikus seine »Anatomie des Himmels« herausbrachte, das denkwürdige Buch *De revolutionibus orbium coelestium* (»Über die Umlaufbahnen der Himmelssphären«). Dieses enthielt eine Darstellung des heliozentrischen Sonnenystems mit der Erde in einer Umlaufbahn und der Sonne in der Mitte.[7]

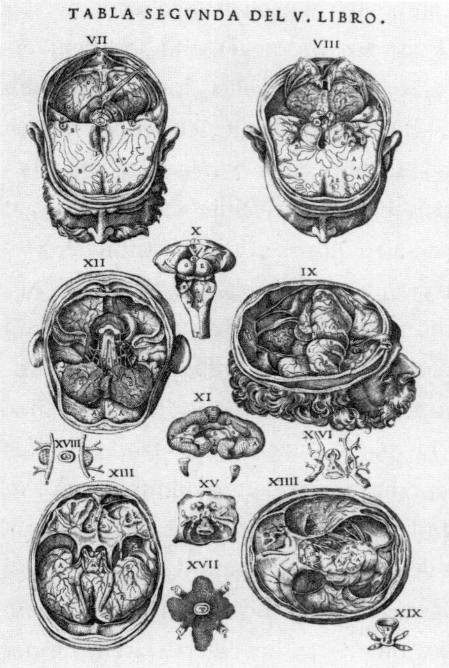

Eine Abbildung aus *De Humani Corporis Fabrica* (1543) von Andreas Vesalius. Man erkennt seine Methode, aufeinanderfolgende Schnitte durch eine anatomische Struktur darzustellen und so die Zusammenhänge zwischen den darunter und darüber liegenden Unterstrukturen zu verdeutlichen – ganz ähnlich, wie es auch ein moderner Computertomograf tun würde. Bücher wie dieses mit Illustrationen von Jan van Kalkar bedeuteten für die Erforschung der menschlichen Anatomie eine Umwälzung, aber ein vergleichbar umfassendes Lehrbuch der Physiologie oder Pathologie gab es in den 1830er-Jahren nicht.

Vesalius hatte die Anatomie des Menschen in den Mittelpunkt der Medizin gerückt.

Aber während die Anatomie, die Wissenschaft vom Aufbau des menschlichen Organismus, gewaltige Fortschritte machte, gab es in der Pathologie – der Erforschung der Krankheiten und ihrer Ursachen – keinen solchen Mittelpunkt. Sie war ein unkartiertes, weitläufiges Universum. Ein vergleichbares Buch über Pathologie gab es ebenso wenig wie eine umfassende Theorie zur Erklärung der Krankheiten – keine Offenbarungen, keine Revolutionen. Im 16. und 17. Jahrhundert führte man die meisten Krankheiten auf »Miasmen« zurück, giftige Dämpfe, die von Abwasser oder vergifteter Luft ausgehen sollten. Die Miasmen enthielten angeblich Teilchen verwester Materie, die irgendwie in den Körper eindrangen und dort den Verfall in Gang setzten. (Diese Geschichte spiegelt sich noch heute im Namen der Malaria wider: Er setzt sich aus den italienischen Wörtern *mala* und *aria* zusammen und bedeutet so viel wie »schlechte Luft«.)

Deshalb konzentrierten sich die ersten Gesundheitsreformer auf Veränderungen von sanitären Verhältnissen und öffentlicher Hygiene, um so Krankheiten zu verhüten und zu heilen. Man grub Abwasserkanäle, und in Wohnungen und Fabriken wollte man mit Belüftungsleitungen verhindern, dass sich der giftige Nebel der Miasmen in geschlossenen Räumen ansammelte. Die Theorie schien sich auf eine unbestreitbare Logik zu stützen. Viele Städte, die eine schnelle Industrialisierung durchgemacht hatten und mit dem Zustrom von Lohnarbeitern und ihren Familien nicht fertigwurden, waren faulig riechende Areale voller Rauch und Abwässer – und Krankheiten machten sich gerade in den Bereichen breit, die am schlechtesten rochen und am dichtesten bevölkert waren. Immer wieder suchten Cholera- und Typhuswellen die ärmeren Teile Londons und ihre Nachbarschaft heim, so auch das East End (das heute ein glitzerndes Viertel mit Läden und Restaurants ist, wo edle Leinenschürzen und teure Flaschen mit Gin aus kleinen Destillerien verkauft werden). Syphilis und Tuberkulose machten sich breit. Jede Entbindung war ein furchterregendes Ereignis, bei dem durchaus die Wahrscheinlichkeit bestand, dass es nicht mit der Geburt, sondern mit dem Tod endete – dem Tod des Kindes, der Mutter oder beider. In den wohlhabenderen Teilen der Stadt, wo die Luft sauberer war und Abwässer ordnungsgemäß entsorgt wurden, waren die Menschen gesund, aber die Armen, die in den Gebieten voller Miasmen lebten, litten ständig an Krankheiten. Wenn Sauberkeit das Geheimnis der Gesundheit war, musste Krankheit eine Folge von Unsauberkeit und Verschmutzung sein.

Aber auch wenn die Vorstellung von schmutzigen Dämpfen und Miasmen entfernt nach Wahrheit klingt – und auch wenn sie eine hervorragende Rechtfertigung bot, um arme und reiche Stadtviertel noch schärfer zu trennen –, waren die Kenntnisse über Krankheiten mit eigenartigen Rätseln gespickt. Warum bestand beispielsweise für eine Frau, die auf einer bestimmten Station einer Wiener Geburtshilfeklinik ihr Kind zur Welt brachte, eine fast dreimal so hohe Gefahr, nach der Entbindung zu sterben, als für eine Frau, die in der Nachbarstation entband?[8] Was waren die Ursachen der Unfruchtbarkeit? Warum wurde ein vollkommen gesunder junger Mann plötzlich von einer Krankheit heimgesucht, die ihm quälende Gelenkschmerzen verursachte?

Während des gesamten 18. und 19. Jahrhunderts suchten Ärzte und Wissenschaftler nach Wegen, um die Krankheiten der Menschen systematisch zu erklären. Damit gelangten sie aber selbst im besten Fall nur zu einer wenig befriedigenden Fülle von Erklärungen, die letztlich auf eine grobe Anatomie zurückgriffen: Jede Krankheit war die Fehlfunktion eines bestimmten Organs. Die Leber. Der Magen. Die Milz. Aber gab es ein tiefer liegendes Grundprinzip, das zwischen diesen Organen mit ihren unbestimmten, rätselhaften Störungen eine Verbindung herstellte? Konnte man sich überhaupt eine Systematik der Krankheiten vorstellen? Vielleicht war die Antwort nicht in der sichtbaren Anatomie zu finden, sondern im mikroskopischen Aufbau des Körpers. Schon im 18. Jahrhundert hatten Chemiker nach und nach herausgefunden, dass die Eigenschaften der Materie – die Brennbarkeit von Wasserstoff oder die Flüssigkeitseigenschaften von Wasser – aus den emergenten Eigenschaften unsichtbarer Teilchen erwuchsen, der Moleküle und Atome, aus denen die Stoffe zusammengesetzt sind. War die Biologie vielleicht ähnlich aufgebaut?

Als Rudolf Virchow sich am Friedrich-Wilhelms-Institut für Medizin in Berlin einschrieb, war er erst 18 Jahre alt.[9] Das Institut diente der Ausbildung von Stabsärzten für die preußische Armee, und entsprechend herrschte dort ein kriegerisches Arbeitsethos: Von den Studenten wurde erwartet, dass sie tagsüber 60 Stunden pro Woche am Unterricht teilnahmen und nachts den Stoff auswendig lernten. (Am chirurgischen Institut, der Pépinière, überraschten leitende Stabsärzte die Studenten häufig mit »Aufmerksamkeitsdrills«. Wenn man feststellte, dass ein Student im Unterricht fehlte, wurde die ganze Gruppe bestraft.[10]) »So geht es alle Tage von 6 Uhr Morgens bis 11 Uhr Nachts unaufhörlich, Sonntags ausgenommen«, schrieb er seinem Vater betrübt. Man »wird dabei so müde, daß man sich Abends gewaltig nach dem harten Bette sehnt, von dem man Morgens beinahe ebenso müde aufsteht, nachdem man in einer halben Lethargie geschlafen«.[11] Es gab jeden Tag eine Ration Fleisch, Kartoffeln und Wassersuppe, und die Studenten lebten in kleinen, abgeschiedenen, in sich geschlossenen Kammern. In Zellen.

Virchow lernte den Stoff auswendig. Der Anatomieunterricht war ganz vernünftig: Seit Vesalius' Zeit hatten Generationen von Wissenschaftlern mit Tausenden von Autopsien den Atlas des Körpers nach und nach vervollständigt. In Pathologie und Physiologie dagegen fehlte eine grundlegende Logik. Warum funktionierten Organe? Was taten sie? Warum stellten sich Fehlfunktionen ein? Das alles war ausschließlich Gegenstand von Spekulationen, die wie durch militärischen Befehl in den Rang von Tatsachen erhoben wurden. Die Pathologen waren schon lange in Denkschulen gespalten, die Krankheiten unterschiedliche Ursachen zuschrieben. Da gab es die Miasmatiker, nach deren Ansicht Krankheiten ihre Ursache in giftigen Dämpfen hatten; die Galeniker führten Krankheiten auf ein pathologisches Ungleichgewicht von vier Körpersäften zurück; und die Psychiker vertraten die Ansicht, Krankheit sei der Ausdruck fehlgeleiteter geistiger Vorgänge. Als Virchow zum Mediziner wurde, waren die meisten derartigen Theorien entweder verwirrend oder überholt.

Im Jahr 1843 legte Virchow sein medizinisches Examen ab und ging an die Berliner Charité; an dem Krankenhaus arbeitete er eng mit dem Pathologen und Mikroskopiker Robert Froriep zusammen, der auch als Kurator die pathologische Sammlung der Klinik betreute. Von der intellektuellen Strenge seines früheren Instituts befreit, sehnte sich Virchow danach, Physiologie und Pathologie des Menschen systematisch zu verstehen. Er vertiefte sich in die Geschichte der Pathologie. »Diese ist ein dringendes u vielgefordertes Bedürfn[iß]«[12], schrieb er – aber nach seinem Eindruck war das Fachgebiet vom Weg abgekommen. Vielleicht hatten die Mikroskopiker recht, und die systematische Antwort war in der Welt des Sichtbaren nicht zu finden. Vielleicht waren ja das Versagen des Herzens oder die geschrumpfte Leber nur Begleiterscheinungen, emergente Eigenschaften einer tiefer liegenden Fehlfunktion, die sich dem bloßen Auge nicht erschloss?

Bei seinen Streifzügen durch die Vergangenheit wurde Virchow klar, dass es schon vor ihm andere Pioniere gegeben hatte, die diese unsichtbare Welt sichtbar gemacht hatten. Seit Ende des 17. Jahrhunderts hatten Wissenschaftler herausgefunden, dass alle Gewebe von Pflanzen und Tieren aus lebenden Struktureinheiten aufgebaut sind, den Zellen. Waren diese Zellen vielleicht das Kernstück von Physiologie und Pathologie? Und wenn ja: Woher kamen sie, und was taten sie? »Aechtes Wissen ist sich des Nicht-Wissens bewußt, und wie schmerzlich fühle ich die großen Lücken meiner Kenntnisse. Darum stehe ich auch nie, und in keinem Theile des Wissens stille [...] Es ist viel Schwankendes und Unstätes in mir«, hatte Virchow 1842 in einem Brief an seinen Vater geschrieben.[13] Endlich hatte Virchow in der medizinischen Wissenschaft sein Fundament gefunden; es war, als wäre ein unruhiger Schmerz in seiner Seele besänftigt worden.

»Ich bin mein eigener Berater«, schrieb er 1847 mit neu gewonnenem Selbstvertrauen.[14] Wenn es keine Zellularpathologie gab, musste er sie von Grund auf neu erfinden. Nachdem er sich die Reife des Arztes und gründliche Kenntnisse der Medizingeschichte angeeignet hatte, konnte er darangehen, die Lücken zu füllen.

KAPITEL 2

Die sichtbare Zelle

»Erfundene Geschichten über kleine Tiere«

In der Summe der Teile gibt es nur die Teile.
Die Welt muss mit den Augen vermessen werden.
– Wallace Stevens

»Die Welt muss mit den Augen vermessen werden.«

Die moderne Genetik nahm ihren Anfang mit landwirtschaftlichen Methoden: Der böhmische Mönch Gregor Mendel entdeckte die Gene, indem er Erbsenpflanzen in seinem Klostergarten in Brünn mit einem Malerpinsel gegenseitig bestäubte.[1] Der russische Genetiker Nikolai Wawilow bezog seine Anregungen aus der Nutzpflanzenzüchtung.[2] Selbst dem englischen Naturforscher Charles Darwin war aufgefallen, wie extrem sich die Gestalt von Tieren durch selektive Züchtung verändern kann.[3] Auch die Zellbiologie hatte ihren Ausgangspunkt in einer bescheidenen praktischen Methodik. Hochfliegende Wissenschaft wurde aus erdverbundenem Herumprobieren geboren.

Im Fall der Zellbiologie war es einfach die Kunst des Sehens: die Kunst, die Welt mit den Augen zu vermessen, zu beobachten und zu analysieren. Anfang des 17. Jahrhunderts brachten die Optiker Hans und Zacharias Janssen, ein niederländisches Tandem aus Vater und Sohn, zwei Vergrößerungsgläser am oberen und unteren Ende einer

Röhre an und stellten fest, dass sie damit eine bis dahin nie gesehene Welt vergrößern konnten.*[4] Mikroskope mit zwei Linsen bezeichnete man irgendwann als »zusammengesetzte Mikroskope«, solche mit einer einzigen Linse hießen »einfach«; Grundlage für beide waren jahrhundertelange Neuentwicklungen der Glasbläserei, die ihren Weg aus der arabischen und griechischen Welt in die Werkstätten italienischer und niederländischer Brillenmacher gefunden hatten. Im 2. Jahrhundert v. Chr. beschrieb der Dichter Aristophanes die »Brenngläser«, Glaskugeln, die auf den Märkten als Spielzeug verkauft wurden. Mit ihnen konnte man Lichtstrahlen sammeln und ablenken; blickte man aufmerksam durch ein solches Brennglas, so erkannte man genau jenes Universum des Allerkleinsten in vergrößerter Form. Vergrößerte man ein Brennglas zu einer Linse von der Größe eines Auges, so erhielt man ein Brillenglas – erfunden wurde es angeblich im 12. Jahrhundert von dem italienischen Glasbläser Amati. Montierte man es auf einem Handgriff, hatte man ein Vergrößerungsglas.

Vater und Sohn Janssen führten eine entscheidende Neuerung ein: Sie verbanden die Kunst der Glasbläserei mit der technischen Lösung, die Glasstücke beweglich auf einer Platte zu montieren. Die beiden montierten ein oder zwei völlig durchsichtige, linsenförmige Glasstücke auf Metallplatten oder Röhren, wobei ein System von Schrauben und Zahnrädern sie verschieben konnte; auf diese Weise fanden Wissenschaftler schon bald den Zugang zu einer nie gesehenen Welt des Allerkleinsten, einem ganzen Kosmos, der den Menschen zuvor

---

* Nach Ansicht mancher Historiker erfanden die Konkurrenten der Janssens, die Brillenmacher Hans Lippershey und Cornelis Drebbel, das zusammengesetzte Mikroskop eigenständig.[5] Die genauen Zeitpunkte all dieser Entdeckungen sind umstritten, wahrscheinlich spielten sie sich aber irgendwann zwischen den 1590er- und 1620er-Jahren ab.

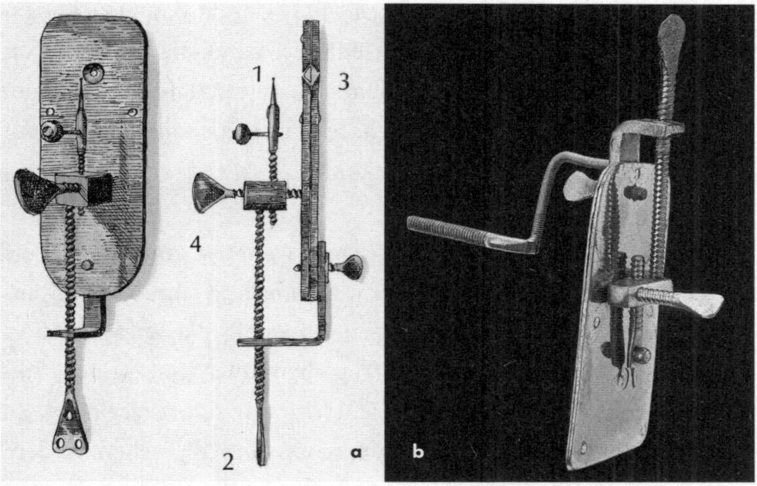

(a) Eines der ersten Mikroskope von Leeuwenhoek in schematischer Darstellung. (1) Nadel für das Objekt, (2) große Verstellschraube, (3) Linse, (4) Drehknopf zum Fokussieren. **(b)** Ein auf einer Messingplatte montiertes echtes Mikroskop von Leeuwenhoek.

unbekannt gewesen war. Es war das Gegenstück zum makroskopischen Kosmos, den man mit dem Teleskop beobachten konnte.

Ein niederländischer Kaufmann und Geheimniskrämer hatte sich selbst beigebracht, diese unsichtbare Welt sichtbar zu machen. Antoni van Leeuwenhoek, ein Tuchhändler aus Delft, brauchte in den 1670er-Jahren ein Instrument, mit dem er die Qualität und Festigkeit von Fäden untersuchen konnte. Die Niederlande waren im 17. Jahrhundert eine florierende Drehscheibe des Tuchhandels: Seide, Samt, Woll-, Leinen- und Baumwollstoffe kamen in Ballen und Bündeln aus Häfen und Kolonien und wurden über die Niederlande auf den gesamten europäischen Kontinent weiterverkauft.[6] Leeuwenhoek baute auf den Arbeiten der Janssens auf und konstruierte ein einfaches Mikroskop mit einer einzigen, auf einer Messingplatte angebrachten Linse und einem winzigen Tisch, der das Untersuchungsmaterial aufnahm. Anfangs beurteilte er damit die Qualität von Stoffen. Aber sein Interesse an dem selbst gefertigten Instrument wurde schon bald zur Besessenheit: Jetzt richtete er seine Linse auf alle Objekte, die ihm in die Quere kamen.

Am 26. Mai 1675 wurde die Stadt Delft während eines Unwetters überschwemmt. Leeuwenhoek – er war damals 42 Jahre alt – fing aus den Ablaufröhren von seinem Dach ein wenig Wasser auf, ließ es einen Tag stehen, legte dann ein Tröpfchen unter eines seiner Mikroskope und hielt es gegen das Licht.[7] Er war sofort fasziniert. So etwas hatte niemand, den er kannte, schon einmal gesehen. In dem Wasser wimmelte es von Dutzenden verschiedenartigen winzigen Lebewesen – »animalculua« oder »Tierlein«, wie er sie nannte. Mit Teleskopen hatte man die makroskopische Welt gesehen – den blau schimmernden Mond, die Venus mit ihrer Gashülle, den Saturn mit seinen Ringen und den Mars mit seinen roten Flecken –, aber über den wundersamen Kosmos der Lebenswelt in einem Regentropfen hatte noch niemand berichtet. »Dies war für mich unter allen Wundern, die ich in der Natur entdeckt habe, das Wundersamste«, schrieb er 1674. »Nie hat etwas meinen Augen größere Freude bereitet als dieses Schauspiel mit Tausenden von Lebewesen in einem Wassertropfen.«*[8]

Er wollte genauer hinsehen und verfeinerte Instrumente bauen, um das faszinierende neue Universum der Lebewesen sichtbar zu machen. Also kaufte Leeuwenhoek hochwertigste Perlen und Kugeln

* Leeuwenhoek hatte mikroskopisch kleine einzellige Lebewesen schon 1674 beobachtet, aber sein auf 1676 datierter Brief an die Royal Society enthält die anschaulichsten Beschreibungen solcher Organismen in stehendem Regenwasser.

aus venezianischem Glas, schliff und polierte sie sorgfältig zu vollkommenen Linsen (einige davon erzeugte er, wie wir heute wissen, indem er einen Glasstab in einer offenen Flamme zu einer dünnen Nadel auszog und das Ende abbrach; die Nadel ließ er dann »Blasen schlagen«, sodass sie zu einem linsenförmigen Kügelchen wurde). Seine Linsen montierte er auf dünnen Metallplatten aus Messing, Silber oder Gold, die er jeweils mit einem immer komplizierteren System aus winzigen Hebeln und Schrauben auf und ab bewegen konnte, um sie so bestmöglich zu fokussieren. Fast 500 solcher Mikroskope baute er, und jedes davon war ein Wunder der sorgfältigen Bastelei.

Gab es solche Lebewesen auch in anderen Wasserproben? Leeuwenhoek beschwatzte einen Mann, der ans Meer reiste, damit er ihm in einer »sauberen Glasflasche« eine Probe Meerwasser mitbrachte. Auch hier fand er winzige einzellige Lebewesen, die im Wasser schwammen – »ihr Körper war von der Farbe einer Maus und in Richtung der ovalen Spitze durchsichtig«.[9] Im Jahr 1676 brachte er seine Befunde schließlich zu Papier und schickte sie an die ehrwürdigste wissenschaftliche Gesellschaft seiner Zeit.

»Im Jahr 1675«, so schrieb er an die Londoner Royal Society, »entdeckte ich lebende Geschöpfe in Regenwasser, welches einige Tage in einem neuen irdenen Topf gestanden hatte … Wenn diese Tierlein oder lebenden Atome sich bewegten, schoben sie zwei Hörner heraus, welche sich ebenfalls ständig bewegten … Der übrige Körper war rundlich und lief zum Ende hin spitz zu; und dort hatten sie einen Schwanz, der nahezu viermal so lang war wie der Körper.«[10]

Ganz ähnlich besessen war auch ich, als ich den letzten Absatz fertig geschrieben hatte. Auch ich wollte etwas sehen. In der Vorhölle inmitten der Pandemie gefangen, entschloss ich mich, mein eigenes Mikroskop zu bauen oder zumindest eine Version, die ihm so nahe wie möglich kam. Ich bestellte eine Metallplatte und einen Drehknopf, bohrte ein Loch und bestückte die Platte mit der besten kleinen Linse, die ich kaufen konnte. Einem modernen Mikroskop sah meine Konstruktion ungefähr so ähnlich wie ein Raumschiff einem Ochsenkarren. Dutzende von Prototypen warf ich weg, bevor ich schließlich eines hatte, das vielleicht funktionieren würde. An einem sonnigen Nachmittag tropfte ich ein wenig stehendes Regenwasser aus einer Pfütze auf die Objektnadel und hielt die Apparatur ins Sonnenlicht.

Nichts. Durch mein Gesichtsfeld bewegten sich nur verschwommene Formen wie Schatten aus einer Geisterwelt. Ein Nebel. Enttäuscht drehte ich an dem Fokussierungsknopf, wie Leeuwenhoek es vielleicht getan hatte. Mit meiner Vorfreude konnte ich jede Drehung der Schraube fast körperlich spüren, als würde sich der Knopf in meinem Rückenmark aufwärts winden. Und plötzlich sah ich etwas. Der Tropfen rückte scharf ins Blickfeld, und in ihm war eine ganze Welt. Eine amöbenähnliche Gestalt schoss an der Linse vorüber. Ein anderes Lebewesen, das ich nicht benennen konnte, hatte Äste. Eines war spiralförmig. Ein runder, beweglicher Klumpen war von einem Hof aus den schönsten, zartesten Fäden umgeben, die ich jemals gesehen hatte. Ich konnte mich nicht sattsehen. *Zellen.*

Im Jahr 1677 beobachtete Leeuwenhoek sowohl in seinem eigenen Sperma als auch in dem eines Mannes mit Gonorrhö menschliche Samenzellen, »geschlechtliche Tierlein«.[11] Wie er feststellte, »bewegen sie sich wie eine Schlange oder ein Aal, der im Wasser schwimmt«.[12] Aber trotz seines Eifers und seiner Produktivität war der Tuchhändler von berüchtigter Zurückhaltung, wenn es darum ging, Beobachtern oder Wissenschaftlern seine Instrumente zu zeigen. Das Misstrauen beruhte auf Gegenseitigkeit, denn auch Wissenschaftler waren ihm gegenüber häufig abweisend. Henry Oldenbourg, der Sekretär der Royal Society, bedrängte Leeuwenhoek, er solle »uns

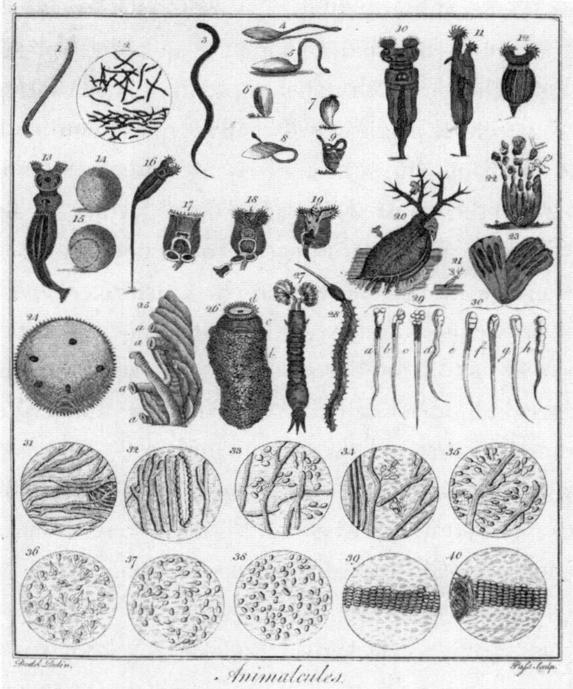

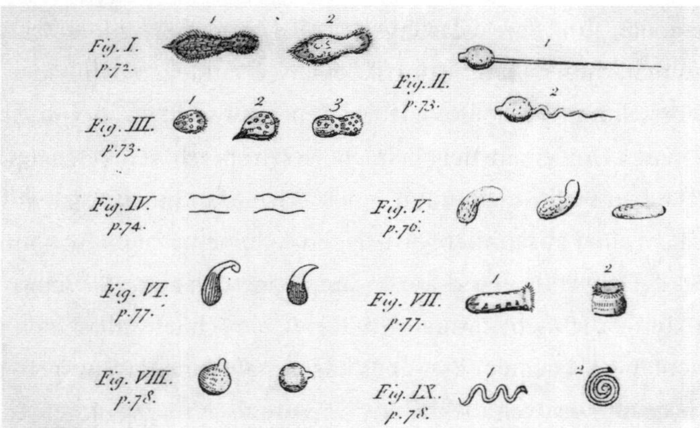

Einige »Tierlein«, die Leeuwenhoek mit seinem einlinsigen Mikroskop beobachtet hatte. Interessanterweise könnte es sich bei der »Fig II« in der unteren Abbildung entweder um eine menschliche Samenzelle oder um ein Bakterium mit einer Flagelle als Schwanz handeln.

mit seiner Beobachtungsmethode bekannt machen, damit andere solche Beobachtungen bestätigen können«; außerdem solle er Zeichnungen und bestätigende Daten liefern, denn von den rund 200 Briefen, die Leeuwenhoek an die Gesellschaft geschickt hatte, enthielt nur die Hälfte überhaupt Hinweise auf wissenschaftliche Methoden, die man als veröffentlichungsreif einstufen konnte.[13] Aber Leeuwenhoek teilte sowohl über seine Instrumente als auch über seine Methoden nur ungenaue Details mit. Der Wissenschaftshistoriker Steven Shapin schrieb: »Leeuwenhoek war weder Philosoph noch Mediziner oder Gentleman. Er hatte keine Universität besucht, konnte weder Latein noch Französisch oder Englisch … Seine Behauptungen [über die mikroskopisch kleinen Lebewesen und ihre große Zahl im Wasser] strapazierten die damaligen Vorstellungen von Plausibilität, und seine Persönlichkeit war nicht gerade hilfreich, wenn es darum ging, den Behauptungen Glaubwürdigkeit zu verleihen.«[14]

Hin und wieder schien er sich in der Rolle des zugeknöpften, vorsichtigen Dilettanten zu gefallen – ein Tuchhändler, der einen Freund überredete, ihm eine Glasflasche voll Meerwasser mitzubringen. Wenn man diesem zum Mikroskopiker gewandelten Schneider, der die Vorstellungen der Biologie auf den Kopf stellte und von einem ganz neuen Universum der Kleinlebewesen sprach, seine Behauptungen glauben wollte, gab es nur einen Weg: Man musste sich auf die Aussagen einer zusammengewürfelten Gruppe von acht Bewohnern der Stadt Delft verlassen, die er zusammengestellt hatte. Sie schworen, man könne die »schwimmenden Tiere« tatsächlich mit seinen Instrumenten beobachten. Es war Wissenschaft vom Hörensagen, und durch sie litt Leeuwenhoeks Ruf.[15] Misstrauisch und verärgert zog er sich immer weiter in eine Welt des Allerkleinsten zurück, die nur für ihn sichtbar zu sein schien. »Meine Arbeit, der ich seit langer Zeit nachgehe«, schrieb er 1716 empört, »wurde nicht ausgeführt, weil ich das Lob erringen wollte, dessen ich mich jetzt erfreue, sondern vor allem aus dem Streben nach Wissen heraus, das, wie ich feststelle, in mir stärker wohnt als in den meisten anderen Menschen.«[16]

Es war, als hätte sein eigenes Mikroskop ihn verschlungen und seiner Größe beraubt. Wenig später war er fast unsichtbar, geschrumpft, vergessen.

Im Jahr 1665, fast ein Jahrzehnt bevor Leeuwenhoek in seinem Brief die Tierlein im Wasser beschrieb, hatte der englische Wissenschaftler und Universalgelehrte Robert Hooke ebenfalls Zellen gesehen – allerdings lebten sie nicht, und sie waren nicht annähernd so vielgestaltig wie das, was der Niederländer beobachtet hatte.[17] Als Wissenschaftler war Hooke vielleicht das Gegenteil von Leeuwenhoek. Er hatte am Wadham College in Oxford studiert, hatte weit gefasste Interessen, unternahm intellektuelle Streifzüge durch viele wissenschaftliche Welten und nahm dabei ganze Fachbereiche in sich auf. Hooke war nicht nur Physiker, sondern auch Architekt, Mathematiker, Astronom, wissenschaftlicher Illustrator und Mikroskopiker.

Anders als die meisten wissenschaftlich gebildeten Gentlemen seiner Zeit – Männer aus wohlhabenden Familien, die es sich leisten konnten, über Philosophie und Naturforschung nachzugrübeln, ohne auf die nächste Lohnzahlung warten zu müssen – stammte Hooke aus einer mittellosen englischen Familie. In Oxford hatte er sich als Stipendiat durchgeschlagen, indem er bei dem angesehenen Physiker Robert Boyle in die Lehre ging. Obwohl er diesem unterstellt war, hatte er sich bis 1662 als kraftvoller, eigenständiger Denker einen Namen gemacht und eine Stellung als »Kurator der Experimente« bei der Royal Society gefunden.

Hooke verfügte über eine glänzende Intelligenz, die elastisch war wie ein Gummiband, das aufleuchtet, wenn es gedehnt wird. Er begab sich auf verschiedene Fachgebiete, die er dann erweiterte und er-

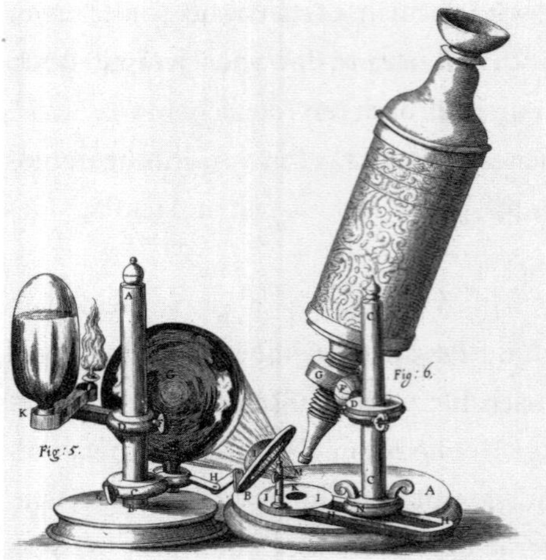

Das zusammengesetzte, zweilinsige Mikroskop von Robert Hooke. Auffällig sind der Messingtubus mit zwei darin befestigten Linsen, eine Flamme mit einer Reihe von Spiegeln als ständige Lichtquelle und das am unteren Ende des Tubus befestigte Untersuchungsmaterial.

leuchtete wie mit einem inneren Licht. Unter anderem verfasste er umfangreiche Schriften über Mechanik, Optik und Materialwissenschaft. Im Gefolge des Großen Brandes von London, der im September 1666 fünf Tage lang wütete und vier Fünftel der Stadt zerstörte, unterstützte Hooke den angesehenen Architekten Christopher Wren bei Vermessungsarbeiten und Wiederaufbau.[18] Er konstruierte ein leistungsfähiges neues Teleskop, mit dem er die zerklüftete Marsoberfläche sichtbar machen konnte. Außerdem studierte und klassifizierte er Fossilien.

Anfang der 1660er-Jahre nahm Hooke eine Reihe mikroskopischer Untersuchungen in Angriff. Im Gegensatz zu den Erfindungen von Antoni van Leeuwenhoek handelte es sich bei seinen Instrumenten um zusammengesetzte Mikroskope. Zwei präzise geschliffene Glaslinsen wurden an den Enden eines beweglichen Rohres angebracht, das dann zur Verbesserung der Schärfe mit Wasser gefüllt wurde. Er schrieb: »Wenn man … ein Objekt ganz in der Nähe platziert und durch das Instrument betrachtet, wird es vergrößert, und manche Objekte werden deutlicher als in einem der großen Mikroskope. Aber auch wenn diese äußerst leicht herzustellen sind, bereiten sie wegen ihrer Kleinheit und der Nähe des Objekts im Gebrauch immer noch Schwierigkeiten; um beides zu verhindern und doch nur zwei Lichtbrechungen zu ermöglichen, habe ich mir ein Messingsrohr hergestellt.«[19]

Im Januar 1665 veröffentlichte Hooke ein Buch, in dem er seine Experimente und mikroskopischen Beobachtungen im Einzelnen darlegte. Es trug den Titel *Micrographia: Or Some Physiological Descriptions of Minute Bodies Made by Magnifying Glasses. With Observations and Inquiries Thereupon* (»Micrographia: Oder einige physiologische Beschreibungen sehr kleiner Körper, erstellt mit Vergrößerungsgläsern. Mit diesbezüglichen Beobachtungen und Untersuchungen«). Das Buch war der Geheimtipp des Jahres – »das genialste Buch, welches ich in meinem ganzen Leben gelesen habe«, wie der Tagebuchschreiber Samuel Pepys vermerkte.[20] Die Zeichnungen winzig kleiner Gebilde, die man nie zuvor in einer solchen Vergrößerung gesehen hatte, erstaunten und faszinierten die Leser. Unter den vielen Dutzend sorgfältig angefertigten Abbildungen fanden sich eine riesige Zeichnung eines Flohs, die Darstellung einer Laus, deren grotesker parasitischer Mund auf die Ausmaße einer Achtelseite vergrößert war, und das Komplexauge einer Stubenfliege mit Hunderten von Linsen, das an einen winzigen Kronleuchter mit vielen Facetten erinnerte.[21] »Die Augen einer Fliege … wirken fast wie ein Gitter«, schrieb er.[22] Hooke machte eine Ameise mit Brandy betrunken, sodass er eine detaillierte Skizze ihrer Antennen anfertigen konnte. Aber versteckt unter all diesen Bildern von Parasiten und Schädlingen war eine relativ banal wirkende Darstellung, die unbemerkt die Fundamente der Biologie erschüttern sollte. Es war ein Querschnitt durch einen Pflanzenstängel, eine dünne Scheibe Kork, die Hooke unter sein Mikroskop gelegt hatte.

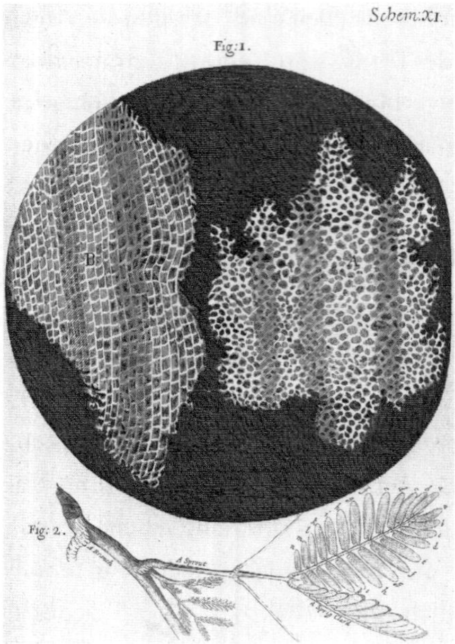

Ein Querschnitt durch ein Stück Kork, gezeichnet von Robert Hooke, aus *Micrographia* (1665). Das Buch fand unerwartet große Aufmerksamkeit und verbreitete sich mit seinen vergrößerten Bildern von winzig kleinen Tieren und Pflanzen in ganz England. Hooke sah in diesem Material wahrscheinlich Zellwände, später konnte er aber auch ganze Zellen in Wasser sichtbar machen.

Wie er dabei feststellte, war Kork nicht nur ein flacher, einheitlicher Materialblock. In der *Micrographia* erklärte er: »Ich nahm ein gutes, sauberes Stück Kork, und mit einem Federmesser, welches ich scharf wie ein Rasiermesser gemacht hatte, schnitt ich davon ein Stück ab, sodass die Oberfläche äußerst glatt war, und untersuchte es sehr sorgfältig mit einem Mikroskop, wobei ich wahrzunehmen glaubte, dass es ein wenig porös war.«[23] Die Poren oder Zellen waren nicht tief, bestanden aber aus »sehr vielen kleinen Schachteln«.[24] Kurz gesagt, war das Stück Kork eine regelmäßige Anordnung vieleckiger Strukturen mit abgegrenzten, sich wiederholenden »Einheiten«, die zusammen das ganze Stück bildeten. Sie ähnelten den Honigwaben in einem Bienenstock – oder den Wohnräumen von Mönchen.

Er suchte dafür nach einem Namen und entschied sich schließlich für *Zellen* nach dem lateinischen *cella*, was so viel wie »kleiner Raum« bedeutet. (In Wirklichkeit hatte Hooke wahrscheinlich keine Zellen gesehen, sondern die Umrisse der Wände, die Pflanzenzellen um sich herum aufbauen; zwischen ihnen lagen vielleicht die wirklichen, lebenden Zellen, aber diese Vermutung wird durch keine Abbildung bestätigt.) Es waren »sehr viele kleine Schachteln«, wie Hooke sie beschrieb. Ohne es zu wissen, hatte er damit eine neue Vorstellung von Lebewesen einschließlich des Menschen aus der Taufe gehoben.

Immer weiter suchte Hooke nach kleinen, eigenständigen lebendigen Einheiten, die mit bloßem Auge nicht zu sehen waren. Im November 1677 schilderte er bei einer Versammlung der Royal Society seine mikroskopischen Untersuchungen an Regenwasser. Die Gesellschaft fasste seine Beobachtungen so zusammen:

> Das erste dort gezeigte Experiment betraf Pfefferwasser, welches mit Regenwasser hergestellt war … in das der Pfeffer neun oder zehn Tage zuvor im Ganzen hineingegeben wurde. Darin hatte Mr Hooke nach einer Woche eine große Zahl äußerst kleiner Tiere entdeckt, welche hin und her schwammen. Durch ein Glas, das ungefähr 100.000-mal vergrößerte, schienen sie die Größe einer Milbe zu haben; infolgedessen, so urteilte man, waren sie 100.000-mal kleiner als eine Milbe. Ihre Form war dem Anschein nach wie die einer sehr kleinen durchsichtigen Blase von der Form eines Ovals oder eines Eies; und das breitere Ende dieser eiförmigen Blase bewegte sich voran. An ihnen wurden im Wasser alle möglichen Hin- und Herbewegungen beobachtet; und von allen, die sie sahen, wurden sie bereitwillig für Tiere gehalten; in ihrem Aussehen könne es dabei keinen Irrtum geben.[25]

Antoni van Leeuwenhoek erfuhr von Hookes Arbeiten und führte in den nächsten zehn Jahren einen Briefwechsel mit ihm; dabei wurde ihm klar, dass die »Tierlein«, die er in seinem Mikroskop gesehen hatte, analog zu den Ansammlungen lebender Einheiten – Zellen – waren, die Hooke im Kork oder als taumelnde Lebewesen in Pfefferwasser beobachtet hatte. In seinen Briefen schwingt aber häufig ein verbitterter, enttäuschter Ton mit; so schrieb er im November 1680: »So ist mir oft zu Ohren gekommen, ich würde nur ausgedachte Geschichten über kleine Tiere erzählen …«[26] In einer vorausschauenden Notiz fuhr er allerdings 1712 fort: »Nein, wir können es noch weiter treiben und in den kleinsten Teilchen dieser kleinen Welt einen neuen, noch nicht erschöpften Fundus der Materie entdecken, der in einem anderen Universum weitergesponnen werden kann.«[27]

Hooke antwortete nur gelegentlich, aber er sorgte dafür, dass Leeuwenhoeks Briefe übersetzt und bei der Royal Society vorgetragen wurden. Aber auch wenn Hooke wahrscheinlich Leeuwenhoeks Ruf für die Nachwelt rettete, blieb sein eigener Einfluss auf die Vorstellungen von der Zellbiologie recht begrenzt. Henry Harris, ein Historiker der Zellbiologie, beschrieb es so: »Hooke äußerte in keinem Augenblick die Vermutung, es könne sich bei diesen Strukturen um Skelettreste der Grundeinheiten handeln, aus denen alle Pflanzen und Tiere zusammengesetzt sind. Und wenn er überhaupt an solche Grundeinheiten dachte, dürfte er sich nicht zwangsläufig vorgestellt haben, dass sie in Größe und Form den Hohlräumen entsprechen, die er im Kork beobachtet hatte.«[28] Er hatte »im Kork die Wände einer lebenden Zelle gesehen, ihre Funktion aber falsch verstanden, und offensichtlich hatte er keinen Begriff davon, was im lebenden Zustand die Hohlräume zwischen den Wänden ausfüllte«.*[29] Ein

---

* Im Jahr 1671 erhielt die Royal Society zwei weitere Briefe: einen von dem

totes Stück Kork mit Poren – was sollte man mit einer solchen mikroskopischen Zeichnung anfangen? Warum war ein Pflanzenstängel so aufgebaut? Wie waren die »Zellen« entstanden? Welche Funktion hatten sie? Gab es sie bei allen Lebewesen? Und welche Bedeutung hatten die lebenden Unterteilungen für einen gesunden Organismus oder für Krankheiten?

Bei Hooke ließ das Interesse an der Mikroskopie irgendwann nach. Sein vielseitiger Intellekt musste weite Streifzüge unternehmen, und so kehrte er zu Optik, Mechanik und Physik zurück. Hookes Interesse an praktisch allem dürfte auch sein entscheidender Schwachpunkt gewesen sein. Sein persönlicher Leitspruch war auch das Motto der Royal Society: *Nullius in verba*, frei übersetzt ungefähr »nimm niemals Worte als Beweis«. Er sprang von einem wissenschaftlichen Fachgebiet zum nächsten, formulierte folgenschwere Erkenntnisse, glaubte niemandem, beanspruchte die Vorherrschaft über entscheidende Teile der Wissenschaft, erlangte aber nie die umfassende Kompetenz für irgendein Thema. Er hatte sich am Vorbild des aristotelischen Philosophen und Wissenschaftlers orientiert, der alle Themen der Welt untersucht und alle Belege beurteilt, aber damit entsprach

---

italienischen Wissenschaftler Marcello Malpighi, einen anderen von Nehemiah Grew, einem Sekretär der Gesellschaft. Beide beschrieben die Form von Zellen in verschiedenen Geweben, insbesondere aber in pflanzlichem Material. Aber obwohl Leeuwenhoek und Hooke diese Arbeiten zur Kenntnis nahmen, wurden Malpighis und Grews Beobachtungen an der Anatomie von Zellen im 17. Jahrhundert weitgehend übergangen. Grews Zeichnungen von Zellen in Pflanzenstängeln sind weitgehend in Vergessenheit geraten, aber Malpighi, der im weiteren Verlauf die mikroskopische Anatomie von Tiergewebe erforschte, lebt in Form der vielen Zellstrukturen weiter, die nach ihm benannt sind, so die Malpighi-Schicht in der Haut und die Malpighi-Zellen in der Niere.

er nicht der modernen Vorstellung vom Wissenschaftler als Experten für ein einziges Thema. Darunter litt sein Ruf.

Im Jahr 1687 veröffentlichte Isaac Newton seine *Philosophiae Naturalis Principia Mathematica* (»Die mathematischen Grundlagen der Naturphilosophie«), ein in Tiefe und Breite so weit gefasstes Werk, dass es die Vergangenheit erschütterte und für die Zukunft der Wissenschaft eine neue Landschaft zeichnete.[30] Eine seiner Offenbarungen war Newtons allgemeines Gravitationsgesetz. Aber Hooke behauptete, er habe die Gravitationsgesetze schon früher formuliert und Newton habe seine Beobachtungen abgeschrieben.

Es war eine absurde Behauptung. Tatsächlich hatten Hooke und mehrere andere Physiker die Vermutung geäußert, die Planetenkörper würden durch unsichtbare »Kräfte« von der Sonne angezogen, aber keine der früheren Analysen besaß nur annähernd die mathematische Strenge oder wissenschaftliche Tiefe, mit denen Newton das Rätsel in seinen *Principia* behandelte.[31] Die Meinungsverschiedenheiten zwischen Hooke und Newton schwelten über Jahrzehnte, aber Newton, so kann man mit Fug und Recht behaupten, lachte zuletzt. Einer häufig erzählten und wahrscheinlich nicht belegten Geschichte zufolge ging das einzige Porträt von Hooke verloren, als Newton 1710, sieben Jahre nach dem Tod des Widersachers, den Umzug der Royal Society in ihr neues Quartier in Crane Court beaufsichtigte – und dann versäumte, ein neues, posthumes Bild in Auftrag zu geben. Der Pionier der Optik, der Mann, der ganze Universen ins Blickfeld rückte, bleibt für uns unsichtbar. Heute existiert kein Abbild oder Porträt von Hooke.[32]

KAPITEL 3

Zellen überall

»Das kleinste Teilchen dieser kleinen Welt«

Ich konnte überaus genau feststellen, dass sie ähnlich wie eine Bienenwabe völlig durchlöchert und porös ist, aber die Poren waren nicht regelmäßig … Diese Poren oder Zellen … waren in der Tat die ersten mikroskopisch kleinen Poren, die ich jemals gesehen habe.
– Robert Hooke, 1665[1]

Sobald man das Mikroskop zur Erforschung der Struktur der Pflanzen benutzte, musste die große Einfachheit derselben im Vergleich mit der Struktur der Tiere auffallen.
– Theodor Schwann, 1839[2]

In der Geschichte der Biologie gab es oftmals Höhepunkte mit gewaltigen Entdeckungen, auf die dann Täler des Schweigens folgten. Nachdem Gregor Mendel 1865 das Gen entdeckt hatte, kam es zu »einer der seltsamsten Schweigephasen in der Wissenschaftsgeschichte«[3]: Die Gene (oder »Faktoren« und »Elemente«, wie Mendel sie locker nannte) wurden fast 40 Jahre lang nicht mehr erwähnt und erst Anfang des 20. Jahrhunderts wiederentdeckt. Der Londoner Arzt Benjamin Marten kam schon 1720 auf den Gedanken, die Tuberkulose – die Phthisis oder Schwindsucht, wie sie damals genannt wurde – könne eine ansteckende Erkrankung der Atmungsorgane sein, die wahrscheinlich von mikroskopisch kleinen Lebewesen übertragen wurde. Diese potenziell ansteckenden Elemente nannte er »wundersam kleine Lebewesen«[4] und *contagium vivum* oder »lebende Ansteckung«[5] (man beachte das Wort *lebende*). Hätte Marten seine medizinischen Entdeckungen weiterverfolgt, er wäre zum Vater der modernen Mikrobiologie geworden; so aber musste noch fast ein Jahrhundert vergehen, bevor die Mikrobiologen Robert Koch und Louis Pasteur den Zusammenhang zwischen Krankheiten, Verwesung und den Zellen von Mikroorganismen herstellten.

Wenn man aber in diese Täler der Geschichte hinabsteigt, so stellt man fest, dass sie keineswegs von Schweigen oder Untätigkeit geprägt sind. Es handelte sich um außerordentlich fruchtbare Zeiträume: Wissenschaftler waren eifrig bemüht, die Größenordnung, Allgemeingültigkeit und Erklärungskraft einer Entdeckung geistig zu erfassen. Ist die Entdeckung eine universelle, umfassende Gesetzmäßigkeit lebender Systeme oder eine eigentümliche Besonderheit eines Huhns, einer Orchidee oder eines Frosches? Erklärt sie zuvor unerklärliche Beobachtungen? Liegen dahinter noch weitere Organisationsebenen?

Zum Teil lässt sich das Tal des Schweigens damit erklären, dass es einige Zeit dauerte, bis man Instrumente und Modellsysteme zur Beantwortung solcher Fragen entwickelt hatte. Die Genetik musste erst auf die Arbeiten des Biologen Thomas Morgan warten: Er erforschte in den 1920er-Jahren die Vererbung von Merkmalen bei Taufliegen und bewies damit die physische Existenz der Gene. Außerdem entwickelte man die Röntgenstrukturanalyse, eine Methode, mit der in den 1950er-Jahren die räumliche Struktur der DNA und anderer Moleküle entschlüsselt wurde; jetzt endlich verstand man, wie Gene physisch aussehen. Die Atomtheorie, die John Dalton erstmals schon Anfang des 19. Jahrhunderts formuliert hatte, musste abwarten, bis man 1890 die Kathodenstrahlröhre erfunden hatte, und erst Anfang des 20. Jahrhunderts wurden die mathematischen Gleichungen der Quantenphysik entwickelt, mit denen man den Aufbau der Atome aufklären konnte. Die Zellbiologie musste auf Zentrifugentechnik, Biochemie und Elektronenmikroskopie warten.

Eine ähnliche Antwort gibt es aber vielleicht auch für die notwendigen begrifflichen oder heuristischen Veränderungen, mit denen man von der Beschreibung eines Gebildes – einer Zelle unter dem Mikroskop oder eines Gens als Einheit der Vererbung – zu einem Verständnis für seine Allgemeingültigkeit, seinen Aufbau, seine Funktion und sein Verhalten gelangen konnte. Am kühnsten sind atomistische Behauptungen: Jemand spricht sich dafür aus, die Welt mit ihren elementaren Einheiten grundlegend neu zu organisieren. Atome. Gene. Zellen. Man muss eine Zelle ganz anders *denken*: nicht als Gegenstand unter dem Objektiv eines Mikroskops, sondern als Funktionsträger für alle physiologisch-chemischen Reaktionen, als Organisationseinheit aller Gewebe und als immer wiederkehrender Ort für Physiologie und Pathologie. Von einer bruchlosen Organisation der biologischen Welt müssen wir zu einer Beschreibung gelangen, in der unterbrochene, getrennte, eigenständige Elemente das Vereinheitlichende sind. Im übertragenen Sinn könnten wir sagen: Wir müssen über das (kontinuierliche, körperliche, sichtbare) »Fleisch« hinausblicken und uns ein (unsichtbares, aus Teilchen bestehendes, nicht kontinuierliches) »Blut« vorstellen.

Ein solches Tal war für die Zellbiologie die Zeit zwischen 1690 und 1820. Seit Hooke in einem Stück abgeschältem Kork die Zellen – oder genauer gesagt die Zellwände – entdeckt hatte, richteten Heerscharen von Botanikern und Zoologen ihre Mikroskope auf Material von Tieren und Pflanzen, um die mikroskopische Feinstruktur immer besser zu erfassen. Antoni van Leeuwenhoek spähte bis zu seinem Tod 1723 immer wieder durch Mikroskope und beschrieb Elemente der unsichtbaren Welt – »lebende Atome«, wie er sie nannte. Die Erregung, die er bei seiner ersten Begegnung mit der unsichtbaren Welt empfunden hatte, ließ ihn nie mehr los (und ich vermute, mich wird sie auch nie loslassen).

Ende des 17. und Anfang des 18. Jahrhunderts gelangten Mikroskopiker wie Marcello Malpighi und Xavier Bichat zu der Erkenntnis, dass es sich bei Leeuwenhoeks »lebenden Atomen« nicht zwangsläufig oder ausschließlich um einzelne Zellen handeln musste; vielmehr organisierten sich die Zellen in komplizierter gebauten Tieren und Pflanzen auch zu Geweben. Insbesondere der französische Anatom Bichat unterschied bereits zwischen 21 (!) grundlegenden Gewebeformen, aus denen die Organe der Menschen aufgebaut sind. Tragischerweise starb er schon mit 31 Jahren an Tuberkulose.[6] Was die Struktur dieser grundlegenden Gewebe angeht, hatte Bichat zwar hier und da unrecht, aber er brachte die Zellbiologie in Richtung der Histologie voran, der Erforschung der Gewebe und Systeme zusammenwirkender Zellen.

Energischer als alle Mikroskopiker bemühte sich aber François-Vincent Raspail darum, aus diesen ersten Beobachtungen eine Theorie der *Physiologie* von Zellen zu entwickeln. Ja, räumte er ein, es gebe Zellen, überall Zellen – im Gewebe von Pflanzen und Tieren –, aber wenn man verstehen wollte, warum es sie gab, musste man wissen, was sie taten.

Raspail glaubte an Taten.[7] Der autodidaktisch gebildete Botaniker, Chemiker und Mikroskopiker wurde 1794 in Carpentras im südfranzösischen Département Vaucluse geboren. Er stilisierte sich zum aufgeklärten Freidenker, lehnte es ab, katholische Gelübde abzulegen, und widmete sich oppositionellen moralischen, kulturellen, akademischen und politischen Standpunkten. Es kostete ihn Überwindung, wissenschaftlichen Gesellschaften beizutreten, weil er diese schwerfällig und altmodisch fand, und er entschloss sich auch, nicht Medizin zu studieren. Dagegen hatte Raspail keinerlei Bedenken, sich während der Revolution der 1830er-Jahre mit Geheimgesellschaften zur Befreiung Frankreichs einzulassen, und das führte dazu, dass er von 1832 bis Anfang 1840 inhaftiert wurde. Im Gefängnis brachte er seinen Mithäftlingen etwas über Keimfreiheit, sanitäre Verhältnisse und Hygiene bei. Im Jahr 1846 wurde Raspail erneut wegen eines versuchten Staatsstreichs vor Gericht gestellt; außerdem warf man ihm vor, er habe Gefangenen medizinische Ratschläge erteilt, ohne ein formelles medizinisches Examen zu besitzen. Er wurde nach Belgien verbannt, aber selbst seine Ankläger fanden im Prozess entschuldigende Worte: »Der Gerichtshof steht heute einem herausragenden Wissenschaftler gegenüber, einem Mann, den als Mitglied zu haben für den medizinischen Berufsstand eine Ehre wäre, wenn er sich nur herablassen könnte, ein Diplom der Medizinischen Fakultät anzunehmen.«[8] Wie es typisch für ihn war, lehnte Raspail ab.[9]

Dennoch veröffentlichte Raspail trotz aller politischen Ablenkungen und ohne formelle biologische Ausbildung zwischen 1825 und 1860 mehr als 50 Aufsätze über die verschiedensten Themen, darunter Botanik, Anatomie, Gerichtsmedizin, Zellbiologie und Keimfreiheit. Außerdem ging er über die Arbeiten seiner Vorgänger hinaus und untersuchte die Zusammensetzung, Funktion und Herkunft von Zellen.

Woraus bestehen Zellen? »Jede Zelle wählt aus ihrem umgebenden Milieu aus und nimmt sich nur das, was sie braucht«, schrieb er Ende der 1830er-Jahre und gab damit einen Vorgeschmack auf ein Jahrhundert der Zellbiochemie.[10] »Zellen haben mehrere Mittel zur Auswahl, was zu unterschiedlichen Anteilen von Wasser, Kohlenstoff und Basen führt, welche in die Zusammensetzung ihrer Zellwände einfließen. Man kann sich leicht vorstellen, dass bestimmte Wände den

Durchtritt bestimmter Moleküle gestatten«, fuhr Raspail fort, womit er sowohl die Vorstellung von einer selektiven, porösen Zellmembran als auch die Autonomie der Zelle und den Gedanken von der Zelle als Einheit des Stoffwechsels vorwegnahm.

Was taten Zellen? »Eine Zelle ist … eine Art Laboratorium«, postulierte er. Halten wir einmal kurz inne und überlegen, was für ein weitreichender Gedanke das ist. Ausgehend von wenigen grundlegenden Annahmen über Chemie und Zellen, gelangte Raspail zu dem Schluss, dass eine Zelle chemische Prozesse ausführt und so Gewebe und Organe funktionieren lässt. Mit anderen Worten: *Sie macht Physiologie möglich.* In seiner Vorstellung war die Zelle der Schauplatz der Reaktionen, die das Leben aufrechterhalten. Aber die Biochemie steckte noch in den Anfängen, und so war für Raspail nicht zu erkennen, welche chemischen Vorgänge und Reaktionen in dem »Laboratorium« der Zelle ablaufen. Er konnte sie nur theoretisch beschreiben. Als Hypothese.

Und schließlich die Frage: Woher kommen die Zellen? In einem Manuskript von 1825 versteckte Raspail in einer flüchtigen Fußnote den lateinischen Merksatz *Omnis cellula ex cellula* – jede Zelle kommt aus einer Zelle.[11] Da er weder über Hilfsmittel noch über experimentelle Methoden verfügte, um seine Aussage zu beweisen, ging er der Frage nicht weiter nach, aber er hatte bereits die grundlegenden Vorstellungen davon, was eine Zelle ist und was sie tut, verändert.

Unorthodoxe Köpfe erhalten unorthodoxe Belohnungen. Raspail, der sowohl der Gesellschaft im Allgemeinen als auch den wissenschaftlichen Gesellschaften die kalte Schulter zeigte, wurde vom wissenschaftlichen Establishment in Europa nie anerkannt. Aber einer der längsten Boulevards von Paris, eine Straße, die sich von den Katakomben bis nach Saint-Germain erstreckt, ist nach ihm benannt. Spaziert man über den Boulevard Raspail, kommt man am Institut Giacometti vorüber, wo Skulpturen einsamer, skelettartiger Männer in immerwährende Gedanken vertieft auf kleinen linsenförmigen Protesten stehen. Jedes Mal, wenn ich über diese Straße schlendere, muss ich an den widerborstigen, trotzigen Pionier der Zellbiologie denken (auch wenn Raspail, wie ich anmerken sollte, nicht gerade ein Knochengerüst war). Immer wieder fällt mir die Vorstellung von der Zelle als Labor für die Physiologie eines Lebewesens ein: Jede Zelle, die in einem meiner Brutschränke heranwächst, ist ein Labor in einem Labor. Die T-Zellen, die ich in dem Institut in Oxford unter dem Mikroskop gesehen hatte, waren »Überwachungslabors«: Sie schwimmen in Flüssigkeiten und finden krankheitserregende Viren, die sich in anderen Zellen verstecken. Die Samenzellen, die Leeuwenhoek unter seinem Mikroskop sah, sind »Informationslabors«, Sammelbecken der Erbinformation eines Mannes, die in DNA verpackt und mit einem kräftigen schwimmenden Motor verbunden wird, damit sie zur Fortpflanzung an die Eizelle geliefert werden kann. Die Zelle experimentiert mit der Physiologie, schleust Moleküle ein und aus, produziert und zerstört Substanzen. Sie ist das Labor für die Reaktionen, die das Leben ermöglichen.

Zu einer anderen Zeit oder vielleicht auch an einem anderen Ort hätte die Entdeckung einheitlicher, selbstständiger lebender Materieformen – Zellen – in der Biologie vielleicht nicht eine solche Aufregung verursacht. Aber die Zellbiologie war im Augenblick ihrer Entstehung mit zwei der hitzigsten Debatten konfrontiert, die in der europäischen Wissenschaft des 17. und 18. Jahrhunderts im Zusammenhang mit dem Leben tobten. Beide mögen heute abwegig erscheinen, aber damals stellten sie eine schwerwiegende Herausforderung für die Zelltheorie dar. In den 1830er-Jahren, als das Fachgebiet aus dem Schatten seiner Entstehung trat, mussten die Zellbiologen beide Herausforderungen geradewegs annehmen; erst dann konnte ihre Disziplin heranreifen.

Die erste Debatte ging von den Vitalisten aus, einer Gruppe von Biologen, Chemikern, Philosophen und Theologen, nach deren Überzeugung Lebewesen nicht aus den gleichen Substanzen aufgebaut sein können, die man ansonsten überall in der Natur findet. Vitalistische Theorien hatte es schon seit Aristoteles' Zeit gegeben, aber als der Vitalismus im späten 18. Jahrhundert mit der Romantik verschmolz, entstand ein von Leidenschaft geprägtes Naturbild, und dieses war von einer besonderen »organischen« Seele durchtränkt, die sich angeblich nicht auf irgendwelche chemischen oder physikalischen Stoffe oder Kräfte zurückführen ließ. Einflussreiche Vertreter dieser Denkschule waren in den 1790er-Jahren der französische Histologe Marie François Xavier Bichat und Anfang des 19. Jahrhunderts der deutsche Physiologe Justus von Liebig. Ihre beredteste poetische Stimme fand die Bewegung 1795 in Samuel Coleridge: Er malte sich aus, die gesamte »beseelte Natur« würde ins Dasein treten, wenn sie von dieser Lebenskraft durchströmt ist, genau wie ein Windhauch in einer Harfe widerhallen und Musik hervorbringen kann, die sich nicht auf ihre bloßen Töne zurückführen lässt. Coleridge schrieb: »Und was wäre, wenn die ganze belebte Natur/ nichts ist als lebendige, verschieden geformte Harfen,/ deren Schwingungen zu Gedanken werden, wenn über sie,/ schöpferisch und unermesslich, der eine Geisteshauch streicht,/ der zugleich die Seele jeder einzelnen ist und der Gott aller?«[12]

Die Vitalisten behaupteten, es müsse eine Art göttliche Spur geben, die Flüssigkeiten und Körper der Lebewesen zu etwas Besonderem macht. Den Wind in der Harfe. Menschen waren demnach nicht einfach eine Ansammlung »lebloser«, anorganischer chemischer Reaktionen, und selbst wenn sie aus Zellen bestanden, mussten auch die Zellen selbst die Flüssigkeit des Lebens enthalten. Mit den Zellen als solchen hatten die Vitalisten kein Problem. Aus ihrer Sicht hätte ein göttlicher Schöpfer, der im Lauf von sechs Tagen die gesamte Bandbreite der biologischen Organismen geschaffen hatte, sich durchaus entschließen können, sie aus einheitlichen Bausteinen zusammenzusetzen (wie viel einfacher ist es doch, einen Elefanten und einen Tausendfüßler aus den gleichen Elementen zusammenzusetzen, insbesondere wenn man bei einer dringenden Bestellung die gesamte Ware innerhalb von sechs Tagen liefern muss). Ihnen ging es um den *Ursprung* der Zellen. Manche Vitalisten erklärten, Zellen würden in Zellen geboren wie Menschen im menschlichen Mutterleib; andere spekulierten, Zellen würden von selbst aus der Lebensflüssigkeit »kristallisieren« wie Chemikalien, die in der Welt des Anorganischen Kristalle bilden – nur mit dem Unterschied, dass in diesem Fall lebende Materie ihrerseits lebende Materie hervorbrachte. Eine natürliche Begleiterscheinung des Vitalismus war die Vorstellung von der »Spontanzeugung«: Danach war die Lebensflüssigkeit, die alle lebendigen Systeme durchfließt, notwendig und ausreichend, um Leben aus sich selbst heraus zu schaffen. Einschließlich der Zellen.

Die Gegenposition zu den Vitalisten vertrat eine kleine angefeindete Gruppe von Wissenschaftlern: Nach ihrer Ansicht waren Lebenssubstanzen und natürliche Substanzen ein und dasselbe; danach entstehen Lebewesen nicht von selbst, sondern durch Geburt und Entwicklung aus anderen Lebewesen. In Berlin untersuchte der deutsche Wissenschaftler Robert Remak in den 1830er-Jahren Froschembryonen und Hühnerblut unter dem Mikroskop. Er wollte die Geburt einer Zelle beobachten, die im Blut von Hühnern ein besonders seltenes Ereignis ist, also wartete er. Und wartete. Eines Abends schließlich sah er es: Unter seinem Mikroskop konnte er beobachten, wie eine Zelle zitterte, größer wurde, sich ausbeulte und zweiteilte, sodass zwei »Tochterzellen« entstanden. Durch Remaks Wirbelsäule muss nicht weniger als ein Schwall der Euphorie geschossen sein, hatte er doch einen unbestreitbaren Beleg gefunden, dass Zellen aus der Teilung vorhandener Zellen hervorgehen – *Omnis cellula ex cellula*, wie Raspail in seiner unauffälligen Fußnote geschrieben hatte.* Aber Remaks bahnbrechende Beobachtung wurde weitgehend übergangen, denn als Jude wurde ihm eine ordentliche Professur an der Universität verweigert. (100 Jahre später wurde sein Sohn, ein angesehener Mathematiker, im Vernichtungslager von Auschwitz ermordet.)

Dennoch behaupteten die Vitalisten auch weiterhin, Zellen würden sich aus den Lebensflüssigkeiten zusammenballen. Um sie zu widerlegen, mussten die Vitalismus-Gegner erklären, wie Zellen entstehen, und diese Aufgabe, so glaubten die Vitalisten, werde man niemals bewältigen.

Die zweite Diskussion, die im frühen 19. Jahrhundert schwelte, drehte sich um die Präformationstheorie: Danach liegt der Fetus eines Menschen im Kleinformat, aber bereits vollständig ausgebildet vor, wenn er im Mutterleib nach der Befruchtung zum ersten Mal auftaucht. Die Präformationstheorie hatte eine lange, wechselvolle Geschichte: Ihr Ursprung lag vermutlich in Volksmärchen und Mythen, später wurde sie von den ersten Alchimisten übernommen. Der Schweizer Alchimist und Arzt Paracelsus schrieb Mitte des 16. Jahrhunderts über »durchsichtige« kleine Menschen, die »ein wenig wie ein Mann« aussehen und im Fetus bereits vorhanden sein sollten. Manche Alchimisten waren vollständig davon überzeugt, dass alle Formen des Menschen in einem Fetus bereits vorhanden seien, und

---

* Der deutsche Botaniker Hugo von Mohl hatte im Bildungsgewebe von Pflanzen ebenfalls die Geburt von Zellen beobachtet. Sowohl Remak als auch Virchow kannten von Mohls Arbeiten, die später von Theodor Boveri und Walther Flemming erweitert wurden – die beiden beschrieben die Stadien der Zellteilung in Pflanzen- und Seeigelzellen.

kamen auf die Idee, man müsse nur ein Hühnerei mit menschlichem Sperma ausbrüten, dann werde ein vollständig ausgebildeter Mensch entstehen, weil die Anweisungen zu seinem Aufbau in den Samenzellen bereits vorhanden seien. Zeichnungen, die der niederländische Mikroskopiker Nicolaas Hartsoeker 1694 veröffentlichte, zeigten winzige Miniaturmenschen in Samenzellen; sie waren mit Kopf, Händen und Füßen ausgestattet, die alle wie gefaltetes Papier im Kopf der Samenzelle lagen – das alles hatte er angeblich unter dem Mikroskop beobachtet.[13] Die Zellbiologen mussten eine schwierige Frage beantworten: Wie kann ein so komplexes Lebewesen wie ein Mensch aus einer befruchteten Eizelle entstehen, wenn darin *nicht* bereits eine vorgeformte Matrize enthalten ist?

Erst die Demontage der Theorien von Vitalismus und Präformation – an deren Stelle die Zelltheorie trat – stellte die neue Wissenschaft auf feste Fundamente und leitete das Jahrhundert der Zelle ein.

Mitte der 1830er-Jahre, während François-Vincent Raspail im Gefängnis schmorte und Rudolf Virchow sich noch mit dem Medizinstudium abmühte, war der junge deutsche Rechtsanwalt Matthias Schleiden in seinem Beruf frustriert. Erfolglos versuchte er, sich eine Kugel in den Kopf zu schießen – er traf daneben. Durch den gescheiterten Selbstmordversuch geläutert, entschloss sich Schleiden, die Rechtswissenschaft aufzugeben und sich seiner wahren Leidenschaft zuzuwenden: der Botanik.

Er fing an, Pflanzengewebe unter dem Mikroskop zu studieren. Die Instrumente hatten sich seit Hookes und Leeuwenhoeks Zeiten stark weiterentwickelt und ließen sich jetzt mit guten Linsen und fein abgestimmten Knöpfen ausgezeichnet fokussieren. Als Botaniker war Schleiden neugierig auf das wahre Wesen von Pflanzengewebe, und als er Stängel, Blätter, Wurzeln und Blüten betrachtete, fand er die gleichen einheitlichen Strukturen, die Hooke bereits entdeckt hatte. Gewebe, so schrieb er, seien Ansammlungen winziger vieleckiger Bausteine: »eine Ansammlung völlig individueller, unabhängiger und klar getrennter Lebewesen, die Zellen selbst«[14].

Schleiden erörterte seine Beobachtungen mit dem Zoologen Theodor Schwann, in dem er einen loyalen, einfühlsamen Partner und lebenslangen Kollegen fand. Schwann hatte beobachtet, dass die Gewebe von Tieren ebenfalls nach einem System organisiert sind, das sich nur unter dem Mikroskop erschließt: Sie sind Baustein für Baustein aus Zellen aufgebaut. »Ein großer Teil der tierischen Gewebe entsteht oder besteht aus Zellen«, schrieb er 1838 in einer Abhandlung[15]: »So groß die Mannigfaltigkeit ist, welche [Organe und Gewebe] in ihrer äußeren Form darbieten, so einfach ist ihre innere Struktur. Dieser außerordentliche Reichtum von Gestalten wird nur hervorgebracht durch die verschiedene Aneinanderfügung einfacher Elementargebilde, die zwar verschiedene Modifikationen zeigen, aber wesentlich überall dasselbe sind, nämlich *Zellen.*«[16] Aus diesen lebenden Einheiten sind die komplexen Gewebe von Pflanzen und Tieren aufgebaut – Wolkenkratzer, zusammengesetzt aus Legosteinen. Sie haben das gleiche Organisationsprinzip. Die faserförmigen Muskelzellen mögen ganz anders aussehen als ein rotes Blutkörperchen oder eine Leberzelle, aber »auch wenn sie verschiedene Modifikationen darstellen«, so Schwann, sind sie das Gleiche: lebende Einheiten zum Aufbau lebender Organismen. In jedem Gewebe, das Schwann eingehend untersuchte, fand er kleinere Einheiten des Lebendigen: die »sehr viel kleinen Schachteln«, die schon Hooke beschrieben hatte.

Weder Schwann noch Schleiden hatten etwas Neues gefunden oder eine bis dahin unbekannte Eigenschaft der Zellen enthüllt. Den Ruhm brachte ihnen nicht der Neuigkeitswert, sondern die schiere Kühnheit ihrer Behauptung. Sie führten die Arbeiten ihrer Vorgänger – Hooke,

Leeuwenhoek, Raspail, Bichat und der niederländische Wissenschaftler und Arzt Jan Swammerdam – zusammen und verschmolzen sie zu einer radikalen Behauptung. Wie die beiden erkannten, waren die Entdeckungen all dieser Wissenschaftler keine besondere oder eigentümliche Eigenschaft einzelner Gewebe oder einzelner Tiere und Pflanzen, sondern ein umfassendes, allgemeingültiges Prinzip der Biologie.* Was tun Zellen? Nun ja, sie bauen Lebewesen auf. Als Reichweite und Allgemeingültigkeit ihrer Behauptungen immer deutlicher wurden, formulierten Schleiden und Schwann nach und nach die beiden ersten Lehrsätze der Zelltheorie.

1. Alle Lebewesen bestehen aus einer oder mehreren Zellen.
2. Die Zelle ist in den Lebewesen die Grundeinheit von Struktur und Organisation.

---

* Je tiefer Wissenschaftshistoriker in die Anfangsjahre der Zellbiologie vordringen, desto wolkiger wird die Behauptung, Schwann und Schleiden seien als Erste auf die Zelltheorie gestoßen. Insbesondere die bahnbrechenden Arbeiten des Wissenschaftlers Jan Purkinje und einiger seiner Studenten, darunter Gabriel Gustav Valentin, wurden offenbar im Wesentlichen übersehen. Teilweise dürfte dies eine Folge des wissenschaftlichen Nationalismus sein: Schwann, Schleiden und Virchow arbeiteten in Deutschland und schrieben ihre Arbeiten auf Deutsch, das damals als die anspruchsvollste Sprache der Wissenschaft galt. Purkinje und seine Schüler dagegen waren in Breslau tätig. Die Stadt gehörte zwar offiziell zu Preußen, galt aber meist als rückständiger Außenposten, der vorwiegend von polnischen Bürgern bevölkert war. Nachdem Purkinje und Valentin 1834 ein neues Mikroskop erhalten hatten, stellten sie an Geweben verschiedene Beobachtungen an und schickten einen Aufsatz an das Institut de France. Darin vertraten sie die Ansicht, manche Tiere und Pflanzen seien aus einheitlichen Bestandteilen aufgebaut. Im Gegensatz zu Schwann und Schleiden hielten sie dies aber nicht für ein umfassendes, allgemeingültiges Prinzip, das für alle lebende Materie gilt.

Aber auch Schwann und Schleiden hatten noch Mühe mit der Frage, woher Zellen kommen. Tiere und Pflanzen bestehen aus unabhängigen, eigenständigen lebenden Einheiten, aber wo haben diese Einheiten ihren Ursprung? Letztlich müssen alle Zellen eines Tiers aus der ersten befruchteten Zelle entstanden sein, und diese Zelle muss sich millionen- oder milliardenfach vermehrt haben, bis der Organismus fertig ist. Wie also sah der Vorgang aus, durch den Zellen entstehen und sich vervielfachen?

Sowohl Schwann als auch Schleiden waren begeisterte Studenten des Physiologen Johannes Müller gewesen, der in der abgehobenen Welt der biologischen Wissenschaften in Deutschland einen einzigartig dominierenden Einfluss hatte. Als »zerrissene, rätselhafte Übergangsfigur«, wie die Wissenschaftshistorikerin Laura Otis ihn mir gegenüber beschrieb[17], war Müller ein von Widersprüchen heimgesuchter Wissenschaftler: Einerseits war er in der vitalistischen Überzeugung gefangen, dass lebende Materie besondere Eigenschaften hat, andererseits suchte er aber ständig nach vereinheitlichenden wissenschaftlichen Gesetzmäßigkeiten, die für die gesamte Welt des Lebendigen galten.* Schleiden war von Müllers Suche nach einheitlichen Gesetzmäßigkeiten beeinflusst und wandte sich der Frage zu, wie Zellen entstehen. Er konnte seine mikroskopischen Beobachtungen an Zellen und die Frage, wie sich innerhalb der Gewebe so viele

* Müllers innere Konflikte im Zusammenhang mit dem Vitalismus zeigten sich auch in vielen seiner Schriften. Ein Beispiel ist die Einleitung zu seinem bahnbrechenden *Handbuch der Physiologie des Menschen*. Darin schilderte er seine Unsicherheit im Zusammenhang mit der Entstehung des Lebens aus »Lebensflüssigkeiten« oder »gewöhnlichem« anorganischen Material: »Die Art der Verbindung der Elemente ist in den organischen Körpern so eigentümlich und durch so eigentümliche Kräfte bewirkt, dass die Chemie zwar organische Verbindungen aufzulösen, aber keine zu bilden vermag.«[18]

organisierte Einheiten bilden können, nur mit einem Mechanismus erklären: Er brachte sie in Zusammenhang mit der Kristallisation, einem chemischen Prozess, der ebenfalls viele organisierte Einheiten einer chemischen Verbindung entstehen lässt. Müller hatte die Ansicht vertreten, Zellen müssten durch eine Art Kristallisationsprozess in einer Lebensflüssigkeit entstehen, und Schleiden konnte sich nicht überwinden, ihm zu widersprechen.

Aber je länger Schwann die Gewebe unter dem Mikroskop beobachtete, desto stärker neigte er dazu, diese Theorie über den Haufen zu werfen. Wo waren die sogenannten lebenden Kristalle? In seinen *Mikroskopischen Untersuchungen* schrieb er: Der Prozess der Kristallbildung … ist daher das nächste Analogon der Zellenbildung[19] … Sie [die Kristallisation] enthält sehr viel Ungewisses und Paradoxes.«[20] Aber so paradox es auch war: Selbst Schwann konnte die Lehrmeinung des Vitalismus nicht hinter sich lassen, trotz allem, was seine Augen ihm sagten. Er erklärte: »Die wichtigste Erkenntnis lautet, dass der Entwicklung ein gemeinsames Prinzip zugrunde liegt … Genau wie die gleichen Gesetze auch der Bildung der Kristalle zugrunde liegen.«[21] Er konnte sich noch so viel Mühe geben, wie eine Zelle geboren wird, begriff er nicht.

Im Herbst 1845 wurde Rudolf Virchow, der 24 Jahre alt war und gerade erst sein Medizinstudium abgeschlossen hatte, in Berlin wegen eines medizinischen Falls konsultiert: Eine 50-jährige Frau litt an unheilbarer Müdigkeit, einer Schwellung des Bauchs und einer spürbar vergrößerten Milz. Er nahm ihr einen Tropfen Blut ab und untersuchte ihn unter dem Mikroskop. In der Probe zeigte sich eine außergewöhnlich große Zahl weißer Zellen. Virchow nannte den Zustand *Leukocythämie* und vereinfachte den Namen später zu *Leukämie* – ein Übermaß an weißen Blutzellen.[22]

Über einen ähnlichen Fall war aus Schottland berichtet worden.

An einem Abend im März 1845 wurde der schottische Arzt John Bennett dringend zu einem 28-jährigen Plattenleger gerufen, der aus rätselhaften Gründen im Sterben lag. »Er ist von dunkler Gesichtsfarbe«, schrieb Bennett, »und gewöhnlich gesund und maßvoll; er erklärt, vor 20 Monaten sei er bei Anstrengungen von großer Teilnahmslosigkeit ergriffen worden, welche sich bis zum heutigen Tag fortgesetzt hat. Im letzten Juni bemerkte er einen Tumor an der linken Seite seines Bauches, der bis vor vier Monaten an Größe zunahm und dann so blieb.«[23]

Während der nächsten Wochen entwickelten sich bei Bennetts Patienten große Tumore in den Achselhöhlen, der Leistenbeuge und am Hals. Als der Patient wenige Wochen später obduziert wurde, stellte Bennett fest, dass das Blut des Plattenlegers voller weißer Blutzellen war. Er äußerte die Vermutung, der Patient sei einer Infektion erlegen. »Der folgende Fall scheint mir besonders wertvoll zu sein«, schrieb er, »wird er doch zu dem Nachweis dienen, dass es echten Eiter gibt, der sich allgemein im Gefäßsystem bildet.«[24] Er sprach von einer spontanen »Vereiterung des Blutes« – womit er unausgesprochen nach Art der Vitalisten zur Spontanzeugung zurückkehrte. Ansonsten deutete aber nichts auf eine Infektion oder Entzündung hin, eine Tatsache, die bei den Ärzten für Verwirrung sorgte.

Der schottische Fall galt als medizinische Kuriosität oder Anomalie, aber Virchow, der die gleichen Eigenheiten beobachtet hatte, war fasziniert. Wenn Schwann, Schleiden und Müller recht hatten und Zellen sich durch die Kristallisation von Lebensflüssigkeiten bildeten, warum – oder wie – waren dann Millionen weiße Zellen wie aus dem Nichts im Blut kristallisiert?

Über die Herkunft dieser Zellen rätselte Virchow weiterhin. Dass Dutzende von Millionen weißer Blutzellen sich aus dem Nichts und ohne Grund entwickelten, konnte er sich nicht vorstellen. Allmählich fragte er sich, ob diese Millionen anormalen Zellen von anderen

Zellen abstammten. Die Zellen sahen untereinander sogar gleich aus, wobei Krebszellen einheitlich und im Aussehen ähnlich waren. Er kannte die Beobachtungen von Hugo von Mohl, der nachgewiesen hatte, dass Pflanzenzellen sich teilen und zwei Tochterzellen bilden. Und dann gab es natürlich Remak, der geduldig an seinem Mikroskop gewartet hatte, bis er sah, wie Frosch- und Hühnerzellen aus Zellen hervorgingen. Wenn dieser Vorgang sich in Pflanzen und Tieren abspielen konnte, warum dann nicht auch im Blut des Menschen? War die Leukämie, die er gesehen hatte, vielleicht die Folge, weil ein physiologischer Prozess – die Zellteilung – außer Kontrolle geraten war? Brachten gestörte Zellen vielleicht weitere gestörte Zellen hervor, und war die ständige gestörte Geburt von Zellen die Ursache der Leukämie?

Virchows Leben war bis zu diesem Zeitpunkt von einer bemerkenswert einheitlichen Eigenschaft geprägt gewesen: eine unermüdliche, schonungslose Neugier und Skepsis gegenüber allen anerkannten Weisheiten und hergebrachten Erklärungen. Seine Kompromisslosigkeit nahm 1848 eine politische Dimension an.[25] Zu Beginn des Jahres war in Schlesien eine Hungersnot ausgebrochen, danach war die Region von einer tödlichen Typhusepidemie heimgesucht worden. Unter dem Druck von Presse und öffentlichem Aufschrei setzten die Ministerien für Inneres und Erziehung verspätet eine Kommission ein, die den Krankheitsausbruch untersuchen sollte. Als eines ihrer Mitglieder reiste Virchow nach Schlesien, das damals an der Grenze des Preußischen Reichs zu Polen lag (und heute zum größten Teil zu Polen gehört). Während seines mehrwöchigen Aufenthalts wurde ihm allmählich klar, dass die Krankheit des Staats zur Krankheit seiner Bürger geworden war. Er schrieb über die Epidemie einen wütenden Artikel und veröffentlichte ihn in einer medizinischen Fachzeitschrift, die er kurz zuvor gegründet hatte: dem *Archiv für pathologische*

Anatomie und Physiologie und für klinische Medicin (das später in *Virchows Archiv* umbenannt wurde[26]). Seine Schlussfolgerung: Die Krankheit hatte ihre Ursache nicht nur in dem infektiösen Erreger, sondern auch in jahrzehntelanger politischer Misswirtschaft und sozialer Vernachlässigung.[27]

Virchows Anklageschrift blieb nicht unbemerkt. Er wurde als Liberaler gebrandmarkt – was in Deutschland damals ein gefährlicher, abwertender Begriff war – und stand von nun an unter Beobachtung. Als 1848 in Europa eine gewalttätige Revolution tobte, ging Virchow zum Protest auf die Straße. Er gründete eine weitere Zeitschrift mit dem Titel *Medizinische Reform*, in der er seine wissenschaftlichen und politischen Überzeugungen zusammenfließen ließ, um sie als Waffe gegen den Staat zu verwenden.

Solche Machenschaften eines hitzköpfigen Aktivisten stießen bei den Royalisten auf alles andere als Wohlwollen – und das, obwohl der Mann sich bereits einen Namen als einer der besten Wissenschaftler seiner Generation gemacht hatte. Der Aufstand wurde – in manchen Regionen mit brutaler Effizienz – niedergeschlagen, und Virchow erhielt die Anweisung, von seiner Stelle an der Charité zurückzutreten. Er wurde gezwungen, eine Erklärung zu unterschreiben, wonach er seine politischen Schriften einschränken würde, und dann versetzte man ihn mit stiller Niedertracht an ein ruhigeres Institut in Würzburg, wo man ihn aus dem Rampenlicht – und auch von weiteren Schwierigkeiten – fernhalten konnte.

Man ist leicht versucht, Spekulationen darüber anzustellen, welche Gedanken Virchow wohl durch den Kopf gingen, als er vom lebhaften, lebensprühenden Berlin in das schläfrige, kleinstädtische Würzburg kam. Wenn die Revolution von 1848 eine historische Moral beinhaltete, dann die, dass der Staat und seine Bürger in einer gegenseitigen Verbindung standen. Die Summe bestand aus den Teilen, und die Teile bildeten die Summe. Krankheit oder Vernachlässigung in einem Bereich konnte zu einer diffusen Erkrankung des Ganzen werden, genau wie eine einzige Krebszelle Milliarden bösartiger Zellen hervorbringt und eine komplizierte tödliche Erkrankung in Gang setzt. »Der Körper ist ein Zellenstaat, und darin ist jede Zelle ein Bürger«, schrieb Virchow. »Krankheit ist schlicht der Konflikt der Staatsbürger, ausgelöst durch die Tätigkeit äußerer Kräfte.«[28]

In Würzburg, wo er von dem Rummel Berlins und seiner Politik abgeschnitten war, formulierte Virchow zwei weitere Grundsätze, die die Zukunft von Zellbiologie und Medizin prägen sollten. Er schloss sich der Ansicht von Schwann und Schleiden an, dass alle Gewebe der Tiere und Pflanzen aus Zellen bestehen. Aber er konnte sich nicht zu der Überzeugung durchringen, dass Zellen spontan aus einer Lebensflüssigkeit entstehen.

Woher also kamen die Zellen? Wie für Schwann und Schleiden, so war es auch für Virchow an der Zeit, einheitliche Grundsätze zu formulieren, und er war dazu bereit. Seine Vorgänger hatten alle Belege geliefert; er musste nur noch nach der Krone greifen und sie sich selbst auf den Kopf setzen. Das Prinzip, dass Zellen aus Zellen entstehen, so Virchow, gilt nicht nur für *manche* Zellen und *manche* Gewebe, sondern für *alle* Zellen. Es war keine Anomalie oder Eigenart, sondern eine universelle Eigenschaft des Lebens von Pflanzen, Tieren und Menschen. Aus der Teilung einer Zelle gehen zwei Zellen hervor, aus zwei Zellen vier und so weiter. *Omnis cellula ex cellula*, schrieb er – »alle Zellen kommen aus Zellen«. Raspails Fußnote war zu Virchows zentralem Lehrsatz geworden.[29]

Eine Zusammenballung von Zellen in einer Lebensflüssigkeit oder innerhalb der Lebensflüssigkeit einer einzelnen Zelle gab es nicht. Es gab keine »Kristallisation«. Das alles waren Fantasieprodukte – man hatte nie eines dieser Phänomene beobachtet. Mittlerweile hatten drei Generationen von Mikroskopikern sich mit Zellen beschäftigt. Eines hatten sie dabei beobachtet: die Entstehung von Zellen aus anderen Zellen – und zwar durch Zellteilung. Um den Ursprung einer Zelle zu beschreiben, musste man sich nicht auf besondere Substanzen oder göttliche Prozesse berufen. Eine neue Zelle entsteht durch die Teilung einer schon vorhandenen Zelle, das ist alles. »Es gibt kein Leben«, schrieb Virchow, »außer durch direkte Nachfolge.«[30]

Zellen entstehen aus Zellen. Und die Physiologie der Zellen ist die Grundlage der normalen physiologischen Vorgänge. Während Virchows erster Lehrsatz sich auf die normale Physiologie bezog, war der zweite seine Umkehrung; er schuf einen neuen Rahmen für die medizinischen Erkenntnisse über Anomalien. Wie steht es, so fragte er, wenn Fehlfunktionen der Zellen für Funktionsstörungen im Körper verantwortlich sind? *Wenn alle Pathologie die Pathologie der Zellen ist*? Im Spätsommer 1858 wurde Virchow gebeten, nach Berlin zurückzukehren – seine politischen Jugendsünden hatte man ihm angesichts seines wachsenden wissenschaftlichen Ansehens vergeben. Wenig später veröffentlichte er sein einflussreichstes Werk: Die *Cellularpathologie* war eine Vorlesungsreihe, die er ursprünglich im Frühjahr 1858 am Pathologischen Institut in Berlin gehalten hatte.

Die *Cellularpathologie* schlug in der Welt der Medizin wie eine Bombe ein.[31] Generationen von anatomischen Pathologen hatten sich Krankheiten als Abbau von Geweben, Organen und Organsystemen vorgestellt. Virchow vertrat die Ansicht, sie alle hätten die wirkliche Ursache der Krankheit übersehen. Da Zellen die Bausteine von Leben und Physiologie sind, so Virchows Überlegung, sollte man die pathologischen Veränderungen, die man an erkrankten Geweben und Organen beobachtet, auf pathologische Veränderungen in den Grundeinheiten des betroffenen Gewebes zurückführen können – mit anderen Worten: auf Zellen. Um pathologische Vorgänge zu verstehen, mussten die Ärzte nicht nur in den sichtbaren Organen, sondern auch in den unsichtbaren Bausteinen dieser Organe nach grundlegenden Störungen suchen.*

Entscheidend sind dabei die Wörter *Funktion* und ihr Gegenteil, die *Fehlfunktion*. Normale Zellen »tun« etwas Normales, um Unversehrtheit und Physiologie des Organismus aufrechtzuerhalten. Sie sind nicht nur passive Strukturelemente, sondern Akteure, Spieler, Macher, Arbeiter, Baumeister, Schöpfer – zentrale Träger physiologischer Funktionen. Wenn diese Funktionen aus irgendeinem Grund gestört sind, wird der Körper krank.

Auch hier lagen Kraft und Reichweite der Theorie in ihrer Einfachheit. Wenn ein Arzt eine Krankheit verstehen wollte, musste er nicht nach Galenischen Säften, psychischen Abweichungen, innerer Hysterie, Neurosen oder Miasmen suchen – und übrigens auch nicht nach Gottes Willen. Anatomische Veränderungen oder die Fülle der Symptome – Fieber und Schwellungen bei dem Plattenleger, die auf eine übergroße Zahl weißer Zellen im Blut folgten – ließen sich aus-

* Virchow erinnerte sich an die Arbeiten der beiden schottischen Chirurgen John Hunter und seines jüngeren Bruders William aus dem vorangegangenen Jahrhundert, aber auch an die des Pathologen Giovanni Morgagni aus Padua. Die Brüder Hunter, Morgagni und zahlreiche andere Pathologen und Chirurgen hatten Obduktionen vorgenommen und dabei festgestellt, dass es bei einer Erkrankung eines Organs im betroffenen Gewebe zwangsläufig charakteristische pathologische Befunde gibt. Bei der Tuberkulose zum Beispiel füllt sich die Lunge mit eitergefüllten weißen Knötchen, die man als Granulome bezeichnet. Bei Herzversagen sehen die Wände des Herzmuskels in der Regel dünn und mitgenommen aus. Virchow war der Ansicht, dass die wahre Krankheitsursache in all diesen Fällen eine Fehlfunktion der *Zellen* sei. Auf mikroskopischer Ebene versagt das Herz, weil die Herz*zellen* versagen. Die eitergefüllten Granulome bei der Tuberkulose sind die Folge der Reaktion von *Zellen* auf die Mykobakterien, die die Krankheit verursachen.

nahmslos auf Veränderungen und Fehlfunktionen von Zellen zurückführen.

Letztlich hatte Virchow damit die Zelltheorie von Schwann und Schleiden verfeinert, indem er zu den beiden grundlegenden Lehrsätzen (»Alle Lebewesen bestehen aus einer oder mehreren Zellen« und »Die Zelle ist in den Lebewesen die Grundeinheit von Struktur und Organisation«) drei weitere hinzugefügt hatte:

1. Alle Zellen entstehen aus anderen Zellen (*Omnis cellula ex cellula*).
2. Die normale Physiologie ist die Funktion der zellulären Physiologie.
3. Krankheit, die Störung der Physiologie, ist die Folge einer gestörten Physiologie der Zelle.

Diese fünf Prinzipien wurden zu den Grundpfeilern von Zellbiologie und Zellmedizin. Sie bedeuteten eine Umwälzung für unsere Kenntnisse über den menschlichen Körper als Anordnung aus solchen Einheiten. Sie vervollständigten die atomistische Vorstellung vom menschlichen Körper, wobei die Zelle die grundlegende »atomare« Einheit war.

In seiner letzten Lebensphase vertrat Rudolf Virchow nicht nur seine Theorien über die auf Zusammenarbeit gegründete soziale Organisation des Körpers – Zellen arbeiten mit Zellen zusammen –, sondern auch den Glauben an die auf Zusammenarbeit gegründete soziale Organisation des Staats: Menschen arbeiten mit Menschen zusammen. Inmitten einer Gesellschaft, die zunehmend rassistisch und antisemitisch wurde, setzte er sich nachdrücklich für die Gleichberechtigung der Bürger ein. Krankheit war ein Gleichmacher, Medizin war nicht auf Diskriminierung angelegt. »Der Zugang zu einem Krankenhaus muss jedem kranken Menschen offenstehen, der ihn

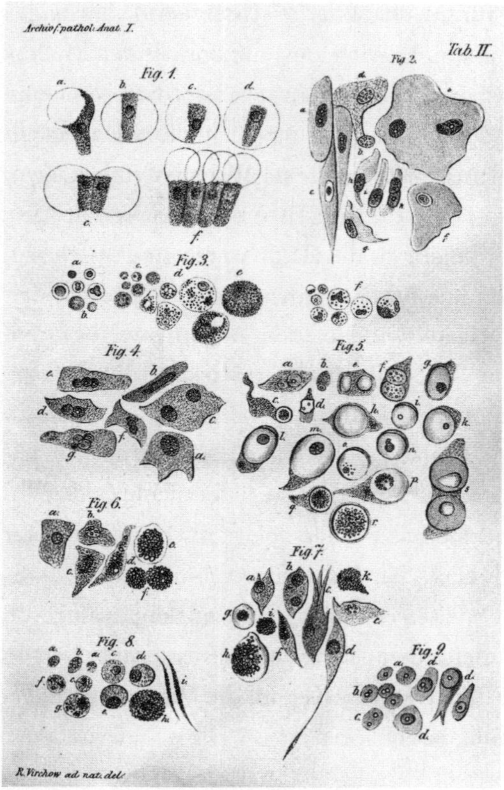

Eine Abbildung aus *Virchows Archiv*, erschienen ungefähr 1847. Das Bild zeigt die Organisation von Zellen und Geweben. Man beachte insbesondere die aneinander grenzenden oder aneinander haftenden Zelltypen in Abbildung 2. Abbildung 3 f. zeigt die verschiedenen Zellen im Blut, darunter solche mit Granula und gelapptem Zellkern (Neutrophile).

braucht«, schrieb er, »ganz gleich, ob er Geld hat oder nicht, ob er Jude oder Heide ist.«[32]

Im Jahr 1859 wurde er in den Berliner Stadtrat und in den 1880er-Jahren in den Reichstag gewählt. Er erlebte mit, wie in Deutschland eine bösartige Form des radikalen Nationalismus wieder auflebte, die schließlich zum Staat der Nazis führte. Der zentrale Mythos von der Überlegenheit der »arischen« Rasse und einer Nation, die von einem »reinen« Volk mit blonden, blauäugigen und hellhäutigen Menschen beherrscht wurde, war eine pathologische Vorstellung, die sich bereits auf heimtückische Weise im Land breitmachte.

Virchows Reaktion war für ihn charakteristisch: Er lehnte die hergebrachte Weisheit ab und bemühte sich, den aufkommenden Mythos der Rassentrennung zurückzudrängen: Seit 1876 koordinierte er eine Studie, in der Haar- und Hautfarbe von 6,76 Millionen Deutschen erfasst wurden. Die Ergebnisse straften die staatlichen Mythen Lügen. Nur jeder dritte Deutsche trug die typischen Kennzeichen der arischen Überlegenheit, und mehr als die Hälfte waren eine Mischung, irgendeine Kombination aus brauner oder weißer Haut, blonden Haaren oder braunen Haaren und blauen Augen oder braunen Augen. Insbesondere besaßen 47 Prozent der jüdischen Kinder eine ähnliche Merkmalskombination, und volle elf Prozent der jüdischen Kinder waren blond und blauäugig – womit sie sich nicht vom arischen Ideal unterschieden. Die Ergebnisse veröffentlichte er 1886 im *Archiv für pathologische Anatomie und Physiologie.*[33] Drei Jahre später wurde in Österreich ein deutscher Demagoge geboren, der sich als Meister im Spinnen von Mythen erweisen sollte und dem es entgegen den wissenschaftlichen Befunden gelang, aus Gesichtern Rassen zu machen und die Vorstellungen von Anstand, die Virchow so energisch vertreten hatte, völlig zu zerstören.

Seine letzten Lebensjahre widmete Virchow zum größten Teil der Arbeit an Sozialreformen und öffentlichem Gesundheitswesen. Das Schwergewicht lag dabei auf Kanalisationssystemen und der Hygiene in den Städten. Seine Entwicklung vom Arzt über den Wissenschaftler, Anthropologen und Aktivisten zum Politiker spiegelt sich in einem glänzenden, umfangreichen Nachlass aus Artikeln, Briefen, Vorträgen und anderen Schriften wider. Besonders zeitlos sind aber seine frühen Werke, die Überlegungen eines zutiefst neugierigen jungen Mannes, der nach einer Zelltheorie der Krankheiten suchte. In einem zukunftsweisenden Vortrag definierte er Leben, Physiologie und Embryonalentwicklung als Folgen der Tätigkeit von Zellen:

> Leben ist im Allgemeinen Zellenthätigkeit – Großartige Untersuchungen, mit der Anwendung des Mikroskopes auf die Erforschung der organischen Welt beginnend […] haben gezeigt, daß jede Pflanze, jedes Thier in seiner ersten Anlage nichts weiter ist […] als eine Zelle.[34]

In einem Brief an einen Wissenschaftler, der ihn nach den Ursachen von Krankheiten gefragt hatte, benannte er die Zelle als Ort der pathologischen Vorgänge:

> Jede Krankheit beruht in der Veränderung einer kleineren oder grösseren Summe zelliger Einheiten des lebenden Körpers; jede pathologische Störung, jede therapeutische Wirkung findet erst dann ihre letzte Deutung, wenn es möglich ist, die die bestimmte Gruppe von zelligen, lebenden Elementen anzugeben, welche davon getroffen wird.[35]

Diese beiden Absätze – der erste, in dem die Zelle als Einheit von Leben und Physiologie bezeichnet wird, und der zweite, der die Zelle als einheitlichen Ort von Krankheiten benennt – habe ich in meinem Arbeitszimmer an eine Wandtafel geheftet. Wenn ich über Zellbiologie, Zelltherapie und den Aufbau eines neuen Menschen aus Zellen nachdenke, komme ich immer wieder auf sie zurück. Und sie sind auch die zweistimmige Melodie, die in diesem ganzen Buch widerhallt.

Im Winter 2002 sah ich im Massachusetts General Hospital in Boston, wo ich drei Jahre als Assistenzarzt arbeitete, einen der kompliziertesten medizinischen Fälle meines Lebens. Der Patient M. K., ein junger Mann von ungefähr 23 Jahren, litt an einer ständigen schweren Lungenentzündung, die auf Antibiotika nicht ansprach.[36] Blass und ausgemergelt lag er zusammengekauert unter seiner Bettdecke und war feucht von einem Fieber, das ohne erkennbare Gesetzmäßigkeit kam und ging. Seine Eltern – wie ich erfuhr, waren sie Cousin und Cousine zweiten Grades und italienisch-amerikanischer Abstammung – saßen mit leerem Gesichtsausdruck an seinem Bett. Sein Körper war von den chronischen Infektionen so mitgenommen, dass er aussah, als sei er höchstens 12 oder 13 Jahre alt. Die jüngeren Ärzte und Krankenschwestern fanden an seinen Händen keine Vene, an der sie einen Infusionsschlauch hätten anschließen können, und als ich gebeten wurde, in seiner Halsvene einen großen intravenösen Zugang zu legen, damit man ihm Antibiotika und Flüssigkeit verabreichen konnte, kam es mir vor, als würde meine Nadel durch trockenes Pergament stechen. Seine papierartige, durchsichtige Haut riss fast, als ich sie berührte.

Man hatte bei M. K. eine schwere kombinierte Immunschwäche (abgekürzt SCID) diagnostiziert[37], eine Erkrankung, bei der sowohl die B-Zellen (Antikörper produzierende weiße Blutzellen) als auch die T-Zellen (die mit Mikroorganismen infizierte Zellen abtöten und zum Aufbau der Immunantwort beitragen) nicht funktionieren. In seinem Blut wuchs eine geradezu groteske Menagerie von Mikroorganismen heran, manche davon weitverbreitet, andere exotisch: *Streptococcus, Staphylococcus aureus, Staphylococcus epidermidis*, seltsame Pilzvarianten und seltene Bakterienarten, deren Namen ich nicht einmal aussprechen konnte. Es war, als hätte sich sein Körper in eine lebende Petrischale für Mikroorganismen verwandelt.

Es gab in der Diagnose aber auch Elemente, die keinen Sinn zu haben schienen. Die Zahl der B-Zellen lag bei M. K. niedriger als erwartet, aber nicht in beunruhigendem Maße. Das Gleiche galt für die Konzentration der Antikörper im Blut, der Fußsoldaten des Immunsystems zur Bekämpfung von Krankheiten. MRT und CT ergaben keine Hinweise auf Knoten oder Gewebemassen, die auf eine bösartige Erkrankung hingedeutet hätten. Weitere Bluttests wurden angeordnet. Während des ganzen Martyriums blieb die Mutter des Patienten mit roten Augen und schweigend bei ihm. Sie schlief auf einem Feldbett und wiegte ihn jeden Abend mit dem Kopf auf dem Schoß in den Schlaf. Anzeichen für ein Lymphom gab es nicht. Aber warum um alles in der Welt war dieser junge Mann so entsetzlich krank?

Irgendeine Fehlfunktion seiner Zellen hatten wir übersehen. An einem eisigen Novembertag saß ich spätabends in Boston an meinem Schreibtisch. Eine dicke Schneedecke blockierte die Straßen, und nach Hause zu fahren hätte bedeutet, im Zickzack über die Fahrbahn zu schlittern. In meinem Kopf hakte ich die Möglichkeiten ab. Wir brauchten eine systematische, einer anatomischen Sektion vergleichbare Analyse der zellulären Pathologie, einen Zellatlas vom Körper des Patienten. Ich schlug Virchows Lehrbuch auf und las noch einmal einige Zeilen: »Jedes Tier erscheint als eine Summe vitaler Einheiten … Daraus geht hervor, dass die Zusammensetzung eines größeren Körpers immer auf eine Art von gesellschaftlicher Einrichtung herauskommt, eine Einrichtung sozialer Art, wo eine Masse von einzelnen Existenzen aufeinander angewiesen ist, aber so, dass jedes Element für sich eine besondere Tätigkeit hat, und dass jedes, wenn es auch die Anregung zu seiner Tätigkeit von anderen Teilen her empfängt, doch die eigentliche Leistung von sich ausgehen lässt.«[38]

»Eine Einrichtung sozialer Art«. »*Jede Zelle … empfängt ihre Anregung von einer anderen Zelle.*« Stellen wir uns ein Netzwerk von Zellen vor – ein soziales Netzwerk –, in dem ein Knoten das ganze Netz zerreißen lässt. Stellen wir uns ein echtes Fischernetz vor, das an einer entscheidenden Stelle gerissen ist. In diesem Fischernetz finden wir vielleicht zufällig eine Stelle am Rand, die herunterhängt, und gelangen zu dem Schluss, sie sei die Ursache des Problems. Aber die eigentliche Quelle – das Epizentrum des Rätsels – übersehen wir.

Wir konzentrieren uns auf die Peripherie, wo in Wirklichkeit das Zentrum nicht funktioniert.

In der folgenden Woche brachten die Pathologen sein Blut und Knochenmark ins Labor und analysierten nacheinander die Untergruppen der Zellen, als würden sie eine chirurgische Sektion vornehmen – eine »Virchow'sche Analyse«, wie man sie nennen könnte. »Vergesst die B-Zellen«, drängte ich sie. »Geht das Blut Zelle für Zelle durch und sucht nach dem Mittelpunkt des durchhängenden Netzes.« Die Neutrophilen, die durch Blut und Organe wandern und nach Mikroben suchen, waren ebenso normal wie die Makrophagen, Blutzellen eines anderen Typs mit ähnlicher Funktion. Als wir aber die T-Zellen zählten und analysierten, sprang uns die Antwort aus den Kurven auf dem Papier ins Auge: Ihre Zahl war stark vermindert, sie waren in ihrer Entwicklung nicht ausgereift und funktionierten praktisch nicht. Endlich hatten wir den Mittelpunkt des zerrissenen Netzes gefunden.

Die Anomalien der vielen anderen Zellen und das Versagen der Immunität waren nur Symptome dieser Fehlfunktion von T-Zellen: Der Zusammenbruch ihrer Zahl hatte sich lawinenartig durch das ganze Immunsystem fortgepflanzt und für die Auflösung des gesamten Netzwerks gesorgt. Dieser junge Mann litt nicht an der Form von SCID, die man ursprünglich diagnostiziert hatte. Es war, als würde eine komplizierte Maschine verrücktspielen: Das Problem der T-Zellen war zum Problem der B-Zellen geworden, und im weiteren Verlauf war die Immunität völlig zusammengebrochen.

In den folgenden Wochen bemühten wir uns, die Immunfunktion bei M. K. mit einer Knochenmarktransplantation wiederherzustellen. Wenn das neue Knochenmark angewachsen war, so unsere Überlegung, konnten wir ihm funktionsfähige T-Zellen des Spenders zuführen und so seine Immunität wiederherstellen. Die Transplantation überlebte er. Die Knochenmarkzellen wuchsen an, und die Immunität war wieder da. Die Infektionen ließen nach, und er wuchs wieder. Normale Zellen hatten einen normalen Organismus aufgebaut. Fünf Jahre später war er bei einer Nachuntersuchung immer noch frei von Infektionen, die Immunfunktion war vorhanden, B- und T-Zellen kommunizierten miteinander.

An den Fall von M. K. und meine Erinnerungen an ihn in dem Krankenzimmer muss ich noch heute denken: Sein Vater stapfte im Schnee bis in den Norden von Boston, um ihm seine italienischen Lieblingsfleischklößchen zu holen, und dann fand er sie neben dem Bett des jungen Mannes unangetastet wieder. Die Rätsel ratenden, verwirrten Ärzte schrieben eine Aktennotiz nach der anderen, wobei sich zahlreiche Fragezeichen kreuz und quer über die Seiten zogen. Dabei muss ich immer auch an Rudolf Virchow und die von ihm vertretene »neue« Pathologie denken. Eine Krankheit in einem Organ zu lokalisieren, reicht nicht; man muss auch verstehen, welche *Zellen* des Organs dafür verantwortlich sind. Eine Immunschwäche kann durch ein Problem bei den B-Zellen entstehen, aber auch durch eine Fehlfunktion der T-Zellen oder einen Defekt in einem der vielen Dutzend anderen Zelltypen, die das Immunsystem ausmachen. AIDS-Patienten sind beispielsweise immungeschwächt, weil das menschliche Immunschwächevirus HIV die CD4-T-Zellen abtötet, eine besondere Untergruppe der Zellen, die an der Koordination der Immunantwort mitwirken. Andere Formen der Immunschwäche entstehen, weil die B-Zellen keine Antikörper produzieren. In all diesen Fällen überschneiden sich die oberflächlichen Ausprägungsformen der Krankheit, aber eine Diagnose und Therapie der jeweiligen Immunschwäche sind nicht möglich, wenn man nicht die Ursache ausfindig gemacht hat. Und um die Ursache ausfindig zu machen, muss man ein Organsystem unter dem Gesichtspunkt der Zusammensetzung und Funktion seiner Bausteine analysieren: der Zellen. Oder, wie Virchow mir täglich vor Augen führt: »[J]ede pathologische Störung, jede therapeutische Wirkung findet erst dann ihre letzte Deutung, wenn es möglich ist, die bestimmte Gruppe von zelligen, lebenden Elementen anzugeben, welche davon getroffen wird.« Um den Kern einer normalen Physiologie oder einer Krankheit ausfindig zu machen, muss man sich zuallererst die Zellen ansehen.

KAPITEL 4

Wenn Zellen krank machen

Mikroorganismen, Infektionen und die Antibiotikarevolution

Mikroorganismen sind wie Einsiedler: Sie müssen sich nur darum bemühen, sich selbst zu ernähren; Koordination oder Kooperation mit anderen sind nicht notwendig, auch wenn manche Mikroben hin und wieder an einem Strang ziehen. Die Zellen eines vielzelligen Organismus dagegen, von den vier Zellen mancher Algen bis zu den 37 Billionen in einem Menschen, geben ihre Unabhängigkeit auf und halten hartnäckig zusammen; sie übernehmen spezialisierte Funktionen, stellen ihre eigene Fortpflanzung zum Wohle des Ganzen hintan und wachsen nur, so weit es nötig ist, um ihre Funktionen zu erfüllen. Wenn sie aufbegehren, kann Krebs ausbrechen.

– Elizabeth Pennisi, *Science* 2018[1]

Rudolf Virchow war nicht der einzige Wissenschaftler, der in den 1850er-Jahren krankhafte Vorgänge betrachtete und damit zu einem neuen Verständnis von Zellen gelangte. Die taumelnden Tierlein, die Antoni van Leeuwenhoek unter seinem Mikroskop gesehen hatte, waren wahrscheinlich selbstständige einzellige Lebewesen oder Keime. Die große Mehrzahl solcher Mikroorganismen ist zwar harmlos, manche verfügen aber über die Fähigkeit, in das Gewebe von

Menschen einzudringen und Entzündungen, Zersetzung und tödliche Krankheiten auszulösen. Die Keimtheorie, wonach Mikroorganismen unabhängige lebende Zellen sind, die bei Menschen in manchen Fällen Krankheiten verursachen können, brachte die Zelle (in diesem Fall die Mikrobenzelle) zum ersten Mal in enge Berührung mit Pathologie und Medizin.

Die Erkenntnis, dass zwischen den Zellen von Mikroorganismen und Krankheiten der Menschen ein Zusammenhang besteht, erwuchs aus der Antwort auf eine Frage, die Wissenschaftler und Philosophen seit Jahrhunderten umgetrieben hatte: Was ist die Ursache der Verwesung? Verwesung war nicht nur ein wissenschaftliches, sondern auch ein theologisches Problem. Nach manchen christlichen Denkrichtungen bleiben die Körper von Heiligen und Königen vor der Verwesung verschont, insbesondere weil sie sich in einem Zwischenzustand zwischen Tod, Auferstehung und dem Auffahren gen Himmel befinden. Da aber zwischen der Verwesungsgeschwindigkeit von Heiligen und Sündern offensichtlich kein Unterschied bestand, musste man eine theologische Schlussfolgerung ziehen: Was auch die Verwesung verursachte, es hielt sich offenbar nicht an die Gesetze Gottes. Schließlich fiel es schwer, einen göttlichen Leichnam, der gen Himmel auffahren sollte, in Einklang mit den zersetzten Stücken zu bringen, die von ihm abfielen wie menschliches Treibgut.

Im Jahr 1668 veröffentlichte Francesco Redi einen umstrittenen Aufsatz mit dem Titel »Experimente über die Entstehung von Insekten«.[2] Darin gelangte er zu dem Schluss, dass Maden, eines der ersten Anzeichen der Verwesung, nicht aus bloßer Luft entstehen, sondern nur aus Maden, die von Fliegen abgelegt wurden; damit stellte er wieder einmal die vitalistische Lehre der Spontanzeugung infrage.[3] Wenn Redi ein Stück Fleisch oder Fisch mit einem dünnen Musselinschleier abdeckte, der Luft durchließ, Fliegen aber fernhielt, blieb das Fleisch madenfrei; setzte er das gleiche Fleisch dagegen sowohl der Luft als auch den Fliegen aus, wuchsen Maden in großer Zahl heran. Frühere Miasmentheorien gingen davon aus, dass die Zersetzung von Fleisch entweder von innen kommt oder aber auf in der Luft schwebende Miasmen zurückzuführen ist. Redi vertrat dagegen die Ansicht, die Verwesung setze nur dann ein, wenn lebende Zellen (Madeneier) aus der Luft auf dem Fleisch landeten. *Omne vivum ex vivo*, schrieb Redi, »alles Leben kommt von Leben«. Damit hatte der Begründer der experimentellen Biologie, als der er bekannt wurde, in kurzen Worten den Vorläufer zu Virchows weitaus kühnerer Aussage formuliert. Leben kommt von Leben – damit war er nur einen Schritt entfernt von dem Gedanken, dass Zellen aus Zellen entstehen.

Im Jahr 1859 knüpfte Louis Pasteur in Paris an Redis Experimente an.[4] Er kochte Fleischbrühe auf und füllte sie in eine Schwanenhalsflasche – ein rundes Gefäß mit einem langen waagerechten Hals, der gebogen war wie der Hals eines Schwans. Ließ Pasteur die Schwanenhalsflasche geöffnet stehen, blieb die Brühe steril: Die Mikroorganismen aus der Luft konnten nicht ohne Weiteres durch den gebogenen Flaschenhals wandern. Wenn er die Flasche jedoch kippte oder den Schwanenhals abbrach und damit die Brühe der Luft aussetzte, wurde die Flüssigkeit zu einer trüben Mikroorganismenkultur. Bakterienzellen, so Pasteurs Schlussfolgerung, sind in Luft und Staub enthalten. Fäulnis oder Verwesung werden nicht durch die innere Zersetzung von Lebewesen verursacht, und auch nicht durch irgendeine aus den Eingeweiden kommende Sünde. Vielmehr setzt die Verwesung nur dann ein, wenn solche Bakterienzellen in der Brühe landen.

Fäulnis und Krankheit sahen oberflächlich vielleicht ganz unterschiedlich aus, aber Pasteur stellte zwischen beiden eine entscheidende Verbindung her. Er studierte Infektionen von Seidenraupen, die Zersetzung von Wein und die Übertragung des Milzbrands unter Tieren. In all diesen Fällen stellte er fest, dass die Infektionen nicht durch schwebende Miasmenteilchen oder göttlichen Unwillen ausgelöst wurden, sondern durch Mikroben, einzellige Lebewesen, die in andere Organismen vordrangen und dort für pathologische Veränderungen und den Abbau von Gewebe sorgten.

Die radikalste Weiterentwicklung von Pasteurs Theorie gelang Robert Koch, einem jungen, niederrangigen, aber medizinisch ausgebildeten Offizier, der in einem provisorischen Labor im damals deutschen Wollstein (heute Wolsztyn) arbeitete.[5] Er fand Anfang 1876 heraus, wie man Milzbrandbakterien aus infizierten Kühen und Schafen gewinnen und unter dem Mikroskop sichtbar machen kann.[6] Es waren zitternde, durchsichtige, stäbchenförmige Mikroorganismen, die zwar empfindlich aussahen, aber potenziell tödlich wirken konnten. Die Bakterien konnten auch runde, inaktive Sporen bilden, die äußerst widerstandsfähig gegen Austrocknung oder Hitze waren; brachte man sie in Wasser oder in einen anfälligen Wirtsorganismus, gingen sie aus ihrem Ruhezustand wieder in einen tödlichen Lebenszustand über und wurden zu den stäbchenförmigen Milzbrandbazillen, die sich schnell vermehren und die Krankheit auslösen. Koch entnahm einer mit Milzbrand infizierten Kuh einen Tropfen Blut, brachte am Schwanz einer Maus mit einem sterilen Holzspan, den er in das Blut getaucht hatte, einen winzigen Schnitt an, und wartete. Es ist bis heute eine unglaubliche und eigentlich unerklärliche Lücke in der Geschichte der Biologie: Bis 1876 hatte noch nie ein Wissenschaftler systematisch und mit wissenschaftlichen Methoden versucht, eine Krankheit von einem Lebewesen auf ein anderes zu übertragen.

Milzbrandbakterien (Anthrax) setzen einen Giftstoff frei, der Zellen abtötet. Bei der Maus entstanden Anthrax-Gewebeschäden. Ihre Milz war dunkel und durch tote Zellen angeschwollen, und ähnliche schwarze Schadstellen zeigten sich auch auf der Lunge. Als Koch die Milz unter dem Mikroskop untersuchte, fand er darin ein Gewimmel der gleichen zitternden, stäbchenförmigen Bakterien, und sie waren

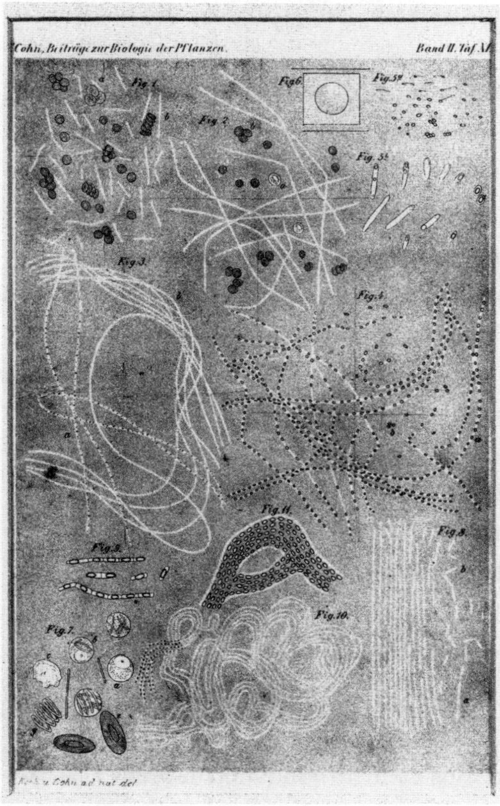

Bacillus anthracis in einer Zeichnung von Robert Koch. Auffällig sind die langen fadenähnlichen Mikroorganismen und die winzigen runden Sporen.

von Millionen abgestorbenen Mauszellen umgeben. Das Experiment – Infektion einer Maus, Entnahme der Milz und Übertragung eines Tropfens auf eine andere Maus – wiederholte er zwanzigmal. In allen Fällen bekam die Empfängermaus Milzbrand. Am genialsten war Kochs letztes Experiment: Er machte ein Glasgefäß keimfrei und ließ darin einen Flüssigkeitstropfen herabhängen, den er aus dem Auge eines toten Ochsen entnommen hatte. In das Tröpfchen spritzte er ein Stück der Milz einer mit Milzbrand infizierten Maus. In der Flüssigkeit wuchsen daraufhin die gleichen stäbchenförmigen Bakterien heran, sodass der zuvor durchsichtige Tropfen von den Mikrobenzellen trüb wurde.

Koch war bei seinen Experimenten beharrlich, systematisch und mit nahezu militärischer Präzision vorgegangen. Louis Pasteur hatte aus dem Zusammenhang auf die Kausalität geschlossen: Wenn Wein verdarb, waren Bakterien in übergroßer Zahl gewachsen; Brühe faulte, wenn sie mit Mikroorganismen in Kontakt gekommen war. Koch dagegen strebte einen formelleren Aufbau der Kausalität an. Er hatte zunächst einen Mikroorganismus aus einem erkrankten Tier isoliert. Dann hatte er nachgewiesen, dass dieselbe Krankheit entstand, wenn er den Erreger in gesunde Tiere brachte. Aus den so eingeimpften Tieren hatte er wiederum die Mikroorganismen isoliert, in reiner Form in einer Kultur herangezüchtet und nachgewiesen, dass er damit erneut die Krankheit auslösen konnte. Was konnte jemand gegen eine solche Logik vorbringen? »Angesichts dieser Tatsache müssen alle Zweifel, ob *Bacillus anthracis* tatsächlich die Ursache und der Überträger des Milzbrandes ist, verstummen«, schrieb er in seinen Notizen.[7]

1884, acht Jahre nachdem Koch seine Experimente mit den Milzbrandbakterien abgeschlossen hatte, formulierte er auf der Grundlage seiner Beobachtungen und Experimente seine vier berühmten Postulate einer Theorie der Kausalität mikrobieller Erkrankungen. Wenn man behauptet, ein Mikroorganismus verursache eine bestimmte Krankheit (wie beispielsweise *Streptococcus* die Lungenentzündung oder *Bacillus anthracis* den Milzbrand), müssen demnach vier Voraussetzungen erfüllt sein:

1. Der Organismus/die Mikrobenzelle kommt in einem erkrankten Individuum vor, in einem gesunden aber nicht;
2. Die Mikrobenzelle muss aus dem erkrankten Individuum isoliert und herangezüchtet werden;

3. Wenn man ein gesundes Individuum mit den herangezüchteten Mikroben infiziert, muss die Krankheit erneut auftreten; und
4. Der Mikroorganismus muss sich aus dem infizierten Individuum erneut isolieren lassen und dem ursprünglichen Mikroorganismus entsprechen.*

Kochs Experimente und Postulate fanden in Biologie und Medizin großen Widerhall und hatten auch starken Einfluss auf Pasteurs Gedankengänge. Aber trotz ihrer geistigen Nähe (oder vielleicht auch gerade deshalb) entwickelte sich im Lauf der nächsten Jahrzehnte zwischen Koch und Pasteur eine wütende Rivalität (wobei natürlich auch der französisch-preußische Krieg der 1870er-Jahre der wissenschaftlichen Kollegialität zwischen Franzosen und Deutschen nicht gerade dienlich war). In den Aufsätzen über den Milzbrand, die Pasteur nahezu zeitgleich mit Koch veröffentlichte, gebrauchte er mit geradezu rachsüchtigem Vergnügen den französischen Begriff *bacte-*

* Kochs Postulate über die Ursachen von Krankheiten lassen sich auf die meisten Infektionskrankheiten anwenden, berücksichtigen aber keine Eigenschaften des Wirts und gelten nicht ohne Weiteres für nicht ansteckende Krankheiten. Rauchen verursacht beispielsweise Lungenkrebs – aber nicht alle Raucher erkranken. Man kann Zigarettenrauch nicht aus einem Krebspatienten isolieren und die Krankheit damit auf einen zweiten Patienten übertragen, auch wenn Passivrauchen sicher ebenfalls eine Ursache von Lungenkrebs sein kann. HIV verursacht ohne jeden Zweifel AIDS – aber nicht jeder, der mit HIV in Kontakt kommt, wird von dem Virus infiziert und erkrankt, denn die genetischen Eigenschaften des Wirts haben Auswirkungen darauf, ob das Virus in Zellen eindringen kann. Auch aus Patienten mit der Nervenverfallskrankheit Multiple Sklerose (MS) kann man keine Mikroorganismen oder Ursachen isolieren und die Krankheit damit auf einen anderen Menschen übertragen. Für solche nicht infektiösen Krankheiten entwickelten Epidemiologen im Lauf der Zeit weiter gefasste Kriterien zur Feststellung der Kausalität.

*ridia**, während er Kochs Begrifflichkeit in einer Fußnote versteckte: »*Bacillus anthracis* für die Deutschen.«[8] Und Koch vergalt den Spott mit einer wissenschaftlichen Beleidigung: »Pasteurs Arbeiten mit Anthrax haben bisher zu nichts geführt«, schrieb er 1882 in einer französischen Zeitschrift.[9]

Auf das Wesentliche reduziert, waren die wissenschaftlichen Meinungsverschiedenheiten recht geringfügig: Pasteur beharrte auf der Ansicht, man könne die krankheitserzeugende Wirkung von Bakterien durch wiederholtes Züchten im Labor abschwächen. Er hatte die Absicht, abgeschwächte Milzbrandbakterien als Impfstoff einzusetzen – die schwächeren Bakterien sollten die Immunität stärken, ohne aber die Krankheit zu verursachen. Nach Kochs Ansicht war eine solche Abschwächung Unsinn, und Mikroorganismen hatten immer die gleiche pathogene Wirkung. Später erwiesen sich beide Ansichten als richtig: Manche Mikroorganismen lassen sich abschwächen, andere sind schwer zu zähmen. Insgesamt wiesen die Arbeiten von Pasteur und Koch aber für die Pathologie in eine neue Richtung. Beide hatten nachgewiesen, dass selbstständige lebende Mikrobenzellen sowohl Verwesung als auch Krankheit verursachen – zumindest im Tiermodell und in Laborkulturen.

Aber welcher Zusammenhang besteht zwischen der von Mikrobenzellen verursachten Fäulnis und den Erkrankungen der Menschen? Den ersten Anhaltspunkt für eine potenzielle Verbindung lieferte der ungarische Geburtshelfer Ignaz Semmelweis, der Ende der 1840er-

---

* Der französische Wissenschaftler Casimir Davaine hatte in Milzbrandproben ebenfalls stäbchenförmige Mikroorganismen beobachtet und als *bacteridia* bezeichnet. Dass Pasteur sich des Begriffs bediente, war eine wissenschaftliche Huldigung an seinen französischen Kollegen und eine Brüskierung der deutschen.[10]

Jahre als Assistenzarzt in einer Wiener Geburtsklinik tätig war.[11] Die Klinik gliederte sich in zwei Stationen, Erste und Zweite Klinik genannt. Entbindungen waren im 19. Jahrhundert fast ebenso lebensbedrohlich wie lebenschenkend. Infektionskrankheiten, die als Puerperalfieber oder umgangssprachlich als »Kindbettfieber« bezeichnet wurden, sorgten unter jungen Müttern nach der Entbindung für eine Sterblichkeit von fünf bis zehn Prozent. Semmelweis bemerkte eine eigenartige Gesetzmäßigkeit: Im Vergleich zur Zweiten Klinik lag die Müttersterblichkeit durch Kindbettfieber in der Ersten deutlich höher. Die Nachricht verbreitete sich durch Tratsch und Gerüchte, bis sie in Wien ein offenes Geheimnis war. Schwangere Frauen bettelten, schmeichelten oder wandten alle möglichen Kniffe an, um in die Zweite Klinik eingewiesen zu werden. Manche Frauen entschieden sich klugerweise sogar für eine sogenannte Straßengeburt, die außerhalb der Klinik stattfand; dahinter stand die Überlegung, dass die Erste Klinik für Entbindungen weitaus gefährlicher war als die Straße. »Was«, so grübelte Semmelweis, »hat nun die ausserhalb des Gebärhauses Entbundenen vor den verderblichen Wirkungen der an der ersten Klinik tätigen unbekannten endemischen Einflüsse geschützt?«[12] Hier bot sich die seltene Gelegenheit, ein »natürliches Experiment« anzustellen: Zwei Frauen im gleichen Zustand betraten dasselbe Krankenhaus durch zwei verschiedene Türen. Die eine kam mit einem gesunden Neugeborenen wieder heraus, die andere wurde ins Leichenhaus gebracht. Warum? Wie ein Detektiv, der potenzielle Verdächtige ausschließt, stellte Semmelweis im Geiste eine Liste möglicher Ursachen zusammen und strich eine nach der anderen durch. Überfüllung war es nicht, das Alter der Frauen auch nicht, ebenso wenig mangelnde Belüftung, die Länge der Wehen oder die Abstände der Betten.

Im Jahr 1847 schnitt sich Dr. Jakob Kolletschka, ein Kollege von Semmelweis, während einer Obduktion mit einem Skalpell in den

Finger. Wenig später bekam er Fieber und Sepsis; Semmelweis konnte sich der Einsicht nicht entziehen, dass Kolletschkas Symptome denen einer Frau mit Kindbettfieber glichen.[13] Hier lag demnach eine mögliche Antwort: Die Erste Klinik wurde von Chirurgen und Medizinstudenten geleitet, die sorglos zwischen der pathologischen Abteilung und der Entbindungsstation hin und her wechselten – das heißt, sie gingen von ihren Leichensektionen und Obduktionen geradewegs zur Entbindung von Babys. In der Zweiten Klinik dagegen arbeiteten Hebammen, die nicht mit Leichen in Berührung kamen und nie Autopsien vornahmen. Semmelweis stellte sich die Frage, ob die Studierenden und Chirurgen, die regelmäßig Frauen ohne Handschuhe untersuchten, irgendeine materielle Substanz – »Leichenmaterial«, wie er es nannte – von den verwesenden Leichen in den Körper einer schwangeren Frau übertrugen.

Nun bestand er darauf, dass die Studenten und Chirurgen sich die Hände mit Chlorlauge wuschen, bevor sie die Entbindungsstationen betraten. Gleichzeitig führte er sorgfältige Aufzeichnungen über die Todesfälle in den beiden Kliniken. Der Effekt war erstaunlich: In der Ersten Klinik ging die Sterblichkeit um 90 Prozent zurück. Im April 1847 hatte sie noch bei fast 20 Prozent gelegen – jede fünfte Frau war an Kindbettfieber gestorben. Im August, nachdem er das regelmäßige Händewaschen eingeführt hatte, war die Sterblichkeit bei den jungen Müttern auf zwei Prozent zurückgegangen.

Das waren verblüffende Ergebnisse, aber Semmelweis konnte sich keine Erklärung vorstellen. Lag es am Blut? An Flüssigkeiten? An irgendwelchen Teilchen? Die leitenden Chirurgen in Wien glaubten nicht an die Keimtheorie und hatten kein Interesse an einem jungen Assistenzarzt, der darauf bestand, dass sie sich zwischen ihren Arbeitsplätzen die Hände wuschen. Semmelweis wurde schikaniert und verspottet, bei einer Beförderung überging man ihn, und letztlich wurde er aus dem Krankenhaus entlassen. Die Vorstellung, dass das

Kindbettfieber tatsächlich eine »Ärzteseuche« war – eine iatrogene, von den Ärzten verursachte Krankheit –, konnten die Professoren Wiens nicht auf sich sitzen lassen. Zunehmend frustriert, schrieb er anklagende Briefe an Geburtshelfer und Chirurgen in ganz Europa, und alle taten Semmelweis als Sonderling ab. Schließlich zog er sich ins Hinterland von Budapest zurück, und dort erlebte er einen Nervenzusammenbruch. Er wurde in ein Asyl eingewiesen, wo die Wachen ihn schlugen, bis er Knochenbrüche und einen Wundbrand am Fuß bekam. Ignaz Semmelweis starb 1865 höchstwahrscheinlich an einer durch die Verletzungen ausgelösten Sepsis; er fiel möglicherweise den Keimen zum Opfer, genau der »materiellen« Substanz, die er als Ursache von Infektionen nachzuweisen versucht hatte.

In den 1850er-Jahren, nicht lange nachdem man Semmelweis nach Budapest abgeschoben hatte, verfolgte der englische Arzt John Snow im Londoner Viertel Soho den Verlauf einer heftigen Choleraepidemie.[14] Er betrachtete Krankheiten nicht nur unter dem Gesichtspunkt von Symptomen und Behandlung, sondern bezog auch Geografie und Ansteckung als ursächliche Faktoren ein: Instinktiv vermutete er, die Epidemie könne sich in bestimmten Gegenden und Landschaften nach besonderen Gesetzmäßigkeiten verbreiten, und das könne Anhaltspunkte für ihre Ursache liefern. Er warb Einheimische an, damit sie für ihn Zeit und Ort jedes einzelnen Krankheitsfalls festhielten. Dann verfolgte er die Infektion zeitlich und räumlich zurück, als würde er einen Film rückwärts ablaufen lassen, um so Herkunft, Quellen und Ursachen zu finden.

Die Quelle, so Snows Schlussfolgerung, waren keine unsichtbaren, in der Luft schwebenden Miasmen, sondern vielmehr eine ganz bestimmte Wasserpumpe an der Broad Street. Von dort aus verbreitete sich die Epidemie – oder besser gesagt: sie floss – in alle Richtungen wie die Ringe rund um einen Stein, den man in einen Teich geworfen

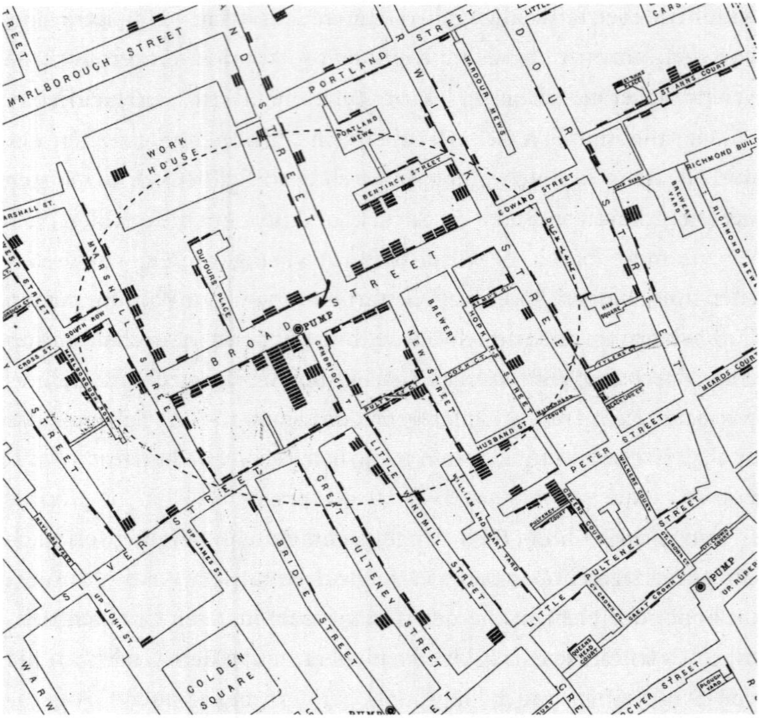

Eine der ersten Zeichnungen von John Snow aus den 1850er-Jahren: Die Cholerafälle häufen sich rund um die Pumpe an der Londoner Broad Street. Der Pfeil [vom Autor hinzugefügt] zeigt die Lage der Pumpe; die Zahl der Fälle je Haushalt wurde von Snow als Länge der Balken angegeben (man beachte den [vom Autor hinzugefügten] Kreis rund um das von Snow identifizierte Gebiet).

hat. Als Snow die Epidemie später in eine Landkarte eintrug und jeden Todesfall mit einem Balken markierte, häuften sich diese Balken rund um die Pumpe. (Vertrauter ist den meisten Epidemiologen eine spätere, in den 1960er-Jahren gezeichnete Karte, in der die Fälle als Punkte dargestellt sind.) »Ich stellte fest, dass sich nahezu alle Todesfälle in kurzem Abstand von der Pumpe [an der Broad Street] ereignet hatten«, schrieb er.[15] »Nur zehn Todesfälle gab es in Häusern, die entschieden näher an einer anderen Straßenpumpe lagen. In fünf dieser Fälle setzten mich die Familien der Verstorbenen in Kenntnis, dass sie immer zu der Pumpe an der Broad Street gingen, weil sie deren Wasser gegenüber den näher gelegenen Pumpen bevorzugten. In drei anderen Fällen handelte es sich bei den Verstorbenen um Kinder, die in der Nähe der Pumpe an der Broad Street zur Schule gegangen waren.«

Aber was war das für eine Substanz, die von der verunreinigten Quelle ausging? Im Jahr 1855 hatte Snow das Wasser erstmals unter dem Mikroskop untersucht. Nach seiner Überzeugung musste es etwas sein, was zur Vermehrung in der Lage war – ein Teilchen, das mit seinen Strukturen und Funktionen Menschen infizieren und immer wieder neu infizieren konnte. In seinem Buch *On the Mode of Communication of Cholera* (»Über die Art der Übertragung von Cholera«) schrieb er: »Damit die krankmachende Substanz der Cholera die Eigenschaft hat, ihresgleichen zu vermehren, muss sie zwangsläufig eine Art Struktur besitzen, und zwar höchstwahrscheinlich die einer Zelle.«[16]

Es war eine weitreichende Erkenntnis, insbesondere was den Gebrauch des Wortes *Zelle* betraf. Eigentlich hatte Snow damit drei ganz unterschiedliche medizinische Theorien und Fachgebiete zusammengeführt. Das erste, die Epidemiologie, versuchte die *Verteilung* von Krankheiten bei einer Vielzahl von Menschen zu erklären. Das Fachgebiet der Epidemiologie »schwebte« über den Menschen – *epi* bedeutet »über« und *demos* ist das Volk. Sie bemühte sich darum, Krankheiten unter dem Gesichtspunkt ihrer Übertragung in Bevölkerungen, des Auf und Abs ihrer Häufigkeit und Verbreitung und ihrer Gegenwart oder ihres Fehlens in bestimmten geografischen oder physikalischen Gebieten zu verstehen – beispielsweise unter dem Gesichtspunkt der Entfernung von der Pumpe in der Broad Street. Letztlich war es ein Fachgebiet zur Risikobeurteilung.

Aber Snow hatte die Theorie der Epidemiologie auch in Richtung einer Theorie der Pathologie weiterentwickelt, das heißt von einem mutmaßlichen Risiko in Richtung einer materiellen Substanz. Irgendein *Ding* im Wasser – nichts anderes als eine Zelle – war die Ursache der Infektion. Die Geografie, das heißt die Landkarte der Erkrankungen, war nur ein Hinweis auf die eigentliche Ursache; sie war das Zeichen, dass eine physische Substanz sich in Raum und Zeit bewegte und die Krankheit auslöste.

Das zweite Fachgebiet, die Keimtheorie, steckte damals noch in den Kinderschuhen. Sie vertrat die Auffassung, dass ansteckende Krankheiten von mikroskopisch kleinen Lebewesen verursacht werden, die in den Körper eindringen und seine Physiologie durcheinanderbringen.

Am kühnsten war das dritte Fachgebiet: die Zelltheorie. Sie besagte, dass die unsichtbare Krankheitsursache in Wirklichkeit ein eigenständiges *Lebewesen* war, eine Zelle, die das Wasser verunreinigte. Snow hatte unter seinem Mikroskop noch keine Cholerabakterien gesehen. Aber er hatte instinktiv begriffen, dass die krank machenden Elemente in der Lage sein mussten, sich im menschlichen Körper fortzupflanzen, wieder ins Abwasser zu gelangen und den Ansteckungskreislauf erneut in Gang zu setzen. Die infektiösen Elemente mussten lebende Gebilde sein, die Kopien ihrer selbst herstellen konnten.

Während ich diese Zeilen schreibe, wird mir klar, dass der gleiche Rahmen – Keime, Zellen, Risiken – noch heute in großen Teilen das Gerüst für die medizinische Kunst der Diagnose bildet. Jedes Mal, wenn ich einen Patienten oder eine Patientin sehe, versuche ich, der Krankheitsursache mit drei grundlegenden Fragen auf die Spur zu kommen. Handelt es sich um einen äußeren Erreger, beispielsweise ein Bakterium oder ein Virus? Liegt eine innere Störung der Zellphysiologie vor? Ist die Krankheit die Folge eines besonderen Risikos, sei es der Kontakt mit einem Krankheitserreger, eine Familiengeschichte oder auch ein Giftstoff aus der Umwelt?

Vor Jahren, als junger Onkologe, lernte ich einen Professor kennen, der zuvor gesund gewesen war und plötzlich an einer immer wiederkehrenden, derart heftigen Müdigkeit litt, dass er an manchen Tagen nicht die Arme und Beine heben konnte, um aus dem Bett zu steigen. Er hatte zahlreiche Spezialisten aufgesucht, und die hatten alle nur vorstellbaren Krankheiten diagnostiziert: chronisches Fatigue-Syndrom, *Lupus erythematodes*, Depressionen, ein psychosomatisches Syndrom oder eine versteckte Krebserkrankung. Die verworrene Liste wurde immer länger.

Alle Untersuchungen waren ohne Ergebnis geblieben, nur bei einer Blutanalyse hatte man bei ihm eine chronische Anämie diagnostiziert. Aber eine geringe Zahl roter Blutzellen ist keine Ursache, sondern ein Symptom einer Krankheit. Gleichzeitig setzten sich die Schwächeanfälle erbarmungslos fort. Auf seinem Rücken machte sich ein seltsamer Ausschlag breit, auch er ein Symptom ohne Ursache. Ein paar Tage später war der Mann wieder im Krankenhaus, eine Diagnose gab es immer noch nicht. In der Röntgenaufnahme zeigte sich ein dünner Flüssigkeitsfilm, der sich in dem zweilagigen Pleuraraum rund um die Lunge angesammelt hatte. Jetzt war ich mir mit meiner Diagnose sicher. Es war natürlich eine Krebserkrankung, die sich die ganze Zeit versteckt hatte. Ich führte zwischen zwei Rippen eine Kanüle ein, entnahm eine kleine Menge der Flüssigkeit und schickte sie an ein pathologisches Labor. Ich war überzeugt, dass man darin Krebszellen finden würde und wir die Diagnose damit unter Dach und Fach bringen konnten.

Aber noch bevor ich den Patienten zu weiteren Scanaufnahmen und Biopsien überwies, kamen mir nagende Zweifel. Mein Instinkt rebellierte gegen die Gewissheit meiner eigenen Diagnose, und so schickte ich ihn zu dem besten Internisten, den ich kannte. (Er war ein seltsamer Mann wie aus einer anderen Welt, und manchmal kam er mir vor wie ein anachronistischer Arzt aus einem früheren Jahrhundert. »Vergessen Sie nicht, an dem Patienten zu riechen«, hatte mir dieser Proust unter den Ärzten einmal geraten, und dann hatte er die Krankheiten aufgezählt, die man allein am Geruch erkennen konnte; ich stand in seinem Sprechzimmer, hörte ungläubig zu und lernte.)

Am nächsten Tag rief der Internist mich an.

Ob ich den Patienten nach Risikofaktoren befragt hätte?

Ich murmelte ein unbestimmtes Ja, aber zu meiner Schande wurde mir klar, dass ich mich mit meiner Einschätzung ausschließlich auf eine Krebserkrankung konzentriert hatte.

Ob mir bekannt sei, dass der Patient während seiner ersten drei Lebensjahre in Indien gelebt hatte? Oder dass er auch später mehrere Male dorthin gereist sei? Das zu fragen war mir nicht eingefallen. Der Patient hatte mir gesagt, er habe seit seiner Kindheit in Belmont in Massachusetts gelebt, aber ich hatte nicht weitergebohrt und mich nicht erkundigt, wo er geboren war oder wann er in die Vereinigten Staaten gekommen war.

»Und haben Sie die Flüssigkeit aus der Lunge ins bakteriologische Labor geschickt?«, fragte der kluge Dr. Proust weiter.

Mittlerweile war mein Gesicht tiefrot.

»Warum?«

»Weil es natürlich eine wieder aufgeflammte Tuberkulose ist.«

Glücklicherweise hatte das Labor die Hälfte der Flüssigkeit, die ich eingeschickt hatte, aufbewahrt. Drei Wochen später hatte es *Mycobacterium tuberculosis* herangezüchtet, den Erreger der Tuberkulose. Der Mann wurde mit den richtigen Antibiotika behandelt, und langsam ging es ihm besser. Nach einigen Monaten waren sämtliche Symptome verschwunden.

Die ganze Episode war eine Lektion in Demut. Wenn ich einen Patienten oder eine Patientin mit einer nicht diagnostizierten Krankheit sehe, denke ich an John Snow und an meinen Freund, den Internisten, der gern an Patienten schnupperte. Und ich sage mir lautlos: *Keime. Zellen. Risiko.*

Die medizinische Anwendung der Keimtheorie bedeutete eine Umwälzung. Im Jahr 1864, nur wenige Jahre nachdem Louis Pasteur seine Versuche mit der Fäulnis abgeschlossen hatte (und mehr als zehn Jahre bevor Robert Koch schlüssig bewies, dass Mikroorganismen im Tiermodell Krankheiten verursachen können), stolperte der junge schottische Chirurg Joseph Lister über Pasteurs Aufsätze *Recherches sur la putréfaction*. In einem genialen Gedankensprung stellte er den Zusammenhang zwischen der Fäulnis, die Pasteur in seinen Schwanenhalsflaschen beobachtet hatte, und den operationsbedingten Infektionen auf seinen Krankenstationen her. Schon im antiken Indien und Ägypten hatten Ärzte ihre Instrumente durch Auskochen gereinigt. Zu Listers Zeit jedoch schenkten die Chirurgen einer möglichen Verunreinigung mit Mikroben wenig Aufmerksamkeit.[17] Chirurgie war damals eine unvorstellbar unhygienische Angelegenheit, als wäre sie absichtlich darauf angelegt, gegen alle historischen Kenntnisse über Hygiene zu verstoßen. So wurde beispielsweise eine mit Eiter bedeckte chirurgische Sonde, die man aus der Wunde eines Patienten gezogen hatte, unsterilisiert in den Körper eines anderen Menschen eingeführt. Die Chirurgen sprachen sogar vom »lobenswerten Eiter«, denn sie glaubten, die Anwesenheit von Eiter gehöre zum Heilungsprozess. Wenn ein Skalpell im Operationssaal auf den mit Blut und Eiter verschmierten Fußboden fiel, wischte der Chirurg es einfach an seiner ebenso verunreinigten Schürze ab und benutzte das Instrument an seinem nächsten Patienten munter weiter.

Lister entschloss sich, seine Instrumente in einer Lösung auszukochen und damit die Keime abzutöten, die nach seiner Überzeugung die Infektion verursachten. Aber was für eine Lösung sollte das sein? Er wusste, dass man Karbolsäure benutzte, um Abwasser von seinem strengen Geruch zu befreien. Demnach, so sein Gedanke, tötete sie vermutlich die Keime ab, die im Umfeld von Abwässern die schädlichen Dämpfe erzeugten. Also vollzog er einen genialen Gedankensprung nach dem anderen und fing an, seine chirurgischen Instrumente in Karbolsäure zu kochen. Daraufhin ging die Zahl der nach den Eingriffen auftretenden Infektionen stark zurück. Wunden heilten schneller, und der septische Schock – eine gefürchtete Folge aller chirurgischen Eingriffe – trat plötzlich wesentlich seltener auf. Anfangs leisteten die Chirurgen Widerstand gegen Listers Theorie, aber die Befunde ließen sich immer weniger bestreiten. Wie Semmelweis hatte auch Lister die Keimtheorie in die medizinische Praxis überführt.

Nachdem Keimfreiheit und Hygiene fast ein Jahrhundert lang – von den 1860er- bis in die 1950er-Jahre – die einzigen anerkannten Methoden zur Infektionsvorbeugung gewesen waren, kam mit der Erfindung der Antibiotika, die Mikrobenzellen abtöten, eine wichtige Ergänzung hinzu. Der erste derartige Wirkstoff, eine Arsenverbindung namens Arsphenamin, wurde 1910 von Paul Ehrlich und Sahachiro Hata entdeckt; sie stellten fest, dass die Verbindung die Syphiliserreger abtötet.[18] Wenig später gab es eine scheinbar unbegrenzte Fülle von Antibiotika, darunter das Penicillin, das Bakterien tötet, von einem Pilz produziert wird und 1928 von Alexander Flemming auf Kulturschalen mit Schimmelbewuchs entdeckt wurde,[19] aber auch das Tuberkulosemedikament Streptomycin, das Albert Schatz und Selman Waksman 1943 aus Bakterien in Schmutzklumpen isoliert hatten.[20]

Die Antibiotika veränderten das Antlitz der Medizin. In der Regel wirken sie, weil sie einen Prozess angreifen, durch den sich die Zelle des Mikroorganismus von den Zellen seines Wirts unterscheidet. Penicillin macht Bakterienenzyme unwirksam, die für die Synthese der Zellwände sorgen; es lässt Bakterien mit »Löchern« in den Wänden entstehen. Menschen besitzen keine Zellwände dieses Typs, und damit wird Penicillin zu einer »magischen Kugel« gegen Bakterienarten, die auf unversehrte Zellwände angewiesen sind.

Jedes wirksame Antibiotikum – Doxycyclin, Rifampicin, Levofloxacin – erkennt einen Molekülbaustein, durch den sich Bakterienzellen von menschlichen Zellen unterscheiden. So betrachtet, ist jedes Antibiotikum eine »Zellmedizin« – ein Medikament, das auf den Unterschieden zwischen den Zellen von Mikroben und Menschen aufbaut. Je mehr wir über die Zellbiologie in Erfahrung bringen, desto feinere Abgrenzungen entdecken wir, und damit können wir auch lernen, immer wirksamere mikrobenhemmende Wirkstoffe zu entwickeln.

Bevor wir die Antibiotika und die Welt der Mikroorganismen verlassen, wollen wir uns kurz mit Abgrenzungen beschäftigen. Jede Zelle auf Erden – das heißt jeder einzelne Baustein jedes Lebewesens – gehört zu einer von drei vollkommen unterschiedlichen Domänen oder Kategorien des Lebendigen. Die erste sind die Bakterien, einzellige Organismen, die von einer Zellmembran umgeben sind, nicht über die besonderen Zellstrukturen verfügen, die man in Tier- und Pflanzenzellen findet, und auch andere einzigartige Strukturen besitzen. (Genau auf solchen Unterschieden basieren die gezielten Wirkungen der zuvor erwähnten bakterienhemmenden Medikamente.)

Bakterien sind auf beunruhigende Weise ungeheuer und geradezu gespenstisch erfolgreich. Sie beherrschen die Welt der Zellen. Wir stellen uns darunter Krankheitserreger wie Bartonella, Pneumokokken oder Salmonellen vor, denn einige von ihnen verursachen Krankheiten. Aber auf unserer Haut, in unserem Darm und unserem Mund wimmelt es von Milliarden Bakterien, die keinerlei Krankheiten auslösen. (Einen umfassenden Überblick über unsere enge und im Allgemeinen beiderseits nützliche Verbindung zu Bakterien liefert das bahnbrechende Buch *Winzige Gefährten* des Wissenschaftsautors Ed Yong.[21]) Tatsächlich sind Bakterien entweder harmlos oder sogar nützlich. Im Darm unterstützen sie die Verdauung. Auf der Haut verhindern sie nach den Vermutungen mancher Forschender die Besiedelung durch schädlichere Mikroorganismen. Ein Spezialist für Infektionskrankheiten sagte mir einmal, wir Menschen seien nur »hübsch aussehende Koffer, die Bakterien rund um die Welt transportieren«. Er dürfte recht haben.[22]

Zahl und Flexibilität der Bakterien sind schwindelerregend. Manche leben an thermalen Schloten im Ozean, wo das Wasser nahezu bis zum Siedepunkt erhitzt wird; solche Organismen könnten auch leicht in einem dampfenden Teekessel gedeihen. Manche fühlen sich in Magensäure wohl. Wieder andere leben anscheinend ebenso unbekümmert in den kältesten Regionen der Erde, wo das Land zehn Monate im Jahr eine hart gefrorene, undurchdringliche Tundra ist. Sie sind selbstständig, beweglich, kommunikativ und vermehrungsfreudig. Sie verfügen über wirksame Homöostasemechanismen, die ihr inneres Milieu aufrechterhalten. Sie sind vollkommen selbstgenügsame Einsiedler, können aber auch kooperieren und sich Ressourcen teilen.

Wir – du und ich – gehören zur zweiten Kategorie oder Domäne, den Eukaryonten. Das Wort *Eukaryont* ist ein Fachbegriff: Es weist darauf hin, dass unsere Zellen wie die aller Tiere, Pilze und Pflanzen eine besondere Struktur enthalten, den Zellkern (griechisch *karyon*). Dieser Kern ist, wie wir in Kürze genauer erfahren werden, der Aufbewahrungsort für die Chromosomen. Bakterien besitzen keinen Zellkern und werden als Prokaryonten bezeichnet, was so viel wie »vor dem Zellkern« bedeutet. Im Vergleich zu Bakterien sind wir empfindliche, schwächliche, zartbesaitete Lebewesen, die nur eine viel stärker eingeschränkte Umwelt und enge ökologische Nischen bewohnen können.

Dann gibt es noch einen dritten Zweig: die Archaea. In der Geschichte der biologischen Systematik war es vielleicht die verblüffendste Tatsache, dass diese ganze Domäne von Lebewesen bis vor 50 Jahren noch nicht entdeckt war. Erst Mitte der 1970er-Jahre gelangte der Biologieprofessor Carl Woese von der University of Illinois in Urbana-Champaign mit Methoden der vergleichenden Genetik – dem Vergleich von Genen verschiedener Lebewesen – zu dem Schluss, dass wir nicht nur irgendwelche exotischen Mikroorganismen falsch eingeordnet hatten, sondern eine ganze Domäne des Lebendigen.[23] Jahrzehntelang führte Woese einen engagierten, einsamen, verbitterten Kampf, der ihn bis in die Erschöpfung trieb. Die biologische Systematik, so behauptete er, ging nicht nur am Wesentlichen vorbei, sondern übersah eine ganze Kategorie von Lebewesen. Die Archaea, so Woese, sind nicht »fast wie« Bakterien oder »fast wie« Eukaryonten.[24] (»Fast wie« ist in der biologischen Systematik das Gleiche, wie wenn Eltern zu ihrem Kind sagen: »Geh weg, du bist mir lästig.«)

Viele angesehene Biologen machten sich über Woeses Arbeiten lustig oder nahmen sie einfach nicht zur Kenntnis. Der Biologe Ernst Mayr schrieb 1998 über Woese einen Aufsatz, der mit oberlehrerhafter Herablassung gespickt war (»Evolution ist eine Angelegenheit der Phänotypen … nicht der Gene«) und stellte das Ganze damit genau falsch herum dar.[25] Woese stellte nicht die Evolution infrage, sondern die Systematik – und die ist eben eine Frage der Gene. Eine Fledermaus und ein Vogel haben vielleicht nahezu die gleichen körperlichen Eigenschaften oder Phänotypen. Das Geheimnis steckt in den Unterschieden zwischen ihren *Genen*: Sie gehören zu unterschiedlichen systematischen Gruppen. Die Fachzeitschrift *Science* bezeichnete Woese als »fürs Leben gezeichneten Revolutionär«.[26] Heute, Jahrzehnte später, ist seine Theorie im Wesentlichen anerkannt, belegt und bestätigt; die Archaea werden als eigenständige, dritte Domäne der Lebewesen eingeordnet.

Oberflächlich betrachtet, sehen Archaea größtenteils wie Bakterien aus. Sie sind winzig klein, und ihnen fehlen manche Strukturen, die man mit Tier- und Pflanzenzellen in Verbindung bringt. Dennoch unterscheiden sie sich fraglos nicht nur von den Zellen der Pflanzen, Tiere und Pilze, sondern auch von Bakterien. Eigentlich wissen wir noch sehr wenig über sie. Oder, wie der Evolutionsbiologe Nick Lane vom Londoner University College es in seinem Buch *Der Funke des Lebens* formulierte: Der Unterschied ist »wie das Grinsen von Alices Grinsekatze – er verriet, dass da noch etwas anderes sein musste, was bisher verborgen geblieben war«.[27] Mit anderen Worten: Sie sind dadurch definiert, dass ihnen die charakteristischen Merkmale der beiden anderen Domänen fehlen, was zum Teil daran liegt, dass wir sie bis vor kurzer Zeit kaum erforscht haben.

Die Unterteilung des Lebendigen in seine großen Domänen macht wieder einmal eine andere unverzichtbare Unterscheidung im Verlauf unserer Geschichte über die Zellen deutlich. In Wirklichkeit sind es zwei Geschichten, die sich überschneiden. Die erste ist die Geschichte der Zellbiologie. Mit dieser ersten Geschichte haben wir bereits ein großes Feld überquert: von Leeuwenhoek und Hooke, die Ende des 17. Jahrhunderts erstmals Zellen sichtbar machten, bis zur Entdeckung der Gewebe und Organe zwei Jahrhunderte später; und von der Entdeckung von Pasteur und Koch, dass Bakterien die Ursache von Fäulnis und Krankheit sind, bis zu Ehrlich, der 1910 das erste Antibiotikum synthetisierte. Wir sind von den Ursprüngen der Zellphysiologie – Raspails scharfsinnig-weitsichtiger Äußerung »jede Zelle ist […] eine Art Labor« – bis zu der kühnen Aussage des jungen

Virchow vorgedrungen, wonach die Zelle der Schauplatz der normalen Physiologie wie auch der Pathologie ist.

Aber das ist nicht die Geschichte der Zelle, sondern die Geschichte der Zellbiologie. Die Vergangenheit der Zelle übertrifft die der Zellbiologie um Jahrmilliarden. Die ersten Zellen – unsere einfachsten, primitivsten Vorfahren – entstanden auf der Erde vor rund 3,5 bis 4 Milliarden Jahren und damit rund 700 Millionen Jahre nachdem die Erde selbst geboren war. (Genau genommen, ist das ein erstaunlich kurzer Zeitraum; die Erde hatte erst ein Fünftel ihrer Geschichte hinter sich, als sich die ersten Lebewesen auf ihr fortpflanzten.) Wie entstand diese »erste Zelle«? Wie sah sie aus? Mit solchen Fragen schlagen sich die Evolutionsbiologen bereits seit Jahrzehnten herum. Die einfachste Zelle – man könnte sie als »Protozelle« bezeichnen – musste ein vermehrungsfähiges System der genetischen Information besitzen. Dieses ursprüngliche Fortpflanzungssystem der Zellen bestand mit ziemlicher Sicherheit aus den Molekülsträngen der Ribonukleinsäure oder RNA. Im Labor können aus einfachen, an Tonschichten gebundenen Chemikalien unter Bedingungen, die denen in der Atmosphäre der frühen Erde ähneln, Vorläufer der RNA und sogar RNA-Molekülstränge entstehen.

Aber der Übergang von einem RNA-Strang zu einem RNA-Molekül, das sich selbst verdoppelt, ist keine geringe evolutionäre Errungenschaft. Höchstwahrscheinlich wurden zwei solche Moleküle gebraucht: Das eine diente als Matrize (das heißt als Informationsträger), das andere stellte eine Kopie der Matrize her (das heißt, es war der Verdoppler).

Das Zusammentreffen dieser beiden RNA-Moleküle – Matrizen und Verdoppler – war vielleicht die wichtigste und folgenschwerste evolutionäre Liebesaffäre in der Geschichte unseres Planeten. Die Partner mussten eine Trennung vermeiden; wären die beiden RNA-Stränge voneinander weggeschwommen, hätte es keine Verdopplung und damit im weiteren Verlauf auch keine lebenden Zellen gegeben. Also war irgendeine Struktur – eine Membranblase – erforderlich, die die Komponenten zusammenhielt.

Diese drei Bestandteile – eine Membran, ein RNA-Informationsträger und ein Verdoppler – dürften die Merkmale der ersten Zelle gewesen sein.[28] Wenn ein sich selbst verdoppelndes RNA-System von einer kugelförmigen Membran umgeben war, konnte es innerhalb der Kugel weitere RNA-Kopien herstellen und durch Erweiterung der Membran an Größe zunehmen.

Irgendwann, so die Annahme der Biologen, machte das membranumhüllte Kügelchen eine Zweiteilung durch, wobei jeder Teil das RNA-Verdoppelungssystem in sich trug.[29] (Wie Jack Szostak und seine Kollegen in Laborexperimenten nachweisen konnten, sind einfache kugelförmige Strukturen, die von Membranen aus Fettmolekülen umgeben sind, tatsächlich in der Lage, weitere Fettmoleküle aufzunehmen, zu wachsen und sich schließlich zu teilen.) Von nun an beschritt die Protozelle ihren langen Evolutionsweg in Richtung des Vorläufers der heutigen Zellen. Die Evolution selektionierte immer kompliziertere Eigenschaften, bis die RNA als Informationsträger durch DNA ersetzt wurde.

Aus einem solchen einfachen Vorläufer entwickelten sich vor rund drei Milliarden Jahren die Bakterien, und ihre Evolution geht auch heute noch weiter.* Die Archaea sind vermutlich ebenso alt wie die

---

* Mit den Archaea, der dritten Gruppe zellulärer Lebewesen, werden wir uns in diesem Buch, abgesehen von einer kurzen Erwähnung, nicht beschäftigen. Manche Biologen vertreten die Ansicht, die Eigenschaften der modernen Zellen ließen sich durch eine Art kooperativen Zusammenschluss zwischen Bakterien und Archaea erklären – Uneinigkeit besteht aber darüber, in welchem Ausmaß die Evolution der Archaea oder eines gemeinsamen Vorläufers zur Evolution der kernhaltigen Zellen – das heißt unserer modernen Zellen – beigetragen hat. Solche Diskussionen sind

Bakterien und entstanden ungefähr zur gleichen Zeit – über den genauen Zeitpunkt gibt es allerdings lautstarke, hitzige Diskussionen –, und auch sie existieren bis heute und entwickeln sich weiter.

Aber wie steht es mit den Zellen, die weder Bakterien noch Archaea sind – also mit *unseren* Zellen? Vor rund zwei Milliarden Jahren (auch hier ist der genaue Zeitpunkt umstritten) vollzog die Evolution eine eigenartige, unerklärliche Wendung. Jetzt erschien eine Zelle auf der Bildfläche, die zum gemeinsamen Vorfahren aller Zellen von Menschen, Pflanzen, Pilzen, Tieren und Amöben wurde. »Dieser Urahn«, so Nick Lane, »war eindeutig eine ›moderne‹ Zelle mit ausgefeilter innerer Struktur und nie da gewesener molekularer Dynamik, angetrieben durch eine komplizierte Nanomaschinerie, für die wiederum Tausende neuer, bei Bakterien weitgehend unbekannter Gene codierten.«[30] Neue Anhaltspunkte deuten darauf hin, dass diese »moderne« Eukaryontenzelle innerhalb der Archaea entstand.[31] Mit anderen Worten: Eigentlich gibt es nur zwei Hauptdomänen des Lebendigen, die Bakterien und die Archaea. Die Eukaryonten (»unsere« Zellen) stellen demnach einen relativ jungen Zweig der Archaea dar. Vielleicht sind wir Nachzügler, Späne, die übrig geblieben sind, als die beiden Hauptdomänen des Lebendigen geschnitzt wurden.

Diese modernen Zellen werden wir in den nachfolgenden Kapiteln genauer kennenlernen. Wir werden uns mit ihrem raffinierten inneren Aufbau beschäftigen. Wir werden ihre »beispiellose molekulare Dynamik« betrachten, die Fortpflanzung und Entwicklung möglich macht. Wir werden verstehen, wie organisierte Systeme aus Zellen – vielzellige Gebilde mit spezialisierter Form und Funktion – die Bildung und Tätigkeit von Organen und Organsystemen ermöglichen, unseren Körper erhalten, gebrochene Gelenke reparieren und

---

wichtig für Evolutionsbiologen, die sich mit der Frühgeschichte des Lebens beschäftigen, liegen aber außerhalb des Themenbereichs dieses Buchs.

dem Verfall entgegenwirken. Und wir werden der Frage nachgehen, wie wir solche Kenntnisse in Zukunft zur Entwicklung von Arzneimitteln nutzen können, mit denen funktionsfähige Teile von Menschen nachgebaut oder Krankheiten gelindert oder geheilt werden.

Eine Frage jedoch können und werden wir nicht beantworten. Der Ursprung der heutigen Zelle in der Evolution ist ein Rätsel. Die Urzelle hat offenbar nur äußerst spärliche Spuren ihrer Herkunft oder Abstammung hinterlassen; es gibt keine Spur von Vettern zweiten oder dritten Grades, keine nahen Verwandten, die heute noch leben, keine Zwischenformen. Lane spricht vom »schwarzen Loch im Innersten der Biologie«.[32]

Wir werden uns jetzt der Anatomie, Funktionsentwicklung und Spezialisierung der modernen Eukaryontenzellen zuwenden. Aber die zweite Geschichte – die Geschichte vom Ursprung unserer Zellen – kann bis heute weder dieses Buch noch die Evolutionsforschung vollständig erzählen.

TEIL 2

DIE EINE UND DIE VIELEN

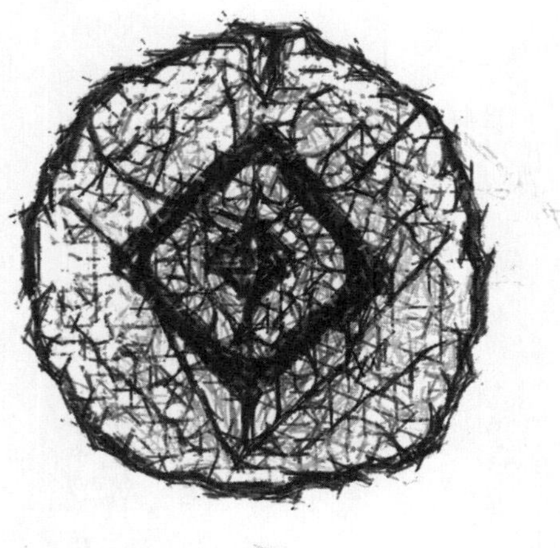

Die Wörter »Organismus« und »organisiert« haben eine gemeinsame Wurzel. Beide stammen von dem griechischen organon *(dem späteren lateinischen* organum*) ab, der Bezeichnung für ein Instrument, ein Werkzeug oder auch eine Methode der Logik, das oder die dazu konstruiert wurde, etwas zu erreichen. Wenn die Zelle die Grundeinheit des Lebendigen ist – das lebende Werkzeug, das den Organismus bildet –, wozu wurde sie dann »konstruiert«?*

Nun, zunächst hat sie sich in ihrer Evolution dazu entwickelt, eigenständig zu sein, als unabhängige lebendige Einheit zu überleben. Die Eigenständigkeit hängt ihrerseits von der Organisation ab – vom inneren Aufbau der Zelle. Eine Zelle ist nicht einfach ein Klumpen aus chemischen Substanzen; sie besitzt in ihrem Inneren charakteristische Strukturen oder Untereinheiten, die es ihr erlauben, selbstständig zu funktionieren. Die Untereinheiten sind so gestaltet, dass sie Energie liefern, Abfallstoffe beseitigen, Nährstoffe speichern, giftige Substanzen absondern oder das innere Milieu der Zelle aufrechterhalten. Zweitens ist die Zelle dazu konstruiert, sich fortzupflanzen: Eine Zelle kann alle anderen Zellen hervorbringen, die den Organismus bevölkern. Und schließlich ist die Zelle (oder zumindest die erste Zelle) in einem vielzelligen Organismus so gestaltet, dass sie sich differenzieren und zu anderen spezialisierten Zellen weiterentwickeln kann; auf diese Weise entstehen die verschiedenen Teile des Körpers – Gewebe, Organe und Organsysteme.

*Das also sind einige der ersten, grundlegenden Eigenschaften der Zelle: Eigenständigkeit, Fortpflanzung und Entwicklung.**

---

* Bei einzelligen Organismen kann man sich unter »Entwicklung« die Rei-

Jahrhundertelang galten diese grundlegenden Eigenschaften als undurchschaubar. Die innere Anatomie der Zelle und die Homöostase in ihrem Inneren waren – nun ja – etwas Inneres, in das man nicht hineinblicken konnte. Fortpflanzung und Entwicklung spielten sich im Mutterleib ab – in den man ebenfalls nicht hineinsehen konnte. Aber mit der Vertiefung unserer Erkenntnisse über Zellen sind wir heute in der Lage, diese Geheimnisse zu lüften und die grundlegenden Eigenschaften der Lebensbausteine zu ändern. Können wir eine Untereinheit der Zelle, die nicht richtig funktioniert, reparieren – und wenn ja, in welchem Ausmaß? Können wir eine Zelle mit einem andersartigen inneren Milieu aufbauen, mit anderen Unterstrukturen und damit auch mit anderen Eigenschaften? Und wenn wir die Fortpflanzung von Menschen außerhalb des Mutterleibs ermöglichen – was bereits geschehen ist: Ist ein solcher künstlich geschaffener Embryo zugänglich für genetische Eingriffe? Wo also liegen die Grenzen des Erlaubten und die Gefahren, wenn wir mit den ersten, grundlegenden Eigenschaften des Lebendigen herumspielen?

---

fung des gesamten Organismus vorstellen. Dass einzellige Mikroorganismen reifen, ist heute gut nachgewiesen. Bei *vielzelligen* Organismen ist die Entwicklung komplizierter. Sie besteht aus einer Kombination aus der Vermehrung von Zellen, ihrer Reifung, ihrer Bewegung an bestimmte Stellen, ihren Verbindungen mit anderen Zellen und der Ausbildung spezialisierter Strukturen mit spezialisierter Funktion, die Organe und Gewebe bilden.

KAPITEL 5

Die organisierte Zelle

Die innere Anatomie der Zellen

Geben Sie mir ein organisches Bläschen,
das mit Leben begabt ist, und ich gebe Ihnen
die gesamte organisierte Welt zurück.
– Zitat Raspail, aus Wolpert,
Wie wir leben und warum wir sterben[1]

Die Zellbiologie lässt endlich einen jahrhundertealten
Traum Wirklichkeit werden: den von der Erforschung
von Krankheiten auf der Ebene der Zellen, den ersten
Schritt, um sie letztlich unter Kontrolle zu bringen.
– George Palade[2]

Rudolf Virchow bezeichnete die Zelle 1852 als geschlossene, lebendige Einheit, die in sich die Gesetze trägt, die über ihr Dasein bestimmen.[3] Eine solche abgegrenzte, autonome lebendige Einheit – die geschlossene Einheit, die die Gesetze ihres Daseins in sich trägt – muss zunächst einmal eine Grenze haben.

Diese Grenze ist durch die Membran definiert und stellt die äußere Begrenzung des Ich dar. Ein Körper ist von einer vielzelligen Membran umgeben, der Haut. Auch die Psyche ist durch eine andere Membran abgegrenzt: das Ich. Das Gleiche gilt für Häuser und Staaten. Wenn man ein inneres Milieu definieren will, muss man seine

Ränder definieren – die Stellen, an der das Innen endet und das Außen beginnt. Ohne eine solche Grenze gibt es kein Ich. Damit eine Zelle eine Zelle ist, muss sie sich von allem anderen abgrenzen.

Aber was ist die Grenze einer Zelle? Wo endet eine Zelle, wo beginnt die andere? Sie beginnt und endet ebenfalls mit einer Membran, die sie umgibt.

Die Membran ist ein Ort der Widersprüche. Ist sie hermetisch abgegrenzt, sodass sie nichts hinein- oder hinauslässt, hält sie das Innere unversehrt aufrecht. Aber wie soll eine Zelle dann die unvermeidlichen Anforderungen und Aufgaben des Lebens erfüllen? Sie braucht Poren, durch die Nährstoffe hinein und hinaus wandern können. Sie braucht Stellen, an denen Signale von außen andocken und weiterverarbeitet werden können. Wie sieht es aus, wenn ein Organismus hungert, sodass die Zelle mit Nahrung haushalten und den Stoffwechsel zum Stillstand bringen muss? Eine Zelle muss Abfallstoffe ausscheiden – aber wie schafft sie die Öffnungen, um solche Substanzen loszuwerden?

Jede derartige Öffnung ist eine Ausnahme von der Regel der Unversehrtheit; schließlich ist eine Tür nach außen auch eine Tür nach innen. Viren und andere Mikroorganismen könnten die Wege der Nahrungsaufnahme oder Abfallausscheidung nutzen, um in eine Zelle einzudringen. Durchlässigkeit ist, kurz gesagt, ein unverzichtbares Merkmal des Lebendigen – aber auch eine unvermeidliche Schwachstelle. Eine vollkommen abgeschottete Zelle ist eine vollkommen tote Zelle. Wird die Abschottung aber durch Öffnungen aufgehoben, ist die Zelle potenziellen Schädigungen ausgesetzt. Eine Zelle muss beides schaffen: Sie muss der Außenwelt gegenüber verschlossen und doch auch offen sein.

Woraus bestehen Zellmembranen? Der Physiologe Ernest Overton (der, nebenbei bemerkt, ein Cousin von Charles Darwin war) tauchte in den 1890er-Jahren verschiedene Zellen in Hunderte von Lösungen, die verschiedene Substanzen enthielten. Verbindungen, die in Öl löslich waren, drangen in der Regel in die Zellen ein, solche, die in Öl unlöslich waren, taten das nicht. Die Zellmembran, so Overtons Schlussfolgerung, musste also eine Art Ölschicht sein; allerdings konnte er nicht erklären, wie Ionen, Zucker und ähnliche Substanzen, die in Fett unlöslich sind, in die Zelle eindringen oder sie verlassen.[4]

Durch Overtons Beobachtungen wurde das Ganze noch rätselhafter. War die Zellmembran dick oder dünn? Bestand sie aus einer Schicht von Fettmolekülen (auch Lipide genannt*), die in einer Reihe nebeneinanderstanden, oder war sie eine vielschichtige Struktur?

Den topologischen Aufbau der Zellmembran klärten zwei Physiologen mit einer genialen Studie. In den 1920er-Jahren gewannen Evert Gorter und François Grendel die gesamte Fettmenge von der Oberfläche einer genau festgelegten Zahl roter Blutzellen, breiteten die Moleküle als einzelne Schicht aus und berechneten ihre Oberfläche.[5] Dann ermittelten sie die Oberfläche der Zellen, aus denen sie die Membranen entfernt hatten. Die isolierten Lipide hatten eine nahezu doppelt so große Oberfläche wie die roten Blutzellen.

Dieser Befund wies auf eine unerwartete Tatsache hin: Eine Zellmembran muss aus zwei Lipidschichten bestehen. Sie ist eine Lipid-*Doppelschicht*. Stellen wir uns einmal zwei Blätter Papier vor, die aufeinandergeklebt und dann zu einem dreidimensionalen Gebilde geformt werden, beispielsweise zu einem Ballon. Wenn der Ballon die Zelle ist, sind die beiden Papierschichten die Doppelschicht der Zellmembran.

---

* Später wurden die Bestandteile in weitere Untergruppen eingeteilt. Am zahlreichsten sind bestimmte Lipide, die ein geladenes Molekül – Phosphat – als »Kopf« tragen und einen »Schwanz« aus einer langen Kohlenstoffkette haben. Innerhalb der Lipidmembranen fand man aber auch weitere eingebettete Moleküle, darunter das Cholesterin.

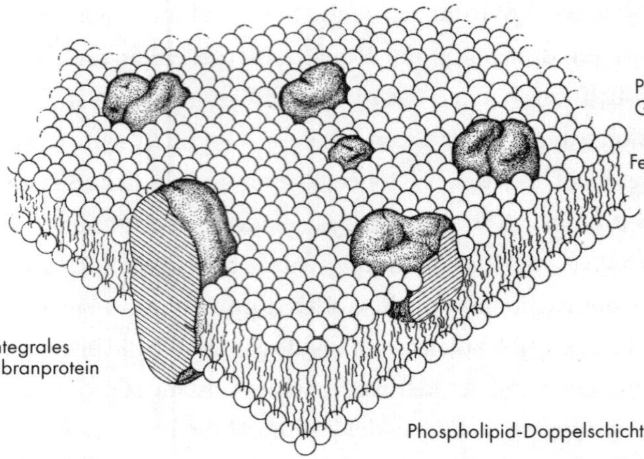

Der Aufbau einer Zellmembran (schematisch). In der Lipid-Doppelschicht weisen die runden Köpfe nach außen und ins Zellinnere; die langen Schwänze liegen dazwischen. Die Köpfe sind geladene Phosphatgruppen und in Wasser löslich (deshalb ragen sie nach innen und außen); die an den Phosphaten angehefteten Schwänze sind lange, in Wasser unlösliche Ketten aus Kohlenstoff- und Wasserstoffatomen (deshalb befinden sie sich im Inneren der Doppelschicht). Die »Klumpen«, die in der Membran schwimmen, sind Proteine, beispielsweise Kanäle, Rezeptoren und Poren.

Der letzte Puzzlestein – die Lösung der Frage, wie Zucker, Ionen und ähnliche Moleküle in die Lipid-Doppelschicht hinein- und wieder hinausgelangen und wie die Zelle mit ihrer Umgebung kommuniziert – wurde 1972 hinzugefügt, fast 50 Jahre nach den Experimenten von Gorter und Grendel. Die beiden Biochemiker Garth Nicolson und Seymour Singer formulierten ein Modell, in dem die Proteine wie Klappen oder Kanäle in die Membran eingebettet sind und sie durchspannen.[6] Demnach war die Lipid-Doppelschicht weder einheitlich noch eintönig, sondern sie hatte eine poröse Konstruktion. Proteine, die in der Membran schwimmen und sich von innen bis nach außen erstrecken, ermöglichen es den Molekülen, die Membran zu durchdringen, und andere Proteine und Moleküle können auf der Zellaußenseite an sie binden.

Wegen der Mosaikstruktur der Membran, in der zahlreiche Komponenten aneinandergebunden sind, sprachen Nicolson und Singer vom Flüssig-Mosaik-Modell der Zellmembran – und mit elektronenmikroskopischen Methoden konnte man beweisen, dass es stimmte.

Einfacher ist es vielleicht, wenn wir uns vorstellen, wir würden in das Innere einer Zelle vordringen und es erforschen wie ein Astronaut, der ein unbekanntes Raumfahrzeug erkundet. Aus der Ferne sehen wir die äußeren Umrisse des Raumschiffs/der Zelle: die längliche, grau-weiße Hülle einer Eizelle oder die dunkelrote Scheibe einer roten Blutzelle.

Wenn wir uns der Zellmembran nähern, sehen wir ihre Außenschicht genauer. Auf der flüssigen Oberfläche tanzen Proteine. Manche davon sind vielleicht Rezeptoren für Signale, andere dienen als molekularer Klebstoff, der eine Zelle an eine andere anheftet. Einige sind Kanäle. Wenn wir Glück haben, können wir zusehen, wie ein Nährstoffmolekül oder ein Ion durch die Pore in die Zelle schlüpft.

Und jetzt gehen auch wir »an Bord« des Fahrzeugs. Wir tauchen durch die Außenhülle – die Membran-Doppelschicht –, bewegen uns schnell durch den Raum zwischen den beiden Schichten, der mit nur zehn Nanometern 10.000-mal dünner ist als ein menschliches Haar, und gelangen in den Innenraum.

Sehen wir uns um: Die Innenseite der Zellmembran hängt jetzt über uns wie die flüssige Oberfläche des Ozeans, wenn man sie von unten betrachtet. Ebenso sehen wir die inneren Teile der Proteine, die über uns hängen wie die Unterseiten von Bojen.

Anfangs schwimmen wir vielleicht durch die Flüssigkeit im Zellinneren. Sie wird als Protoplasma, Zytoplasma oder Cytosol bezeichnet. Das Protoplasma ist die »Lebensflüssigkeit«, die Biologen im 19. Jahrhundert in lebenden Zellen und Lebewesen entdeckten.* Zwar hatten viele Zellbiologen beobachtet, dass es in den Zellen eine Flüssigkeit gibt; den Begriff benutzte aber Hugo von Mohl erstmals in den 1840er-Jahren. Das Protoplasma ist eine schwindelerregend kompliziert Mischung aus chemischen Substanzen. An manchen Stellen ist es dickflüssig und zäh, an anderen wässrig.** Es ist das »Muttergelee«, das Leben möglich macht.

Nachdem Mohl in den 1840er-Jahren das Protoplasma erforscht hatte, stellten sich Zellbiologen die Zelle fast ein halbes Jahrhundert lang als Blase vor, die mit einer formlosen Flüssigkeit gefüllt ist. Aber eines der ersten Dinge, die einem innerhalb der Zelle auffallen, ist ein molekulares »Skelett«: Es erhält die Form der Zelle aufrecht wie das

---

* Das Protoplasma ist von größter Wichtigkeit: In den 1850er-Jahren entbrannte eine hitzige Diskussion um die Frage, ob man nicht die Zelle, sondern das Protoplasma als einheitliche Grundlage des Lebendigen bezeichnen solle; die Zelle war demnach nur ein Gefäß, in dem es festgehalten wird. Zu den eifrigsten Befürwortern dieses Gedankens gehörte der deutsche Zellbiologe Robert Remak. Am Ende gewannen die Zelltheoretiker, und die »Protoplasmisten« zogen sich auf eine Kompromisshaltung zurück: Sie behaupteten, die Zelle habe zwar die herausragende Stellung, aber jede Zelle enthalte ihrerseits die Lebensflüssigkeit. Als man jedoch im Protoplasma einer Zelle mehrere andere Organellen entdeckte, verlor der Gedanke, das Protoplasma sei der einzig notwendige und hinreichende Baustein der Lebewesen, weiter an Gewicht.

** Die unterschiedlichen physikalischen Eigenschaften des Protoplasmas – wässrig, halbflüssig oder dick-geleeartig – sind in jüngerer Zeit zunehmend in den Blickpunkt der Forschung gerückt. Tröpfchenähnliche Ansammlungen chemischer Substanzen, die in einer Zelle schweben, können Schauplatz ganz bestimmter biochemischer Reaktionen sein. Dass solche abgegrenzten »Phasen« (wie man sie nennt) für viele entscheidende Reaktionen von Bedeutung sind, ist heute in manchen Fällen gut belegt und in anderen Gegenstand der Forschung.

Knochenskelett, das über die Form eines Lebewesens bestimmt.* Dieses Gerüst, auch Zytoskelett genannt, besteht vorwiegend aus Fasern eines seilförmigen, als Aktin bezeichneten Proteins und röhrenförmigen Strukturen aus einem Protein namens Tubulin.** Aber anders als Knochen sind diese seilförmigen Strukturen, die sich kreuz und quer durch die Zelle ziehen, weder unbeweglich, noch haben sie ausschließlich Strukturaufgaben. Sie bilden ein inneres Organisationssystem. Das Zytoskelett hält verschiedene Zellbestandteile zusammen und ist für die Bewegungen der Zellen notwendig. Wenn eine weiße Blutzelle auf einen Mikroorganismus zukriecht, streckt sie ihre Fühler mithilfe der Aktinfilamente und anderer Proteine aus – diese ziehen sich an der Vorderseite vor und zurück wie bei den Ektoplasmabewegungen eines Außerirdischen.[7]

Tausende von Proteinen sind an das Zytoskelett gebunden oder schwimmen frei in der Flüssigkeit des Protoplasmas und machen die Lebensreaktionen wie Atmung, Stoffwechsel und Abfallentsorgung möglich. Wenn wir durch das Protoplasma schwimmen, begegnen uns mit Sicherheit auch ganz besondere, lebenswichtige Moleküle: die langen Stränge der Ribonukleinsäure oder RNA.

Ein RNA-Strang besteht aus viererlei Untereinheiten: Adenin (A), Cytosin (C), Uracil (U) und Guanin (G). Dabei sind oftmals Tausende solcher Bausteine wie beispielsweise in der Folge ACUGGGU-

---

* Der Botaniker Nikolai Kolzow äußerte 1904 als einer der Ersten die Vermutung, das Protoplasma könne eine solche organisierte innere Struktur besitzen. Dass er recht hatte, wurde schließlich bestätigt, als man die verschiedenen Teile des Zytoskeletts mit leistungsfähigen Mikroskopen beobachten konnte.

** Zum Zytoskelett tragen auch andere Proteine bei. In manchen Zellen gehören Proteinfasern eines dritten Typs dazu, die Intermediärfilamente. Die verschiedenen Typen der Intermediärfilamente bestehen insgesamt aus mehr als 70 unterschiedlichen Proteinen.

UUCCGUCGGGGCCC miteinander verbunden. Der Strang trägt die Information zum Aufbau eines Proteins.* Das Ganze kann man sich als Reihe von Anweisungen vorstellen oder als Morsecode auf einem Papierstreifen. Eine bestimmte RNA, die gerade im Zellkern produziert wurde, trägt vielleicht die Anweisungen zum Aufbau von Insulin. Auch andere, die weitere Proteine codieren, schwimmen vorüber.

Aber wie werden die Anweisungen entschlüsselt? Wenn wir nach rechts oder links blicken, sehen wir Ribosomen, große Makromolekülstrukturen aus vielen zusammengesetzten Teilen, die in den 1940er-Jahren erstmals von dem rumänisch-amerikanischen Zellbiologen George Palade beschrieben wurden. Zu übersehen sind sie nicht: Eine Leberzelle enthält mehrere Millionen von ihnen.[8] Die Ribosomen halten RNA-Moleküle fest, entschlüsseln die darin enthaltenen Anweisungen und synthetisieren Proteine. Diese Proteinfabrik der Zellen besteht auch selbst aus Proteinen und RNA. Sie ist wieder einmal eine faszinierende Rekursion des Lebendigen: Proteine schaffen die Möglichkeit, andere Proteine zu erzeugen.

Der Aufbau von Proteinen gehört zu den Hauptaufgaben der Zellen. Manche Proteine sind Enzyme und steuern die chemischen Lebensreaktionen. Andere schaffen Strukturbestandteile der Zelle. Sie dienen als Rezeptoren für Signale von außen. Sie bilden Poren und Kanäle durch die Membran, aber auch die Regulatoren, die Gene auf bestimmte Reize hin ein- oder ausschalten. Proteine sind die Arbeitspferde der Zelle.

Vielleicht begegnet uns auch eine andere Makromolekülstruktur, die geformt ist wie ein röhrenförmiges Mahlwerk. Das ist das Prote-

---

* RNA hat auch mehrere andere Funktionen; unter anderem reguliert sie das Ein- und Ausschalten der Gene, und sie wirkt an der Proteinsynthese mit. Wir wollen uns hier aber auf ihre Codierungsfunktion konzentrieren.

asom, der Müllkompressor, in dem die Proteine sterben. Proteasomen zerlegen Proteine in ihre Bestandteile und stoßen die zerhackten Stücke wieder ins Protoplasma aus, womit der Kreislauf von Synthese und Abbau beendet ist.

Wenn wir weiter durch das Protoplasma der Zelle schwimmen, stoßen wir früher oder später auf eine Vielzahl größerer membranumhüllter Strukturen. Diese kann man sich wie doppelwandige geschlossene Räume innerhalb des Raumschiffs vorstellen. Es gibt einen solchen Raum zur Energieerzeugung, einen zu Speicherzwecken, einen für den Export und Import von Signalen und einen für die Abfallentsorgung. Als Mikroskopiker und Zellbiologen einen immer genaueren Blick auf die Zellen warfen, fanden sie Dutzende von organisierten, funktionsfähigen Unterstrukturen; sie waren mit den Organen – Nieren, Knochen und Herzen – vergleichbar, die Vesalius und andere Anatomen im menschlichen Körper identifiziert hatten. Die Biologen bezeichneten sie als Organellen – kleine Organe im Inneren der Zellen.

Eine der ersten derartigen Strukturen, die uns wahrscheinlich begegnen werden, sind nierenförmige Organellen, die der deutsche Histologe Richard Altmann in den 1840er-Jahren erstmals – allerdings nur ungenau – beschrieb.[9] Wie sich herausstellte, handelt es sich bei diesen Organellen, die später den Namen Mitochondrien erhielten, um die Kraftwerke der Zelle: Sie sind die »Öfen«, die ständig brennen und die für das Leben notwendige Energie gewinnen. Um die Herkunft der Mitochondrien drehen sich einige Diskussionen. Eine der faszinierendsten und weithin anerkannten Theorien besagt, dass die Organellen vor über einer Milliarde Jahren eigenständige Mikroorganismen waren, bei denen sich die Fähigkeit entwickelte, Energie durch eine chemische Reaktion unter Mitwirkung von Sauerstoff und Glukose zu produzieren. Diese Mikrobenzellen wurden später von anderen Zellen umschlossen oder eingefangen und gingen eine Art Arbeitsbeziehung ein, ein Phänomen, das man als Endosymbiose bezeichnet.

Die Evolutionsbiologin Lynn Margulis beschrieb diese Beziehung 1967 in einem Fachaufsatz mit dem Titel »Über den Ursprung mitosefähiger Zellen«.[10] Nick Lane berichtet in seinem Buch *Der Funke des Lebens*: »Komplexe Zellen entwickelten sich, so Margulis, nicht durch herkömmliche natürliche Selektion, sondern durch eine wahre Kooperationsorgie, bei der die Zellen derart eng miteinander interagierten, dass sie sogar ins Innere ihrer Partner vordrangen.«[11] Damit war sie zu radikal, und sie kam zu früh. Auf den Straßen von San Francisco und New York mochte es der Sommer der Liebe gewesen sein, in dem junge Männer und Frauen sich mit Begeisterung umschlangen, aber in den heiligen Hallen der Wissenschaft traf Margulis mit ihrer Umschlingungstheorie auf eine Mauer der Skepsis. Für sie verwandelte sich der Sommer der endosymbiontischen Liebe in einen langen Winter des Hohns und der Ablehnung. Erst Jahrzehnte später fiel anderen Forschenden nicht nur die ähnliche Struktur von Mitochondrien und Bakterien auf, sondern auch ihre molekularen und genetischen Gemeinsamkeiten.

Mitochondrien gibt es in allen Zellen, besonders dicht liegen sie aber in solchen, die besonders viel Energie brauchen oder die Energiespeicherung steuern, wie Muskel-, Fett- und manche Gehirnzellen. Mitochondrien sind um den Schwanz von Samenzellen gewickelt und liefern ihnen die Energie, um zu schwimmen und die Eizelle zu erreichen. Innerhalb der Zelle teilen sie sich, aber wenn die Teilung der Zelle ansteht, werden die Mitochondrien zwischen den beiden Tochterzellen verteilt. Mit anderen Worten: Sie führen kein selbstständiges Leben, sondern können nur innerhalb von Zellen existieren.

Mitochondrien besitzen eigene Gene und ein eigenes Genom, und aufschlussreich ist, dass beide gewisse Ähnlichkeiten mit den Genen und Genomen von Bakterien haben – auch das ein Argument für Margulis' Hypothese, dass sie einfache Zellen waren, die von anderen Zellen aufgenommen wurden und mit ihnen eine Symbiose eingingen.

Wie erzeugt eine Zelle Energie? Es gibt dafür zwei Wege, einen schnellen und einen langsamen. Der schnelle Weg führt vorwiegend durch das Protoplasma der Zelle. Enzyme bauen Glucose nach und nach zu immer kleineren Molekülen ab, und dabei wird Energie frei. Der Prozess erfordert keinen Sauerstoff und wird deshalb als anaerob bezeichnet. Als Energieausbeute werden bei diesem schnellen Vorgang zwei Moleküle einer Substanz frei, die man Adenosintriphosphat oder kurz ATP nennt.

ATP ist in praktisch allen lebenden Zellen die zentrale »Energiewährung«. Sämtliche chemischen oder physikalischen Abläufe, die Energie erfordern – beispielsweise die Kontraktion eines Muskels oder die Synthese eines Proteins –, verbrauchen oder »verbrennen« ATP.

Die langsamere Verbrennung von Zucker zur Energieerzeugung spielt sich in den Mitochondrien ab. (Bakterienzellen, denen die Mitochondrien fehlen, können nur die erste Reaktionskette nutzen.) Hier fließen die Endprodukte der Glykolyse (was wörtlich »Zuckerabbau« bedeutet) in einen Reaktionskreislauf ein, in dem letztlich Wasser und Kohlendioxid entstehen. An diesem Zyklus ist Sauerstoff beteiligt (deshalb nennt man ihn aerob), und er ist ein kleines Wunder der Energieerzeugung: Er liefert eine viel größere Energieausbeute, und zwar wiederum in Form von ATP-Molekülen.

Durch die Kombination aus schneller und langsamer Verbrennung entsteht aus einem Glukosemolekül letztlich die Entsprechung zu 36 ATP-Molekülen. (In Wirklichkeit ist die Zahl etwas geringer, denn nicht alle Reaktionen laufen mit hundertprozentiger Effizienz ab.) Im

Lauf eines Tages erzeugen wir Milliarden kleine Kanister voller Treibstoff, und der treibt in den Milliarden Zellen unseres Körpers Milliarden winzige Motoren an. »Sollten die Milliarden sanft lodernden kleinen Feuer zu brennen aufhören«, schrieb der Physikochemiker Eugene Rabinowitch, »könnte kein Herz mehr schlagen, keine Pflanze könnte aufwärts wachsen und der Gravitation Hohn sprechen, keine Amöbe könnte schwimmen, keine Empfindung könnte durch einen Nerv rasen, kein Gedanke könnte einem Menschen durch den Kopf gehen.«[12]

Als Nächstes stoßen wir vielleicht auf ein Labyrinth aus gewundenen, verworrenen Leitungen, die ebenfalls von Membranen umgeben sind und sich kreuz und quer durch die Zelle ziehen. Auch dies ist ein Organ: Es heißt endoplasmatisches Retikulum, in der Biologie spricht man allerdings meist nur vom ER.

Dieses Gebilde wurde erstmals von den Zellbiologen Keith Porter und Albert Claude beschrieben.* Die beiden arbeiteten Ende der 1940er-Jahre am New Yorker Rockefeller Institute eng mit George Palade zusammen. Die Experimente, mit denen die Funktion des ER und seine zentrale Bedeutung für die biologischen Abläufe in der Zelle festgeklopft wurden, waren eine der folgenschwersten wissenschaftlichen Entwicklungen.

Palade selbst war auf Umwegen zur Zellbiologie gekommen. Geboren wurde er 1912 in Iaşi (damals Jassy genannt) in Rumänien. Sein Vater war Philosophieprofessor und wollte, dass auch sein Sohn Philosoph wurde, aber George fühlte sich zu einem Fachgebiet mit mehr »Handfestem und Bestimmtem« hingezogen. Er studierte Medizin

* Der französische Zellforscher Charles Garnier hatte das Endoplasmatische Retikulum erstmals schon 1897 mit dem Lichtmikroskop beobachtet, ihm aber keine besondere Funktion zugeschrieben.

und trat seine Laufbahn als Arzt in der Hauptstadt Bukarest an. Aber schon bald tendierte er zur Zellbiologie. Wie Rudolf Virchow, so wollte auch Palade Zellbiologie, Zellpathologie und Medizin in Einklang bringen. »Das macht endlich einen jahrhundertealten Traum möglich: die Analyse von Krankheiten auf der Ebene der Zellen und damit den ersten Schritt, um sie endgültig unter Kontrolle zu bringen«, schrieb er später.[13]

In den 1940er-Jahren bot man Palade eine Forschungsstelle in New York an. Seine Reise durch das vom Krieg geschundene Europa in die Vereinigten Staaten war eine grauenvolle Pilgerfahrt. Er durchquerte das öde, verwüstete Polen und wurde dort wochenlang festgehalten, während er auf die Einwanderungserlaubnis wartete. »Er hielt sich selbst für eine wissenschaftliche Version des Christen aus *The Pilgrims' Progress*«, erzählte mir ein Kollege von Palade, »der irgendwie von den vielen Tausend Hindernissen und Fallgruben verschont blieb, die seine Reise nach New York – oder übrigens auch ins Zentrum der Zelle – vereiteln konnten.«[14]

Im Jahr 1946 traf der mittlerweile 34 Jahre alte Palade endlich in New York ein. Er begann seine Wissenschaftskarriere an der New York University und übernahm später eine Stelle am Rockefeller Institute. 1948 wurde er zum Assistenzprofessor ernannt und erhielt ein Labor in einem »wenig reizvollen Verlies« im dritten Kellergeschoss eines der ältesten Institutsgebäude.

Aber das Verlies, so wenig einladend es auch war, wurde zum Mekka der Zellbiologen.[15] »Das neue Fachgebiet hatte praktisch keine Tradition; alle, die zellbiologisch arbeiteten, kamen aus irgendeiner anderen Disziplin der Naturwissenschaften«, schrieb Palade.[16] Also machte er Anleihen und klaute aus praktisch allen Zweigen und Gebieten der Wissenschaft; er schuf damit mehr oder weniger sein eigenes Fachgebiet: die moderne Zellbiologie. Palade initiierte entscheidende Gemeinschaftsprojekte mit Porter und Claude.[17] Sein

Labor wurde schnell zum geistigen Fundament für die Erforschung der subzellulären Anatomie und Funktion, zum Sockel, auf dem das gesamte Gebäude der wissenschaftlichen Disziplin errichtet wurde.

Während Robert Hooke und Antoni van Leeuwenhoek im 17. Jahrhundert mit ihrem Blick durch die Mikroskope die Zellbiologie revolutioniert hatten, entdeckten Palade, Porter und Claude einen abstrakteren Weg, um ins Innere der Zellen »hineinzusehen«. Sie brachten die Zellen zum Aufplatzen und schleuderten den Inhalt in Hochgeschwindigkeitszentrifugen in einem Dichtegradienten. Wenn eine solche Zentrifuge mit schwindelerregender Geschwindigkeit rotierte, sanken die schwersten Einzelteile der Zelle nach unten, und die leichteren Teile blieben darüber; so erschienen die verschiedenen Zellbestandteile am Ende an verschiedenen Stellen in dem Röhrchen mit dem Dichtegradienten.

Die einzelnen Teile konnte man dann aus den verschiedenen Abschnitten der Röhre entnehmen, einzeln analysieren und sich ein genaueres Bild von ihrer anatomischen Struktur wie auch von den darin ablaufenden biochemischen Reaktionen machen – Reaktionen wie Oxidation, Synthese, Entgiftung und Abfallentsorgung. Und wenn man die Zelle in hauchdünne Scheiben schnitt und ein Elektronenmikroskop darauf richtete, konnte man diese Bestandteile und Reaktionen ihren Schauplätzen in den Zellen von Tieren zuordnen.

Auch das war eine Art des »Sehens«, allerdings mit zweierlei Linsen. Auf der einen Seite war es die abstrakte Linse der Biochemie: die Trennung der Zellbestandteile in der Zentrifuge und der Nachweis der in ihnen eingeschlossenen chemischen Reaktionen und Bestandteile. Auf der anderen stand die physikalische Linse der Elektronenmikroskopie, mit der solche chemischen Funktionen anatomischen Strukturen und Orten innerhalb der Zelle zugeordnet wurden. Palade bezeichnete dieses Zusammenwirken zweier Sichtweisen als Pendel, das von der mikroskopischen zur funktionellen Anatomie und zurück schwang: »Struktur, wie der Mikroskopiker sie sich traditionell vorstellt, war dazu bestimmt, mit der Biochemie zu verschmelzen, und die Biochemie der … subzellulären Komponenten schien der beste Weg zu sein, um Aufschlüsse über die Funktionen einiger neuentdeckter Strukturen zu gewinnen.«[18]

Es war ein Pingpong, bei dem beide Seiten nur gewinnen konnten. Die Mikroskopiker sahen zelluläre Strukturen, und die Biochemiker ordneten ihnen Funktionen zu. Oder die Biochemiker fanden eine Funktion und wandten sich dann an die Mikroskopiker, damit diese die dafür verantwortliche Struktur ausfindig machten. Mit solchen Methoden drangen Palade, Porter und Claude ins prachtvolle Herz der Zelle vor.

Kehren wir noch einmal zum endoplasmatischen Retikulum zurück, jenem gewundenen Leitungsweg, den man in praktisch jeder Zelle findet. Diese Struktur hat etwas Üppiges: ein Übermaß, in dem sich Schicht über Schicht häuft wie Plisseefalten. Betrachtet man Zellen aus der Bauchspeicheldrüse eines Hundes mit einem sehr leistungsfähigen Mikroskop, so erkennt man, dass die äußeren Ränder der ER-Membran dicht mit winzigen Teilchen besetzt sind.

Eine Fülle von Strukturen, aber wozu sind sie alle da? Diese Frage stellte sich Palade. Durch frühere Arbeiten von Kollegen wusste er, dass das ER im Zusammenhang mit der Synthese und Ausscheidung von Proteinen steht, die in der Zelle praktisch alle Tätigkeiten verrichten. Manche davon, so die Enzyme für den Glukosestoffwechsel, werden innerhalb einer Zelle synthetisiert, bleiben dort und erfüllen ihre Aufgaben. Andere – darunter das Insulin oder die Verdauungsenzyme – werden von den Zellen ins Blut oder in den Darm ausgeschieden. Und wieder andere, etwa Rezeptoren und Poren, werden in die Zellmembran eingebaut. *Aber wie gelangt ein Protein an seinen Bestimmungsort?*

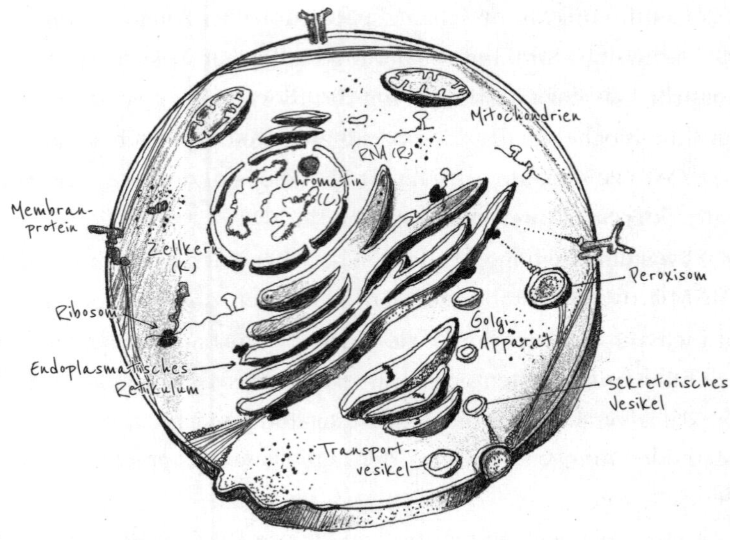

Eine Zelle mit ihren verschiedenen inneren Strukturen in einer schematischen Darstellung des Autors. Man erkennt das endoplasmatische Retikulum (ER), den Zellkern (K), die RNA (R), die Zellmembran (ZM), das Chromatin (C), ein Peroxisom (P), den Golgi-Apparat (G), Mitochondrien (M), Ribosomen (Rb) und Membranproteine (MP). Die Stränge in der Zelle entsprechen den Elementen des Zytoskeletts. Die Zeichnung ist nicht maßstabsgetreu.

Seit 1960 nutzten Palade und seine Mitarbeitenden, darunter insbesondere Philip Siekevitz, radioaktive Moleküle als molekulare Markierungen. Sie kennzeichneten damit die Proteine in einer Zelle und verfolgten dann ihr weiteres Schicksal. Die Zellen erhielten einen »Puls« mit einer hohen Radioaktivitätsdosis, sodass alle Proteine, die gerade synthetisiert wurden, markiert waren; anschließend verfolgte man sie mit dem Elektronenmikroskop, um ihren weiteren Weg sichtbar zu machen.*

* Im Jahr 1961 hatte Keith Porter die Arbeitsgruppe verlassen und an der Harvard University mit eigenen Arbeiten begonnen; Claude war zuvor bereits an die Universität im belgischen Leuven gewechselt. Dafür waren

Erwartungsgemäß stellte sich heraus, dass die radioaktiven Signale zunächst an die Ribosomen gebunden waren, an denen die Proteine ursprünglich synthetisiert werden (um Ribosomen handelte es sich nämlich bei den winzigen, dichten, an die Ränder des ER gebundenen Klümpchen, die Palade beobachtet hatte). Dann aber wanderten einige Proteine zu seinem Erstaunen von den Ribosomen in das endoplasmatische Retikulum.*

Als er die weiteren Wege der Proteine verfolgte, konnte er beobachten, dass sie durch das ER in ein besonderes Kompartiment wandern, den Golgi-Apparat, den der italienische Mikroskopiker Camillo Golgi 1898 erstmals beobachtet hatte, ohne ihm aber eine Funktion zuzuordnen. Von dort wandern die markierten Proteine in sekreto-

---

neue Fachleute für Zellfraktionierung zu Palade gestoßen: Siekevitz, Lewis Greene, Colvin Redman, David D. Sabatini und Yutaka Tashiro, außerdem Lucien Caro und James Jamieson, zwei Experten für Elektronenmikroskopie. Mit den vereinten Kräften dieser beiden Arbeitsgruppen verfolgte Palade den Weg der Proteine durch das endoplasmatische Retikulum.

* In den Jahren nach Palades Entdeckung fanden Sabatini und der deutschstämmige Günter Blobel etwas Bahnbrechendes heraus: Sie erklärten, wie Proteine entweder für das ER und damit für die Ausscheidung aus der Zelle oder für den Einbau in die Zellmembran gekennzeichnet werden. Kurz gesagt, ist ein Signal, durch das ein Protein für die Ausscheidung bestimmt wird, bereits in die Proteinsequenz eingebaut wie eine Briefmarke. Diese Signale werden von besonderen Mechanismen der Zelle erkannt, die das Protein dann an seinen Bestimmungsort lenken. Die detailliertere Version lautet: Sabatini und der Biologe Blobel fanden heraus, dass ausgeschiedene oder in der Membran angesiedelte Proteine das dafür notwendige Signal – eine Abfolge von Aminosäuren – bereits in ihrer Sequenz tragen. Wenn das Ribosom die RNA entschlüsselt und das Protein synthetisiert, wird dieses Transportsignal von einem Molekülkomplex namens Signalerkennungspartikel (*signal recognition particle*, SRP) erkannt und das Protein ins ER gezogen. Diesen Transport ermöglicht eine Pore, die das ER mit dem Zellinneren verbindet.

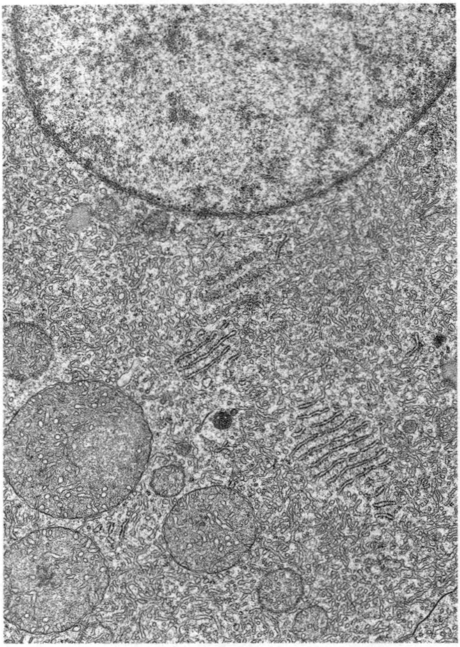

(a) Das endoplasmatische Retikulum (ER) in der Nebenniere eines menschlichen Fetus. Oben erkennt man als Halbkugel den Zellkern; die parallelen Linien in der Mitte des Bildes sind das raue endoplasmatische Retikulum, das vom glatten endoplasmatischen Retikulum umgeben ist.

rische Bläschen, die sich vom Golgi-Apparat abschnüren, und gelangen an ihr endgültiges Ziel: Sie werden aus der Zelle ausgestoßen.[19] (Die Frage, wie Proteine, die nicht für den Export bestimmt sind, an die richtigen Stellen in der Zelle gelangen, wurde von den Biologen James Rothman, Randy Schekman und Thomas Südhof geklärt. Die drei erhielten 2013 für ihre Untersuchungen des intrazellulären Proteintransports den Nobelpreis.) An nahezu jeder Station des Weges werden manche Proteine abgewandelt: Einige werden verkürzt, andere durch Anheften von Zuckergruppen chemisch abgewandelt oder herumgewirbelt und an andere Proteine gebunden (die Signale für solche Abwandlungen sind in der Regel in der Sequenz des Proteins selbst enthalten).

Das Ganze kann man sich wie einen raffinierten Postdienst vor-

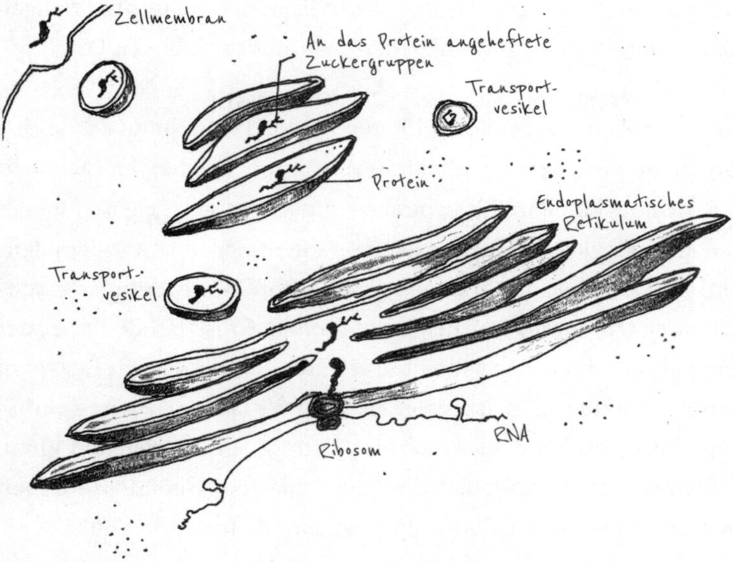

(b) Die Wanderung eines Proteins, das ausgeschieden wird, vom Ribosom über ER und Golgi-Apparat bis zu den sekretorischen Bläschen (Darstellung des Autors). Wichtig ist, dass das Protein schon während seiner Synthese ins ER gelangt. Dort wird es durch Anheften von Zuckerketten abgewandelt. Sein weiterer Weg führt in den Golgi-Apparat, wo es weiter verändert und dann in ein sekretorisches Bläschen dirigiert wird, das dazu bestimmt ist, das Protein aus der Zelle auszuschleusen. Oder aber es gelangt in andere Bläschen, die es in weitere Teile der Zelle bringen.

stellen. Er beginnt mit dem sprachlichen Code der Gene (der RNA), der übersetzt und als Brief (Protein) niedergeschrieben wird. Verfasst (synthetisiert) wird der Brief durch den Briefschreiber der Zelle (das Ribosom), der ihn anschließend in den Briefkasten steckt (die Pore, durch die das Protein ins ER gelangt). Die Pore dirigiert es zu der zentralen Poststelle (dem endoplasmatischen Retikulum), diese schickt den Brief weiter an die Sortieranlage (den Golgi-Apparat) und schließlich zum Auslieferungsfahrzeug (dem sekretorischen Bläschen). Es gibt sogar an die Proteine angeheftete Codes (Briefmarken), die eine Zelle in die Lage versetzen, den letzten Bestimmungsort festzulegen. Durch diesen »Postdienst«, so Palades Erkenntnis, gelangen die meisten Proteine innerhalb der Zelle an den richtigen Ort.

Mit ihren Pionierarbeiten eröffneten Palade, Porter und Claude eine ganz neue Welt der subzellulären Anatomie. Die beiden Sichtweisen – Mikroskopie und Biochemie – ergänzten sich gegenseitig. Als Biologen die gleichen Methoden auf weitere Zellen anwandten, fanden sie Dutzende funktionstragende, anatomisch definierte subzelluläre Strukturen. Der belgische Biologe Christian de Duve, der ebenfalls am Rockefeller Institute arbeitete, entdeckte mit Enzymen gefüllte Strukturen, die Lysosomen.[20] Sie verdauen wie ein »Zellmagen« abgenutzte Teile, aber auch eingedrungene Bakterien und Viren.

Pflanzenzellen enthalten die Chloroplasten, Gebilde, in denen Licht im Rahmen der Photosynthese zum Aufbau von Glukose genutzt wird. Wie die Mitochondrien enthalten auch Chloroplasten ihre eigene DNA, was vermuten lässt, dass sie ebenfalls ursprünglich Mikroorganismen waren, die von anderen Zellen umschlossen wurden. Eine weitere Entdeckung von de Duve waren die Peroxisomen, Bläschen, in denen einige besonders gefährliche biochemische Reaktionen wie die Oxidation von Molekülen ablaufen; in ihnen entsteht Wasserstoffperoxid, eine ungeheuer reaktionsfähige Verbindung. Würde ein Peroxisom platzen und die Giftstoffe aus seinem Inneren freisetzen, die Zelle würde von ihren eigenen reaktionsfähigen Inhaltsstoffen angegriffen. Peroxisomen sind mit Gift gefüllte Gefäße zur Umsetzung anderer Giftstoffe, und die Zelle hält sie sorgfältig verschlossen.

Für den Schluss habe ich mir das wichtigste und bis heute in vielerlei Hinsicht rätselhafteste Organell aufgespart: den Zellkern. Bakterienzellen besitzen keinen Kern, aber in Zellen, in denen er vorhanden ist – das heißt in allen Zellen von Pflanzen und Tieren einschließlich des Menschen –, ist er der Aufbewahrungsort für den allergrößten Teil des genetischen Materials, der Bauanweisungen für das Leben. Hier ist die DNA gespeichert – das Genom.

Der Zellkern ist die Zentrale, die Kommandobrücke der Zelle. Hier werden die meisten Lebenssignale sowohl aufgenommen als auch ausgesandt. Die RNA, der Code zum Aufbau der Proteine, wird hier am genetischen Code kopiert und dann aus dem Zellkern hinaustransportiert. Wir können uns den Kern als Mittelpunkt des Zentrums des Lebens vorstellen.

Der Anatom Robert Brown beobachtete 1836 den Zellkern in Orchideenzellen. Da er in der Zelle eine so zentrale Position einnahm, gab er der Struktur den Namen *nucleus* nach dem griechischen Wort für »Kern«. Welche Funktion er jedoch erfüllt und wie unentbehrlich er für die Funktion der Zelle ist, blieb noch fast ein ganzes Jahrhundert unbekannt. Der Zellkern ist von einer Doppelmembran umgeben, in der es Poren gibt, diese Poren sind aber weit weniger gut charakterisiert als die der Zellmembran.

Der Zellkern enthält, wie bereits erwähnt, das Genom des Organismus, das aus langen Strängen der Desoxyribonukleinsäure besteht. Die DNA-Doppelhelix ist rund um besondere, als Histone bezeichnete Moleküle kompliziert gefaltet und verpackt, außerdem ist sie in Strukturen, die man Chromosomen nennt, weiter verdichtet und aufgespult. Könnte man die DNA einer einzigen Zelle wie einen Draht gerade ausstrecken, wäre sie rund zwei Meter lang. Und würde man die DNA aller Zellen im Körper eines Menschen auf diese Weise auseinanderfalten und hintereinanderlegen, würde sich der Faden mehr als 60-mal von der Erde zur Sonne und wieder zurück erstrecken. Verketteten wir die DNA aller Menschen auf unserem Planeten, so würde der Faden zweieinhalbmal bis zur Andromeda-Galaxie und wieder zurück reichen.[21]

Wie die Flüssigkeit im Zellinneren, das Zytoplasma, ist auch der

Zellkern genau organisiert, über seine innere Struktur wissen wir aber nur wenig. Nach Ansicht von Zellkernexperten enthält er ein eigenes Skelett aus Molekülfasern. Proteine, die sich durchs Zytoplasma ziehen, treten durch die Poren der Kernmembran in den Kern ein, binden an die DNA und schalten Gene ein oder aus. An Proteine gebundene Hormone wandern in den Zellkern und hinaus. ATP, die allgemeine Energiequelle der Zellen, bewegt sich schnell durch die Poren.

Der Prozess des Ein- und Ausschaltens von Genen ist lebenswichtig, verleiht er doch der Zelle ihre Identität. Die Kombination der ein- oder ausgeschalteten Gene ist der Grund, warum eine Nervenzelle eine Nervenzelle und eine weiße Blutzelle eine weiße Blutzelle ist. Während der Entwicklung eines Organismus setzen Gene – oder eigentlich von Genen codierte Proteine – die Zellen über ihre relativen Positionen und ihr weiteres Schicksal in Kenntnis. Gene werden durch Hormone und andere äußere Reize ein- und ausgeschaltet, und solche Signale sorgen auch für Verhaltensänderungen der Zelle.

Wenn sich eine Zelle teilt, wird jedes einzelne Chromosom kopiert, und die beiden Kopien rücken räumlich auseinander. In menschlichen Zellen löst sich dann die Kernhülle auf, und jeweils ein vollständiger Chromosomensatz wandert in jede der beiden neu entstehenden Tochterzellen. Anschließend bildet sich die Kernmembran um sie herum neu – damit regenerieren sich zwei Tochterzellen mit neuen Zellkernen und den darin befindlichen Chromosomen.

Dennoch gibt es im Zusammenhang mit dem Zellkern noch viele Rätsel: Die Türen zur Kommandozentrale der Zelle sind teilweise verschlossen. Ein Biologe formulierte es so: »Wir können nur hoffen, dass das, was der Genetiker J. B. S. Haldane für den Kosmos postuliert hat, sich für den Zellkern nicht als richtig erweist: ›Ich habe die Vermutung, dass das Universum nicht nur seltsamer ist, als wir annehmen, sondern auch seltsamer, als wir annehmen *können*.‹ Wenn wir im Kopf behalten, dass der Zellkern komplizierter ist, als wir früher geglaubt hatten, aber dass er doch vielleicht begreiflich ist, versetzt diese Überzeugung uns, unsere Studierenden und unsere Nachfolger in die Lage, in die unbekannten Tiefen des Themas vorzudringen und eine Frage nach der anderen anzugehen. Wir haben allen Grund, an ein solches Programm zu glauben. Also seien wir guten Mutes.«[22]

Membran, Protoplasma, Lysosomen, Peroxisomen, Zellkern: Die Bestandteile der Zelle, die wir bis hierher kennengelernt haben, sind für ihre Existenz lebenswichtig; sie führen spezialisierte Funktionen aus, mit denen eine Zelle ein unabhängiges Leben führen und aufrechterhalten kann. Ihre Lage, Organisation und Koordination sind entscheidend. Kurz gesagt: *Die Autonomie einer Zelle liegt in ihrer Anatomie.*

Und diese Autonomie macht ihrerseits ein entscheidendes Merkmal von Lebewesen möglich: die Fähigkeit, ein konstantes inneres Milieu aufrechtzuerhalten – ein Phänomen, das man als »Homöostase« bezeichnet. Das Konzept der Homöostase (der Begriff stammt von den griechischen Worten *homoeo* und *stasis* für »gleich« und »beständig«) wurde erstmals in den 1870er-Jahren von dem französischen Physiologen Claude Bernard beschrieben und in den 1930er-Jahren an der Harvard University von dem Physiologen Walter Cannon weiterentwickelt.

Vor Bernard und Cannon hatten Generationen von Physiologen die Tiere als Ansammlung von Maschinen beschrieben, als eine Summe dynamischer Teile. Die Muskeln waren Motoren, die Lunge eine Art Blasebalg, das Herz eine Pumpe. Sie pulsierten, drehten sich, pumpten; das Schwergewicht der Physiologie lag auf den Bewegungen, auf Tätigkeiten, auf Arbeit. *Steh nicht einfach herum, sondern tu etwas.*

Bernard stellte diese Logik auf den Kopf. »*La fixité du milieu inté-*

rieur est la condition de la vie libre, indépendante«, schrieb er 1878.[23] Ein festes inneres Milieu ist die Voraussetzung für ein freies, unabhängiges Leben. Indem er das Schwergewicht der Physiologie von Abläufen auf die Beibehaltung fester Verhältnisse verschob, veränderte Bernard unsere Vorstellungen von der Funktionsweise eines Organismus. Ein wichtiger Teil der physiologischen »Aktivität« besteht paradoxerweise darin, Stabilität zu ermöglichen. *Tu nicht einfach etwas, sondern bleib stehen.*

Bernard und Cannon erforschten die Homöostase an Organismen und Organen, zunehmend wird aber klar, dass sie ein grundlegendes Merkmal von Zellen und sogar des Lebens überhaupt ist. Um die Homöostase der Zellen zu verstehen, beginnen wir noch einmal bei der Membran, die eine Zelle von ihrer Umgebung trennt, sodass ihre inneren Reaktionen zusammengehalten und eingegrenzt werden können. In der Membran haben sich auch Pumpen entwickelt, die unerwünschte Substanzen aus der Zelle befördern – auch das, um im Innenraum konstante Verhältnisse aufrechtzuerhalten. Das Protoplasma enthält chemische Puffer, sodass der Säure- oder Basengehalt der Zelle sich auch dann nicht ändert, wenn außerhalb von ihr in der chemischen Umgebung eine Änderung eintritt. Eine Zelle braucht Energie, und die wird von den Mitochondrien geliefert. Das Proteasom beseitigt unerwünschte oder falsch gefaltete Proteine. In manchen Zellen sorgen spezialisierte Speicherorganellen dafür, dass ein Nährstoffvorrat als Rückversicherung vorhanden ist, falls in der Umgebung ein Mangel eintreten sollte. Giftige Nebenprodukte des Stoffwechsels werden in das Peroxisom dirigiert und dort zerstört.

Demnächst werden wir die Selbstständigkeit und Homöostase verlassen und auf andere grundlegende Eigenschaften der Zelle zu sprechen kommen: auf Fortpflanzung, spezialisierte Funktionen und ihre Fähigkeit, sich zu teilen und vielzellige Lebewesen zu bilden. Bleiben wir aber noch einmal einen Augenblick bei den außergewöhnlichen Entdeckungen, von denen in diesem Kapitel die Rede war. Die beiden Jahrzehnte zwischen 1940 und 1960 waren vielleicht die fruchtbarsten und produktivsten für Zellbiologen, die Erkenntnisse über die grundlegende Anatomie des Zellinneren gewinnen wollten. Die beiden Jahrzehnte haben etwas Majestätisches und Meisterhaftes – ähnlich der Majestät und Meisterschaft fast genau ein Jahrhundert zuvor, als Schwann, Schleiden, Virchow und andere die Grundlagen der Zellbiologie schufen. Wenn die in diesem Zeitraum gewonnenen Erkenntnisse heute »Routine« zu sein scheinen (der Satz »die Mitochondrien sind die Kraftwerke der Zelle« findet sich in irgendeiner Form zwangsläufig in jedem Biologiebuch für die Oberstufe), dann deshalb, weil wir wie so oft vergessen haben, wie diese Entdeckungen es ihren Urhebern zu jener Zeit kalt den Rücken herunterlaufen ließen. Nach meiner Überzeugung ist es nicht übertrieben, wenn man den Übergang von der Entdeckung der Zelle zur Aufklärung ihrer anatomischen Struktur und schließlich zu Kenntnissen über ihre funktionelle Anatomie als eine der atemberaubendsten Errungenschaften der Wissenschaft bezeichnet.

Die Entdeckung der funktionellen Anatomie machte eine zusammenhängende Sichtweise der Zelle und damit im weiteren Verlauf auch der charakteristischen Merkmale des Lebendigen möglich. Wie bereits erwähnt, ist eine Zelle nicht einfach nur ein System nebeneinanderstehender Teile, genau wie ein Auto nicht nur ein Vergaser ist, der neben einem Motor steht. Sie ist eine zusammenhängende Maschine, in der die Funktionen der Einzelteile ineinandergreifen müssen, damit die grundlegenden Eigenschaften des Lebens möglich werden. Zwischen 1940 und 1960 fing man in der Wissenschaft an, die Einzelteile der Zelle in Zusammenhang zu bringen und zu verstehen, wie eine solche autonome Einheit funktionieren und zu etwas Lebendigem werden kann.

Solche bahnbrechenden Entdeckungen setzten zwangsläufig auch die Entwicklung neuer Arzneimittel in Gang. Nachdem die makroskopische Anatomie und Physiologie im 18. und 19. Jahrhundert für Chirurgie und Medizin ein neues Zeitalter eingeläutet hatten, deuteten die funktionelle zelluläre Anatomie und Physiologie im 20. Jahrhundert auf neue Ansatzpunkte für Krankheiten und therapeutische Eingriffe hin. Schon seit Langem wusste man, dass der Funktionsausfall eines Organs zu einer Krankheit führt: Die Niere versagt, das Herz wird schwächer, Knochen brechen. Aber wie steht es mit dem Funktionsausfall von *Organellen* in der Zelle?

Im Sommer 2003 ging bei Jared, einem elf Jahre alten Eishockeyspieler, auf beiden Augen nach und nach das Sehvermögen verloren.[24] Seine Welt wurde langsam immer düsterer. Jared gab sich alle Mühe, seinen Sport weiter auszuüben, aber er konnte die Linien auf der Eisfläche nur noch mit Mühe erkennen. Seine Eltern brachten ihn zu einem Augenarzt an der Mayo Clinic in Rochester, Minnesota, wo eine Diagnose gestellt werden sollte.

Eine Woche später hatte man in der Klinik die Ursache gefunden: Jared litt an der Leberschen Optikusatrophie (*Leber's hereditary optic neuropathy*, LHON).[25] »Es tut mir sehr leid, aber Jared wird erblinden«, sagte der Augenarzt an der Mayo Clinic den Eltern. Die Ursache dieser erblichen Krankheit ist meist eine Mutation in dem Gen mtND4, das in den Mitochondrien liegt. (Gefunden und kartiert wurde das verantwortliche Gen erst 1988, zwei Jahre vor Beginn des Humangenomprojekts.[26]) Aus bisher unbekannten Gründen beeinträchtigt es gezielt die Funktion der Ganglienzellen in der Netzhaut des Auges, die Informationen zum Sehnerv und von dort weiter zum Gehirn übertragen.

Bei den betroffenen Kindern schreitet die Krankheit unaufhaltsam fort. Zuerst blähen sich die Nervenfasern im Sehnervenkopf auf, dann verkümmert der Sehnerv, und die Nerven der Netzhaut sehen dünn und schwächlich aus. Jared hatte die häufigste LHON-Mutation geerbt: Sie liegt an der Position 11.778 des Mitochondriengenoms, das insgesamt ungefähr 16.000 Basen lang ist.*

»1 1 7 7 8«, schrieb Jared in sein Tagebuch. »Wenn das doch nur die Kombination für meinen Spind im Hockeystadion, mein Fahrradschloss oder auch meinen Spind in der Schule wäre. Stattdessen musste es ausgerechnet die Kombination für eine genetische Mutation an der Nukleotidposition 11778 sein, die bei mir mit elf Jahren die Krankheit aufschließt und mein Leben für immer verändert … Blind, was heißt das, blind? Ich bin elf. Ich spiele Hockey. Ich stehe auf Mädchen, und die stehen auf mich. Ich habe eine Menge Freunde und keine Sorgen. Blind? Was heißt das, wenn ich nicht mehr sehen kann? Was kann ich dann nicht mehr sehen? … Bring das in Ordnung, Papa, und lass mich mit meinen Kumpels spielen gehen.«[27]

Aber so gern der Papa es auch gewollt hätte, er konnte es nicht in Ordnung bringen. Nach und nach verkümmerten Jareds Ganglienzellen. Klugerweise lenkten die Eltern seine Aufmerksamkeit auf das Gitarrenspiel. Er lernte, nur mittels Gehör und Tastsinn zu spielen.

---

* Mutationen in den Mitochondrien sind etwas Besonderes, denn sie können nur von der Mutter weitervererbt werden; die meisten anderen Mutationen können dagegen von beiden Eltern stammen. Mitochondrien führen kein eigenständiges Leben – sie existieren nur innerhalb der Zellen. Sie teilen sich, wenn die Zelle sich teilt, und werden dann an die beiden Tochterzellen weitergegeben. Bildet sich bei der Mutter eine Eizelle, stammen deren Mitochondrien ausnahmslos aus ihren Zellen. Bei der Befruchtung schleust die Samenzelle ihre DNA in die Eizelle ein, ihre Mitochondrien aber nicht. Deshalb ist jedes Mitochondrium, mit dem wir geboren werden, mütterlichen Ursprungs. Auch die Mutation im Gen mtND4, die Jared geerbt hatte, musste von seiner Mutter stammen. Wahrscheinlich war sie zufällig bei der Bildung der Eizelle entstanden, denn seine Mutter litt nicht an der Krankheit.

Und während die Erblindung allmählich, aber unerbittlich voranschritt, machte er auch Fortschritte mit seiner Musik. »Jetzt bin ich in Los Angeles in Kalifornien am Musicians Institute, acht Jahre nachdem ich zum ersten Mal für meine Mutter und meinen Vater an der Gitarrenschule das erste Konzert rein nach Gehör gespielt habe. Ich glaube, ich bin der erste blinde Student, der sich an dieser bemerkenswerten musikalischen Institution eingeschrieben hat, und das ist ziemlich cool. Vermutlich haben sie geglaubt, dass ich gut genug bin und mit den anderen Studierenden, die Musik nach Noten spielen müssen, mithalten kann.«[28] Jared hatte das Sehen verloren, aber das Hören entdeckt.

Im Jahr 2011 wandelte eine Gruppe von Augenärzten im chinesischen Hubei ein Virus namens AAV2 so ab, dass es die normale Version des ND4-Gens trug.[29] Das Virus infiziert Zellen von Menschen und anderen Primaten, verursacht aber keine erkennbare oder akute Krankheit und lässt sich so verändern, dass es ein »fremdes« Gen wie ND4 in sich trägt. Millionen solche genetisch abgewandelten Virusteilchen wurden in einem Flüssigkeitstropfen gelöst. Dann wurde eine winzige Kanüle in den Rand der Hornhaut des Patienten gestochen, und die Ärzte brachten den Tropfen mit der Virussuspension unmittelbar oberhalb der Netzhaut in den Glaskörper des Auges.

Die Wissenschaftler wussten, dass sie hier ein gefährliches Terrain voller Fallstricke betraten: Im September 1999 hatte man dem Teenager Jesse Gelsinger per Infusion ein genetisch abgewandeltes Adenovirus verabreicht; der junge Mann litt an einer Stoffwechselerkrankung: Seine Leber konnte die Nebenprodukte des Proteinabbaus nicht ordnungsgemäß umsetzen, was zu einer nahezu giftigen Ammoniakkonzentration im Blut führte. Seine Ärzte hatten gehofft, die Krankheit durch die Transfusion des Virus – ein therapeutisches Experiment – heilen zu können. Leider trat bei Jesse aber eine katastrophale Immunreaktion auf das Virus ein, was schnell zu tödlichem Organversagen führte. Sein Tod hatte unmittelbare Folgen. Während der ersten zehn Jahre des 21. Jahrhunderts verfiel das Gebiet der Gentherapie in einen tiefen Winterschlaf. Nur wenige Forschende versuchten, genetisch abgewandelte Viren in Menschen einzuschleusen, und die Genehmigungsbehörden belegten das Fachgebiet mit strengen Regeln.

Aber die Netzhaut ist ein besonderer Ort. Um ihre Zellen zu infizieren, reicht nicht nur eine regentropfengroße Menge Virussuspension aus, sondern sie nimmt auch in Sachen Immunreaktion eine Sonderstellung ein: Wie einige andere Stellen des Organismus – darunter die Hoden – wird sie nicht aktiv vom Immunsystem überwacht, und deshalb ist es höchst unwahrscheinlich, dass hier eine starke Reaktion auf einen infektiösen Erreger eintritt. Außerdem hatten sich die Vektoren für die Gentherapie seit der Gelsinger-Katastrophe stark verbessert, und das stützte die Zuversicht der Forschenden, das Gen verabreichen zu können, ohne unerwünschte Reaktionen auszulösen.

Im Jahr 2011 rekrutierten chinesische Ärzte acht Patienten mit LHON für eine kleine klinische Studie.[30] Gleich zu Beginn gab es Anzeichen für Erfolge: Das Virus trug die Gene in die Ganglienzellen der Netzhaut, und die Zellen synthetisierten das richtige ND4-Protein, das auch seinen Weg in die Mitochondrien fand. Im Lauf der nächsten 36 Monate verbesserte sich bei fünf der acht Patienten die Sehfähigkeit.

Während ich diese Zeilen schreibe, sind die Studien noch im Gang; die Forschenden differenzieren bei der Rekrutierung der Patienten immer stärker und verlängern die Beobachtungszeit. Das Virusprodukt, mittlerweile Lumevoq genannt, befindet sich derzeit für Patienten mit LHON und frühzeitigem Sehverlust im Spätstadium der klinischen Erprobung. Im Mai 2021 berichteten die Studienleiter über den Abschluss der RESCUE-Studie, in der man die Gentherapie genutzt hatte, um den fortschreitenden Verlust der Sehfähigkeit bei Patienten mit der Mutation innerhalb von sechs Monaten nach der ersten Beeinträchtigung zum Stillstand zu bringen.[31] An der placebokontrollierten, multizentrischen, randomisierten Doppelblindstudie – die damit allen wissenschaftlichen Anforderungen genügte – hatten 39 Versuchspersonen teilgenommen. (Ein Patient erhielt eine niedrigere Virusdosis, sodass 38 Patienten für die Auswertung übrig blieben.) In das eine Auge wurde das Virus injiziert, das andere wurde mit einer Pseudoinjektion ohne Virus behandelt. Nach 24 Wochen zeigte sich sowohl bei der behandelten Gruppe als auch bei der unbehandelten Kontrollgruppe weiterhin die unvermeidliche Verschlechterung der Sehfähigkeit. Der Verlust erreichte in beiden Augen nach 48 Wochen ein Plateau. Aber nach 69 Wochen zeigte sich bei drei Vierteln der Versuchspersonen überraschenderweise sowohl im behandelten als auch im unbehandelten Auge eine deutliche Verbesserung der Sehfähigkeit. Damit war die Studie sowohl ein Erfolg als auch ein Rätsel: Bei dem behandelten Auge hatte man eine Verbesserung erwartet, aber warum verbesserte sich auch das andere, das nicht behandelt war? Besteht zwischen den Ganglienzellen der beiden Netzhäute irgendeine Verbindung, oder gibt es zwischen den Augen einen anderen Zusammenhang, von dem wir nichts wissen? Gelangte das Virus ins Blut, sodass es sich auch im anderen Auge auswirken konnte?

Für Patienten wie Jared, die ihr Sehvermögen vollständig verloren haben, wird der Ersatz von ND4 wahrscheinlich keinen Nutzen mehr bringen: Um ihr Sehvermögen wiederherzustellen, ist es zu spät. Wenn die betroffenen Zellen abgestorben sind, kann der Austausch der Funktion eines Organells nichts mehr bewirken. Organellen funktionieren nur im Zusammenhang mit der richtigen Zelle.

Wenn die klinische Erprobung weitergeht und der Nutzen sich als dauerhaft erweist – was immer noch ein großes »Wenn« ist –, wird Lumevoq seinen Platz im medizinischen Arsenal finden. Aber schon dass man überhaupt versuchte, durch Abwandlung von Zellen die Funktion der Mitochondrien zu verändern, war ein Signal für eine neue Richtung der Medizin.

In den 1950er- und 1960er-Jahren erlebten Medizin und Chirurgie eine explosionsartige Entwicklung von Therapien, die sich auf Organe richteten: Blutgefäße wurden umgeleitet, um eine Blockade am Herzen zu umgehen, erkrankte Nieren wurden durch verpflanzte Organe ersetzt. Auch eine ganz neue Vielfalt von Medikamenten erschien auf der Bildfläche: Antibiotika, Antikörper, Wirkstoffe zur Verhütung von Blutgerinnseln oder zur Verringerung des Cholesterinspiegels. Hier jedoch haben wir es mit einer Therapie zu tun, die sich auf *Organellen* richtet: auf eine Funktionsstörung der Mitochondrien in den Ganglienzellen der Netzhaut. Sie bildet den Höhepunkt der jahrzehntelangen Erforschung der Zellanatomie, der Analyse subzellulärer Kompartimente und der Charakterisierung ihrer Fehlfunktionen bei Krankheiten. Natürlich ist es Gentherapie, aber es ist auch Zelltherapie *in situ* – oder mit anderen Worten: die Wiederherstellung einer Funktion in einer erkrankten Zelle, die sich im menschlichen Körper an ihrer angestammten anatomischen Position befindet.

KAPITEL 6

Wenn Zellen sich teilen

Die Fortpflanzung von Zellen und die Geburt der IVF

Es gibt keine Reproduktion. Wenn zwei Menschen beschließen, ein Kind zu zeugen, vollziehen sie einen produktiven Akt.
– Andrew Solomon, *Weit vom Stamm*[1]

Zellen teilen sich.

Das vielleicht gewaltigste Ereignis im Lebenszyklus einer Zelle ist der Augenblick, in dem sie Tochterzellen hervorbringt. Nicht jede Zelle ist zur Fortpflanzung in der Lage: Manche von ihnen, darunter bestimmte Nervenzellen, haben eine dauerhafte oder endgültige Teilung durchlaufen und teilen sich nie wieder. Das Umgekehrte stimmt aber nicht: *Jede* Zelle ist aus einer anderen Zelle hervorgegangen – *Omnis cellula ex cellula.* Der französische Biologe François Jacob sprach einmal vom »Traum jeder Zelle, zwei Zellen zu werden«[2] (was natürlich nicht für diejenigen gilt, die sich aus dem Traum völlig verabschiedet haben).

Unter begrifflichen Gesichtspunkten lässt sich die Teilung der Zellen von Tieren ganz grob zwei Zwecken oder Funktionen zuordnen: Produktion und Reproduktion. Mit *Produktion* meine ich die Schaffung neuer Zellen zum Aufbau, zum Wachstum oder zur Reparatur eines Organismus. Wenn Hautzellen sich teilen, damit eine Wunde heilt, oder wenn T-Zellen sich teilen, um eine Immunantwort zu erzeugen, bringen die Zellen neue Zellen hervor, um damit ein Gewebe oder ein Organ zu *produzieren* oder um eine Funktion zu erfüllen.

Das ist aber etwas ganz anderes, als wenn im menschlichen Körper die Samen- oder Eizellen entstehen. Sie werden erzeugt, um die *Reproduktion* zu ermöglichen – durch ihre Teilung entsteht nicht eine neue Funktion oder ein Organ, sondern ein neues Lebewesen.

Der Prozess, durch den neue Zellen zum Aufbau von Organen und Geweben entstehen, wird bei Menschen und anderen vielzelligen Organismen als Mitose bezeichnet – von *mitos*, dem griechischen Wort für »Faden«. Die Entstehung neuer Zellen dagegen – der Samen- und Eizellen, die der Fortpflanzung und der Bildung eines neuen Organismus dienen – heißt Meiose nach dem griechischen *meiosis* für »Verringerung«.

Der deutsche Wissenschaftler, der die Mitose entdeckte, war ein desillusionierter, kurzsichtiger Stabsarzt, der in der Biologie nach neuen Visionen suchte. Walther Flemming, der Sohn eines Psychiaters, studierte in den 1860er-Jahren Medizin.[3] Wie Rudolf Virchow besuchte er eine medizinische Militärakademie, und ebenfalls wie Virchow kam ihm das Fachgebiet stark reglementiert und unflexibel vor. Wenig später wandte er sich der Erforschung der Zellen zu. Menschen und alle anderen vielzelligen Lebewesen bestehen aus Zellen, aber wie ein Organismus aus Zellen entsteht, wie aus einer Zelle mehrere Milliarden werden, war rätselhaft. In den 1870er-Jahren war Flemming insbesondere von der Anatomie der Zellen fasziniert; er fing an, Gewebe mit Anilinfarbstoffen und deren Derivaten zu färben, um so möglicherweise subzelluläre Strukturen sichtbar zu machen.

Anfangs sah Flemming sehr wenig. Der Farbstoff zeigte ihm lediglich eine zarte, fadenförmige Substanz, die fast ausschließlich im Zellkern lag, jener meist kugelförmigen, membranumhüllten Struktur, die der schottische Botaniker Robert Brown in den 1830er-Jahren erstmals in den Zellen entdeckt hatte.

Flemming folgte seinem Kollegen Wilhelm von Waldeyer-Hartz und bezeichnete die fadenförmigen Strukturen im Zellkern als Chromosomen – »farbige Körper«, ein neutraler Name. Er fragte sich, welche Funktion sie wohl hatten und welche Dynamik sie während der Zellteilung entfalteten. Nachdem seine Neugier geweckt war, beobachtete Flemming weiterhin unter dem Mikroskop die Zellteilung. Er schaute hin, sah aber nichts. Sehen – echtes Sehen – setzt Einsicht voraus. Andere Wissenschaftler, darunter von Mohl und Remak, hatten ebenfalls Zellen während der Teilung beobachtet, jedoch kaum Schlussfolgerungen über die Koordination oder die Phasen des Vorgangs gezogen. Flemming wurde klar, dass sie Zellen gesehen, aber nicht in die Zellen hineingesehen hatten. Die entscheidende Erkenntnis kam ihm 1878: Er färbte Chromosomen während der Zellteilung mit blauer Farbe und verfolgte dann den ganzen Teilungsprozess unter dem Mikroskop. Damit fing er die Tätigkeit der Chromosomen und des Zellkerns innerhalb der Zelle ein.

Aber was *taten* die Chromosomen? Und welche Bedeutung hatte der Zellkern oder die darin enthaltenen Chromosomen für die Zellteilung? »Welche Kräfte sind während der Zellteilung wirksam?«, fragte er in einem zweiteiligen, 1878 und 1880 erschienenen Aufsatz. »Folgen die Positionsverschiebungen der sichtbar ausgebildeten Strukturen in der Zelle [Zellkern und Chromosomen während der Zellteilung] einem Schema, und wenn ja, was für einem?«*[4]

---

* Die nächste logische Verknüpfung stellten Theodor Boveri und Walter Sutton her: den Zusammenhang zwischen Chromosomen und Vererbung.[5] Kurz gesagt, schufen sie die Verbindung zwischen genetischer Vererbung und der anatomisch/physischen Vererbung der Chromosomen, womit sie

Wie er feststellte, war es ein verblüffend systematisches Schema.* Es ist so präzise inszeniert wie militärisches Exerzieren. In den Larven von Salamandern – in den sich teilenden Zellen von Säugetieren, Amphibien und Fischen – fand Flemming einen gemeinsamen Rhythmus der Zellteilung, der in praktisch allen Lebewesen gleich abläuft. Es war ein beglückender Befund: Vor ihm hatte sich noch kein Wissenschaftler auch nur annähernd vorstellen können, dass die Zellen so unterschiedlicher Organismen während ihrer Teilung nahezu dem gleichen rhythmischen Schema folgen.

Im ersten Schritt, so Flemmings Beobachtung, kondensieren die fadenförmigen Chromosomen zu dickeren Bündeln oder »Strängen«, wie er sie nannte. Dort wurde der Farbstoff jetzt stark gebunden; die

---

den Genen (und der Vererbung) einen Platz auf den Chromosomen zuwiesen. Gregor Mendel konnte die Gene in seinen Experimenten mit Erbsen nur abstrakt als »Faktoren« nachweisen, die durch die Generationen wandern und Merkmale von den Eltern auf die Nachkommen übertragen; über die Mittel, um diese Faktoren physisch zu lokalisieren, verfügte er nicht. Sutton, Boveri und andere lieferten die ersten Indizien, dass die Vererbung von Eigenschaften (das heißt von Genen) über die Vererbung der Chromosomen erfolgt. Auf dieser Theorie bauten die Arbeiten des Taufliegengenetikers Thomas Morgan und anderer auf, sodass die Lage der Gene auf den Chromosomen schließlich bestätigt wurde. Jahrzehnte später identifizierten Frederick Griffith, Oswald Avery, James Watson, Francis Crick, Rosalind Franklin und andere die DNA – das Molekül, das das Kernstück der Chromosomen bildet – als Träger der genetischen Information. Und die weitere Forschung von Marshall Nirenberg und Kollegen an den National Institutes of Health (NIH) führte letzten Endes zu der Erkenntnis, wie Gene entschlüsselt werden und Proteine entstehen lassen, die letztlich den Lebewesen ihre Formen und Eigenschaften verleihen.

* Der Botaniker Carl Wilhelm von Nägeli hielt Flemmings Experimente für eine Anomalie, tat aber auch Mendels Arbeit als Produkt eines Sonderlings ab. Erst Jahrzehnte später wurden die allgemeinen Prinzipien der Zellteilung für alle Lebewesen aufgeklärt.

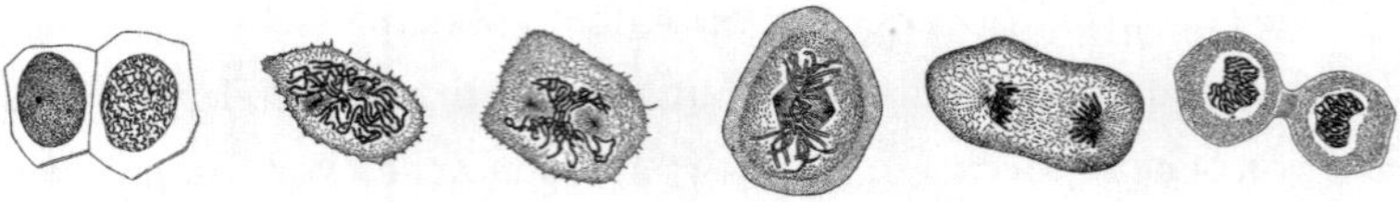

Die aufeinanderfolgenden Stadien der Zellteilung (Mitose) in Zeichnungen von Walther Flemming. Anfangs liegen die Chromosomen im Zellkern in lockerer Fadenform vor. Gezeigt sind zwei Nachbarzellen, jede mit einem Zellkern und nicht kondensierten Chromosomen. Dann verdichten sich die Fäden zu dickeren Bündeln. Die Kernmembran löst sich auf, und die Chromosomen verteilen sich in der Zelle auf zwei Seiten, als würden sie von irgendwelchen Kräften angezogen. Wenn sie vollständig getrennt sind (vorletzte Zeichnung), teilt sich die Zelle, und zwei neue Zellen entstehen.

Chromosomen traten unter dem Mikroskop hervor wie tief indigogefärbte Fadenspulen. Anschließend verdoppeln sich die kondensierten Chromosomen und teilen sich entlang einer definierten Achse auf; dabei entstehen Strukturen, die ihn an zwei Strahlenkränze erinnerten. »Die Gestalten im Zellkern organisierten sich während der Teilung in aufeinanderfolgenden Stadien«, schrieb er.[6] Die Kernmembran löst sich auf, und auch der Zellkern spaltet sich. Zuletzt teilt sich die ganze Zelle, ihre Membran bildet eine Wand, und zwei Tochterzellen entstehen.

Die in den Tochterzellen angekommenen Chromosomen machen ihre Kondensation langsam rückgängig und kehren in ihren fadenförmigen »Ruhezustand« in den Kernen der Tochterzellen zurück, als würde der ganze Prozess, mit dem die Zellteilung begonnen hatte, rückwärts ablaufen. Da die Chromosomen sich zuerst verdoppeln und dann bei der Zellteilung halbieren, bleibt die Gesamtzahl der Chromosomen in den Tochterzellen erhalten. Aus 46 werden 92, und die teilen sich wieder zu zweimal 46 auf. Flemming sprach von einer homotypischen oder »konservativen« Zellteilung: Ausgangszelle und Tochterzellen besitzen am Ende die gleiche Chromosomenzahl.* Seit

* Eduard Strasburger und Édouard van Beneden, zwei andere Zellforscher,

den 1880er-Jahren und bis zu Beginn des 20. Jahrhunderts klärten die Biologen Theodor Boveri, Oscar Hertwig und Edmund Wilson viele weitere Einzelheiten dieser anfangs nur skizzenhaft bekannten Zellteilung auf und lieferten über jeden einzelnen Schritt, den Flemming anfangs beschrieben hatte, neue Erkenntnisse.

Flemming zeichnete das Ganze als Kreislauf: Die fadenförmigen Chromosomen kondensieren zu Strängen, teilen sich auf und kehren in den Ruhezustand zurück. Wenn die Zelle dann in den nächsten Teilungszyklus eintritt, beginnt der Prozess von vorn: Sie kondensieren, teilen sich auf und dekondensieren, fast als würde ein Atem des Lebens durch sie hindurchfließen.

Es musste aber noch eine andere Form der Zellteilung geben, nämlich die im Vorfeld der Fortpflanzung. Im Rückblick versteht man leicht, dass diese Art der Zellteilung nicht die gleiche Dynamik haben kann wie die Mitose. Das ist eine Frage der grundlegenden Mathematik. Wie gesagt: Nach der Mitose haben Ausgangszelle und Tochterzellen am Ende die gleiche Chromosomenzahl. Am Anfang sind das beispielsweise 46 Chromosomen (die Zahl für menschliche Zellen); diese verdoppeln sich (auf 92), und davon erhält jede Tochterzelle die Hälfte – damit sind es wieder 46.

Aber wie sieht es mit den Zahlen bei der Fortpflanzung aus? Hätten Samen- und Eizellen jeweils die gleichen 46 Chromosomen wie ihre Ausgangszellen, würde die befruchtete Eizelle doppelt so viele enthalten, also 92. Diese Zahl würde sich in der nächsten Generation auf 184 verdoppeln, dann auf 368 und so weiter: Die Chromosomen-

---

beobachteten ebenfalls die Trennung der Chromosomen und die nachfolgende Teilung der Zellmembran mit der Entstehung von zwei Tochterzellen (Mitose).

zahl würde von Generation zu Generation exponentiell zunehmen. Die Zelle würde schon bald wegen der vielen Chromosomen platzen.

Bei der Entstehung von Samen- und Eizelle muss sich also die Chromosomenzahl zunächst auf 23 halbieren, und bei der Befruchtung werden dann die ursprünglichen 46 wiederhergestellt. Diese Variante der Zellteilung – eine Reduktion und die nachfolgende Wiederherstellung – beobachteten Theodor Boveri und Oscar Hertwig erstmals in den 1870er-Jahren an Seeigeln. Der belgische Zoologe Édouard van Beneden verfolgte eine solche Reduktionsteilung oder Meiose 1883 an Würmern und bestätigte damit, dass der Prozess bei komplizierter gebauten Lebewesen allgemein verbreitet ist.

Kurz gesagt, kann man sich den Lebenszyklus eines vielzelligen Organismus also als einfaches Hin und Her zwischen Meiose und Mitose vorstellen. Ein Mensch besitzt in jeder Körperzelle 46 Chromosomen und produziert durch Meiose in den Hoden die Samen- und in den Eierstöcken die Eizellen, die jeweils 23 Chromosomen enthalten. Wenn Samen- und Eizelle zusammentreffen und die Zygote bilden, wird die ursprüngliche Chromosomenzahl von 46 wiederhergestellt. Die Zygote vermehrt sich durch Zellteilung – Mitose – und bringt den Embryo hervor, in dem sich nach und nach die ausgereiften Gewebe und Organe entwickeln: Herz, Lunge, Blut, Nieren, Gehirn; deren Zellen besitzen jeweils 46 Chromosomen. Wenn der Organismus heranreift, entwickeln sich auch die Keimdrüsen (Hoden oder Eierstöcke) mit 46 Chromosomen in jeder Zelle. Jetzt ändert sich das Spiel erneut: Wenn die Zellen der Keimdrüsen die männlichen und weiblichen Fortpflanzungszellen hervorbringen, machen diese die Meiose durch, und es entstehen Samen- beziehungsweise Eizellen mit jeweils 23 Chromosomen. Durch die Befruchtung wird die Zahl von 46 wiederhergestellt. Eine Zygote ist entstanden, und der Kreislauf beginnt von vorn. Meiose, Mitose,

Meiose. Halbierung der Chromosomenzahl, Wiederherstellung, Wachstum. Halbierung, Wiederherstellung, Wachstum. Und immer so weiter.

Wie wird die Zellteilung gesteuert? Flemming war Zeuge der systematischen Mitosestadien geworden. Aber wer oder was sorgt für die Inszenierung? In den Jahrzehnten nachdem Flemming seine bahnbrechenden Arbeiten über die Zellteilung veröffentlicht hatte, fiel den Zellbiologen auf, dass man den Lebenszyklus einer Zelle, die sich teilt, in mehrere Phasen unterteilen kann.

Beginnen wir mit den Zellen, die sich aus dem Zyklus vollständig verabschieden. Sie sind auf Dauer oder halb auf Dauer im Ruhezustand, um den Jargon der Biologen zu benutzen. Diese Phase bezeichnet man auch als G-0, wobei das G für »gap«, das englische Wort für »Lücke«, steht. Manche derartigen Zellen teilen sich nie; sie sind »post-mitotisch«. Ein gutes Beispiel sind die meisten ausgereiften Nervenzellen.

Wenn eine Zelle die Entscheidung trifft, in den Teilungszyklus einzutreten, geht sie in eine andere »Lückenperiode« namens G1 über. Es ist fast, als würde sie einen Zeh in das Wasser der Zellteilung tauchen und ihre Entscheidung überdenken. In der G1-Phase sind unter dem Mikroskop nur wenige Veränderungen zu beobachten, aber was die Moleküle angeht, ist sie ein gewaltiger Schritt: Jetzt werden die Proteine für die Koordination der Zellteilung synthetisiert. Die Mitochondrien verdoppeln sich. Die Zelle sammelt Moleküle, rekrutiert und synthetisiert solche, die für Stoffwechsel und Lebenserhaltung notwendig sind, und steigert ihre Zahl, bevor sie auf die beiden Tochterzellen verteilt werden. Gleichzeitig ist die G1-Phase der erste kritische Kontrollpunkt, wenn eine Zelle entscheidet, ob sie die gewaltige Aufgabe der Zellteilung in Angriff nimmt. Weitermachen? Oder nicht weitermachen? Wenn bestimmte Nährstoffe fehlen oder das hormonelle Umfeld sich nicht für die Teilung eignet, entschließt sich die Zelle vielleicht, in der G1-Phase zu bleiben. Sie liegt noch einen Schritt vor dem Punkt, von dem es kein Zurück mehr gibt.

Auf G1 folgt eine charakteristische, einzigartige Phase: die Verdoppelung der Chromosomen und damit auch die Synthese neuer DNA. Sie erfordert Energie, Engagement und eine drastische Verschiebung der Schwerpunkte. Man nennt sie S-Phase, weil sie der *Synthese* dient – der Synthese des doppelten Chromosomensatzes. Wenn wir uns im Inneren der Zelle befinden und im Protoplasma schwimmen würden, könnten wir spüren, wie der Schwerpunkt der Aktivitäten sich aus dem Zytoplasma in den Zellkern verschiebt. Enzyme, die DNA verdoppeln, heften sich an die Chromosomen. Andere Enzyme beginnen, DNA auseinanderzuwickeln. DNA-Bausteine werden in den Zellkern transportiert. Eine komplizierte Ansammlung aus DNA-Verdoppelungsenzymen dockt an den Chromosomen an und synthetisiert eine Kopie. Gleichzeitig bildet sich in der Zelle ein Apparat, der die verdoppelten Chromosomen später auseinanderzieht.

Vielleicht am rätselhaftesten und am wenigsten aufgeklärt ist die dritte Phase: eine zweite Ruheperiode, G2 genannt. Warum steht die Zellteilung still, nachdem die Chromosomen bereits verdoppelt wurden? Warum werden frisch synthetisierte DNA-Stränge vergeudet? G2 ist ein letzter Kontrollpunkt vor der Zellteilung: Zellen können sich katastrophale Chromosomenveränderungen wie Translokationen, abgebrochene DNA-Arme, drastische Mutationen und Fehlstellen nicht leisten. In dieser Phase wird die Genauigkeit der DNA-Replikation nochmals überprüft, sodass DNA-Schäden oder verheerenden Chromosomenveränderungen vorgebeugt wird. Eine Zelle, die mit DNA-schädigender Strahlung oder Chemotherapie behandelt wurde, bleibt möglicherweise in diesem Stadium. Proteine, die auch als »Genomwächter« bezeichnet werden, darunter der

Tumorsuppressor p53, überprüfen das Genom und vergewissern sich seiner Gesundheit, bevor neue Zellen entstehen.*[7]

Die letzte Phase, M genannt, ist die eigentliche Mitose: Jetzt teilt sich die Zelle in zwei Tochterzellen. Die Kernmembran löst sich auf. Die Chromosomen verdichten sich im Vorfeld der Trennung noch weiter und werden zu den kompakten Gebilden, die Flemming mit seinen Farbstoffen sichtbar gemacht hatte. Der Molekülapparat, der die verdoppelten Chromosomen auseinanderzieht, ist vollständig zusammengesetzt. Die verdoppelten Chromosomen liegen nebeneinander wie Zwillinge im Babybettchen und werden nun voneinander getrennt, bis die Hälfte von ihnen sich auf einer Seite der Zelle befindet, während die anderen auf die entgegengesetzte Seite gezogen werden. Zwischen den Zellen bildet sich eine Furche, und das Zytoplasma wird halbiert. Die Mutterzelle hat zwei Tochterzellen hervorgebracht.

Paul Nurse lernte ich 2017 bei einer Autofahrt durch die Ebenen der Niederlande kennen. Der stämmige Mann mit seinem englischen Akzent und dem breiten, offenherzigen Lächeln erinnerte mich an

---

* Wie so viele Kontrollpunkte, so scheint auch G2 eine sehr einfache Lösung zu sein, bis man erkennt, dass sie einen recht heiklen Balanceakt ausführen muss. Der G2-»Arrest« ist nach unserer heutigen Erkenntnis im Wesentlichen der Erkennung katastrophaler Mutationen in einer Zelle vorbehalten. Mutationen entstehen in der S-Phase. Wie jeder Kopierapparat, so macht auch der molekulare Apparat, der neue DNA-Kopien erzeugt, während der Synthese einige Fehler. Manche davon werden sofort repariert, andere bleiben bestehen. Würde die G2-Phase jede Mutation festhalten, jeden Fehler dingfest machen und jeden Defekt reparieren, würden niemals Mutationen entstehen, und die Evolution käme zum Stillstand. G2 muss also ein fachkundiger Wächter sein, der genau weiß, wann er hin- und wann er wegsehen muss.

eine ältere, klüger gewordene Version von Bilbo Beutlin. Wir sollten beide am Wilhelmina-Kinderkrankenhaus in Utrecht Vorträge halten, also fuhren wir gemeinsam von Amsterdam zu dem Universitätsgelände. Nurse war nett und bescheiden, und damit war er genau der Typ Wissenschaftler, den ich sofort mag. Die Landschaft um uns herum war flach und eintönig: trockene, bewirtschaftete Felder mit Heu und Stroh, und hin und wieder einige Windmühlen, die sich in den Windböen zyklisch drehten.

Zyklen. Die Mechanik der Energie – das Auf und Ab des Windes – treibt die Zyklen einer Maschine an. Ist auch die Zelle eine solche Maschine, die Zyklen zwischen Teilung und Ruhezustand durchläuft? Nurse hatte sich während seiner Postdoc-Zeit in Edinburgh die Frage nach der Koordination des Zellzyklus gestellt. Welche Faktoren bestimmen darüber, ob oder wann eine Zelle sich teilt? Flemming, Boveri und andere hatten in den 1870er- und 1880er-Jahren die charakteristischen Stadien der Zellteilung beobachtet. Damit stellte sich die Frage: Welche Moleküle und Signale leiten diese Phasen ein und steuern sie? Woher »weiß« eine Zelle, wann sie beispielsweise von der G1- in die S-Phase übergehen soll?

Nurse stammte aus einer Arbeiterfamilie. »Mein Vater war ein richtiger Arbeiter«, sagte er 2014 einem Journalisten. »Meine Mutter war Putzfrau. Meine Geschwister sind alle mit 15 von der Schule abgegangen. Bei mir war es anders. Ich habe die Prüfungen geschafft, und irgendwie bin ich an die Universität gekommen, habe ein Stipendium erhalten und meinen Doktor gemacht.«[8] Jahrzehnte nach seinem Studium erfuhr Nurse, dass seine »Schwester« in Wirklichkeit seine Mutter war. Er war aus einer unehelichen Beziehung hervorgegangen und wurde von seiner Großmutter großgezogen. Sie nahm die Rolle seiner Mutter ein, bis man ihm viel später, als er schon über 60 war, die geheime Verabredung offenbarte. Die Geschichte erzählte er mir in nüchternem Ton, während wir uns Utrecht näherten. Er zwinkerte. »Fortpflanzung ist nie so einfach, wie es scheint«, fügte er trocken hinzu.

Murdoch Mitchison, Nurses Doktorvater an der Universität in Edinburgh, hatte den Zellzyklus an einer bestimmten Art der Hefe studiert, der Spalthefe – die so heißt, weil ihre Zellen sich ganz ähnlich wie die des Menschen fortpflanzen, indem sie sich in der Mitte teilen. Andere, weiter verbreitete Hefetypen teilen sich durch »Knospung«, das heißt, während der Zellteilung schnüren sich kleinere Tochterzellen ab.

In den 1980er-Jahren erzeugte Nurse mutierte Hefezellen, die sich nicht ordnungsgemäß teilten. Fast 8000 Kilometer entfernt, in Seattle, war der Zellbiologe Lee Hartwell zu einer ähnlichen Strategie übergegangen: Auch er suchte nach Genen, die sich auf Zellzyklus und Zellteilung auswirken; dazu produzierte er Mutanten eines anderen Hefestamms: der Bier- oder Bäckerhefe, die sich durch Knospung fortpflanzt.

Hartwell und Nurse wollten mithilfe der Mutanten herausfinden, welche Gene normalerweise für die Steuerung der Zellteilung sorgen. Es war ein alter Trick der Biologen: Störe eine physiologische Funktion, um so die normale Physiologie aufzuklären. Ein Anatom durchtrennt oder verschließt beispielsweise bei einem Tier eine Arterie, beobachtet dann, welcher Körperteil nicht mehr durchblutet wird, und erfährt so etwas über die Funktion des Blutgefäßes. Ein Genetiker verändert ein Gen, um damit einen genetischen Prozess – beispielsweise die Zellteilung – zu beeinträchtigen und damit herauszufinden, welche übergeordneten Steuerungseinheiten den Prozess der Mitose regulieren.

Im Sommer 1982 reiste Tim Hunt, ein Zellbiologe von der Universität Cambridge, in das meeresbiologische Labor in Woods Hole im US-Bundesstaat Massachusetts. Dort, am pittoresken Cape Cod, sollte er als Dozent an einem Kurs in Embryologie mitarbeiten. Touristen mit gedruckten Walen auf den Shorts und Leinenhemden kamen an das Kap, um frittierte Muscheln zu essen und sich an den ausgedehnten Sandstränden zu entspannen. Wissenschaftler kamen hierher, um in den flachen, felsigen Gezeitenbecken nach Muscheln zu suchen, vor allem aber und häufiger nach Seeigeln.

Insbesondere Seeigeleier sind ein wertvolles Hilfsmittel der Forschung, denn sie sind große, leicht handhabbare experimentelle Modelle. Man braucht einem Seeigelweibchen nur eine einfache Salzlösung zu spritzen, und schon setzt es einen Berg von Dutzenden orangefarbenen Eiern frei. Befruchtet man die Eier mit dem Sperma männlicher Seeigel, entwickelt sich die Zygote und beginnt mit der Regelmäßigkeit eines Uhrwerks, sich zu teilen und zu einem neuen, vielzelligen Tier heranzuwachsen. Von Flemming in den 1870er- über den Embryologen Ernest Everett Just in den frühen 1900er- bis zu Hunt in den 1980er-Jahren hatten Forschende diese stacheligen, rundlichen Tiere mit ihren erotischen Fleischzungen (wer kam eigentlich auf die Idee, sie zu essen?) als Modellsysteme zur Erforschung von Befruchtung, Zellteilung und Biologie genutzt. Was die Taufliege für die Frühzeit der Genetik gewesen war, war der Seeigel für die Erforschung des Zellzyklus.

Hunt wollte herausfinden, wie die Proteinsynthese nach der Befruchtung gesteuert wird, aber das war eine frustrierende, langwierige Arbeit. »Im Jahr 1982«, so schrieb er, »war die Erforschung der Steuerung der Proteinsynthese in Seeigeleiern nahezu völlig zum Stillstand gekommen; alle Ideen, denen meine Studierenden und ich nachgingen, erwiesen sich als falsch, und die gesamten Grundlagen des Systems waren im Wesentlichen fehlerhaft.«[9]

Aber als am Abend des 22. Juli 1982 die Dunkelheit hereinbrach, bemerkte Hunt etwas Auffälliges: Genau zehn Minuten bevor eine befruchtete Seeigelzelle sich zu teilen begann, erreichte die Konzentration eines reichlich vorhandenen Proteins ihren Höhepunkt, um dann wieder stark abzusinken. Es war ein rhythmischer, regelmäßiger Ablauf wie die Bewegung einer Windmühle. An jenem Abend erfuhr er bei Wein und Käse, dass auch andere Wissenschaftler, unter ihnen Marc Kirschner von der Harvard University, über der Frage rätselten, wie Zellen bei der Entstehung von Samen- und Eizellen – der Meiose – von einer Phase in die nächste übergehen. Hunt war von dem Gedanken, dass das Auf und Ab eines Proteins das Signal für den Übergang von einer Phase zur nächsten sein könnte, elektrisiert. Er hatte kaum sein Weinglas ausgetrunken, da stand er schon wieder im Labor.

Während der nächsten zehn Jahre kam Hunt jedes Jahr ans Kap zurück. Bei sich hatte er sein tragbares Labor – »Röhrchen und Pipettenspitzen und Gelplatten, ja sogar eine Peristaltikpumpe«[10] –, weil er die Mechanismen entschlüsseln wollte, die im Zellzyklus die Übergänge möglich machen. Im Winter 1986 hatten Hunt und seine Studierenden weitere Proteine gefunden, deren Menge genau im Einklang mit den Phasen der Mitose-Zellteilung stieg und sank. Eines erreichte seinen Höhe- und Tiefpunkt genau in Verbindung mit der S-Phase (in der die Chromosomen verdoppelt werden). Ein anderes stieg und fiel mit der G2-Phase, dem zweiten Kontrollpunkt vor der Zellteilung. Hunt bezeichnete diese Proteine als Cycline, denn er war nun einmal von Zyklen begeistert. Bald wurde ihm klar, dass er sie richtig getauft hatte: Die Konzentration dieser Proteine war offensichtlich besonders gut mit den Phasen des Zellteilungszyklus koordiniert. Der Name setzte sich durch.

Zur gleichen Zeit kamen Nurse und Hartwell mit ihrem Ansatz, unter Hefezellen nach Mutanten zu suchen, den Genen für die Steuerung des Zellzyklus immer näher. Auch sie hatten mehrere Gene gefunden, die in Verbindung mit verschiedenen Stadien der Zellteilung stehen. Ende der 1980er-Jahre bezeichneten sie diese Gene zunächst als cdc- und später als cdk-Gene.* Die von ihnen codierten Produkte heißen CDK-Proteine.

In den verschiedenen Entdeckungen verbarg sich aber ein beunruhigendes Rätsel. Obwohl die Fragen in die gleiche Richtung zielten, hatte man nicht die gleichen Proteine gefunden. Es gab nur eine auffällige Ausnahme: Eine von Nurses Mutanten betraf tatsächlich ein cyclinartiges Gen.

Warum war das so? Warum fand Hunt, der nach Regulatoren des Zellzyklus suchte, Cyclinproteine? Und warum fanden Hartwell und Nurse eine (überwiegend) andere Reihe von Proteinen, die für die Koordination der Zellteilung sorgten? Es war, als hätten zwei Mathematikerteams sich an die Lösung derselben Gleichung gemacht und zwei verschiedene Antworten gefunden – und doch waren beide anscheinend zumindest methodisch richtig vorgegangen. Oder kurz gefragt: Welcher Zusammenhang bestand zwischen den Cyclinen und den CDKs?

In den 1980er- und 1990er-Jahren konnten Hunt, Hartwell und Nurse mit ihren Teams alle Beobachtungen in Einklang bringen – sie brachten die Rolle der Cycline und der CDKs im Zellzyklus unter einen Hut. Die Proteine wirken gemeinsam und regulieren so die Übergänge zwischen den Phasen der Zellteilung. Sie sind Partner und

---

* Anfangs wurden sie als cdc-Gene (für *cell division cycle*, Zellteilungszyklus) bezeichnet; später veränderte man die Terminologie zu cdc/cdk und dann zu cdk. Das k bedeutet »Kinase« und bezieht sich auf eine Enzymaktivität der von diesen Genen codierten Proteine: Sie fügt eine Phosphatgruppe an das Zielprotein an, das damit in der Regel aktiviert wird. Der Einfachheit halber verwende ich *cdk* für das Gen und *CDK* in Großbuchstaben für das Protein. Das Gleiche gilt für die Familie der Cycline: Die Gene werden kleingeschrieben, die Proteine tragen Bezeichnungen in Großbuchstaben.

Mitarbeiter – funktionell, genetisch, biochemisch *und physisch* sind sie verbunden. Sie sind das Yin und Yang der Zellteilung.

Wie wir heute wissen, bindet ein bestimmtes Cyclinprotein an ein bestimmtes CDK-Protein und aktiviert es. Dieser Vorgang setzt in der Zelle einen Sturzbach molekularer Abläufe in Gang, der sich von einem aktivierten Molekül zum anderen fortsetzt wie die Kugel in einem Flipperspiel. Am Ende erhält die Zelle den »Befehl«, von einer Phase des Zellzyklus zur nächsten überzugehen. Hunt hatte die eine Hälfte des Rätsels gelöst, Nurse und Hartwell die andere. Oder, in schematischer Form:

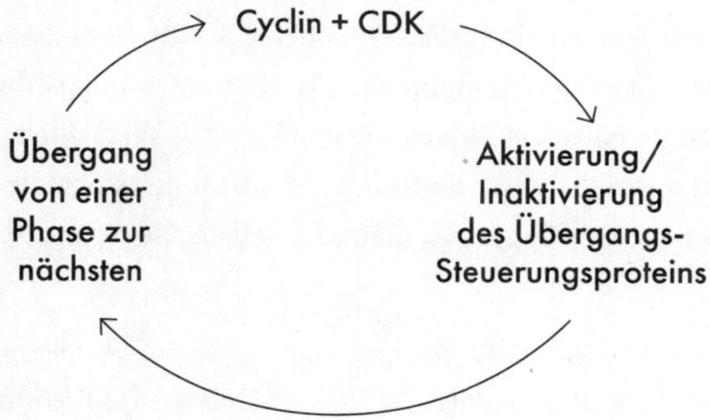

Oder, wie Nurse mir auf der Fahrt nach Utrecht erzählte: »Wir haben einfach das Gleiche von zwei Seiten betrachtet. Im Überblick gesehen, war es wirklich das Gleiche. Es war, als hätten wir zwei verschiedene Schatten desselben Gegenstands eingefangen.«[11] Um uns herum drehten sich die Windmühlen in einem Zyklus nach dem anderen.

Cycline und CDKs arbeiten zusammen, aber die einzelnen Paare signalisieren verschiedene Übergänge. Eine bestimmte Kombination aus Cyclin und CDK dürfte als übergeordneter Regulator für den Übergang von G2 zu M dienen. Das Cyclin aktiviert das CDK-Protein, und dieses aktiviert dann seinerseits weitere Proteine, die den Übergang erleichtern. Wird das Cyclin abgebaut, stellt das CDK seine

Aktivität ein, und die Zelle wartet auf das Signal für die nächste Phase.

Eine andere Kombination aus Cyclin und CDK steuert den Übergang von G1 zu S. An der Koordination der Zellteilung wirken noch Dutzende weitere Proteine mit, unverzichtbar ist aber die enge Verbindung zwischen einem Cyclin und seinem zugehörigen CDK: Beide sind Partner der Zellzyklussteuerung, die entscheidenden Dirigenten des Orchesters, das Flemming bereits fast ein Jahrhundert zuvor beobachtet hatte.

Man kann kaum einen Bereich der Medizin oder Biologie nennen, der sich durch unsere Kenntnisse über den Zellzyklus und die Dynamik der Zellteilung nicht verändert hätte. Wie kommt es, dass Krebszellen sich teilen, und wie können wir Arzneimittel finden, die gezielt diese bösartige Form der Zellteilung blockieren?* Wie kommt es, dass eine Blutstammzelle unter bestimmten Umständen normale Kopien ihrer selbst hervorbringt (was man als »Selbsterneuerung« bezeich-

* Angesichts der zentralen Bedeutung von Cyclinen und CDK-Proteinen für die Zellteilung ist es faszinierend, dass sich nur wenige Krebstherapien, bei denen Cycline oder CDKs blockiert werden, herauskristallisiert oder als erfolgreich erwiesen haben. Meist liegt es daran, dass die Zellteilung ein universelles, lebensnotwendiges Phänomen ist und für die Krebstherapie ein viel zu heikles Ziel darstellt: Tötet man eine Krebszelle während der Teilung ab, vernichtet man damit auch normale Zellen, die sich teilen, was zu untragbaren Nebenwirkungen führt. Ende der 1990er-Jahre stieß man auf eine Familie von Wirkstoffen, die CDK4/6 hemmen, zwei spezielle Mitglieder der CDK-Familie. Fast 20 Jahre später stellte sich in der klinischen Erprobung heraus, dass eine neue Generation dieser Wirkstoffe in niedriger Dosierung und in Kombination mit anderen Medikamenten wie dem Antikörper Herceptin die Überlebensdauer mancher Brustkrebspatientinnen verlängert. Die Suche nach krebsspezifischen Cyclin- und CDK-Hemmern setzt sich auch heute fort, über solchen Wirkstoffen hängt aber zwangsläufig immer das Damoklesschwert der Nebenwirkungen.

net), unter anderen aber ausgereifte Blutzellen (»Differenzierung«)? Wie geht aus einer einzigen Zelle ein Embryo hervor? In Anerkennung der allgemeinen Bedeutung ihrer Arbeiten, mit denen sie den Steuerungsmechanismus des Zellteilungszyklus aufklärten, erhielten Hartwell, Hunt und Nurse 2001 gemeinsam den Nobelpreis für Physiologie oder Medizin.

Vielleicht kein Teilgebiet der Medizin steht der Zellteilung – der Mitose und Meiose – mit seinen Konzepten näher als die künstliche oder medizinisch unterstützte Fortpflanzung der Menschen, auch In-vitro-Fertilisation (IVF) genannt. (Das Wort *künstlich* kommt einem hier seltsam vor. Ist Medizin nicht immer »künstlich«? Sollen wir die Anwendung von Antibiotika zur Behandlung einer Lungenentzündung als »künstliche Immunität« bezeichnen? Oder die Entbindung eines Babys als »künstliche Austreibung eines Fetus«? Ich verwende hier lieber den Begriff »medizinisch unterstützte« Fortpflanzung, auch wenn »künstliche Fortpflanzung« der gebräuchlichere Begriff ist.)*

Beginnen wir mit einer Tatsache, die für Zelltherapieexperten

---

* Mit »medizinisch unterstützter Fortpflanzung« meine ich medizinische Methoden, mit denen man die Fortpflanzung von Menschen mittels Medikamenten, Hormonen, chirurgischen Eingriffen und der Handhabung menschlicher Zellen außerhalb des Körpers verbessern will. Das Fachgebiet hat ein breites Spektrum: Dazu gehört die Verbesserung der Produktion von Samen- und Eizellen sowie ihre Gewinnung und Lagerung. Es umfasst Methoden zur Befruchtung von Eizellen außerhalb des Körpers und die Züchtung lebender menschlicher Embryonen, die dann in die Gebärmutter einer Frau verpflanzt werden, damit ein Baby entsteht. Zu der Liste können wir auch neue Methoden hinzufügen, die sich immer stärker mit Methoden der Fortpflanzung überschneiden: die gentechnische Veränderung menschlicher Samen- und Eizellen oder Embryonen zur Erzeugung neuartiger Zellen und im weiteren Verlauf auch neuartiger Menschen.

etwas Selbstverständliches und für alle anderen verblüffend ist: In-vitro-Fertilisation (IVF) ist *Zelltherapie*. Sie gehört sogar zu den häufigsten Formen der Zelltherapie, die von Menschen genutzt werden. Seit mehr als 40 Jahren stellt sie eine Möglichkeit zur Fortpflanzung dar, und durch sie sind ungefähr acht bis zehn Millionen Kinder entstanden. Viele dieser IVF-Babys sind mittlerweile erwachsen und haben selbst wieder Kinder – die in der Regel ohne die erneute Anwendung der IVF entstanden sind. Sie ist uns mittlerweile so vertraut, dass wir sie nicht einmal als Zellmedizin einordnen, aber in Wirklichkeit ist sie natürlich genau das: die therapeutische Veränderung menschlicher Zellen zur Behandlung einer uralten, schmerzhaften Form menschlichen Leidens: der Unfruchtbarkeit.

Die Methode hatte eine verworrene Geburt; eigentlich wäre sie sogar fast als Frühgeburt gestorben. Wissenschaftliche Empfindlichkeiten, persönliche Rivalität, Ablehnung der Öffentlichkeit – und sogar medizinische Unstimmigkeiten – begleiteten die Geburt der IVF, wurden jedoch durch ihren Erfolg größtenteils hinweggefegt; die Anfänge der Methodik waren aber nicht weniger als höchst turbulent und umstritten.

Mitte der 1950er-Jahre nahm Landrum Shettles, ein unkonventioneller, zu Geheimnistuerei neigender Professor für Geburtshilfe und Gynäkologie an der Columbia University, ein Projekt zur Schaffung eines in vitro befruchteten Babys in Angriff.[12] Er wollte die Unfruchtbarkeit heilen. Shettles hatte selbst sieben Kinder, war aber kaum einmal zum Ausruhen zu Hause. Sein Labor war mit einem übergroßen Aquarium und mehreren Uhren ausgestattet. Er schlief inmitten des ständigen Ticktacks auf einem Feldbett, und die Assistenzärzte sahen ihn oft spätnachts im zerknitterten grünen Kittel durch die Korridore wandern.

Anfangs stellte Shettles seine Versuche in Petrischalen und Reagenzgläsern an. Er entnahm einer Spenderin die Eizellen, befruchtete sie mit menschlichem Sperma und schaffte es, dass der Embryo sechs Tage am Leben blieb. Er veröffentlichte viel und wurde für seine Arbeiten auch ausgezeichnet, unter anderem mit dem Markle Prize der Columbia University.[13]

Dann aber nahm seine Laufbahn eine seltsame Wendung. Im Jahr 1973 erklärte Shettles sich bereit, dem Paar Dr. John Del Zio und Doris Del Zio aus Florida beim Zeugen eines Kindes zu helfen. Diese Erweiterung seiner Arbeit – von der Befruchtung in Petrischalen zur Einpflanzung eines Embryos – meldete Shettles bei den Aufsichtsgremien seines Krankenhauses nicht an. Auch den Chefarzt der gynäkologischen Abteilung weihte er nicht ein.

Am 12. September 1973 entnahm ein Gynäkologe am Klinikum der New York University bei Doris Eizellen. John brachte die Zellen und ein Gefäß mit seinem Sperma im Taxi in das am anderen Ende der Stadt gelegene Labor von Shettles. Bei der Fahrt, die meiner Schätzung zufolge ungefähr eine Stunde nach Norden durch den Stadtverkehr führte, dürfte es sich um eine der spannendsten Taxifahrten in der Geschichte New Yorks gehandelt haben.

Mittlerweile hatte der Vorgesetzte von Dr. Shettles von dem Experiment erfahren und war außer sich. Die Schaffung eines menschlichen Embryos außerhalb des Körpers – ein Reagenzglasbaby – zur Einpflanzung in eine echte Gebärmutter war etwas Unerhörtes, und natürlich ergaben sich daraus unabsehbare medizinische und ethische Konsequenzen. Der – vielleicht nicht belegten – Geschichte zufolge stürzte der Vorgesetzte in das Labor, riss die Brutschränke mit den befruchteten Eizellen auf und zerstörte das Experiment. Das Ehepaar Del Zio verklagte die Klinik und erhielt ein Schmerzensgeld von 50.000 Dollar.

Wie nicht anders zu erwarten, wurde Shettles – Aquarium, Feldbett, Uhren, grüne Kittel um Mitternacht – in seiner Abteilung gefeuert und wenig später auch der Universität verwiesen. Er ging an eine Klinik in Vermont, geriet dort mit seinen unkonventionellen Methoden aber wiederum in Schwierigkeiten und gründete schließlich in Las Vegas ein eigenes Institut; dort, so versprach er, werde er seinen Traum, mit IVF Menschenbabys zu erzeugen, weiterverfolgen.

Zur gleichen Zeit versuchten sich in England die beiden Wissenschaftler Robert Edwards und Patrick Steptoe ebenfalls an der In-vitro-Fertilisation. Im Gegensatz zu Shettles waren ihnen die wissenschaftlichen und moralischen Grenzüberschreitungen, die zur Produktion eines menschlichen Embryos in einem Glasgefäß erforderlich waren, bewusst. Pflichtschuldigst schrieben sie Protokolle und Aufsätze, stellten ihre Arbeiten auf Tagungen vor und setzten Gremien und Abteilungen ihrer Krankenhäuser über ihre Absichten in Kenntnis. Sie arbeiteten langsam und systematisch, und dabei warfen sie eine Lehrmeinung nach der anderen über den Haufen. Sie waren zwar Sonderlinge, aber, wie die Wissenschaftshistorikerin Margaret Marsh es formulierte, »vorsichtige Sonderlinge«.[14]

Edwards war der Sohn eines Eisenbahnarbeiters und einer Maschinenschlosserin, der Genetiker und Physiologe interessierte sich für Zellteilung und Chromosomenanomalien.[15] Seine Laufbahn geriet vorübergehend aus dem Tritt, weil er während des Zweiten Weltkriegs vier Jahre in der britischen Armee diente und auch eine gewisse Zeit damit zubrachte, ein Examen in Zoologie abzulegen, das er selbst als »Katastrophe« bezeichnete. »Mein Stipendium war aufgebraucht, und ich hatte Schulden. Im Gegensatz zu manchen anderen Studenten hatte ich keine reichen Eltern … Ich konnte nicht nach Hause schreiben: ›Lieber Vater, bitte schicke mir 100 Pfund, denn ich habe im Examen schlecht abgeschnitten.‹«[16]

Aber schließlich fand Edwards eine Stelle an der Universität Edinburgh, wo er Tiergenetik betreiben konnte, und hier wandte sich sein

Interesse immer stärker der Erforschung der Fortpflanzung zu. Er stellte Experimente mit den Samenzellen von Mäusen an und wechselte dann zu den Eizellen. In Zusammenarbeit mit seiner Frau Ruth Fowler, einer angesehenen Zoologin, konnte Edwards nachweisen, dass den Eisprung fördernde Hormone, die man Mäusen spritzt, die Produktion von mehreren Dutzend Eizellen in Gang setzen, die sich in einem ähnlichen Stadium des Lebenszyklus befinden und demnach prinzipiell geerntet und *in vitro* – in einer Petrischale – befruchtet werden können. Nach einer Laufbahn, die ihn auf Umwegen an verschiedene Hochschulen führte, kam Edwards schließlich 1963 an die Universität Cambridge und studierte dort die Reifung menschlicher Eizellen. Zusammen mit Ruth und ihren fünf Töchtern ließ er sich in einem bescheidenen Haus am Gough Way nicht weit von der Barton Road nieder; ihr Labor über dem physiologischen Institut war ein Labyrinth aus sieben schlecht beheizten Räumen.

Die Erforschung der Reproduktionsbiologie und insbesondere der Zusammenhänge zwischen der Reifung von Ei- beziehungsweise Samenzellen und dem Zellzyklus steckte noch in den Kinderschuhen. Die Arbeiten von Tim Hunt an Seeigeln, mit denen er die grundlegenden Erkenntnisse über den Zellzyklus gewann, waren noch Jahrzehnte von ihrer Veröffentlichung entfernt, und die Zellteilungsgene, mit denen Paul Nurse und Lee Hartwell später berühmt wurden, hatte man noch nicht entdeckt.

Edwards kannte die Arbeiten der Wissenschaftler John Rock und Miriam Menkin von der Harvard University: Die beiden hatten Mitte der 1940er-Jahre fast 800 Eizellen von Frauen gewonnen, die sich gynäkologischen Eingriffen unterziehen mussten, und hatten versucht, diese mit menschlichen Samenzellen zu befruchten.[17] Die Erfolge waren sehr wechselhaft. »Wir haben viele Versuche unternommen, die In-vitro-Befruchtung menschlicher Eizellen in Gang zu setzen«, schrieb Menkin in einem Zeitschriftenartikel. Das Projekt erwies sich jedoch als komplizierter, als Rock oder Menkin erwartet hatten: In den meisten Fällen ließen sich die Eizellen nicht befruchten.

Im Jahr 1951 kam Min Chueh Chang, ein kaum bekannter Wissenschaftler, der sich am Worcester Institute in Massachusetts mit Fortpflanzung beschäftigte, eine wichtige Erkenntnis: Möglicherweise trug nicht nur die Eizelle, sondern ebenso stark auch die Samenzelle zu den Problemen mit der IVF bei.[18] Er arbeitete mit Kaninchen und äußerte den Gedanken, eine Samenzelle müsse aktiviert – oder »ermächtigt«, wie er es nannte – werden, bevor sie eine Eizelle befruchten konnte. Diese Aktivierung, so Changs Überlegung, erforderte es, dass die Samenzelle in den Eileitern der Frau ganz bestimmten Bedingungen und Substanzen ausgesetzt war.

Edwards saß monatelang in der tiefen, Ehrfurcht gebietenden Stille der Bibliothek des National Institute of Medical Research in Mill Hill in London und machte sich eingehend mit allen früheren Experimenten vertraut. Es war, als würde er eine Litanei der Fehlschläge studieren, aber er wollte noch einmal versuchen, menschliche Eizellen außerhalb des Organismus zu befruchten. Anfangs ließ er die Eizellen in Zusammenarbeit mit der Gynäkologin Molly Rose am Edgware General Hospital »heranreifen« – was im Wesentlichen bedeutete, dass er sie für die Befruchtung empfänglich machen wollte. Aber im Gegensatz zu den Eizellen von Kaninchen und Mäusen reiften menschliche Eizellen nicht. »Drei, sechs, neun und zwölf Stunden, aber keine von ihnen änderte in irgendeiner Hinsicht ihr Aussehen. Sie starrten mich einfach nur an«, schrieb er.[19] Die Eizellen wirkten, nun ja, undurchschaubar.

Dann aber, an einem Morgen im Jahr 1963, hatte Edwards eine entscheidende Erkenntnis. Sie war so einfach wie tiefgreifend. Wie stand es, so seine Frage, wenn »das Reifungsprogramm der Eizellen von Menschen und anderen Primaten einfach länger dauert als bei

Nagetieren«?[20] Wieder erhielt Edwards von Rose ein kleines Gefäß mit Eizellen und ließ sie heranreifen, aber dieses Mal war er entschlossen zu warten.

»Ich darf sie mir nicht zu früh ansehen«, schrieb er, womit er sich selbst wegen seiner Ungeduld tadelte. »Nach genau 18 Stunden sah ich nach, und leider war der Zellkern unverändert ohne jedes Anzeichen von Reifung.«[21] Wieder ein Fehlschlag. Jetzt hatte er nur noch zwei Eizellen übrig, die ihn aus der Petrischale trotzig und unbeeindruckt anstarrten. Nach 24 weiteren Stunden nahm Edwards eine davon heraus und bildete sich ein, er sehe schwache Anzeichen für die Reifung: Irgendetwas im Zellkern veränderte sich.

Noch eine Eizelle übrig.

Nach 28 Stunden entnahm er die letzte Eizelle und färbte sie.

»Unglaubliche Begeisterung«, schrieb er.[22] »Die Chromosomen begannen gerade ihren Marsch durch die Mitte der Eizelle.« Die Zelle war herangereift, sie war zur Befruchtung bereit. »Dort, in einer Eizelle aus der letzten Gruppe, lag das ganze Geheimnis des Programms beim Menschen.«

Die Moral von der Geschichte? Wir vermehren uns nicht wie Kaninchen. Unsere Eizellen brauchen ein wenig mehr Verführung.

Edwards stand kurz vor dem Ende seines einsamen Jahrzehnts. Aber noch musste er sich aus einer anderen Zwickmühle befreien: Die von Rose gelieferten Eizellen stammten von Frauen, an denen umfangreiche gynäkologische Operationen vorgenommen worden waren und die sich deshalb höchstwahrscheinlich keiner In-vitro-Befruchtung unterziehen würden. Die Zellen aus Roses Operationen waren zwar ein bequemes Material für Experimente, für eine Wiedereinpflanzung kamen sie aber nicht infrage. Um sein Experiment abzuschließen, brauchte Edwards menschliche Eizellen aus einer anderen Quelle.

Diese Quelle waren Patientinnen von Dr. Patrick Steptoe, Frauen mit Erkrankungen der Eierstöcke, die sich bereit erklärt hatten, Eizellen zu spenden. Steptoe arbeitete als beratender Geburtshelfer am General Hospital in Oldham, einer im Niedergang begriffenen, nebligen Textil-Industriestadt nicht weit von Manchester. Sein besonderes Interesse galt der Laparoskopie der Eierstöcke, einem Verfahren, bei dem man die Eierstöcke und das umgebende Gewebe mit einem biegsamen, durch kleine Einschnitte im Unterbauch eingeführten Endoskop operiert. Die minimalinvasive Methode wurde von Gynäkologen häufig lächerlich gemacht, weil sie glaubten, sie sei im Vergleich zu der invasiven, offenen Chirurgie weniger präzise. Bei einer medizinischen Tagung stand ein angesehener Gynäkologe auf und verkündete lautstark: »Die Laparoskopie hat keinerlei Nutzen. Es ist unmöglich, den Eierstock sichtbar zu machen.«[23] Daraufhin musste der zurückhaltende, wortkarge Steptoe aufstehen und seine Methode verteidigen. »Da liegen Sie völlig falsch«, erwiderte er. »Man kann sich die gesamte Bauchhöhle ansehen.«

Zufällig saß auch Robert Edwards unter den Zuhörern. Während die Gynäkologen sich abfällig über Steptoe äußerten, spitzte Edwards die Ohren, denn wie ihm klar wurde, war die laparoskopische Gewinnung von Eizellen eine entscheidende Voraussetzung für seinen Erfolg. Im Gegensatz zu den Eizellen, die er aus invasiven chirurgischen Eingriffen erhalten hatte, war die Laparoskopie für die Frauen weitaus weniger belastend – und das vielleicht insbesondere gerade dann, wenn eine Frau sich wünschte, dass man ihr die befruchtete Eizelle wieder einpflanzte.

Als die Vorträge zu Ende waren und die Zuhörer sich zankten und diskutierten, wandte sich Edwards im Foyer an Steptoe.

»Sie sind Patrick Steptoe«, sagte er sanft.

»Ja.«

»Ich bin Bob Edwards.«

Sie tauschten Notizen und Gedanken über die In-vitro-Befruchtung aus. Am 1. April 1968 reiste Edwards nach Oldham und traf sich mit Steptoe. Die beiden entwarfen einen Plan für das Experiment, und Steptoe erklärte sich bereit, Edwards einige menschliche Eizellen zu schicken, die er mit seinen laparoskopischen Eingriffen gewonnen hatte. Die Tatsache, dass Oldham volle fünf Stunden von Cambridge entfernt war, schreckte keinen von beiden ab. Der Hin- und Rückweg für den Transport der Eizelle aus Steptoes Klinik in Edwards' Labor erforderte fast einen ganzen Tag in einem Zug, der langsam durch verrauchte, regennasse Ortschaften in der Grafschaft Lancashire tuckerte. Grundsätzlich war die experimentelle Vorgehensweise einfach, der Teufel steckte aber im Detail: In was für einer Kulturlösung würden Ei- und Samenzellen am Leben bleiben? Wie viele Stunden nach der Gewinnung der Eizellen sollte man die Samenzellen zusetzen? Wie viele Zellteilungen waren notwendig, bevor die befruchtete Eizelle im Körper einer Frau lebensfähig war? Und woher sollte man wissen, welchen Embryo man auswählte?

Von Dr. Barry Bavister, einem Kollegen aus Cambridge, erfuhr Edwards, dass die Befruchtungsquote stark ansteigt, wenn man die Lösung alkalischer macht; es war ein Teil der »Ermächtigung« der Samenzellen, die für Min Chueh Chang zum Hindernis geworden war. Edwards sammelte weitere Kunstgriffe zur Aktivierung der Samenzellen. Außerdem lernte er, Eizellen in der Kultur heranreifen zu lassen und dabei genau auf den richtigen Augenblick für die Zugabe der Samenzellen zu warten. Es galt, Mengenverhältnisse zu beachten – wie viele Samenzellen pro Eizelle? –, und auch die genaue Zusammensetzung der Flüssigkeit für die Zucht der Embryonen war wichtig, aber Stück für Stück lösten Edwards und Steptoe die Probleme der In-vitro-Befruchtung. Eines Nachmittags im Spätwinter 1968 nahm die Wissenschaftlerin und Krankenschwester Jean Purdy, eine Mitarbeiterin von Edwards, das entscheidende Experiment in Angriff.[24] »Diese Eizellen«, schrieb sie, »reiften schon bald in Mischungen des Kulturmediums heran, … zu denen wir ein wenig von Barry [Bavister]s Flüssigkeit hinzugesetzt hatten. 36 Stunden später kamen wir zu dem Urteil, dass sie für die Befruchtung bereit waren.«

Am Abend des gleichen Tages fuhren Bavister und Edwards in die Klinik und untersuchten die Kultur unter dem Mikroskop. Vor ihren Augen lief ein Ehrfurcht gebietendes Schauspiel ab: die ersten Schritte der Entstehung menschlichen Lebens. Purdy schrieb: »Eine Spermazelle drang gerade in die erste Eizelle ein … Eine Stunde später sahen wir uns die zweite Eizelle an. Ja, da waren sie, die ersten Stadien der Befruchtung. Eine Samenzelle war ohne jeden Zweifel in die Eizelle eingedrungen – wir hatten es geschafft … Wir untersuchten andere Eizellen und fanden immer mehr Hinweise. Manche befanden sich in den frühen Stadien der Befruchtung, wobei die Schwänze der Samenzellen den Köpfen in die Tiefe der Eizelle folgten; andere waren schon weiter vorangekommen und hatten zwei Zellkerne – einer von der Samenzelle, der andere von der Eizelle –, und jeder von beiden hatte dem Embryo seine genetischen Bestandteile gespendet.«[25] Die In-vitro-Befruchtung war gelungen.

Der Aufsatz von Edwards, Steptoe und Bavister mit dem Titel »Frühe Stadien der Befruchtung *in vitro* menschlicher, *in vitro* gereifter Oozyten« erschien 1969 in der Fachzeitschrift *Nature*.[26] Leider wurde Jean Purdy, die das Experiment ausgeführt hatte, nicht erwähnt – was der üblichen Praxis entsprach, Frauen aus der Wissenschaft auszuschließen. Später unternahmen Edwards und Steptoe mehrere Versuche, ihre Beiträge zu würdigen, denn die IVF war in Purdys Händen entstanden. Sie erzeugte im Labor den ersten durch IVF entstandenen menschlichen Embryo, in der Klinik hielt sie später das erste IVF-Baby in den Armen. Sie starb 1985 mit nur 39 Jahren an einem Melanom und konnte die wissenschaftliche Anerkennung, die ihr zustand, nie in vollem Umfang entgegennehmen.

Die Studie gab nahezu sofort Anlass zu Aufruhr in Öffentlichkeit, Wissenschaft und Medizin. Die Angriffe kamen von allen Seiten. Manche Gynäkologen hielten Unfruchtbarkeit nicht für eine Krankheit. Fortpflanzung, so ihr Argument, sei keine Voraussetzung für Wohlbefinden, warum also sollte man ihr Fehlen als »Krankheit« definieren? Ein Historiker schrieb: »Es ist heute vielleicht schwer vorstellbar, dass die Unfruchtbarkeit im Bewusstsein der meisten Gynäkologen in Großbritannien zu jener Zeit überhaupt nicht vorkam, wobei Steptoe eine bemerkenswerte Ausnahme war … Als beherrschende Themen galten Überbevölkerung und Familienplanung, und die Unfruchtbaren wurden im besten Fall als winzige, unbedeutende Minderheit betrachtet, im schlimmsten aber als positiver Beitrag zur Bevölkerungskontrolle.«[27] Die gynäkologische Forschung konzentrierte sich in Großbritannien und den Vereinigten Staaten vorwiegend auf die Empfängnisverhütung – das heißt auf das Ziel, weniger Babys zur Welt zu bringen. In Amerika hieß es in einem wissenschaftlichen Aufsatz: »Die Erforschung der Empfängnisverhütung wuchs zwischen 1965 und 1969 um das Sechsfache, und die Finanzierung durch private Wohltäter stieg um den Faktor 30.«[28]

Religiöse Gruppen wiederum betonten die Sonderstellung des menschlichen Embryos. Ihn in einer Petrischale zu erzeugen, um ihn dann in einen menschlichen Körper einzupflanzen, bedeutete ihrer Ansicht nach eine Verletzung der unverbrüchlichen Gesetze »natürlicher« menschlicher Fortpflanzung. Und Ethiker waren sich nur allzu genau der Naziexperimente aus den 1940er-Jahren bewusst, in denen Menschen entsetzlichen Gefahren ausgesetzt wurden, und das mit äußerst geringem Nutzen; und wenn nun die mit der neuen Methode erzeugten Babys oder die Mutter, die sie austrug, unbekannten Gefahren ausgesetzt waren?

Nach der Veröffentlichung von »Frühe Stadien der Befruchtung« dauerte es noch fast zehn Jahre, bis die Medizinergemeinde überzeugt war, dass Unfruchtbarkeit tatsächlich eine »Krankheit« ist. In Zusammenarbeit mit Geburtshelfern und Labortechnikern ging man Mitte der Siebzigerjahre daran, das erste lebende Baby durch IVF zu erzeugen.

Am 10. November 1977 wurde eine winzige Kugel aus lebenden embryonalen Zellen, die ungefähr ein Zehntel der Größe eines Reiskorns hatte, in die Gebärmutter von Lesley Brown eingepflanzt.[29] Die 30-jährige Britin und ihr Ehemann John hatten neun Jahre lang versucht, auf natürlichem Wege ein Kind zu zeugen, aber alle Versuche waren fehlgeschlagen. Lesleys Eileiter waren blockiert, und die Eizellen waren zwar funktionsfähig, doch ihre Wanderung vom Eierstock zum Ort der Befruchtung in den Eileitern oder im Uterus war physisch behindert. Die Prozedur wurde am Oldham General Hospital vorgenommen. Man entnahm Eizellen unmittelbar aus den Eierstöcken, ließ sie nach der Methode von Edwards und Purdy heranreifen und befruchtete sie dann mit Johns Samenzellen. Purdy sah als Erste, wie die embryonalen Zellen sich mit winzigen, zuckenden Bewegungen zu teilen begannen – zelluläre erste Bewegungen des Embryos, eingefangen in einem Glasgefäß.

Ungefähr neun Monate später, am 25. Juli 1978, war der Operationssaal der Klinik dicht besetzt mit Wissenschaftlern, Ärzten und einem Team von Regierungsbeamten. Es ging schon auf Mitternacht, als der Geburtshelfer Dr. John Webster mit einem Kaiserschnitt ein kleines Mädchen zur Welt brachte. Der Eingriff wurde unter absoluter Geheimhaltung vollzogen. Steptoe hatte ursprünglich angekündigt, die Geburt werde am nächsten Morgen stattfinden, aber dann hatte er den Termin in aller Stille auf die Nacht zuvor verlegt, unter anderem, um die Journalisten zu hintergehen, die sich vor dem Krankenhaus drängten. Am frühen Abend war er mit seinem weißen Mercedes aus der Klinik weggefahren – ein raffiniert geplantes Täuschungsmanöver, mit dem die Journalisten überzeugt werden sollten, dass das Team für heute Feierabend gemacht hatte. Nach Einbruch der Nacht war er heimlich zurückgekehrt.

Es war eine spektakulär unauffällige Entbindung. »[Das Baby] musste überhaupt nicht reanimiert werden, und der Kinderarzt, die sie auf irgendwelche Defekte untersuchte, fand keine«, erinnerte sich Webster.[30] »Wir hatten alle ein wenig Sorge, dass sie vielleicht durch Zufall mit einer Kiefer-Gaumenspalte oder einem anderen kleinen Geburtsfehler zur Welt kommen könnte, den wir zuvor nicht bemerkt hatten – das hätte die Forschung im Wesentlichen beendet, denn die Leute hätten gesagt, es sei durch die Methode [der IVF] zustande gekommen.« Jeder Fingernagel, jedes Augenlid, jeder Zeh, jedes Gelenk, jeder Zentimeter der Haut wurden untersucht. Das Baby war von geradezu engelsgleicher Vollkommenheit.

Wie Webster berichtete, gab es keine »wilden Feiern«. Nach der Entbindung ging der Geburtshelfer zu Bett und verbrachte eine ruhige Nacht. »Ich war wirklich ganz schön erschöpft«, erinnerte er sich. »Ich bin einfach in das Haus gegangen, in dem ich wohnte, und habe zu Abend gegessen. Ich glaube, wir hatten nicht einmal Alkohol im Haus.«[31]

Das Baby wurde auf den Namen Louise Brown getauft. Ihr mittlerer Name lautete Joy.

Am nächsten Morgen beherrschte die Nachricht über Browns Geburt die Schlagzeilen. Im Lauf der folgenden Woche wurde die Klinik von Journalisten mit blitzenden Kameras und Notizbüchern gestürmt – jeder wollte ein Bild von Mutter und Tochter machen. Louise Brown wurde als »Reagenzglasbaby« bezeichnet – ein seltsamer Begriff, denn Reagenzgläser wurden im Rahmen der Befruchtung kaum verwendet.[32] (Das große Glasgefäß, in dem die Befruchtung tatsächlich stattfand, ist im Londoner Wissenschaftsmuseum ausgestellt.) Ihre Geburt gab Anlass zu einem Sturm von Entrüstung, Feiern, Erleichterung und Stolz. In einem empörten Brief an das Magazin *Time* schäumte eine Frau aus Michigan: »Die Browns haben … das Kind entwürdigt und institutionalisiert, und wegen dieser Tat, nicht wegen der Tat der medizinisch unterstützten Geburt, sollte man die Browns als Symbol für den Niedergang der westlichen Moral betrachten.«[33] Im Haus der Familie Brown in Bristol traf ein anonymes Päckchen aus Amerika ein, das ein zerbrochenes, mit grotesken Pseudo-Blutspritzern übersätes Reagenzglas enthielt.

Andere dagegen sprachen von einem Wunderbaby. Die Titelseite des Magazins *Time* vom 31. Juli zeigte ein berühmtes Detail aus dem Gemälde *Die Erschaffung Adams* von Michelangelo, das die Decke der Sixtinischen Kapelle ziert: Gottes Finger steht im Begriff, den Finger Adams zu berühren.[34] Nur hing hier zwischen den beiden Fingern ein Reagenzglas und darin die grafische Darstellung eines Embryos: Louise Brown im Mutterleib. Für Männer und Frauen, die keine Kinder bekommen konnten, war der Durchbruch mit großer Hoffnung verbunden: Die Unfruchtbarkeit war zumindest für Menschen, die über lebensfähige Samen- und Eizellen verfügten, geheilt.

Louise Joy Brown ist heute 43 Jahre alt. Sie hat die weichen, rundlichen Gesichtszüge ihrer Mutter, das offenherzige Lächeln ihres Vaters und hellbraune Haare, die früher eine Lockenpracht waren und heute glatt und golden sind. Sie arbeitet bei einem Transportunternehmen und wohnt in der Nähe von Bristol. Als sie vier Jahre alt war, erklärte man ihr, dass sie »ein wenig anders geboren worden ist als alle anderen«.[35] Dieser Satz dürfte eine der größten Untertreibungen in der Wissenschaftsgeschichte sein.

Robert Edwards erhielt 2010 für seine Arbeiten den Nobelpreis. Leider starb er, bevor er im Dezember an der Zeremonie teilnehmen konnte. Steptoe war zwölf Jahre älter als Edwards und bereits 1988 gestorben. Und Landrum Shettles starb 2003 in Las Vegas; er beharrte bis zu seinem Tod darauf, er hätte die IVF als Erster entwickeln können, wenn seine Vorgesetzten die Versuche nicht mit ihren Lehrmeinungen behindert hätten.

Dieses Buch handelt von der Zelle und dem Wandel der Medizin. Und auch wenn die In-vitro-Befruchtung sicher zu den am häufigsten genutzten Formen der Zelltherapie gehört, gibt es in ihrer Geschichte eine Besonderheit, mit der man sich auseinandersetzen muss: Ins Leben gerufen wurde die Methode nicht durch die Zellbiologie, sondern durch stürmische Fortschritte der Reproduktionsmedizin und Geburtshilfe.

Die Geburt von Louise Brown signalisierte die Wiedergeburt der Reproduktionsmedizin, aber was die Verfahrensweise angeht, blieb die IVF gegenüber den schnellen Fortschritten der Zellbiologie auf recht ernüchternde Weise gleichgültig. Selbst Edwards, dessen Interesse an der Fortpflanzungsmedizin ursprünglich auf eine anormale Chromosomenteilung während der Reifung der Eizellen zurückging (ein 1962 erschienener Fachartikel von ihm trug den Titel »Meiose in Oozyten aus den Eierstöcken ausgewachsener Säugetiere«[36]), schrieb seit den 1980er-Jahren, als Nurse, Hartwell und Hunt ihre Erkenntnisse gewonnen hatten, praktisch nichts mehr über neue Erkenntnisse über den Zellzyklus, die Chromosomenteilung und die molekulare Steuerung von Meiose und Mitose. Noch seltsamer war das, weil Hunt in Cambridge sein Kollege war, und auch Nurse arbeitete noch nicht einmal 80 Kilometer entfernt. Alle Aspekte der Physiologie von Zellen, für die man eine natürliche Verbindung zu Befruchtung und der Reifung des Embryos unterstellen sollte – die Dynamik der Zellteilung, die Produktion von Samen- und Eizellen, die Mitosestadien der Zygote –, blieben im Blickfeld des Fachgebiets ganz am Rand.

Kurz gesagt, wurde die IVF vorwiegend als hormoneller Eingriff verstanden, auf den gynäkologische Maßnahmen folgten. Ei- und Samenzelle wurden gewonnen und hineingesteckt, ein Baby kam heraus. Das Labor, in dem die Befruchtung stattfand und der Embryo heranreifte, war nur ein Glied in der Kette. Der Brutschrank war ganz buchstäblich eine schwarze Kiste, allerdings eine feuchte, warme. Wie man die Fruchtbarkeit von Ei- oder Samenzelle steigern konnte oder wie man die besten Embryonen für die Einpflanzung aussucht – zwei Fragen, die eng mit Zellbiologie und der Beurteilung von Chromosomen und Zellen zusammenhängen –, blieb offen und unbeantwortet.

Erst heute gewinnen die Erkenntnisse von Nurse, Hartwell und Hunt an Bedeutung für das Fachgebiet und führen zu einem Wandel. Zunehmend zeigt sich, dass Fragen, die sich im Zusammenhang mit der Fortpflanzung der Menschen immer gestellt haben, nur zu beantworten sind, wenn man die Fortpflanzung der Zellen versteht – was uns wiederum Rudolf Virchows Grundsatz ins Gedächtnis ruft: Alle Erkrankungen sind Erkrankungen der Zellen. In der IVF-Forschung beschäftigt man sich heute mit dem Wortschatz der Cycline und CDKs. Warum fällt beispielsweise die Gewinnung von Eizellen bei manchen Frauen trotz hormoneller Anregung schwer? Wie ein Wissenschaftlerteam 2016 nachweisen konnte, spielen dabei ebenjene Moleküle eine Rolle, die von Nurse, Hartwell und Hunt entdeckt wurden: die Cycline und CDKs. Solange eine Kombination – CDK-1 und ein Cyclin – in den Eizellen inaktiv ist, ruhen die Zellen. Sie bleiben still in der G0-Phase. Werden diese Moleküle freigesetzt und aktiviert, beginnen die Eizellen heranzureifen.[37] Reifen die Eizellen »vorzeitig«, gehen sie im Lauf der Zeit nach und nach verloren. Selbst mit hormoneller Stimulation sind sie dann von vornherein Mangelware. Unter solchen Umständen ist das Tier unfruchtbar.

Interessanterweise kann man mit einem neu synthetisierten Wirkstoff auf die Aufhebung des Ruhezustands (oder des »Schlafs« der Zellen) und die nachfolgende vorzeitige Reifung zielen. Diese experimentelle Substanz entfaltet erwartungsgemäß ihre Wirkung, indem sie die Aktivierung von Cyclin und CDK verhindert. Im Prinzip sollte ein solcher Wirkstoff in der Lage sein, menschliche Eizellen wieder »einschlafen« zu lassen, was möglicherweise bei Frauen mit hartnäckiger Unfruchtbarkeit zu einer höheren Erfolgsquote der IVF führt.

Im Jahr 2010 wählte eine Arbeitsgruppe an der Stanford University School of Medicine einen noch einfacheren Ansatz zur Entwicklung von Werkzeugen für die IVF. Dabei stützten sie sich noch stärker auf die Dynamik des Zellzyklus. Bei der medizinisch unterstützten Fortpflanzung ist es immer wieder enttäuschend, dass sich nur jeder dritte befruchtete Embryo weit genug entwickelt, damit daraus voraussichtlich ein lebensfähiger Fetus hervorgehen wird. Um diese Chancen zu steigern, pflanzt man mehrere Embryonen ein – aber das führt andererseits zur häufigeren Geburt von Zwillingen oder Drillingen, was wiederum andere Komplikationen für Medizin und Geburtshilfe mit sich bringt.

Kann man schon an der einzelligen Zygote erkennen, ob sie mit besonders großer Wahrscheinlichkeit einen gesunden, ausgereiften Embryo hervorbringen wird? Kann man solche Zygoten schon im Voraus erkennen – das heißt, bevor man sie einpflanzt? Das würde die Erfolgsquote für die Geburt einzelner Menschen erhöhen. Die Arbeitsgruppe in Stanford filmte bei 242 Embryonen die Reifung von der einzelligen Zygote bis zur Blastozyste, einer vielzelligen Hohlkugel, die im Lauf der Embryonalentwicklung entsteht und ein frühes Zeichen für einen gesunden, lebensfähigen Embryo darstellt.[38] Die Blastozyste besteht aus zwei Teilen. Aus ihrer Außenhülle entstehen die Plazenta und die Nabelschnur, durch die das Baby während seiner Entwicklung versorgt wird; die innere Zellmasse dagegen, die an der Wand des flüssigkeitsgefüllten Hohlraums hängt, wird zum Embryo.

Sowohl die Außenhülle als auch die innere Masse entstehen aus der ersten befruchteten Zelle durch schnelle Zellteilung, das heißt durch eine Mitose nach der anderen.

Die Tatsache, dass nur ungefähr ein Drittel der einzelligen Embryonen das Blastozystenstadium erreicht, ist ein Spiegelbild der Erfolgsquote von ungefähr einem Drittel, die man klinisch bei der IVF findet. Die Arbeitsgruppe in Stanford ließ den Film rückwärts ablaufen und maß mit Software verschiedene Parameter; damit konnte sie drei Faktoren nachweisen, die eine Voraussage über die spätere Ausbildung einer Blastozyste ermöglichen: die Länge des Zeitraums, bis die erste Zelle sich zum ersten Mal teilt; der Zeitraum zwischen dieser ersten und der zweiten Teilung; und die Gleichzeitigkeit der zweiten und dritten Mitose. Bei Anwendung dieser drei Parameter steigen die Chancen, die Bildung einer Blastozyste (und im weiteren Verlauf die Chance einer erfolgreichen Einpflanzung) richtig vorherzusagen, auf 93 Prozent. Man stelle sich vor, man könnte die IVF mit einem einzigen Embryo vornehmen – also ohne das Risiko einer Zwillings- oder Drillingsschwangerschaft –, und die Erfolgsquote würde 90 Prozent betragen.

Nachdenklich sollte uns machen, dass genau solche Messungen – Gleichzeitigkeit, Mitosezeit und die Genauigkeit der Zellteilung – für Paul Nurse und seine Studierenden schon drei Jahrzehnte zuvor das Mittel gewesen waren, um den Zellzyklus bei Hefezellen zu analysieren.

KAPITEL 7

Die manipulierte Zelle

Lulu, Nana und der Missbrauch des Vertrauens

Vor Inbetriebnahme des Gehirns:
Mundwerk einschalten.
– Umkehrung eines Sprichworts

Am 10. Juni 2017 lernte He Jiankui, ein Biophysiker und ehemaliger Genetiker, der auch unter dem Spitznamen JK bekannt ist, auf dem Gelände der Southern University of Science and Technology im chinesischen Shenzhen zwei Paare kennen. Das Treffen fand in einem unscheinbaren Sitzungssaal statt, der mit kunstlederbezogenen Drehstühlen und einer leeren Projektionsleinwand ausgestattet war. Anwesend waren auch zwei andere Wissenschaftler, nämlich Michael Deem, Professor an der Rice University und JKs früherer Vorgesetzter, und Yu Jun, Mitbegründer des Institute of Genomics in Peking; Yu behauptete allerdings später, er und Deem hätten nur an der Seite gesessen und sich um ihre eigenen Angelegenheiten gekümmert. Vielleicht diskutierten sie über die Feinheiten des Genoms von Seidenraupen, das Yu sequenziert hatte. »Deem und ich haben über etwas anderes gesprochen«, sagte er später.[1]

Über die Besprechung wissen wir sehr wenig. Sie wurde auf einem unscharfen Video aufgezeichnet, von dem nur einige vereinzelte

Screenshots übrig geblieben sind. Die Paare waren zu JK gekommen, um ihr Einverständnis mit einer medizinischen Maßnahme zu erklären. Es handelte sich um IVF – aber mit einer entscheidenden Besonderheit. JK hatte vor, die Gene des Embryos dauerhaft zu verändern und damit im Wesentlichen »transgene« Babys mit redigierten Genen zu schaffen, bevor er sie wieder in den Mutterleib einpflanzte.

Knapp zwei Jahre später, am 30. Dezember 2019, wurde He Jiankui zu drei Jahren Gefängnis verurteilt, weil er grundlegende Vorgehensweisen bei der Information und Einverständniserklärung nicht beachtet und menschliche Versuchspersonen auf unangemessene Weise genutzt hatte. Man kann die Geschichte der Fortpflanzungsbiologie oder der Geburt der zellulären Medizin unmöglich erzählen, ohne die Episode mit JK zu erwähnen[2] – eine Geschichte über den verführerischen Gedanken, Menschenbabys zu verändern, über fehlgeleiteten wissenschaftlichen Ehrgeiz und über die Zukunft der Gentherapie bei Embryonen; ein Thema, das noch heute im luftleeren Raum hängt.

Aber um diese Geschichte zu erzählen, müssen wir fast ein halbes Jahrhundert früher beginnen. Im Jahr 1968 veröffentlichte der stets weitsichtige Robert Edwards, der mit der IVF berühmt wurde, einen Artikel über ein scheinbar abgelegenes Thema: die Geschlechtsbestimmung bei Kaninchenembryonen. Bevor er sich für die medizinisch unterstützte Fortpflanzung interessierte, hatte Edwards seine Vorliebe für die Fortpflanzungsbiologie aus dem Gedanken bezogen, Chromosomenanomalien bei Embryonen nachzuweisen. Beim Down-Syndrom beispielsweise, einer genetischen Störung, bleibt in einer Ei- oder Samenzelle ein zusätzliches Chromosom – Nummer 21 – übrig. Edwards stellte sich die Frage, ob solche Chromosomenabweichungen schon im Embryo – vielleicht im Blastozystenstadium, also in der Hohlkugel aus Zellen – zu erkennen sind und ob man solche Embryonen mit Chromosomenanomalien heraussuchen und vor der Einpflanzung entsorgen kann. Damit, so seine Überlegung, konnte ein Paar sich entschließen, ein Baby mit einem Down-Syndrom oder einer anderen Chromosomenveränderung nicht einzupflanzen. Im Wesentlichen könnten sie sich damit die »richtigen« Embryonen aussuchen.[3]

Im Jahr 1968 befruchtete Edwards die Eizellen von Kaninchen und ließ sie zu Blastozysten heranwachsen. Eine solche Hohlkugel aus Zellen hielt er mit einer Saugpipette fest – ganz ähnlich, als würde er einen wassergefüllten Ballon mit einem Staubsauger unbeweglich machen –, und dann entfernte er mit geradezu wundersamer Geschicklichkeit und einer winzigen chirurgischen Schere ungefähr 300 Zellen aus der Außenhülle der Blastozyste. In den so gewonnenen Zellen färbte er das Chromatin an und stellte fest, welche davon sowohl ein X- als auch ein Y-Chromosom besaßen und demnach männlich waren. (Weibliche Blastozysten besitzen zwei X-Chromosomen.) In einem Aufsatz, der im April 1968 in der Fachzeitschrift *Nature* erschien, berichteten Edwards und sein Co-Autor Richard Gardner, sie könnten gezielt männliche oder weibliche Kaninchenembryonen einpflanzen und so das biologische Geschlecht von Säugetiernachkommen steuern, was in der Natur unmöglich ist. Der Artikel mit dem Titel »Control of the Sex Ratio at Full Term in the Rabbit by Transferring Sexed Blastocysts« (»Steuerung des Geschlechtsverhältnisses während der Schwangerschaft bei Kaninchen durch Übertragung geschlechtsbestimmter Blastozysten«) begann und endete mit Edwards' Hang zur Untertreibung: »Es wurden zahlreiche Versuche unternommen, das Geschlecht von Nachkommen verschiedener Säugetiere einschließlich des Menschen zu steuern … Jetzt, da wir das Geschlecht von Kaninchen-Blastozysten richtig bestimmen können, könnte es möglich sein, auch andere Unterschiede bei männlichen und weiblichen Embryonen nachzuweisen.«[4] Edwards hatte eine Methode entwickelt, um Embryonen auf der Grundlage genetischer Bewertungen auszuwählen.

In den 1990er-Jahren waren IVF und Gentechnik so weit fortgeschritten, dass man Edwards' Methode an menschlichen Embryonen erproben konnte. Am Londoner Hammersmith Hospital betreute der Wissenschaftler Alan Handyside Paare, in deren Familie es X-gekoppelte Krankheiten gab – durch diese sind nur männliche Kinder gefährdet. Handyside und seine Kollegen nahmen bei den Embryonen vor der Einpflanzung eine »Geschlechtsbestimmung« vor, wie Edwards es mit den Kaninchen gemacht hatte, und konnten so nachweisen, dass man durch die sichere Einpflanzung ausschließlich weiblicher Embryonen das Risiko eines X-gekoppelten Geburtsschadens ausschalten konnte. Die Methode wurde als Präimplantationsdiagnostik (PID) oder umgangssprachlich als Embryonenselektion bezeichnet. Wenig später erweiterte man die PID und suchte auch nach Embryonen mit Down-Syndrom, Cystischer Fibrose, Tay-Sachs-Krankheit, Myotoner Dystrophie und anderen Störungen.

Damit kein Missverständnis aufkommt: Die Embryonenselektion ist im Wesentlichen eine Negativauswahl. Wenn man nur männliche Embryonen beseitigt, kann man Embryonen auswählen, die eine bestimmte genetische Ausstattung besitzen. Man kann aber grundsätzlich nichts an dem genetischen Roulette ändern, durch das Embryonen mit ihren Genen ausgestattet werden. Mit anderen Worten: Man kann Embryonen aus einer Reihe von Kombinationen entfernen, aber man kann keine Embryonen mit neuen Genkombinationen schaffen. Man geht von dem aus, was man hat (und das ist auch in Ordnung): von Genkombinationen beider Eltern, doch es gibt nichts außerhalb dieser von vornherein vorhandenen Möglichkeiten.

Wie aber sieht es aus, wenn man Embryonen mit genetischen Eigenschaften (und einer Zukunft) erzeugen will, die keiner der beiden Elternteile besitzt? Oder wenn man bestimmte Informationen im Genom eines Embryos verändern will – beispielsweise indem man ein Gen, das eine tödliche Krankheit verursacht, unwirksam macht? Ein Beispiel erlebte ich 2012: Zu mir kam eine Frau, in deren Familie es eine tragische Häufung von Brustkrebs gegeben hatte. Die Ursache des erhöhten Krebsrisikos ist eine Mutation im Gen BRCA-1, und diese Mutation trat in der Familie immer wieder auf. Die Frau selbst trug ebenfalls die gefährliche Variante, ebenso eine ihrer zwei Töchter. Ob ich ihr mit einer medizinischen Methode helfen könne, mit der sich das mutierte Gen in den Embryonen ihrer Tochter korrigieren ließ? Ich hatte ihr kaum etwas zu bieten außer der zukünftigen Möglichkeit, dass sie oder eine ihrer Töchter mithilfe der Embryonenselektion diejenigen Embryonen beseitigen könnte, die eine Mutation in BRCA-1 trugen.

Und wie sieht es aus, wenn beide Eltern Mutationen in beiden Kopien eines krankheitsgekoppelten Gens tragen? Zwei Kopien beim Vater, zwei bei der Mutter. Ein Mann mit Cystischer Fibrose möchte vielleicht mit der Frau, die er liebt, ein Baby zeugen, aber sie leidet zufällig ebenfalls an der Krankheit. Dann würden all ihre Kinder zwangsläufig in beiden Kopien die Mutationen tragen und damit zwangsläufig die Krankheit bekommen. Könnte ein Wissenschaftler dafür sorgen, dass ein Kind aus einer solchen Verbindung mindestens eine korrigierte Kopie des Gens besitzt? Oder anders gefragt: Könnte ein menschlicher Embryo nicht nur zur Zielscheibe für einen negativen Prozess – die Embryonenselektion – werden, sondern für eine positive Vorgehensweise: für die Ergänzung oder Veränderung eines Gens, das heißt für das »Redigieren von Genen«?

Mit den Embryonen von Tieren versuchen Forschende das schon seit Jahrzehnten. In den 1980er-Jahren war es gelungen, genetisch veränderte Zellen in die Blastozysten von Mäusen einzuschleusen. In mehreren Schritten entstanden so lebende »transgene« Mäuse, deren Genom man gezielt und dauerhaft verändert hatte. Wenig später folgten transgene Kühe und Schafe, alle erzeugt mit mehr oder weniger ähnlichen Methoden. Mit den von solchen Tieren erzeugten Samen- und Eizellen wurde die genetische Veränderung an zukünftige Generationen weitergegeben.

Die zur Schaffung transgener Tiere verwendeten Methoden ließen sich aber bei Menschen nicht ohne Weiteres anwenden. Die technischen Hürden waren hoch. Ebenso abschreckend waren die ethischen Bedenken gegenüber genetischen Eingriffen und die damit zusammenhängenden Fragen nach Eugenik. Der Traum von der Erzeugung transgener Menschen – das heißt von Menschen mit dauerhaft verändertem Genom, das sie an ihre Kinder weitergeben – blieb aufgeschoben.

Aber 2011 erschien eine verblüffende neue Methode auf der Bildfläche. Forschende stießen auf ein Verfahren zur Veränderung von Genen, das sich an Zellen und potenziell auch an menschlichen Embryonen im Frühstadium wesentlich leichter anwenden ließ.* Die Methode, Redigieren von Genen oder *gene editing* genannt, geht auf ein Abwehrsystem von Bakterien zurück.

Das Redigieren von Genen – das Anbringen gezielter, absicht-

---

* Alle Forschenden zu benennen, die zu dem Fachgebiet beigetragen haben, ist unmöglich – es ist eine riesige Zahl. Einige Personen ragen jedoch heraus. Der spanische Wissenschaftler Francis Mojica stieß in den 1990er-Jahren als Erster auf ein im Bakteriengenom codiertes Viren-Abwehrsystem. Von 2007 bis 2011 vertieften Philippe Horvath, der beim Biotechnologiekonzern Danisco in Frankreich arbeitete, und Virginijus Šikšnys im litauischen Vilnius die Kenntnisse über diese Form der Immunität. Und zwischen 2011 und 2013 gelang es Jennifer Doudna, Emmanuelle Charpentier und Feng Zhang, das System genetisch zu manipulieren und in die DNA programmierbare Schnittstellen einzubauen.[5] Diese Liste ist zwangsläufig verkürzt; vollständiger ist die Geschichte dargestellt unter CRISPR Timeline, Broad Institute online, https://www.broadinstitute.org/what-broad/areas-focus/project-spotlight/crispr-timeline.

licher, genau festgelegter Veränderungen in einem Genom – lässt sich mit verschiedenen Strategien erreichen, am häufigsten wird jedoch eine Methode genutzt, an der ein Bakterienprotein namens Cas9 beteiligt ist. Dieses Protein kann man in menschliche Zellen einschleusen und dann an eine bestimmte Stelle im Genom lenken, wo es eine gezielte Veränderung vornimmt; in der Regel handelt es sich dabei um einen Schnitt im Genom, durch den das anvisierte Gen inaktiv wird. Bakterien zerschneiden mit diesem System die Gene eingedrungener Viren, die damit inaktiviert werden. Die Pioniere des *gene editing*, unter ihnen Jennifer Doudna, Emmanuelle Charpentier, Feng Zhang, George Church und andere, wandelten den bakteriellen Verteidigungsmechanismus ab und machten daraus ein System, mit dem man im Genom des Menschen gezielte Veränderungen vornehmen kann.

Stellen wir uns das gesamte menschliche Genom einmal als riesige Bibliothek vor. Die Bücher sind in einem Alphabet geschrieben, das nur aus vier Buchstaben besteht: A, C, G und T, den vier Bausteinen der DNA. Das menschliche Genom besteht aus mehr als drei Milliarden solchen Buchstaben – oder sechs Milliarden, wenn man die Genome beider Eltern zusammenrechnet. Umgerechnet auf eine Bibliothek aus Büchern, die jeweils 300 Seiten haben und in denen auf jeder Seite 250 Wörter stehen, bestehen wir selbst – oder vielmehr die Anweisungen, mit denen wir aufgebaut, instand gehalten und repariert werden – aus rund 80.000 Büchern voller Anweisungen.

Kombiniert man Cas9 mit einem lenkenden RNA-Abschnitt, kann man es so steuern, dass es im Genom des Menschen eine ganz bestimmte Veränderung vornimmt. Als Analogie kann man sich vorstellen, man würde in der Bibliothek mit ihren 80.000 Büchern ein einziges Wort in einem einzigen Satz auf einer einzigen Seite in einem einzigen Band finden und ausradieren. Gelegentlich begeht das System einen Fehler und tilgt unbeabsichtigt ein Wort, aber im Allgemeinen ist es von bemerkenswerter Zielgenauigkeit. In jüngerer Zeit hat man es so abgewandelt, dass nicht nur Wörter ausgelöscht werden, sondern dass gleichzeitig auch ein breites Spektrum potenzieller Veränderungen möglich wird; so können in einem Gen beispielsweise neue Informationen hinzugefügt oder feinere Abwandlungen vorgenommen werden. Cas9 arbeitet nach dem Prinzip »Suchen und Löschen«. Es kann in einer Universitätsbibliothek von 80.000 Bänden in dem Vorwort zum Band 1 von Samuel Pepys' *Diary* aus *Verbal* ein *Herbal* machen. Alle anderen Wörter in allen anderen Sätzen in allen anderen Büchern der Bibliothek bleiben in der Regel unverändert.

Im März 2017 genehmigte die Ethikkommission des Shenzhen Harmonicare Women's and Children's Hospital nach Angaben von JK seine Studie zum Redigieren eines Gens in menschlichen Embryonen. »Die Kommission besteht aus sieben Personen«, schrieb er. »Man sagte uns, die Kommission habe ausführlich über Gefahren und Nutzen diskutiert, bevor sie zu der Genehmigung gelangt war.« Später bestritt die Klinik, jemals das Forschungsvorhaben gelesen oder genehmigt zu haben. Es gibt auch keinerlei Dokumentation über die »ausführliche Diskussion«, die zu der Genehmigung geführt haben soll. Auch die sieben Personen, die das Vorhaben angeblich guthießen, sind nicht namentlich bekannt.

Bei dem Gen, das JK in menschlichen Embryonen verändern wollte, handelte es sich um CCR5, das im Zusammenhang mit der Immunfunktion steht und bekanntermaßen dem HI-Virus das Eindringen in die Zellen erleichtert. In früheren Studien hatte sich gezeigt, dass Menschen, bei denen beide Kopien des Gens CCR5 durch eine natürliche Mutation namens Delta 32 inaktiviert sind, nicht von HIV infiziert werden.[6]

An dieser Stelle gerät die Logik von He Jiankuis Experiment jedoch ins Wanken. Erstens wurden die Paare ausgewählt, weil nicht die Mutter, sondern der Vater an einer chronischen, aber unter Kontrolle gebrachten HIV-Infektion litt. Das Risiko, dass HIV durch Samenzellen übertragen wird, nachdem diese im Rahmen der IVF-Prozedur gewaschen wurden, ist gleich null. Kurz gesagt, bestand für die Embryonen kein größeres Risiko, sich mit HIV zu infizieren, als für den Embryo eines HIV-negativen Paars. Noch schlimmer ist aber etwas anderes: CCR5 koordiniert entscheidende Teile der Immunantwort, und manchen Befunden zufolge führt seine Inaktivierung zu schwereren Infektionen mit anderen Viren, so mit dem West-Nil- und dem Influenza-Virus (Letzteres ist in China besonders weitverbreitet). JK hatte sich also für die Genveränderung entschieden, die für einen Embryo keinen erkennbaren Nutzen bringt, wobei gleichzeitig für die Zukunft ein potenziell lebensbedrohliches Risiko besteht. Ob die Paare über die möglichen unerwünschten Auswirkungen des Verfahrens informiert wurden und ob tatsächlich eine Einwilligung nach erfolgter Aufklärung vorlag, bleibt zweifelhaft. In seiner Eile, als Erster Menschen mit redigierten Genen herzustellen, hatte JK nahezu alle Prinzipien verletzt, die für eine ethisch einwandfreie Mitwirkung von Menschen als Versuchspersonen in klinischen Studien gelten.

Was als Nächstes geschah, lässt sich nur schwer rekonstruieren, aber irgendwann Anfang Januar 2018 wurden einer der Frauen zwölf Eizellen entnommen und mit den gewaschenen Samenzellen ihres Ehemanns befruchtet. In JKs Bildern sieht es so aus, als hätte er eine einzelne Samenzelle mit einer Mikrokanüle in eine Eizelle injiziert, eine Methode, die auch als Intrazytoplasmatische Spermieninjektion oder kurz ICSI bezeichnet wird. Gleichzeitig muss er auch das Cas9-Protein zusammen mit dem RNA-Molekül in die Zelle gespritzt haben, damit sie im CCR5-Gen einen Schnitt setzten.

Nach sechs Tagen, so der Bericht von JK, wuchsen vier der Einzelzellen-Zygoten zu »lebensfähigen Blastozysten« heran. Wenig später muss er Zellen aus der Außenhülle der Blastozyste entnommen haben, um festzustellen, ob die Genveränderung stattgefunden hatte.[7]

»Zwei Blastozysten wurden erfolgreich redigiert«, schrieb der Genetiker. In einer davon waren beide Kopien des CCR5-Gens verändert, in der anderen war es nur eine. Aber die von JK vorgenommenen Genveränderungen waren nicht die gleichen, die man bei Menschen in der natürlichen Delta-32-Mutation findet. Er hatte in dem Gen eine andere Mutation erzeugt, und die verlieh möglicherweise Resistenz gegen HIV, möglicherweise aber auch nicht – man kann es nicht wissen, denn eine solche Genveränderung hatte zuvor noch niemand versucht. Und nur bei einem der Embryonen waren beide Kopien entfernt; in dem anderen war noch eine intakte Kopie vorhanden. Die aus der Blastozyste entnommenen Zellen wurden offensichtlich daraufhin untersucht, ob unabsichtlich auch andere Teile des Genoms verändert worden waren, ohne dass man darauf gezielt hätte. Tatsächlich wurde in einer Probe der entnommenen Zellen eine potenzielle unabsichtliche Veränderung gefunden, aber die Arbeitsgruppe gelangte ohne handfeste Belege zu dem Schluss, dass sie »irrelevant« sei.

Trotz dieser mehrfachen Unwägbarkeiten pflanzte die Arbeitsgruppe von JK die beiden veränderten Embryonen Anfang 2018 in die Gebärmutter der Mutter ein. Wenig später schrieb er eine E-Mail an Steve Quake, seinen früheren Doktorvater in Stanford, und gab ihr den Betreff »Erfolg«. Die Nachricht lautete: »Gute Nachrichten! Die Frau ist schwanger, die Genomveränderung ist gelungen!«[8]

Quake war sofort besorgt. Zuvor, 2016, hatte er bei einem Zusammentreffen immer wieder auf JK eingeredet und ihn bedrängt, sich um ausreichende Genehmigungen von Ethikkommissionen zu bemühen und von den Patienten nach ausreichender Aufklärung eine

Einwilligung einzuholen. Das Gleiche hatte auch Matt Porteus ihm gesagt, ein Professor für Kinderheilkunde aus Stanford, den JK um Rat gefragt hatte. Porteus berichtet: »Während der nächsten halben oder Dreiviertelstunde habe ich ihm alle Gründe genannt, warum es falsch ist und warum es dafür keine medizinische Rechtfertigung gibt; es ging ihm nicht um eine unbefriedigte medizinische Notwendigkeit, wissen Sie, und er hatte nicht öffentlich darüber geredet.«[9] JK hatte während der ganzen Sitzung schweigend und mit gerötetem Gesicht dagesessen, denn mit einer derart heftigen Kritik hatte er nicht gerechnet.

Quake leitete die E-Mail von JK an einen nicht namentlich genannten Kollegen weiter, einen Bioethiker. »Zu Ihrer Kenntnisnahme, dies ist vermutlich die erste Veränderung der menschlichen Keimbahn … Ich habe ihn nachdrücklich gedrängt, die Genehmigung der Überwachungsgremien einzuholen, und soweit ich es verstanden habe, hat er es getan. Er hat das Ziel, HIV-positiven Eltern beim Zeugen von Kindern zu helfen. Für ihn ist es ein wenig früh zum Feiern, aber wenn sie das Kind zur Welt bringt, wird es vermutlich viel Aufsehen erregen.«[10]

Der Kollege schrieb zurück: »Noch letzte Woche habe ich jemandem gesagt, dass es nach meiner Vermutung bereits geschehen ist. Aufsehen wird es definitiv erregen …«

So kam es auch. Am 28. November 2018 trat JK in Hongkong beim internationalen Gipfeltreffen über das Redigieren menschlicher Genome auf das Podium. Er trug eine dunkle Hose, ein gestreiftes Button-down-Hemd und hatte eine Lederaktentasche bei sich. Vorgestellt wurde er von Robin Lovell-Badge, einem Genetiker aus England. Dieser hatte erst kurz zuvor erfahren, dass He Jiankui in seinem Vortrag die Geburt von Menschenbabys mit veränderten Genen bekannt geben würde, und rechnete mit einem Ansturm der Presse. Gerüchte über die Bombe, die gleich platzen würde, waren bereits an die Medien durchgesickert, und Journalisten, Ethiker und Forschende im Publikum starrten gebannt auf das Podium, weil sie Fragen stellen wollten. Lovell-Badge kündigte JK zögernd an:

> Ich möchte nur alle hier daran erinnern, dass ... hm ... Wir wollen Dr. He die Chance geben, zu erklären, was er getan hat ... hm ... Insbesondere, was die Wissenschaft angeht, aber auch ... ähm ... ähm ... ähm ... im Hinblick auf andere Aspekte seiner Vorgehensweise. Lassen Sie ihn bitte ohne Unterbrechungen sprechen. Wie ich gesagt habe, habe ich das Recht, die Sitzung abzubrechen, wenn es zu viel Lärm oder Unterbrechungen gibt ... Wir wussten zuvor nichts von dieser Geschichte. Er hatte mir die Bilder geschickt, die er in seinem Vortrag zeigen wollte, aber darunter war keines von der Arbeit, über die er jetzt sprechen wird.[11]

JK hielt einen gekünstelten, vagen Vortrag – es war fast, als würde ein sowjetischer Diplomat von einem vorbereiteten Manuskript ablesen. Er ging mit nichtssagenden Worten die projizierten Bilder durch und lieferte ebenso banale Beschreibungen des Experiments, oft, als wäre er nur Zuschauer gewesen. Die aus der einen Blastozyste entnommenen Zellen, so sagte er, trügen zwei »wahrscheinlich« unwirksam gemachte Kopien des CCR5-Gens – aber wie ich bereits erwähnt habe, glich keine dieser Varianten der natürlichen, bei Menschen vorkommenden Mutation Delta 32.*[12] Der zweite Embryo

* Um genau zu verstehen, was für Mutationen mit JKs Methode in die Genome der Babys eingeschleust wurden, müssen wir beim Aufbau der Gene beginnen. Gene sind in der DNA »geschrieben«, und die ist eine Kette aus vier Untereinheiten: A, C, T und G. Ein Gen wie CCR5 ist eine Abfolge solcher Untereinheiten, beispielsweise ACTGGGTCCCGGG und so wei-

besaß eine intakte Kopie und eine mit einer neuen, in der Natur nicht vorkommenden Mutation – die vielleicht gegen HIV resistent machte, vielleicht aber auch nicht. Die Mutter entschied sich nach Aussagen von JK dafür, die beiden veränderten Embryonen einpflanzen zu lassen, nicht aber die anderen beiden, in denen keine Veränderung vorhanden war. Wie war sie zu dieser Entscheidung gelangt, wo doch der von ihr gewählte Weg viel gefährlicher war? Und wer hatte ihr bei ihrer Entscheidung ethische und medizinische Orientierungshilfe gegeben? Es war, als hätte man an solche Fragen nicht einmal gedacht.

Im Oktober 2018, so berichtete JK, brachte die Frau die »genredigierten« Zwillinge zur Welt. Was dabei allerdings bizarr war: In seinem Manuskript, das er über das Experiment einreichte und das nie in einer begutachteten medizinischen Fachzeitschrift erschien, sondern nur online veröffentlicht wurde, stand der November als Datum. Die beiden offensichtlich gesunden kleinen Mädchen erhielten die Namen Lulu und Nana. JK weigerte sich, ihre echte Identität zu enthüllen. An Zellen aus dem Nabelschnurblut und der Plazenta der Zwillinge hatte man einige sporadische Befunde gewonnen, die be-

---

ter. Die Buchstabenkette der meisten Gene setzt sich über mehrere Tausend Untereinheiten fort. In der natürlichen Mutation CCR5-Delta 32 fehlen in der Mitte des Gens 32 hintereinander liegende Buchstaben, wodurch das Gen inaktiv wird. JK erzeugte aber nicht genau diese Deletion von 32 Buchstaben neu. Mit dem Redigieren von Genen ist es ganz einfach, gezielt einen Teil eines Gens auszulöschen. Eine Mutation genau nachzubilden, ist aber technisch wesentlich anspruchsvoller. JK wählte eine Abkürzung. Deshalb fehlten bei dem einen Zwilling nicht 32, sondern 15 Buchstaben aus einer Kopie des CCR5-Gens, die andere Kopie war unverändert. Bei dem anderen Zwilling fehlten in einer Kopie vier Buchstaben, in der zweiten war ein Buchstabe hinzugekommen. Keiner von beiden besitzt die Mutation CCR5-Delta 32, die von Natur aus in Menschen vorkommt.

stätigten, dass die Mutation vorhanden war. Entscheidende Fragen blieben aber unbeantwortet. Trugen alle Körperzellen die Mutation oder nur einige?* Wurden neue, ungewollte Mutationen beobachtet? Waren die Zellen mit ausgeschaltetem CCR5 resistent gegen HIV?

JK wiederholte in seinem Manuskript mehrfach das Wort *erfolgreich*. Aber Hank Greely, ein Jurist und Bioethiker an der Stanford University, schrieb dazu: »*Erfolgreich* ist hier ein zweideutiger Begriff.[13] Keiner der Embryonen trug in CCR5 die Deletion von 32 Basenpaaren, die man von Millionen Menschen kennt. Vielmehr enthielten die Embryonen/späteren Babys neue Variationen, und deren Wirkungen sind nicht geklärt. Und was bedeutet eigentlich ›partielle Resistenz‹ gegen HIV? Wie partiell? Und reichte das aus, um die Übertragung des Embryos mit einem CCR5-Gen, das man nie zuvor bei Menschen gesehen hatte, zur späteren Geburt in eine Gebärmutter zu rechtfertigen?«

Die Fragestunde, die auf JKs Vortrag folgte, wird sicher als surrealer Moment in die Medizingeschichte eingehen. Nachdem er geendet hatte, drängten Lovell-Badge und Porteus unter Aufbringung im-

* Einige grundlegende wissenschaftliche Fragen beantwortete He Jiankui nicht, und sie sind bis heute nicht geklärt. Wann hatte er die Veränderungen in den Embryonen mit dem CRISPR-System vorgenommen, und waren alle Zellen in den Embryonen genetisch verändert oder nur einige? Und wenn es nur einige Zellen waren, dann welche? Das Phänomen, dass manche Zellen eines Organismus genetisch verändert sind, andere jedoch nicht, wird als Mosaikbildung bezeichnet. Sind Lulu und Nana genetische Mosaike? Der zweite Fragenkomplex hat mit den ungewollten Auswirkungen der genetischen Manipulation zu tun. Waren auch andere Gene verändert? Wurde durch Sequenzierung an einzelnen Zellen geklärt, ob nur CCR5 verändert war? Und wenn ja, wie viele Zellen wurden untersucht? Das alles wissen wir nicht.

menser professioneller Zurückhaltung JK zu einer höflichen, strukturierten Diskussion über die Daten. Sie fragten ihn nach potenziell schädlichen Auswirkungen der Genveränderungen bei Lulu und Nana, nach dem Ablauf der Aufklärung und Zustimmung und nach den Methoden, mit denen er die Paare für die Studie rekrutiert hatte.

Die Antworten waren planlos; es war, als wäre JK wie ein Schlafwandler durch das Experiment und die ethischen Folgerungen gestolpert. »Außerhalb meiner Arbeitsgruppe … ähm … haben ungefähr vier Personen die Zustimmung nach Aufklärung gelesen«, stotterte er, lehnte es aber ab, eine davon namentlich zu nennen. Er räumte ein, er habe sich die Zustimmung selbst beschafft, und zwei Professoren – vermutlich Michael Deem und Yu Jun – hätten zugesehen, wie er bei einigen Patienten die Zustimmung eingeholt habe. (Aber hatten Deem und Jun nicht angeblich bei der Besprechung mit den beiden Paaren in einer Ecke des Raums über die Genetik der Seidenraupen diskutiert?) Weitere bohrende Fragen förderten Antworten zutage, die auf verschlagene Weise weitschweifig wirkten: Sie handelten von der globalen HIV-Pandemie und dem Bedarf nach neuen Medikamenten, aber kaum von den eigentlichen Genveränderungen, die er an den Zwillingen vorgenommen hatte. Am Ende der Diskussion trat Dr. David Baltimore, einer der Organisatoren der Tagung und Nobelpreisträger, auf das Podium und schüttelte empört den Kopf, während er eine vernichtende Zusammenfassung von JKs klinischer Studie formulierte. »Nach meinem Dafürhalten war es kein transparenter Prozess. Wir haben gerade erst davon erfahren … Ich glaube, es war ein Versagen der Selbstregulation der Wissenschaftlergemeinde aufgrund mangelnder Transparenz.«[14]

Dann waren die Zuhörer an der Reihe. Die Fragen hatten ihnen schon während des Vortrags auf der Zunge gebrannt, und jetzt platzten sie damit heraus. Ein Wissenschaftler stand auf und fragte, welche »unbefriedigte medizinische Notwendigkeit« durch das Experiment befriedigt worden sei: Schließlich sei das Risiko der Zwillinge für eine HIV-Infektion ohnehin null gewesen, oder nicht?

He Jiankui sprach unbestimmt über die Möglichkeit, Lulu und Nana könnten zwar vielleicht HIV-negativ gewesen sein, aber dennoch mit dem Virus Kontakt gehabt haben – ein Zustand, der als HEU (HIV-exponiert, aber uninfiziert) bezeichnet wird. Auch damit stützte er sich aber auf eine unvorstellbar schwache Logik: Schließlich war die Mutter keine HIV-Trägerin, und durch das Waschen der Samenzellen und die spätere In-vitro-Befruchtung wäre dafür gesorgt gewesen, dass die Embryonen keinerlei Kontakt mit dem Virus hatten. Dann sagte er dem Publikum, er sei »stolz« darauf, das Experiment durchgeführt zu haben, womit er ein deutlich hörbares Schnaufen auslöste. Andere Fragesteller bohrten beim Thema der Zustimmung genauer nach. Wieder andere stellten die Geheimnistuerei rund um das Experiment infrage: Warum hatte man praktisch niemanden in der Öffentlichkeit oder in der Wissenschaftlergemeinde über die Entscheidung informiert?

Am Ende versank der Vortrag von JK – mit dem er vielleicht seinen Ruf als erster Wissenschaftler, der Gene eines menschlichen Embryos redigiert hatte, zementieren wollte – im Chaos. Journalisten mit Mikrofonen standen vor dem Hörsaal Schlange und bedrängten ihn. Er wurde von einem Pulk aus Organisatoren aus dem Saal eskortiert, fast als wären sie die Sicherheitsbeamten für einen politischen Gefangenen.

Die Biochemikerin Jennifer Doudna, die zu den Pionieren der Genom-Editierung gehörte und 2020 zusammen mit ihrer Kollegin Dr. Emmanuelle Charpentier den Nobelpreis erhalten hatte, erinnert sich noch, wie sie über den Vortrag von JK »entsetzt und verblüfft« war. Der chinesische Biophysiker hatte vor seinem Vortrag Kontakt mit Dr. Doudna aufgenommen – vielleicht um sich ihre Unterstützung zu sichern –, aber sie war fassungslos. Als sie in Hongkong landete, war ihr Posteingang voller verzweifelter E-Mails, in denen sie um Rat gebeten wurde. »Ehrlich, ich habe gedacht, das ist doch eine Fälschung, oder? Das ist ein Witz«, erinnerte sie sich.[15] »›Babys geboren‹. Wer schreibt denn so etwas in den Betreff einer E-Mail von solcher Wichtigkeit? Es wirkte auf eine verrückte und fast komische Weise erschreckend.« Der Vortrag bestätigte Doudnas Vermutungen: JK hatte die Grenze fast ohne ethische Skrupel überschritten. »Nachdem ich Dr. He zugehört habe«, erklärte die Bioethikerin R. Alta Charo, »kann ich nur zu dem Schluss gelangen, dass das alles fehlgeleitet, voreilig, unnötig und im Wesentlichen nutzlos war.«[16]

Ende 2019 wurde JK in China zu drei Jahren Gefängnis verurteilt; außerdem wurde ihm untersagt, jemals wieder IVF-Forschung zu betreiben. Im Juni 2021, während ich diese Zeilen schrieb, verkündete der stämmige, leidenschaftliche russische Genetiker Denis Rebrikov, der an der größten staatlichen IVF-Einrichtung seines Landes arbeitet, er wolle ein Gen für erbliche Gehörlosigkeit verändern. Wer zwei Kopien dieses Gens namens GJB2 erbt, ist taub. Mit Cochleaimplantaten kann man das Gehör für Sprache zum Teil wiederherstellen, seltsamerweise aber nicht für Musik; außerdem brauchen Patienten mit einem solchen Implantat in der Regel monatelange Rehabilitationsmaßnahmen.

Rebrikov verspricht, nach dem Vorbild von Steptoe und Edwards als »vorsichtiger Sonderling« tätig zu werden. Aber ob vorsichtig oder nicht, ein Sonderling will er sein;[17] er sagt, er werde sich zwar um behördliche Genehmigungen bemühen und nach strengen Standards aufklären und Einwilligungen einholen, aber dennoch hat er vor, einen Embryo genetisch zu manipulieren. Er behauptet, er werde Schritt für Schritt vorgehen, Daten veröffentlichen und Genome umfassend sequenzieren, um gewollte und ungewollte Effekte nachzuweisen. Seine Therapie, so versichert er, werde ausschließlich gehörlosen Paaren zur Verfügung stehen, die in beiden Kopien des Gens die Mutation tragen, ihre vollständige Einwilligung erklären und sich ein nicht gehörloses Kind wünschen. Fünf solche Paare hat er ausfindig gemacht, und insbesondere eines davon – ein Ehepaar aus Moskau mit Mutationen in GJB2 und einer gehörlosen Tochter – zieht seinen Vorschlag ernsthaft in Erwägung.

Derzeit bemühen sich medizinische und wissenschaftliche Fachgesellschaften auf der ganzen Welt, Regeln und Standards für das Redigieren von Genen in menschlichen Embryonen aufzustellen. Manche fordern ein internationales Moratorium, besitzen aber nicht die Macht, es durchzusetzen. Andere würden Genveränderungen zur Behandlung von Krankheiten gestatten, die ungewöhnlich großes Leid verursachen – doch gehört die erbliche Taubheit dazu? Internationale Organisationen für Wissenschaft und biologische Ethik können sich sicher entschließen, solche Fragen zu beantworten, aber es gibt keine übergeordnete Körperschaft, die über so viel Macht oder Autorität verfügen würde, dass sie Experimente mit dem Redigieren von Genen menschlicher Embryonen gestatten oder verbieten könnte.

Wie ich bereits erläutert habe, werden Zellen bei der In-vitro-Befruchtung so manipuliert, dass damit tiefgreifende Veränderungen eines Menschen möglich werden. Embryonenselektion, das Redigieren von Genen und potenziell auch der Einbau neuer Gene ins Genom basieren entscheidend auf der Fortpflanzung der Zellen (dem Zusammentreffen von Samen- und Eizelle) und der ersten Welle der Neuentstehung von Zellen (dem Wachstum des frühen Embryos) in einer Petrischale. Wenn man die Schaffung des Embryos aus dem Mutterleib herausverlegt hat – wenn der Embryo in verschiedenen Stadien mit Mikroinjektion behandelt, gezüchtet, eingefroren, verkleinert, genetisch verändert und einer Biopsie unterworfen werden kann –, lassen sich darauf vielfältige verändernde gentechnische Methoden anwenden.

He Jiankui traf auf allen Ebenen die falsche Entscheidung: das falsche Gen, die falschen Patienten, die falschen Methoden, der falsche Zweck. Er gab aber auch der unvermeidlichen Verführungskraft einer neuen Technologie nach und wollte der »Erste« sein. Häufig sprach er davon, seine Forschungsarbeiten seien für ihn der Fahrschein zum Nobelpreis. Er verglich sich mit Edwards und Steptoe, aber in Wirklichkeit erinnerte er mich an einen modernen Landrum Shettles: extrem ehrgeizig und störrisch, leidenschaftlich in der Wissenschaft und doch ganz offensichtlich unfähig, zwischen menschlichen Versuchspersonen und Fischen in einem Aquarium zu unterscheiden.

Damit sollen seine Entscheidungen nicht entschuldigt werden; andere Wissenschaftler beherrschten die gleichen Methoden und schafften es, sich zurückzuhalten. Aber ob Embryonenselektion oder das Redigieren von Genen: Die genetische Veränderung menschlicher Embryonen mit dem Ziel, Krankheiten zu verhüten (oder vielleicht auch die Fähigkeiten von Menschen zu verbessern), scheint jeden Tag stärker zu einem unausweichlichen Zielpunkt der Medizin zu werden. Was als Therapie für die Unfruchtbarkeit von Menschen begann, wird heute zur Therapie für die Verletzlichkeit von Menschen umfunktioniert. Und im Zentrum dieser Therapie steht eine zunehmend formbare und zunehmend kostbare Zelle: die befruchtete Eizelle, die Zygote.

Damit können wir jetzt die abgeschiedene Welt der einzelligen Zygote verlassen und uns dem Embryo und seiner Entwicklung zuwenden. Hier sollten wir allerdings innehalten und fragen: Warum haben wir überhaupt die Welt der einzelnen Zellen verlassen? Warum sind »wir« zu dem »Wir« geworden – das heißt zu vielzelligen Lebewesen?

Betrachten wir einmal eine Hefezelle oder eine Spezies einzelliger Algen. Solche einzelnen Zellen – der Biologe Nick Lane nennt sie »moderne Zellen« – besitzen praktisch alle Merkmale, die wir auch bei den Zellen weitaus komplizierterer Organismen einschließlich des Menschen beobachten. Sie sind zahlreich, in ihrer Umwelt ungeheuer erfolgreich und gedeihen in vielfältigen Regionen der Erde. Sie kommunizieren untereinander, pflanzen sich fort, betreiben Stoffwechsel und tauschen Signale aus. Sie besitzen Zellkerne, Mitochondrien und die meisten anderen Organellen, durch die eine eigenständige Zelle ungeheuer effizient funktioniert. Damit stellt sich die Frage: Warum um alles in der Welt entschlossen sie sich irgendwann, vielzellige Lebewesen zu bilden?[18]

Mit dieser Frage beschäftigten sich die Evolutionsbiologen Anfang der 1990er-Jahre. Ihre Überlegung: Bei den Eukaryonten (Zellen mit einem Zellkern) war der Übergang vom einzelligen Dasein zur Vielzelligkeit vielleicht mit dem Überwinden einer haushohen evolutionären Mauer verbunden. Schließlich kann eine Hefezelle nicht einfach eines Morgens aufwachen und zu dem Schluss gelangen, dass es besser ist, als vielzelliger Organismus tätig zu werden. Oder, wie der ungarische Evolutionsbiologe László Nagy es formulierte: Die Entstehung der Vielzelligkeit »gilt als wichtiger Übergang, dem große genetische [und damit evolutionäre] Hürden entgegenstanden«.[19]

In jüngerer Zeit lässt aber eine ganze Reihe von Experimenten und genetischen Studien auf eine vollkommen andere Geschichte schließen. Zunächst einmal ist die Vielzelligkeit sehr alt. Spiralförmige Fossilien, die aussehen wie die ersten Farnwedel, tauchten unter den Cyanobakterien vor rund zwei Milliarden Jahren auf; dass sich solche Zellansammlungen zusammenfanden, hatte sicher einen Grund. Blattförmige »Organismen« mit strahlenförmigen Strukturen, die an kleine Adern erinnern und viele Zellen enthalten, erschienen vor rund 570 Millionen Jahren auf der Bildfläche und gediehen am

Meeresboden. Einzelne Zellen ballten sich zusammen und bildeten Schwämme. Kolonien von Mikroorganismen organisierten sich zu neuen »Wesen« und wurden damit zu Vorboten einer neuen Form des Daseins.

Es ist vielleicht der erstaunlichste Aspekt der Vielzelligkeit, dass sie sich unabhängig in zahlreichen unterschiedlichen Arten entwickelt hat, und zwar nicht nur einmal, sondern viele, viele Male.[20] Es ist, als wäre der Drang, viele Zellen zu haben, so machtvoll und umfassend, dass die Evolution den Zaun immer wieder übersprungen hat. Das lässt sich an genetischen Befunden unzweifelhaft ablesen. Das gemeinsame Dasein hatte gegenüber der Isolation so große Selektionsvorteile, dass die Kräfte der natürlichen Selektion wiederholt in Richtung der Gemeinsamkeit tätig wurden. Der Übergang von einzelnen Zellen zur Vielzelligkeit war »ein kleinerer großer Übergang«, wie die Evolutionsbiologen Richard Grosberg und Richard Strathmann es formulierten.[21]

Bis zu einem gewissen Grad kann man den »kleineren großen Übergang« von der Ein- zur Vielzelligkeit im Labor studieren und nachvollziehen. Einen der faszinierendsten Versuche unternahm eine Arbeitsgruppe unter der Leitung von Michael Travisano und William Ratcliff 2014 an der University of Minnesota: Sie sorgte dafür, dass sich aus einem einzelligen Organismus ein vielzelliges Lebewesen entwickelte.[22]

Ratcliff, ein drahtiger, grenzenlos begeisterungsfähiger Mann mit Drahtgestellbrille, sieht aus wie der ewige Doktorand. In Wirklichkeit ist er aber ein angesehener Professor und leitet in Atlanta ein großes Labor.[23] Im Jahr 2010 – er stand kurz davor, seine Doktorarbeit in Ökologie, Evolution und Verhaltensforschung fertigzustellen – unterhielt er sich mit Travisano über die Evolution der Vielzelligkeit. Beide wussten, dass verschiedene einzellige Organismen sich aus verschiedenen Gründen und auf unterschiedlichen Wegen zu verschiedenen vielzelligen Formen entwickelt hatten.

Ratcliff lachte, als er das Experiment beschrieb und dabei die berühmte erste Zeile des Romanklassikers von Tolstoi umschrieb: »Alle glücklichen Familien gleichen einander, jede unglückliche Familie ist auf ihre eigene Weise unglücklich.« Für vielzellige Lebewesen, so sagte er mir, gilt die umgekehrte Logik: Jeder einzellige Organismus, der sich in Richtung der Vielzelligkeit entwickelte, hat dabei seinen eigenen Weg eingeschlagen. Er wurde auf seine eigene Weise »glücklich« – oder genauer gesagt: evolutionär besser geeignet. Die einzelligen Organismen blieben, nun ja, alle ähnlich einzellig. Es ist »eine umgekehrte Anna-Karenina-Situation«, wie Ratcliff es formulierte.

Travisano und Ratcliff arbeiteten mit Hefe. Also stellte Ratcliff im Dezember 2010 während der Weihnachtsferien ein genial einfaches Evolutionsexperiment an. Er ließ Hefezellen in zehn getrennten Flaschen heranwachsen und ließ die Flaschen dann 45 Minuten stehen; dabei schwebten Einzelzellen weiter in der Flüssigkeit, schwerere, vielzellige Aggregate (»Cluster«) sanken zu Boden. (Nach einigen Versuchen stellten die Forschenden fest, dass die Selektion noch effizienter wurde, wenn man die Kulturflüssigkeit bei niedriger Geschwindigkeit in einer Zentrifuge schleuderte.) Ratcliff sammelte die vielzelligen Haufen, die von der Schwerkraft nach unten gezogen worden waren, züchtete sie weiter und wiederholte das Ganze mit jeder der zehn ursprünglichen Kulturen mehr als 60-mal. Jedes Mal wählte er die Aggregate aus, die zu Boden sanken. Damit simulierte er zahlreiche Generationen mit Selektion und Wachstum – Darwins Galapagosinseln, eingefangen in einer Kulturflasche.[24]

Als Ratcliff am zehnten Tag wieder ins Labor kam, schneite es heftig. »Große, schwere Klumpen aus Minnesota-Schneeflocken«, erinnerte er sich. Er klopfte sich Schuhe und Anorak ab, sah nach den

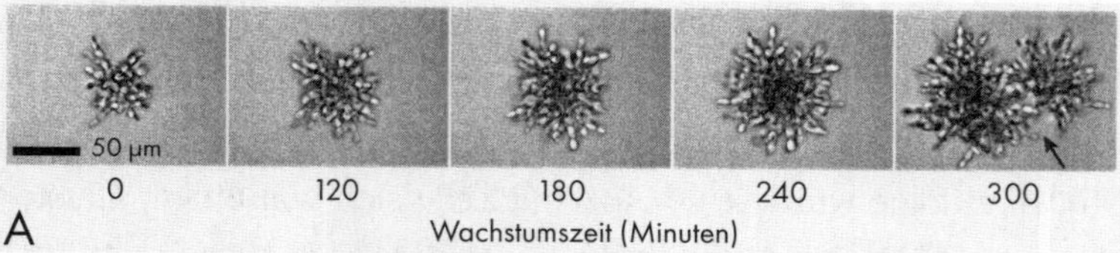

Der Lebenszyklus einer Schneeflockenhefe. Die Schneeflocke geht durch Evolution aus einzelligen Hefezellen hervor, weil immer größere Anhäufungen selektioniert werden. Nach längerer Zeit bleiben die großen Haufen erhalten und werden nicht wieder zu Einzelzellen, das heißt, sie wurden zugunsten der Vielzelligkeit evolutionär selektioniert. Zu den wachsenden Zweigen kommen neue Zellen hinzu, sodass die Gesamtstruktur immer größer wird. Anfangs spalteten sich die Schneeflocken durch die größenbedingte physische Belastung auf wie der Ast eines Baums, der zu groß geworden ist und abbricht. Im Lauf der Generationen entwickelten sich aber spezialisierte Zellen, die gezielt programmierten Selbstmord begingen und so Sollbruchstellen schufen, sodass die Aufteilung eines Aggregats erleichtert wurde.

Flaschen und wusste sofort, dass etwas geschehen war: Die zehnte Kultur war klar, und am Boden lag ein Sediment. Im Mikroskop sah er das Spiegelbild des äußeren Geschehens: In allen zehn Kulturen hatte sich das Sediment durch die Selektion eines neuartigen, vielzelligen Aggregats gebildet – es war eine kristallähnliche, vielfach verzweigte Ansammlung aus mehreren Hundert Hefezellen. *Eine lebende Schneeflocke*. Nachdem die »Schneeflocken« sich zusammengefunden hatten, überlebten sie in den Klumpen weiterhin. Züchtete man sie erneut, wurden sie nicht wieder zu Einzelzellen, sondern behielten ihre Konfiguration bei. Nachdem die Evolution einmal den Sprung zur Vielzelligkeit vollzogen hatte, weigerte sie sich, einen Rückschritt zu machen.

Wie Ratcliff erkannte, hatten sich die Aggregate (die er »Schneeflöckchen« nannte) gebildet, weil Mutter- und Tochterzellen nach der Zellteilung weiter zusammenhingen. Das Prinzip setzte sich Generation für Generation fort wie in einer Großfamilie, in der die erwachsenen Kinder sich ewig weigern, ihr Elternhaus zu verlassen.

Als sich im weiteren Verlauf des Experiments immer größere Schneeflocken zusammenballten, stellte sich für die Forschenden eine andere Frage. Wie pflanzten sich die Aggregate fort? Einem einfachen Modell zufolge würde eine einzelne Zelle sich von einem Cluster lösen und dann Nachkommen hervorbringen, mit denen sie eine neue, vielzellige Sternform bildet. Stattdessen stellte sich aber heraus, dass die Aggregate sich fortpflanzten, indem sie sich in der Mitte aufteilten und neue Gruppen bildeten, nachdem sie eine bestimmte Größe erreicht hatten. Die Großfamilie spaltete sich in zwei Großfamilien. »Es war atemberaubend«, erzählte mir Ratcliff. »Evolution – vielzellige Evolution – in einer Glasflasche.«

Anfangs wurde die Fortpflanzung der vielzelligen Klumpen durch physische Belastungen angetrieben: Die Schneeflocken waren so groß geworden, dass sie sich durch den physischen Zug, der sich aus ihrer Größe ergab, spalten mussten. Dann aber kam eine weitere Überraschung hinzu: Als sich die Evolution der Klumpen fortsetzte, beging eine Untergruppe der Zellen in der Mitte eine Form gezielten, programmierten Selbstmords, sodass zwischen den beiden Aggregaten eine Spalte – eine Linie oder Furche – entstand, die es den Clustern erlaubte, sich voneinander zu trennen.

Ich wollte von Ratcliff wissen, was geschehen würde, wenn er die Schneeflocken Generation für Generation weiterzüchtete. Er ist bereits bei einigen Tausend Generationen angelangt und will im Lauf seines Lebens bis auf 50.000 oder sogar 100.000 kommen. »Ach, wir haben schon gesehen, wie neue Eigenschaften aufgetaucht sind«, erwiderte er und blickte dabei in die Ferne, als würde er sich die Zukunft des neuen Wesens ausmalen. »Die Cluster sind jetzt 20.000-mal größer als die einzelnen Zellen. Und bei den Zellen hat sich eine Art Verflechtung entwickelt. Man kann sie jetzt nur schwer auseinanderziehen, bevor sich die Furche mit den toten Zellen bildet. Und bei manchen haben sich auch die Wände zwischen ihnen aufgelöst.

Wir achten darauf, ob sie allmählich eine Art Kommunikationskanäle zum Transport von Nährstoffen oder Signalen quer durch die großen Cluster ausbilden. Wir haben Hämoglobingene zugesetzt, weil wir wissen wollten, ob sie einen Mechanismus für den Sauerstofftransport bilden. Und wir haben Gene eingeschleust, mit denen sie Energie aus Licht gewinnen können, wie die Pflanzen es tun.«

Abwandlungen dieses Experiments haben Evolutionsforscher mit einer ganzen Reihe einzelliger Organismen angestellt – mit Hefe, Schleimpilzen, Algen. Dabei kristallisierte sich eine allgemeine Gesetzmäßigkeit heraus.[25] Wenn der richtige Evolutionsdruck herrscht, können einzelne Zellen im Lauf weniger Generationen zu vielzelligen Anhäufungen werden. Manche brauchen dazu jedoch länger: In einem Experiment wurden einzellige Algen erst nach 750 Generationen zu einem vielzelligen Aggregat. Nach den Maßstäben der Evolution ist das nicht mehr als ein Augenblick, aber es ist das 750-Fache der Lebenszeit einer Algenzelle.

Zur Beantwortung der Frage, warum Einzelzellen auf so einzigartige Weise zur Bildung vielzelliger Klumpen neigen, können wir nur Theorien aufstellen und Laborexperimente machen. Wenn wir die wahren Kräfte der natürlichen Selektion bei ihrer Tätigkeit beobachten wollten, müssten wir die Zeit zurückdrehen. Die derzeit gängigen Theorien legen aber die Vermutung nahe, dass Spezialisierung und Kooperation zur Einsparung von Energie und Ressourcen führen, und gleichzeitig können sich damit neue, synergistische Funktionen entwickeln. Ein Teil des Kollektivs kann sich beispielsweise um die Abfallentsorgung kümmern, während ein anderer Nahrung beschafft – damit hat der vielzellige Cluster einen Evolutionsvorteil. Nach einer beliebten Hypothese, die durch Experimente und mathematische Modelle gestützt wird, entwickelte sich die Vielzelligkeit, weil sie größere Abmessungen und schnelle Bewegungen begünstigt, sodass der Organismus natürlichen Feinden besser entkommt (einen

Körper von der Größe einer Schneeflocke zu schlucken, ist schwieriger) oder sich einem schwachen Nahrungsgradienten mit schnelleren, koordinierteren Bewegungen nähern kann. Die Evolution bewegte sich in Richtung des Gemeinschaftslebens, weil »Organismen« sich vom Gefressenwerden weg und zum Fressen hin bewegen konnten.[26] Genau werden wir die Antwort vielleicht nie kennen, oder vielleicht gibt es auch viele Antworten. Eines aber wissen wir: Die Evolution der Vielzelligkeit war kein Zufall, sondern ein zielgerichteter Vorgang. Wie ich zuvor erwähnt habe, erwerben bestimmte Hefezellen in Ratcliffs Experiment die Fähigkeit, eine programmierte Form des Zelltods zu vollziehen, sich selbst zu opfern, damit eine Gruppe sich von einer anderen trennen kann – ein Anzeichen für die Spezialisierung von Zellen an ganz bestimmten, genau definierten Stellen. Und wie Ratcliff außerdem feststellte, stehen seine vielzelligen, Generation für Generation wachsenden Aggregate im Begriff, in den Tiefen ihrer Anatomie neue Kanäle zum Transport von Nährstoffen zu entwickeln.

Wichtig sind die Wörter *Spezialisierung*, *Anatomie* und *Stelle*. Irgendwann wird Ratcliff seine Cluster vielleicht als »Organismen« bezeichnen. Schon jetzt analysiert er, wie sich ihr anatomischer Aufbau bildet. Er geht der Frage nach, wie die Zellen mit ihrer Teilung spezialisierte Strukturen bilden, wie sie spezialisierte Funktionen erwerben und wie diese Strukturen über ihre Lage innerhalb der Cluster bestimmen. Wie soll man sich die neu gebildeten Kanäle vorstellen? Sind es Gefäße? Nährstofftransportsysteme? Ein urtümlicher Signalübertragungsapparat? Als Zellbiologe ist man versucht, die Ausbildung einer organisierten, funktionsfähigen Anatomie und das Auftauchen spezialisierter Zellen in diesen immer größeren und komplexeren »Organismen« mit einem ganz bestimmten Wort zu bezeichnen: Entwicklung.

KAPITEL 8

Die Zelle in der Entwicklung

Wie eine Zelle zum Organismus wird

»[D]as Leben […] ›ist nicht‹, sondern ›es wird‹«.
– Ignaz von Döllinger, Naturforscher, Anatomiker und Medizinprofessor aus dem 19. Jahrhundert[1]

Halten wir einmal kurz inne und verfolgen wir die Entstehung einer menschlichen Zygote. Eine Samenzelle schwimmt* über eine Entfer-

* Der wichtigste Mechanismus, mit dem Samenzellen schwimmen, sind Peitschenbewegungen ihres langen Schwanzes, auch Flagelle genannt. An seinem Ansatz liegt eine Reihe von Proteinmolekülen, die untereinander in Wechselbeziehung treten und einen winzig kleinen, aber kräftigen Motor bilden. An ihn ist der Schwanz angeheftet und kann so eine ständige Peitschenbewegung ausführen. Der Molekülmotor ist von Mitochondrien umringt, und die liefern die gesamte Energie für die hektischen Bemühungen der Zelle, die Eizelle zu erreichen. Im Gegensatz zur großen, peitschenförmigen Flagelle können ähnliche Proteine auch viel kleinere, bewegliche, haarähnliche Fortsätze bilden, die Cilien, die in der Zellbiologie eine zentrale Rolle spielen. Cilien versetzen viele Zelltypen in die Lage, mit einer ständigen, häufig nur in eine Richtung verlaufenden Bewegung durch den Körper zu wandern. Ich möchte mehrere Beispiele nennen: Cilien auf den Zellen an der Innenwand des Darms bewegen Nährstoffe durch den Organismus, und ähnliche Strukturen versetzen weiße Blutzellen in die Lage, durch die Blutgefäße zu eilen und den Körper vor Infek-

nung, die ihr wie ein Ozean vorkommt, und dringt dann in eine Eizelle ein. Ein besonderes Protein auf der Oberfläche der Eizelle und der zugehörige Rezeptor auf der Samenzelle koppeln die beiden Zellen aneinander. Sobald eine einzige Samenzelle in das Ei eingedrungen ist, diffundiert eine Welle von Ionen aus der Eizelle nach außen und setzt vielfältige Reaktionen in Gang, die weitere Samenzellen am Eindringen hindern.

Was die Zellen angeht, sind wir also doch monogam.

Die nächsten Schritte in der Entstehung des Fetus stellte sich Aristoteles wie eine Art Menstruationsbildhauerei vor. Ihm zufolge steuerte das Menstruationsblut, das von der Mutter kommt, die »Form« des Fetus bei. Der Vater lieferte den Samen – die »Information« –, die das Blut in die Form des Fetus bringt und ihm Leben und Wärme

---

tionen zu schützen. In den Zellen der Eileiter treiben Cilien eine gerade freigesetzte Eizelle zum Ort der Befruchtung, und in den Zellen an der Innenwand der Atemwege schlagen ständig Cilien, um Schleim und körperfremde Teilchen nach außen zu treiben. Während der Entwicklung erleichtern Cilien die Bewegungen von Zellen im Embryo. Ohne ordnungsgemäß funktionierende Cilien wäre es so gut wie unmöglich, dass ein menschlicher Körper sich fortpflanzt, entwickelt oder regeneriert. Manche Kinder sind von einer seltenen, genetisch bedingten Störung namens primäre ciliäre Dyskinesie (PCD) betroffen, bei der die Cilien nicht in der Lage sind, die Leitungsbahnen im Organismus funktionsfähig zu halten. Dies führt zu vielfältigen Anomalien, so zu einer chronischen Verstopfung der Nase und häufigen Atemwegsinfektionen durch die Ansammlung von Schleim und Fremdpartikeln in den Luftwegen. Noch komplizierter wird das Ganze, weil ungefähr die Hälfte der PCD-Patienten an einer angeborenen Organverschiebung leidet, die ebenfalls auf die Fehlfunktion von Zellen während der Entwicklung zurückzuführen ist; dann liegt das Herz beispielsweise nicht auf der linken, sondern auf der rechten Seite im Brustkorb. Frauen mit PCD sind in der Regel unfruchtbar, weil die Zellen in den Fortpflanzungsorganen die Eizellen nicht an die richtige Stelle für die Befruchtung befördern können.

einhaucht. Das Ganze hatte durchaus eine gewisse Logik, allerdings eine verdrehte: Die Empfängnis führt dazu, dass die Menstruation ausbleibt, und wohin, so Aristoteles' Überlegung, sollte das Blut fließen, wenn nicht in die Form des Fetus?

Es war eine vollkommen falsche Annahme, und doch enthielt sie ein Körnchen Wahrheit. Aristoteles löste sich von der alten Präformationstheorie, wonach ein kleiner Mensch, der Homunculus, bereits mit intakten Augen, Nase, Mund und Ohren vorhanden ist, allerdings auf mikroskopisch kleine Größe geschrumpft und in der Samenzelle zusammengefaltet wie ein Spielzeug, das zu seiner vollen Größe heranwächst, wenn man Wasser zufügt. Die Präformationstheorie spukte von der Antike bis ins 18. Jahrhundert in den Köpfen vieler Wissenschaftlicher herum.

Dagegen postulierte Aristoteles, dass die Entwicklung des Fetus sich als *Serie abgegrenzter Ereignisse* abspielt, die letztlich zu der endgültigen Form führen. Die Genese war nun einmal eine Genese und nicht nur Ausdehnung. Der Physiologe William Harvey schrieb im 17. Jahrhundert: »Es gibt einige [Tiere], bei denen ein Teil vor dem anderen gemacht wird, und danach erhalten sie aus demselben Material sofort Ernährung, Masse und Form.« Diese Theorie wurde später als Epigenese bezeichnet – in dem Begriff spiegelt sich im weitesten Sinn der Gedanke wider, dass die Genese durch einen Ablauf embryologischer Veränderungen erfolgt, die sich auf die Zygote auswirken oder sich über ihr (*epi*) abspielen.

Mitte des 13. Jahrhunderts studierte der deutsche Mönch Albertus Magnus, dessen Interessengebiet von der Chemie bis zur Astronomie reichte, die Embryonen von Vögeln und anderen Tieren. Wie Aristoteles glaubte er fälschlicherweise, die ersten Schritte bei der Entstehung eines Fetus seien eine Art körperliche Gerinnung wie beim Käse, die sich zwischen Samen- und Eizelle abspielt. Aber Magnus brachte die Theorie der Epigenese ein großes Stück voran. Als einer der Ersten wies er die Bildung getrennter Organe im Embryo nach: Ein Auge wölbte sich vor, wo vorher keine Wölbung gewesen war, und die Flügel eines Huhns gingen durch Ausdehnung aus zuvor kaum erkennbaren Verdickungen auf den Seiten des Embryos hervor.

Im Jahr 1759, fast 500 Jahre später, schrieb Caspar Friedrich Wolff, der 25-jährige Sohn eines deutschen Schneiders, eine Doktorarbeit mit dem Titel »Theoria Generationis«. Darin entwickelte er Magnus' Beobachtungen weiter: Er beschrieb die Abfolge ununterbrochener Veränderungen, die sich während der Embryonalentwicklung abspielt.[2] Wolff entwickelte eine geniale Methode, um Embryonen von Vögeln und anderen Tieren unter dem Mikroskop zu studieren. Außerdem konnte er die Entwicklung von Organen Schritt für Schritt beobachten: Er sah, wie das Herz des Fetus die ersten pulsierenden Bewegungen ausführte und wie sich die gewundenen Schläuche des Darms bildeten.

Was Wolff besonders auffiel, war die *ununterbrochene* Entwicklung: Er konnte zusehen, wie neue Strukturen aus älteren entstanden, obwohl ihre Form am Ende kaum physische Ähnlichkeit mit irgendwelchen Teilen des frühen Embryos hatte. »Neue Gegenstände müssen beschrieben und erklärt werden«, schrieb er, »und gleichzeitig muss ihre Geschichte genannt werden, auch wenn sie noch nicht ihre feste dauerhafte Form besitzen, sondern *sich ständig verändern*« (Kursivierung von mir). Für den deutschen Dichter Johann Wolfgang von Goethe war die wundersame Abfolge in der Metamorphose von einer embryonalen Form zum ausgereiften Organismus ein Zeichen, dass die Natur im »Spielen« begriffen war. »Es ist ein Gewahrwerden der wesentlichen Form, mit der die Natur gleichsam nur immer spielt und spielend das mannigfaltige Leben hervorbringt«, schrieb er 1786.[3] Danach bläht sich der Fetus nicht passiv auf und wird lebendig, sondern die Natur »spielt« mit den frühen Formen eines Embryos, wie ein Kind vielleicht mit Lehm spielt: Sie formt und knetet, bis die Form des ausgereiften Organismus fertig ist.

Die Beobachtungen von Albertus Magnus und später von Caspar Wolff, der ständigen Veränderungen der Organe eines Fetus – dem Spiel der Natur –, führten schließlich zum Untergang des Präformationismus.[4] An seine Stelle trat eine *zellbiologische* Theorie der Embryonalentwicklung: Alle anatomischen Strukturen eines Embryos entstehen während seiner Entwicklung durch Zellen, die sich teilen, unterschiedliche Strukturen schaffen und unterschiedliche Funktionen ausführen. Oder, wie der Naturforscher Ignaz von Döllinger schrieb: »[D]as Leben […] ›ist nicht‹, sondern ›es wird‹«.

Aber kehren wir zurück zu unserer in der Gebärmutter schwimmenden Zygote. Die befruchtete Zelle teilt sich schon bald, wird zu zwei und dann zu vier Zellen und so weiter, bis sich eine kleine Kugel aus Zellen gebildet hat. Diese teilen sich immer weiter und bewegen sich – das ist die Unruhe, die die Krankenschwester und Wissenschaftlerin Jean Purdy im Labor von Robert Edwards beobachtet hatte. Schließlich entsteht in der Zellmasse ein Hohlraum, sodass sie einer Wasserblase ähnelt: In der Mitte ist sie mit Flüssigkeit gefüllt, und die neu gebildeten Zellen bilden die Wände – eine Struktur, die als Blastozyste bezeichnet wird. Eine winzige Gruppe von Zellen teilt sich weiter und hängt zuletzt an der Innenseite der Hohlkugel. Die äußeren Wände – die Außenhaut des Ballons – heften sich an die mütterliche Gebärmutter und werden zu Teilen der Plazenta, die mit ihren Membranen den Fetus umgibt, sowie zur Nabelschnur. Der kleine Klumpen, der an der Innenseite der Kugel hängt wie eine Fledermaus, entwickelt sich zum eigentlichen Fetus.*

---

* Das ist eine stark vereinfachte Beschreibung, und ich habe mich bemüht, viele Fachbegriffe aus der Embryologie zu vermeiden. Wer an tiefer gehen-

Die nächsten Ereignisse sind das eigentliche Wunder der Biologie. Der winzige Zellklumpen, der an der Innenwand des Zellballons hängt, diese innere Zellmasse teilt sich eifrig und bildet zwei Zellschichten aus: eine äußere, Ektoderm genannt, und eine innere, das Endoderm. Ungefähr drei Wochen nach der Befruchtung schiebt sich eine dritte Zellschicht zwischen diese beiden wie ein Kind, das sich im Bett zwischen die Eltern drängelt. Diese mittlere Schicht wird als Mesoderm bezeichnet.

Die drei Schichten im Embryo – Ektoderm, Mesoderm und Endoderm – sind die Ausgangspunkte für alle Organe. Aus dem Ektoderm gehen die Strukturen hervor, die im Körper nach außen weisen: Haut, Haare, Finger- und Fußnägel, Zähne, ja sogar die Augenlinsen. Im Endoderm entstehen Körperteile, die im Körperinneren angeordnet sind, wie Darm und Lunge. Das Mesoderm bringt alles hervor, was dazwischenliegt: Muskeln, Knochen, Blut, Herz.

Jetzt ist der Embryo bereit für den letzten großen Entwicklungsschritt. Im Mesoderm ordnet sich eine Zellreihe entlang einer dünnen Achse an und bildet das Notochord, eine stabförmige Struktur,

---

den Informationen interessiert ist: Aus der Wand der Blastocyste, Trophoblast genannt, gehen Chorion und Amnion hervor, Membranen, die den frühen Embryo einschließen, außerdem der Dottersack, der Nährstoffe liefert.[5] Während das Chorion in die Gebärmutter wandert und die Plazenta bildet, verkümmert der Dottersack, und nun ist die Plazenta die wichtigste Nährstoffquelle. Die Nabelschnur, ein Strang voller Blutgefäße, verbindet den Embryo mit dem Kreislauf der Mutter und ermöglicht den Gas- und Nährstoffaustausch. Einen umfassenden Überblick über die Entwicklung des Trophoblasten geben Martin Knöfler et al., »Human Placenta and Trophoblast Development: Key Molecular Mechanisms and Model Systems«, in: *Cellular and Molecular Life Sciences* 76, Nr. 18 (September 2019), 3479–96, doi:10.1007/s00018-019-03104-6. Quelle: https://pubmed.ncbi.nlm.nih.gov/31049600/.

die sich im Embryo von vorn nach hinten zieht. Das Notochord wird zum Navigationssystem des entstehenden Embryos: Es bestimmt über Position und Achse der inneren Organe und gibt besondere Proteine ab, die Induktoren. Daraufhin stülpt sich unmittelbar über dem Notochord ein Abschnitt des Ektoderms nach innen und bildet eine Röhre. Diese wird zum Vorläufer des Nervensystems, das aus Gehirn, Rückenmark und Nerven besteht.

Es ist eine der vielen paradoxen Tatsachen der Embryonalentwicklung, dass das Notochord, das für das Gerüst des Embryos sorgt, beim Menschen auf dem Weg zum Erwachsenenalter seine Bedeutung und Funktion verliert. Im ausgewachsenen menschlichen Körper ist sein einziger Überrest das Mark, das noch zwischen den Skelettknochen hängt. Am Ende ist der Meister des Embryonenaufbaus in dem Knochengefängnis des von ihm geschaffenen Wesens gefangen.

Nachdem das Notochord und das Neuralrohr entstanden sind, bilden sich aus den drei Schichten (oder vier, wenn man das Neuralrohr mitzählt) die einzelnen Organe: das primitive Herz, die Leberknospe, der Darm, die Nieren. Ungefähr drei Wochen nach der Befruchtung schlägt das Herz zum ersten Mal. Eine Woche später beginnt an einem Ende des Neuralrohrs die Entstehung des Gehirns. Und wie gesagt: Das alles entsteht aus einer einzigen befruchteten Eizelle. Der Arzt Lewis Thomas schrieb in seiner Essaysammlung *Die Meduse und die Schnecke: Gedanken eines Biologen über die Mysterien von Mensch und Natur:* »In einem bestimmten Stadium taucht eine einzige Zelle auf, deren Nachkommenschaft das menschliche Hirn sein wird. Daß es eine solche Zelle gibt, ist ein Weltwunder.«[6]

Aber bisher habe ich die Vorgänge nur beschrieben. Welche Mechanismen treiben die Embryogenese voran? Woher *wissen* die Zellen und Organe, was aus ihnen werden soll? Man kann in wenigen Absätzen unmöglich die ungeheure Komplexität der Wechselbeziehungen zwischen Zellen sowie zwischen Zellen und Genen darstellen, durch die während der Entwicklung die einzelnen Teile des Embryos – Organe, Gewebe und Organsysteme – zur richtigen Zeit und am richtigen Ort entstehen. Jede dieser Interaktionen ist ein virtuoser Vorgang, eine raffinierte, vielteilige Symphonie, die in Jahrmillionen der Evolution vervollkommnet wurde. Wir können hier nur ein sehr vereinfachtes Thema dieser Symphonie nachzeichnen: die grundlegenden Mechanismen und Prozesse, die eine Zelle während ihrer Entwicklung in die Lage versetzen, sich in einen vollständig entwickelten Organismus zu verwandeln.

Die Lösung des Rätsels begann in den 1920er-Jahren mit einem der vielleicht faszinierendsten Experimente der Embryologie. Durchgeführt wurde es von dem korpulenten, kurz angebundenen deutschen Biologen Hans Spemann und seiner Studentin Hilde Mangold. Wie Antoni van Leeuwenhoek, der gelernt hatte, Glaskugeln zu durchsichtigen Linsen zu schleifen, so lernten Spemann und Mangold, spitze Glaspipetten und Nadeln herzustellen, indem sie Glas im Bunsenbrenner erhitzten und dann vorsichtig in die Länge zogen, sodass das halb geschmolzene Rohr immer dünner wurde und schließlich in einer nahezu unsichtbaren Spitze auslief. (Vielleicht könnte man eine Geschichte der Zellbiologie sogar unter dem Gesichtspunkt der Geschichte des Glases schreiben.) Mit solchen Pipetten, Nadeln, Saugvorrichtungen, Scheren und Mikromanipulatoren konnten Spemann und Mangold aus Froschembryonen winzige Gewebestücke entnehmen, während die Embryonen noch kugelförmig waren, also lange bevor sich komplexere Strukturen, Organe und Gewebeschichten bildeten.

Ein solches Gewebestück aus einem sehr frühen Froschembryo untersuchten Spemann und Mangold genauer. In früheren Experimenten hatten sie das Schicksal verschiedener Teile des Embryos verfolgt, und daher wussten sie, dass diese Zellansammlung bereits

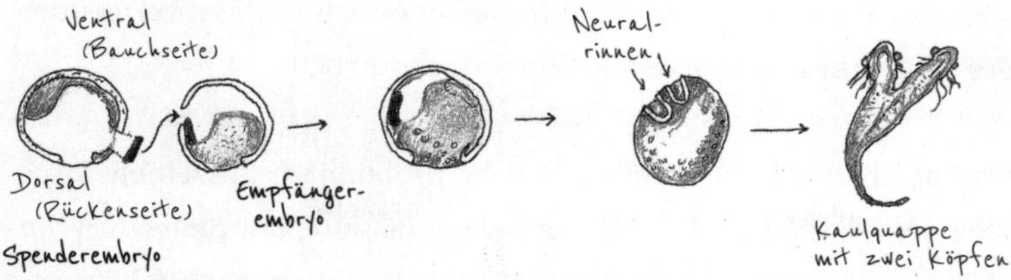

Eine der ersten Schemazeichnungen aus dem Aufsatz, in dem Spemann und Mangold über ihr Experiment berichteten. Die Gewebeübertragung von der dorsalen Lippe eines Embryos zum anderen lässt einen Embryo mit zwei Neuralrinnen entstehen, was zu einer Kaulquappe mit zwei Köpfen führt. Ein Teil der dorsalen Lippe eines sehr frühen Froschembryos (in dem sich noch keine Organe oder andere Strukturen gebildet haben) wird in einen Empfängerembryo übertragen. Der Empfänger besitzt jetzt zwei solche Lippen, eine eigene und eine vom Spender. Den Beobachtungen von Spemann und Mangold zufolge lassen die übertragenen Organisatorzellen des Spenderfroschs ein eigenes Neuralrohr, einen eigenen Darm und letztlich einen vollständig ausgebildeten Kaulquappenkopf entstehen. Mit anderen Worten: Signale aus den Zellen der dorsalen Lippe veranlassen die Zellen über ihnen und in ihrem Umfeld zur Ausbildung von Strukturen des Embryos, darunter Kopf und Nervensystem. Die Organisatorzellen müssen also über eine innere Fähigkeit verfügen, mit der sie über das Schicksal ihrer Nachbarzellen bestimmen.

dazu bestimmt war, zum Vorderende des Notochords, zu Teilen des Darms und einigen benachbarten Organen zu werden.[7] Das Gewebestück wurde später als »Organisator« bezeichnet.

Sie verpflanzten das Gewebe unter die Oberfläche eines anderen Froschembryos und warteten, bis die Kaulquappe herangewachsen war. Im Mikroskop tauchte ein janusähnliches Monster auf. Erwartungsgemäß besaß die gemischte Kaulquappe zwei Notochorde und zwei Därme – einen eigenen und einen vom Spender. Aber der Embryo wurde sogar noch monströser: Er entwickelte sich zu einer Kaulquappe mit zwei vollständig verbundenen nebeneinanderliegenden Oberkörpern, zwei vollständig ausgebildeten Nervensystemen und zwei Köpfen. Das Gewebe aus dem zweiten Embryo hatte nicht nur sich selbst organisiert, sondern in seiner Umgebung auch den Zellen des Empfängers den Befehl erteilt, sich nach seinen Anweisungen weiterzuentwickeln.[8] Es hatte, um Spemanns Begriff zu verwenden, das Wachstum eines zweiten Kopfs »induziert«.*

Bis Forschende herausfanden, welche Proteine im Einzelnen ausgeschieden werden und die Zellen »veranlassen«, ein neues Nervensystem und einen neuen Kopf zu bilden, sollten noch Jahrzehnte vergehen. Aber Spemann und Mangold hatten im Grundsatz entdeckt, wie sich die verschiedenen Strukturen des Embryos Schritt für Schritt entwickeln können. Manche Zellen, so die des Organisators, werden frühzeitig tätig und scheiden Faktoren in ihre Umgebung aus, die Schicksal und Form der Zellen, die sich später entwickeln, festlegen; diese Zellen scheiden ihrerseits Faktoren aus, die Organe und die Verbindungen zwischen ihnen herstellen.** Das Wachstum eines Embryos ist ein *Prozess*, eine Kaskade. In jedem Stadium schütten bereits vorhandene Zellen Proteine und andere Substanzen aus, die den neu entstehenden, wandernden Zellen sagen, wohin sie sich bewegen und wozu sie werden sollen. Sie bestimmen über die Ausbildung der Zellschichten und später über die Bildung von Geweben und Organen. Die Zellen innerhalb der Schichten schalten ihrerseits

---

* In diesem Fall stammten die übertragenen Zellen vom Vorderende des Notochords, und deshalb entwickelten sich zwei Köpfe mit zwei Nervensystemen. Experimente, in denen sich der hintere Teil des Froschembryos aus dem Hinterende von Notochord und Mesoderm entwickelt, sind aus anatomischen Gründen weitaus schwieriger.

** Damit stellt sich die Frage: Wie schlagen die Organisatoren ihre besonderen Wege ein? Nun, dafür sorgen Signale aus Zellen, die sich noch früher entwickeln – bis zurück zu der einzigen befruchteten Eizelle. Schon diese enthält Proteinfaktoren, deren Verteilung einem Konzentrationsgradienten folgt. Sobald sie sich zu teilen beginnt, werden die bereits vorhandenen Gradienten zu Signalen und bestimmen über die Zukunft der Zellen in den verschiedenen Teilen des Embryos.

als Reaktion auf ihre Lage und ihre inneren Eigenschaften wiederum Gene ein und aus, um so ihre Identität zu erlangen. Jedes Stadium baut auf den Signalen aus einem früheren Stadium auf – der Sturzbach der Epigenetik, den die ersten Embryologen so augenfällig eingefangen hatten.

Wie man seit den 1970er-Jahren nach und nach entdeckte, ist der Prozess in Wirklichkeit noch komplizierter. Es gibt ein Wechselspiel zwischen inneren, von den Genen in Zellen codierten Signalen und solchen, die von außen kommen und von umgebenden Zellen ausgehen. Diese äußeren Signale (Proteine und andere Substanzen) gelangen zu den Empfängerzellen und aktivieren oder unterdrücken dort bestimmte Gene. Außerdem interagieren sie untereinander: Sie löschen ihre Wirkungen gegenseitig aus oder verstärken sie, und all das führt letztlich dazu, dass die Zellen ihren Entwicklungsweg einschlagen, ihre Position einnehmen und Verbindungen ausbilden.

So bauen wir unser Haus aus Zellen.

Im Jahr 1957 entwickelte das deutsche Unternehmen Chemie Grünenthal ein Medikament, das man für ein hervorragendes beruhigendes und angstlösendes Mittel hielt. Der Wirkstoff hieß Thalidomid, der Markenname lautete Contergan.[9] Man betrieb aggressives Marketing. Eine besondere Zielgruppe bildeten schwangere Frauen, die in dem frauenfeindlichen Klima jener Zeit häufig als »ängstlich« und »emotional« galten, sodass man sie beruhigen musste. Thalidomid wurde sehr schnell in 40 Ländern zugelassen und Zehntausenden von Frauen verschrieben.

Der deutschen Herstellerfirma war von Anfang an klar, dass Thalidomid vor allem in den Vereinigten Staaten dazu prädestiniert war, ein Kassenschlager zu werden, denn dort waren die Ärzte noch schneller mit Beruhigungsmitteln bei der Hand, und die Vorschriften waren lockerer als in Europa. Anfang der 1960er-Jahre suchte Grünenthal nach einem Partner, um das Medikament in den Vereinigten Staaten zu vermarkten. Die einzige Hürde war die Zulassung der US-amerikanischen Arzneimittelbehörde, der Food and Drug Administration (FDA), aber die galt in der Regel als einfacher, wenn auch ein wenig umständlicher Papierkrieg. Den idealen Partner fand man in dem Unternehmen Wm. S. Merrell, das durch Fusion in dem Pharmakonzern Richardson-Merrell aufgegangen war.

Anfang 1960 wurde Frances Kelsey bei der FDA eingestellt. Die in Kanada geborene 46-Jährige hatte an der Universität Chicago ihren Doktor in Medizin gemacht. Nach kurzer Tätigkeit als Dozentin für Pharmakologie (bei der sie lernte, wie man die Ungefährlichkeit von Medikamenten beurteilt) und Allgemeinärztin in South Dakota (wo sie lernte, dass selbst »ungefährliche« Medikamente schwere Nebenwirkungen haben können, wenn sie in der falschen Dosis oder dem falschen Patienten verabreicht werden) begann ihre lange Karriere bei der FDA. Am Ende stieg sie zur Leiterin der Abteilung für neue Medikamente und Beauftragte für wissenschaftliche und medizinische Angelegenheiten beim Office of Compliance auf. Sie war eine Bürokratin der mittleren Ebene. Eine Türsteherin aus Merrels Perspektive. Eine von vielen belanglosen Bodenschwellen auf dem Weg eines aussichtsreichen neuen Medikaments, das von einem pharmazeutischen Schwergewicht entwickelt und von einem anderen vermarktet wurde.

Der Antrag, mit dem Merrell Thalidomid in den Vereinigten Staaten auf den Markt bringen wollte, durchlief die gewundenen Wege der FDA und landete schließlich auf Kelseys Schreibtisch. Als sie die Angaben zu dem Medikament las, war sie nicht überzeugt, dass es ungefährlich war. Die Daten sahen allzu gut aus. »Es war einfach zu positiv«, erinnerte sie sich. »Ein ideales Medikament ohne jegliches Risiko – das konnte einfach nicht sein.«

Im Mai 1961, als das Management von Merrell die Arzneimittelbehörde unter Druck setzte, damit sie das Medikament für den allgemeinen Gebrauch freigab, reagierte Kelsey mit einem Brief, der durchaus einer der bedeutsamsten in der Geschichte der FDA sein könnte: »Die Beweislast, dass das Medikament ungefährlich ist … *liegt beim Antragsteller*« (Kursivierung von mir).[10] Sie blieb nachts wach und las einen Fallbericht nach dem anderen. Im Februar 1961, so notierte sie, hatte ein Arzt in England über schwere Nerventaubheit bei einigen mit dem Medikament behandelten Patientinnen berichtet; eine Krankenschwester, die Zugang zu dem Präparat hatte, hatte ein Kind mit schweren Fehlbildungen der Gliedmaßen zur Welt gebracht. Sie stürzte sich auf den Fall des Arztes. »In diesem Zusammenhang sind wir höchst besorgt, dass die offenkundigen Hinweise auf eine periphere Neuritis in England Ihnen bekannt waren und nicht unumwunden offengelegt wurden.«[11]

Die Merrell-Manager drohten mit juristischen Schritten, aber Kelsey arbeitete sich immer tiefer ein. Sie hatte erste Berichte über Geburtsfehler gehört; jetzt forderte sie einen Beweis, dass das Medikament ungefährlich war – und zwar nicht nur für die peripheren Nervenzellen, sondern für schwangere Frauen. Als Merrell erneut einen Zulassungsantrag stellte, bestand Kelsey darauf, dass das Unternehmen entweder die Ungefährlichkeit von Thalidomid nachwies oder seinen Antrag zurückzog.

Während der zunehmend erbitterte Streit zwischen Merrell und Kelsey sich in Washington hinzog, trafen aus Europa immer weitere unheilvolle Berichte ein. Bei den Babys von Frauen, denen man in Großbritannien und Frankreich während ihrer Schwangerschaft das Medikament verschrieben hatte, kam es zu schweren angeborenen Fehlbildungen. In manchen Fällen waren die Harnwege defekt. In anderen traten Herzstörungen auf, in wieder anderen Störungen des Verdauungstrakts. Die augenfälligste entsetzliche Folge war, dass manche Babys mit stark verkürzten Gliedmaßen zur Welt kamen, und einige hatten überhaupt keine Arme oder Beine. Alles in allem wurde in den nächsten Jahren über rund 8000 Kinder mit Fehlbildungen berichtet, und weitere 7000 dürften vor der Geburt gestorben sein; mit beiden Zahlen unterschätzt man aber wahrscheinlich das Unheil erheblich.

Aber selbst als aus Europa ein beunruhigender Fallbericht nach dem anderen eintraf, blieb Merrell eiskalt optimistisch. Trotz Kelseys Einwänden hatte das Unternehmen den Wirkstoff an rund 1200 Ärzte in den Vereinigten Staaten als »Forschungsgegenstand« verteilt. (Smith, Kline & French, ein weiteres Unternehmen, war an den Studien mit Patienten ebenfalls beteiligt.) Im Februar 1962 schrieb Merrell an die Ärzte einen beruhigend formulierten Brief, in dem ihnen beiläufig geraten wurde, das Medikament weiterhin zu verschreiben: »Es gibt bisher keinen eindeutigen Beweis für einen Kausalzusammenhang zwischen der Anwendung von Thalidomid während der Schwangerschaft und Fehlbildungen bei Neugeborenen.«

Im Juli, als die Welle der Fälle in Europa ihren Höhepunkt erreichte, gab die US-amerikanische Food and Drug Administration eine dringende Mitteilung an ihre Beamten heraus: »Angesichts des großen öffentlichen Interesses an dieser Situation ist es eine der wichtigsten Aufgaben, die wir seit langer Zeit hatten. Es müssen alle Anstrengungen unternommen werden, die Ärzte in dem vorgeschriebenen Zeitraum in Kenntnis zu setzen … Das heißt nicht später als Donnerstagmorgen, dem 2. August [1962].«[12] Noch im gleichen Monat wurden alle Verschreibungen eingestellt. Thalidomid war erledigt.

Im Herbst untersuchte die FDA, ob Merrell mit der Verschreibung von Thalidomid im Rahmen seiner »wissenschaftlichen Erprobung« gegen Gesetze verstoßen hatte und ob das Unternehmen in den sicherheitsrelevanten Unterlagen, die es bei der Behörde eingereicht hatte, rechtswidrig Informationen verschleiert hatte. Die Juristen der FDA zählten 24 einzelne Gesetzesverstöße auf. Dennoch traf Herbert J. Miller, der Assistent des Bundesanwalts im US-Justizministerium, im Jahr 1962 die Entscheidung, nicht juristisch gegen das Unternehmen vorzugehen. Dabei führte er das tragikomische-absurde Argument an, das Unternehmen habe den Wirkstoff an »Ärzte von höchstem beruflichen Ansehen« verteilt, und nur »ein fehlgebildetes Baby« sei eindeutigen Beweisen zufolge geschädigt worden. Beide Behauptungen stimmten nicht.[13] Die Schlussfolgerung lautete: »Eine strafrechtliche Verfolgung ist weder angebracht noch wünschenswert.« Der Fall war abgeschlossen. Merrell hatte mittlerweile seinen Antrag bei der FDA in aller Stille zurückgezogen und ließ den Wirkstoff in der Versenkung verschwinden. Thalidomid war für ein Verbrechen von unvorstellbarem Ausmaß verantwortlich – aber kein einziger Verbrecher war zu finden.

Wie verursacht Thalidomid die Geburtsfehler? Während sich die Zygote entwickelt, müssen ihre Zellen ihre Identität und Positionen festlegen. Dazu führen sie äußere Faktoren (Proteine und andere Substanzen aus Nachbarzellen, die der Zelle signalisieren, wohin sie wandern und wozu sie werden sollen) und innere Faktoren (zelleigene Proteine, codiert von Genen, die auf solche Signale hin ein- und ausgeschaltet werden) zusammen.

Wie wir heute wissen, bindet Thalidomid in der Zelle an ein Protein (oder auch mehrere), das ganz bestimmte andere Proteine abbaut; es ist gewissermaßen ein intrazellulärer Proteinvernichter. Wie wir am Fall der Cyclingene erfahren haben, ist der gesteuerte Abbau bestimmter Proteine in einer Zelle entscheidend für ihre Fähigkeit, Signale zu integrieren – Signale, sich zu teilen, sich zu differenzieren, äußere und innere Signale aufzunehmen und über ihr Schicksal zu bestimmen. In der Zellbiologie kann das *Fehlen* eines Proteins ebenso wie seine Gegenwart entscheidend dazu beitragen, das Wachstum, die Intensität und die Position einer Zelle zu steuern.

Insbesondere Knorpelzellen, bestimmte Typen der Immunzellen

und die Zellen des Herzens sind häufig von der gesteuerten Proteinzerstörung betroffen, die durch das Thalidomid verändert wird; manche davon sind allerdings hypothetische Ziele. Wenn die Zellen die eintreffenden Signale nicht mehr zusammenführen können, sterben sie ab oder werden funktionsunfähig. Betroffen ist eine Vielzahl von Zellen, und das hat zur Folge, dass Thalidomid Dutzende verschiedene angeborene Fehlbildungen verursachen kann.[14] Es ist ein außerordentlich starker Effekt: Wie sich herausstellte, reicht eine einzige Tablette von 20 Milligramm aus, um Fehlbildungen auszulösen. Zehntausende von Frauen auf der ganzen Welt wissen nicht, ob ihr Kind wegen des Thalidomids eine Fehlgeburt, eine Totgeburt oder durch einen unumkehrbaren Geburtsfehler verstümmelt war.

Frances Kelsey rettete wahrscheinlich Zehntausende von Menschenleben, weil sie als letzte behördliche Bastion dem erbarmungslosen Ansturm eines Pharmariesen standhielt. Im Jahr 1962 wurde sie mit der Presidential Medal of Honor ausgezeichnet. Dieses Kapitel soll daran erinnern, welchen Dienst sie uns mit ihrer Hartnäckigkeit erwiesen hat.[15]

Dieses Buch handelt zwar von der Geburt der zellulären Medizin, es muss aber auch ihr dämonisches Gegenteil erwähnen: die Geburt und den Tod eines Zellgifts.

Ich habe Teil 2 nicht nur deshalb mit »Die Eine und die Vielen« überschrieben, um in unserer Geschichte den Übergang von der einzelnen Zelle zu vielzelligen Organismen anzudeuten, sondern auch, um ein wichtiges wissenschaftliches Spannungsverhältnis einzufangen. Biologen arbeiten oft allein oder zu zweit, aber wie die Zellen finden sie sich auch zu wissenschaftlichen Gemeinschaften zusammen. Und diese Gemeinschaften gehören ihrerseits zur Gemeinschaft aller Menschen und müssen auf sie reagieren. Das sind die Einen und die Vielen, aber auch die »vielen Vielen«.

In diesem Teil haben wir die grundlegenden Eigenschaften der Zelle angerissen: Autonomie, Organisation, Teilung, Fortpflanzung und Entwicklung. Wo liegen die zulässigen Grenzen und wo die Gefahren, wenn wir mit diesen ersten, grundlegenden Eigenschaften herumspielen, und wie verändert sich unsere Vorstellung von »Herumspielen«, wenn es immer neue technische Fortschritte gibt? Mit der In-vitro-Befruchtung ist beispielsweise die »medizinisch unterstützte« Fortpflanzung, die einst als radikal und verboten galt und für manche Menschen sogar ein Gräuel war, zur Norm geworden. Und wenn der russische Biologe Denis Rebrikov in seinem Labor alle Vorbereitungen trifft, um die Gene von Embryonen mit Hörbehinderungen zu redigieren, stehen wir wiederum vor einer neuen Form der manipulierten Fortpflanzung, die unserem Gefühl für Normen widerspricht. Die Geschichte des Thalidomids mahnt natürlich zur Vorsicht, denn dabei wurde (unwissentlich) mit dem Fetus in seiner Entwicklung herumgespielt. In den letzten Jahren haben aber auch chirurgische Methoden, mit denen man Geburtsfehler schon vor der Geburt korrigieren kann, gewaltige Fortschritte gemacht, und an Tiermodellen werden medikamentöse Methoden entwickelt, mit denen man gezielt den Fetus beeinflussen will. Sind demnach »natürliche« Prozesse, die sich seit der Entstehung der Menschen ungehindert entwickelt haben, ein Ding der Vergangenheit, und ist das »Herumspielen« mit der sich entwickelnden Zelle unsere unausweichliche Zukunft?

Eines stimmt zweifellos: Wir haben die »Blackbox« der Zelle geöffnet. Jetzt den Deckel wieder zuzuschlagen, könnte bedeuten, dass wir uns die Aussicht auf eine großartige Zukunft verschließen. Würden wir ihn aber ohne Regeln und Richtlinien sperrangelweit offen stehen lassen, müssten wir davon ausgehen, dass wir weltweit stillschweigend zu einer Übereinkunft gelangt sind, was bei der Manipulation der Fortpflanzung und Entwicklung von Menschen zulässig oder unzulässig ist – und das ist mit Sicherheit nicht der Fall. Früher galten die grundlegenden Eigenschaften unserer Zellen als unser unveränderliches Schicksal. Heute behandeln wir diese Eigenschaften als legitimen Schauplatz der wissenschaftlichen Arbeit – als Schicksal, das sich ändern lässt.

Während ich diese Zeilen schreibe, finden die Diskussionen über Eingriffe in Fortpflanzung und Entwicklung oder über die Veränderung von Genen in Embryonen weltweit statt (ausführlich habe ich Möglichkeiten und Gefahren solcher Methoden in *Das Gen* erörtert). Die Meinungsverschiedenheiten lassen sich nicht ohne Weiteres auflösen, denn sie betreffen nicht nur grundlegende Merkmale der Zellen, sondern auch grundlegende Merkmale des Menschen. Eine vernünftige Antwort oder auch ein Kompromiss lässt sich nur dann finden, wenn wir uns ständig in der fortschreitenden Debatte über die Grenzen wissenschaftlicher Eingriffe und die voranschreitende Front der Zelltechnik engagieren. Die Diskussionen betreffen die Interessen aller Menschen. Sie beziehen den Einen, die Vielen und die »vielen Vielen« ein.*

---

* Die Aufforderung zum Engagement in einer »fortschreitenden Debatte« rund um die Veränderung von Zellen bei Menschen mag sich nach einem unbestimmten, gekünstelten Lösungsvorschlag anhören. Wer soll dabei etwas zu sagen haben und wie? Wie sollen Ansichten unterstützt oder durchgesetzt werden? Wie steht es mit Kosten und Zugang zu den Methoden? Dazu einige Anmerkungen: Erstens habe ich es bewusst vermieden, konkrete Empfehlungen zu politischen Vorschriften zu geben. Auf die ethischen Aspekte von Zell- und Gentherapie werden wir allerdings im weiteren Verlauf des Buches zurückkommen. Eines möchte ich aber festhalten: Die Asilomar-Konferenz über die Nutzung der DNA-Rekombinationstechnik war genau das richtige Forum für freimütige Diskussionen über die ethischen Grenzen der Genmanipulation. Auch wenn die Veranstaltung anfangs als vage und formelhaft kritisiert wurde, befeuerte sie am Ende bemerkenswert effizient wichtige öffentliche Diskussionen, die Eingang in wirksame politische Maßnahmen fanden. Ähnliche weltweite Anstrengungen dürften auch hier notwendig sein und sind auch bereits im Gang.

TEIL 3

BLUT

Die Vielzelligkeit, der evolutionäre Übergang, in dem einzellige Organismen sich zu Lebewesen mit vielen Zellen organisierten, war vielleicht unvermeidlich, aber einfach war er nicht. In der Evolution vielzelliger Organismen müssen spezialisierte, getrennte Organe für viele Funktionen entstehen. In jedem derartigen Lebewesen mussten sich getrennte, aber untereinander verbundene Funktionseinheiten entwickeln, die mit vielfältigen Anforderungen zurechtkamen: Selbstverteidigung, Selbsterkennung, die Bewegung von Signalen durch den Körper, Verdauung, Stoffwechsel, Speicherung, Abfallentsorgung.

Jedes Körperorgan ist ein Beispiel für diese Eigenschaften: für die Kooperation zwischen Zellen und deren Spezialisierung, die einem Organ seine Funktion verleiht. Aber vielleicht mehr als jedes andere System aus Zellen ist das Blut ein Musterbeispiel, an dem man verdeutlichen kann, wie ein solches System seine Funktionen erlangt. Das ständig kreisende Blut ist im Organismus der zentrale Verkehrsweg, auf dem alle Gewebe mit Sauerstoff und Nährstoffen versorgt werden. Es gewährleistet eine koordinierte Reaktion auf Verletzungen: Blutplättchen und Gerinnungsfaktoren nutzen den Kreislauf, um den Körper zu überwachen und auf akute Verletzungen zu reagieren. Außerdem macht es Reaktionen auf Infektionen möglich: Weiße Blutzellen wandern durch dasselbe Gefäßsystem und ermöglichen eine vielschichtige Abwehr gegen Krankheitserreger.

Die Aufklärung der biologischen Eigenschaften all dieser Systeme führte ihrerseits zur Entstehung neuer zellmedizinischer Methoden: zu Bluttransfusion, Immunaktivierung, Beeinflussung der Blutplättchen und anderen. Damit gehen wir jetzt von den einzelnen Zellen zu Sys-

temen aus vielen Zellen über: zu Kooperation, Abwehr, Toleranz und Selbsterkennung, den charakteristischen Kennzeichen, in denen sich der Nutzen und die Anforderungen der Vielzelligkeit verkörpern.

KAPITEL 9

Die ruhelose Zelle

Wenn das Blut kreist

Die Zelle […] ist ein Bindeglied: ein Verknüpfungspunkt zwischen Disziplinen, Methoden, Techniken, Konzepten, Strukturen und Prozessen. Für das Leben, aber auch für die Biowissenschaften und darüber hinaus ist sie von so großer Bedeutung, weil sie diese bemerkenswerte Stellung als Bindeglied innehat und weil ein scheinbar unerschöpfliches Potenzial besteht, Zellen in solchen Zusammenhangsbeziehungen zu finden.
– Maureen A. O'Malley, Wissenschaftsphilosophin, und Staffan Müller-Wille, Wissenschaftshistoriker, 2010[1]

Es ist viel Schwankendes und Unstätes in mir.
– Rudolf Virchow in einem Brief an seinen Vater, 1842[2]

Überlegen wir an dieser Stelle einmal, wo wir in unserer Geschichte stehen. Ausgegangen waren wir von der Entdeckung der Zellen – ihrem Aufbau, ihrer Physiologie, ihrem Stoffwechsel, ihrer Atmung und ihrer inneren Anatomie. Unser Weg hat uns kurz in die Welt der einzelligen Mikroorganismen geführt und gezeigt, welch umwälzende Wirkung ihre Entdeckung auf die Medizin hatte: Sie führte zur Keimfreiheit und später zur Entdeckung der Antibiotika. Als Nächstes ist uns die Zellteilung begegnet, die Entstehung neuer Zellen aus vorhandenen Zellen (Mitose) und die Entstehung der Zellen für die sexuelle Fortpflanzung (Meiose). Wir haben miterlebt, wie man die vier Phasen der Zellteilung (G1, S, G2, M) entdeckte, wie ihre entscheidenden Regulatoren – die Cycline und CDK-Proteine – und der koordinierte Yin-Yang-Tanz ihrer Funktionen charakterisiert wurden. Wir haben erfahren, wie unsere Kenntnisse über die Zellteilung zu einem Wandel in der Krebsmedizin und bei der In-vitro-Befruchtung (IVF) geführt haben und wie die Reproduktionsmedizin in Verbindung mit der Zellbiologie uns gezwungen hat, uns auf das ethisch unwegsame Terrain der Eingriffe in menschliche Embryonen zu begeben.

Aber bisher haben wir uns nur mit einzelnen Zellen beschäftigt: mit den einzelligen Mikroorganismen, die in den Organismus eindringen und Infektionen auslösen. Mit der Zygote, die sich teilt und allein in der Petrischale schwimmt wie ein einsamer Planet. Mit den Ei- und Samenzellen, die in getrennten Gefäßen mit dem Taxi quer durch Manhattan transportiert wurden. Mit den Ganglienzellen aus der Netzhaut, die durch Gentherapie vor dem Verkümmern gerettet wurden.

In einem vielzelligen Organismus ist eine Zelle aber nicht dazu bestimmt, allein zu sein oder allein zu leben; vielmehr soll sie den Bedürfnissen des gesamten Organismus dienen. Sie muss zu einem Teil eines Ökosystems werden, zu einem unverzichtbaren Teil des Ganzen. »Die Zelle ist … ein Bindeglied«, schrieben Maureen O'Malley und Staffan Müller-Wille 2010. Jede Zelle lebt und funktioniert in »dem scheinbar unerschöpflichen Potenzial, das sich in solchen Zusammenhangsbeziehungen findet«.

Diesen Zusammenhangsbeziehungen – zwischen Zellen und Zellen, zwischen Zellen und Organen sowie zwischen Zellen und Organismen – wenden wir uns jetzt zu.

Montags beschäftige ich mich meistens mit Blut. Ich habe eine Ausbildung in Hämatologie. Ich erforsche Blut und behandle Blutkrankheiten, darunter Krebs und Krebsvorstufen der weißen Blutzellen. Montags komme ich viel eher als meine Patienten, wenn das Morgenlicht noch schräg auf den schwarzen Schiefer der Labortische fällt. Ich schließe die Rollläden und blicke durch das Mikroskop auf verschmiertes Blut. Ein Tropfen Blut wurde auf einem Glasplättchen verteilt und bildet einen Film aus einzelnen Zellen, die mit besonderen Farbstoffen angefärbt sind. Die Präparate ähneln einer Buchvorschau oder einem Filmtrailer. Die Zellen sagen mir schon etwas über die Geschichte der Kranken, bevor ich sie persönlich kennenlerne.

Ich sitze in dem abgedunkelten Raum am Mikroskop, neben mir einen Notizblock, und rede mit mir selbst, während ich die Präparate durchsehe. Es ist eine alte Gewohnheit; wer zufällig vorüberkäme, könnte mich durchaus für gestört halten. Jedes Mal, wenn ich ein Präparat in Augenschein nehme, murmele ich etwas über die Methode, die mir mein Hämatologieprofessor, ein großer Mann mit einem ständig undichten Federhalter in der Tasche, beigebracht hat: »*Teile die wichtigsten Zellbestandteile des Bluts auf. Rote Zellen. Weiße Zellen. Blutplättchen. Untersuche jeden Zelltyp einzeln. Schreibe auf, was du an den einzelnen Typen beobachtet hast. Gehe systematisch vor. Zahl, Farbe, Morphologie, Form, Größe.*«

Das ist mit Abstand mein liebster Teil des Arbeitstags. Zahl, Farbe, Morphologie, Form, Größe. Ich gehe systematisch vor. Ich sehe mir gern Zellen an, ganz ähnlich wie ein Gärtner, der seine Pflanzen betrachtet – und ich nehme nicht nur das Ganze wahr, sondern auch die Teile von Teilen: die Blätter, die Wedel, den lehmigen Geruch um sie herum, das Loch, das der Specht hoch oben in die Zweige eines Baums gebohrt hat. Das Blut spricht zu mir – aber nur, wenn ich darauf achte.

Bei Greta B., einer Frau mittleren Alters, hatte man eine Anämie diagnostiziert. Ihre Ärzte vermuteten, dass sie auf die Menstruationsblutungen zurückzuführen war, und verschrieben ihr Eisenpräparate. Aber die Anämie ging nicht zurück. Greta konnte nur noch wenige Schritte gehen, bevor sie Atemnot bekam. Als sie fast 2000 Meter über dem Meeresspiegel im Gebirge der Sierra Nevada Urlaub machte, bekam sie kaum noch Luft. Ihre Ärzte steigerten die Dosis der Eisenpräparate, aber es nützte nichts.

Wie sich schließlich herausstellte, war Gretas Krankheit ein größeres Rätsel, als die Ärzte ursprünglich angenommen hatten. Nach der Zahl der Blutkörperchen zu urteilen, war es keine einfache Anämie. Ja, die Zahl der roten Blutzellen war anormal niedrig, wie man es erwarten würde, aber sie hatte auch zu wenig weiße Blutzellen – die Zahl lag ein klein wenig unter dem Normbereich für ihr Alter. Die Blutplättchen lagen ebenfalls unter dem Normalniveau, allerdings nur knapp.

Unter dem Mikroskop offenbarte sich in Gretas verschmiertem Blut eine kompliziertere Geschichte. Ich ließ den Blick über das Präparat schweifen wie ein wildes Tier, das eine neue Landschaft erkundet – ich hielt inne, schnupperte, ließ Gedanken durch mein Gehirn schießen. Die roten Blutzellen sahen nahezu normal aus. *Nahezu*. Ich unterstrich das Wort. Als ich das Präparat durchmusterte, fand ich einige seltsam aussehende Zellen, die in der Mitte einen auffälligen blauen Fleck hatten – der Überrest eines Zellkerns, den die meisten ausgereiften roten Blutzellen nicht besitzen, in der Regel stoßen sie den Zellkern noch im Knochenmark aus. »Diese Kernreste haben dort nichts zu suchen«, sagte ich laut zu mir und notierte es in meinem Buch.

Am seltsamsten sahen die weißen Blutzellen aus. Normalerweise gibt es zwei Haupttypen von ihnen: Lymphozyten und Leukozyten (auf die Unterscheidung werden wir später zurückkommen). Bei

Greta sah insbesondere eine Gruppe der Leukozyten, die Neutrophilen, seltsam aus. Der Kern normaler Neutrophiler hat drei bis fünf Lappen und sieht aus wie eine Gruppe von drei bis fünf Inseln, die durch schmale Landengen verbunden sind. Bei Greta dagegen hatten manche derartigen Zellen nur einen Kern mit zwei Lappen, die vollkommen rund und durch eine blaue Linie verbunden waren. Sie sahen aus wie ein Nasenzwicker aus dem 18. Jahrhundert. »Pince-nez-Zellen«, schrieb ich. Gandhis Brille. Und mindestens einige Neutrophile hatten einen großen, aufgeblähten Zellkern, dessen Chromatin schlecht organisiert zu sein schien. Unreife Blutzellen, auch Blasten genannt. Die ersten Spuren bösartiger weißer Zellen.

Ich las mir noch einmal meine Notizen durch. Die roten und die weißen Zellen – zwei der wichtigsten Zellbestandteile im Blut – waren anormal. Eine Knochenmarkbiopsie bestätigte, dass sie am myelodysplastischen Syndrom (MDS) litt, einer Krankheit, bei der das Knochenmark kein normales Blut produziert. Ungefähr in einem von drei Fällen, in denen MDS diagnostiziert wird, entwickelt sich die Krankheit zur Leukämie weiter – zu einem Krebs der weißen Blutzellen.

Bei Greta wurden die Eisentabletten abgesetzt, und sie erhielt einen experimentellen Wirkstoff. Etwa ein halbes Jahr lang normalisierte sich die Zahl ihrer Blutzellen, aber dann kehrte die Anämie wieder, und der Anteil der Blasten im Knochenmark stieg erneut an. Im Normalfall machen solche Blasten höchstens fünf Prozent des Knochenmarks aus; bei ihr lag der Anteil um ein Mehrfaches höher, ein Hinweis, dass das MDS im Begriff stand, zu einer regelrechten Leukämie zu werden. Zu diesem Zeitpunkt beschränkten sich die Therapiemöglichkeiten auf eine Chemotherapie zum Abtöten der Leukämie oder einen Versuch mit einem weiteren experimentellen Wirkstoff, der die Krankheit in Schach halten sollte.

Im Medizinstudium brachten meine Professoren mir bei, die Sprache des Bluts zu sprechen; jetzt spricht zu guter Letzt auch das Gewebe zu mir. Tatsächlich spricht das Blut zu jedem und allem: Es ist im Menschen der zentrale Träger der Fernkommunikation oder Übertragung. Ob Hormone, Nährstoffe, Sauerstoff oder Abfallprodukte: Das Blut beliefert und verbindet alle Organe – es spricht zu ihnen und sorgt für den Transport von einem Organ zum nächsten. Es spricht sogar mit sich selbst: Insbesondere seine drei Zellbestandteile – rote Blutzellen, weiße Blutzellen und Blutplättchen – sind an einem raffinierten System der Signalübertragung und Unterhaltung beteiligt. Blutplättchen verbinden sich und bilden ein Gerinnsel. Ein einzelnes Plättchen allein kann nicht zu einem Gerinnsel werden, aber Millionen von ihnen wirken mit Proteinen aus dem Blut zusammen und verschließen eine blutende Wunde. Das komplizierteste System von allen findet sich in den weißen Blutzellen: Sie tauschen Signale aus, um eine Immunantwort zu koordinieren, Wunden zu heilen, Mikroorganismen zu bekämpfen und im Körper nach Eindringlingen zu suchen. Blut ist ein Netzwerk. Wie bei M. K., dem jungen Patienten mit Lungenentzündung und Immunschwäche, kann ein Riss in einem Teil des Netzes dazu führen, dass das Ganze versagt.

Der Gedanke, dass Blut ein Organ der Kommunikation oder Übertragung zwischen Organen ist, hat eine lange Geschichte. Schon um 150 n. Chr. hatte Galen von Pergamon – der griechische Chirurg der römischen Gladiatoren, der später auch Leibarzt des Kaisers Lucius Aurelius Commodus war – die Vermutung geäußert, dass ein gesunder Körper durch ein »Gleichgewicht« von vier Säften gekennzeichnet ist: Blut, Schleim, gelbe Galle und schwarze Galle.[3] Diese Säftetheorie der Krankheiten war sogar noch älter: Schon Aristoteles hatte darüber geschrieben, und die vedischen Ärzte erwähnten häufig das Wechselspiel innerer Flüssigkeiten. Galen war aber einer ihrer lautstärksten Vertreter. Krankheit, so behauptete er, entsteht, wenn einer der Säfte im Organismus aus dem Gleichgewicht gerät. Lungenentzündung war demnach ein Übermaß an Schleim. Gelbsucht (also eigentlich Hepatitis) sollte durch gelbe Galle entstehen. Krebs war eine Anhäufung der schwarzen Galle, einer Flüssigkeit, die auch mit Melancholie oder Depressionen in Verbindung gebracht wurde (*melan-cholia* bedeutet wörtlich »schwarze Galle«); es war eine großartige Theorie, die metaphorisch so verführerisch wie mechanistisch falsch war.

Unter den vier Säften war Blut der vertrauteste. Es quoll aus den Wunden der Gladiatoren; man konnte es aus geschlachteten Tieren leicht gewinnen und für Experimente verwenden; es hatte sogar Eingang in den Wortschatz der Umgangssprache gefunden. Anfangs war es warm, aktiv und rot, und dann wurde es, wie Galen an blutenden Opfern bemerkte, blau, zähflüssig und kalt. Galen brachte seine normale Funktion mit Wärme, Energie und Ernährung in Zusammenhang. Seine rote Farbe (*rubor*) war ein Zeichen für seine Wärme und Lebenskraft. Blut war in Galens Vorstellung dazu da, Nahrung und Wärme an die Organe zu verteilen. Das Herz stellte er sich als Ofen des Körpers vor – als Wärme erzeugende, glimmende Maschine, die durch die Lunge wie durch einen Blasebalg gekühlt wurde. Es war eine andere Formulierung für die Idee von Aristoteles, der das Blut als inneres »Lampenöl« des Körpers bezeichnet hatte. Das Blut nahm angeblich die aufgewärmte Nahrung aus dem Herzen auf und hielt die Nährstoffe wie ein Lebensmittel-Lieferfahrzeug warm, bis sie das Gehirn, die Nieren und andere Organe erreichten.

Solchen Vorstellungen machte der englische Physiologe William Harvey 1628 mit seinem Buch *Exercitatio Anatomica de Motu Cordis et Sanguinis in Animalibus* ein Ende.[4] Die ersten Anatomen hatten angenommen, das Blut würde nur in einer Richtung fließen, beispielsweise vom Herzen zum Darm, und stecke dann in einer Sackgasse. Harvey dagegen vertrat die Ansicht, dass sich das Blut in einem ständigen Kreislauf bewegt: Es tritt ins Herz ein, verlässt es wieder und kehrt dann zum Herzen zurück, nachdem es seine Auslieferungsroute beendet hat. Getrennte Kreise für Erwärmung und Abkühlung gab es demnach nicht. »Allmählich dachte ich bei mir, dass es vielleicht gewissermaßen eine Kreisbewegung vollzieht«, schrieb er.[5] »Das Blut fließt durch die Lunge und das Herz und wird in den ganzen Körper gepumpt. Dort gelangt es durch Poren im Fleisch in die Venen, mit denen es überall aus der Peripherie zur Mitte zurückkehrt, von den kleineren Venen in die größeren, bis es schließlich wieder zum Herz kommt.«[6] Das Herz war demnach kein Ofen und keine Fabrik und noch nicht einmal ein Kühlventilator für einen Ofen oder eine Fabrik. Es war eine Pumpe – oder besser gesagt: zwei miteinander verbundene Pumpen – und trieb die beiden Kreisläufe an. (Auf Harveys Untersuchungen am Herzen werden wir in einem späteren Kapitel zurückkommen.)

Aber welchen Zweck hatte die Kreisbewegung des Bluts? Welche Substanz transportierte es in seinem unruhigen, ständigen Kreisen durch den Körper?

Unter anderem natürlich Zellen. Rote Blutzellen. Dass sie im Blut schwimmen, hatte schon Leeuwenhoek gesehen. Er schrieb am 14. August 1675: »Diese blutroten Kügelchen [die roten Blutzellen] in einem gesunden Körper müssen sehr flexibel und biegsam sein, wenn sie durch die kleinen Kapillarvenen und Arterien passen sollen; bei ihrem Durchgang verändern sie sich zu einer ovalen Gestalt und nehmen ihre Rundlichkeit wieder an, wenn sie in einen größeren Raum kommen.«[7] Es war ein weitsichtiger Gedanke: Wenn Blutzellen durch die dünnen Kapillaren wandern, verformen sie sich, und dann nehmen sie ihre runde Scheibenform wieder an. Der italienische Anatom Marcello Malpighi hatte im 17. Jahrhundert ebenfalls die roten Kügelchen gesehen.[8] Und der niederländische Arzt und Wissenschaftler Jan Swammerdam hatte 1658 aus dem Magen einer Laus einen Tropfen frisch aufgenommenen menschlichen Bluts gewonnen. Genauer studierte der britische Anatom und Physiologe William Hewson die Form der roten Blutzellen in den 1770er-Jahren.[9] Er gelangte zu dem Schluss, dass sie keine Kugeln sind, sondern scheibenförmig mit einer Vertiefung in der Mitte, ähnlich einem runden Kissen, das gerade eingedrückt wurde.

Da die Zellen so zahlreich sind, so Hewsons Vermutung, müssen sie eine Funktion haben. Aber die Frage, was die roten Blutzellen transportieren – warum sie so unermüdlich kreisen und sich so gezielt durch winzige Kapillaren quetschen, wobei sie sich sogar verformen –, blieb unbeantwortet. Der deutsche Physiologe Friedrich Hünefeld fand 1840 in den roten Blutzellen von Regenwürmern ein Protein.[10] Er war überrascht von den großen Mengen dieses Proteins – es machte mehr als 90 Prozent des Trockengewichts einer Blutzelle aus –, aber seine Funktion verstand er nicht. Der Name, den er dem Protein gab – Hämoglobin –, war nur eine schlichte Wiedergabe seiner Position in der Zelle. Ein Kügelchen (*glob*) im Blut.

Ende der 1880er-Jahre begriff man allmählich, welche Bedeutung das »Kügelchen« hat. Man stellte fest, dass Hämoglobin Eisen enthält und dass Eisen seinerseits Sauerstoff bindet, die Moleküle, die für die Zellatmung gebraucht werden. Jetzt kristallisierte sich aus den Beobachtungen von Harvey, Swammerdam, Hünefeld und Leeuwenhoek allmählich eine Theorie heraus. Die Hauptaufgabe der roten Blutzellen besteht darin, den an Hämoglobin gebundenen Sauerstoff zu den Geweben aller Körperorgane zu transportieren. Die roten Zellen nehmen den Sauerstoff in der Lunge auf und werden dann zum Herz geleitet, das sie auf ihrem Weg durch die Arterien des übrigen Körpers antreibt.*

* Aber warum muss Sauerstoff von *Zellen* transportiert werden? Warum schwimmt das Hämoglobin nicht als freies Protein im Blutplasma und

Das Plasma, der flüssige Bestandteil des Bluts, transportiert aber neben den Zellen auch andere physiologisch wichtige Substanzen: Kohlendioxid, Hormone, Stoffwechsel- und Abfallprodukte, Nährstoffe, Gerinnungsfaktoren und chemische Signale.

Der Kreislauf in unserem Organismus hat das erstaunliche Merkmal, dass er wie alle Kreisläufe in sich selbst zurückläuft. Die roten Blutzellen tragen den Sauerstoff in alle Körperteile und zu gegebener Zeit auch in den Herzmuskel, also in das Organ, von dem das Blut durch den Körper getrieben wird. Das Herz bezieht Sauerstoff von roten Blutzellen, um das Blut zu pumpen; damit bewegen sich die roten Zellen in einem weiteren Krauslauf, indem sie mehr Sauerstoff zum Pumpen liefern, und so weiter – ein endloser Kreis. Kurz gesagt, hängt der Kreislauf vom Herzen ab, und dessen entscheidende Funktion hängt … nun, eben vom Kreislauf ab. Die Weiterleitung aller Substanzen im Körper und davon abhängig auch die Tätigkeit aller Organe ist also auf die ruhelosesten unter unseren Zellen angewiesen.

Blut macht aber noch eine andere Art der Übertragung möglich: die Übertragung von Mensch zu Mensch. Bluttransfusionen, die erste moderne Form der Zelltherapie, schufen die Voraussetzungen für chirurgische Eingriffe, für die Behandlung der Anämie, für die Krebs-Chemotherapie, für die Traumamedizin, Knochenmarktransplantationen, ungefährliche Entbindungen und die Zukunft der Immunologie.

Die Anfänge der Bluttransfusion waren alles andere als verhei-

---

bewegt sich mit ihm durch den Körper? Dieses Rätsel ist bis heute nicht gelöst; es steht im Zusammenhang mit dem Aufbau des Hämoglobins – ein faszinierendes Thema, auf das wir am Ende dieses Buchs zurückkommen werden.

ßungsvoll: Erste Experimente, Blut an Menschen zu übertragen, reichten vom Makabren bis zum Verrückten. Jean-Baptiste Denis, ein Leibarzt des französischen Königs Ludwig XIV., ließ einen jungen Mann 1667 mehrmals mit Egeln zur Ader und versuchte dann, ihm Schafblut zu übertragen. Wie durch ein Wunder überlebte der Junge – wahrscheinlich weil nur eine sehr geringe Blutmenge übertragen wurde und es keine allergischen Reaktionen gab. Ein Jahr später wollte Denis Tierblut an Antoine Mauroy übertragen, einen Mann mit einer psychischen Krankheit.[11] Er wählte dazu das Blut eines Kalbs, weil diese Tiere für ihre nüchterne Veranlagung bekannt waren; er glaubte, dies werde den überhitzten Wahnsinn von Mauroy dämpfen – womit er wieder einmal Galens Vorstellung vom Blut als Träger der Psyche übernahm. Nach drei weiteren Transfusionen war Mauroy leider nicht nur unnatürlich ruhig, sondern tot – Körper und Gesicht waren durch allergische Reaktionen aufgedunsen. Seine Frau wollte Denis wegen Mordes verklagen, und der Arzt entging nur knapp dem Gefängnis. Er praktizierte von nun an keine Medizin mehr. Die Episode setzte in Frankreich einen kleineren Aufruhr in Gang, und Experimente mit der Übertragung von Tierblut auf Menschen wurden verboten.

Andere Forschungsarbeiten zur Übertragung von Blut wurden aber im gesamten 17. und 18. Jahrhundert fortgesetzt. Den Wissenschaftlern fiel auf, dass Transfusionen zwischen eineiigen Zwillingstieren angenommen wurden, solche zwischen Geschwistern, darunter auch zweieiige Zwillinge, klappten dagegen nicht; man konnte also vermuten, dass eine gewisse genetische Verträglichkeit erforderlich war, damit die Transfusion gelang. Aber was das für eine Verträglichkeit war, blieb ein Rätsel.

Im Jahr 1900 begann der österreichische Wissenschaftler Karl Landsteiner, sich systematischer mit Bluttransfusionen zu beschäftigen.

Hatte vorher weitgehend Verrücktheit geherrscht – Schafs- und Kalbsblut wurde in zur Ader gelassene Jungen oder psychisch gestörte Männer übertragen –, so ging Landsteiner vollkommen methodisch vor. Blut war ein flüssiges Organ. Es wanderte ungehindert durch den Körper. Warum sollte es nicht ebenso ungehindert von einem Körper in den anderen wandern?

Landsteiner mischte Blut von einem Menschen (nennen wir ihn einmal A) und Serum eines anderen (B).[12] Dann sah er zu, wie beide in Reagenzgläsern und auf Objektträgern miteinander reagierten. Serum ist nicht das Gleiche wie Plasma: Es ist die Flüssigkeit, die übrig bleibt, wenn Blut gerinnt. Das Serum enthält Proteine, darunter auch Antikörper, aber keine Zellen. Mischte er Serum von A mit Blut von A, fand natürlich keine Reaktion statt – beide waren verträglich. »Das Ergebnis war genau das gleiche, als hätte man die Blutzellen mit ihrem eigenen Serum gemischt«, notierte Landsteiner.[13] Beide Komponenten vermischten sich und blieben flüssig. Ein anderes Mal jedoch, wenn er Blut des Patienten A mit Serum des Patienten B mischte, bildeten sich winzige, halbfeste Klumpen. (Mein Hämatologieprofessor beschrieb sie als »Körner in Erdbeersaft«.) Die Unverträglichkeit konnte nicht dadurch entstehen, dass die Zellen von A Zellen von B abstießen; wie gesagt: Serum enthält keine Zellen. Vielmehr musste ein Protein, das im Blut von A vorhanden war oder fehlte – später stellte sich heraus, dass es sich um Antikörper handelt –, Zellen von B angreifen – ein Anzeichen für eine immunologische Unverträglichkeit.*

Landsteiner mischte Blut von verschiedenen Spendern und fand schließlich heraus, dass er menschliches Blut in vier Gruppen eintei-

---

* Wie man später feststellte, reagieren die Antikörper mit einer einzigartigen Kombination von Zuckermolekülen auf der Oberfläche der roten Blutzellen.

len konnte: A, B, AB und o.* Die Gruppen sagten etwas über die Verträglichkeit bei Transfusionen aus. Menschen mit der Blutgruppe A vertrugen nur Blut von anderen mit der Blutgruppe A (und mit der Gruppe o). Solche mit B konnten nur Blut von anderen mit der Gruppe B (und mit der Gruppe o) vertragen. Die Gruppe o war am seltsamsten: Solches Blut reagierte weder mit A noch mit B. Menschen mit dieser Gruppe konnten den beiden anderen Typen Blut *spenden*, vertrugen aber selbst nur Blut von anderen mit der Gruppe o. Bald darauf wurde die vierte und letzte Blutgruppe, AB, entdeckt. Diese Menschen vertrugen Blut von allen anderen Gruppen, konnten aber nur an Menschen mit AB spenden. Im allgemeinen Sprachgebrauch wurden die vier Gruppen als A, B, o (Universalspender) und AB (Universalempfänger) bekannt. Landsteiner führte die vier Hauptblutgruppen in einer einzigen Tabelle auf (die in der Sammlung seiner Aufsätze abgebildet und später, 1936, veröffentlicht wurde) und schuf damit eine Grundlage für Bluttransfusionen. Es war ein Fortschritt von derart großer medizinischer und biologischer Bedeutung, dass allein die Tabelle ausgereicht hätte, um Landsteiner 1930 den Nobelpreis für Physiologie oder Medizin einzubringen.

Das Blutgruppensystem wurde später weiter verfeinert. Andere Faktoren kamen hinzu: Menschen, bei denen auf der Oberfläche der roten Blutzellen ein ererbtes Protein namens Rhesusfaktor vorlag, wurden als Rh-positiv bezeichnet, fehlte er, waren sie Rh-negativ; auch dies bestimmt innerhalb der einzelnen Gruppen mit über die Verträglichkeit: A+, B-, AB- und so weiter.

---

* Ursprünglich fand Landsteiner nur drei Blutgruppen und bezeichnete sie als A, B und C. In seinen 1936 erschienenen schriftlichen Arbeiten hatte er aber bereits vier eigenständige Blutgruppen voneinander abgegrenzt und nannte sie jetzt A, B, AB und 0.

Die Entdeckung der Blutgruppen bedeutete für Bluttransfusionen eine Umwälzung. Am Mount Sinai Hospital in New York nutzte Dr. Reuben Ottenberg 1907 erstmals Landsteiners Verträglichkeitsreaktionen für eine ungefährliche Bluttransfusion zwischen Menschen. Er brachte das Blut von Spender und Empfänger vor der Transfusion zusammen und wies so nach, dass Blut sich zwischen Menschen bei geeigneter Verträglichkeit gefahrlos übertragen lässt. Allmählich verwandelte sich die Bluttransfusion in eine systematische, ungefährliche Wissenschaft. Im Jahr 1913, nachdem Ottenberg bereits mehr als fünf Jahre Erfahrung mit dem Abgleich von Blut hatte, schrieb er:

»Unfälle nach Transfusionen kamen so häufig vor, dass viele Mediziner zögern, zu einer Transfusion zu raten, außer in verzweifelten Fällen. Aber seit 1908, als wir in dieser Frage erste Beobachtungen angestellt hatten, lassen sich solche Unfälle durch sorgfältige vorausgehende Untersuchungen verhüten … Unsere Beobachtungen an über 125 Fällen bestätigen diese Ansicht, und wir glauben, dass sich unerwünschte Symptome mit absoluter Sicherheit verhindern lassen.«[14]

Dennoch waren Bluttransfusionen am Anfang außerordentlich umständlich. Entscheidend war der zeitliche Ablauf; es war ein hektischer Staffellauf mit einer blutgefüllten Spritze anstelle des Staffelholzes. Eine Assistentin entnahm mit einer Kanüle, die im Arm des Spenders steckte, immer wieder größere Mengen Blut, eine andere eilte so schnell wie möglich mit der roten Flüssigkeit durch den Raum, und eine dritte injizierte das Blut in den Arm des Empfängers. Oder ein Chirurg stellte eine unmittelbare Verbindung zwischen einer Arterie des Spenders und einer Vene des Empfängers her – sie waren im wahrsten Sinne durch Blutsbande verbunden, sodass die Flüssigkeit direkt aus dem Kreislauf des Spenders in den Empfänger fließen konnte, ohne mit der Luft in Berührung zu kommen. Ohne solche Maßnahmen blieb das Blut außerhalb des Körpers nur kurze

Zeit flüssig. Ließ man es auch nur wenige Minuten stehen, gerann es und verwandelte sich von einer lebensrettenden Flüssigkeit in einen unnützen geleeartigen Klumpen.

Damit Bluttransfusionen im medizinischen Alltag praktikabel wurden, waren noch einige letzte technische Weiterentwicklungen notwendig. Setzte man Natriumcitrat zu – ein einfaches Salz, das in Zitronensaft vorkommt –, gerann das Blut nicht, sodass man es länger lagern konnte. Im Jahr 1914, als der Erste Weltkrieg begann, übertrug der argentinische Arzt Luis Agote citratbehandeltes Blut von einem Menschen auf einen anderen – ein prächtiges Beispiel dafür, wie die Technik dem Bedarf zuvorkam. Der britische Chirurg Geoffrey Keynes schrieb 1922: »Dieser große Schritt vorwärts in der Methode der Bluttransfusion fiel so eng mit dem Kriegsbeginn zusammen, dass es fast schien, als hätte das vorherige Wissen, dass sie zur Behandlung von Kriegsverletzungen nötig sein würde, die Forschung vorangetrieben.«[15] Die Kühlung, ein weiterer Fortschritt, trug ebenfalls zur längeren Lebensdauer des gelagerten Bluts bei. Weitere Neuerungen waren paraffinbeschichtete Lagerbeutel und der Zusatz eines einfachen Zuckers (Dextrose), der das Blut länger haltbar machte. In den Krankenhäusern der ganzen Welt schoss die Zahl der Bluttransfusionen in die Höhe. Am Mount Sinai Hospital hatte man 1923 insgesamt 123 Transfusionen durchgeführt. Im Jahr 1953 waren es mehr als 3000.[16]

Die eigentliche Bewährungsprobe für die Bluttransfusionen – gewissermaßen der Praxistest – fand auf den blutgetränkten Schlachtfeldern des Ersten und Zweiten Weltkriegs statt. Durch Granaten wurden Gliedmaßen abgerissen. Innere Verletzungen bluteten. Wenn Arterien durch Kugeln verletzt waren, konnten Menschen in wenigen Minuten verbluten. Als die Vereinigten Staaten sich 1917 den Alliierten im Kampf gegen Deutschland und die anderen Achsenmächte anschlossen, hatten die beiden medizinischen Spezialisten Major Bruce Robertson und Captain Oswald Robertson mit Bluttransfusionen bei akutem Blutverlust und Schock Pionierarbeit geleistet. Auch Plasma wurde in großem Umfang verwendet, um schwer verwundete Soldaten zu retten. Es war zwar bei Blutverlust nur eine kurzfristige Lösung, ließ sich aber leichter lagern und erforderte keine Typisierung und Verträglichkeitsprüfung.

Die beiden Männer mit dem Namen Robertson waren nicht verwandt. Oswald hatte in Frankreich an der Front beim US-Sanitätskorps gearbeitet und sah Blut zunehmend als bewegliches Organ – das nicht nur innerhalb der Menschen oder zwischen ihnen ruhelos war, sondern auch zwischen Staatsgrenzen und Schlachtfeldern. Er sammelte an einem Ort Blut der Gruppe 0 von genesenden Soldaten, packte keimfreie Zwei-Liter-Glasflaschen mit citrat- und dextrosebehandeltem Blut in Munitionskisten voller Sägespäne und Eis und schickte sie zur Verwendung auf die Schlachtfelder. Damit hatte Captain Oswald eigentlich eine der ersten Blutbanken eingerichtet. (Eine stärker institutionalisierte Blutbank wurde 1932 in Leningrad gegründet.)

Die Dankbarkeit war groß. »Am 13. Juni haben Sie mir ein Bein oberhalb des Knies amputiert«, schrieb ein Soldat 1917 an Major Bruce Robertson, »bevor ich Blut von jemand anderem bekam, haben Sie die Chance, dass ich abkratze, mit drei zu eins angegeben … Könnten Sie die Zeit finden, mir den Namen und die Adresse des Mannes mitzuteilen, der mir sein Blut gespendet hat? Ich würde ihm gern schreiben.«[17]

Als 20 Jahre später der Zweite Weltkrieg ausbrach, waren Blutbanken, Verträglichkeitsprüfungen und Transfusionen auf den Schlachtfeldern allgemein üblich. Im Vergleich zum Ersten Weltkrieg ging die Sterblichkeit bei verwundeten Soldaten, die in ein Lazarett kamen, fast um die Hälfte zurück – was zum Teil an den Bluttransfusionen lag. Anfang der 1940er-Jahre begannen die Vereinigten Staaten mit Unterstützung des Amerikanischen Roten Kreuzes mit einem landesweiten Blutspende- und Blutbankenprogramm. Bei Kriegsende hatte das Rote Kreuz 13 Millionen Einheiten Blut gesammelt, und innerhalb weniger Jahre verfügte das US-Blutspendesystem über 1500 Blutbanken an Krankenhäusern.[18] Es gab 46 städtische und 31 regionale Blutspendezentren.

In den *Annals of Internal Medicine* formulierte es ein Autor 1965 so: »Der Krieg hat die Menschheit nie mit Geschenken beglückt; eine Ausnahme kann man vielleicht für den Impuls und die wachsende Beliebtheit der Verwendung von Blut und Plasma machen, … die auf den Spanischen Bürgerkrieg, den Zweiten Weltkrieg und den Koreakonflikt zurückzuführen sind.«[19] Transfusion und Lagerung von Blut ragen vielleicht mehr als alle anderen Maßnahmen als bedeutsamstes medizinisches Erbe des Krieges heraus.

Sich die Entwicklung der modernen Chirurgie, ungefährlicher Entbindungen oder der Krebs-Chemotherapie ohne die Erfindung der Bluttransfusion vorzustellen, ist so gut wie unmöglich. Ende der 1990er-Jahre musste ich einen Mann mit Leberversagen wiederbeleben. Er hatte eine der schwersten Blutungen, die ich jemals miterlebt hatte. Der über 60-Jährige aus South Boston litt an einer Leberzirrhose, deren Ursache der Hepatologe nie genau hatte dingfest machen können. Er war früher Gastwirt gewesen und trank Alkohol, behauptete aber beharrlich, die Menge liege weit unterhalb dessen, was zu Leberversagen führen würde. Chronische Virusinfektionen gab es nicht. Wahrscheinlich verstärkte eine genetische Veranlagung die Folgen des Alkoholkonsums und führte zu einer chronischen zellulären Entzündung, was schließlich eine ausgebrannte, eingeschrumpfte Leber zur Folge hatte. Seine Augen waren gelb, und die Menge des Albumins, eines im Blut synthetisierten Proteins, lag gefährlich niedrig. Sein Blut gerann auch nicht normal – auch das ein Zeichen für eine Lebererkrankung, denn das Organ produziert einige Faktoren, die für die Blutgerinnung notwendig sind. Er lag jetzt im Krankenhaus und wartete auf eine Lebertransplantation. Ansonsten ging es ihm aber allgemein gut, und er wurde nur routinemäßig überwacht.

Anfangs verlief der Abend ereignislos. Dann aber spürte der Patient eine Welle der Übelkeit, und sein Blutdruck sank. Ein kleiner Monitor begann zu piepen. Die Blutdruckmanschette registrierte immer wieder die Zahlen: Irgendetwas stimmte nicht. Innerhalb weniger Minuten war es, als hätte sich in seinem Darm ein Zapfhahn geöffnet – überall strömte Blut heraus. Leberversagen hat häufig zur Folge, dass die Blutgefäße in Magen und Speiseröhre sich erweitern und spröde werden; platzen sie, ist die Blutung unter Umständen nicht mehr aufzuhalten. Kommt dann noch die im Zusammenhang mit der Zirrhose gestörte Blutgerinnung hinzu, kann die Blutung zu einer medizinischen Katastrophe führen. Krankenschwestern und Ärzte in der Intensivstation bemühten sich, die Blutung zum Stillstand zu bringen, und gaben dann einen dringenden Notrufcode durch. Der leitende Assistenzarzt, der Rufbereitschaft hatte, war an jenem Abend ich.

Als ich in das Zimmer kam, herrschte dort bereits hektische Aktivität. Die Transfusionsschläuche in seinen Venen waren zu dünn. »Ich brauche einen Zugang«, kommandierte ich, wobei ich selbst über Lautstärke und Selbstvertrauen in meiner Stimme überrascht war. Wir schlossen zwei neue Infusionen an, aber wir konnten kaum damit rechnen, dass die Beutel mit der träge tropfenden Salzlösung den Blutverlust ausgleichen konnten.

Der Mann schlug mittlerweile um sich und verlor allmählich das Bewusstsein. Er sprach verworren – Kraftausdrücke, Gestalten aus Sitcoms, Kindheitserinnerungen –, und dann stellte er das Sprechen völlig ein, was Unheil verkündete. Ich fasste ihn an. Seine Füße waren eiskalt – die Blutgefäße in der Haut hatten sich zusammengezogen, um das Blut für die lebenswichtigen Organe aufzusparen. Der Fußboden war mittlerweile mit weißen Tüchern bedeckt, die sich scharlachrot gefärbt hatten; auf meinen Clogs trockneten Blutgerinnsel ein. Mein Kittel war verkrustet und hatte eine purpurrote Farbe angenommen. Eine Krankenschwester tauschte die blutgetränkten Tücher gegen neue aus, aber die waren nach wenigen Minuten ebenfalls hellrot.

Einem Assistenzarzt gelang es, eine große Kanüle in die Halsvene einzuführen, während ich in der Leistenbeuge hektisch nach einer Infusionsstelle suchte.

Puls, Puls, Puls, sagte ich zu mir selbst. Der Blutdruck des Mannes ging mittlerweile weiter in den Keller, und der Puls wurde fadenförmig. Das Notfallteam arbeitete weiter in einem choreografierten Tanz, der mich an die Anfangszeit der Bluttransfusionen erinnerte: Auch das hier war ein Staffellauf, und Blut war das entscheidende Staffelholz.

Bis die Beutel mit dem Blut gebracht wurden, schienen Stunden zu vergehen, in Wirklichkeit dauerte aber alles noch nicht einmal zehn Minuten. Wir hängten zwei Beutel auf. »Vorsichtig drücken«, sagte ich, und es gelang der Schwester, innerhalb weniger Minuten einen ganzen Beutel zu verabreichen. »Kräftiger drücken«, sagte ich; ich hatte es mir anders überlegt, als könnte ich die Zeit damit beschleunigen. Wir brauchten elf, vielleicht zwölf Beutel mit Blut, um ihn zu stabilisieren. Ich zählte nicht mehr. Wir nahmen ein oder zwei Beutel mit Gerinnungsfaktoren und Blutplättchen dazu, um sein Blut besser gerinnen zu lassen. Zwei Stunden später hatten wir den Puls wiederhergestellt, und die Blutung hatte nachgelassen. Am späten Abend war sie zum Stillstand gekommen. Seine Haut erwärmte sich, und er reagierte wieder auf Ansprache. »Bewegen Sie die linke Hand.«

Er tat es. »Wackeln Sie mit den Zehen.« Er tat es. Ich spürte eine unbeschreibliche Freude. Am nächsten Tag wachte er auf und konnte bereits einen Becher Eis in der Hand halten.

Auf dem Bild, das mir aus dieser Nacht dauerhaft im Kopf geblieben ist, gehe ich den verlassenen Korridor der sechsten Etage hinunter und verdrücke mich in den Waschraum, um meine blutgetränkten Clogs mit Spray zu desinfizieren und das eingetrocknete Blut abzuwaschen. Das Leder war so stark verkrustet, dass mir übel wurde. Es war ein Macbeth-Moment: Ich konnte die Flecken nicht abwaschen. Ich warf die Clogs in den Mülleimer und kaufte am nächsten Morgen im Krankenhausladen neue.

Seit jenem Abend benutze ich nie mehr beiläufig das Wort *Blutbad*. Zufällig gehöre ich zu den wenigen Menschen, die tatsächlich in Blut gebadet haben.

KAPITEL 10

Die heilende Zelle

Plättchen, Gerinnsel und eine »moderne Epidemie«

Der große Caesar, tot und Lehm geworden,
Verstopft ein Loch wohl vor dem rauhen Norden.
O daß die Erde, der die Welt gebebt,
Vor Wind und Wetter eine Wand verklebt!
– William Shakespeare, *Hamlet,*
fünfter Akt, erste Szene[1]

Zu behaupten, die Chirurgen, die Krankenschwestern oder übrigens auch ich hätten in jener Nacht in Boston die Blutung des Mannes zum Stillstand gebracht, wäre vermessen. Wir waren nur Helfer. Die zentrale Rolle für die Kontrolle der Blutung spielten Zellen – oder vielmehr Bruchstücke von Zellen.

Im Jahr 1881 fand der italienische Pathologe und Mikroskopiker Giulio Bizzozero heraus, dass das Blut kleine Zellfragmente enthält, winzige, abgerissene Stücke, die kaum sichtbar und doch immer vorhanden sind.[2] Jahrzehntelang hatten sich die Hämatologen über diese kleinen, im Blut schwimmenden Fragmente gewundert; der deutsche Mikroanatom Max Schultze hatte sie 1865 als »Körnchenbildungen« bezeichnet.[3] Er hielt sie für Stücke zerstörter Blutzellen, fand sie in Blutgerinnseln und schrieb: »Die Körnchenbildungen im Blute des

Menschen seien also hiermit allen denen, welche sich eingehender mit dem Blute beschäftigen, angelegentlichst empfohlen.«[4]

Bizzozero erkannte in ihnen einen eigenständigen Blutbestandteil. »Dass es ständig Teilchen im Blut gibt, die sich von den roten und weißen Blutzellen unterscheiden, wird von mehreren Autoren schon seit einiger Zeit vermutet«, schrieb er.[5] »Es ist erstaunlich, dass keiner der früheren Forscher sich der Beobachtung des kreisenden Blutes in lebenden Tieren bedient hat.« Er gab den Stückchen auch einen Namen: das italienische *piastrine* wegen ihres flachen, runden, plättchenähnlichen Aussehens. Auf Deutsch werden sie Blutplättchen genannt.

Bizzozero war nicht nur Mikroskopiker, sondern ein richtiggehender Physiologe. Nachdem er die Zellfragmente im Blut beobachtet hatte, stellte er sich die Frage nach ihrer Funktion. Waren sie nur Trümmer, Treibgut im roten Ozean des Bluts? Wenn er die Arterie eines Kaninchens mit einer Nadel anstach, konnte er beobachten, wie die Plättchen sich an der Verletzungsstelle sammelten: »Blutplättchen, die mit dem Blut herangespült werden, werden an dem geschädigten Punkt festgehalten, sobald sie dort eintreffen«, schrieb er. »Anfangs sieht man nur zwei bis vier bis sechs (Plättchen); sehr bald jedoch steigt ihre Zahl auf Hunderte. In der Regel werden einige weiße Blutzellen zwischen ihnen festgehalten. Nach und nach wächst das Volumen, und wenig später füllt der *Thrombus* [das Blutgerinnsel] den Innenraum der Blutgefäße und behindert den Strom des Bluts immer mehr.«[6]

Blutplättchen haben vom Augenblick ihrer Entstehung an ungewöhnliche biologische Eigenschaften. Der Hämatologe James Wright aus Boston entwickelte Anfang des 20. Jahrhunderts eine neue Färbemethode, mit der er die Zellen im Knochenmark sichtbar machen konnte. Dort fand er, eingebettet zwischen verschiedenen anderen

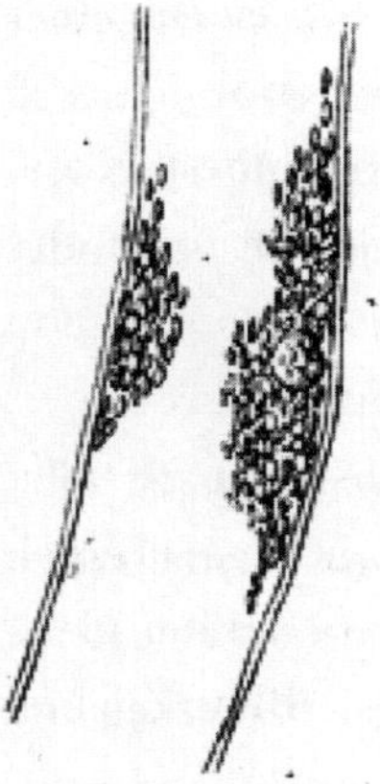

Bizzozeros Zeichnung aus dem Artikel über die Blutgerinnung. Man erkennt, wie ein Blutgerinnsel rund um eine Gefäßverletzung wächst. In der Mitte liegt eine große Zelle – wahrscheinlich eine Neutrophile –, die von der Entzündung angezogen wurde und von Blutplättchen umgeben ist.

Zelltypen – heranreifenden Neutrophilen, deren anfänglich eiförmiger Zellkern sich zu einem viellappigen Gebilde entwickelte, und roten Blutzellen, die sich in dichten, als Hämatogonen bezeichneten Ansammlungen entwickelten –, eine riesige Zelle, die allen Konventionen der Zellbiologie Hohn zu sprechen schien. Diese Zelle besaß keinen einzelnen Zellkern, sondern ein Gebilde mit mehr als einem Dutzend Kernlappen. Sie war vermutlich aus einer Mutterzelle hervorgegangen, bei der sich der Inhalt des Zellkerns vervielfacht hatte, während die eigentliche Zellteilung, die Geburt der Tochterzellen, zum Stillstand gekommen war; stattdessen war sie weiter herangereift und hatte sich dann in Tausende von Fragmenten aufgelöst. Als Wright das weitere Schicksal dieser sogenannten Megakaryozyten (große Zellen mit viellappigem Zellkern) verfolgte, stellte er fest, dass sie nach Art einer Feuerwerksrakete in Tausende von kleinen Splittern zerfallen – die Blutplättchen.

Diese ersten anatomischen Befunde führten dazu, dass man eine Zeit lang die Funktion und Physiologie solcher Zellen eingehend weiter erforschte. Wie schon Bizzozero beobachtet hatte, bilden die Blutplättchen den Hauptbestandteil von Blutgerinnseln. Sie werden durch

Signale, die von einer Verletzung ausgehen – beispielsweise einer Wunde oder einem gerissenen Blutgefäß –, aktiviert, sammeln sich an der Verletzungsstelle und verschließen in einem sich selbst verstärkenden Kreislauf die Blutung. Es waren heilende Zellen (oder genauer gesagt, Zellfragmente).

Parallel dazu entdeckte man, dass es im Blut ein zweites System gibt, das sich mit dem der Blutplättchen überschneidet und ebenfalls dazu dient, Blutungen zum Stillstand zu bringen. Zu ihm gehört eine Reihe von Proteinen, die im Blut schwimmen, Verletzungen bemerken und ebenfalls zu einem dichten Geflecht werden, die Blutplättchen stabilisieren und die Blutung unterbinden. Beide Systeme – Blutplättchen und Gerinnsel bildende Proteine – stehen untereinander in Wechselbeziehung, verstärken sich gegenseitig und bilden so einen stabilen Wundverschluss.

Weitere Aufschlüsse darüber, wie ein Blutplättchen eine Verletzung spürt, gewann man durch eine Reihe von genetischen Störungen, bei denen die Blutplättchenfunktion und damit die Blutgerinnung gestört ist. Der finnische Hämatologe Erik von Willebrand beschrieb 1924 den Fall eines fünfjährigen Mädchens von den Ålandinseln in der Ostsee, dessen Blut nicht ordnungsgemäß gerann.[7] Er analysierte das Blut ihrer Angehörigen, von denen einige an ähnlichen Gerinnungsstörungen litten, und entdeckte dabei, dass bei allen die Blutplättchenfunktion aufgrund einer ererbten Anomalie gestört war. Im Jahr 1971 hatten Forschende die Ursache endlich gefunden: Bei dieser Krankheit, die nach von Willebrand benannt wurde, ist ein entscheidendes Gerinnungsprotein, das passenderweise Von-Willebrand-Faktor oder kurz vWF heißt, entweder nicht vorhanden oder defekt.

Der Von-Willebrand-Faktor kreist im Blut und liegt auch strategisch richtig unter den Zellen, mit denen die Blutgefäße ausgekleidet sind. Bei einer Verletzung des Blutgefäßes wird der vWF freigelegt. Die Blutplättchen tragen Rezeptoren, die den Faktor binden, und können damit »spüren«, wenn das Gefäß durch eine Verletzung exponiert wurde; dann fangen sie an, sich rund um die Verletzungsstelle zu sammeln.

Die Bildung eines Blutgerinnsels ist aber ein noch komplizierterer Vorgang. Proteine, die von den verletzten Zellen freigesetzt werden, dienen ebenfalls als Signale, ziehen Blutplättchen an die Verletzungsstelle und verstärken ihre Aktivierung. Mit wieder anderen Sensoren bemerken Gerinnungsfaktoren, die im Blut schwimmen, die Verletzung. Eine Lawine von Veränderungen wird losgetreten. Letztlich führt sie dazu, dass ein Protein namens Fibrinogen sich in Fibrin verwandelt, das ein Geflecht bildet. Blutplättchen werden in dem Fibrin-Netz eingefangen wie Sardinen im Fischernetz und bilden letztlich das fertige Blutgerinnsel.

Die Unwägbarkeiten des vorzeitlichen Lebens erforderten es, dass Wunden sich verschlossen, damit die Homöostase erhalten blieb. Die Unwägbarkeiten des modernen Lebens werfen das umgekehrte Problem auf: Blutplättchen werden zu stark aktiviert. Der Prozess, durch den Wunden heilen sollen, ist selbst zur Krankheit geworden; oder, wie Rudolf Virchow es vielleicht formuliert hätte: Die Zellphysiologie hat eine Kehrtwende vollzogen und ist zur Zellpathologie geworden. Im Jahr 1886 beschrieb William Osler, einer der Begründer der modernen Medizin, Gerinnsel voller Blutplättchen, die sich an den Herzklappen gebildet hatten, aber auch in der Aorta, jenem großen, bogenförmigen Blutgefäß, das vom Herzen in den Körper führt.[8] Fast drei Jahrzehnte später, 1912, beschrieb ein Kardiologe in Chicago den rätselhaften Fall eines 55-jährigen Bankiers, der »umfiel wie ein Stein«. Als die Ärzte die Angelegenheit untersuchten, stellten sie fest, dass die Arterie, die das Blut zum Herzen des Patienten transportiert, durch ein Blutgerinnsel verschlossen war. Die Störung wurde allgemein unter dem Namen »Herzinfarkt« bekannt – manchmal spricht man auch von einer »Herzattacke«, weil die Krise so schnell und plötzlich auftritt.

Während sich also die prähistorischen Menschen vielleicht ein Medikament gewünscht hätten, mit dem sie die Blutplättchen aktivieren konnten, damit Wunden besser heilten, suchen wir heute nach Wirkstoffen, die die Aktivität der Blutplättchen dämpfen. Lebensweise, Lebenserwartung, Gewohnheiten und Umwelt – insbesondere fettreiche Ernährung, Bewegungsmangel, Diabetes, Übergewicht, Bluthochdruck und Rauchen – haben zur Ansammlung von Plaques geführt: An den Arterienwänden hängen entzündete, verkalkte, cholesterinreiche Klumpen wie gefährliche Trümmerhaufen an Autobahnen, was Unfälle nur allzu wahrscheinlich werden lässt.* Wenn

---

* Die Aufklärung des Cholesterinstoffwechsels, sein Zusammenhang mit Herzerkrankungen und die Entwicklung neuer Medikamente, mit denen man das Cholesterin verändert, ist ein Musterbeispiel dafür, wie genaue klinische Beobachtungen, Zellbiologie, Genetik und Biochemie durch ihr Zusammenwirken ein medizinisches Rätsel lösen konnten.[9] Die Geschichte beginnt mit klinischen Beobachtungen an mehreren Familien, die wegen eines ungewöhnlich hohen Cholesterinspiegels im Blut an seltsamen Symptomen litten. Im Jahr 1964 wurde beispielsweise der dreijährige John Despota in Chicago zum Hausarzt gebracht. Auf seiner Haut zeigten sich gelblich braune, mit Cholesterin gefüllte Höcker. Der Cholesterinspiegel im Blut lag um das Sechsfache über dem Normalwert. Mit zwölf Jahren tauchten in seinen Arterien erste Cholesterinplaques auf, und er litt regelmäßig an Schmerzanfällen in der Brust. John hatte eindeutig eine genetische Veranlagung für einen anormal hohen Cholesterinspiegel und bekam mit zwölf Jahren bereits Herzinfarkte; also schickten seine Ärzte eine Biopsie seiner Haut an zwei Wissenschaftler, die sich mit der Biologie des Cholesterins beschäftigten. Die beiden, Michael Brown und Joe Goldstein, analysierten in den nächsten zehn Jahren weitere Fälle wie den von John und

eine Plaque reißt oder aufbricht, wird dies als Verletzung wahrgenommen. Damit wird die uralte Lawine zur Wundheilung losgetreten und in Gang gesetzt. Blutplättchen eilen herbei, um die »Wunde« zu verschließen – aber der Verschluss blockiert in diesem Fall keine Verletzung, sondern die lebenswichtige Durchblutung des Herzmuskels. Damit verwandeln sich die heilenden Plättchen in tödliche Plättchen.

---

entdeckten, dass normale Zellen auf ihrer Oberfläche Rezeptoren für ganz bestimmte, im Blut kreisende, cholesterinreiche Teilchen tragen: das Lipoprotein niedriger Dichte, auch LDL (*low density lipoprotein*) genannt. Normalerweise nehmen die Zellen das Cholesterin auf und setzen es in ihrem Stoffwechsel um; damit entziehen sie es dem Blut, sodass LDL dort nur in geringen Mengen vorhanden ist. Bei Patienten wie John Despota sind Aufnahme und Stoffwechsel durch genetische Mutationen gestört. Im Blut kreisen große Mengen von LDL-Cholesterin, was letztlich dazu führt, dass sich in den Arterien breiige Ablagerungen bilden, auch in jenen, die zum Herzen führen. Die Folge sind Schmerzen in der Brust und Herzinfarkte. Im Lauf der nächsten Jahre entdeckten Brown und Goldstein Dutzende von seltenen genetischen Mutationen, die den Cholesterinstoffwechsel beeinträchtigen. In der Folge kamen viele weitere Befunde zusammen, und den Kardiologen wurde klar, dass ein hoher LDL-Spiegel nicht nur bei den wenigen Menschen mit genetischen Mutationen zu Cholesterinablagerungen führt, sondern auch in weiten Teilen der Bevölkerung, in denen die Gefahr eines Herzinfarkts besteht. Das wiederum führte zur Entwicklung cholesterinsenkender Medikamente, was sich auf die Häufigkeit von Herzerkrankungen ungeheuer positiv auswirkte. Brown und Goldstein erhielten 1985 den Nobelpreis; ihre Arbeiten haben Millionen Menschenleben gerettet. In den 1980er-Jahren fanden Helen Hobbs und Jonathan Cohen, die im Institut von Brown und Goldstein arbeiteten, weitere Gene, die ebenfalls die Aufnahme und den Stoffwechsel des LDL-Cholesterins beeinflussen; dies führte zu einer neuen Generation von Wirkstoffen, die den LDL-Spiegel senken und damit Herzinfarkten vorbeugen.

»Die moderne Epidemie der Herzerkrankungen«, schrieb der Arzt und Historiker James Le Fanu, »begann ganz plötzlich in den 1930er-Jahren. Wie ernst sie war, erkannten die Ärzte ohne Schwierigkeiten, denn unter den ersten Opfern waren viele ihrer Kollegen, scheinbar gesunde Mediziner mittleren Alters, die ohne erkennbaren Grund plötzlich zusammenbrachen und starben … Die neue Krankheit brauchte einen Namen. Die Ursache, so schien es, war ein Blutgerinnsel in den Arterien am Herzen, die durch eine breiige Substanz verengt waren – ein Atherom, bestehend aus einem Fasermaterial und einer Form des Fetts, die als Cholesterin bezeichnet wurde.«[10]

Wie die moderne Epidemie entstand, kann man nachvollziehen, wenn man die Todesanzeigen in Lokalzeitungen aus den Fünfziger- und Sechzigerjahren liest – zugegebenermaßen eine makabre Beschäftigung. Dort wimmelt es von den Namen von Männern und Frauen, die »plötzlich Schmerzen in der Brust hatten« und kurz danach zusammenbrachen und starben: Elmer Sweet, Mendocino, Kalifornien, Superintendent, 1950, mit 53 Jahren; John Adams, Installateur aus Pine City, Minnesota, 1952, mit 77 Jahren; Gordon Mitchell, Vorarbeiter in einer Textilfabrik, 1962, mit 40 Jahren; Lloyd Ray Luchsinger, 1963, mit 61 Jahren; und so weiter und so fort, Tag für Tag. Als die Zahl der Todesopfer durch Herzinfarkte stieg, wuchs in der Pharmakologie das Bestreben, Medikamente zu entwickeln, die den Gerinnungsvorgang blockierten. Das bekannteste war das Aspirin. Sein aktiver Bestandteil, die Salicylsäure, wurde ursprünglich aus Weidenextrakten gewonnen und diente schon im antiken Griechenland, Sumer, Indien und Ägypten zur Bekämpfung von Entzündungen, Schmerzen und Fieber.

Im Jahr 1897 fand der junge Chemiker Felix Hoffmann, der für den Pharmakonzern Bayer arbeitete, einen Weg zur Synthese einer chemischen Abwandlung der Salicylsäure.[11] Das Medikament wurde Aspirin oder kurz ASS genannt, eine Abkürzung für Acetylsalicylsäure. (Der Name setzt sich aus dem *a* von *acetyl* und *spir* aus *Spiraea ulmaria* zusammen, der Pflanze, aus der man die Salicylsäure ursprünglich gewonnen hatte.)

Hoffmanns Aspirinsynthese war eine chemische Meisterleistung, aber der Weg vom Molekül zur Arznei war umständlich. Friedrich Dresser, ein leitender Manager von Bayer, war dem Aspirin gegenüber misstrauisch und hätte die Produktion fast verhindert; er behauptete, der Wirkstoff habe eine »schwächende« Wirkung auf das Herz. Lieber konzentrierte er sich auf die Entwicklung eines anderen Medikaments: Heroin sollte als Hustensaft und Schmerzmittel dienen. Aber Hoffmann bestand hartnäckig darauf, Aspirin zu produzieren, und trieb die Geschäftsführung von Bayer so weit, dass sie ihm fast gekündigt hätte. Aber am Ende wurden die Tabletten produziert und vermarktet. Um Dressers Bedenken Rechnung zu tragen, musste das Medikament, das anfangs zur Linderung von Schmerzen und Fieber vermarktet wurde, die Aufschrift »Beeinträchtigt nicht das Herz« auf der Packung tragen.

In den 1940er- und 1950er-Jahre verabreichte Lawrence Craven, ein Allgemeinarzt in einem Vorstadtgebiet in Kalifornien, seinen Patienten erstmals Aspirin zur Vorbeugung von Herzinfarkten.[12] Er hatte die Aspirindosis im Selbstexperiment auf bis zu zwölf Tabletten am Tag gesteigert – was weit oberhalb der Empfehlungen lag – und bekam plötzlich spontan heftiges Nasenbluten. Er stillte die Blutung mit Taschentüchern und war nun überzeugt, dass Aspirin ein wirksamer Gerinnungshemmer war; danach behandelte Craven fast 8000 Patienten mit dem Wirkstoff. Dabei stellte er fest, dass die Zahl der Herzinfarkte deutlich zurückging.

Aber Craven war kein herkömmlicher Mediziner und Wissenschaftler; er hatte keine Kontrollgruppe mit Patienten, die nicht behandelt wurden und mit denen, die Aspirin erhielten, verglichen werden konnten. Seine Befunde wurden jahrzehntelang abgetan; erst in den Siebziger- und Achtzigerjahren wurde mit umfangreichen randomisierten Studien bewiesen, dass Aspirin tatsächlich eines der wirksamsten Mittel ist, wenn man einen Herzinfarkt verhüten oder akut behandeln will.

Aber schon in den 1960er-Jahren zeigten eingehendere Forschungsarbeiten zur Biologie der Blutplättchen, wie Aspirin die Gerinnung verhindert. Die Blutplättchen produzieren im Zusammenwirken mit einigen anderen Zellen die Substanzen, die eine Verletzung signalisieren, und werden dann aktiviert. Aspirin blockiert in niedriger Dosierung das entscheidende Enzym, das diese Substanzen erzeugt, sodass die Aktivierung der Blutplättchen und die nachfolgende Gerinnung abgeschwächt werden. Als Vorbeugungsmittel gegen Herzinfarkte dürfte Aspirin zu den wichtigsten Medikamenten des letzten Jahrhunderts gehören.

Ein Herzinfarkt tritt auf, wenn eine Plaque in einem Herzkranzgefäß (auch Koronararterie genannt) platzt und die Bildung eines Blutgerinnsels auslöst. In den 1990er-Jahren arbeitete ich während meiner Ausbildung an einer internistischen Klinik, die von einem kahlköpfigen Achtzigjährigen mit polierten Lederschuhen und feinsinniger, väterlicher Ausstrahlung geleitet wurde. Er erzählte mir von der Zeit seiner eigenen medizinischen Ausbildung: Damals gab es zur Behandlung eines Herzinfarkts nur Bettruhe, Sauerstoff und die Ruhigstellung mit Morphium, das in einer Glasspritze verabreicht wurde. Die modernen diagnostischen Tests und Therapiemethoden lagen noch in weiter Ferne: Heute bringt man den Patienten in aller Eile ins Krankenhaus (in jeder vergeudeten Minute sterben Teile des Herzmuskels ab, was zu irreversiblen Schäden führt); mit einem Elektrokardiogramm (EKG) wird die elektrische Aktivität des Herzens schon im Rettungswagen gemessen und digital an das Krankenhaus übertragen; nach Verabreichung von Aspirin und Sauerstoff wird der Patient eilig ins Herzkatheterlabor gebracht, wo er ein Thrombolytikum erhält, einen Wirkstoff, der ein Blutgerinnsel schnell auflösen kann, oder man öffnet die verstopfte Arterie mit einem aufblasbaren Ballon.

Mein damaliger Vorgesetzter behauptete, er könne eine koronare Herzkrankheit allein mit der körperlichen Untersuchung diagnostizieren. Als Erstes erstellte er gedanklich eine Liste der Risikofaktoren des Patienten; manche davon sind vermeidbar, andere nicht: Übergewicht, eine hohe Konzentration einer bestimmten Form des Cholesterins, chronischer Tabakkonsum, Bluthochdruck und/oder eine Familiengeschichte mit koronarer Herzkrankheit. Alle Punkte flossen in eine Rechnung ein, die er für sich behielt. Er legte das Stethoskop auf den Hals der kranken Person und suchte nach gurgelnden Geräuschen, die auf Plaques in den zum Gehirn verlaufenden Halsschlagadern hindeuten; Fettablagerungen in einer Arterie sind in der Regel auch ein Hinweis auf Fettablagerungen in einer anderen. Außerdem erkundigte er sich sorgfältig nach früheren Brustschmerzen oder auch nur dem leichtesten Kribbeln, wenn der Patient ging oder lief. Anschließend erklärte er mit der Grandiosität eines Zauberkünstlers, der Patient habe eine koronare Herzkrankheit oder nicht; erst dann schickte er ihn oder sie zu bestätigenden Untersuchungen. Meist hatte er recht. Mit ähnlicher Grandiosität bezeichnete er die Herzkranzgefäße, die das Herz mit Blut versorgen, als »Flüsse des Lebens«.

Die Plaque häuft sich in den Herzkranzgefäßen meist im Lauf von Jahrzehnten an wie eine wachsende Ansammlung von Müll und Schlamm an einem Flussufer; sie wölbt sich bis zur Mitte des hohlen Gefäßes vor und verlangsamt den Blutfluss, blockiert ihn aber nie ganz. Plaque enthält Ablagerungen von Cholesterin, entzündeten Immunzellen, Calcium und anderen Bestandteilen. Der Innenraum (Lumen) des Gefäßes verengt sich, und die gestaute Durchblutung macht sich in Form immer wiederkehrender, brennender Schmerzen in der Brust bemerkbar, die Angina pectoris genannt werden. Der Grund: Der Herzmuskel muss sich mehr anstrengen, um seinen Bedarf an sauerstoffbeladenem Blut zu decken.

Oft ist die Angina pectoris aber der Vorbote einer akuten Krise. Eines Tages platzt die Ablagerung auf und ergießt sich in die Mitte des Flusses. Blutplättchen, die Verletzungsdetektive des Organismus, eilen an die aufgerissene Stelle und verschließen sie. Was als physiologische Reaktion auf eine Wunde geplant war, wird zur pathologischen Reaktion auf eine Plaque. Jetzt kommt der verlangsamte Verkehr auf dem Fluss vollkommen zum Stillstand – der Herzinfarkt ist eingetreten.

Im Lauf der Jahre hat man eine Fülle von Medikamenten und Methoden entwickelt, um Herzinfarkte zu verhüten oder zu behandeln. Natürlich gibt es das Aspirin, das die Blutplättchen daran hindert, Gerinnsel zu bilden. Es gibt Wirkstoffe, die Gerinnsel auflösen, wenn sie entstanden sind, und blutplättchenhemmende Präparate, die dafür sorgen, dass die Blutplättchen überhaupt nicht aktiviert werden.[13] Im Bereich der Vorbeugung gibt es Atorvastatin und andere Wirkstoffe, die im Blut die Menge einer bestimmten Form des Cholesterins senken, das in Form kleiner Klumpen namens LDL vorliegt. Das wiederum verhindert, dass sich cholesterinreiche Abfallhaufen ansammeln und unsere Arterien verstopfen.

Aber all diese Medikamente müssen ein Leben lang täglich eingenommen werden. Kürzlich schlug Verve Therapeutics, ein neu gegründetes Biotechnologieunternehmen aus Boston, eine kühne Strategie zur Verminderung des LDL-Cholesterinspiegels vor. Sein Gründer, der Genetiker und Kardiologe Sekar Kathiresan, erhielt seine Ausbildung wenige Jahre vor mir am Massachusetts General Hospital. Die Klinik war ein Lehrkrankenhaus: Die erfahrensten Ärzte gaben ihr Wissen an die leitenden Assistenzärzte weiter, diese unterrichteten ihrerseits die jüngeren Assistenzärzte und Praktikanten. Als ich dort anfing, war Sekar leitender Assistenzarzt. Von ihm lernte ich, wie man einen intravenösen Zugang in die Halsvene eines Mannes legt, der auf der Intensivstation um sich schlägt, oder wie man einen Katheter durch die Halsvene in den Herzvorhof einer Frau einführt, um dort genau den Druck zu messen. Jahre später erfuhr ich, dass Sekar ein zutiefst persönliches Interesse an Herzkrankheiten hatte: Sein Bruder war mit knapp über 40 Jahren nach dem Joggen zusammengebrochen und an einem Herzinfarkt gestorben. In den folgenden Jahrzehnten identifizierte Sekar mit seinen bahnbrechenden Arbeiten zahlreiche Gene, die das Risiko eines Herzinfarkts steigen lassen, wenn man sie in veränderter Form geerbt hat.

Viele entscheidende Proteine, die für Bildung, Transport und Kreislauf des sogenannten schlechten Cholesterins sorgen, werden in der Leber synthetisiert. Erinnern wir uns noch einmal an die Methoden zum Redigieren von Genen, mit denen He Jiankui die Gene menschlicher Embryonen verändert hatte – womit er im Wesentlichen das genetische Drehbuch menschlicher Zellen neu schrieb. Weder Sekar noch Verve hat das Interesse oder den Wunsch, Gene menschlicher Embryonen zu verändern; sie wollen vielmehr die Methoden zum Redigieren von Genen dazu verwenden, die Gene für solche mit dem Cholesterin zusammenhängenden Proteine in Leberzellen zu inaktivieren – und das, ohne die Leber aus dem Körper zu entnehmen. Die Forschenden bei Verve haben Methoden entwickelt, um Katheter in die zur Leber führenden Arterien einzubringen. (Dabei war die Geschicklichkeit, die Sekar durch seine jahrzehntelange kardiologische Tätigkeit erworben hatte, sicher hilfreich.) Mit den Kathetern werden die Enzyme zum Redigieren von Genen, die in winzigen Nanopartikeln verpackt sind, in das Organ gebracht. Wenn sie ihre Fracht in den Leberzellen abgeladen haben, verändern die Enzyme den Informationsgehalt der Gene, die am Cholesterinstoffwechsel mitwirken, und lassen so die Menge des Cholesterins im Blut drastisch sinken – letztlich aktivieren sie die Wege zum Abbau des LDL. Dazu ist nur eine einmalige Infusion erforderlich. Die Veränderung, die an den Genen vorgenommen wurde, bleibt während des restlichen Lebens erhalten. Wenn Verves Gentherapie gelingt, würde sie bei einem Menschen für einen dauerhaft niedrigen Cholesterinspiegel sorgen, und damit wäre er dauerhaft vor der koronaren Herzkrankheit und vor Herzinfarkten geschützt. Es wäre die bestmögliche zellbiologische Maßnahme gegen Herzkrankheiten. Der Fluss des Lebens (um noch einmal den Ausdruck meines alten Professors zu verwenden) wäre für immer gesäubert.

KAPITEL 11

Die wachsame Zelle

Neutrophile und ihr Kampf gegen Krankheitserreger

Im Jahre 1736 verlor ich einen meiner Söhne,
einen hübschen vierjährigen Knaben, an den Pocken,
die er auf die gewöhnliche Weise bekommen hatte.
Ich bereute lange Zeit und bereue noch heute bitterlich,
daß ich den Knaben nicht hatte impfen lassen.
– Benjamin Franklin[1]

Blut ist rot, und diese Farbe ist in unserem Bild vom Blut so verwurzelt, dass man die weißen Blutzellen jahrhundertelang nicht bemerkte oder entdeckte. Erst in den 1840er-Jahren blickte der französische Pathologe Gabriel Andral in Paris durch sein Mikroskop und fand, was zwei Generationen von Mikroskopikern offensichtlich übersehen hatten: einen zweiten Typ von Blutzellen.[2] Im Gegensatz zu den roten Zellen fehlt diesen das Hämoglobin, aber sie besitzen einen Zellkern und sind unregelmäßig geformt; hin und wieder tragen sie sogar Pseudopodien, fingerähnliche Auswüchse und Fortsätze. Sie wurden als »Leukozyten« oder weiße Blutzellen bezeichnet. (»Weiß« bedeutet in diesem Zusammenhang nur, dass sie nicht rot sind.)

Der englische Arzt William Addison äußerte 1843 die scharfsinnige Vermutung, die weißen Zellen – er bezeichnete sie als »farblose Körperchen« – könnten eine entscheidende Bedeutung für Infektionen und Entzündungen haben.[3] Addison hatte Obduktionsberichte über Tuberkel gesammelt, weiße, mit Eiter gefüllte Knoten, die in der Regel im Zusammenhang mit Tuberkulose auftreten, aber auch bei manchen anderen Infektionen. In einem Fallbericht stellte er fest: »Ein kräftiger junger Mann im Alter von 20 Jahren berichtete, er habe Husten und Schmerzen in der Körperseite … Er hatte einen kleinen, hackenden Husten, der ihn plagte.«[4] Wenig später entwickelten sich die Symptome zu »einem rätselhaften, tief sitzenden, schleimigen Rasseln und beim Husten zu einem sehr charakteristischen Platschen«. Der Mann starb vier Monate später »mit allen Begleiterscheinungen eines tiefen, schnellen Niedergangs«. Als Dr. Addison die Lunge obduzierte, fand er »Tuberkel in beträchtlicher Zahl«.[5] Wenn er die Knoten zwischen Glasplättchen legte, zerfielen sie häufig oder bildeten kleine Kugeln. Unter dem Mikroskop konnte er sehen, dass die Kügelchen aus Eiter und Tausenden von weißen Blutzellen bestanden, als wären diese Zellen gezielt an den entzündeten Stellen hinzugezogen worden. Manche von ihnen, so Addison, »waren voller Körnchen«.[6] Vielleicht, so überlegte er, transportierten sie diese körnige Fracht in die infizierten Körperbereiche.

Aber welcher Zusammenhang bestand zwischen den weißen Zellen und Entzündungen? Im Jahr 1882 hatte Elie (oder Ilja) Metschnikow, ein unsteter Zoologieprofessor, Ärger mit seinen Kollegen an der Universität Odessa und machte sich verschnupft nach Messina in Sizilien auf, wo er ein privates Labor einrichtete.[7] Er war ein temperamentvoller Mann mit depressiven Neigungen – im Lauf seines Lebens unternahm er zwei Selbstmordversuche, einen davon, indem er krankheitserregende Bakterien schluckte. Oftmals geriet er in Widerspruch zur wissenschaftlichen Lehrmeinung, aber er hatte einen untrüglichen Blick für die experimentelle Wahrheit.

In Messina, wo die warmen, sanft abfallenden, windigen Strände ständig eine Fülle von Meerestieren lieferten, begann Metschnikow, mit Seesternen zu experimentieren. Als er eines Abends allein war – seine Frau und die Kinder waren in den örtlichen Zirkus gegangen, um die Affen zu sehen –, entwickelte er ein Experiment, das seine Karriere prägen und unsere Kenntnisse über Immunität verändern sollte. Die Seesterne waren halb durchsichtig; er hatte zugesehen, wie Zellen durch ihren Körper wanderten. Besonders interessierten ihn die Bewegungen der Zellen nach einer Verletzung. Was geschah, wenn er einen Stachel in einen Arm des Seesterns steckte?

Nach einer schlaflosen Nacht kehrte er am nächsten Morgen zu seinem Experiment zurück. Rund um den Stachel hatte sich eine Gruppe beweglicher Zellen gesammelt – »eine dicke Polsterschicht«.[8] Damit hatte er im Wesentlichen die ersten Schritte von Entzündung und Immunantwort beobachtet: An der Verletzungsstelle wurden Immunzellen rekrutiert, und nachdem sie dort eine Fremdsubstanz (in diesem Fall den Stachel) bemerkt hatten, wurden sie aktiviert. Wie Metschnikow feststellte, wanderten die Immunzellen eigenständig zu der entzündeten Stelle, als würden sie von einer Kraft oder einem Lockstoff angetrieben. (Später erwiesen sich diese Lockstoffe als Chemokine und Zytokine, besondere Proteine, die von Zellen nach einer Verletzung ausgeschüttet werden.) »Die Anhäufung beweglicher Zellen rund um den Fremdkörper erfolgt ohne jede Hilfe von Blutgefäßen oder Nervensystem«, schrieb er, »und das aus dem einfachen Grund, dass diese Tiere weder das eine noch das andere besitzen. Dass die Zellen sich rund um den Splitter gruppieren, ist also einer Art spontaner Aktion zu verdanken.«[9]

Ausgehend von dieser Idee – Immunzellen werden aktiv zu Entzündungsstellen hinzugezogen – stellte Metschnikow im Lauf der folgenden Jahre eine Reihe von Experimenten an. Er weitete seine Beobachtungen auf andere Lebewesen und andere Formen von Verletzungen aus. So ließ er infektiöse Sporen in den Darm von Daphnien eindringen, winzigen Krebstieren, die umgangssprachlich als Wasserflöhe bezeichnet werden. Dabei stellte er fest, dass die Immunzellen nicht nur zu den entzündeten Stellen wanderten. Sie versuchten auch, die Erreger oder Reizstoffe, die sich dort angesammelt hatten, in sich aufzunehmen – zu *fressen*. Das Phänomen bezeichnete er als Phagozytose: Infektiöse Erreger werden von einer Immunzelle umschlossen und verspeist.[10]

In einer Reihe von Aufsätzen, die Mitte der 1880er-Jahre erschienen und ihm schließlich den Nobelpreis einbrachten, verwendete Metschnikow für das Verhältnis zwischen einem Lebewesen und eingedrungenen Organismen den Begriff *Kampf*.[11] Er schilderte ein »Drama, das sich innerhalb der Organismen entfaltet« und einem ständigen Gefecht gleicht. (Man ist versucht zu spekulieren, dass auch seine Beziehung zum wissenschaftlichen Establishment ein einziger, ständiger Kampf war.) »Zwischen den beiden Elementen [dem Mikroorganismus und den phagozytierenden Zellen] findet ein Kampf statt. Manchmal gelingt es den Sporen, sich fortzupflanzen. Es entstehen Mikroorganismen, die eine Substanz ausscheiden, welche die beweglichen Zellen auflöst. Solche Fälle sind aber insgesamt selten. Weit häufiger kommt es dazu, dass die beweglichen Zellen die infektiösen Sporen töten und verdauen und damit die Immunität für den Organismus gewährleisten.«

Die beim Menschen vorkommende Form der von Metschnikow entdeckten phagozytierenden Zellen – Makrophagen, Monozyten und Neutrophile – gehören zu den ersten Zellen, die auf Verletzungen und Infektionen reagieren.[12] Die Neutrophilen entstehen im Knochenmark. Ihr Name deutet darauf hin, dass man sie mit neutralen Farbstoffen färben kann, nicht aber mit sauren oder basischen; »neutrophil« bedeutet »Neutrales liebend«.*

Nachdem die Neutrophilen in den Kreislauf eingetreten sind, leben sie nur wenige Tage. Aber das sind dramatische Tage. Durch eine Infektion angeregt, reifen die Zellen im Knochenmark und strömen kampfeslustig mit körnigem Gesicht und erweitertem Kern in die Blutgefäße – eine Truppe junger Soldaten, die in den Kampf geschickt werden. In ihrer Evolution haben sich besondere Mechanismen entwickelt, mit denen sie sich schnell durch das Gewebe bewegen können und sich durch die Blutgefäße winden wie Schlangenkünstler. Es ist, als würden sie wie wahnsinnig dazu getrieben, die Orte von Infektion und Entzündung aufzusuchen. Zum Teil liegt es daran, dass sie deutlich den von Verletzungsstellen ausgehenden Gradienten der Zytokine und Chemokine wahrnehmen. Sie sind schlanke, energische, wendige Maschinen und für einen Immunangriff gebaut. Professionelle Killer – Wächterzellen – mit einem Auftrag.

---

* Die Einteilung der weißen Blutzellen auf der Grundlage ihres Färbeverhaltens war ein weiterer entscheidender Beitrag, den Paul Ehrlich zur Biologie leistete. Er probierte Tausende von Farbstoffen aus und stellte fest, dass manche von ihnen eine bemerkenswerte Fähigkeit besitzen, an eine Zelle oder bestimmte Unterstrukturen zu binden. Anfangs unterschied Ehrlich aufgrund solcher Bindungseigenschaften zwischen verschiedenen Zellen – Neutrophile färben sich blau, wenn sie neutrale Farbstoffe binden, und *Basophile*, ein weiterer Zelltyp im Blut, binden Farbstoffe, die nicht sauer sind. Ehrlich bezeichnete das Prinzip als spezifische Affinität[13] und stellte die Frage, ob man die Vorliebe bestimmter Zellen für einzelne Farbstoffe nicht auch nutzen könne, um die Zellen nicht nur zu färben, sondern auch abzutöten. Dieser Gedanke führte 1910 zur Entdeckung des Antibiotikums Salvarsan und bildete die Grundlage für seinen Wunsch, eine »magische Kugel« gegen Krebs zu finden – eine Substanz mit einer spezifischen Affinität und Giftwirkung für bösartige Zellen.

Wenn sie an einer Infektionsstelle eintreffen, beginnt ein komplizierter, disziplinierter Einsatz. Zunächst wandern sie an die Ränder eines Blutgefäßes. Dann rollen sie an den Wänden entlang und treten in Aktion, indem sie an bestimmten Proteinen der Gefäßwand hängen bleiben und sich wieder davon lösen. Schließlich docken sie fester am Rand eines Gefäßes an und wandern dann aktiv ins Gewebe – Lunge oder Haut –, wo sie die Mikroorganismen mit den in ihren Körnchen enthaltenen Giftsubstanzen bombardieren. Außerdem beginnen sie, die Mikroorganismen oder ihre Bruchstücke durch Phagozytose in ihr Inneres aufzunehmen. Dort werden die Fragmente in die Lysosomen dirigiert, besondere Zellkompartimente voller giftiger Enzyme, die den Mikroorganismus abbauen.

Diese erste Immunantwort hat einen erstaunlichen Aspekt: Die beteiligten Zellen, darunter Neutrophile und Makrophagen, sind *von sich aus* mit Rezeptoren ausgestattet, die Proteine (und andere Substanzen) auf der Oberfläche oder im Inneren mancher Bakterienzellen oder Viren erkennen. Überlegen wir einmal, was das bedeutet. Wir – vielzellige Tiere – befinden uns schon so lange in unserer Evolutionsgeschichte mit den Mikroorganismen im Krieg, dass beide Seiten sich wie uralte, ewige Feinde gegenseitig definiert haben. Wir tanzen im Gleichschritt. Unsere schnell reagierenden Immunzellen tragen Mustererkennungsrezeptoren, die von ihrem Wesen her dazu bestimmt sind, sich an Mikroorganismen oder verletzte Zellen zu heften, und zwar an Moleküle, die nicht für einen bestimmten Krankheitserreger (beispielsweise Streptokokken) charakteristisch sind, sondern in nahezu allen Bakterien und Viren vorkommen. Manche Rezeptoren erkennen ein Protein, das zur Zellwand von Bakterien gehört, nicht aber zur Zellmembran von Tierzellen. Manche heften sich an ein Protein, das es ausschließlich in den Ruderschwänzen mancher Bakterien gibt. Wieder andere nehmen Signale von Zellen wahr, die von Viren infiziert wurden. Ganz allgemein gibt es zwei

Klassen solcher Rezeptoren: Die einen erkennen »schadensassoziierte Molekülmuster« (Substanzen, die von geschädigten Zellen ausgeschüttet werden), die anderen »pathogenassoziierte Molekülmuster« (das heißt Zellbestandteile von Mikroorganismen). Kurz gesagt, suchen sie im Organismus nach Mustern von Verletzungen und Infektionen – nach Substanzen, die Eindringlinge und pathogene Wirkungen signalisieren.

Wenn Neutrophile oder Makrophagen auf eine Bakterienzelle treffen, sind sie bereits auf den Kampf eingestellt. Es handelt sich nicht um eine »erlernte« oder adaptive Form der Immunität; die Reaktion ist in der Zelle vorgegeben, und die Sensoren dafür sind in den Neutrophilen von Anfang an vorhanden. Kurz gesagt, tragen wir auf der Oberfläche unserer Zellen das Gegenstück zum Bild mancher Mikroben oder Erinnerungen an das, was sie in unserem Körper anrichten, wie fotografische Negative. Wir und sie: Sie sind in uns, selbst wenn sie nicht in uns sind. Das ist ein Symbol für unseren Kampf.

Seit den 1940er-Jahren bezeichnete man diesen Teil der Immunantwort mit Neutrophilen, Makrophagen und anderen Zelltypen sowie ihren zugehörigen Signalen und Chemokinen als »angeborenes Immunsystem«.* »Angeboren« nennt man es unter anderem deshalb,

* Zum angeborenen Immunsystem gehören auch zahlreiche andere Bestandteile, darunter die Mastzellen, die natürlichen Killer- oder NK-Zellen und die dendritischen Zellen. All diese Zelltypen erfüllen in der frühen Immunantwort auf Krankheitserreger unterschiedliche Funktionen. Sie haben aber das gemeinsame Merkmal, dass sie nicht über eine gelernte oder adaptive Fähigkeit verfügen, ihren Angriff gegen einen ganz bestimmten Krankheitserreger zu richten. Sie behalten auch keine Erinnerung an einen bestimmten Krankheitserreger (in jüngster Zeit konnte man allerdings nachweisen, dass Untergruppen der natürlichen Killerzellen ein begrenztes adaptives Erinnerungsvermögen für bestimmte Krankheitserreger

weil es von vornherein in uns angelegt ist und nichts über irgendwelche Aspekte der Mikroorganismen, die eine Infektion verursacht haben, erlernen oder sich daran anpassen muss. (Auf den adaptiven Teil der Immunantwort mit B-Zellen, T-Zellen und Antikörpern werden wir im nächsten Kapitel zu sprechen kommen.) Angeboren heißt es aber auch deshalb, weil es der älteste Teil des Immunsystems ist und deshalb schon bei unseren Vorfahren vorhanden war. Wie Metschnikow als Erster beobachtete, besitzen es sogar Seesterne. Ebenso Wasserflöhe, Haie, Elefanten, Loris, Gorillas und natürlich wir Menschen.

In irgendeiner Form findet sich eine angeborene Immunantwort bei praktisch allen vielzelligen Lebewesen. Fliegen besitzen nur das angeborene System; erzeugt man Mutationen in den zugehörigen Genen, werden die Fliegen – also die Tiere, die man mit Verwesung in Verbindung bringt – von Mikroorganismen befallen und verwesen selbst. Zu den gruseligsten Bildern, die mir in der Zellbiologie begegnet sind, gehört das einer Fliege, die von Bakterien bei lebendigem Leib gefressen wurde, weil ihr angeborenes Immunsystem zerstört war.

Das angeborene System gehört nicht nur zu den ältesten Teilen unserer Immunität, sondern da es als Erstes reagiert, ist es auch von entscheidender Bedeutung. Meist bringen wir Immunität mit B- und T-Zellen oder mit Antikörpern in Verbindung, aber ohne Neutrophile und Makrophagen würde uns das gleiche Schicksal ereilen wie die verwesende Fliege.

---

besitzen). Als Träger der schnellen Antwort werden sie vielmehr durch allgemeine Signale aktiviert, die nach einer Infektion, einer Entzündung oder einer Verletzung freigesetzt werden, und sie haben Mechanismen, um Zellen anzugreifen, abzutöten und zu phagozytieren; gleichzeitig aktivieren sie die Reaktionen der B- und T-Zellen.

Aber obwohl die angeborene Immunantwort von so zentraler Bedeutung ist – oder vielleicht auch gerade deshalb –, hat es sich als schwierig erwiesen, medizinisch in sie einzugreifen. Doch unwissentlich spielen wir vielleicht schon seit mehr als einem Jahrhundert mit der angeborenen Immunität herum. Diese uralte Methode, die angeborene Immunität zu manipulieren, ist die Impfung. Als man die ersten Impfstoffe erfand, gab es den Begriff der angeborenen Immunität natürlich noch nicht, und ebenso wenig kannte man ihren Mechanismus. Auch das Wort *Vakzine* für einen Impfstoff wurde erst Jahrhunderte später geprägt, als die Impfung als solche in China, in Indien und in der arabischen Welt schon allgemein praktiziert wurde.

Im April 2020, an einem schwülen Morgen – die Falken vor meinem Hotelzimmer stiegen, getragen von den wärmer werdenden Luftströmungen, in die Höhe –, besichtigte ich im indischen Kolkata einen Schrein der Göttin Shitala, jener Gottheit, die über die Heilung der Pocken wacht. Den Schrein teilt sie sich mit der Schlangengöttin Manasa, die giftige Schlangenbisse heilt und vor Gift schützt. Der Name Shitala bedeutet »die Kühle«. Der Legende zufolge entstand sie aus der abgekühlten Asche eines Opferfeuers. Aber mit der Wärme, die sie angeblich besser verteilen soll, ist nicht nur die unerträgliche Schwüle des Sommers gemeint, die ab Mitte Juni über der Stadt lastet, sondern auch die innere Hitze der Entzündungen. Sie soll Kinder vor Pocken schützen und die Schmerzen derer lindern, die sich die Krankheit zugezogen haben. Sie ist die entzündungshemmende Göttin.

Der Schrein war ein kleiner, feuchtwarmer Raum am Rand der College Street, einige Kilometer vom Kolkata Medical College entfernt. Im Inneren des Heiligtums befand sich eine mit sprühendem Wasser angefeuchtete kleine Figur der Göttin; sie saß auf einem Esel und trug ein Gefäß mit kühlender Flüssigkeit – so wird sie schon seit

Vedischen Zeiten dargestellt. Wie der Aufseher mir mitteilte, war der Tempel 250 Jahre alt. Demnach stammte er nicht rein zufällig ungefähr aus der Zeit, als eine rätselhafte Sekte von Brahmanen damit begann, kreuz und quer durch die Gangesebene zu ziehen und die Praxis der *tika* populär zu machen: Sie nahmen eine Pustel eines Pockenpatienten, mischten sie mit einer Paste aus gekochtem Reis und Kräutern und impften ein Kind, indem sie die Mischung in einen kleinen Schnitt in der Haut rieben. (Das Wort *tika* stammt von dem Sanskritwort für »Markierung«.)

»Die Stelle, an der die Einschnitte gemacht werden, fängt häufig an zu nässen und wird zu einer kleinen Vereiterung«, schrieb ein englischer Arzt 1731 recht ungläubig über die Methode, »und wenn die Schnitte eitern und kein Fieber oder Ausschlag nachfolgt, unterliegen sie nicht mehr der Infektion.«[14]

Die Inder, die *tika* praktizierten, hatten die Methode wahrscheinlich von arabischen Ärzten gelernt, und die wiederum hatten sie von Chinesen übernommen. In China hatten Heiler schon um 900 n. Chr. erkannt, dass Menschen, die eine Pockenerkrankung überlebt hatten, kein zweites Mal erkrankten; damit waren sie die idealen Pfleger für andere, die an der Krankheit litten. Eine frühere Erfahrung mit einer Krankheit schützte den Organismus aus irgendeinem Grund vor zukünftigen Fällen derselben Krankheit, als hätte er eine »Erinnerung« an den ersten Kontakt.[15] Chinesische Ärzte machten sich diesen Gedanken zunutze: Sie nahmen die Pockenkruste eines Patienten, zerstießen sie zu einem trockenen, feinen Pulver und bliesen sie einem Kind mit einem langen silbernen Rohr in die Nase.[16] Aber die Impfung war eine Gratwanderung: Enthielt das Pulver zu viele lebende Viren, wurde das Kind nicht immun, sondern es bekam die Krankheit – eine verheerende Folge, die in ungefähr einem von hundert Fällen eintrat. Überlebte das Kind die Impfung und die »Eiterung«, bekam es nur eine abgemilderte, lokal begrenzte

Krankheit ohne oder mit sehr milden Symptomen und war lebenslang immun.

Im 18. Jahrhundert war die Praxis überall in der arabischen Welt verbreitet. In den 1760er-Jahren praktizierten traditionelle Heilerinnen im Sudan bekanntermaßen »Tishteree el Jidderee« – sie »kauften die Pocken«.[17] Die Heilerin – in der Regel eine Frau – wandte sich an die Mutter eines erkrankten Kindes und kaufte die reifen Pusteln für die Impfung, wobei über den Preis gefeilscht wurde. Es war eine fein austarierte Kunst: Die besten Heilerinnen erkannten, welche Hautschäden genau weit genug ausgereift waren, damit sie gerade genug Virusmaterial lieferten, um Schutz zu verleihen, aber nicht so viel, dass die Krankheit ausbrach. Die verschiedenen Formen und Größen der Pusteln gaben den Pocken ihren europäischen Namen: Variola von dem Wort »Variation«. Die Immunisierung gegen Pocken bezeichnete man als Variolation.

Anfang des 18. Jahrhunderts erkrankte Lady Mary Wortley Montagu, die Frau des britischen Botschafters in der Türkei, an den Pocken; auf ihrer glatten Haut blieben zahlreiche Narben zurück. In der Türkei wurde sie Zeuge, wie die Variolation praktiziert wurde, und am 1. April 1718 schrieb sie erstaunt an ihre lebenslange Freundin Mrs Sarah Chiswell:

> Es gibt eine Gruppe alter Frauen, die es sich zum Geschäft gemacht haben, die Operation jeden Herbst im Monat September auszuführen, wenn die größte Hitze nachgelassen hat … Die alte Frau kommt mit einer Nussschale voller Pockenmaterial der besten Sorte und fragt, welche Ader man geöffnet haben möchte. Was man ihr anbietet, reißt sie sofort mit einer großen Nadel auf (was nicht mehr Schmerzen verursacht als ein gewöhnlicher Kratzer) und legt so viel von dem Material in die Ader, wie auf dem Kopf ihrer Nadel liegen kann. Danach verbindet sie die kleine Wunde

mit einer hohlen Schale, sie öffnet auf diese Weise vier oder fünf Adern. Dann ergreift sie das Fieber, und sie hüten zwei Tage, sehr selten drei das Bett. Sie haben sehr selten mehr als 20 oder 30 im Gesicht, welche nie Narben zurücklassen, und nach acht Tagen geht es ihnen so gut wie vor der Krankheit. Wo sie verwundet wurden, bleiben während der Unpässlichkeit nässende Wunden, was ohne Zweifel bei der Beseitigung hilft. Jedes Jahr unterziehen sich Tausende dieser Operation, und der französische Botschafter sagt erfreut, sie würden sich hier ganz nebenbei den Pocken aussetzen, wie sie sich in anderen Ländern einer Badekur unterziehen. Es gibt kein Beispiel dafür, dass irgendjemand daran gestorben wäre, und du kannst mir glauben, dass ich mit der Sicherheit dieses Experiments sehr zufrieden bin, denn ich beabsichtige, es an meinem lieben kleinen Sohn auszuprobieren.[18]

Ihr Sohn erkrankte nie an Pocken.

Die Variolation hinterließ noch ein anderes Vermächtnis: Sie gab wahrscheinlich den Anlass, dass zum ersten Mal das Wort *Immunität* benutzt wurde. Der niederländische Diplomat Gerard van Swieten, der sich nebenbei auch mit Heilkunde beschäftigte, beschrieb die Widerstandskraft gegen Fieber und Pocken, die durch die Variolation erzeugt wurde, im Jahr 1775 mit dem Wort *immunitas*.[19] Von nun an waren die Geschichte der Immunität und die Geschichte der Pocken für immer miteinander verflochten.

Aus dem Jahr 1762 stammt eine – vielleicht nicht belegte – Geschichte, der zufolge ein Apothekerlehrling namens Edward Jenner hörte, wie eine Melkerin sagte: »Ich werde nie Pocken bekommen, denn ich hatte schon die Kuhpocken. Ich werde nie ein hässliches, pockennarbiges Gesicht haben.«[20] Vielleicht hatte er es auch aus dem Gerede in der Gegend entnommen, denn die »milchweiße Haut der Milchmädchen« war in England ein stehender Begriff. Im Mai 1796 schlug Jenner eine ungefährlichere Methode der Pockenimpfung vor. Die Kuhpocken, ein Virus, das mit den Pocken verwandt ist, verursachen eine wesentlich leichtere Form der Krankheit ohne tiefe Pusteln und ohne Lebensgefahr.

Jenner gewann Pusteln von der jungen Melkerin Sarah Nelmes und infizierte damit den achtjährigen Sohn seines Gärtners – er hieß James Phipps. Im Juli impfte er den Jungen noch einmal, aber dieses Mal mit Material aus einer Pockenpustel. Damit hatte Jenner zwar praktisch alle ethischen Grenzen im Zusammenhang mit Menschenversuchen überschritten (so gibt es beispielsweise keinen Beleg für eine Aufklärung und Einwilligung, und die nachfolgende »Herausforderung« durch das echte Virus hätte für das Kind durchaus tödlich sein können). Aber offensichtlich klappte es: Phipps bekam keine Pocken. Nachdem Jenner in der medizinischen Welt anfangs auf Widerstand gestoßen war, verstärkte er seine Anstrengungen und wurde später allgemein als Vater der Impfung gefeiert. In dem Wort »Vakzin« lebt die Erinnerung an Jenners Experimente weiter: Es geht auf *vacca* zurück, das lateinische Wort für eine Kuh.

Aber diese Geschichte, die in Lehrbüchern immer wieder erzählt und aufgewärmt wird, ist vermutlich von falschen Aussagen durchsetzt. Bei dem Virus in Sarah Nelmes' Pockenpusteln handelte es sich wahrscheinlich nicht um Kuhpocken, sondern um Pferdepocken. In einem Buch, das er 1798 im Selbstverlag herausbrachte, räumte Jenner diese Tatsache ein: »Demnach vollzieht die Krankheit ihren Fortschritt von dem Pferd [wie ich mir vorstelle] zu den Zitzen der Kuh und von den Zitzen der Kuh zur menschlichen Person.«[21] Außerdem dürfte Jenner nicht der Erste gewesen sein, der im Westen impfte: Benjamin Jesty, ein handfester, wohlhabender Bauer aus dem Dorf Yetminster in der Grafschaft Dorset, war 1774 ebenfalls überzeugt von den Berichten über die Milchmädchen, die sich Kuhpocken zugezogen hatten und dann offensichtlich gegen die Pocken immun waren; er sammelte angeblich Pusteln vom Euter einer infizierten Kuh und infizierte damit seine Frau und zwei Söhne.[22] Unter Ärzten und Wissenschaftlern wurde Jesty damit zum Gegenstand des Spotts – aber seine Frau und die Kinder überlebten die Pockenepidemie, ohne sich die Krankheit zuzuziehen.

Aber wie führte die Infektion zu Immunität, und das insbesondere auch langfristig? Irgendein Faktor im Körper muss in der Lage sein, der Infektion entgegenzuwirken und gleichzeitig über viele Jahre eine Erinnerung an sie zu behalten. Wie wir in Kürze noch genauer erfahren werden, wirkt eine Impfung ganz allgemein dadurch, dass sie spezifische Antikörper gegen einen Mikroorganismus entstehen lässt. Die Antikörper werden von B-Zellen produziert und bleiben im zellulären Gedächtnis, weil einige derartige Zellen jahrzehntelang leben – lange nachdem die ursprüngliche Impfstoffdosis verabreicht wurde. Auf die Frage, wie die B-Zellen eine solche Erinnerung erlangen und wie die T-Zellen ihnen dabei helfen, werden wir im nächsten Kapitel zurückkommen.

Die Impfung hat aber auch einen wenig beachteten Aspekt: Sie ist zuallererst ein Eingriff in das angeborene Immunsystem. Lange bevor die B- und T-Zellen auf der Bildfläche erscheinen, aktiviert die Impfung im ersten Schritt die Zellen, die sofort reagieren: Makrophagen, Neutrophile, Monozyten und dendritische Zellen. Diese Zellen nehmen die Impfstoffdosis auf, insbesondere wenn sie mit einem Reizstoff vermischt ist; die Paste aus gekochtem Reis und Kräutern, die ich zuvor erwähnt habe, könnte unwissentlich diesem Zweck gedient haben. Anschließend laufen verschiedene Signalübertragungsprozesse inklusive der Phagozytose ab, dabei verdauen und verarbeiten die Zellen den Impfstoff und setzen die Immunantwort in Gang.

Hier liegt das zentrale Problem der Immunologie: Wenn man das uralte, nicht adaptive, angeborene System – das System, das Mikroorganismen unterschiedslos angreifen soll – außer Gefecht setzt, inaktiviert man auch die adaptiven B- und T-Zellen, das System, das ganz gezielt die Erinnerungen an bestimmte Mikroorganismen bewahrt. Mäuse, deren angeborene Immunität man gentechnisch inaktiviert hat, sprechen schlecht auf Impfstoffe an.[23] Menschen, denen ein funktionsfähiges angeborenes System fehlt – in der Regel sind das Kinder mit seltenen genetischen Störungen –, sind stark immungeschwächt, und ihre Reaktion auf Impfstoffe ist ebenfalls erheblich vermindert. Sie sterben an Bakterien- und Pilzinfektionen wie die erwähnten Fliegen ohne angeborene Immunität, die einem tragischen Immunversagen zum Opfer fallen: befallen, erobert und überwältigt von Mikroben.

Die Impfungen hatten für die Gesundheit der Menschen größere Auswirkungen als jede andere Form medizinischer Eingriffe – größere als Antibiotika, Herzoperationen oder irgendwelche neuen Medikamente. (Nur die sicheren Entbindungen kommen ihnen in dieser Hinsicht vielleicht nahe.) Heute gibt es Impfstoffe gegen die tödlichsten Krankheitserreger: gegen Diphtherie, Tetanus, Mumps, Masern und Röteln. Man hat Impfstoffe entwickelt, mit denen sich eine Infektion mit den menschlichen Papillomviren (HPV) verhindern lässt, die bei Weitem häufigste Ursache von Gebärmutterhalskrebs. Und inzwischen haben wir sogar die triumphale Entdeckung nicht nur eines, sondern mehrerer unabhängiger Impfstoffe gegen SARS-CoV2 miterlebt, das Virus, das für die Covid-Pandemie verantwortlich ist.

Aber die Geschichte der Impfungen ist keine Geschichte der fortschreitenden wissenschaftlichen Vernunft. Ihr Held ist nicht Addison, der die ersten weißen Blutzellen sah. Und es ist auch nicht Metschnikow, der mit seiner Entdeckung der Phagozyten einen ersten Blick auf die schützende Immunität ermöglichte. Und nicht einmal die Wissenschaftler, die unsere angeborene Reaktion auf Bakterienzellen entdeckt haben, verdienen das Lob als Helden dieses medizinischen Meilensteins.* Es ist vielmehr eine Geschichte von unklarem Hörensagen, Tratsch und Mythen. Ihre Helden haben keinen Namen: die chinesischen Ärzte, die erstmals Pockenpusteln an der Luft trockneten; die rätselhafte Sekte von Shitala-Gläubigen, die Virusmaterial mit gekochtem Reis vermischten und Kindern verabreichten; die Heilerinnen im Sudan, die irgendwann genau die richtigen Pusteln erkannten.

Eines Morgens im April 2020 schaltete ich in meinem New Yorker Labor das Mikroskop ein. In der Gewebekulturflasche wimmelte es von beweglichen Monozyten, die einer meiner Postdocs gezüchtet hatte.

Da seid ihr also, sagte ich zu mir. Es war einer jener Tage, an denen morgens niemand im Labor war, sodass ich außerhalb der Hörweite anderer Menschen Selbstgespräche führen konnte. Diese Monozyten – Zellen des angeborenen Immunsystems, die Krankheitserreger und ihre Trümmer »fressen« können – waren genetisch abgewandelt und dadurch zu Super-Phagozyten geworden: Ihr Hunger hatte sich verzehnfacht. Wir hatten ihnen ein Gen eingebaut, das sie zehnmal mehr Zellmaterial fressen ließ als normale Phagozyten, und sie fraßen auch zehnmal schneller. In dem Experiment, einem Gemeinschaftsprojekt mit dem Wissenschaftler Ronald Vale, ging es um die Herstellung einer neuen Art der Immunität. Wie gesagt: Monozyten sind wie Makrophagen und Neutrophile unwissend, wenn es um ganz bestimmte Reize geht; die Rezeptoren auf ihrer Oberfläche binden

* Unsere Kenntnisse über die angeborene Immunität und die Gene, die diesen Teil des Immunsystems aktivieren, stammen zu einem großen Teil aus Experimenten, die Charles Janeway, Ruslan Medzhitov, Bruce Beutler und Jules Hoffmann in den 1990er-Jahren anstellten.

stattdessen an Faktoren, die vielen Bakterien und Viren gemeinsam sind, und sie wandern zu Zellen, die wegen einer Verletzung oder Entzündung allgemeine SOS-Signale aussenden.

Aber wie sähe die Sache aus, wenn wir die Monozyten so verändern könnten, dass sie ganz bestimmte Zellen fressen und töten? Wenn wir diese Zellen mit Genen ausstatteten, die nicht allgemeine Infektionsmuster erkennen, sondern auf ganz bestimmte Proteine abgestimmt sind, die beispielsweise nur auf der Oberfläche einer Krebszelle vorkommen? Der Soldat, der normalerweise einem Bataillon zugeordnet wird, verwandelt sich damit in einen Attentäter, der gezielt ein bestimmtes Ziel angreifen soll. Genau das war unsere Intention: Wir hatten eine neue Klasse von Rezeptoren geschaffen, die auf Monozyten produziert wurden, an ein Protein von Krebszellen banden und eine hyperaktive Form der Phagozytose in Gang setzten – was hoffentlich dazu führen würde, dass unsere Monozyten die Krebszelle mit beispiellosem, unersättlichem Appetit fraßen. Eigentlich hatten wir damit eine Zelle erzeugt, die irgendwo in der Mitte stand: zwischen dem Monozyten mit seiner Neigung, unterschiedslos Zellen zu fressen, und einer T-Zelle, die sich gegen ein ganz bestimmtes Ziel richtet. Solche Zellen hatte es in der Biologie noch nie gegeben – es waren Chimären. Und wir hofften, in ihnen den toxischen, ungezielten Eifer der angeborenen Immunität mit der zielgerichteten Tötungsfähigkeit der adaptiven Immunität zu verbinden – und damit dem Krebs einen kräftigen Schlag zu versetzen, ohne eine allgemeine Entzündungsreaktion auszulösen.

In ersten Tierversuchen hatten wir Tumore in Mäuse eingepflanzt und ihnen dann Millionen solcher Super-Phagozyten gespritzt. Die Zellen hatten die Tumore bei lebendigem Leib aufgefressen. Mittlerweile züchten wir solche Zellen in riesiger Zahl und erproben alle möglichen Mechanismen, mit denen man sie gegen Brustkrebs, Melanome und Lymphome richten kann.

Seit jenem Morgen im April, an dem ich in meinem Labor zum ersten Mal zusah, wie Super-Phagozyten die Krebszellen fraßen, sind fast zwei Jahre vergangen. Und es ist ein gespenstischer Zufall: Gerade als ich diesen Satz schreibe – am Morgen des 9. März 2022 – erhält die allererste Patientin, eine junge Frau mit einer tödlichen Krebserkrankung der T-Zellen, in Colorado die erste Infusion mit diesem experimentellen Wirkstoff (natürlich hat das Verfahren alle notwendigen Genehmigungen von der FDA und den Gutachtergremien).

Bis wir wissen, ob die Therapie erfolgreich war, werden noch Monate vergehen. Bisher hat man mir über das Ergebnis nur gesagt, dass die Frau die Behandlung ohne Komplikationen überlebt hat. Die Infusion tropft in einem Tausende von Kilometern entfernten Krankenhaus weiter, aber es ist, als könnte ich jeden Tropfen, der in ihre Vene eintritt, spüren. *Worüber denkt sie nach? Was sieht sie sich an? Ist sie allein?*

Als ich in jener Nacht um vier Uhr morgens schließlich einschlief, träumte ich von meiner Kindheit. In dem Traum war ich ein zehnjähriger Junge in Delhi und dachte an Tröpfchen – was sonst? Der Monsun würde im Juli und August über die Stadt ziehen, und ich würde ein Spiel spielen: Wenn der Regen begann, würde ich mich ans Fenster stellen, den Mund aufsperren und versuchen, Wassertropfen einzufangen. In meinem Traum in der letzten Nacht fing ich die Tropfen zunächst mit dem Mund auf, aber dann spritzte plötzlich Wasser auf mein Auge. Danach rollte in der Ferne der Donner, und der Regen hörte auf.

Die berauschende Mischung aus schrecklicher Angst, Vorfreude und Begeisterung, die man erlebt, wenn eine Entdeckung aus dem Labor den Weg in die Medizin gefunden hat, lässt sich kaum beschreiben. Der Erfinder Thomas Edison sagte einmal, Genie sei 10 Prozent Inspiration und 90 Prozent Transpiration. Ich behaupte nicht, ein Genie zu sein; ich spüre nur den Schweiß. Das Bild von der

Frau aus der Studie geht mir nicht aus dem Kopf. Etwas Ähnliches habe ich nur in den ersten Minuten nach der Geburt meiner beiden Kinder gespürt.

Aber eigentlich ist auch dies ein Augenblick der Geburt. Vielleicht wird eine neue Therapie geboren. Und mit ihr ein neuer Mensch.

Ich schaltete das Mikroskop aus und dachte an den seltsamen Tempel der Shitala – und daran, wie langwierig und schwierig es war, die angeborene Immunität abzukühlen oder aufzuheizen und sie damit in den Dienst unserer medizinischen Notwendigkeiten zu stellen. Shitala, die kühle Göttin, hat bekanntermaßen auch eine reizbare Seite: Ärgert man sie, richtet sie im Körper mit Entzündungen durch Pocken, Fieber und Seuchen Unheil an. Irgendwann in naher Zukunft werden wir lernen, den Zorn des angeborenen Immunsystems gegen Krebszellen zu richten, es im Fall der Autoimmunkrankheiten zu beruhigen, und es zu stärken, um damit eine neue Generation von Impfstoffen gegen Krankheitserreger zu schaffen. Wenn wir unseren angeborenen Immunzellen beibringen, bösartige Zellen anzugreifen, haben wir eine ganz neue Form der Zelltherapie erfunden, mit der wir uns Entzündungen zunutze machen. Vielleicht können wir es metaphorisch als Pocken für den Krebs bezeichnen.

KAPITEL 12

Die Zelle als Verteidiger

Sollte Einer treffen Eine

Sollte Einer treffen Eine
Watend durch den Bach,
Sollte Einer küssen Eine,
Schrie wohl Eine, ach!?
– Robert Burns, »Watend durch den Bach«, 1782[1]

Sicher nicht rein zufällig ist der Schrein der Göttin Shitala in Kolkata auch einer zweiten Gottheit geweiht: Die Schlangengöttin Manasa soll vor Giften und Schlangenbissen schützen. Sie wird häufig als stattliches, aber auch kaltes Wesen dargestellt; oft steht sie auf einer Kobra und ist von einem Kranz anderer Schlangen mit aufgerichteten Köpfen umgeben. Aus ihren verfilzten, Medusa-ähnlichen Haaren lassen sich Schlangen herab. Im ländlichen Bengalen sind die Darstellungen der Manasa noch furchterregender: Dort hat sie einen Schlangenkörper und ist oft vollständig von gewundenen Schlangen umringt.

In der Verbindung der beiden urtümlichen Plagen spiegelt sich eine alte Erinnerung wider: Schlangenbisse und Pocken suchten Indien im 17. Jahrhundert heim wie dämonische Zwillinge, und Göttinnen, die gegen beide schützen, konnten sich durchaus einen Schrein teilen. (Aus Indien wird noch heute über 80.000 Schlangenbisse im Jahr berichtet, die höchste Zahl auf der ganzen Welt.)

Wenn also die Geschichte des angeborenen Immunsystems bei Shitala begonnen hat, ist es nur passend, wenn die Geschichte über den zweiten Teil, das adaptive Immunsystem – ein System aus Antikörpern, B- und T-Zellen –, mit einem Schlangenbiss beginnt.

Die Legende wird in so vielen Varianten erzählt, dass es manchmal schwierig ist, Fakten und Mythen zu trennen. Im Sommer 1888 infizierte sich Paul Ehrlich, der im Labor von Robert Koch in Berlin arbeitete, mit demselben Stamm von Tuberkuloseerregern, den er auch in seinen Experimenten verwendete. Ehrlich stellte sich selbst die Diagnose mit einem von ihm entwickelten Test, der Schnellfärbung mit Säure; damit konnte er die Bakterien in seinem Sputum nachweisen. Zur Genesung schickte man ihn nach Ägypten, denn die warme Luft am Nil galt als besonders gesundheitsfördernd.[2]

Während seines Aufenthalts in Nordafrika wurde Ehrlich eines Tages dringend in einem medizinischen Fall zu Hilfe gerufen. Der Sohn eines Mannes war von einer Schlange gebissen worden, und die Einheimischen wussten, dass Ehrlich Arzt war. Ob der Junge überlebte, ist nicht bekannt, aber sein Vater erzählte Ehrlich eine außergewöhnliche Geschichte über ein eigenes Erlebnis: Auch er war als Kind gebissen worden und danach noch mehrere Male als Erwachsener. Den ersten Schlangenbiss hatte er überlebt, und mit jedem weiteren wurden die Symptome immer schwächer. Durch mehrfachen Kontakt mit dem Gift dieser besonderen Schlangenart war der Mann dagegen praktisch resistent geworden. Verschiedene Varianten der Geschichte sind unter Schlangenfängern in Indien weitverbreitet. Der Legende zufolge bringen sie an ihrer Haut kleine Schnitte an und setzen sich selbst von der Kindheit bis zur Pubertät winzigen, dann aber allmählich immer höheren Dosen des Gifts aus. Auch ihnen machen die Bisse nach mehreren Kontakten nichts mehr aus.

Ehrlich behielt die Geschichte des Vaters im Gedächtnis. Bei dem

Mann hatte sich offensichtlich eine Antwort auf das Gift – ein Gegengift – entwickelt, und dann hatte er die immunologische Erinnerung daran behalten. Aber was für ein Mechanismus versetzt den menschlichen Körper in die Lage, eine schützende Immunität zu erzeugen? Warum, so können wir fragen, verleiht schon ein einziger Kontakt mit einer getrockneten Pockenpustel lebenslange Immunität gegen die Krankheit?

Anfang der 1890er-Jahre, kurz nach seiner Rückkehr aus Ägypten, lernte Ehrlich den Biologen Emil von Behring kennen, der gerade eine Stelle an dem neu gegründeten Königlich Preußischen Institut für Infektionskrankheiten in Berlin angetreten hatte. An dem Institut begannen von Behring und der japanische Gastwissenschaftler Shibasaburo Kitasato kurz darauf eine Reihe von Experimenten mit der spezifischen Immunität. Am eindrucksvollsten war ein Versuch, der Ehrlich implizit an die schützende Immunität des Mannes in Ägypten erinnerte[3]: Kitasato und von Behring wiesen nach, dass man das Blutserum eines Tiers, das mit den bakteriellen Erregern von Tetanus oder Diphtherie in Kontakt gekommen war, auf ein anderes Tier übertragen und dieses damit immun gegen die Krankheit machen konnte.[4] In dem Aufsatz über Diphtherie gebrauchte von Behring in einer recht beiläufigen Fußnote erstmals das Wort *Antitoxin* für die Wirkung des Serums.[5]

Damit blieb die Frage: Was war dieses Antitoxin, und wie entstand es?[6] Von Behring hatte es sich abstrakt als Eigenschaft des Serums vorgestellt. Oder war es vielleicht eine materielle Substanz, die im Organismus entstand? In zwei 1891 erschienenen, weit ausholenden spekulativen Aufsätzen mit dem Titel »Experimentelle Untersuchungen über Immunität« forderte Ehrlich seine Wissenschaftlerkollegen auf, nicht nur über das Potenzial der Substanz, sondern auch über ihre materielle Natur nachzudenken. Kühn prägte er das Wort *Anti-Körper*. Der Bestandteil »Körper« spiegelte seine wachsende Über-

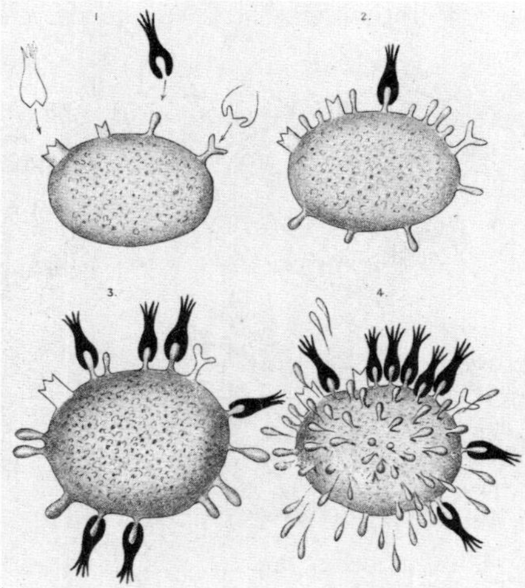

(a) Ehrlichs Zeichnung der Entstehung von Antikörpern. Der deutsche Wissenschaftler stellte sich vor, dass B-Zellen (dargestellt in 1) auf ihrer Oberfläche viele Seitenketten tragen. Bindet ein Antigen (schwarzes Molekül) an eine solche Seitenkette (2), produziert die B-Zelle diese Seitenkette in immer größeren Mengen (3) auf Kosten anderer, und schließlich scheidet sie den Antikörper aus (4).

zeugung wider, dass ein Antikörper tatsächlich eine chemische Substanz ist: ein »Körper«, der produziert wird, um den Körper zu schützen.

Wie entstehen solche Antikörper? Und wie können sie spezifisch für einen Giftstoff sein, für einen anderen aber nicht? Innerhalb der 1890er-Jahre hatte Ehrlich eine großartige Theorie entwickelt. Jede Zelle im Organismus, so erklärte er, trage auf ihrer Oberfläche eine ungeheure Menge einzigartiger Proteine – er bezeichnete sie als Seitenketten. Ehrlich, im Innersten Chemiker, war zur Sprache der Farbstoffherstellung zurückgekehrt. Er wusste, dass man die Farbe eines Farbstoffs ändern kann, wenn man seinen Molekülen unterschiedliche chemische Seitenketten anheftet. Vielleicht, so seine Überlegung, war es bei den Antikörpern genauso: Genau wie bei chemischen Sub-

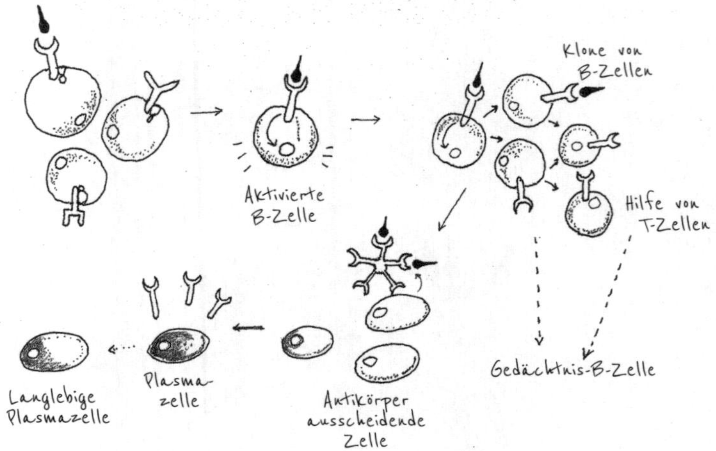

(b) Der tatsächliche Ablauf der Antikörperentstehung durch klonale Selektion, dargestellt vom Autor unter Verwendung ähnlicher Grafikmotive wie bei Ehrlich. Jede B-Zelle produziert an ihrer Oberfläche einen einzigartigen Antikörper. Bindet ein Antigen, vermehrt sich die betreffende B-Zelle und bringt eine kurzlebige Antikörper produzierende Zelle hervor (der ursprüngliche Antikörper ist in der Regel ein Komplex aus fünf Molekülen, auch Pentamer genannt). Am Ende entsteht eine Antikörper ausscheidende Plasmazelle. Manche Plasmazellen leben sehr lange. Die aktivierten B-Zellen werden mithilfe von T-Zellen ebenfalls zu Gedächtnis-B-Zellen.

stanzen könnten sich auch bei den Antikörpern die Bindungseigenschaften oder spezifischen Affinitäten verändern, wenn sie unterschiedliche Seitenketten trugen. Sobald ein Toxin oder eine pathogene Substanz in einer Zelle an eine solche Seitenkette bindet, steigert die Zelle die Produktion dieses Antikörpers. Durch wiederholten Kontakt, so spekulierte Ehrlich, scheidet die Zelle vielleicht so viele zellgebundene Antikörper aus, dass diese schließlich auch ins Blut gelangen. Und Antikörper im Blut bilden ein immunologisches Gedächtnis. Die vom Antikörper gebundene Substanz – das Toxin oder Fremdprotein – wurde schon wenig später als Anti*gen* bezeichnet: als Substanz, die einen Antikörper *generiert*.

Ehrlichs Theorie war falsch, enthielt aber viele richtige Bestandteile. Er hatte zu Recht vermutet, dass ein Antikörper physisch an sein zugehöriges Antigen bindet wie ein Schlüssel an sein Schloss. Ebenso hatte er recht mit seiner Annahme, dass Antikörper letztlich ins Blut abgegeben werden und die Träger einer Form des immunologischen Gedächtnisses sind. Aber seine Theorie der Seitenketten ließ viele Fragen offen. Wie kann das immunologische Gedächtnis fast ein ganzes Leben erhalten bleiben, wenn Proteine selbst doch nur eine begrenzte Lebensdauer haben und irgendwann abgebaut oder ausgeschieden werden?

Letztlich blieben Ehrlichs Begriffe dauerhafter im Gedächtnis der Wissenschaft als seine Theorien. Andere Wissenschaftler hatten Begriffe wie »Immunkörper«, »Amboceptor« oder »Copula« vorgeschlagen – Wörter, die vielleicht die Eigenschaften der Antikörper zutreffender einfangen. Aber mit seiner poetischen Einfachheit war *Antikörper* für Generationen von Forschenden attraktiv. Ein Antikörper ist ein Körper – ein Protein –, der sich an eine andere Substanz bindet. Und ein Antigen ist eine Substanz, die einen Antikörper erzeugt. Ein Wissenschaftler schrieb: »Die beiden Wörter waren dazu bestimmt, eines jener untrennbaren Paare zu bilden wie Romeo und Julia oder Laurel und Hardy.«[7] Die Namen waren wie die Substanzen als untrennbares Paar verbunden. Sie setzten sich durch.

Anfang der 1940er-Jahre hatte man mit Experimenten an Vögeln nachgewiesen, dass Antikörper von Zellen in einem seltsamen Organ in der Nähe des Darmausgangs (Kloake) gebildet werden; es wird wegen seiner Sackform (*bursa*) und nach dem Anatomen Hieronymus Fabricius von Acquapendente, der es im 16. Jahrhundert entdeckt hatte, als *Bursa Fabricii* bezeichnet. Die Antikörper produzierenden Zellen nannte man B-Zellen nach dem Wort *bursa*. Säugetiere einschließlich des Menschen besitzen das Organ nicht. Unser Organismus produziert B-Zellen vorwiegend im Knochenmark, und ihre Reifung findet in den Lymphknoten statt.

Bis hierher ist Ehrlichs Seitenkettentheorie, wonach Antikörper von Zellen mit angehefteten Seitenkettenrezeptoren für Antigene produziert werden, noch weitgehend intakt. Die tatsächliche Molekülform der Antikörper wurde erst Jahre später aufgeklärt[8]: Zwischen 1959 und 1962 entdeckten Gerald Edelman von der Universität Oxford und Rodney Porter vom New Yorker Rockefeller Institute, dass es sich bei Antikörpern um Y-förmige Moleküle mit zwei Köpfen handelt.[9] Diese Köpfe oder Enden des Y binden das Antigen und wirken dabei wie Zinken. Die meisten Antikörper besitzen zwei davon. Der Schaft oder Stamm des Y hat mehrere Aufgaben. Makrophagen – die Fresszellen – nutzen ihn, um an den Antikörper gebundene Mikroorganismen, Viren und Peptidfragmente einzuschließen und zu schlucken, ganz ähnlich wie der Griff einer Gabel dazu dient, Nahrung in den Mund zu stecken; besondere Rezeptoren auf den Makrophagen greifen nach dem Schaft, wie man mit der Hand nach einer Gabel greift. Dies ist ein Mechanismus der Phagozytose, jenes Phänomens, das Elie Metschnikow beobachtet hatte.

Der Schaft des Y hat aber auch noch andere Aufgaben: Ist er an eine Zelle gebunden, zieht er aus dem Blut eine Reihe giftiger Immunproteine an, die Mikroorganismen angreifen. Kurz gesagt, kann man sich einen Antikörper als mehrteiliges Molekül vorstellen: Die Bindungsstellen heften sich an das Antigen, und der Schaft versetzt ihn in die Lage, im Zusammenwirken mit dem übrigen Immunsystem zu einem wirksamen Killermolekül zu werden. Diese beiden Funktionen des Antikörpers – Antigenbindung und Immunaktivierung – sind in einem gabelförmigen Molekül vereinigt, dessen Form in der bestmöglichen Verbindung zu seiner Funktion steht.

Aber drehen wir die Zeit noch einmal um zehn Jahre zurück: In den 1940er-Jahren, lange bevor die Gabelform der Antikörper bekannt war, hatte Ehrlichs Gedanke bereits tiefgreifende, beunruhigende philosophische und mathematische Fragen aufgeworfen. Dreh- und Angelpunkt seiner Theorie war die Vorstellung, dass Zellen Hunderte oder auch Tausende vorgefertigte Rezeptoren für Antigene an ihrer Oberfläche aufweisen können wie ein mythisches Stacheltier, das eine Million unterschiedlich geformte Stacheln besitzt. Die Immunantwort bestand demnach nur darin, die Produktion dieser Antikörper hochzufahren – als würde ein Stachel aktiv abgeworfen, wenn einer der Rezeptoren zufällig ein Antigen bindet.

Die Zahlen waren aber nicht plausibel. Wie viele vorgefertigte Antikörper konnte es auf der Oberfläche einer Zelle geben? Wie viele Stacheln passen auf ein Stacheltier? Fand sich das ganze Universum der Antigene spiegelbildlich in Form der Rezeptoren auf Zellen wieder – ein Stacheltier mit unendlich vielen Stacheln? Wie konnte es in einer B-Zelle genügend Gene geben, um solch ein Spiegel-Universum von Antikörpern zu erzeugen? Wenn Ehrlich recht hatte, musste jede unserer B-Zellen ständig den spiegelbildlichen Kosmos aller Dinge tragen, die Immunreaktionen auslösen. Für jedes nur denkbare Antigen? In einer indischen Legende über Yashodhara, die Mutter der Hindu-Gottheit Krishna, öffnet sie dem Säugling den Mund, weil er einen Schmutzklumpen geschluckt hat. Sie zieht die Zähne auseinander und sieht in ihm das ganze Universum: die Sterne, die Planeten, die Millionen Sonnen, die wirbelnden Galaxien, die schwarzen Löcher. Trägt jede unserer B-Zellen einen widergespiegelten Kosmos in sich – das Gegenstück zu jedem Antigen im Universum?

Im Jahr 1940 schlug Linus Pauling, der sagenumwobene Chemiker vom California Institute of Technology, eine Antwort vor – und die war so falsch, dass sie am Ende auf die Wahrheit hindeutete.[10] Paulings wissenschaftliche Leistungen waren legendär. Er hatte ein entscheidendes Merkmal der Proteinstruktur aufgeklärt und die Thermodynamik der chemischen Bindungen beschrieben – aber manchmal lag er auch spektakulär daneben. Einer Geschichte zufolge las der Quantenphysiker Wolfgang Pauli, der so berüchtigt mürrisch wie hochintelligent war, den Aufsatz eines Studenten und bemerkte dazu, dieser sei »so schlecht, dass er nicht einmal falsch ist«. Pauling sorgte mit seinen unorthodoxen Theorien, die er oftmals beiläufig auf wissenschaftlichen Tagungen äußerte, häufig für die umgekehrte Provokation: Seine Hypothesen oder Modelle waren manchmal so falsch, dass sie nicht einmal schlecht waren. Paulings Kollegen hatten sich an seine verschrobenen Theorien gewöhnt und mochten sie sogar. Sie konnten die inneren Widersprüche von Paulings Modellen analysieren – oder mit anderen Worten: Sie konnten überlegen, was an dem Gedanken falsch war und warum er nicht stimmen konnte. Und damit stießen sie häufig zur Wahrheit vor.

Pauling malte sich aus, Antikörper, die mit ihrem Antigen konfrontiert werden, würden vom Antigen aktiv verdreht und in Form gebracht. Kurz gesagt, sollte das Antigen (beispielsweise ein Teil eines Bakterienproteins) die Form des Antikörpers »instruieren«, wie er es formulierte – sie sollte als Matrize dienen, an der ein Antikörper aufgebaut oder geformt wurde wie geschmolzenes Wachs zur Herstellung einer Totenmaske.

Allerdings fiel es den Forschenden schwer, Paulings Instruktionstheorie der Antikörper mit grundlegenden Erkenntnissen von Genetik und Evolution in Einklang zu bringen. Proteine werden von Genen codiert, und wenn die Gene einen festgelegten Code enthalten, dann ist auch das Protein, das anhand dieses Codes aufgebaut wird, in seiner Struktur festgelegt. Ein Antikörper ist ein Protein und damit eine biologische Substanz mit vorgegebener physischer Form, aber nicht eine Art biegsames Leichentuch, das sich in idealer Form rund um eine Antigenmumie legt.

Es gab nur eine denkbare Antwort: Wenn die Struktur der Antikörperform formbar war, mussten die Gene, in denen sie codiert sind, ebenfalls formbar sein – durch Mutationen. Der Genetiker Joshua Lederberg aus Stanford stellte Paulings Ideen infrage und schlug eine Alternative vor: »Tragen Antigene die Anweisungen für die Spezifität der Antikörper, oder selektionieren sie Zelllinien, die durch Mutationen entstehen?«[11] Für Lederberg lag die Antwort zumindest theoretisch auf der Hand. In Zellbiologie und Genetik – ja eigentlich fast in der gesamten Welt der Biologie – sind Lernen und Gedächtnis in der Regel nicht auf Anweisungen oder Bestrebungen zurückzuführen, sondern auf Mutationen. Der lange Hals der Giraffe ist nicht entstanden, weil Generationen ihrer Vorfahren danach gestrebt hätten, den Hals zu strecken und hohe Bäume zu erreichen. Er ist die Folge von Mutationen mit nachfolgender natürlicher Selektion: Durch sie entsteht ein Säugetier mit längeren Wirbeln, die ihrerseits einen langen Hals bilden. Wie um alles in der Welt sollten Antikörper »lernen«, sich passend zur Form eines Antigens zu verformen? Warum sollte ein Antikörper sich untypisch verhalten und wie eine Art formbare, mittelalterliche Drapierung spontan seine Form ändern, um sich einem Antigen anzupassen?

Natürlich hatte Lederberg recht. Die richtige Antwort auf das Rätsel der Antikörperentstehung fand sich schließlich versteckt in einem wenig bekannten Aufsatz, den ein australischer Immunologe 1957 im *Australian Journal of Science* veröffentlicht hatte. (Selbst heute gestehen Professoren für Immunologie, dass sie ihn nie gelesen haben.) In den 1950er-Jahren gelangte Frank Macfarlane Burnet auf der Grundlage älterer Arbeiten von Niels Jerne und David Talmage zu der Erkenntnis, dass weder Pauling noch Ehrlich des Rätsels Lösung gefunden hatten. Ein Antikörper entsteht nicht durch Instruktion oder Bestrebung. Und eine einzelne B-Zelle kann auch nicht das Universum aller potenziellen Antikörper zur Schau stellen, die jedes potenzielle Antigen binden.

Burnet stellte Ehrlich gewissermaßen auf den Kopf. Wie gesagt: Dieser hatte sich vorgestellt, eine Zelle – ein Stacheltier mit unendlich vielen Stacheln – würde ein großes Repertoire von Antikörpern aufweisen, und diese würden selektioniert, wenn das Antigen gebunden ist. Wie aber sieht die Sache aus, so fragte Burnet, wenn jede B-Zelle nur *einen* Rezeptor für ein Antigen besitzt und wenn nicht der Antikörper, sondern die *Zelle* selektioniert wird und heranwächst, nachdem sie das Antigen gebunden hat? Proteine wachsen nicht auf Kommando, Zellen aber sehr wohl. Eine B-Zelle, die auf ihrer Oberfläche einen einzigen antigenbindenden Rezeptor trägt, könnte auf ein geeignetes Signal hin genau das tun.

Den zugespitzten Vergleich, so argumentierte Burnet, könne man aus der neodarwinistischen Logik ableiten. Stellen wir uns eine Insel voller Finken vor, von denen jeder aufgrund einer Mutation einen geringfügig anders geformten, einzigartigen Schnabel hat: Bei manchen ist er groß und flach, bei anderen dünn und spitz. Dann stellen wir uns vor, die natürlichen Ressourcen würden plötzlich eingeschränkt: Ein Unwetter zerstört die Bäume mit Früchten, und alle weichen Leckerbissen verschwinden; was bleibt, sind nur noch Samen mit harter Schale. Ein Fink mit kräftigem Schnabel, der die herabgefallenen Samen knacken kann, wird von der natürlichen Selektion begünstigt und überlebt, ein Vogel mit dünnem Schnabel dagegen, der sich bisher von Fruchtnektar ernährt hat, stirbt.

Kurz gesagt, haben die einzelnen Finken wie einzelne Zellen kein unendliches Repertoire, keinen Kosmos von Schnäbeln, von denen sie den einen auswählen oder anpassen, der sich je nach den Umständen am besten eignet. *Vielmehr wählt die natürliche Selektion den einzelnen Finken aus, der zufällig den idealen Schnabel besitzt, um mit der Naturkatastrophe zurechtzukommen.* Die Population der derart selektionierten Finken wächst. Und die Erinnerung an die vorausgegangene Katastrophe bleibt bestehen.

Burnet erweiterte die Analogie auf die B-Zellen.[12] Man kann sich ein riesiges Heer von B-Zellen vorstellen, auf denen jeweils ein einzigartiger Rezeptor an die Oberfläche gebunden ist – jede Zelle ein Fink mit einem einzigartigen Schnabel, wenn man so will. Stellen wir uns weiter jeden Rezeptor als Antikörper vor – nur mit dem Unterschied, dass er an die Oberfläche einer B-Zelle gebunden ist (und in Verbindung mit einem Netzwerk von Signalmolekülen steht, von denen die Zelle aktiviert werden kann). Bindet ein Antigen an eine solche B-Zelle (einen Klon), wird diese angeregt und vermehrt sich stärker als alle anderen. Der Fink (oder die B-Zelle), der zufällig den richtigen Schnabel (Antikörper) besitzt, wird selektioniert. Das ist keine natürliche Selektion, sondern *klonale* Selektion: Eine einzige Zelle, die ein Antigen binden kann, wird ausgewählt.

Wenn ein B-Lymphozyt, der den richtigen Rezeptor vorzeigt, auf ein fremdes Antigen trifft, geschieht etwas Erstaunliches. In seinem Buch *Das Leben überlebt* schreibt Lewis Thomas: »Wenn die Verbindung hergestellt ist und ein bestimmter Lymphozyt mit einem bestimmten Rezeptor in Kontakt mit einem bestimmten Antigen gebracht wird, findet eines der größten kleinen Schauspiele in der Natur statt. Die Zelle vergrößert sich, beginnt in hohem Maße neue DNA herzustellen und verwandelt sich in eine Sprengladung. Dann beginnt sie sich zu teilen, und es entsteht eine neue Kolonie identischer Zellen, alle mit demselben Rezeptor versehen, auf dieselbe Frage gedrillt.«[13] Am Ende werden die dominierenden B-Zell-Klone, die den richtigen Rezeptor besitzen (das heißt den, der das Antigen am besten bindet), zu Blasten und vermehren sich stärker als alle anderen. Es ist ein darwinistischer Prozess, ganz ähnlich wie bei dem Finken, der den richtigen Schnabel besitzt und von der natürlichen Selektion »ausgewählt« wird.

Wie Ehrlich es sich schon 1891 ausgemalt hatte, beginnen die Blasten nun, den Rezeptor ins Blut auszuscheiden. Der Rezeptor, der von der Membran der B-Zelle befreit ist und im Blut schwimmt, »wird« zum Antikörper.* Und wenn der Antikörper an sein Ziel gebunden ist, kann er eine Lawine von Proteinen herbeirufen, die den Mikroorganismus vergiften, und Makrophagen, die ihn verspeisen oder phagozytieren. Jahrzehnte später konnte man nachweisen, dass manche derart aktivierten B-Zellen nicht einfach wieder verschwinden. Sie bleiben im Organismus als Gedächtniszellen erhalten. Thomas formuliert es so: »Die neue Gruppe ist eine Erinnerung, nichts weniger.«[14] Wenn die akute Infektion nachgelassen hat und die Mikroorganismen beseitigt sind, werden manche dieser B-Zellen ruhiger, aber sie bleiben erhalten – wie Finken, die sich in einer Höhle zusammenkauern. Kommt der Körper erneut mit dem Antigen in Kontakt, wird die Gedächtnis-B-Zelle reaktiviert. Sie erwacht aus ihrem Ruhezustand, teilt sich und reift zu einer Antikörper produzierenden Plasmazelle heran; damit ist sie die Trägerin eines immunologischen Gedächtnisses. Grundlage des immunologischen Gedächtnisses ist

---

* Ich habe den Ablauf ein wenig vereinfacht wiedergegeben, aber die grundlegenden Details der Antikörperentstehung sind hier geschildert. Die wesentlichen Bestandteile des Prozesses sind Aktivierung eines B-Zell-Rezeptors durch ein Antigen, die Ausscheidung dieses Rezeptors ins Blut, die allmähliche Verfeinerung des Antikörpers, die fortgesetzte Ausscheidung des Antikörpers durch Plasmazellen und die Verwandlung einiger aktivierter B-Zellen in Gedächtnis-B-Zellen. Wie wir in Kürze genauer erfahren werden, werden einige Antikörper produzierende Zellen – Plasmazellen – ebenfalls langlebig. Beide tragen offenbar zur Erinnerung an die frühere Infektion bei. Auf die Helfer-T-Zellen, die entscheidend an dem Prozess mitwirken, werden wir in den nächsten Kapiteln zu sprechen kommen.

insgesamt also nicht ein Protein, wie Ehrlich es sich vielleicht vorstellte, sondern eine B-*Zelle*, die schon einmal angeregt wurde und die Erinnerung an den früheren Kontakt bewahrt.

Aber wie kommt jede B-Zelle zu ihrem einzigartigen Antikörper? Bei den Darwinfinken hatten sich die individuellen Schnäbel durch Mutationen in den Samen- und Eizellen entwickelt, die bei jedem Schnabel für eine andere Morphologie gesorgt haben. Solche Mutationen finden in der Keimbahn statt: Sie sind in der DNA jeder Zelle des Finken vorhanden und werden unversehrt von einer Generation zur nächsten weitergegeben; deshalb bringt ein Fink mit kräftigem Schnabel wieder einen Finken mit kräftigem Schnabel hervor und so weiter.

In den 1980er-Jahren konnte der japanische Immunologe Susumu Tonegawa in einer Reihe von aufschlussreichen Experimenten nachweisen, dass auch B-Zellen ihre einzigartigen Antikörper durch Mutationen erwerben; allerdings handelt es sich dabei um eine genau regulierte Form von Mutationen, und die findet nicht in Samen- und Eizellen statt, sondern in diesen Zellen selbst.[15] B-Zellen ordnen eine Reihe Antikörper produzierender Gene um; sie mischen und verschieben genetische Module wie Kleidungsstücke. Die Analogie stellt eine übermäßige Vereinfachung dar, aber sie ist wichtig. Um ein Beispiel zu nennen: Ein Antikörper besteht vielleicht aus drei gemischten Genmodulen: Eine altertümliche Jacke ist mit gelber Hose und schwarzer Mütze kombiniert. In einem zweiten sind die Module anders zusammengestellt – hier ist es vielleicht ein dunkler Mantel mit blauer Hose und Lederschuhen. Jeder B-Zelle steht eine große Garderobe aus genetischen Modulen zur Verfügung, die sie anprobieren kann; man kann es sich vorstellen wie 50 Hemden, 30 Hüte, 12 Paar Schuhe und so weiter. Wenn eine B-Zelle heranreift, muss sie nur ihren Kleiderschrank öffnen und sich eine einzigartige Kombination von Genmodulen aussuchen; diese ordnet sie dann so, dass der Antikörper entsteht.

Jede derartige Genumordnung ist auch eine Mutation, allerdings eine stark regulierte, gezielte Form der Mutation in einer B-Zelle. In jeder einzelnen derartigen Zelle gestaltet ein besonderer Apparat die Neuordnung der Gene, verleiht damit jedem Antikörper eine einzigartige, charakteristische Form und damit auch eine einzigartige Fähigkeit, an ein bestimmtes Antigen zu binden und es festzuhalten. Mit der charakteristischen genetischen Anordnung kann jede ausgereifte B-Zelle auf ihrer Oberfläche einen ganz bestimmten Rezeptor aufweisen. Heftet sich dort ein Antigen an, wird die B-Zelle aktiviert. Dann weist sie den Rezeptor nicht nur an ihrer Oberfläche auf, sondern scheidet ihn in Form eines Antikörpers ins Blut aus. Später sammeln sich in der B-Zelle sogar noch weitere Mutationen an, sodass die Bindung des Antikörpers an das Antigen immer weiter verfeinert wird.* Am Ende ist die ausgereifte B-Zelle so einseitig auf die Antikörperproduktion eingestellt, dass auch ihre Struktur und ihr Stoffwechsel sich verändern und den Prozess erleichtern. Sie ist jetzt eine Plasmazelle und ausschließlich dazu da, Antikörper zu produzieren. Manche Plasmazellen werden ebenfalls langlebig und bewahren die Erinnerung an die Infektion.

Die neuen Kenntnisse über B-Zellen, Plasmazellen und Antikörper brachen unverhofft über die Medizin herein. Von der Bedeutung des angeborenen Immunsystems – zu dem unter anderem Makrophagen und Monozyten gehören – für die Wirkung von Impfstoffen war bereits die Rede. Letztlich hängt die Aktivität eines Impfstoffs aber

* Dieser Prozess, Affinitätsreifung genannt, setzt sich so lange fort, bis der Antikörper eine unglaublich hohe Bindungsaffinität für ein Antigen entwickelt hat.

vom adaptiven System ab: B-Zellen stellen die Antikörper her, und diese sind in der Regel für die langfristige Immunität verantwortlich (und bekanntermaßen tragen auch T-Zellen dazu bei). Ein Makrophage oder Monozyt scheidet vielleicht verdaute Stücke eines Mikroorganismus aus oder ruft die B-Zellen an die Infektionsstellen, aber die Antikörper produzierende B-Zelle bindet einen Teil des Mikroorganismus. Die Zelle, die den Rezeptor für die Bindung des Mikroorganismus trägt, wird aktiviert, beginnt mit der klonalen Vermehrung und scheidet Antikörper ins Blut aus. Am Ende verändert diese B-Zelle ihre innere Landschaft und gehört dann zur Gruppe der Gedächtnis-B-Zellen, in der die Erinnerung an den ursprünglichen Erreger bewahrt wird.

Aber über die Impfstoffe hinaus belebte die Entdeckung der Antikörper bei Paul Ehrlich die Fantasie von der magischen Kugel wieder: Wenn man einen Antikörper irgendwie dazu veranlassen könnte, eine Krebszelle oder einen Krankheitserreger anzugreifen, würde er als natürliches Medikament gegen solche Zellen wirken. Er wäre eine Arznei wie keine andere: Ein maßgeschneidertes Medikament, das sein Ziel angreift und vernichtet.

Die Aufgabe, solche medikamentenähnlichen Antikörper herzustellen, meisterte schließlich der argentinische Wissenschaftler César Milstein an der Universität Cambridge. Milstein war ursprünglich als Gaststudent an die Hochschule gekommen und sollte chemische Untersuchungen an den Proteinen von Bakterienzellen anstellen. Sein Labor bestand aus einer kleinen Kammer. Er brauchte ein pH-Messgerät, um den Säuregehalt seiner Lösungen zu ermitteln, und der sagenumwobene Proteinchemiker Fred Sanger, der nebenan arbeitete, hatte nur ein einziges solches Instrument in einem Eckzimmer des biochemischen Instituts stehen. Bei zwanglosen Unterhaltungen und pH-Messungen wurden die beiden enge Freunde. Sanger war

1958 mit dem Nobelpreis ausgezeichnet worden, weil er die Molekülstruktur eines Proteins aufgeklärt hatte – eine gewaltige Leistung in der Molekularbiologie. Und 1980 erhielt er einen zweiten Nobelpreis, weil er herausgefunden hatte, wie man DNA sequenziert.

Milstein kehrte 1961 an das Instituto Malbrán in Argentinien zurück und leitete dort die Abteilung für Molekularbiologie. Aber der Umzug, zu dem ihn seine träumerische Sehnsucht nach seiner Heimat veranlasst hatte, wurde wenig später zum Albtraum. In Argentinien machte sich ein sektenartiger, spaltender Nationalismus breit. Am 29. März 1972, knapp ein Jahr nachdem Milstein sich in der Hauptstadt Buenos Aires niedergelassen hatte, wurde das Land wieder einmal von einem blutigen Staatsstreich auseinandergerissen – es war der vierte in Argentinien, und zwei weitere sollten noch folgen.

Überall herrschte Chaos. Juden wurden aus den Universitäten vertrieben, Milsteins Abteilung wurde teilweise aufgelöst, Kommunisten wurden standrechtlich erschossen, und Zivilisten, insbesondere Juden, wanderten ins Gefängnis. Mit seinem jüdischen Namen, seiner jüdischen Herkunft und einer Neigung zum Liberalismus lebte Milstein in ständiger Angst, festgenommen und als Dissident oder Kommunist angeklagt zu werden. Sanger sorgte mit seinen vielfältigen Beziehungen dafür, dass der Kollege aus Argentinien herausgeschmuggelt wurde und wieder nach Cambridge kam. Das gemeinsame pH-Messgerät, das sich im obersten Stockwerk des Instituts versteckte, erwies sich als Talisman – unwissentlich wurde es zum Freibrief für Milsteins Rückkehr nach England.

Wieder in Cambridge, verlagerte Milstein sein Interesse von den Bakterienproteinen zu Antikörpern. Er war von ihrer Spezifität fasziniert und überlegte, wie man aus B-Zellen magische Kugeln machen könnte. Könnte man nicht eine einzelne Plasmazelle nehmen, die einen einzigen, ausgewählten Antikörper produziert, und sie in eine Antikörperfabrik verwandeln? Könnte dieser Antikörper zu einer neuen Arznei werden?

Dabei stellte sich nur ein Problem: Einzelne Plasmazellen sind nicht unsterblich. Sie vermehren sich ein paar Tage, bleiben dann nur noch unter Schwierigkeiten am Leben, schrumpfen schließlich und sterben ab. In Zusammenarbeit mit dem deutschen Zellbiologen Georges Köhler stieß Milstein auf eine Lösung, die so großartig wie unorthodox war: Mithilfe eines Virus, das Zellen aneinanderbindet, verschmolzen sie die B-Zelle mit einer Krebszelle. Schon die Idee finde ich staunenswert. Wie kamen sie nur darauf, mit den Untoten die Sterbenden wiederzubeleben? Das Ergebnis war eine der seltsamsten Zellen der gesamten Biologie. Die Plasmazelle behielt ihre Eigenschaft, Antikörper auszuscheiden, und die Krebszelle steuerte die Unsterblichkeit bei. Ihre eigenartigen Zellen bezeichneten sie als Hybridome – eben als Mischung aus *hybrid* und *-om*, der Endung des Worts »Karzinom«. Die unsterblichen Plasmazellen konnten nun ständig Antikörper eines einzigen Typs produzieren. Solche gleichartigen Antikörper (die einen Klon bilden) bezeichnen wir heute als monoklonal.

Der Artikel von Milstein und Köhler erschien 1975 in *Nature*.[16] Wenige Wochen vor der Veröffentlichung wurde die staatliche National Research Corporation (NRDC) in Großbritannien darauf aufmerksam gemacht, welche weitreichenden kommerziellen Anwendungen sich für solche Antikörper ergeben könnten; sie konnten zur Grundlage für neue, sehr gezielt wirkende Medikamente werden. Dennoch entschloss sich die NRDC, weder die Methode noch das Material patentieren zu lassen. »Es ist sicher schwierig, unmittelbare praktische Anwendungsmöglichkeiten zu nennen«, erklärte die Organisation in einer schriftlichen Mitteilung. In den seither verstrichenen Jahrzehnten sind der NRDC und der Universität Cambridge durch dieses beiläufige Urteil über die Anwendbarkeit der monoklonalen Antikörper wahrscheinlich mehrere Milliarden Dollar an Lizenzeinnahmen entgangen.

Die praktischen Folgerungen wurden sofort deutlich. Monoklonale Antikörper, abgekürzt MoAb, konnten jetzt zum Nachweis oder als Markierung für Zellen dienen. Ihre wichtigste, gewinnbringendste und bekannteste Anwendung fanden sie jedoch in der Medizin: Sie konnten einen ganzen Kosmos neuer Medikamente entstehen lassen.

Ein Arzneistoff wirkt in der Regel, weil er an sein Ziel bindet – wie ein Schlüssel an sein Schloss, so die Formulierung von Paul Ehrlich. Damit inaktiviert er das Ziel, oder gelegentlich findet auch eine Aktivierung statt. Aspirin zwängt sich zum Beispiel in das Schloss der Cyclooxygenase, eines Enzyms, das an Blutgerinnung und Entzündungsvorgängen mitwirkt. Nach dem gleichen Prinzip konnte man auch Antikörper, die an andere Proteine binden, zu Medikamenten machen: Was würde beispielsweise geschehen, wenn ein Antikörper an die Oberfläche einer Krebszelle bindet und den Ablauf zu ihrer Tötung in Gang setzt? Oder wenn er ein Protein einer überaktiven Immunzelle erkennt, die rheumatoide Arthritis verursacht, und diese Zelle dann umbringt?

Im August 1975 bemerkte N. B., ein Mann von 53 Jahren aus Boston, dass die Lymphknoten in seinen Achselhöhlen und am Hals geschwollen waren und schmerzten. Er hatte nachts heftige Schweißausbrüche und war ständig müde.[17] Dennoch verging ein volles Jahr, bis er schließlich die Ärzte am Sidney Farber Cancer Institute in Boston aufsuchte.* Als die Onkologen ihn untersuchten, fanden sie neben den vergrößerten Lymphknoten auch eine stark angeschwollene Milz; sie war so groß, dass man ihren Rand spüren konnte, wenn man den Bauch abtastete.

---

* Die medizinische Einrichtung heißt heute Dana-Farber Cancer Institute.

Als Nächstes überprüften sie einige Laborwerte. Die Zahl der weißen Blutzellen lag bei dem Patienten nur wenig über dem Normbereich. Auffällig war aber die *Verteilung* der weißen Blutzellen im Blut: Die Zahl der Lymphozyten war nicht nur erhöht, sondern sie schienen auch bösartig zu sein. Mit einer langen, dünnen Biopsienadel wurde aus einem der geschwollenen Lymphknoten eine Gewebeprobe entnommen und zur Analyse in die Pathologie geschickt. Nun diagnostizierte man bei N. B. ein Lymphom, genauer gesagt ein diffuses, schlecht differenziertes Lymphozytenlymphom (DPDL).

Ein fortgeschrittenes DPDL, bei dem Milz, Lymphknoten und die Zellen in der Lymphe angeschwollen sind, hat eine düstere Prognose. Die Milz des Mannes, die bis zum Rand mit bösartigen Zellen angefüllt war, wurde chirurgisch entfernt, und er erhielt eine Chemotherapie. Ein zelltötender Wirkstoff nach dem anderen wurde intravenös verabreicht. Keiner wirkte. Die Zahlen stiegen weiter.

Daraufhin entwarf Lee Nadler, ein Onkologe an dem Institut, einen neuen Plan. Auf der Oberfläche von Lymphomzellen liegen mehrere charakteristische Proteine. Injiziert man sie Mäusen, produzieren die Tiere Antikörper gegen die bösartigen Zellen. Mit einer Abwandlung der Methode von Milstein und Köhler erzeugte Nadler aus den Krebszellen von N. B. Antikörper gegen seinen Tumor, injizierte ihm Serum, das einen dieser Antikörper enthielt, und hoffte auf eine Reaktion. Es war ein Extrembeispiel für eine personalisierte Krebstherapie – oder genauer gesagt, für eine personalisierte Krebs-*Immun*therapie.

Die erste Serumdosis von 25 Milligramm wurde anscheinend vom Lymphom ignoriert. Die zweite, 75 Milligramm, bewirkte einen deutlichen Rückgang der Zahl weißer Blutzellen. Der Krebs reagierte, kam aber sofort zurück. Eine dritte Dosis von 150 Milligramm löste wiederum eine Reaktion aus: Jetzt sank die Zahl der Lymphomzellen im Blut fast um die Hälfte. Aber dann wurden die Tumorzellen resistent und sprachen nicht mehr auf den Antikörper an. Die Serotherapie, wie Nadler sie nannte, wurde abgesetzt, und N. B. starb.

Aber Nadler blieb hartnäckig: Er suchte in den Membranen von Lymphomzellen weiter nach Proteinen, die sich als Ziele für Antikörper eignen könnten. Schließlich fand er einen idealen Kandidaten mit der Bezeichnung CD20. Aber konnte man Antikörper gegen CD20 als Medikament gegen Lymphome nutzen?

5000 Kilometer entfernt, an der Stanford University, war der Immunologe Ronald Levy ebenfalls auf der Suche nach einem Antikörper, der Lymphomzellen angreifen konnte. Levy war Anfang der Siebzigerjahre zu einem Sabbatjahr am Weizmann Institute of Science in Israel gewesen. Norman Kleinman, einer der dortigen Wissenschaftler, hatte eine Methode zur Isolation einzelner Plasmazellen entwickelt, die Antikörper – möglicherweise auch solche gegen Krebs – produzieren konnten; die Zellen waren aber so kurzlebig, dass die Mühe umsonst zu sein schien. »Wir haben einzelne Plasmazellen isoliert, die Antikörper eines einzigen Typs produzieren konnten, aber die starben immer«, erzählte mir Levy.[18]

»Und dann«, fuhr Levy fort »kamen Milstein und Köhler 1975 plötzlich mit ihrer Methode, eine Plasmazelle mit einer Krebszelle zu verschmelzen. Dadurch lebten die Antikörper produzierenden Zellen ewig.« Levys Miene wurde lebhafter, und er trommelte mit den Fingern auf den Schreibtisch. »Das war eine Offenbarung. Eine Goldgrube. Es war schon paradox: Wir konnten die Unsterblichkeit einer [mit einer Plasmazelle verschmolzenen] Krebszelle nutzen, um einen Antikörper gegen Krebs herzustellen. Wir konnten Feuer mit Feuer bekämpfen.«

Levy machte sich auf die Suche nach Antikörpern gegen B-Zell-Lymphome – Krebserkrankungen der B-Zellen. Anfangs konzentrierte er sich auf eine personalisierte Antikörpertherapie, bei der man für jeden Patienten einen einzigartigen Antikörper gewissermaßen maßschneiderte. Für die Produktion der Antikörper fand er ein Unternehmen namens IDEC. Manche Patienten sprachen auf die dort hergestellten Antikörper an, aber schon bald wurde Levy und den IDEC-Wissenschaftlern klar, dass sich die Methode nicht im großen Maßstab anwenden ließ: Wie viele Antikörper gegen wie viele einzelne Antigene konnte ein Unternehmen herstellen?

In dem zweiten Immunisierungsexperiment entstand ein MoAb gegen CD20, das Molekül, das Nadler auf der Oberfläche normaler und bösartiger B-Zellen entdeckt hatte. Levy räumte ein, dass er nicht sonderlich beeindruckt war: Nach seiner Überzeugung würde der experimentelle Eingriff »das Immunsystem zerstören, und das wäre nicht ungefährlich«, erzählte er mir. »Aber die [bei IDEC] haben uns überredet, dennoch die klinische Erprobung zu versuchen.«

Levy hatte einerseits unrecht und andererseits unglaubliches Glück. Zufällig können Menschen auch ohne B-Zellen leben, die CD20 produzieren; das liegt unter anderem daran, dass die B-Zellen, die zu Antikörper produzierenden Plasmazellen herangereift sind, auf ihrer Oberfläche kein CD20 mehr tragen und deshalb gegen den Antikörper resistent sind. Ein Angriff auf CD20 produzierende Lymphomzellen wäre zwangsläufig auch ein Angriff auf die normalen B-Zellen, sodass die Patienten teilweise immungeschwächt wären, aber sterben würden sie nicht; ihre Plasmazellen würden erhalten bleiben und Antikörper produzieren. »Es bestand eine geringe Chance, dass es klappen würde«, sagte Levy. Im Jahr 1993 nahm er die Studie zusammen mit seinen Kollegen David Maloney und Richard Miller in Angriff.

Eine der ersten Patientinnen, die den Antikörper erhielten, war eine redegewandte Internistin namens W. H. Sie litt an einem follikulären Lymphom, einer langsam fortschreitenden Krebsform, die durch CD20 gekennzeichnet ist. »Sie sprach schon auf die erste Dosis an«, erinnerte sich Dr. Levy. Ein Jahr später hatte sie jedoch einen Rückfall und musste erneut mit dem experimentellen MoAb behandelt werden. Dieses Mal reagierte W. H. umfassend, und die Tumore schmolzen dahin. Aber das Muster setzte sich fort: Nach einem dritten Rückfall im Jahr 1995 erhielt sie den monoklonalen Antikörper in Verbindung mit einer Chemotherapie. Wieder besserte sich ihr Zustand.

Im Jahr 1997 ließ die FDA das Präparat Rituximab zu, das unter dem Markennamen Rituxan* vertrieben wurde. Im gleichen Jahr flammte das Lymphom bei W. H. wieder auf. Mit Rituxan wurde es erneut besiegt, aber weitere Rückfälle folgten 1998, 2005 und 2007. Heute, 25 Jahre nach der ersten Diagnose, lebt W. H. immer noch. Seither hat Rituxan einen festen Platz in der Behandlung verschiedener Krebstypen und auch anderer Krankheiten. In Verbindung mit Chemotherapie dient es zur Behandlung und sogar zur Heilung aggressiver, tödlicher Lymphome, die CD20 produzieren, und auch anderer seltener Krebstypen des Lymphsystems. Anfang der 2000er-Jahre lernte ich einen jungen Mann mit einer sehr ungewöhnlichen Form von Milzkrebs kennen, an der ebenfalls CD20 produzierende Zellen beteiligt waren. Sein Fieber schoss jeden Tag in die Höhe, und er konnte nicht mehr gehen. Wir entfernten chirurgisch die angeschwollene Milz – sie war so groß, dass sie nicht in eine übliche chirurgische Schale passte und für den Transport in die pathologische Abteilung in einen Wagen gelegt werden musste. Anschließend behandelten wir ihn mit Rituxan. Die Tumorknötchen lösten sich langsam auf, und das Fieber ließ nach. Heute, 20 Jahre später, ist der Krebs noch nicht zurückgekehrt.

Rituximab war einer der ersten monoklonalen Antikörper gegen Krebs. Heute bevölkert eine Fülle solcher MoAbs das pharmakologi-

---

* In Europa MabThera (Anm. d. Übers.).

sche Arsenal, darunter Trastuzumab (Handelsname Herceptin) gegen bestimmte Formen von Brustkrebs, Brentuximab-Vedotin (Handelsname Adcetris) gegen das Hodgkin-Lymphom und Infliximab (Handelsname Remicade) für Erkrankungen des Immunsystems wie Morbus Crohn und Arthritis psoriatica. Ich erinnerte Levy daran, wie die NRDC an der »praktischen Anwendbarkeit« der Antikörpertherapie gezweifelt hatte. Er lachte und sagte: »Ich weiß noch nicht einmal genau, ob *wir* ihr Potenzial erkannt hatten.«

»Zellen mit Zellen zu bekämpfen«, sagte er nachdenklich. »Als wir diesen ersten Antikörper erzeugt haben, haben wir eigentlich nie darüber nachgedacht, was wir damit alles anfangen können.«

KAPITEL 13

Die urteilsfähige Zelle

Von der diskreten Intelligenz der T-Zellen

Jahrhundertelang war der Thymus ein Organ
auf der Suche nach einer Funktion.
– Jacques Miller, 2014[1]

Im Jahr 1961 entdeckte Jacques Miller, damals ein Doktorand von 30 Jahren, in London die Funktion eines Organs, das bei den meisten Forschenden längst in Vergessenheit geraten war.[2] Der Thymus wird so genannt, weil er entfernt den gelappten Blättern der Thymianpflanze ähnelt. Galen bezeichnete ihn als »sperrige, weiche Drüse«, die über dem Herzen liegt. Schon Galen, der im 2. Jahrhundert unserer Zeitrechnung medizinisch tätig war, bemerkte, dass die Drüse mit zunehmendem Alter schrumpft. Und wenn er das Organ aus erwachsenen Tieren entnahm, hatte es keine merklichen Folgen. Ein schrumpfendes, entbehrliches, in sich zusammenfallendes Organ: Welche lebenswichtige Bedeutung konnte es haben? Irgendwann hielten Ärzte und Forschende den Thymus nur noch für einen Überrest, ein Überbleibsel der Evolution nicht unähnlich dem Wurmfortsatz oder dem Steißbein.

Aber vielleicht hatte er ja während der Embryonalentwicklung eine Funktion? Mit winzigen Pinzetten und hauchdünnen Seidenfäden entnahm Miller den Thymus etwa 16 Stunden nach der Geburt aus jungen Mäusen. Die Folge war so unerwartet wie dramatisch: Die Zahl der Lymphozyten – der weißen Zellen im Blut, die weder Makrophagen noch Monozyten sind – ging steil zurück, und die Tiere wurden zunehmend anfällig für weitverbreitete Infektionen. Die Zahl der B-Zellen nahm ab, aber am auffälligsten war der Rückgang bei anderen weißen Blutzellen eines Typs, den man bis dahin nicht kannte. Viele Mäuse starben an Mäusehepatitis, bei anderen war die Milz von bakteriellen Krankheitserregern besiedelt. Was noch seltsamer war: Als Miller ein Stück fremder Haut auf die Flanken der Tiere legte, wurde das Transplantat nicht abgestoßen. Es blieb vielmehr am Leben und brachte »üppigen Haarwuchs« hervor.[3] Es war, als besäße die Maus keinen Mechanismus mehr, um eigenes Gewebe von fremdem zu unterscheiden. Sie hatte das Gespür für das »Selbst« verloren.

Mitte der 1960er-Jahre hatten Miller und andere Forschende erkannt, dass der Thymus alles andere als ein Überbleibsel ist. Bei Neugeborenen ist er der Ort, an dem Immunzellen eines anderen Typs heranreifen: nicht die B-, sondern die T-Zellen (*T* für *Thymus*).

Wenn also die B-Zellen Antikörper erzeugen, die Mikroorganismen abtöten, was tun dann die T-Zellen? Warum wurden die Mäuse, denen die T-Zellen fehlten, von Krankheitserregern besiedelt, und warum nahmen sie so leichthin die Transplantation fremder Haut auf, die sie eigentlich sofort hätten abstoßen müssen? Wie und warum verloren sie ihr Gespür für das Selbst? Und was ist das »Selbst« überhaupt?

Dass solche lebenswichtigen Zellen des menschlichen Körpers bis Ende der 1970er-Jahre ein Rätsel blieben, zeugt davon, dass die Zellbiologie als Wissenschaft noch in den Kinderschuhen steckte. Die T-Zellen wurden erst vor rund 50 Jahren entdeckt. Und nach Millers Experiment dauerte es noch zwei Jahrzehnte – bis 1981 –, bevor diese Zellen in den Mittelpunkt einer der aufsehenerregendsten Epidemien der Menschheitsgeschichte rückten.

Das Labor von Alain Townsend befindet sich im Institute for Molecular Medicine, auf einem steilen Hügel am Rand des Geländes der Universität Oxford.* Als ich im Herbst 1993 nach Oxford kam, weil ich als Doktorand für Immunologie bei Alain arbeiten wollte, waren die Rätsel der Funktion von T-Zellen noch nicht vollständig entschlüsselt. Das Institut war ein hochmodernes Gebäude aus Stahl und Glas. Die Sicherheitskraft am Empfang, eine Frau mit starkem walisischen Akzent, ließ einen erst nach einer Ausweisprüfung ein. Ohne die richtige Karte hätte man das Gebäude nicht betreten dürfen. Zwei Jahre lang suchte ich jedes Mal in meinen Taschen nach der Karte, bevor ich endlich den Mut fand, sie zur Rede zu stellen. Ich war seit 24 Monaten jeden Tag hier gewesen. Ob sie denn mein Gesicht nicht kannte?

Sie sah mich wie versteinert an. »Ich mache nur meine Arbeit.« Ihre Arbeit bestand vermutlich darin, Eindringlinge ausfindig zu machen – als hätte ich auch James Bond sein können, der mit einem Aston Martin den Berg hinaufgefahren war und mit einer Mukherjee-Maske in streng geheimer Mission nachts seine T-Zellen füttern wollte. Im Rückblick weiß ich ihre Sorgfalt besser zu schätzen. Sie hatte die Immunität verinnerlicht.

In Alains Labor wurde ich mit einer Fragestellung konfrontiert, die Forschende bis heute fasziniert und frustriert: Wie schafft es ein chronisches Virus, beispielsweise das Herpes-simplex-Virus (HSV), das Cytomegalovirus (CMV) oder das Epstein-Barr-Virus (EBV), sich dauerhaft im menschlichen Organismus zu verstecken, während andere Viren, beispielsweise der Erreger der Influenza, nach einer Infektion vollständig beseitigt werden? Warum werden die chronischen Viren nicht vom Immunsystem – und insbesondere von den T-Zellen – ausgemerzt?**

---

* Das Institut heißt heute Weatherall Institute of Molecular Medicine.

** Heute wissen wir, dass sich in der Evolution all dieser Viren eine eigene

Das Labor war ein lebhaftes intellektuelles Paradies und erfüllt von begeisterter Energie, wie ich es noch nie erlebt hatte. Um vier Uhr nachmittags ertönte eine alte Messingglocke, und alle im Institut strömten die Treppe hinunter in die Cafeteria, um dünnen, lauwarmen, nahezu ungenießbaren Tee und harte, nahezu ungenießbare Kekse zu sich zu nehmen. Hin und wieder hielt Ita Askonas, eine Pionierin der Immunologie, in einer Ecke Hof. Auch Sydney Brenner, der nobelpreisgekrönte Genetiker aus Cambridge, kam ab und zu auf einen lockeren Plausch vorbei; dabei hoben und senkten sich seine sagenumwobenen buschigen Augenbrauen vor Freude wie zwei Raupen, wenn wir ihm von einem neuen experimentellen Ergebnis berichteten.

Mein unmittelbarer Mentor war Vincenzo Cerundolo, ein italie-

---

Methode entwickelt hat, mit der sie dem Immunsystem entgehen.[4] Im Fall von EBV gelangten die Untersuchungen der Immunologin Maria Masucci und meine eigene Doktorarbeit zu der gleichen Antwort. Das Genom des Epstein-Barr-Virus codiert viele Gene. Wenn das Virus aber in B-Zellen eindringt, kann es die meisten davon abschalten; nur zwei bleiben aktiv: EBNA1 und LMP2. Das Protein EBNA1 wäre ein idealer Kandidat, den T-Zellen aufspüren könnten – aber erstaunlicherweise ist es für sie unsichtbar. Das liegt unter anderem daran, dass EBNA1 sich innerhalb der Zelle nicht in Stücke zerschneiden lässt. Wie wir demnächst noch genauer erfahren werden, entdeckte Alain Townsend, dass T-Zellen nur Bruchstücke – Peptide – von Virusproteinen erkennen können, die mit Proteinen des sogenannten Haupthistokompatibilitätskomplexes (abgekürzt MHC) verbunden sind. Und wie sich herausstellte, lässt EBNA1 keine solchen Peptide entstehen. LMP2 entgeht dem Immunsystem auf anderen Wegen, die aber bisher nicht bekannt sind. Das Herpes-simplex-Virus entzieht sich dem Immunsystem auf andere Weise: Es inaktiviert den Mechanismus, mit dem die Peptide transportiert und auf die MHC-Proteine geladen werden. Das Cytomegalovirus besitzt wiederum einen anderen Fluchtmechanismus: Es produziert ein Protein, das MHC zerstört, also gerade das Molekül, das T-Zellen in die Lage versetzt, eine CMV-infizierte Zelle zu erkennen

nischer Postdoc, den alle nur Enzo nannten. Er war klein, redselig und quirlig. In meinen ersten Wochen im Labor nahm er mich überhaupt nicht zur Kenntnis; er eilte durch die Räume und umrundete mich, als sei ich ein lästiges Möbelstück, das irgendjemand an der falschen Stelle abgestellt hatte. Er stand gerade im Begriff, einen Fachartikel fertigzustellen, und einem gerade eingetroffenen Doktoranden die überbordenden Details der Immunologie beizubringen, schien ihm kaum Zeit oder Energie wert zu sein.

Ein Aspekt von Enzos Projekt war die Herstellung von Viren, die Zellen von Mäusen und Menschen infizieren. Das Virus war so gestaltet, dass es Gene in menschliche Zellen einschleusen sollte, sodass Enzo die Funktion dieser Gene untersuchen konnte. Wenn man das Virus heranzüchten wollte – das heißt, wenn mehr Viruspartikel hergestellt werden sollten –, musste man in der Gewebekultur eine Schicht von Zellen infizieren. Um anschließend das Virus zu gewinnen, füllte man die ganze Kultur in ein Röhrchen, das man genau dreimal einfrieren und wieder auftauen musste. Die Methode erforderte Gewissenhaftigkeit und Geduld. Ohne das Gefrieren und Auftauen wurden die Virusteilchen nicht frei; tat man aber des Guten zu viel, tötete man das Virus ab. Eines Morgens, kurz nachdem ich an das Institut gekommen war, sah ich Enzo mit einem solchen Röhrchen herumhantieren. Eine technische Assistentin, ebenfalls Italienerin, hatte ihm ein Viruspräparat hergestellt, aber jetzt war sie im Urlaub, und Enzo hatte keine Ahnung, ob das Virus bereits aus den Zellen gewonnen war oder ob das Röhrchen noch die ursprüngliche Kultur enthielt. Es war ein angespannter Augenblick. Eine zu geringe Zahl von Viren, und das ganze Experiment, das für seinen Fachartikel so entscheidend war, würde den Bach hinuntergehen. Halblaut fluchte er auf Italienisch: *Cavolo*.

Ich fragte ihn, ob ich mir das Röhrchen einmal ansehen dürfe, und er gab es mir.

Ich sah, dass die Assistentin auf den Boden des Gefäßes kaum sichtbar die Buchstaben *C, S, C, S, C, S* geschrieben hatte.

»Was heißt *einfrieren* auf Italienisch?«, fragte ich ihn.

»*Congelare*«, erwiderte Enzo.

»Und *auftauen*?«

»*Scongelare.*»

Das also hatte die Assistentin geschrieben: Einfrieren. Auftauen. Einfrieren. Auftauen. Einfrieren. Auftauen. Sie hatte nur eine Art italienischen Morsecode verwendet: C, S, C, S, C, S. Jeweils dreimal.

Enzo sah mich durchdringend an. Vielleicht war ich doch keine Zeitverschwendung. Er schloss sein Experiment ab und fragte mich dann, ob ich einen Kaffee wollte. Er machte zwei Tassen. Irgendetwas war zwischen uns aufgetaut.

Wir wurden Freunde. Er brachte mir Virologie bei, Zellkultur, Biologie der T-Zellen, italienischen Slang und das Geheimnis, eine gute Bolognese zu kochen. Jeden Morgen fuhr ich mit dem Fahrrad bei Dauerregen den Hügel hinauf und arbeitete mit ihm, und abends fuhr ich im Regen den Hügel wieder hinunter. Ich kam und ging, wie ich mochte – manchmal um Mitternacht den Hügel hinauf und hinunter, während meine Experimente in den Brutschränken des Labors vor sich hin köchelten.

Mein Innerstes war erfüllt von Gedanken über T-Zellen und ihre Wechselwirkungen mit chronischen Viren. Während ich mit dem Fahrrad bergab fuhr, durchdachte ich immer wieder meine Experimente, ging im Kopf die Daten durch, malte mir das Leben des Virus im Inneren der Zelle aus. »Wenn du die Virologie der T-Zellen verstehen willst, musst du lernen, wie ein Virus zu denken«, hatte Enzo mir gesagt. Das beherzigte ich. Ich »wurde« an einem Nachmittag zu EBV und am nächsten zum Herpesvirus. (Zu Letzterem gehörte auch, dass man einen gewissen Sinn für Humor hatte.)

Nachdem ich Oxford verlassen hatte, arbeiteten Enzo und ich weiter zusammen und veröffentlichten gemeinsame Fachartikel. Er schickte mir Gefäße mit Zellen für meine Experimente im Labor. Ich schickte ihm Rezepte von meiner Mutter für seine Experimente in der Küche. Wir trafen uns rund um die Welt auf Tagungen und nahmen jedes Mal unsere Gespräche wieder auf, als hätten wir uns erst am Vortag das letzte Mal gesehen. Unsere Interessen hatten sich fast gleichzeitig von der Immunologie zur Krebsforschung und schließlich zur Immunologie der Krebserkrankungen verlagert. Im Lauf der Jahrzehnte reifte ich vom Doktoranden zum Kollegen und Freund heran. Aber es gelang mir nie, einen Espresso zu machen, mit dem Enzo zufrieden war. Einmal versuchte ich es, und er spuckte ihn aus. Er war, wie Wolfgang Pauli vielleicht gesagt hätte, so schlecht, dass er nicht einmal falsch war.

Anfang 2019 erfuhr ich, dass man bei Enzo einen fortgeschrittenen Lungenkrebs diagnostiziert hatte. Die Nachricht traf mich wie ein Schock; tagelang konnte ich mich nicht überwinden, ihn anzurufen. Eine Woche oder vielleicht auch zwei vergingen, bis ich endlich von New York aus seine Nummer wählte. Er nahm sofort ab. Was seinen Zustand anging, war er vollkommen pragmatisch. Vielleicht würden die T-Zellen, deren innere Geheimnisse er sein Leben lang gelüftet hatte, einen Weg finden, um den Krebs zu bekämpfen. Alain Townsend schrieb in der Fachzeitschrift *Nature Immunology* über Enzo: »Man hört die Redensart ›Kampf gegen den Krebs‹, aber diese Beschreibung ist nur ein schwacher Abglanz des heftigen, persönlichen, zermürbenden immunologischen Kampfes, den er mit den rebellischen Zellen ausfocht, die ihn angriffen. Er nahm den Kampf auf und führte ihn mit allen Kräften, die er zu Hause und auf der ganzen Welt mobilisieren konnte, nutzte jedes bisschen seiner umfassenden Kenntnisse und Erfahrungen. Das tat er … unbeeindruckt, ließ nie einen Vortrag aus, war immer für seine Studierenden und Kollegen da. Es war eine Demonstration überragenden Muts.«[5]

Im Jahr 2020, wenige Wochen bevor ich in Oxford einen Vortrag halten sollte, hörte ich, dass Enzo gestorben war. Ich sagte die Reise ab. Am gleichen Abend saß ich schweigend im Labor, erinnerte mich an meinen Mentor, meinen Bolognese-Lehrer, meinen Freund und hielt die Erinnerungen fest, bis sie sich gesetzt hatten. Ich fühlte mich benommen, ausgetrocknet, gefroren in Düsternis. Erst Stunden später brach die Trauer in einer flüssigen Welle nach der anderen aus mir heraus.

Congelare, scongelare.

Innenwelt und Außenwelt, getrennt durch Membranen. Was tun T-Zellen während einer Infektion? Nehmen wir einmal die Sichtweise des menschlichen Immunsystems ein und stellen uns vor, dass es zwei Welten pathologischer Mikroorganismen gibt: einerseits die »Außenwelt« mit Bakterien und Viren, die außerhalb der Zelle in der Lymphe, im Blut oder im Gewebe herumschwimmen, und andererseits die »Innenwelt« mit Viren, die in einer Zelle eingebettet sind und dort leben.

Diese Innenwelt stellt ein metaphysisches oder eigentlich physisches Problem dar. Wie wir erfahren haben, ist eine Zelle ein abgegrenztes, selbstständiges Gebilde, das von einer Membran gegen die Außenwelt abgeschottet wird. Ihr Inneres – das Zytoplasma und der Zellkern – ist ein geschlossenes Heiligtum, das von außen kaum einsehbar ist, mit Ausnahme der Signale oder Rezeptoren, die die Zelle selbst an ihrer Oberfläche präsentiert.

Aber wie sieht die Sache aus, wenn ein Virus sich innerhalb der Zelle eingenistet hat? Wie steht es zum Beispiel mit einem Grippevirus, das in die Zelle eingedrungen ist und ihren Proteinproduktionsapparat unter seine Kontrolle gebracht hat, um Virusproteine auszuspucken, die von den eigenen Proteinen der Zelle nicht zu unterscheiden sind? Genau das tun Viren: Sie »werden nativ«. Ein Grippevirus macht seinen Wirt zu einer richtiggehenden Grippevirenfabrik, die jede Stunde Tausende von Virusteilchen erzeugt. Antikörper können nicht in die Zellen eindringen – wie also sollen sie solche wild gewordenen Zellen erkennen, die sich als normale Zelle tarnen? Und wie kommt es, dass ein Virus nicht jede Zelle unseres Organismus als idealen Unterschlupf verwendet?

Die Antwort auf all diese Fragen sollte ich schon bald erfahren: Sie liegt in den Zellen, deren verführerisches Lied mir auf dem ganzen Weg von Kalifornien bis zu Alain Townsends Labor in Oxford in den Ohren geklungen hatte; in den Zellen, die mit geradezu wundersamer Empfindsamkeit eine virusinfizierte Zelle von einer nicht infizierten und Selbst von Nichtselbst unterscheiden können. In den diskreten, klugen, urteilsfähigen T-Zellen.

Den ersten Hinweis, der zur Aufklärung der Erkennung durch T-Zellen führte, fanden Rolf Zinkernagel und Peter Doherty, zwei Immunologen, die in Australien arbeiteten, in den 1970er-Jahren.[6] Sie gingen von den sogenannten Killer-T-Zellen aus: Diese T-Lymphozyten erkennen virusinfizierte Zellen und überschütten sie mit Giftstoffen, bis sie einschrumpfen und sterben; damit beseitigen sie auch die Erreger, die darin Unterschlupf gefunden haben. Solche zytotoxischen (zelltötenden) T-Zellen tragen auf ihrer Oberfläche einen ganz bestimmten Marker: das Protein CD8.

Wie Zinkernagel und Doherty entdeckten, haben die CD8-positiven Zellen eine Besonderheit: Sie sind in der Lage, Virusinfektionen *nur im Zusammenhang des Selbst* zu erkennen. Stellen wir uns das einmal vor: Unsere T-Zellen erkennen virusinfizierte Zellen nur dann, wenn sie aus unserem eigenen Körper stammen, aber nicht solche aus einem anderen.*

---

* Wenn T-Zelle und Zielzelle nicht »übereinstimmen« – das heißt, wenn

Ebenso rätselhaft war eine zweite Eigenschaft der Killer-T-Zellen. Eine CD8-T-Zelle erkennt eine Zelle aus demselben Organismus, tötet sie aber nur, wenn sie infiziert ist. Keine Virusinfektion, kein Mord. Es ist, als sei die T-Zelle in der Lage, zwei unabhängige Fragen zu stellen. Erstens: *Gehört die Zelle, die ich überwache, zu meinem Körper?* Oder anders gefragt: Ist sie Selbst? Und zweitens: *Ist sie mit einem Virus oder Bakterium infiziert?* Wurde das Selbst verändert? Nur wenn beides zutrifft – Selbst und Infektion –, tötet eine T-Zelle ihr Opfer.

Kurz gesagt, haben sich T-Zellen in der Evolution entwickelt, um das Selbst zu erkennen, allerdings ein verändertes Selbst, das eine Infektion beherbergt. Wie machen sie das? Mit genetischen Methoden konnten Zinkernagel und Doherty die Erkennung des Selbst auf eine Gruppe von Molekülen zurückführen, die als MHC Klasse I bezeichnet werden.*

Es ist, als wäre das MHC-Protein eine Art Rahmen. Ohne den richtigen Rahmen oder Kontext (»Selbst«) erkennt die T-Zelle das Bild selbst dann nicht, wenn es sich um eine verzerrte Form des »Selbst« handelt. Und ohne das Bild im Rahmen (vermutlich ein Teil

---

sie aus unterschiedlichen Organismen stammen und auf ihren Oberflächen unterschiedliche Proteinmarker tragen –, tötet das Immunsystem sie, ganz gleich, ob sie infiziert sind oder nicht. Es ist das Prinzip der Transplantatabstoßung: Verpflanzt man die Zellen eines Fremden in den Körper, werden diese Zellen abgestoßen. Auf diese Erkennung des »Nichtselbst« werden wir noch zurückkommen.

* Die MHC-Klasse-I-Proteine gibt es in Tausenden von Varianten. Jeder von uns trägt eine einzigartige Kombination von MHC-Klasse-I-Genen. Dieses Selbst-MHC nimmt die T-Zelle als Erstes wahr. Stammen die infizierte Zelle und die CD8-T-Zelle von demselben Menschen (weil sie die gleichen MHC-Klasse-I-Proteine besitzen), findet die Erkennung statt, und die infizierte Zelle wird getötet.

des Virus – das *infizierte* Selbst) erkennt die T-Zelle die infizierte Zelle wiederum nicht. Sie braucht sowohl den Erreger als auch das Selbst – das Bild *und* den Rahmen.*

Damit hatten Zinkernagel und Doherty einen Teil des Rätsels gelöst: T-Zellen erkennen das infizierte »Selbst«. Der zweite Teil war aber ebenso heikel. Das MHC-Klasse-I-Molekül ist beteiligt, ja, aber wie signalisiert eine Zelle, dass ihr Selbst verändert ist – oder anders gefragt: dass das Selbst infiziert ist? Wie findet eine CD8-Zelle eine Selbst-Zelle, die ein Grippevirus in sich trägt?

Diese Frage griff Alain Townsend in den 1990er-Jahren zuerst in Mill Hill in London und später in Oxford auf. Mein früherer Vorgesetzter war im Lauf der Jahre zu einem engen Freund geworden. Alain gehört zu den klügsten und weitsichtigsten Wissenschaftlern, die ich jemals kennengelernt habe. Er war manchmal regelrecht die Karikatur des Oxforder Akademikers: Unter anderem verabscheute er es, zu wissenschaftlichen Tagungen an exotische Orte zu reisen. Das Wort *tropisch* löste bei ihm Entsetzen aus. Zum Mittagessen aß er praktisch jeden Tag fleischgefüllte Teigpasteten, und die englische Gewohnheit der tödlichen Schönrednerei hatte er perfektioniert. Wenn er eine Idee für dumm oder unwissenschaftlich hielt, blickte er unbestimmt in die Ferne, hielt inne und sagte: »Ach! Dieser Gedanke erscheint mir … hm … äh … ziemlich heikel.« Bei den Laborbesprechungen waren meine Einlassungen oft ziemlich heikel, das muss ich zugeben.

---

* Was die Evolution angeht, steht dahinter vermutlich eine weitreichende Logik. Ein Peptidfragment, das von einem Makrophagen oder Monozyten zur Schau gestellt wird, deutet zunächst einmal auf eine Infektion hin. Ein frei herumschwimmendes Peptid, dem der Rahmen einer phagozytierenden Zelle fehlt und das nicht richtig präsentiert wird, ist vielleicht ein Zufallsfragment oder – noch schlimmer – ein Fragment einer menschlichen Zelle. Eine Immunantwort gegen ein solches »Selbst«-Fragment würde zur Autoimmunität führen, einer verheerenden Folge der T-Zell-Immunität.

Ende der 1980er- und Anfang der 1990er-Jahre fanden Townsend und andere heraus, wie eine Killer-T-Zelle eine virusinfizierte Zelle aufspürt. Townsend stellte seine ersten Experimente mit CD8-Killer-T-Zellen an. Er interessierte sich insbesondere für Zellen, die mit dem Influenzavirus infiziert sind. Wie werden solche Zellen erkannt und beseitigt? Er beobachtete das Gleiche, was auch Zinkernagel und Doherty zuvor bereits nachgewiesen hatten: CD8-T-Zellen töten Influenza-infizierte Zellen ab, wenn sie aus demselben Körper stammen, oder mit anderen Worten: Sie sind darauf angewiesen, das Selbst zu erkennen. Aber wie bereits erwähnt, muss diese Selbst-Zelle auch eine Infektion in sich tragen und ein Virusprotein produzieren – nur dann wird sie getötet. Welches Virusprotein wird dabei erkannt? Manche Killer-T-Zellen erkennen den Befunden zufolge die Gegenwart eines als Nukleoprotein (NP) bezeichneten Virusproteins innerhalb der infizierten Zellen.*

Aber da begannen die Rätsel. Es war eine Frage von Innen und Außen. »Dieses Protein NP schafft es nie an die Zelloberfläche«, sagte mir Alain.[7] Wir saßen auf dem Rückweg von einem Vortrag in London zusammen in einem Taxi. Die Londoner Abenddämmerung brach mit ihren plötzlichen schrägen Strahlen englischen Lichts herein, und die Straßen, durch die wir fuhren – Regent Street, Bury Street –, waren von endlosen Häusern mit teilweise erleuchteten Fenstern und undurchschaubaren Türen gesäumt. Wie sollte ein Detektiv, der hier von Tür zu Tür ging, einen Bewohner in einem dieser Häuser finden, solange diese Person nicht zufällig ihren Kopf nach draußen streckte?

---

* Das Nukleoprotein wird vom Influenzavirus innerhalb der Zellen produziert und in das Virusteilchen verpackt. Das Protein trägt keine Signale, mit denen es die Zelloberfläche erreichen kann – deshalb rätselte Alain Townsend über die Frage, wie eine T-Zelle es erkennen kann.

T-Zellen können nicht ins Innere anderer Zellen gelangen – beide sind durch Membranen getrennt. Wie kann eine T-Zelle dann aber beurteilen, welche Bestandteile sich innerhalb einer infizierten Zelle befinden?

»NP ist *immer* innerhalb der Zelle«, fuhr Alain fort. Seine Augen leuchteten – strahlten –, als er sich an die Experimente erinnerte. Mit den empfindlichsten Tests – Versuchsansatz für Versuchsansatz, Woche für Woche – bemühte er sich darum, auf der Oberfläche der Influenza-infizierten Zellen noch die kleinsten Spuren des NP-Proteins zu finden, sodass eine T-Zelle sie erkennen könnte. Aber es gab keine. Das Protein steckt den Kopf nie aus der Zellmembran heraus. »Was die Zelloberflächenproteine angeht, gibt es für eine NP erkennende T-Zelle nichts zu sehen«, sagte er. »NP ist auf der Zelloberfläche unsichtbar – es ist nicht einmal da –, und doch kann die T-Zelle es sehen.« Das Taxi hielt an einer Verkehrsampel, als wartete es auf eine Antwort.

Wie also konnte die T-Zelle NP aufspüren? Die entscheidenden Entdeckungen machte man Ende der 1980er-Jahre. Wie Alain herausfand, erkennen die CD8-Killerzellen nicht das intakte NP, das seinen Kopf aus der Zelle steckt, sondern Viruspeptide, kleine Fragmente des Virusproteins. Was dabei entscheidend ist: Diese Peptide müssen den T-Zellen im richtigen »Rahmen« präsentiert werden – in diesem Fall sind sie mit dem MHC-Klasse-I-Protein verbunden und werden von ihm an die Zelloberfläche gebracht. Es ist das Selbst, aber ein verändertes Selbst.

Das MHC-Klasse-I-Protein – genau das Protein, das schon Zinkernagel und Doherty mit der Reaktion der Killer-T-Zellen in Verbindung gebracht hatten – war eigentlich ein Träger, ein Peptidtransporter und ein »Rahmen«. *Das MHC wendet das Innere nach außen und sendet ständig eine Stichprobe vom Innenleben der Zelle an die Oberfläche.*

1 | Emily Whitehead, die Patientin No. 7, wurde am Kinderkrankenhaus in Philadelphia wegen einer remittierenden, refraktorischen akuten lymphoblastischen Leukämie (ALL) behandelt. Ohne experimentelle Therapieverfahren oder Knochenmarktransplantationen verläuft die Krankheit tödlich. Bei Whitehead wurden T-Zellen entnommen, durch genetische Abwandlung mit »Waffen« gegen den Krebs ausgestattet und durch Infusion wieder in den Körper gebracht. Mit solchen sogenannten CAR-T-Zellen (für *chimeric antigen receptor*) wurde Emily erstmals 2012 behandelt, als sie sieben Jahre alt war. Sie ist bis heute bei guter Gesundheit.

2 | Rudolf Virchow in seinem pathologischen Labor. Er arbeitete in den 1840er und 1850er Jahren in Würzburg und Berlin und sorgte für eine Umwälzung in den Denkweisen von Medizin und Physiologie. Virchow erkannte, dass Zellen die Grundbausteine aller Lebewesen sind und dass man Krankheiten nur verstehen kann, wenn man etwas über die Fehlfunktionen von Zellen weiß. Sein Werk *Cellularpathologie* sorgte für einen Wandel in den Kenntnissen über die Erkrankungen der Menschen.

3 | Antonie van Leeuwenhoek. Der Tuchhändler aus dem niederländischen Delft war ein großer Geheimniskrämer und machte in den 1670er Jahren als einer der Ersten Zellen unter einem einlinsigen Mikroskop sichtbar. Die Zellen, die er sah – wahrscheinlich Protozoen, einzellige Pilze und menschliche Samenzellen – bezeichnete er als »Tierlein«. Van Leeuwenhoek baute mehr als 500 solche Mikroskope; jedes davon war ein Wunderwerk der Feinmechanik. Der englische Universalgelehrte Robert Hooke hatte schon zehn Jahre zuvor Zellen in einem Schnitt durch eine Pflanzenzellwand gesehen, aber von ihm gibt es kein gesichertes Porträt.

4 | In den 1880er Jahren stellte Louis Pasteur die kühne Behauptung auf, dass Bakterienzellen (»Keime«) die eigentliche Ursache von Infektionen und Fäulnis sind. Mit genialen Experimenten widerlegte er die Vorstellung, unsichtbare »Miasmen« aus der Luft seien für Fäulnis und Krankheiten verantwortlich. Der Gedanke, dass selbstständige, sich selbst vermehrende, pathogene Zellen (Keime) Krankheiten auslösen können, brachte die Zelltheorie voran und stellte eine enge Verbindung zur Medizin her.

5 | Der deutsche Mikrobiologe Robert Koch (1843–1910) war zusammen mit Pasteur der Urheber der »Keimtheorie«. Kochs wichtigster Beitrag war eine formelle Beschreibung der »Krankheitsursache«. Er definierte Kriterien für die »Ursache« und führte damit wissenschaftliche Strenge in die Medizin ein.

6 | George Palade (rechts) und Philip Siekevitz in den 1960er Jahren an einem Elektronenmikroskop des Rockefeller Institute. Palades Arbeitsgruppe beschäftigte sich mit Zellbiologie und Biochemie; in Zusammenarbeit mit Keith Porter und Albert Claude erforschte er als einer der Ersten die innere Anatomie und Funktion der abgegrenzten Räume oder »Organellen« in den Zellen.

7 | Die britische Krankenschwester und Embryologin Jean Purdy (1945–1985) mit dem Physiologen Robert Edwards (1925–2013) am 28. Februar 1968 in ihrem Forschungslabor in Cambridge. Purdy übergibt Edwards eine Kulturschale aus einem Brutschrank; sie enthält menschliche Eizellen, die außerhalb des Körpers befruchtet wurden. Gemeinsam entwickelten Purdy, Edwards und der Geburtshelfer Patrick Steptoe die Methoden der In-vitro-Fertilisation (IVF); neun Jahre später, 1978, wurde Louise Brown geboren, das erste »Reagenzglasbaby«. Purdy starb 1985 an Krebs und erhielt nie die volle Anerkennung für ihre Beiträge zur Fortpflanzungsbiologie und IVF.

8 | Der chinesische Wissenschaftler He Jiankui (»JK«) während seines Vortrags beim Zweiten Internationalen Gipfeltreffen über das Redigieren des menschlichen Genoms in Hongkong am 28. November 2018. JK verblüffte und schockierte Forschende und Fachleute für Ethik mit seinem Bericht über die genetische Manipulation zweier menschlicher Embryonen. Der geheimniskrämerische, ehrgeizige JK strebte nach Anerkennung für seine Arbeit, wurde aber stattdessen aus der Wissenschaftlergemeinde ausgestoßen, weil er seine Forschungsarbeiten nahezu ohne Aufsicht und Rechtfertigung durchgeführt hatte.

9 | Hilde Mangold (1898–1924) mit ihrem Baby im Jahr 1924. Zusammen mit Hans Spemann ging sie mit entscheidenden Experimenten der Frage nach, wie sich eine einzige befruchtete Eizelle letztlich in einen vielzeiligen Organismus verwandelt.

10 | Britische Vorschulkinder mit Fehlbildungen, verursacht durch das Medikament Thalidomid (»Contergan«), das man ihren Müttern während der Schwangerschaft zur Linderung von »Ängsten« und Übelkeit verschrieben hatte. Wegen der Auswirkungen des Medikaments auf die Zellen wurden die Kinder mit unterschiedlichen Fehlbildungen geboren; heute wissen wir, dass zahlreiche Zellen im Körper betroffen sein können, darunter die von Herz und Knorpel. Hier lernt ein Kind 1967 mithilfe einer Apparatur zum Halten des Bleistifts schreiben. Thalidomid lehrte die Arzneimittelbehörden, dass leichtfertiger Umgang mit den biologischen Eigenschaften der Zellen insbesondere in Verbindung mit der Fortpflanzung verheerende Folgen haben kann.

11 | Dr. Frances Kelsey (1914–2015) an einem Tisch mit Berichten über neue Medikamente in ihrem Büro bei der US-amerikanischen Arzneimittelbehörde, der Food and Drug Administration in Washington, am 31. Juli 1962. Dr. Kelsey weigerte sich, das in Deutschland entwickelte Thalidomid für den Vertrieb in den Vereinigten Staaten zuzulassen. Der Wirkstoff, der in anderen Ländern unter unterschiedlichen Markennamen vertrieben wurde, verursachte bei Babys Fehlbildungen, wenn er von der Mutter im Frühstadium der Schwangerschaft eingenommen wurde.

12 | Vierville-sur-Mer, 6. Juni 1944. Am »Omaha Beach« an der normannischen Küste verabreichen Sanitäter einem verwundeten Soldaten eine Bluttransfusion. Die Blutübertragung – eine Form der Zelltherapie – rettete während des Krieges vielen Tausend Männern und Frauen das Leben.

13 | Paul Ehrlich und sein Kollege Sahachiro Hata, ca. 1913. Die beiden Biochemiker entwickelten neue Medikamente zur Behandlung von Infektionskrankheiten wie Syphilis und Trypanosomiasis. Ehrlichs Theorie über die Produktion von Antikörpern durch B-Zellen führte in den 1930er Jahren zu einer hitzigen Debatte. Am Ende wurde er widerlegt, aber sein Gedanke, wonach ein »Antikörper« gezielt erzeugt wird, damit er an eingedrungene Fremdkörper binden und sie angreifen kann, wurde zur Grundlage für unsere heutigen Kenntnisse über die adaptive Immunität.

14 | Timothy Ray Brown, auch als »Berliner Patient« bekannt, wurde als einer der ersten Männer von AIDS geheilt. Die Aufnahme entstand am 23. Mai 2012 im südfranzösischen Marseille während des Internationalen Symposiums über HIV und neue Infektionskrankheiten. Brown war mehr als zehn Jahre mit HIV infiziert; dann erhielt er eine experimentelle Knochenmarktransplantation mit »Spenderzellen«, die eine ungewöhnliche natürliche Variante des Zelloberflächenrezeptors CCR5-Delta-32 enthielten; dieser machte die Zellen nachgewiesenermaßen resistent gegen HIV-Infektionen. Geleitet wurde die Transplantation von dem deutschen Hämatologen Gero Hütter und seiner Arbeitsgruppe. Brown starb letztlich an Leukämie, aber seine HIV-Resistenz, die wahrscheinlich eine Folge der natürlichen Resistenz der Spenderzellen war, warf weitreichende Fragen im Zusammenhang mit der Entwicklung von HIV-Impfstoffen auf.

15 | OBEN: Santiago Ramón y Cajal im Jahr 1876. Seine Zeichnungen des Nervensystems, für die er sich einer ursprünglich von Camillo Golgi entwickelten Färbemethode bediente, bedeuteten eine Umwälzung unserer Kenntnisse über die Funktion von Gehirn und Nervensystem. Sie gehören zu den schönsten und aufschlussreichsten bildlichen Darstellungen der Wissenschaftsgeschichte.

16 | LINKS: Frederick Banting und George Best mit einem Hund auf dem Dach des medizinischen Komplexes der Universität Toronto im August 1921. Mit genialen Experimenten identifizierten und reinigten die beiden das Hormon Insulin, den zentralen Koordinator der Glucosekonzentration im Organismus.

17 | Im September 2005 teilten sich James Till (links) und Ernest McCulloch in New York den Lasker-Preis für medizinische Grundlagenforschung. Sie wurden für ihre Pionierarbeiten zum Nachweis der blutbildenden Stammzellen geehrt.

18 | Leland »Lee« Hartwell (links), Träger des Nobelpreises für Physiologie oder Medizin im Jahr 2001, spricht in Seattle im US-Bundesstaat Washington am 8. Oktober 2001 nach einer Pressekonferenz mit Dr. E. Donnall Thomas, dem Preisträger von 1990. Hartwell ist Präsident und emeritierter Direktor des Fred Hutchinson Cancer Research Center und Professor für Genetik an der University of Washington. Den Preis erhielt er für seine Pionierarbeiten zur Aufklärung der Zellteilung. Thomas wurde 1990 für seine Erforschung der Knochenmarktransplantation ausgezeichnet. Die beiden Teilgebiete der Biologie scheinen weit auseinander zu liegen, nähern sich aber heute mit gemeinsamen Themen und Zusammenhängen an. Dabei geht es beispielsweise um die Frage, wie man eine transplantierte Blutstammzelle dazu bringen kann, sich zu teilen und in einem Menschen neues Blut zu produzieren.

Man kann es sich wie einen Spion vorstellen – wie unseren Mann in Havanna –, der ständig Nachrichten über das Innere der Zelle schickt, sodass das Immunsystem sie erkennen kann. Die T-Zelle braucht genau den richtigen Spion – deshalb ist die Erkennung des Selbst eine Voraussetzung. Und sie braucht das richtige Signal – einen fremden Krankheitserreger in der Zelle. Das Ganze ist wieder einmal ein Beispiel für die Codes der Biologie. Verbindet sich der richtige Spion im Inneren mit dem richtigen Signal – verbindet sich das Selbst-MHC mit einem Stück eines Viruspeptids –, tritt die T-Zelle in tödliche Aktion.

Kaum ein anderer Augenblick ist in der Biologie so ergreifend wie der, wenn die Struktur eines Moleküls sich mit seiner Funktion verbindet – wenn das Aussehen des Moleküls und seine Tätigkeit vollkommen übereinstimmen. Ein Beispiel ist die DNA, die allgemein bekannte Doppelhelix. Sie sieht aus wie ein Informationsträger – eine Kette aus den vier chemischen Bausteinen A, C, G und T, die eine einzigartige Sequenz (ACTGGCCTGC) bilden wie ein Morsecode mit vier Buchstaben. Die Doppelhelix macht auch verständlich, wie die Verdoppelung abläuft. Die Stränge sind komplementär wie Yin und Yang: Zu jedem A im einen Strang gehört ein T im anderen, und C passt zu G. Wenn eine Zelle sich teilt und zwei DNA-Kopien erzeugt, dient jeder Strang als Matrize für den anderen. Das Yin bestimmt über die Bildung des Yang, und das Yang gestaltet das Yin – zwei neue Yin-Yang-DNA-Doppelhelices bilden sich.

Der Schwanz einer Samenzelle, der hin und her schlägt und die Zelle in Richtung der Eizelle schwimmen lässt, sieht aus wie ein Schwanz, aber er ist aus einer Proteinansammlung aufgebaut. Der Teil, der den Schwanz rotieren lässt, ähnelt einem Motor, dessen bewegliche Teile kreisförmig angeordnet sind. Und die Struktur, die den Motor mit dem Schwanz verbindet und die Drehbewegung in die propellerartige Schwimmbewegung der Samenzelle umwandelt, sieht aus wie ein Haken, der präzise dazu konstruiert ist, diese Umwandlung zu vollziehen.

Genauso war es auch mit den MHC-Molekülen der Klasse I. Als ihre Struktur durch die Kristallografin Pamela Bjorkman, die momentan am California Institute of Technology arbeitet, schließlich aufgeklärt wurde, schien sie vollkommen im Einklang mit der Funktion zu stehen.[8] Das Molekül sieht aus, wie man es erwarten würde: wie eine Hand, die zwei offene Hälften eines Hotdog-Brötchens hält. Die beiden Seiten des Brötchens – zwei Proteinhelices des MHC-Moleküls – lassen in der Mitte eine Rinne offen. Das Viruspeptid, das präsentiert werden soll, steckt wie ein Würstchen in der Vertiefung zwischen den beiden Brötchenhälften und wartet darauf, dass eine T-Zelle sich seiner annimmt.

»In diesem Bild kam alles zusammen. Alles hat klick gemacht«, sagte Alain. Beide, das fremde Element (das Viruspeptid in der Vertiefung) und das Selbst-Element (die spiralförmigen Seiten des MHC-Moleküls), sind für die T-Zellen sichtbar. Als Alain die Struktur sah, war er unendlich gerührt; jetzt konnte er sich bildlich vorstellen, wie ein Viruspeptid einer T-Zelle präsentiert wird. »Jeder Immunologe, jede Immunologin bekommt Pulsrasen beim Anblick der dreidimensionalen Struktur der Bindungsstelle in einem MHC-Molekül«, schrieb er in *Nature.*[9] Damit war die »strukturelle Grundlage« der Antigenerkennung aufgeklärt. Das Bild des Klasse-I-Moleküls beantwortete tausend immunologische Fragen und warf tausend neue auf. Seinen 1987 erschienenen Artikel überschrieb Alain mit einem Teil eines Gedichts von William Butler Yeats:

Diese Bilder, die immer
Neue Bilder zeugen[10]

Tatsächlich beschwor das Bild vom MHC mit seinem gebundenen Peptid sofort neue Bilder herauf. Ermöglichte vielleicht das MHC-Klasse-I-Molekül die Erkennung durch die T-Zellen? Und wenn MHC Klasse I – das Trägermolekül – ein molekulares Serviertablett ist, das sowohl Selbst- als auch Nichtselbst-Elemente präsentiert, welche Struktur hat dann das zugehörige Erkennungsmolekül auf der Oberfläche der T-Zellen? Wie sieht das Molekül aus, das den Komplex aus MHC-Träger und Peptid wahrnimmt?

Ungefähr zur gleichen Zeit, als die Molekülstruktur des MHC-Klasse-I-Proteins aufgeklärt wurde, nahmen mehrere Arbeitsgruppen, darunter die von Mark Davis in Stanford, von Tak Mak in Toronto und von Jim Allison in Houston, das Gen ins Visier, das den T-Zell-Rezeptor codiert, jenes Molekül, mit dem die T-Zelle das an das Peptid gebundene MHC erkennt.[11] Als dessen Aufbau schließlich bekannt war, zeigte sich wieder einmal eine weitreichende Übereinstimmung von Struktur und Funktion.

Der T-Zell-Rezeptor sieht aus wie zwei ausgestreckte Finger. Teile der beiden Finger berühren das Selbst (das heißt die aufgeklappten Seitenteile des MHC-Moleküls beiderseits des Peptids). Andere Teile berühren das fremde Peptid, das in der Furche liegt. Selbst und Nichtselbst werden *gleichzeitig* erkannt: Die Voraussetzungen für die Erkennung einer infizierten Zelle sind durch die Struktur gegeben. Ein Teil eines Fingers berührt das Selbst, ein anderer stellt den Kontakt zum Fremden her. Wenn beide berührt werden, hat die Erkennung stattgefunden.

Die Übereinstimmung von Form und Funktion ist eines der schönsten Prinzipien in der Biologie. Zum ersten Mal formuliert wurde sie schon vor vielen Jahrhunderten durch Denker wie Aristoteles und andere. In der Struktur der beiden Moleküle – MHC und T-Zell-Rezeptor – erkennt man die grundlegenden Themen von Immunologie und Zellbiologie. Unser Immunsystem baut auf der Erkennung des Selbst und seiner Verformung auf. Es wurde von der Evolution so gestaltet, dass es das veränderte Selbst bemerkt. Alain gelangte in seinem bahnbrechenden Artikel zu dem Schluss: »Jetzt kann man die T-Zell-Erkennung rational erforschen.«

Lassen wir die Übereinstimmung von Struktur und Funktion einmal kurz beiseite. Townsend wusste genau, dass die Lösung des Rätsels der T-Zell-Erkennung eine neue Frage aufgeworfen hatte. Sie hatte wiederum eine neue Vorstellung hervorgebracht: Wie findet ein Virusprotein – beispielsweise NP –, das im Inneren einer Zelle synthetisiert wird, den Weg nach draußen, wo die T-Zelle es findet?

Im weiteren Verlauf ihrer molekularbiologischen Untersuchungen entdeckten Townsend und andere nach und nach einen komplizierten inneren Apparat, der genau diese Aufgabe erfüllt: Er wendet das Innere der Zelle nach außen und stellt es der Umwelt zur Schau. Wie wir heute wissen, beginnt der Prozess, sobald das Virusprotein in die Zelle eingedrungen ist. Die Zelle weiß nicht, ob das Protein zu ihrer normalen Ausstattung gehört oder ob es fremd ist; Virusproteine haben keine besonderen Merkmale, die sie als solche kennzeichnen.

Also findet NP am Ende wie alle Proteine den Weg in die inneren Abfallbeseitigungsmechanismen der Zelle, in ihren Fleischwolf, das Proteasom. Dort wird es in kleinere Stücke (Peptide) zerlegt, und diese werden in die Zelle ausgestoßen. Anschließend gelangen die Peptide über besondere Kanäle in ein Kompartiment, in dem sie auf die MHC-Klasse-I-Proteine geladen werden. Die beladenen Klasse-I-Proteine tragen die Viruspeptide an die Zelloberfläche und präsentieren sie der T-Zelle. Wie man an ihrer Struktur erkennt, handelt es sich bei den Klasse-I-Molekülen um eine Art Serviertabletts, die der T-Zell-Überwachung ständig kleine Häppchen – Amuse-Bouches – aus dem Zellinneren vorlegen.

Es ist einer der klügsten Wege, auf denen der innere molekulare

Apparat einer Zelle umfunktioniert wird: Der natürliche Abfallbeseitigungsmechanismus des Organismus behandelt das Virusprotein wie jedes andere, das für den Abbau bestimmt ist, und lädt es dann auf ein Trägerprotein, das es wie durch eine Klappe auf die Zelloberfläche befördert.

Das Innere ist jetzt außen. Die Zelle hat eine Stichprobe ihres Innenlebens gezeigt; dieses Material ist an den richtigen Rahmen gebunden und kann vom Immunsystem überprüft werden. Eine vorüberkommende CD8-Zelle schnuppert an der Oberfläche und findet dort eine große Ansammlung von Peptiden aus dem Zellinneren vor, die jetzt auf der Oberfläche liegen – darunter natürlich auch das Peptid des Virus. Und nur wenn dieses fremde Peptid vom Selbst-MHC (dem veränderten Selbst) präsentiert wird, löst es eine Immunantwort aus, und die infizierte Zelle wird getötet.

Bisher haben wir uns auf die »Innenwelt« der Zelle konzentriert, auf Krankheitserreger, die sich in einer Zelle niedergelassen haben. Aber auch die »Außenwelt«, in der Krankheitserreger frei im Körper herumschwimmen, wirft eigene Fragen auf: Wie setzen Viren und Bakterien, die sich außerhalb der Zellen befinden, eine Antwort der T-Zellen in Gang?

Eine T-Zell-Antwort, die aktiviert wird, bevor das Virus seine Zielzellen infiziert hat – beispielsweise wenn es im Blut kreist oder sich durch das Lymphsystem bewegt –, hätte grundsätzlich für den Organismus viele Vorteile: Sie könnte die verschiedenen Teile der Immunantwort auf die bevorstehende Infektion vorbereiten und Alarmmechanismen – Fieber, Entzündung und Antikörperproduktion – auslösen, alles in dem Bestreben, die Infektion schon frühzeitig einzudämmen.

Wie wir bereits erfahren haben, überwachen die Zellen des angeborenen Immunsystems – Makrophagen, Neutrophile und Monozyten – ständig den Organismus und suchen nach Anzeichen für Verletzungen und Infektionen. Wird eine solche Infektion wahrgenommen, sammeln sich diese Zellen an der betroffenen Stelle, um Bakterienzellen oder Virusteilchen in sich aufzunehmen oder zu phagozytieren. Sie verschlingen die Eindringlinge und dirigieren sie in ihrem Inneren in besondere Kompartimente. Diese Hohlräume, unter ihnen die Lysosomen, sind prall mit Enzymen gefüllt, die Viren in kleinere Fragmente zerlegen, darunter die Proteinfragmente, die wir als Peptide kennengelernt haben.

Auch das ist eine Form der »Verinnerlichung«, die in diesem Fall aber keine Infektion zur Folge hat. Hier ist das Virus erkennbar fremd und zur Zerstörung vorgesehen. Der Vorgang, in eine Zelle einzudringen, neue Virusteilchen zu produzieren und »nativ zu werden«, hat noch nicht stattgefunden. Alain Townsend hatte sich mit seinen zuvor beschriebenen Arbeiten auf die Reaktion der CD8-T-Zellen konzentriert, die sich abspielt, nachdem ein Virus in einer Zelle Unterschlupf gefunden hat. Wie aber werden T-Zellen bereitgestellt, sobald das Überwachungssystem des Organismus einen Krankheitserreger erkannt hat?

In den 1990er-Jahren erforschte Emil Unanue, der zuletzt Professor an der medizinischen Fakultät der Universität Washington war, zum ersten Mal die T-Zell-Antwort auf Mikroorganismen außerhalb der Zelle.[12] Wie er entdeckte, sind die Prinzipien dieser Form der Immunerkennung denen, die Townsend gefunden hatte, nahezu vollständig analog.

Nachdem Bakterien und Viren phagozytiert und ins Lysosom dirigiert wurden, werden sie zu Peptiden abgebaut.* Und genau wie das Klasse-I-MHC-Molekül, das die Peptide aus dem Zell*inneren* »ein-

* Hier ein Wort der Warnung: Ein kleiner Anteil der Peptide aus dem Zell-

rahmt« und den T-Zellen präsentiert, präsentieren Proteine einer ähnlichen Klasse – sie heißen MHC-Proteine der Klasse II – den T-Zellen vorwiegend *äußere* Peptide. Auch ihre Struktur ist ähnlich: Eine Hand hält die zwei Hälften eines Brötchens hoch, und in der Mitte befindet sich eine Vertiefung für das Peptid.

Ganz allgemein kann man also sagen:

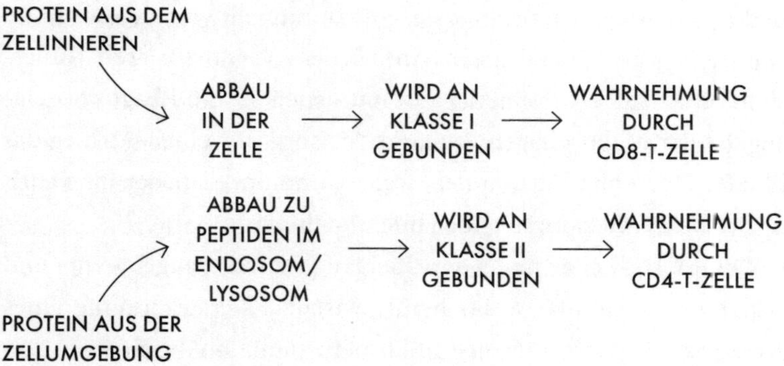

Ab hier verläuft die Immunantwort allerdings auf einem anderen Weg und nimmt dabei eine zweite Angriffsroute. Die Peptide aus dem Zellinneren, die von den MHC-Klasse-I-Proteinen präsentiert werden, wie Zinkernagel und Doherty es nachgewiesen hatten, werden von einer Gruppe der T-Zellen wahrgenommen, die man CD8-Killer-T-Zellen nennt. Wir erinnern uns: Die CD8-Zellen töten die infizierte Zelle und beseitigen damit auch das Virus.

Peptide, die von Krankheitserregern aus der Zellumgebung stammen (und auch einige aus dem Zellinneren, die ins Lysosom gelangt sind), werden dagegen in ihrer Mehrzahl von den MHC-Proteinen

---

inneren – in der Regel Abfallprodukte – wird ebenfalls zur Zerstörung ins Lysosom transportiert und auf MHC-Molekülen der Klasse II präsentiert.

der Klasse II präsentiert. Diese werden von einer zweiten Gruppe der T-Zellen erkannt, den CD4-T-Zellen.[13]

CD4-Zellen sind keine Killerzellen. (Auch darin steckt eine Logik: Das Virus ist bereits tot und wurde in Stücke zerhackt; warum soll man die Zelle töten, von der die T-Zelle auf das tote Virus aufmerksam gemacht wurde?) Diese T-Zellen sind vielmehr *Koordinatoren.* Wenn eine CD4-Zelle den Komplex aus MHC-Klasse-II und Peptid wahrgenommen hat, beginnt sie, eine Immunantwort zu koordinieren. Sie regt B-Zellen dazu an, Antikörper zu synthetisieren. Außerdem scheidet sie Substanzen aus, mit denen sie die Phagozytosefähigkeit der Makrophagen verstärkt. Sie sorgt für einen Anstieg der lokalen Durchblutung und zieht weitere Immunzellen, darunter auch B-Zellen, zur Bekämpfung der Infektion hinzu.

Ohne CD4-Zellen findet der Übergang zwischen angeborener und adaptiver Immunität – das heißt zwischen der Erkennung eines Krankheitserregers und der Antikörperproduktion durch die B-Zellen – nicht mehr statt. Wegen all dieser Eigenschaften, insbesondere aber weil sie die Antikörperproduktion durch die B-Zellen unterstützen, werden diese Zellen auch als »Helfer«-T-Zellen bezeichnet. Sie schlagen die Brücke zwischen angeborener und adaptiver Immunität: zwischen Makrophagen und Monozyten auf der einen Seite sowie B- und T-Zellen auf der anderen.*

---

* Wir führen einen so verzweifelten und dauerhaften Kampf gegen Krankheitserreger, dass selbst die Helfer wiederum Hilfe brauchen. Viele verschiedene Zelltypen – auch die Monozyten, Makrophagen und Neutrophilen, die wir zuvor kennengelernt haben – können Komplexe aus Peptiden und MHC-Proteinen – die mit ihrem Inhalt beladenen molekularen Serviertabletts – präsentieren und so Helfer- und Killer-T-Zellen hinzuziehen; schließlich handelt es sich um ein *allgemeines* Überwachungssystem für virusinfizierte Zellen. Ein Zelltyp ist aber so gezielt auf die Hinzuziehung von T-Zellen eingestellt und so mit seinem ganzen Wesen auf die Antigen-

präsentation spezialisiert, dass seine wichtigste und sogar einzige Funktion darin besteht, Krankheitserreger wahrzunehmen und eine Immunantwort auszulösen. Diese Zellen wurden von dem Wissenschaftler Ralph Steinman entdeckt; sie leben vor allem in der Milz und strecken Dutzende von Verzweigungen aus, fast als wollten sie die T-Zellen heranziehen, damit sie nachsehen. Steinman hatte sie in den 1970er-Jahren im Mikroskop entdeckt und fast vier Jahrzehnte gebraucht, um ihre Funktion zu entschlüsseln. Die Zellen besitzen einen der wirksamsten Mechanismen, um Viren und Bakterien einzufangen, eines der effizientesten Verarbeitungssysteme für die Präsentation von Komplexen aus Peptiden und MHC, die dichteste Ansammlung von Oberflächenmolekülen zur Aktivierung von T-Zellen und einen der stärksten Mechanismen zur Ausschüttung molekularer Alarmglocken, die sowohl die adaptive als auch die angeborene Immunantwort aktivieren. Sie werden »dendritische Zellen« genannt (von dem griechischen Wort *dendron* für »Baum«, weil von ihrem Zellkörper so viele Verzweigungen ausgehen). Fast könnte man sich vorstellen, dass diese Zweige in der Evolution entstanden sind, um Anheftungsstellen für T-Zellen zur Verfügung zu stellen. Sie sind aber auch im übertragenen Sinne verzweigt, denn sie können alle Aspekte des vielteiligen Immunsystems koordinieren und zur Reaktion auf eine Infektion veranlassen. Möglicherweise gehören die dendritischen Zellen zu den ersten, die eine Immunantwort gegen einen Krankheitserreger in Gang setzen. Ralph Steinman starb am 30. September 2017 in New York, wenige Tage bevor das Nobelkomitee ihm den Preis für seine Entdeckung verleihen wollte. (Tragischerweise gab es für diesen Preis keinen Preisträger. Der Nobelpreis wird nicht postum verliehen, aber die Entscheidung, ihn an Steinman zu geben, war lange vor seinem Tod gefallen, und so wurde ihm die Ehre dennoch zuteil.) Nachrufe und Danksagungen Steinman betreffend kamen von Forschenden, Ärzten und seinen Schülern. Die Ehrung, die ich am anschaulichsten finde, stammt von dem Immunologen Philip Greenberg aus Seattle. Ihr Titel führt uns wieder zu den Wurzeln der Zellbiologie, zu Leeuwenhoek, Hooke und Virchow, die mit dem Blick durch ihre Mikroskope einen neuen Kosmos der Biologie enthüllten. Der Artikel trägt die Überschrift »Ralph M. Steinman: A Man, a Microscope, A Cell and So Much More« (»Ralph M. Steinman: Ein Mann, ein Mikroskop, eine Zelle und so vieles mehr«).[15] Es ist in drei Worten die

Die Verarbeitung der Antigene und ihre Präsentation vor den CD4- und CD8-Zellen – das Kernstück der T-Zell-Erkennung – sind ein langsamer, aber höchst systematischer Prozess. Während die Antikörper es wie ein Revolver schwingender Sheriff auf die Schießerei mit einer Bande molekularer Banditen im Stadtzentrum abgesehen haben, ist die T-Zelle der Detektiv, der von Tür zu Tür geht und in den Häusern nach versteckten Tätern sucht. Lewis Thomas schreibt in *A Long Line of Cells*: »Lymphozyten sind wie Wespen genetisch auf die Erkundung programmiert, aber offensichtlich darf jeder von ihnen einen eigenen Gedanken verfolgen. Sie streifen durch das Gewebe, spüren auf und überwachen.«[14] Anders als die B-Zelle sucht die T-Zelle aber nicht nach einem Gangster, der mit gezückter Pistole aus dem Saloon kommt. Sie ähnelt eher dem allwissenden Sherlock Holmes mit Pfeife und Regenschirm, der nach Anzeichen für einen Menschen sucht. Nach den Überresten seiner Gegenwart im Inneren. Ein zerrissener Brief mit dem Bruchstück eines Namens, weggeworfen draußen in der Mülltonne. (Dieses zerknüllte Stückchen Papier in der Mülltonne kann man sich vorstellen wie ein Peptid, das auf einem MHC-Molekül präsentiert wird.)

Das Immunsystem ist zweigeteilt: Das eine Erkennungssystem (B-Zellen und Antikörper) braucht keinen zellulären Zusammenhang, das andere (T-Zellen) wird nur aktiv, wenn das fremde Protein im Zusammenhang einer Zelle präsentiert wird. Wegen dieser Dualität werden Viren und Bakterien nicht nur von den Antikörpern aus dem Blut beseitigt, sondern auch von den T-Zellen aus infizierten Zellen, wo sie sich ansonsten ungefährdet verstecken könnten.

Es ist, anders als Alain das Wort gebrauchte, wirklich ziemlich heikel.

Geschichte über praktisch alle Forschenden, die in diesem Buch vorkommen: Ein Wissenschaftler. Ein Mikroskop. Eine Zelle.

Die ersten Patienten kamen 1979 und 1980 in die Krankenhäuser. Im Winter 1979 fiel Joel Weisman, einem Arzt in Los Angeles, eine zunehmende Zahl junger Männer auf, die meist zwischen 20 und 40 Jahre alt waren und sich in seiner Klinik mit einer bizarren Krankheit vorstellten: einem »Mononucleose-ähnlichen Syndrom, gekennzeichnet durch schwankendes Fieber, Gewichtsverlust und geschwollene Lymphknoten«.[16] Auch auf der anderen Seite der Vereinigten Staaten hatte sich plötzlich eine ähnliche Häufung ungewöhnlicher Krankheiten gezeigt. Im März 1980 erkrankte in New York ein Patient namens Nick an einer seltsamen, verheerenden Krankheit: »Mattigkeit, Gewichtsverlust und eine langsame Auszehrung des ganzen Körpers.«[17]

Mitte 1980 waren es schon mehr Patienten, auch sie vorwiegend junge Männer aus New York und Los Angeles. Viele von ihnen litten an einer Form der Lungenentzündung, die man zuvor nur von stark immungeschwächten Patienten kannte; verursacht wurde sie von einem Erreger, von dem man außerhalb der Lehrbücher praktisch nie etwas gehört hatte: Pneumocystis. Die Krankheit war so selten, dass Pentamidin, das Medikament zu ihrer Behandlung, durch eine staatliche Apotheke ausgegeben wurde. Im April 1981 fiel einem Pharmazeuten an den US-amerikanischen Centers for Disease Control (CDC) auf, dass die Nachfrage nach diesem Anti-Pilz-Medikament sich fast verdreifacht hatte; alle Anforderungen kamen offensichtlich aus verschiedenen Krankenhäusern in New York und Los Angeles.[18]

Ein entscheidendes Datum war der 5. Juni 1981: An diesem Tag berichtete der *Morbidity and Mortality Weekly Report* (MMWR), das wöchentliche Mitteilungsblatt der CDC über die Krankheiten im Land, über fünf Fälle von jungen Männern mit Pneumocystis-Pneumonie (PCP) und erwähnte die höchst ungewöhnliche Tatsache, dass alle in Los Angeles wenige Kilometer voneinander entfernt aufgetreten waren.[19] Wie sich später herausstellte, handelte es sich bei den

Patienten häufig um Männer, die sexuelle Kontakte mit anderen Männern gehabt hatten. »Das Auftreten von Pneumocystis bei diesen fünf zuvor gesunden Personen ohne eine klinisch auffällige zugrunde liegende Immunschwäche ist ungewöhnlich«, erklärte der Bericht.[20] »[D]rei der untersuchten Patienten hatten eine anomale zelluläre Immunfunktion, zwei berichteten von homosexuellen Kontakten vor kurzer Zeit. Alle genannten Beobachtungen legen die Möglichkeit einer *Fehlfunktion der zellulären Immunität* nahe [Kursivierung von mir], die im Zusammenhang mit einer gemeinsamen Ansteckung steht, welche die Betroffenen anfällig für opportunistische Infektionen macht.«[21]

Wenig später kamen an beiden Küsten immer mehr Männer mit einer seltenen Krebserkrankung von Haut und Schleimhäuten in die Arztpraxen. Das Kaposi-Sarkom, das man bis dahin in den Vereinigten Staaten nur sehr selten beobachtet hatte, war eine schmerzlose bösartige Erkrankung, die man später mit einer Virusinfektion in Verbindung brachte. Sie zeigte sich in der Regel in Form rötlich-bläulicher Hautschäden und war gelegentlich bei älteren Männern aus dem Mittelmeerraum und Patienten aus einer bestimmten Region im südlichen Afrika aufgetreten. In New York und Los Angeles jedoch waren die Sarkome aggressiv und invasiv: Arme und Beine waren mit violetten Quaddeln besetzt, die in die Haut einwuchsen. Im März 1981 veröffentlichte die Fachzeitschrift *Lancet* einen Bericht über acht solche Fälle – auch das eine seltsame Häufung.[22] Nick, der Mann mit der verheerenden Krankheit, war zu diesem Zeitpunkt bereits tot, gestorben an einer Schädigung mit Hohlräumen im Gehirn; der Auslöser war *Toxoplasma gondii*, ein verbreiteter, in der Regel ungefährlicher Krankheitserreger, der unter allen Tieren ausgerechnet in harmlosen Hauskatzen vorkommt.

Im Spätsommer 1981 tauchten wie aus heiterem Himmel eigenartige Krankheiten auf, die man zuvor nur von stark immungeschwächten Patienten kannte. Woche für Woche berichtete der *MMWR* über die grausigen Auswirkungen einer Seuche mit tausend Gesichtern, die aus scheinbar unzusammenhängenden Krankheiten bestand: mehr Fälle der Pneumocystis-Pneumonie, Kryptokokken-Meningitis, Toxoplasmose, violette Sarkome bei jungen Männern, ruhende Viren, die plötzlich aktiv wurden, und heftige, ungewöhnliche Lymphome, die wie aus dem Nichts entstanden.

Es gab nur einen verbreiteten epidemiologischen Zusammenhang: Die Krankheiten hatten eine starke Vorliebe für Männer, die mit anderen Männern sexuell verkehrten – bis 1982 war aber klar, dass auch Empfänger von Bluttransfusionen, beispielsweise Patienten mit der Bluterkrankheit (Hämophilie), gefährdet waren. Und in praktisch allen Fällen gab es Anzeichen für einen katastrophalen Zusammenbruch des Immunsystems, insbesondere der zellulären Immunität. Im Jahr 1981 wurde in einem Brief an die Redaktion der Zeitschrift *Lancet* der Name *Gay compromise syndrome* (»Schwulenschädigungssyndrom«) vorgeschlagen.[23] Manche bezeichneten es auch als »Homosexualitäts-gekoppelte Immunschwäche« oder, noch perverser (und mit offensichtlich diskriminierender Absicht), »Schwulenkrebs«.[24] Im Juli 1982, während die Ärzte noch hektisch nach einer Ursache suchten, wurde der Name der Krankheit verändert: Sie hieß jetzt erworbene Immunschwäche oder AIDS als Abkürzung für den englischen Namen *acquired immunodeficiency syndrome*.[25]

Aber was war die Ursache für den immunologischen Zusammenbruch? Schon 1981 hatten drei unabhängige Arbeitsgruppen in New York und Los Angeles die Patienten untersucht und entdeckt, dass ihr zelluläres Immunsystem geschädigt war.[26] (Sogar der Bericht im *MMWR* vom Juni 1981 hatte einen Zusammenbruch der »zellulären Immunität« festgestellt.) Man ging alle Typen der Immunzellen durch, und schon bald stellte sich heraus, dass der entscheidende Defekt in einer Fehlfunktion der CD4-Helfer-T-Zellen lag, deren

Zahl außerdem sehr niedrig war. Im Normalfall liegt die Zahl der CD4-Zellen bei rund 500 bis 1500 je Kubikmillimeter Blut. Patienten mit dem AIDS-Vollbild hatten nur 50 oder sogar nur zehn solcher Zellen. AIDS war nach der Formulierung einer Arbeitsgruppe »die erste Krankheit des Menschen, die durch den selektiven Verlust einer spezifischen Untergruppe der T-Zellen gekennzeichnet ist, nämlich der CD4+-T-Helfer/Inducerzellen«.[27] Die Schwelle für AIDS wurde bei 200 CD4-Helfer-T-Zellen pro Kubikmillimeter Blut festgelegt.

Schon bald war klar, dass ein infektiöser Erreger eine Rolle spielte, wahrscheinlich ein Virus. Es wurde sexuell übertragen, und zwar sowohl durch homosexuelle wie auch durch heterosexuelle Kontakte, aber auch durch Bluttransfusionen und infizierte Kanülen, die in die Blutgefäße eingeführt wurden, wie es für die intravenöse Verabreichung illegaler Drogen typisch ist. Routinetests deuteten auf kein bekanntes Virus oder Bakterium hin. Es war eine Infektion mit einem unbekannten Virus aus einer unbekannten Quelle, und es schädigte ausgerechnet die zelluläre Immunität. Es war die perfekte Katastrophe, denn solch ein Virus ist biologisch und im übertragenen Sinn der ideale Krankheitserreger: Er tötet gerade das System, das ihn töten soll.

Identifiziert wurde das AIDS-Virus schließlich am 20. März 1983, als der französische Wissenschaftler Luc Montagnier in Zusammenarbeit mit Françoise Barré-Sinoussi in einem Artikel in der Fachzeitschrift *Science* die Isolation eines neuartigen Virus aus den Lymphknoten mehrerer Patienten mit AIDS beschrieb.[28] Als die Krankheit sich im folgenden Jahr in Europa und Amerika ausbreitete und Tausende von Opfern forderte, diskutierten Virologen darüber, ob dieses Virus tatsächlich die Ursache von AIDS war. Beigelegt wurde die Debatte 1984 durch das Labor des Medizinwissenschaftlers Robert Gallo am US-amerikanischen National Cancer Institute: Die Arbeitsgruppe veröffentlichte in *Science* vier Artikel und lieferte darin eindeutige

Belege, dass das neue Virus tatsächlich AIDS verursachte.[29] Es erhielt den Namen menschliches Immunschwächevirus oder HIV (*human immunodeficiency virus*).[30] Gallos Arbeitsgruppe beschrieb eine Methode zur Zucht des Virus und entwickelte Antikörper dagegen, die zur Grundlage für die ersten Tests auf eine Infektion wurden.[31]

Unter AIDS stellen wir uns in der Regel eine Viruskrankheit vor. Es ist aber ebenso eine Zellkrankheit. Die CD4-positive T-Zelle steht am Scheideweg der zellulären Immunität. Sie als »Helfer« zu bezeichnen, ist so, als würde man Karl den Großen einen mittleren Bürokraten nennen: Die CD4-Zelle ist weniger ein Helfer als vielmehr der Oberkoordinator des gesamten Immunsystems, die zentrale Schnittstelle, durch die praktisch alle Informationen des Immunsystems fließen. Sie hat vielfältige Funktionen. Ihre Arbeit beginnt, wie wir bereits erfahren haben, wenn sie die Peptide von Krankheitserregern wahrnimmt, die auf Klasse-II-MHC-Moleküle geladen sind und von den Zellen präsentiert werden. Dann setzt sie die Immunantwort in Gang, aktiviert sie, sendet Alarmsignale aus, sorgt dafür, dass B-Zellen heranreifen, und holt CD8-T-Zellen an den Ort der Virusinfektion. Sie scheidet Faktoren aus, die die Kommunikation zwischen den verschiedenen Teilen des Immunsystems ermöglichen. Außerdem ist sie die zentrale Brücke zwischen angeborener und adaptiver Immunität – also zwischen allen Zellen des Immunsystems. Deshalb wird der Kollaps der CD4-Zellen sehr schnell zu einem Kollaps der gesamten Immunabwehr.

Der große, schlanke Mann, der mich an einem Freitagnachmittag aufsuchte, klagte nur über eines: Er nahm ab. Kein Fieber, kein Schüttelfrost, keine nächtlichen Schweißausbrüche. Und doch sank sein Gewicht rapide. Jeden Tag stellte er sich zu Hause auf die Waage und sah, dass wieder ein Pfund weg war. Er stand auf und zeigte es mir:

Seinen Gürtel hatte er im letzten halben Jahr Loch für Loch enger gezogen, bis er das letzte Loch in der Reihe erreicht hatte. Und doch rutschte ihm die Hose über die Hüfte.

Ich sondierte ein wenig weiter. Er kam aus Rhode Island, war Immobilienmakler gewesen und lebte jetzt im Ruhestand. Er war verheiratet gewesen, jetzt aber alleinstehend. Der Mann hatte eine ungewöhnliche Eigenschaft: Während er vollkommen unbefangen über seine medizinischen Symptome und Risikofaktoren sprach, war er im Zusammenhang mit seinem Privatleben sehr zurückhaltend und nannte nur unbestimmte Details.

»Gespritzte Drogen?«, fragte ich.

»Nein«, erwiderte er nachdrücklich. Nie.

»Krebserkrankungen in der Familie?«

Ja. Sein Vater war an Dickdarmkrebs gestorben. Seine Mutter hatte Brustkrebs.

»Ungeschützter Sex?«

Er sah mich an, als wäre ich verrückt.

»Nein.« Er behauptete, er sei schon seit Jahren enthaltsam.

Ich nahm eine körperliche Untersuchung vor. Nichts Auffälliges. »Lassen wir die üblichen Tests machen«, sagte ich. Gewichtsverlust ohne weitere Symptome ist ein schwieriges medizinisches Rätsel. Wir konnten nach okkultem Blut im Stuhl und anderen Anzeichen für Krebs suchen. Tuberkulose erschien sehr unwahrscheinlich. Das Risiko einer HIV-Infektion war gering, aber darauf konnten wir noch zurückkommen.

Als unser Gespräch zu Ende war, stand er auf und wollte gehen. Er trug Turnschuhe ohne Socken. Als er sich umdrehte, sah ich es aus dem Augenwinkel: einen blauvioletten Hautschaden an einem Fußgelenk unmittelbar oberhalb des Schuhs.

»Kommen Sie noch einmal kurz zurück«, sagte ich zu ihm. »Ziehen Sie die Turnschuhe aus.«

Ich untersuchte die Stelle sorgfältig. Es war eine kleine Erhebung auf der Haut, ungefähr so groß wie eine Kidneybohne und mit einer dunklen Färbung wie bei einer Aubergine. Es sah nach einem Kaposi-Sarkom aus. »Wir nehmen noch eine Bestimmung der CD4-Zahl hinzu«, sagte ich und fügte dann taktvoll hinzu: »Und einen HIV-Test?« Er schien unbeeindruckt.

Eine Woche später lagen die Zahlen vor: Er hatte das AIDS-Vollbild. Die Zahl seiner CD4-Zellen lag bei einem Zehntel des Normbereichs, und die Biopsie der blauvioletten Hautschäden ergab, wie ich erwartet hatte, ein positives Ergebnis auf das Kaposi-Sarkom, eine der Krankheiten, durch die AIDS definiert ist.

Ich schickte den Mann zu einem HIV-Spezialisten. Als er das nächste Mal zu mir kam, leugnete er erneut nachdrücklich, die riskanten Verhaltensweisen praktiziert zu haben, die man mit HIV/AIDS in Verbindung bringt: kein ungeschützter Sex mit Männern oder Frauen, keine intravenösen Drogen, keine Bluttransfusionen. Es war, als sei das Virus aus heiterem Himmel aufgetaucht. Weiter nachzubohren hatte keinen Sinn. Zwischen uns stand eine undurchdringliche Mauer der Privatsphäre. Salman Rushdie beschreibt in seinem 1981 erschienenen Roman *Mitternachtskinder* einen Arzt, der seine Patientin, eine junge Frau, nur durch ein Loch in einem weißen Tuch untersuchen darf.[32] Auch mir schien es manchmal so, als könne ich meinen Patienten nur durch ein Loch in einem Stück Stoff sehen – Stoff aus was? Homophobie? Verdrängung? Sexuelle Scham? Drogensucht? Wir begannen eine antiretrovirale Therapie. Die Zahl seiner CD4-Zellen stieg langsamer als erwartet, kletterte aber Tag für Tag ein Stück höher. Sein Gewicht blieb eine Zeit lang konstant.

Dann sank es wieder. Die Sache nahm eine ungewöhnliche Wendung: Auf seinem Arm tauchten plötzlich zwei neue blauviolette Schadstellen auf. Ein frischer Bluterguss? Wieder Kaposi-Sarkom? Der Zeitpunkt erschien nicht plausibel. Mittlerweile hatte er Fieberanfälle und Schüttelfrost. In seinen Achselhöhlen tauchten Verdickungen auf, und die beiden neuen blauschwarzen Hautschäden wurden größer. Einige Tage später erschien er nachmittags wieder in der Notaufnahme.

Von nun an gerieten die Dinge schnell außer Kontrolle. Sein Blutdruck sank rapide, und die Zehen wurden blau. In den Blutkulturen wuchsen Bartonella-Bakterien, wie man sie bei AIDS-Patienten häufig findet. Und der heikelste Teil des Falls nahm eine weitere Wendung: Bei den schwarzblauen Schäden, die sich auf seiner Haut gebildet hatten, handelte es sich nicht um Kaposi-Sarkome, sondern um tumorähnliche Auswüchse, die von den durch Bartonella entzündeten Blutgefäßen verursacht wurden. Wie groß ist die Wahrscheinlichkeit, dass zwei gleich aussehende Schäden bei demselben Patienten zwei grundlegend unterschiedliche Ursachen haben? Manche medizinischen Rätsel reichen tiefer, als wir es uns vorstellen können.

Wir behandelten ihn mit den Antibiotika Doxycyclin und Rifampicin, bis die Symptome abklangen. Er blieb zwei Wochen im Krankenhaus. Als ich ihn eine Woche nach der Klinikaufnahme besuchte, war er wieder so wortkarg wie zuvor. Bartonella-Infektionen entstehen fast immer durch Kratzer von Katzen; in der Regel übertragen Flöhe, die durch den Kratzer in die Haut übertragen werden, die Krankheit.

Eine Zeit lang saßen wir schweigend da, als würde jeder von uns sich in diesem Kampf des gegenseitigen Versteckens seine Strategie überlegen.

»Katzen?«, fragte ich ihn. »Sie haben mir nie erzählt, dass Sie Katzen haben.«

Er sah mich erstaunt an. Keine Katzen.

Keine Risikofaktoren für HIV. Keine Drogen. Kein ungeschützter Geschlechtsverkehr. Keine Katzen. Keine Kratzer. Ich zuckte mit den Achseln und gab auf.

Glücklicherweise erholte sich der Mann von seinen Infektionen. Die virushemmenden Medikamente wirkten, und seine CD4-Zahl kehrte in den Normbereich zurück. Aber die Blackbox der Ursachen ist immer noch fest verschlossen. Manchmal reichen die menschlichen Rätsel tiefer als die medizinischen.

Durch die Kombination von drei bis vier virushemmenden Medikamenten hat sich die HIV-Therapie grundlegend gewandelt. Das Spektrum der Mittel gegen das Virus nimmt Jahr für Jahr zu. Manche Wirkstoffe hindern den Erreger daran, sich effizient zu vermehren, andere verhindern, dass er seine RNA verdoppelt oder sich in das Genom der Wirtszelle integriert, wieder andere verhindern die Reifung infektiöser Viruspartikel, oder sie hindern das Virus daran, mit anfälligen Zellen zu verschmelzen. Insgesamt gibt es fünf oder sechs verschiedene Wirkstoffgruppen. Die Behandlung mit solchen Präparaten ist so wirksam, dass Patienten mit HIV heute jahrzehntelang ohne jede Spur des Virus leben können – es ist, um den medizinischen Sprachgebrauch zu verwenden, nicht nachweisbar. Sie sind nicht geheilt, aber die Krankheit ist so weit unter Kontrolle und die Viruslast so gering, dass sie andere nicht anstecken können.

Darüber hinaus arbeiten Labors auf der ganzen Welt an Impfstoffen gegen HIV, die eine Ansteckung vollkommen verhüten können, sodass die Notwendigkeit einer dauerhaften Therapie mit mehreren Medikamenten entfällt. Einige der am weitesten gefassten Arzneimittelstudien sind sogar bereits von der Therapie zur Vorbeugung übergegangen. In einer Studie verminderten zwei Dosen des virushemmenden Wirkstoffs Nevirapin, die einer HIV-positiven Mutter vor der Entbindung verabreicht wurden, und eine Dosis, die das Neugeborene drei Tage nach der Geburt erhielt, das Übertragungsrisiko von 25 auf zwölf Prozent.[33] Die Behandlung kostet ungefähr vier Euro. Mittlerweile werden praktisch jeden Monat noch wirksamere Wirkstoffkombinationen erprobt, mit denen die Übertragung bei Schwangeren oder bei Risikopersonen nach sexuellen Kontakten verhütet werden soll.

Aber während wir noch auf den HIV-Impfstoff warten, könnte zumindest ein Weg zur Heilung dieser zellulären Krankheit über die Zelltherapie führen. Am 7. Februar 2007 unterzog sich Timothy Ray Brown, ein HIV-positiver Mann, einer Knochenmarktransplantation. Er stammte ursprünglich aus Seattle. HIV wurde bei ihm 1995 diagnostiziert, als er in Berlin studierte.[34] Er hatte virushemmende Medikamente erhalten, darunter die damals neuen Proteaseinhibitoren, und war seit zehn Jahren symptomfrei. Seine CD4-Zahl lag nur knapp unter dem Normwert, und die Viruslast war nicht nachweisbar.

Dann aber, 2005, fühlte er sich plötzlich erschöpft und schwach. Er war nicht mehr in der Lage, seine üblichen Fahrradtouren zu beenden. Man stellte eine mäßig starke Anämie fest, obwohl HIV bei ihm unter Kontrolle war. Eine Knochenmarkbiopsie zeigte, dass Timothy an akuter myeloischer Leukämie (AML) litt, einer tödlichen Krebserkrankung der weißen Blutzellen. (Damit hatte Brown offenbar großes Pech. Zwischen dieser Krebsform und HIV gibt es einen losen Zusammenhang. Für HIV-infizierte Männer und Frauen besteht ein hohes Risiko, an bestimmten Lymphomen zu erkranken, und die Gefahr, AML zu bekommen, ist doppelt so groß. Hier sind allerdings weitere Studien erforderlich.)

Anfangs erhielt er die übliche Chemotherapie, aber 2006 flammte die Leukämie wieder auf. Als nächsten Behandlungsschritt schlugen seine Onkologen eine hoch dosierte Chemotherapie vor, mit der die bösartigen Zellen – und mit ihnen die Krankheitsabwehr – vollkommen ausgemerzt werden sollten. Anschließend sollte eine Knochenmarktransplantation von einem passenden Spender folgen. Solche passenden Spender sind in der Regel schwer zu finden, aber erstaunlicherweise stellte sich heraus, dass zu Brown in den internationalen

Registern volle 267 Treffer zu finden waren. Angesichts einer so großen Auswahl schlug sein Arzt Gero Hütter, ein Berliner Hämatologe mit experimentellen Neigungen, etwas Besonderes vor: Er wollte einen Spender suchen, der zufällig auch eine natürliche Mutation in CCR5 trug, jenem Corezeptor, über den HIV in die CD4-Zellen eindringt. Bei manchen Menschen tragen alle Zellen, darunter auch die CD4-Lymphozyten, in dem Gen CCR5 eine natürliche Mutation namens Delta 32 – die gleiche Mutation hatte der chinesische Genetiker He Jiankui auch bei Lulu und Nana durch eine Genveränderung schaffen wollen. Menschen, die zwei Kopien des mutierten CCR5-Gens erben, sind gegen HIV-Infektionen resistent. Die Transplantation bei Brown wäre dann nicht nur eine neuartige Therapie, sondern auch ein Experiment, zu dem man nur einmal im Leben die Gelegenheit hat.

Hütter wusste von einem früheren Patienten, der ebenfalls in Berlin lebte und bei dem man die HIV-Medikamente abgesetzt hatte, weil er vermutlich von Natur aus ein Gen geerbt hatte, das ihn resistent gegen das Virus machte. Die Viruslast des Patienten war nicht wieder gestiegen, nachdem man die Medikamente abgesetzt hatte – ein aufschlussreiches Indiz, aber noch kein handfester Beweis, dass der genetische Hintergrund sich auf die Anfälligkeit für HIV auswirken kann.

Browns Fall, das wusste Hütter genau, würde einen bedeutsamen Fortschritt darstellen. Zum einen würde nicht der Wirt, sondern der Spender der Stammzellen das Resistenzgen beisteuern. Und auch wenn das erste Ziel der Transplantation darin bestand, die Leukämie zu heilen, hielt Hütter es für vernünftig, möglichst auch die HIV-Infektion mit der Zellverpflanzung zu überwinden.

Leider flammte die Leukämie ein gutes Jahr nach der Transplantation wieder auf, sodass ein zweiter Versuch mit Stammzellen desselben Spenders notwendig wurde. Das Ganze wurde zunehmend zu einem grausigen Martyrium. »Ich war im Delirium, wurde fast blind und war nahezu gelähmt«, schrieb Brown 2015, zum 20. Jahrestag seiner Krebsdiagnose, in einem nachdenklichen Artikel.[35] Die Genesung dauerte Monate und schließlich Jahre. Allmählich lernte er wieder gehen, und sein Sehvermögen kehrte zurück. Aber die HIV-Medikamente nahm er nicht mehr, wie es schon nach der ersten Transplantation geplant gewesen war. Und als die neuen Stammzellen mit dem natürlichen Resistenzgen CCR5 Delta 32 sich angesiedelt hatten, blieb er HIV-negativ. Er war von der Leukämie geheilt – und, was vielleicht noch erstaunlicher war, auch von HIV.

Der Fall Brown gab in der Medizinergemeinde den Anlass zu vielen Diskussionen. Zuerst wurde er anonym als »Berliner Patient« bezeichnet, aber Anfang 2010 entschloss sich Brown, seine Identität in den Medien und Fachzeitschriften offenzulegen. Im gleichen Jahr kehrte er in die Vereinigten Staaten zurück. Er blieb 13 Jahre HIV-frei und bezeichnete sich selbst als »geheilt«. Im Jahr 2020 starb Timothy Ray Brown im Alter von 54 Jahren an einem Leukämierückfall – aber immer noch ohne eine Spur von HIV im Blut.

Damit ich nicht missverstanden werde: Die weltweite HIV-Pandemie wird nicht durch Knochenmarktransplantationen mit CCR5-Delta-32-Spenderzellen abgewendet werden. Die Methode ist viel zu teuer, zu gefährlich und zu arbeitsintensiv, als dass sie eine praktische Alternative für große Teile der Bevölkerung darstellen könnte.

Dennoch stecken in Browns Geschichte wichtige Lehren und offene Fragen, die für die Entwicklung von Impfstoffen und virushemmenden Medikamenten von Bedeutung sind. Zunächst einmal lässt sich die Krankheit durch eine Veränderung des HIV-empfänglichen Zellrepertoires im Blut heilen, oder zumindest kann man damit die Viruslast dauerhaft unter Kontrolle bringen. Im Gefolge der HIV-Behandlung von Timothy Brown wurde in London ein zweiter Patient ebenfalls mit einer Knochenmarktransplantation von HIV geheilt. Wenn diese beiden Fälle keine Anomalien sind, gibt es wahrscheinlich über das Blut hinaus kein »geheimes« Reservoir, in dem sich HIV verstecken könnte, um dann nach Absetzen der Medikamente wieder aktiv zu werden – ein potenzielles Problem, das den Forschenden seit Jahrzehnten Sorgen bereitet. (Es gilt festzuhalten, dass ich nicht nur von CD4-T-Zellen, sondern vom Blut gesprochen habe. Makrophagen, die ebenfalls zum Blut gehören, dienen bekanntermaßen als Reservoir für HIV.)

Ob in Browns Körper nach seiner mutmaßlichen Heilung ein Reservoir von ruhenden HI-Viren zurückgeblieben ist, lässt sich unmöglich feststellen, klar ist aber, dass er mehr als ein Dutzend Jahre virusfrei gelebt hat. Und wenn es in seinen verbliebenen Makrophagen solche Vorräte gab, war das Virus, das seine CD4-T-Zellen nicht mehr infizieren konnte, dort vielleicht dauerhaft gefangen wie ein Mensch hinter einer verschlossenen Kellertür.

Welche Faktoren haben zu der potenziellen Heilung beigetragen? Der besondere HIV-Stamm? Die geringe Viruslast vor der Transplantation? Die Eingriffe in Browns Immunsystem nach der Verpflanzung? Antworten auf solche Fragen werden als Leitfaden für die nächste Generation der HIV-Therapien dienen. Wir werden mehr darüber in Erfahrung bringen, wo sich das Virus versteckt, wie wir sein Reservoir angreifen können, wie Zellen Widerstand gegen eine Infektion leisten. Was aber am wichtigsten ist: Wir werden lernen, wie man dem Immunsystem beibringen kann, diesen heimtückischen Krankheitserreger zu erkennen.

KAPITEL 14

Die tolerante Zelle

Das Selbst, Horror autotoxicus und Immuntherapie

Und was ich mir anmaße, sollst du dir anmaßen,
Denn jedes Atom, das mir gehört, gehört genauso gut dir.
– Walt Whitman, »Gesang meiner Selbst«, 1892[1]

Damit ist es an der Zeit, zu der Frage zurückzukehren: Was ist eigentlich das Selbst? Wie ich bereits angedeutet habe, ist ein Organismus eine Ansammlung zusammenwirkender Einheiten – ein Parlament aus Zellen. Aber wo beginnt die Ansammlung und wo endet sie? Was geschieht, wenn eine fremde Zelle sich ihr anschließen will? Welchen Pass muss sie bei sich tragen, damit sie einreisen darf? Oder, wie die Raupe in *Alice im Wunderland* Alice fragt: »Wer bist *du*?«[2]

Am Meeresboden strecken Schwämme ihre Verzweigungen zu ihren Nachbarn aus, aber die Zweige stellen das Wachstum ein, wenn einer von ihnen dem anderen zu nahe kommt. Eine Schwammforscherin beschreibt es so: »Eine klare, nicht zusammenfließende Grenze trennt verschiedene Arten oder sogar verschiedene Exemplare, die zu derselben Spezies gehören.«[3] Was hält die Zellen davon ab, zwischen dem einen Schwamm und dem anderen zu wechseln – oder auch von einem Menschen zum anderen? Woher weiß ein Schwamm, wer er *selbst* ist?

Eine ähnliche Frage haben wir unausgesprochen schon im letzten Kapitel gestellt: Dort habe ich geschrieben, dass T-Zellen das veränderte Selbst erkennen.* Wenn man aber diesen Satz genau analysiert, so erweist er sich als ein ganzes Bündel von Fragen; plötzlich stehen wir vor jeder Menge Rätsel. Zerlegen wir den Satz einmal in zwei Teile. Erstens: Woher kennt eine T-Zelle ihr verändertes Selbst? Mit anderen Worten: Woher weiß sie, dass sie ihre Zielzelle umbringen soll, wenn ihr ein Viren- oder Bakterienpeptid präsentiert wird, aber nicht, wenn sie ein Selbst-Peptid vor sich hat? Die Zelle führt nicht Buch über alle einander überlappenden Selbst-Peptide – die Zahl aller Peptide, die es in einer Zelle geben kann, würde in die Hunderte von Millionen gehen. Welcher Mechanismus gewährleistet also, dass die T-Zelle nicht den eigenen Körper angreift? Und zweitens: Wie steht es mit dem Selbst? Woher weiß eine T-Zelle, dass der Rahmen, der das Peptid trägt – das MHC-Molekül –, aus dem eigenen Körper und nicht aus einem anderen stammt?

Betrachten wir zuerst die Frage des Selbst. Auf den ersten Blick scheint das ein ziemlich konstruiertes Problem zu sein. Menschen brauchen sich kaum Gedanken um Zellen anderer Menschen zu ma-

---

* Die zellbiologische Unterscheidung zwischen »Selbst« und »Nichtselbst« ist nicht nur ein Problem der T-Zellen. Auch eine schwangere Frau trägt das »Nichtselbst« in Gestalt des Fetus in ihrem Körper. Was hindert ihren Organismus daran, den Fremdkörper abzustoßen? In unserem Darm leben viele hundert Millionen Mikroorganismen unter dem Schutzschirm der immunologischen Toleranz. Wie werden diese Bakterien toleriert, während eingedrungene Krankheitserreger angegriffen werden? Antworten auf solche Fragen hat die Zellbiologie bisher nicht. Vielleicht können spätere Auflagen dieses Buches sich ihnen vor dem Hintergrund wachsender Kenntnisse über die immunologische Toleranz widmen. Vorerst wissen wir über die Toleranz der T-Zellen am meisten, und deshalb sollen sie hier im Mittelpunkt stehen.

chen, die in unseren Körper eindringen, ihn besiedeln und bestrebt sind, als Selbst durchzugehen (auch wenn solche Fantasien nach wie vor als Anregung für Horrorfilme und Bücher dienen). Aber für primitivere vielzellige Lebewesen, beispielsweise für Schwämme, ist das Konkurrenzdasein ein alltäglicher Kampf; jeder Nahrungsbrocken ist kostbar, ständig lauern Gefahren, und Territorium ist eine begrenzte Ressource; da ist die Möglichkeit, dass ein anderes Selbst eindringt, nicht banal. Ein solcher Organismus muss fragen: Wo höre ich auf, und wo beginnst du? Sein Selbst kann nur existieren, wenn er seine Grenzen streng beibehält. Ein solches Lebewesen muss jede seiner Zellen ständig fragen: »Und wer bist du?«

Lange bevor es die Zellbiologie gab, stellte Aristoteles sich das Selbst als Kern des Daseins vor, als Einheit von Körper und Seele.[4] Die physische Grenze des Selbst, so sein Gedanke, ist durch den Körper und seine Anatomie definiert. Die Gesamtheit des Selbst war aber demnach die Einheit aus diesem physischen Gefäß und einem metaphysischen Etwas, das darin wohnte – der Körper, gefüllt von der Seele. Im Prinzip hätte auch Aristoteles darüber beunruhigt sein können, dass eine fremde Seele in das physische Gefäß eindringt – »Besessenheit« wurde häufig angeführt, wenn man einen Zusammenbruch von Geist und Verhalten erklären wollte. Offensichtlich brachte ihn die Frage aber nicht ins Schwitzen: Sobald das physische Gefäß von einer Seele besetzt war, beunruhigte eine mögliche Invasion einer anderen Seele oder eine Verschmelzung mit ihr ihn nicht mehr.

Den umgekehrten Gedanken hatten manche vedische Philosophen in Indien, die ihre Schriften zwischen dem 5. und 2. Jahrhundert v. Chr. verfassten: Sie begrüßten die Auslöschung des individuellen Selbst und seine Verschmelzung mit dem Universum.[5] Den griechischen Dualismus von Körper und Seele lehnten sie ab – und auch den zwischen einem individuellen Körper und der kosmischen Seele. Das

Selbst bezeichneten sie als *atman*. (Daneben gibt es im Sanskrit noch viele andere Wörter für das Selbst, aber dieses vermittelt die Bedeutung am besten.) Das universelle, vielfältige Selbst dagegen war das Brahman. Für diese Philosophen war das Selbst eine ideale Verschmelzung von *atman* und Brahman, oder vielleicht genauer das nahtlose Fließen des universellen Selbst durch das individuelle Selbst. Diese Verschmelzung und das Fließen wurden aber als Ziel der spirituellen Erfüllung angesehen. Es gab demnach eine kosmische Ökologie, die das Individuelle und das Spirituelle gemeinsam in einem Sein verbindet. Die Formulierung »*Tat Twam Asi*« – »*Das* bist du« – zieht sich durch die Upanischaden und ist Ausdruck des grenzenlosen Selbst, das nicht nur einen einzelnen physischen Körper, sondern auch den ganzen Kosmos erfüllt. *Du*, das Selbst, so die Upanischaden, wirst vom universellen *Das* durchzogen. In einem idealen Körper fließt das Universelle durch das Individuum. (Das Wort *eindringen* mit seinen negativen Nebenbedeutungen wird offensichtlich vermieden.)

In der Wissenschaft hat die Grenzenlosigkeit des individuellen und des kosmischen Körpers in jüngerer Zeit ihren Widerhall in der Ökologie gefunden. Man könnte sagen: Das gesamte Ökosystem der Lebewesen ist durch ein Netzwerk von Beziehungen verknüpft, und damit ist das abgegrenzte Selbst bis zu einem gewissen Grade ausgelöscht. Der Körper eines Menschen, ein Baum und der Vogel, der in diesem Baum lebt, sind beispielsweise durch solche Netzwerke verbunden – Netzwerke, mit deren Entschlüsselung die Ökologie noch ganz am Anfang steht. Der Vogel frisst die Früchte von einem Baum und verbreitet mit seinen Exkrementen die Samen; im Gegenzug stellt der Baum dem Vogel einen Sitzplatz zur Verfügung. Das, so erklären die Ökologen, ist kein Eindringen. Es ist Vernetzung.

Aber die ökologische Vernetzung ist weder physischer Natur noch von Konkurrenz geprägt; sie ist relational und symbiontisch – auf das

Thema werden wir noch zurückkommen. Für die Zellbiologie wirft aber die physische Verschmelzung weiterhin ein Rätsel auf. Die Vorstellung von Chimären – die Verschmelzung eines physischen Selbst mit einem anderen – ist keine New-Age-Fantasie, sondern eine uralte Bedrohung. Das zelluläre Selbst mischt sich nicht gern mit anderen. Warum sonst nimmt ein Schwamm so viel Mühe auf sich, um seine Verschmelzung mit einem anderen Schwamm zu einem glückselig-grenzenlosen kosmischen Brahman-Schwamm einzuschränken?

Die gleiche Frage kann man auch auf eine T-Zelle erweitern. Wie gesagt: Eine T-Zelle wird aktiviert, wenn ein fremdes Protein ihr auf einem MHC-Protein präsentiert wird, das auf einer Zelloberfläche liegt – aber das geschieht nur dann, wenn es sich um ein MHC aus dem eigenen Körper handelt. Es ist, als würde die T-Zelle nur aktiviert, wenn der Rahmen oder der Zusammenhang richtig ist – und »richtig« bedeutet, dass der Rahmen vom Selbst stammt und der Inhalt des Rahmens fremd ist. Aber woher kennt eine T-Zelle das Selbst?

In der Physiologie fiel schon frühzeitig auf, dass die Abstoßung des Nichtselbst und die strenge Definition von Grenzen für menschliches Gewebe charakteristisch sind. Indische Chirurgen, unter ihnen insbesondere Sushruta, der irgendwann zwischen 800 und 600 v. Chr. lebte, hatten Hautübertragungen von der Stirn auf die Nase vorgenommen.[6] (Dies war im antiken Indien nichts Ungewöhnliches, denn Verbrechern und Ketzern wurde häufig zur Strafe die Nase abgeschlagen, sodass es den Medizinern überlassen blieb, Wege zu ihrer Wiederherstellung zu finden.) Wenn die ersten Chirurgen aber Allotransplantationen versuchten – Hautverpflanzungen von einem Menschen zum anderen –, stellten sie fest, dass das Immunsystem des Empfängers in Aktion trat und die transplantierte Haut abstieß; diese wurde schließlich blau und brandig, bevor sie verkümmerte und abstarb.

Während des Zweiten Weltkriegs erwachte ein neues Interesse, die wissenschaftlichen Grundlagen der Transplantation zu verstehen. Insbesondere bestand ein großer Bedarf an Hauttransplantationen, denn sowohl Soldaten als auch Zivilisten waren durch Bomben und Feuer häufig verwundet, verbrannt oder versengt. Die britische Regierung richtete innerhalb des Medical Research Council ein Komitee für Kriegsverletzungen ein, um die Erforschung von Wunden und Wundheilung zu fördern.

Im Jahr 1942 wurde eine 22 Jahre alte Frau in das Royal Infirmary eingeliefert, ein Krankenhaus in Glasgow. Sie hatte »umfangreiche Verbrennungen auf der Brust, an der rechten Körperseite und am rechten Arm«.[7] Der Chirurg Thomas Gibson verpflanzte in Zusammenarbeit mit Peter Medawar, einem Zoologen aus Oxford, kleine Hautstücke von ihrem Bruder auf ihre Wunden. Leider wurde das Transplantat schnell abgestoßen und hinterließ Spuren von verbranntem und geflecktem Gewebe auf den Verletzungen. Als die beiden es noch einmal versuchten, erfolgte die Abstoßung noch schneller. Durch die Untersuchung von Serienbiopsien der Transplantate und der eingewanderten Zellen fanden Medawar und Gibson nach und nach heraus, dass das Immunsystem, und zwar insbesondere die T-Zellen, das verpflanzte Gewebe abstieß. Das Nichtselbst, so Medawar, wurde, vermittelt von den T-Zellen, von der Immunität des Selbst erkannt.[8]

Medawar kannte die Arbeiten des britischen Immunologen Peter Gorer und des amerikanischen Genetikers Clarence Cook Little. Die beiden hatten unabhängig voneinander Gewebe von einer Maus auf eine andere verpflanzt. Stammten Spender und Empfänger aus demselben Stamm, wurde das transplantierte Gewebe – in der Regel ein Tumor – »akzeptiert« und wuchs heran; wurden die Tumore aber von einem Stamm auf einen anderen übertragen, fand eine immunologische Abstoßung statt. (Little schien hin und wieder ein umfassendes, versessenes Interesse an »genetischer Reinheit« zu haben. Er erzeugte Inzuchtstämme von Mäusen für Transplantationsexperimente – eine Schlüsselvoraussetzung für die Erforschung der T-Zell-Toleranz. Er kreuzte auch Hunde für seine Experimente und hielt sich eine persönliche Sammlung von Inzucht-Dackeln als Haustiere. Vielleicht die gleichen Instinkte machten ihn aber auch zu einem glühenden Befürworter der amerikanischen Eugenik, was seinen Ruf als Wissenschaftler untergrub.*)

Aber welche Faktoren sind für diese Verträglichkeit oder Toleranz – für die Erkennung von Selbst im Gegensatz zu Nichtselbst – verantwortlich? Clarence Little suchte 1929 nach einem beschaulichen Ort weit weg vom Hader der Universitätsinstitute, in denen Woche für Woche neue Diskussionen über Verträglichkeit und Tumortransplantation aufflammten, und errichtete in Bar Harbor im US-Bundesstaat Maine auf einem 160 Hektar großen Gelände am Atlantik das Jackson Laboratory. Dort konnte er in aller Ruhe Tausende von Mäusen kreuzen. Aus den Fenstern hatte man einen spektakulären Blick, und der lange Sommer tränkte das Gebiet mit einem geradezu übernatürlich klaren nordatlantischen Licht. Das Fachgebiet der Transplantationsforschung dagegen war nach wie vor ein Chaos – ein undurchschaubares biologisches Rätsel mit Hunderten von angesammelten und miteinander verwobenen Beobachtungen. Little konnte darin kaum einen Sinn erkennen.

Er transplantierte serienweise Tumore zwischen verschiedenen Mäusestämmen und erkannte dabei, dass an der Immunabstoßung des Transplantats nicht nur ein Gen beteiligt ist, sondern mehrere.

---

* Little war zwar in der Transplantationsforschung einer der ganz Großen, er wurde aber in den 1950er-Jahren auch wegen seiner Zusammenarbeit mit Zigarettenherstellern kritisiert; er war am Tobacco Research Institute beteiligt, das steif und fest behauptete, Zigaretten seien ungefährlich.

Anfang der 1930er-Jahre war das Jackson Laboratory zu einem Zufluchtsort für Transplantationsforscher geworden, und alle suchten nach den rätselhaften Kompatibilitätsgenen, die Selbst im Gegensatz zu Nichtselbst definieren. Auch ein junger Wissenschaftler namens George Snell, der sein Examen am Dartmouth College und an der Harvard University gemacht hatte, ließ sich von dem Labor anlocken und wollte Littles Transplantationsexperimente vertiefen. Er züchtete eine Mäusegeneration nach der anderen und erzeugte so Tiere, die Transplantate gegenseitig entweder akzeptierten oder abstießen. Er war ein Mann weniger Worte, zurückhaltend, kühl wie Ozeanwasser und von legendärer Hartnäckigkeit: Einmal starb eine ganze Mäusekolonie, die er seit mindestens 14 Generationen gezüchtet hatte, bei einem Laborbrand. Daraufhin spuckte Snell in die Hände und begann mit der Zucht wieder von vorn.

Die selektive Zucht bei gleichzeitiger Überwachung der Toleranz gegenüber Selbst im Gegensatz zu Nichtselbst zahlte sich aus. Immunologisch betrachtet, schuf Snell am Ende mehrere Selbst-Geschwister, Mäuse, deren Gewebe sich gegenseitig vollständig vertrug. Man konnte die Haut oder ein anderes Gewebe aus einer solchen Maus nehmen, in ihren verträglichen Zwilling implantieren, und es wurde »akzeptiert«, das heißt toleriert, als käme es vom Selbst. Das Entscheidende dabei: Durch die Inzuchtexperimente entstanden auch zwei Mäusestämme, die genetisch nahezu vollständig identisch waren – nur stießen sie Transplantate gegenseitig ab.

Mithilfe dieser Tiere analysierte Snell die genetischen Hintergründe von Selbst und Nichtselbst.[9] Er baute auf Gorers Arbeiten auf und hatte gegen Ende der 1930er-Jahre eine Reihe von Genen dingfest gemacht, die über die Toleranz bestimmen. Er bezeichnete sie als H-Gene für »Histokompatibilität« – *histo* ist das Gewebe, und *Kompatibilität* bedeutet, dass sie verantwortlich sind, wenn fremdes Gewebe als Selbst akzeptiert wird. Wie Snell erkannte, definiert irgendeine Version dieser H-Gene die Grenzen des immunologischen Selbst. Haben Organismen die gleichen H-Gene, kann man Gewebe vom einen zum anderen verpflanzen. Wenn nicht, wird das Transplantat abgestoßen.

Im Lauf der nächsten Jahrzehnte wurden bei Mäusen weitere Histokompatibilitätsgene nachgewiesen. Sie alle liegen dicht nebeneinander auf dem Chromosom 17. (Beim Menschen finden sie sich in ihrer Mehrzahl auf dem Chromosom 6.) Den vielleicht folgenschwersten Fortschritt machte das Fachgebiet, als die Identität dieser H-Gene endlich bekannt war. Wie sich herausstellte, codieren die meisten von ihnen funktionsfähige MHC-Moleküle, und wie gesagt: Das sind genau die Gene, die mit der Erkennung eines Proteins durch die T-Zellen in Verbindung gebracht werden.

Halten wir einmal kurz inne. Wie in jeder Wissenschaft, so gibt es auch in der Immunologie die Augenblicke der großen Synthese: Plötzlich fließen scheinbar unzusammenhängende Beobachtungen und unerklärliche Phänomene in einer einzigen mechanistischen Antwort zusammen. Warum kennt das Selbst sich selbst? Weil jede Zelle unseres Körpers eine Reihe von Histokompatibilitätsproteinen (H2) produziert, die sich von den Proteinen in den Zellen eines anderen unterscheiden. Wird die Haut oder das Knochenmark dieses fremden Organismus in unseren Körper eingepflanzt, erkennen unsere T-Zellen die MHC-Proteine als fremd – als Nichtselbst – und stoßen die eingedrungenen Zellen ab.

Welches sind die Selbst-gegen-Nichtselbst-Gene, die diese Proteine codieren? Nun, es sind genau die Gene, die Snell und Gorer gefunden und als H2 bezeichnet hatten. Menschen besitzen zahlreiche »klassische« Haupthistokompatibilitätsgene und möglicherweise noch viele andere, von denen mindestens drei, vielleicht auch mehr, in enger Beziehung zur Verträglichkeit oder Abstoßung von Transplantaten stehen. Ein solches Gen, HLA-A genannt, kommt in mehr als 1000 Varianten vor, von denen manche weitverbreitet und andere sehr selten sind. Jeder von uns erbt eine solche Variante von der Mutter und eine vom Vater. Ein zweites Gen namens HLA-B gibt es ebenfalls in Tausenden von Varianten. Wie man daran leicht erkennt, ergibt sich bei zwei derart vielgestaltigen Genen eine schwindelerregende Zahl von Kombinationsmöglichkeiten. Die Chance, dass wir einen solchen Code mit einem Zufallsbekannten aus einer Bar gemeinsam haben, ist verschwindend gering.

Und was tun diese Proteine, wenn sie nicht gerade Transplantate und Zellen von Fremden abstoßen – was natürlich zumindest bei Menschen natürlicherweise nicht vorkommt (bei Schwämmen und anderen Lebewesen aber vielleicht schon)? Alain Townsend und andere hatten ihre Hauptaufgabe aufgeklärt: Sie versetzen das Immunsystem in die Lage, die inneren Bestandteile von Zellen zu überprüfen und damit Virusinfektionen aufzuspüren.

Kurz gesagt, erfüllen die H2-Moleküle (oder HLA-Moleküle) zwei zusammenhängende Aufgaben. Sie präsentieren Peptide, sodass eine T-Zelle Infektionen und andere Eindringlinge erkennen und eine Immunantwort in Gang setzen kann. Und sie sind auch die Determinanten, durch die Zellen verschiedener Menschen sich voneinander unterscheiden; damit definieren sie die Grenzen eines Organismus. Die Transplantatabstoßung (die wahrscheinlich für einfach gebaute Lebewesen wichtig ist) und die Erkennung von Eindringlingen (die für komplexe, vielzellige Organismen eine große Bedeutung hat) sind also in einem einzigen System kombiniert. Beide Funktionen basieren auf der Fähigkeit der T-Zellen, den Komplex aus MHC und Peptid oder das veränderte Selbst zu erkennen.

Wenden wir uns nun der anderen Hälfte des Rätsels zu: der Frage nach dem »geringfügig veränderten« Selbst. Wie ich bereits erwähnt habe, erkennt die T-Zelle anhand des MHC-Moleküls das Selbst und stößt das Nichtselbst ab. Aber wie kann sie unterscheiden, ob das vom Selbst-MHC präsentierte Peptid von einer normalen Zelle stammt (mit anderen Worten: ob es zur normalen Peptidausstattung der Zelle gehört) oder ob es ein Bruchstück eines Eindringlings ist, beispielsweise eines Virus, das sich im Inneren einer Zelle aufhält und dort »nativ geworden ist«? Ich habe hier viel über Krieg geschrieben, über Kampf, die Angriffe auf Krankheitserreger, die Abstoßung von Implantaten. Wie wäre es einmal mit Frieden? Warum wenden sich Immunzellen, die mit Giftstoffen beladen sind und nach Rache dürsten, nicht gegen uns selbst?

Auch dieses Phänomen der Selbst-Toleranz war für die Immunologen ein großes Rätsel. In Madison in Wisconsin machte Ray Owen, ein Genetiker und Sohn eines Milchbauern, Anfang der 1940er-Jahre ein Experiment, das von seinem Konzept her in einem gewissen Sinn das genaue Gegenteil der Versuche von Peter Medawar war. Medawar hatte versucht, das Phänomen der Abstoßung, der *Intoleranz für das Nichtselbst*, zu verstehen: Warum stößt das Immunsystem der Schwester die Haut des Bruders ab? Owen drehte die Frage um: Warum wendet sich eine T-Zelle nicht gegen den eigenen Organismus? Wie erwirbt sie die *Toleranz für das Selbst*?[10]

Kühe, das wusste Owen aus seiner Jugend auf dem Bauernhof, bringen gelegentlich Zwillinge zur Welt, die von zwei verschiedenen Bullen gezeugt wurden: Von zwei Jungen einer Guernsey-Kuh hat vielleicht eines einen Guernsey- und das andere einen Hereford-Bullen zum Vater, weil beide die Kuh zufällig während der gleichen fruchtbaren Phase befruchtet haben. Solche Zwillinge, die durch eine Guernsey-Hereford-Befruchtung entstanden sind, teilen sich eine gemeinsame Plazenta. Sie haben aber unterschiedliche rote Blutzellen und tragen unterschiedliche Antigene. Normalerweise stößt eine Guernsey-Kuh, die keinen solchen Zwilling hat, das Blut einer Hereford-Kuh ab. In den seltenen Fällen, in denen Zwillinge sich eine Plazenta teilen, konnte Owen jedoch keine solche Abstoßung beobachten. Es war, als hätte irgendetwas in der Plazenta dem Immunsystem des einen Tiers beigebracht, »tolerant« gegenüber den Zellen des anderen zu sein.

Owens Ideen wurden kaum zur Kenntnis genommen. In den 1960er-Jahren jedoch begann man in der Immunologie, die Toleranzbildung ernst zu nehmen, und nun beschäftigte man sich wieder mit seinen Befunden. Irgendwie musste der Kontakt des Embryos mit einem Antigen das Immunsystem tolerant machen, sodass es das Antigen als Selbst erkennt und die Zelle, die dieses präsentiert, nicht angreift. Im Jahr 1969 verband Macfarlane Burnet (der bereits für seine klonale Theorie der Antikörper den Nobelpreis erhalten hatte) in einem Buch mit dem Titel *Körpereigene und körperfremde Substanzen bei Immunprozessen* Owens Beobachtungen mit einer radikalen Theorie: »Dass eine Antigendeterminante als fremd erkannt wird, setzt voraus, dass sie im Organismus *während der Embryonalentwicklung* nicht vorhanden war.«[11] (Kursivierung von mir); damit stimmte er Owens früheren Experimenten zu.

Die Toleranz beruhte darauf, dass »selbstreaktive« T-Zellen – also Immunzellen, die den eigenen Organismus (das heißt Proteinstücke, die von eigenen Zellen stammen und auf eigenen MHC-Molekülen präsentiert werden) angreifen – auf irgendeine Weise schon im Säuglingsalter oder vor der Geburt aus dem Immunsystem beseitigt werden. Solche selbstreaktiven Zellen bezeichnet man in der Immunologie als »verbotene Klone« – verboten deshalb, weil sie es gewagt haben, mit irgendeinem Teil eines Selbst-Peptids zu reagieren, und deshalb beseitigt wurden, bevor sie heranreifen und das Selbst angreifen konnten. Burnet verglich sie mit »Löchern« in der Immunreaktion. Das ist eines der philosophischen Rätsel der Immunität: Das Selbst ist vorwiegend etwas Negatives – Löcher in der Erkennung des

Fremden. Das Selbst ist zum Teil dadurch definiert, dass es nicht angegriffen werden darf. Biologisch betrachtet, wird das Selbst nicht durch das gekennzeichnet, was es darstellt, sondern durch das Unsichtbare: Es ist das, was das Immunsystem nicht sehen kann. »*Tat Twam Asi.*« »Das bist du.«

Aber wie entstehen diese verbotenen Löcher? Wie schaffen T-Zellen und andere Immunzellen ein Loch in ihrem Erkennungsrepertoire, sodass sie ein Selbst-Protein – beispielsweise die Antigene auf der Oberfläche einer roten Blutzelle oder einer Nierenzelle – nicht als fremd erkennen und angreifen?

Die Antwort ergab sich aus einer Reihe von Experimenten. Wie Jacques Miller nachgewiesen hatte, werden T-Zellen im Knochenmark als unreife Zellen geboren und wandern dann zur Reifung in den Thymus. Das Immunologenpaar Philippa Marrack und John Kappler aus Colorado sorgte dafür, dass Mauszellen – auch die Zellen des Thymus – gezwungenermaßen ein fremdes Protein produzierten.[12] Normalerweise sollte ein solches Protein von den T-Zellen erkannt und abgestoßen werden. Aber wie Burnet vorhergesagt hatte, fanden sie etwas anderes heraus: Unreife T-Zellen, die Teile dieses Proteins erkannten – also Zellen, die das künstlich erzeugte Selbst angriffen –, wurden im Thymus durch einen Prozess, den man negative Selektion nennt, beseitigt. Die so ausgemerzten T-Zellen reiften nie heran. Sie hinterließen die »Löcher«, die Burnet bei selbstreaktiven T-Zellen vermutet hatte.

Aber die Beseitigung von T-Zellen im Thymus – ein Mechanismus, der als zentrale Toleranz bezeichnet wird, weil davon alle T-Zellen während des wichtigsten Teils ihrer Reifung betroffen sind – bietet allein noch keine Gewähr, dass Immunzellen am Ende nicht doch das Selbst angreifen. Neben der zentralen Toleranz gibt es ein Phänomen namens periphere Toleranz; sie sorgt für Toleranz, nachdem die T-Zellen den Thymus verlassen haben.[13]

An einem dieser Mechanismen ist eine Gruppe eigenartiger, rätselhafter Zellen beteiligt, die man als regulatorische T-Zellen (T_{reg}) bezeichnet. Sie sehen fast genauso aus wie T-Zellen, nur setzen sie keine Immunantwort in Gang, sondern unterdrücken sie. Regulatorische T-Zellen begeben sich an Entzündungsstellen und scheiden dort lösliche Faktoren – entzündungshemmende Bodensubstanzen – aus, mit denen sie die Aktivität der T-Zellen dämpfen. Der beste Beleg für ihre Tätigkeit ist eine Krankheit, die auftritt, wenn sie fehlen. Bei Menschen stört eine seltene Mutation die Bildung dieser Zellen, und die Folge ist eine entsetzliche fortschreitende Autoimmunkrankheit, bei der T-Zellen die Haut, die Bauchspeicheldrüse, die Schilddrüse und den Darm angreifen. Kinder mit diesem sogenannten IPEX-Syndrom (Immundysregulation-Polyendokrinopathie-Enteropathie-X-chromosomal) leiden an unaufhaltsamem Durchfall, Diabetes und einer schuppigen, spröden, sich ablösenden Haut. Sie werden von sich selbst angegriffen, denn die T-Zellen, die andere T-Zellen kontrollieren – die Polizisten, die auf die Polizei aufpassen –, sind nicht mehr tätig.

Hier stoßen wir auf eine bisher nicht erklärliche Besonderheit des Immunsystems: Der Zelltyp, der aktive Immunität verleiht und Entzündungen auslöst (die T-Zellen), und der Zelltyp, der diese Prozesse dämpft (die regulatorischen T-Zellen), gehen aus den gleichen Ausgangszellen hervor: den T-Zell-Vorläufern im Knochenmark. Und wenn man von sehr geringfügigen Unterschieden bei den genetischen Markern absieht, sind T- und T_{reg}-Zellen anatomisch nicht zu unterscheiden. Und doch haben sie gegensätzliche Funktionen. Die Immunität und ihr Gegenteil sind unzertrennlich: Der Kain der Entzündung verbindet sich mit dem Abel der Toleranz. Irgendwann werden wir verstehen, warum die Evolution gerade diese Zellen zusammengestellt hat. Heute jedoch sind die regulatorischen T-Zellen noch ein Rätsel – sie sehen aus, als könnten sie die Immunität aktivieren, aber in Wirklichkeit unterdrücken sie sie.

Ein haitianisches Sprichwort lautet: »Aber hinter den Bergen liegen Berge.« Eine außer Kontrolle geratene T-Zelle kann für den Organismus gefährlich werden, und deshalb gibt es hinter den Sicherungssystemen weitere Sicherungssysteme. Was geschieht, wenn die wichtigsten Regulationskräfte das Immunsystem nicht mehr davon abhalten, den eigenen Organismus anzugreifen? Zu Beginn des 20. Jahrhunderts sprach der berühmte Biochemiker Paul Ehrlich vom *Horror autotoxicus* – von einem Körper, der sich selbst vergiftet.[14] Der Zustand wird dem Namen gerecht. Das Spektrum der Autoimmunität reicht von schwachen bis zu entsetzlichen Krankheiten. Eine solche Immunkrankheit ist die Alopecia areata: Hier greifen T-Zellen vermutlich die Zellen der Haarfollikel an. Dabei bemerkt der eine Patient vielleicht einen einzigen kahlen Fleck, bei einem anderen vernichten die T-Zellen alle Haarfollikel, sodass eine vollständige Glatze entsteht.

Im Jahr 2004, als ich fortgeschrittener Medizinstudent war, arbeitete ich ehrenamtlich als Assistent in einem Doktorandenkurs für klinische Immunologie. Ich hatte die Aufgabe, in der Klinik nach Patienten mit Autoimmunkrankheiten zu suchen und mit ihrer Einwilligung die körperlichen Ausdrucksformen, Ursachen und Therapiemethoden mit den Doktoranden zu diskutieren. Ich habe mit Ehrlichs anschaulicher Formulierung nur ein Problem, und das ist der Singular. Den Horror autotoxicus – die Autoimmunität – gibt es in so vielen Formen, dass er nicht nur ein Schrecken ist, sondern viele.

Wir lernten eine Frau in den Dreißigern mit Sklerodermie kennen – dabei greift das Immunsystem die Haut und das Bindegewebe an. Bei ihr hatte die Krankheit wie häufig mit dem sogenannten Raynaud-Syndrom begonnen, bei dem Finger und Zehen in der Kälte blau werden. »Und dann«, so erzählte sie den Studierenden, »wurden meine Finger auch blau, wenn ich emotional belastet oder müde war, und das auch dann, wenn es nicht kalt war.« Mir fiel ein Bild aus einem Gedicht von Shakespeare über den Winter in seiner Komödie *Liebes Leid und Lust* ein: »Tom, der Hirt, vor Frost erstarrt«[15], während um ihn herum der Wind heult. Aber bei dieser Patientin kam die Kälte von innen; ihre Ursache waren Krämpfe in den Blutgefäßen von Händen und Füßen. Es war, als hätte die Autoimmunität eine innere Kälte geschaffen.

Noch seltsamere Beschwerden hatte die Frau am ganzen Körper: Manche Teile der Haut wurden immer härter, weil das Immunsystem sich gegen das Bindegewebe richtete. Die betroffenen Hautpartien waren glatt und glänzten, als würden sie von einer unsichtbaren Kraft über den Knochen straff gezogen. Die Lippen wurden schmaler und trugen Narben. Sie wurde mit immununterdrückenden Medikamenten und Corticosteroiden gegen die Entzündungen behandelt, aber davon bekam sie Wahnvorstellungen. »Ich hatte das Gefühl, als würde meine eigene Haut mich einschnüren, als hätte sich eine Frischhaltefolie um meinen Körper gelegt.«

Der nächste Patient war ein Mann mit systemischem Lupus erythematodes (SLE), einer Krankheit, die oft einfach als Lupus bezeichnet wird. Der Name bedeutet »Wolf«: Entweder fühlten sich römische Ärzte beim Anblick der Hautschäden an Wolfsbisse erinnert, oder – wahrscheinlicher – der Ausschlag, der sich auf dem Gesicht quer über den Nasenrücken und unter den Augen ausbreitet, erinnerte an die Spuren eines Wolfs. Hinzu kommt noch, dass Sonnenlicht den Ausschlag häufig verstärkt, sodass Betroffene im Dunkeln leben müssen und nur bei Mondlicht ins Freie kommen; deshalb setzte sich der düster klingende Name durch. In dem Krankenhauszimmer waren die Jalousien heruntergelassen und ließen nur einen einzigen schrägen Lichtstrahl ein. Wir versammelten uns um den Patienten, als stünden wir in einer Art Grabkammer.

Der Mann hatte einen mäßig starken Ausschlag – er hatte sich angewöhnt, ihn hinter einer Sonnenbrille zu verstecken –, aber seine Nieren waren ebenfalls angegriffen. Quälende Schmerzen wanderten durch seine Gelenke von den Ellenbogen bis zu den Knien. Lupus ist eine schwer fassbare, bewegliche Krankheit. Manchmal befällt sie nur ein Organsystem wie die Haut oder die Nieren, manchmal schädigt sie aber auch plötzlich mehrere Systeme gleichzeitig. Dieser Patient hatte sich als Versuchsperson für die klinische Erprobung eines neuen immununterdrückenden Medikaments gemeldet, und es sah so aus, als hätte es die Krankheit ein wenig gelindert. Wogegen das Immunsystem im Einzelnen bei Lupus reagiert, ist nach wie vor ein Rätsel, oft sind aber Antigene im Zellkern, auf den Zellmembranen und in den an die DNA gebundenen Proteinen beteiligt. Manchmal wächst die Liste der befallenen Organe immer weiter an: Die Krankheit wandert von den Gelenken über die Nieren zur Haut. Sie ist wie ein Feuer, das sich selbst ernährt: Wenn die Barriere zum Selbst einmal durchbrochen ist, kann alles, was Selbst ist, angegriffen werden.

Hinter dem Horror autotoxicus verbirgt sich eine tiefgreifende wissenschaftliche Lektion, aber bis man das in der Immunologie begriffen hatte, vergingen Jahrzehnte. Die Autoimmunität, der Angriff auf Selbst-Zellen, wirft eine naheliegende Frage auf: Wie wäre es, wenn man die immunologischen Angriffe gegen Krebszellen richten könnte? Schließlich stehen bösartige Zellen auf der beunruhigenden Grenze zwischen Selbst und Nichtselbst; sie stammen von normalen Zellen ab und teilen mit ihnen viele normale Merkmale, sind aber auch bösartige Eindringlinge – Nashörner auf der einen Seite, Einhörner auf der anderen. In den 1890er-Jahren hatte der New Yorker Chirurg William Coley Krebspatienten mit einem Gebräu aus Bakterien behandelt, das unter dem Namen Coley-Toxine bekannt wurde.[16] Er wollte damit eine kräftige Immunantwort auslösen, die sich gegen den Tumor richtete. Aber die Reaktionen waren unberechenbar. Als man dann in den 1950er-Jahren die zelltötende Chemotherapie entwickelte, kam der Gedanke, Krebs immunologisch anzugreifen, aus der Mode.

Als es aber nach der üblichen Chemotherapie bei immer mehr Krebserkrankungen zu Rückfällen kam, wurde der Gedanke an eine Immuntherapie wieder lebendig. Überlegen wir einmal, durch welche Mechanismen unser Organismus *nicht* von seinen eigenen T-Zellen gefressen wird. Es gibt »verbotene« Klone, die ansonsten gegen normales Gewebe kämpfen würden; diese Klone werden gezwungen, während der Reifung der T-Zellen zu verschwinden. Und es gibt regulatorische T-Zellen, die eine Immunantwort dämpfen.

In den 1970er-Jahren entdeckte man noch einen weiteren Mechanismus, durch den T-Zellen gegenüber dem eigenen Organismus tolerant werden, sodass sie das Selbst nicht angreifen. Damit ein Ziel – beispielsweise eine virusinfizierte Zelle oder eine Krebszelle – abgetötet wird, reicht die Bindung des T-Zell-Rezeptors an den Komplex aus MHC und Peptid allein nicht aus. Zusätzlich müssen andere Proteine auf der Oberfläche der T-Zellen aktiviert werden und den Immunangriff anregen. Es gibt nicht einen Schalter, sondern mehrere. Diese Sicherungen der Sicherungen – Berge hinter Bergen – ähneln den Abzugsverriegelungen und Sicherungen an einer Schusswaffe; sie sind in der Evolution entstanden, damit die T-Zellen nicht unabsichtlich ihr »freundliches Feuer« auf normale Zellen richten. Die Abzugsverriegelung ist gewissermaßen ein Kontrollpunkt gegen die unterschiedslose Tötung eigener Zellen.

Bevor man solche Abzugsverriegelungen kannte und unwirksam machen konnte, gab es immer die unsichere Frage der Spezifität: Kann man die T-Zell-Antwort gegen Krebs richten? Am National Cancer Institute in Bethesda im US-Bundesstaat Maryland hatte der Chirurg und Krebsforscher Steven Rosenberg T-Zellen aus Melanomen und anderen bösartigen Tumoren entnommen; dahinter stand der Gedanke, Immunzellen, die einen Tumor besiedelt hatten, müssten in der Lage sein, ihn zu erkennen und anzugreifen. Rosenbergs Arbeitsgruppe hatte solche Tumor-infiltrierenden Lymphozyten herangezüchtet, bis sie sich zu einer Zahl von mehreren Millionen vermehrt hatten, und dann wieder den Patienten verabreicht.[17]

In einigen Fällen gab es kräftige Reaktionen: Melanompatienten, denen Rosenberg die T-Zellen übertragen hatte, konnten zusehen, wie ihre Tumore schrumpften, und in einigen Fällen kam es zu einer völligen Rückbildung, die längere Zeit erhalten blieb. Die Reaktionen waren aber unberechenbar. Vielleicht hatten die aus dem Tumor eines Patienten gewonnenen T-Zellen tatsächlich gelernt, ihn zu bekämpfen, bei anderen handelte es sich aber möglicherweise um Zaungäste, passive Zeugen, die sich an einem Tatort herumtrieben. Ebenso war es denkbar, dass sie erschöpft oder abgestumpft waren und deshalb den Tumor tolerierten.

Es gibt viele verschiedene Krebsformen, aber einige Eigenschaften haben sie alle gemeinsam – unter anderem sind sie für das Immunsystem unsichtbar. Im Prinzip könnten T-Zellen eine wirksame immunologische Waffe gegen Tumore sein. Clarence Little und Peter Gorer hatten schon in den 1930er-Jahren gezeigt, was geschieht, wenn man einen Tumor in genetisch nicht passende Mäuse verpflanzt: Dann stoßen die T-Zellen des Empfängers den Tumor als »fremd« ab. Little und Gorer hatten sich aber auch ein höchst unverträgliches System aus Tumor und Empfänger ausgesucht: Der Tumor trug auf seiner Oberfläche ein MHC-Molekül, das sofort als »fremd« zu erkennen war und deshalb schnell abgestoßen wurde. In jüngerer Zeit hatte man die CAR-T-Zellen von Emily Whitehead gezielt so abgewandelt, dass sie ein Protein auf der Oberfläche ihrer Leukämiezellen erkannten.

Die meisten Krebserkrankungen von Menschen stellen das Immunsystem aber vor eine weitaus heiklere Aufgabe. Der Krebsforscher und Nobelpreisträger Harold Varmus bezeichnete Krebs als »verzerrte Version unseres normalen Selbst«. Das stimmt: Krebszellen produzieren mit wenigen Ausnahmen die gleichen Proteine wie normale Zellen, nur verzerren die Krebszellen die Funktion dieser Proteine und vereinnahmen die Zellen, sodass sie bösartig wachsen. Kurz gesagt, ist Krebs vielleicht ein ungestümes Selbst – aber ein Selbst ist er zweifellos.

Und zweitens entstehen die Krebszellen, die letztlich bei einem Menschen eine tatsächliche Erkrankung verursachen, durch einen Evolutionsprozess. Zellen, die nach den Selektionsrunden übrig geblieben sind, können der Immunantwort bereits entgehen – wie bei Sam P., dessen Immunzellen jahrelang an dem Tumor vorbeigeschwommen waren und ihn ignoriert hatten.

Dieses doppelte Problem – die Verwandtschaft der Krebszellen mit dem Selbst und ihre immunologische Unsichtbarkeit – ist der Fluch der Krebsforschung. Um einen Krebs immunologisch anzugreifen, muss man ihn für das Immunsystem zunächst einmal wieder sichtbar machen. Und zweitens muss das Immunsystem an dem Krebs eine charakteristische Determinante finden, die einen Angriff möglich macht, ohne dass gleichzeitig auch normale Zellen zerstört werden.*

---

* Ein drittes, zunehmend wichtiges Forschungsgebiet betrifft die Fähigkeit der Krebszellen, sich der Zerstörung durch Medikamente und die natürlichen körpereigenen Mechanismen zu widersetzen. Im Lauf ihrer Evolution erschaffen sich Krebszellen ihre eigene Umgebung – in der Regel sind

Das Experiment von Steven Rosenberg war ein erstes vorsichtiges Zeichen, dass beide Herausforderungen bewältigt werden könnten: In einigen Fällen werden Tumore immunologisch erkennbar, und sie können von T-Zellen abgetötet werden. Aber wie bewerkstelligen die Krebszellen es eigentlich, unsichtbar zu werden? Nutzen sie möglicherweise die gleichen Mechanismen, mit denen auch der gesunde Organismus Angriffe auf sich selbst verhindert – das heißt die Abzugssperren, die auch die Autoimmunität verhindern?

Im Winter 1994 stellte James Allison an der University of California in Berkeley ein Experiment an, das dem Gebiet der Immuntherapie wieder Leben einhauchen sollte; unter anderem entsicherte er die Mechanismen, von denen T-Zellen in Schach gehalten werden. Allison, ein ausgebildeter Immunologe, hatte ein Protein namens

---

sie von normalen Zellen umgeben; in dieses Umfeld können Medikamente nicht vordringen, oder es kommt sogar zu einer aktiven Medikamentenresistenz. Außerdem kann dieses zelluläre Umfeld der Immunität entgehen, weil T-, NK- und andere Immunzellen nicht einmal in die Nähe der Krebszellen kommen und deshalb inaktiv bleiben, oder weil Blutgefäße gebildet werden, die für die Nährstoffversorgung der bösartigen Zellen sorgen. Versuche, den Krebszellen mit verschiedenen Wirkstoffen die Blutzufuhr abzuschneiden, waren nur mäßig erfolgreich. Das Gleiche gilt für Versuche, Immunzellen in der »Mikroumgebung« der Krebszellen zu weiterer Aktivität zu zwingen. Eine der erschreckendsten wissenschaftlichen Abbildungen, die ich in letzter Zeit gesehen habe, zeigte einen Tumor, umgeben von einer Hülle aus normalen Zellen, die aktivierte T-Zellen fernhält. Die T-Zellen bilden einen Ring um den Zellpanzer, den der Krebs um sich errichtet hatte, und können ihn nicht durchdringen. Der Immunologe Ruslan Medzhitov spricht in diesem Zusammenhang von der Hypothese der »Klientenzellen«: Krebszellen tun so (oder, genauer gesagt, entwickeln sich so), als würden sie den »Klientenzellen« des Organs ähneln, in dem sie wachsen, ganz ähnlich wie ein Dieb, der so tut, als wäre er ein Kunde des Ladens, den er gerade ausraubt, während die Polizei – in diesem Fall das Immunsystem – anderswo nach dem Täter fahndet.

CTLA4 untersucht, das auf der Oberfläche der T-Zellen liegt. Bekannt war dieses Protein schon seit den 1980er-Jahren, aber seine Funktion blieb rätselhaft.

Allison verpflanzte Tumore, die bekanntermaßen gegen eine Immunantwort resistent waren, in Mäuse. Erwartungsgemäß wuchsen die bösartigen Zellen hartnäckig weiter und setzten sich über jede Immunabstoßung hinweg. In den 1990er-Jahren hatten Experimente der Immunologen Tak Mak und Arlene Sharpe erste Hinweise geliefert, dass CTLA4 einer der Sicherungsmechanismen sein könnte, die aktivierte T-Zellen unter Kontrolle halten: Sie hatten das Gen in Mäusen ausgeschaltet – daraufhin waren die T-Zellen Amok gelaufen, und die Tiere hatten eine tödliche Autoimmunkrankheit bekommen. Allison griff das Experiment wieder auf, gab ihm aber einen zusätzlichen Dreh: Er schaltete das CTLA4-Gen nicht vollständig aus, sondern blockierte es mit besonderen Wirkstoffen; konnte man die T-Zellen so gegen den Krebs mobilisieren?

Allison injizierte einigen Mäusen spezielle Antikörper, die CTLA4 blockierten, und schaltete damit die Funktion des Proteins ab.[18] Im Lauf der nächsten Tage verschwanden bei den Mäusen, die diesen CTLA4-Blocker erhalten hatten, die immunresistenten Tumore. Über Weihnachten machte er das Experiment noch einmal. Wieder lösten sich die bösartigen Zellen in den Mäusen, denen er die CTLA4-Blocker injiziert hatte, auf – sie wurden, wie er später herausfand, von vorgedrungenen gereizten, aktivierten T-Zellen bei lebendigem Leib gefressen.

Nach dieser faszinierenden Aktivierung von T-Zellen gegen einen Tumor versuchten Allison und mehrere andere Forschende über zehn Jahre lang, weitere Kenntnisse über die Funktion des Proteins zu gewinnen. Sie stellten fest, was auch alle früheren Experimente gezeigt hatten: CTLA4 ist ein System zur Verhütung des Horror autotoxicus, der Sicherungsknopf der T-Zellen. Unter normalen Umständen wird der Sicherungsschalter eingeschaltet, wenn CTLA4 auf aktivierten T-Zellen mit seinem zugehörigen Bindungsprotein B7 zusammentrifft, das auf der Oberfläche von Lymphknotenzellen liegt, wo die T-Zellen reifen.* Die heranreifenden T-Zellen werden davon abgehalten, das Selbst anzugreifen, sind aber auch nicht in der Lage, Tumore abzustoßen. Blockiert man diesen Aktivierungsweg, wird der Sicherungsschalter ausgeschaltet, und die Toleranz verschwindet. CTLA4 ist also die Barriere zwischen inaktivierten und aktivierten T-Zellen. Es wurde als Kontrollpunkt oder *checkpoint* bezeichnet, weil es die T-Zell-Aktivierung unter Kontrolle hält.**

Ich erzähle diese Geschichte, als wären uns alle entscheidenden Erkenntnisse im Lauf weniger Minuten gekommen. In Wirklichkeit brauchte es Jahrzehnte voller mühsamer Arbeit. Ich lernte Allison vor einigen Jahren in New York kennen, und wir unterhielten uns über den gewundenen wissenschaftlichen Weg zur Aufklärung der Funktion von CTLA4. Er lachte jovial, als wären die zehn zermürbenden Jahre, die er mit dem Projekt zugebracht hatte, nur eine entfernte Erinnerung. »Niemand hat mir geglaubt«, sagte er. »Niemand hat gedacht, dass es noch einen anderen Weg gibt, auf dem T-Zellen gegen Krebszellen in Schach gehalten werden. Aber wir sind an dem Problem drangeblieben, bis wir es gelöst hatten.«

---

* Ich habe mich bemüht, hier allzu viele immunologische Fachbegriffe zu vermeiden. B7 ist eigentlich ein Komplex aus den beiden Molekülen CD80 und CD86. Darüber hinaus sorgen auch andere Sicherungssysteme dafür, dass T-Zellen nicht auf unpassende Weise aktiviert werden. Ein solches Protein, CD28 genannt, wurde ursprünglich von dem Immunologen Craig Thompson entdeckt und ist sowohl in meinem Labor als auch in anderen Instituten Gegenstand eingehender Untersuchungen.

** Mittlerweile hat man entdeckt, dass es für T-Zellen sogar mehrere Kontrollpunkte gibt. Jeder davon ist ein Sicherheitsschalter, der die schießfreudigen T-Zellen davon abhält, das Selbst anzugreifen.

Während Allison die Funktion von CTLA4 aufklärte, beschäftigte sich der japanische Wissenschaftler Tasuku Honjo in Kyoto mit der Funktion eines weiteren rätselhaften Proteins namens PD-1. Wie Allison, so gelangte auch er zehn Jahre lang zu bizarren und oftmals widersprüchlichen Befunden. Aber langsam konnte Honjos Arbeitsgruppe die Funktion von PD-1 einkreisen.[19] Wie sie feststellten, sorgt es ähnlich wie CTLA4 für die Toleranzentstehung. Wie CTLA4 liegt es auf T-Zellen. Sein zugehöriges Bindungsprotein – gewissermaßen der »Ausschalter« – heißt PD-L1. Es liegt überall im Organismus auf der Oberfläche normaler Zellen. Wenn man sich CTLA4 auf den T-Zellen als Sicherungsschalter einer Pistole vorstellt, dann ist PD-L1 auf den normalen Zellen die Warnweste eines harmlosen Zuschauers, die besagt: »Nicht schießen. Ich bin ungefährlich!«*

Damit hatte man innerhalb weniger Jahrzehnte zwei neue Systeme der peripheren Toleranz entdeckt und Möglichkeiten zu ihrer Inaktivierung gefunden. T-Zellen werden durch die Bindung von CTLA4 unwirksam. Normale Zellen, auf denen sich PD-L1 befindet, werden für T-Zellen unsichtbar. In der Kombination aus Unwirksamkeit und Unsichtbarkeit liegt der doppelte Mechanismus, der verhindert, dass der Organismus sich selbst auffrisst.

Wie wir heute wissen, kann Krebs beide Mechanismen nutzen, um sich gegen Immunangriffe zu tarnen. Manche Krebszellen produzieren PD-L1 und ziehen damit die Unsichtbarkeits-Warnweste an: »Nicht schießen. Ich bin ungefährlich!« Honjo injizierte Mäusen Hemmstoffe für PD-1 und konnte beobachten, wie T-Zellen dazu angestachelt wurden, auch die immunresistenten Tumore trotz ihrer Warnwesten anzugreifen; der Bluff der Krebszellen war durchschaut. Honjo und Allison waren unabhängig voneinander auf das gleiche

---

* Eigentlich ist PD-L1 mehr als nur eine Warnweste. Es treibt die T-Zellen sogar in den Tod und blockiert damit ihren Angriff vollständig.

Prinzip gestoßen: Schalte die Sicherheitsknöpfe auf einer T-Zelle ab oder ziehe den Krebszellen ihre Warnwesten aus, und die Immunantwort kann sich gegen den Krebs wenden. Sie hatten die Kontrollpunkte außer Kontrolle gesetzt.

Aus solchen Arbeiten ging eine neue Klasse von Medikamenten hervor: Antikörper, mit denen CTLA4 und PD-1 gehemmt werden.[20] In den ersten klinischen Studien zeigte sich die Wirksamkeit der neuen Präparate. Melanome, die gegen Chemotherapie resistent waren, bildeten sich zurück und verschwanden. Metastasierende Blasentumore wurden angegriffen und abgestoßen.* Damit war eine neue Form der Immuntherapie gegen Krebs geboren: die »Checkpoint-Hemmung« – die Beseitigung von Kontrollen, die T-Zellen tolerant machen.

---

* Warum und wie – ja wie nur – kann eine Krebszelle die T-Zellen umgehen, die dazu dienen sollen, sie zu erkennen und abzutöten? Das ist heute in der Immuntherapie die entscheidende Frage. Solide Tumore haben irgendetwas an sich – vielleicht die Umgebung, die sie sich selbst schaffen –, was selbst die stärksten reaktivierten T-Zellen umgeht und hemmt. Was ist dieses »irgendetwas«? Die solidesten Indizien – und das ist nicht nur ein Wortspiel – besagen, dass ein Immunangriff auf Krebs nur dann stattfindet, wenn sich in dem soliden Tumor ein vollständig aktives Lymphorgan bilden kann, das Neutrophile, Makrophagen, Helfer-T-Zellen, Killer-T-Zellen und eine organisierte Zellstruktur enthält. Ein solches sogenanntes sekundäres Lymphorgan (SLO) ähnelt einem Lymphknoten, der sich in der Regel bildet, wenn T-Zellen ein Virus oder einen Krankheitserreger angreifen, nur richtet es sich in diesem Fall gegen einen Tumor. Tumore, die nicht die Bildung solcher SLOs ermöglichen, sind gegen die Immuntherapie resistent; Tumore, die sie bilden, sprechen meist darauf an. Aber das ist nur eine Korrelation. Die Kausalbeziehungen und die Mechanismen, die die Bildung solcher SLOs möglich oder unmöglich machen, sind noch nicht aufgeklärt. Wenn wir sie kennen, können wir eine neue Generation immuntherapeutischer Wirkstoffe oder Wirkstoffkombinationen gegen die Krebszellen richten.

Aber solche Therapieformen haben ihre Grenzen: Entfernt man die Sicherungsschalter, können sich die aktivierten, angriffslustigen T-Zellen auch auf normale Zellen stürzen. Ein solcher Autoimmunangriff auf die Leberzellen setzte letztlich auch der Behandlung meines Freundes Sam P. eine Grenze. Checkpoint-Inhibitoren setzten zwar T-Zellen gegen sein Melanom in Gang und brachten das bösartige Wachstum unter Kontrolle, sie traten aber auch einen Angriff auf seine Leber los, der sich nicht mehr beherrschen ließ. Es war eine medizinisch ausgelöste Form des Horror autotoxicus. Er saß an der Grenze zwischen seinem Krebs und seinem Selbst fest. Schließlich umgingen die Tumorzellen die Grenze und überlebten. Sam blieb auf der Strecke.

Ich stellte diesen Teil des Buchs zufällig an einem Montagmorgen fertig, dem Tag, der dem Blick auf Blut vorbehalten ist. Ich verließ das Arbeitszimmer, in dem ich gewöhnlich schreibe, und ging den Korridor hinunter in den Mikroskopieraum. Glücklicherweise war es dort leer und still. Das Licht ging aus, das Mikroskop flackerte. Auf dem Tisch wartete eine Schachtel voller gläserner Objektträger. Ich legte einen davon unter das Mikroskop und drehte am Fokussierungsknopf.

Blut. Ein Kosmos aus Zellen. Die unruhigen roten Blutzellen. Die Wächter: Neutrophile mit viellappigem Zellkern, die in der ersten Phase der Immunantwort aktiv werden. Die Heiler: winzige Blutplättchen, die einst als unnütze Fragmente abgetan wurden und dann neu definierten, wie wir auf Verletzungen des Körpers reagieren. Die Verteidiger und Unterscheider: B-Zellen, die Antikörpergeschosse produzieren; T-Zellen, Wanderer von Tür zu Tür, die noch die geringste Spur eines Eindringlings wahrnehmen, ja möglicherweise sogar Krebs.

Als mein Blick von einer Zelle zur anderen huschte, dachte ich über den Erzählfaden in diesem Buch nach. Unsere Geschichte ist weitergegangen. Unser Wortschatz hat sich verändert. Unsere Metaphern haben sich verschoben. Noch ein paar Seiten zuvor haben wir uns die Zelle als einsames Raumschiff vorgestellt. Dann, in dem Kapitel über die Zelle, die sich teilt, war sie nicht mehr einsam, sondern wurde zum Vorfahren von zwei und dann von vier Zellen. Sie war ein Gründer – Ausgangspunkt von Geweben, Organen und ganzen Körpern, womit sie den Traum einer Zelle wahr werden ließ, die zu zwei und vier Zellen werden will. Dann verwandelte sie sich in eine Kolonie: in den entstehenden Embryo mit Zellen, die sich in der Landschaft eines Organismus ansiedeln und positionieren.

Und das Blut? Es ist eine Ansammlung von Organen, ein System von Systemen. Es hat Trainingscamps für seine Armeen aufgebaut (die Lymphknoten), Autobahnen und Gassen zur Bewegung seiner Zellen (die Blutgefäße). Es hat Burgen und Mauern, die ständig von ihren Bewohnern (Neutrophilen und Blutplättchen) überwacht und repariert werden. Es hat ein System der Identifizierungspapiere entwickelt, mit dem es seine Bürger erkennt und Eindringlinge hinauswirft (die T-Zellen), aber auch eine Armee, mit der es sich vor Eindringlingen schützt (die B-Zellen). Es hat Sprache entwickelt, Organisation, Gedächtnis, Architektur, Subkulturen und Selbsterkennung. Da fällt mir eine neue Metapher ein. Vielleicht sollten wir uns das Blut als eine Zivilisation von Zellen vorstellen.

TEIL 4

WISSEN

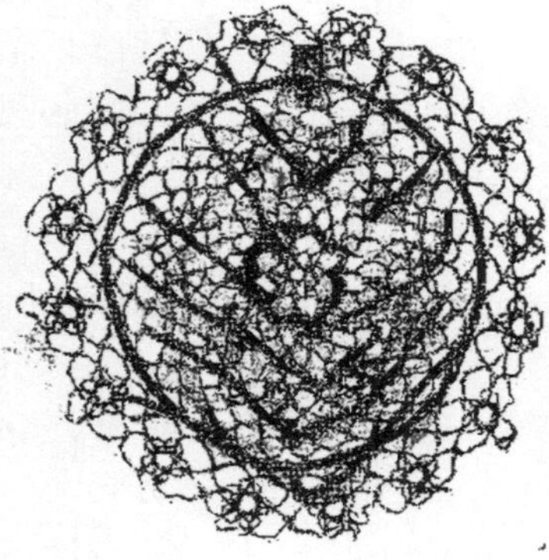

KAPITEL 15

Die Pandemie

... als in die herrliche Stadt Florenz, die vor allen andern in Italien schön ist, das tödliche Pestübel gelangte, welches ... einige Jahre früher in den Morgenlanden begonnen, dort eine unzählbare Menge von Menschen getötet hatte und dann ... nach dem Abendlande vorgedrungen war ... Dabei schien es, als ob zur Heilung dieses Übels kein ärztlicher Rat und die Kraft keiner Arznei wirksam oder förderlich wäre ... Schon die Berührung der Kleider oder anderer Dinge, die ein Kranker gebraucht oder angefasst hatte, schien die Krankheit dem Berührenden mitzuteilen ... Fast alle strebten zu ein und demselben ... Ziele hin ... sich auf solche Weise selbst zu retten. Einige ... taten sich in kleineren Kreisen zusammen und lebten, getrennt von den übrigen, abgesondert in ihren Häusern, wo sich kein Kranker befand, beieinander.

– Giovanni Boccaccio, *Das Dekameron*[1]

Zu Beginn des Jahres 2020, bevor unsere Selbstgewissheit ihr Ende fand, sah es so aus, als sei das Immunsystem von allen komplexen Zellsystemen in unserem Organismus das am besten analysierte. Als Allison und Honjo 2018 den Nobelpreis erhielten, weil sie entdeckt hatten, wie Tumore der T-Zell-Immunität entgehen, schien die Auszeichnung einen Höhepunkt in unseren Kenntnissen über die Immunität zu signalisieren – und vielleicht auch über die Zellbiologie im Allgemeinen. Man schuf wirksame Arzneimittel, die immunologisch getarnte Tumore enttarnen konnten. Natürlich blieben noch grundlegende Wissenslücken. So war es ein tiefgreifendes Rätsel, wie das System den akrobatischen Balanceakt bewerkstelligt, einerseits eine kraftvolle Immunantwort gegen Krankheitserreger aufzubauen und andererseits dafür zu sorgen, dass ebendiese Reaktion sich nicht gegen unseren eigenen Körper wendet – wie es kommt, dass der Kampf gegen eingedrungene Mikroorganismen nicht zum Bürgerkrieg des Horror autotoxicus verkommt. (Im Fall von Sam P. gelang es uns nie, die von der Krebs abstoßenden Immuntherapie verursachte Autoimmunhepatitis unter Kontrolle zu bringen.) Aber die zentralen Puzzlesteine schienen an ihrem Platz zu stehen. Vor einigen Jahren sprach ich mit einem Postdoc, der seine Position an einer Universität gegen eine Stelle bei einem Biotechnologieunternehmen eingetauscht hatte, um dort neuartige immunologische Therapieverfahren gegen Krebs zu entwickeln. Wie er mir sagte, stellte man sich das Immunsystem in der Wissenschaft zunehmend als durchschaubare Maschine vor, deren bewegliche Zahnräder, Hebel und sonstigen Teile man manipulieren, entschlüsseln und verändern kann. Mir erschien sein Optimismus keinesfalls überheblich. Acht von ungefähr 50 Medikamenten, die 2020 von der US-amerikanischen Food and Drug Administration zugelassen wurden, hatten mit der Immunantwort zu tun; im Jahr 2018 waren es zwölf von 59; fast ein Fünftel aller neu entdeckten Arzneistoffe für Menschen standen mit dem Immunsystem in Verbindung. Es schien, als würden wir voller Zuversicht den Schritt von der immunologischen Grundlagenforschung zur angewandten Immunologie vollziehen.

Aber dann gerieten wir auf spektakuläre Weise ins Stolpern.

Am 19. Januar 2020 kam ein Mann in den Dreißigern, der gerade mit dem Flugzeug aus der chinesischen Stadt Wuhan eingetroffen war, in eine Klinik im Kreis Snohomish im Bundesstaat Washington. Er hatte Husten. Wenn man diesen ersten Fallbericht liest, der im

März des gleichen Jahres im *New England Journal of Medicine* erschien,[2] läuft es einem zunehmend kalt den Rücken herunter:

»Als der Patient sich in der Klinik vorstellte, legte er im Wartezimmer eine Maske an.«

Wer stand in diesem Raum neben ihm? Wie viele Menschen hatte er in den vergangenen Tagen angesteckt? Wer saß auf dem Flug von Wuhan nach Seattle auf der anderen Seite des Gangs?

»Nachdem er ungefähr 20 Minuten gewartet hatte, wurde er in einen Untersuchungsraum gebracht und begutachtet.«

Trug der Arzt, der ihn untersuchte, eine Maske? Und die Krankenschwester, die seine Temperatur maß? Wo sind sie heute?

»Er teilte mit, er sei am 15. Januar nach einem Familienbesuch in Wuhan in China in den Staat Washington zurückgekehrt.«

Am 20. Januar wurden ein Nasen- und ein Mundabstrich (und später auch Stuhlproben) an die Centers for Disease Control and Prevention geschickt. Beide waren positiv für ein neuartiges Coronavirus: SARS-CoV2.

Am neunten Krankheitstag – und am fünften Tag im Krankenhaus – verschlechterte sich sein Zustand. Der Sauerstoffgehalt des Bluts sank auf 90 Prozent, was für einen jungen Mann ohne frühere Lungenerkrankung ausgesprochen anormal ist. Eine Röntgenaufnahme des Brustkorbs zeigte verschwommene, halb durchsichtige Streifen in der Lunge, ein Zeichen für eine sich verstärkende Lungenentzündung. Die Blutuntersuchung ergab eine anormale Leberfunktion, hohes Fieber kam und ging. Er schwebte in Lebensgefahr, letztlich wurde er aber wieder gesund.

Seit der hustende Mann in Seattle in die Klinik gekommen ist, sind mehr als zwei Jahre vergangen. Während ich diese Zeilen schreibe, im März 2022, wurden auf der Welt mehr als 450 Millionen Infektionen und fast sechs Millionen Todesfälle verzeichnet (und beide

Zahlen sind wahrscheinlich weitaus zu niedrig geschätzt, denn verlässliche Berichte über Tests und virusbedingte Todesfälle gibt es nicht). Die Ansteckung ist rund um den Globus gefegt und hat praktisch keinen Winkel ausgelassen. Wellen von Virusvarianten mit neuen Mutationen sind aufgetaucht, manche davon tödlicher als andere: Alpha, Delta und jetzt Omikron. Mehr als 60 Impfstoffe gegen das Virus werden klinisch erprobt. Drei sind in den Vereinigten Staaten zugelassen, neun von der WHO, und mehrere weitere befinden sich in der Entwicklung.

Selbst wohlhabende Staaten mit ausgereiftem Gesundheitssystem und Logistik wurden in die Knie gezwungen. Großbritannien verzeichnete mehr als 160.000 Tote, in den Vereinigten Staaten liegt die offizielle Zahl bei 965.000. Und die Zahl der Toten, der Kranken, der von Krankheit Gezeichneten, der Vertriebenen, der Insolventen und der Hinterbliebenen nimmt zu. Immer weiter.

Ich kann die Bilder und Geräusche der Pandemie nicht abschütteln. Wer kann das schon? Die orangefarbenen Leichensäcke, aufgestapelt in Lagerhallen oder in provisorischen Leichenschauhäusern. Die Massengräber in Chile. Das ständige Jaulen der Krankenwagensirenen vor meiner Klinik, das verschmolz, bis ich nur noch eine Mauer aus Lärm hörte. Die Notaufnahme im Frühjahr 2021, zum Bersten gefüllt mit Krankentragen, die bis in die Korridore geschoben wurden. Patienten, die keuchten, während sie in ihren eigenen Flüssigkeiten ertranken; die Intensivstation, die jeden Tag mehr Betten brauchte. Die erschöpften Ärzte und Krankenschwestern, die jeden Abend wie die Zombies vor meinem Arbeitszimmer vorübergingen, mit jenem hohläugigen Feierabendblick und den charakteristischen Abdrücken auf dem Gesicht, wo die Ränder der N95-Masken in ihre Wangen geschnitten hatten. Die verschlossenen, leeren Städte, in denen der Wind braune Papiertüten über die Straßen wehte. Die Blicke voller Verdacht oder blankem Entsetzen, wenn jemand in der U-Bahn hustete oder nieste.

Ein Foto zeigt den Cousin eines Freundes, einen gesunden, lebensfrohen Brasilianer von knapp über 40 Jahren, im vorletzten Sommer an einem Strand in Rio de Janeiro. Die Arme hat er fröhlich über das Wasser gehoben. Ende Juli 2021 erkrankte er an dem Virus. Die Lungenentzündung verschlimmerte sich. Seine Atemfrequenz stieg auf über 30. Das zweite Bild kann ich mir nur in meiner Fantasie vorstellen: Derselbe Mann liegt in einem Intensivbett und ringt so angestrengt um Luft, dass die Muskeln an seinem Hals sichtbar angespannt sind. Seine Lippen sind blau. Auch dieses Mal hat er die Arme angehoben, aber sie schlagen um sich – nicht um Freude auszudrücken, sondern um den Überlebenswillen zu signalisieren. Nacht für Nacht tauschte ich dringende SMS mit meinem Freund aus, und eine Zeit lang war ich beruhigt. Der Cousin wurde künstlich beatmet, aber es ging ihm – wenn auch langsam – besser. Dann die letzte SMS, eingetroffen am späten Abend des 9. April: »Es tut mir leid, aber er ist verstorben.«

Indien wurde im April 2021 von einer zweiten Krankheitswelle heimgesucht, die weitaus tödlicher war als die erste.[3] Das Virus war mutiert. Der neue Stamm, Delta-Variante genannt, war viel ansteckender und möglicherweise auch tödlicher als der ursprüngliche Stamm aus Wuhan. Delta wütete in Indien, überforderte das ohnehin brüchige Gesundheitssystem und zeigte das schockierende Fehlen einer organisierten, koordinierten Reaktion. Delhi ging in den Lockdown, und Millionen Wanderarbeiter waren gestrandet. Meine Mutter saß als einsame Gefangene in ihrer Stadtwohnung. In den Wochen des Eingesperrtseins verkürzten sich ihre täglichen SMS-Nachrichten zu einer Art beruhigendem Morsecode: *Heute OK*.

Ebenso bekomme ich nicht das Bild eines Wanderarbeiters aus New Delhi aus dem Kopf: Er kniet vor einem Krankenhaus und bettelt um eine Flasche mit Sauerstoff für seine Familie. Ein 65-jähriger Journalist aus Lucknow tweetete, er sei infiziert, habe Fieber und

Atemnot, aber seine Anrufe bei Krankenhäusern und Ärzten würden nicht beantwortet.[4] Die Tweets wanderten durch den Cyberspace und waren Ausdruck wachsender Verzweiflung. Voller Entsetzen sah die Welt zu, wie er Bilder vom sinkenden Sauerstoffgehalt seines Bluts schickte – 52 Prozent, 31 Prozent, Werte, die mit dem Leben nicht vereinbar sind. Sein letzter Tweet zeigt ein Bild von ihm mit einem Sauerstoffmessgerät in den blauen Fingern. Sauerstoffgehalt: 30 Prozent. Dann kamen keine Nachrichten mehr.

An manchen Tagen wagte ich es nicht, die Zeitung aufzuschlagen. Es war, als hätten wir die Phasen der Trauer wiederentdeckt: Wut verwandelt sich in Vorwürfe und dann in Hilflosigkeit. Indien brannte so lichterloh, dass jedes System, jedes Netz zusammenbrach, zerriss und dahinschmolz.

Manchmal muss ich an eine Legende denken. Der Dämonenkönig Bali hat drei Welten erobert: die Erde, die Unterwelt und den Himmel. Vor ihm erscheint Vamana, der Stellvertreter Vishnus, ein winzig kleiner Mann mit trüben Augen und einem Regenschirm. Er bittet Bali, ihm einen einzigen Wunsch zu erfüllen. Der Dämonenkönig, dessen Arroganz in Freigebigkeit umgeschlagen ist, erklärt sich einverstanden. Vamana bittet um etwas lächerlich Kleines: ein quadratisches Stück Land, dessen Grenzen durch die Entfernung festgelegt werden, die er mit drei Schritten überwinden kann. Der Mann ist – wie viel – vielleicht zwei Armlängen groß? Er will ein paar Quadratmeter eines Reichs, das sich bis ins Unendliche erstreckt? Bali lacht ihn aus; ja, natürlich könne der kleine Mann sein kleines Stück Land haben.

Aber dann muss Bali entsetzt zusehen, wie Vamana wächst. Sein Körper erhebt sich exponentiell in den Himmel. Mit dem ersten Schritt überquert er die ganze Erde. Der zweite erstreckt sich über den Himmel, der dritte über die Unterwelt. Es gibt kein Königreich mehr zu vergeben. Er setzt einen Fuß auf Balis Kopf und drückt ihn in die tiefsten Tiefen der Hölle.

Natürlich hinkt der Vergleich in mehrfacher Hinsicht: Vamana war ein göttliches Wesen, und das Virus ist alles andere als ein göttlicher Eingriff. Aber unsere Schwächen waren leider nur allzu menschlich: ein zersplittertes, unbewegliches globales Gesundheitssystem, fehlende Vorbereitung, Falschinformationen, die sich wie Viren durch die Staaten verbreiteten, Lieferkettenprobleme, die es unmöglich machten, Schutzmasken und medizinische Einmalanzüge zu liefern, politische Führungsgestalten, die den starken Mann markierten und in ihrer Reaktion auf die Virusansteckung nachlässig waren.

Aber der Fuß, der auf unseren Kopf gesetzt wurde, war echt. Gerade als wir den Eindruck hatten, wir wüssten etwas über die Zellbiologie des Immunsystems, als unser Selbstvertrauen seinen Höhepunkt erreicht hatte, wurden die Köpfe der Forschenden in die tiefsten Tiefen der Hölle hinabgestoßen.

Als ein winziger Mikroorganismus die Welt umrundete und von Kontinent zu Kontinent sprang, schien kaum noch etwas einen Sinn zu haben. Wie die Virologin Akiko Iwasaki von der Yale University mir sagte, zirkulieren SARS-CoV2-ähnliche Coronaviren schon seit Jahrtausenden in der Bevölkerung, aber keines davon hatte solche verheerenden Auswirkungen.[5] Manche verwandten Viren wie SARS und MERS waren tödlicher als CoV2, wurden aber schnell eingedämmt. Welcher Aspekt der Wechselbeziehungen zwischen SARS-CoV2 und den Zellen des Menschen versetzte gerade dieses Virus in die Lage, eine globale Pandemie auszulösen?

Zwei Anhaltspunkte lieferte ein medizinischer Bericht aus einem deutschen Krankenhaus, die auf den ersten Blick nichts Unheilverkündendes hatten. Im Januar 2020 (rückblickend scheint es, als wären wir während dieser kurzen Ruhezeit noch arglos und selbstsicher gewesen; *was für ein Königreich kann ein Mann von einem Meter Größe schon beanspruchen?*) traf sich ein 33-jähriger Mann aus München zu einer geschäftlichen Besprechung mit einer Frau aus Schanghai.[6] Wenige Tage später erkrankte er mit Fieber, Kopfschmerzen und grippeähnlichen Symptomen. Er kurierte sich zu Hause aus, ging wieder zur Arbeit und führte Besprechungen mit mehreren anderen Kollegen. Fieber, Kopfschmerzen – und eine schnelle Genesung. Eine alltägliche Infektion. Ein ganz normaler Fall einer ganz normalen Erkältung.

Einige Tage später bestellte das Krankenhaus in München den Mann ein: Die Frau aus Schanghai war auf dem Rückflug nach China erkrankt. Der Test auf SARS-CoV2 war positiv. Das Rätsel dabei: Als sie mit ihm zusammengetroffen war, hatte sie keine Symptome gehabt, sondern schien völlig gesund zu sein. Erkrankt war sie erst zwei Tage später. Kurz gesagt, hatte sie den Mann mit dem Virus angesteckt, *bevor sie selbst Symptome hatte*. Niemand hätte ihr oder der Kontaktperson sagen können, dass sie Virusträgerin war. Keine auf Symptome gestützte Isolation oder Quarantäne hätte das Virus aufhalten können.

Noch rätselhafter wurde das Ganze, als der Mann getestet wurde. Seine Symptome waren mittlerweile abgeklungen; er fühlte sich vollkommen wohl und war wieder zur Arbeit gegangen. Als man aber in seinem Sputum nach dem Virus suchte, erwies er sich als Brutstätte der Ansteckung: In jedem Milliliter Spucke wurden 100 Millionen infektiöse Viruspartikel gefunden; er musste nur einige Male husten, um ein ganzes Zimmer mit einem dichten, unsichtbaren, höchst ansteckenden Nebel zu füllen. Auch er gab das Virus weiter, ohne selbst erkennbare Symptome zu haben.

Während der weiteren Kontaktverfolgung zeigte sich eine zweite unheilverkündende Eigenschaft des Virus: Der Mann hatte drei weitere Personen infiziert. Die »Kontagiosität« des Virus – ein entscheidender Faktor, der über den Ablauf einer Infektion bestimmt – lag mindestens bei 3. Wenn ein Mensch drei weitere anstecken kann, wächst die Infektionszahl zwangsläufig exponentiell. Drei, neun, 27, 81. Nach 20 Zyklen liegt die Zahl bei 3.486.784.401 – das ist fast die halbe Weltbevölkerung.

Asymptomatische/präsymptomatische Übertragung. Exponentielles Wachstum. Die beiden entscheidenden Zutaten im Rezept für eine Pandemie waren in diesem so harmlos wirkenden Bericht bereits enthalten. Die dritte sollte sich ebenfalls bald zeigen: eine unberechenbare, rätselhafte tödliche Wirkung. Wer hatte damals nicht das unscharfe, mit einer Handykamera aufgenommene Foto des Augenarztes aus Wuhan gesehen, der es gewagt hatte, über die ersten Fälle zu berichten? Er ist schweißgebadet und ringt um Luft, während er gegen die Lungenentzündung ankämpft, an der er schließlich sterben wird. Als die Infektion sich ausbreitete, wurde sich die Welt ihrer grausigen, tödlichen Wirkung bewusst: In Seattle, New York, Rom, London und Madrid füllten sich die Intensivstationen, und die Zahl der Todesfälle wuchs. Ebenso heftig wuchsen die Fragen heran: Was steckte hinter den präsymptomatischen Infektionen? Und wie konnte ein Virus, das bei manchen Menschen einen relativ milden Krankheitsverlauf verursachte, bei anderen tödlich wirken?

Nun könnte man fragen: Warum stehen die medizinischen Rätsel der Covid-19-Pandemie im Mittelpunkt eines Buchs über Zellbiologie? Die Antwort: weil die Zellbiologie im Mittelpunkt der medizinischen Rätsel steht. Alles, was wir über Zellen und ihre Wechselbeziehungen zu wissen glaubten – wie das angeborene Immunsystem auf einen Krankheitserreger reagiert, wie Immunzellen untereinander kommunizieren, wie ein Virus, das in Lungenzellen so hartnäckig wächst, eine präsymptomatische Infektion verursachen kann, ohne andere

Zellen in seinem Umfeld zu alarmieren, wie die Zellen im Verdaungstrakt vielleicht als Erste auf einen Krankheitserreger reagieren –, muss neu überdacht und analysiert werden. Die Pandemie erfordert vielerlei Obduktionen, notwendig ist aber auch eine Obduktion unserer Kenntnisse über die Zellbiologie. Ich konnte dieses Buch nicht schreiben, ohne auch über Covid zu berichten.*

Erste Hinweise auf eine Antwort fand eine niederländische Arbeitsgruppe im Jahr 2020.[7] Die Forschenden suchten nach Genen, die für einen schweren Covid-Verlauf anfälliger machen, und stießen auf zwei Brüderpaare aus verschiedenen Familien, vier junge Männer, die an einer ungewöhnlich aggressiven Form der Krankheit gelitten hatten. Bei der Genomsequenzierung stellte sich heraus, dass ein Paar eine inaktivierende Mutation in dem Gen TLR7 geerbt hatte (Geschwister, die keine eineiigen Zwillinge sind, haben im Durchschnitt die Hälfte ihrer Gene gemeinsam). Die beiden anderen Brüder hatten erstaunlicherweise ebenfalls eine Mutation in demselben Gen geerbt, die dessen Aktivität offenbar verminderte. (Die Mutation selbst war eine andere, sie lag aber in demselben Gen.)

Welche Eigenschaft des TLR7-Gens könnte den Zusammenhang

---

* Ich möchte hier keine rein technischen oder »technokratischen« Lösungen für die weltweite Pandemie vorschlagen. Die Bekämpfung von Pandemien wie Covid-19 (und die Verminderung der Belastung durch alle Krankheiten) ist zum größten Teil Aufgabe der Gesundheitspolitik, wichtig sind aber auch Verbesserungen bei Hygiene und Zugang zum Gesundheitswesen sowie Veränderungen von Lebensweise und Verhalten. Aber dieses Buch handelt von Zellbiologie, und deshalb konzentriere ich mich auf die zellbiologischen und immunologischen Aspekte von Virusinfektionen. Dabei räume ich mit der gebotenen Demut ein, dass Kenntnisse über die immunologischen Rätsel von Viruspandemien – und ihre Lösung – einen wichtigen Beitrag zu ihrer Verhütung leisten werden.

mit derart schweren Folgen einer SARS-CoV2-Infektion erklären? Erinnern wir uns noch einmal an das angeborene Immunsystem: Es reagiert auf Muster oder Gefahrensignale, die von Zellen während der allerersten Phasen einer Infektion ausgesandt werden. Aber bevor das angeborene System aktiviert werden kann, muss die Zelle ein solches Eindringen erst einmal wahrnehmen. Und TLR7 – das Gen für den Toll-like Rezeptor 7 – ist ein Schlüssel für diese Wahrnehmung. Es ist ein in den Zellen eingebauter molekularer Sensor, der »eingeschaltet« wird, wenn ein Virus die Zelle infiziert. Die Aktivierung von TLR7 setzt ihrerseits die Gefahrensignale der Zelle in Marsch, darunter eine Substanz namens Interferon Typ 1. Die wiederum sorgt dafür, dass andere Zellen ihre Virenabwehr verstärken, und die Immunantwort kommt in Bewegung.

Die Theorie ging davon aus, dass Mutationen im Gen TLR7 bei beiden Brüderpaaren das Protein inaktiviert oder seine Funktion vermindert hatten. Entsprechend wurde die Ausschüttung von Interferon Typ 1 – des Gefahrensignals – unterbunden. Die eindringenden Viren wurden nicht wahrgenommen, die Alarmglocken schrillten nicht, und das angeborene Immunsystem setzte keine angemessene Reaktion in Gang. Und die Funktionsstörung der frühen, angeborenen Zellantwort auf eine Virusinfektion machte die beiden niederländischen Brüderpaare anfällig für die schwerste Form der von SARS-CoV2 ausgelösten Erkrankung.

Als immer mehr Forschende sich mit SARS-CoV2 und seinen Wechselbeziehungen mit dem Immunsystem beschäftigten, kamen weitere aufschlussreiche Hinweise ans Licht. Am Labor von Benjamin tenOever in New York wurde entdeckt, dass das Virus die infizierte Zelle kurz nach der Infektion »umprogrammiert«.[8] Im Januar 2020 sprach ich mit tenOever, einem Immunologen von 40 Jahren, der am Mount Sinai Hospital arbeitet. »Es ist fast so, als würde das Virus die Zelle kapern«, sagte er mir.[9]

Zu der »Kaperung« der Zelle gehört ein geradezu gespenstisch heimtückischer Trick: Während SARS-CoV2 die Zelle zu einer Fabrik für die Produktion von Millionen Virusteilchen umfunktioniert, hindert es sie daran, Typ-1-Interferone auszuscheiden. Zu der gleichen Erkenntnis gelangte auch Jean-Laurent Casanova an der Rockefeller University in New York:[10] Seinen Beobachtungen zufolge kommt es zu den schwersten Verläufen einer SARS-CoV2-Infektion bei Patienten (in der Regel Männern), die nicht in der Lage sind, nach der Infektion ein ausgeprägtes Interferon-Typ-1-Signal zu erzeugen. Manchmal führt die Zellbiologie zu höchst seltsamen, unerwarteten Befunden. Die betreffenden Männer besaßen schon zuvor Autoantikörper gegen Interferon Typ 1, das heißt, ihr Organismus hatte das Protein angegriffen und funktionsunfähig gemacht, bevor sie sich mit dem Virus angesteckt hatten. Diesen Patienten fehlte bereits die Typ-1-Reaktion, doch bis das Virus zuschlug, wussten sie nichts davon. Bei ihnen hatte die Covid-Infektion eine langjährige, zuvor aber unsichtbare Autoimmunkrankheit ans Licht geholt, einen ruhenden, unbekannten Horror autotoxicus (gegen Interferon Typ 1, die Virus-Alarmglocke).

Nach und nach passten die Studienergebnisse zusammen wie Puzzlesteine: Das Virus ist vor allem dann tödlich, wenn es Menschen infiziert, deren frühe Virusabwehr in ihrer Funktion gelähmt ist – dann gleicht es »einem Räuber, der in ein unverschlossenes Haus kommt«, wie ein Autor es umschrieb.[11] Die krank machende Wirkung von SARS-CoV2 lag also offenbar genau darin, dass es Zellen glauben machen konnte, es sei kein Krankheitserreger.

Immer mehr Daten kamen hinzu. Die infizierte Zelle ist mit ihrer gestörten Fähigkeit, ein erstes Gefahrensignal auszusenden, nicht einfach nur ein »unverschlossenes Haus«. Sie ist vielmehr ein unverschlossenes Haus, in dem nicht nur ein Alarmsystem, sondern gleich zwei nicht mehr funktionieren. Sie kann den ersten Alarm – das Interferon Typ 1 – nicht auslösen, aber wenn das Haus dann brennt, löst die Zelle einen kräftigen zweiten Alarm aus: Mit einer eigenen Reihe von Gefahrensignalen – den Zytokinen – ruft sie Immunzellen herbei. Daraufhin strömt eine unkoordinierte Zellarmee aus verwirrten, durcheinandergebrachten Soldaten an die Infektionsstelle und startet ein Flächenbombardement. Das aber kommt zu spät und ist zu viel. Die erschienenen Immunzellen schütten eine Flut von Giftstoffen aus, um das Virus einzudämmen. Damit wird der Krieg gegen das Virus – ebenso wie das Virus selbst – zu einer sich verstärkenden Krise.

Die Lunge füllt sich mit Flüssigkeit, Trümmer abgestorbener Zellen verstopfen die Lungenbläschen. »Auf dem Weg zur Immunität gegen Covid-19 gibt es anscheinend eine Gabelung, die über den Krankheitsverlauf bestimmt«, sagte mir Iwasaki. »Wenn man in der Frühphase der Infektion eine robuste angeborene Immunantwort aufbauen kann [vermutlich über eine intakte Reaktion mit Interferon Typ 1], hat man das Virus unter Kontrolle, und die Krankheit verläuft mild. Wenn nicht, vermehrt sich das Virus unkontrolliert in der Lunge und … facht das Feuer der Entzündung an, was zu einer schweren Erkrankung führt.« Iwasaki beschreibt eine solche überaktive, falsch funktionierende Entzündung mit einer besonders anschaulichen Formulierung: Sie spricht von »immunologischen Fehlschüssen«.[12]

Wie oder warum verursacht das Virus solche »immunologischen Fehlschüsse«? Das wissen wir nicht. Wie bringt es die Interferonreaktion der Zellen unter seine Kontrolle? Dazu haben wir einige Anhaltspunkte, aber keine definitive Antwort. Ist der *Zeitpunkt* der Reaktion – die Beeinträchtigung der Frühphase, auf die eine übermäßige Aktivität in der Spätphase folgt – das Hauptproblem? Das wissen wir nicht. Welche Rolle spielen die T-Zellen, die in den infizierten Zellen kleine Stücke von Virusproteinen wahrnehmen? Können sie einen gewissen Schutz gegen eine schwere Virusinfektion gewährleisten? Manche

Befunde deuten darauf hin, dass die T-Zell-Immunität die Schwere der Infektion vermindert, andere Studien sprechen aber nicht für eine größere Schutzwirkung. Wir wissen es nicht. Warum verursacht das Virus bei Männern schwerere Krankheitsverläufe als bei Frauen? Auch hier gibt es hypothetische Antworten, aber definitiv wissen wir es nicht. Warum produzieren manche Menschen nach der Infektion wirksame neutralisierende Antikörper, andere aber nicht? Warum leiden manche Menschen langfristig an Folgen der Infektion wie chronischer Müdigkeit, Schwindelgefühlen, »Nebel im Gehirn«, Haarausfall, Atemnot und anderen Symptomen? Wir wissen es nicht.

Die Eintönigkeit der Antworten ist demütigend und unerträglich. Wir wissen es nicht. Wir wissen es nicht. Wir wissen es nicht.

Aus Pandemien lernen wir etwas über Epidemiologie. Wir lernen aber auch etwas über Erkenntnistheorie: Woher wissen wir, was wir wissen? SARS-CoV2 hat uns gezwungen, unsere stärksten wissenschaftlichen Taschenlampen auf das Immunsystem zu richten, und das führte wahrscheinlich zu den eingehendsten Forschungsarbeiten, denen diese Zellgemeinschaft und die in ihr hin und her laufenden Signale jemals unterworfen wurden. Aber vielleicht beschränkt sich das, was wir über SARS-CoV2 zu wissen glauben, auch auf die Dinge, die wir über das Immunsystem ohnehin schon wissen – das heißt auf das bekannte Bekannte. Das unbekannte Unbekannte können wir nicht wissen.

Möglicherweise hat uns die Pandemie auch auf eine weitere Wissenslücke aufmerksam gemacht: Vielleicht verfügen andere Viren über unerwartete Methoden, um die Zellen des Immunsystems so zu verändern, dass sie krank machen, und wir haben diese weiter reichenden Erklärungen bisher nur nicht zur Kenntnis genommen. (Tatsächlich kennen wir solche Mechanismen von Erregern wie dem Cytomegalovirus oder dem Epstein-Barr-Virus.) Vielleicht ist die

Geschichte, die wir uns selbst über SARS-CoV2 und seinen heimtückischen Einfluss auf unser Immunsystem erzählt haben, ganz und gar unvollständig. Was wir über die wahre Komplexität des Immunsystems zu wissen glaubten, wurde zum Teil wieder in die Black Box zurückgeschoben.

Wissenschaft ist die Suche nach Wahrheit. Ein bedrückendes Bild in einem Essay von Zadie Smith zeigt eine Karikatur von Charles Dickens, umgeben von den vielen Gestalten, die er erfunden hat: Zu sehen sind der rundliche Mr Pickwick mit der schlecht sitzenden Weste, der abenteuerlustige David Copperfield mit seinem Zylinder und die schmuddelige, arglose Little Nell.[13]

Smith schreibt über Autoren und insbesondere über das außerkörperliche Erlebnis, in einen anderen Geist einzutauchen, das eine Schriftstellerin empfindet, wenn sie sich vollständig in den Geist, den Körper und die Welt einer von ihr erschaffenen Romangestalt hineinversetzt. Diese Vertrautheit oder Intimität fühlt sich wie eine »Wahrheit« an. »Dickens sieht nicht beunruhigt oder beschämt aus«, schreibt Smith über die Karikatur. »Offensichtlich hat er nicht den Verdacht, dass er schizophren oder in irgendeiner Weise pathologisch sein könnte. Er hatte für seinen Zustand einen Namen: Romanautor.«

Stellen wir uns jetzt einmal eine andere Gestalt vor. Sie ist von halben Geistern umgeben. Manche davon – Interferon Typ 1, der Toll-like Rezeptor oder die Neutrophilen – sind mehr oder weniger sichtbar, allerdings existieren sie im Halbdunkel der Sichtbarkeit. Wir glauben, sie zu kennen und zu verstehen, aber in Wirklichkeit stimmt das nicht. Manche werfen nur Schatten. Manche sind völlig unsichtbar. Manche gaukeln uns eine falsche Identität vor. Und dann sind noch andere um uns herum, deren Gegenwart wir nicht einmal spüren. Wir haben sie noch nicht kennengelernt und ihnen keinen Namen gegeben.

Auch ich habe für diesen Zustand einen Namen: Wissenschaftler. Wir suchen, wir erschaffen, wir malen uns aus – und finden doch nur unvollständige Erklärungen für Phänomene, selbst für solche, die wir (zum Teil) durch unsere eigene Arbeit entdeckt haben. Wir können uns nicht in ihren Geist hineinversetzen.

Covid hat deutlich gemacht, welche Demut notwendig ist, damit wir mit solchen Gestalten in unserem Umfeld zusammenleben können. Wir sind wie Dickens, nur sind wir von Schatten, Geistern und Lügnern umgeben. Oder, wie ein Arzt mir einmal sagte: »Wir wissen noch nicht einmal, was wir nicht wissen.«

Man kann über die Pandemie aber auch eine andere Geschichte erzählen – eine Geschichte des Triumphs. Sie lautet so: Forschende aus Immunologie und Virologie konnten auf der jahrzehntelangen Erforschung der Grundlagen von Zellbiologie und Immunität aufbauen und so in Rekordzeit Impfstoffe gegen SARS-CoV2 entwickeln – die ersten noch nicht einmal ein Jahr, nachdem der Mann aus Wuhan in Seattle in die Klinik gekommen war. Viele dieser Impfstoffe erzeugen Immunität auf ganz neuen Wegen, beispielsweise durch eine chemisch veränderte Form der RNA; Grundlage waren dabei auch die in Jahrzehnten gewonnenen Erkenntnisse über Immunzellen, ihre Wahrnehmung fremder Proteine und ihre Infektionsabwehr.

Aber angesichts von mehr als sechs Millionen Toten wäre Triumphgeheul verfehlt. Die Pandemie hat der Immunologie einen neuen Schub verliehen, aber auch klaffende Lücken in unseren Kenntnissen offengelegt. Sie hat uns ein notwendiges Maß an Demut gelehrt. Mir fällt kein anderer wissenschaftlicher Augenblick ein, in dem sich derart tiefgreifende, grundlegende Schwächen in unseren Kenntnissen über die Biologie eines Systems offenbart haben, von dem wir glaubten, wir würden es kennen. Wir haben viel gelernt. Und wir haben noch so viel zu lernen.

TEIL 5

ORGANE

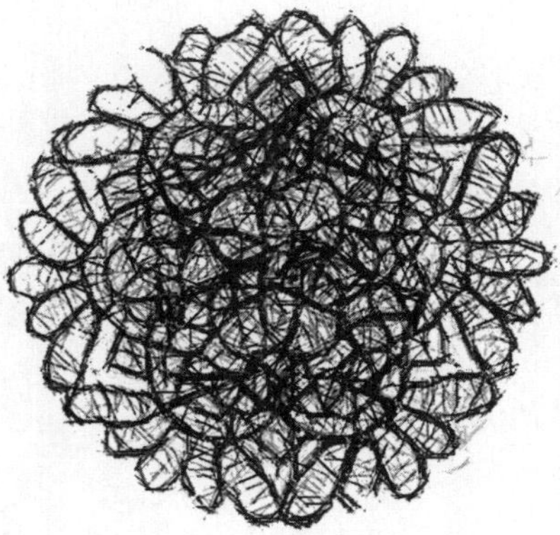

Von Organen war schon viel die Rede, aber eigentlich haben wir noch keines richtig kennengelernt. Das Blut, das uns als Modell für Kooperation und Kommunikation von Zellen gedient hat, ist kein einfaches »Organ«. Es ist vielmehr ein System aus Organen: Das eine (die roten Blutzellen) liefert Sauerstoff, ein anderes (die Blutplättchen) spricht auf Verletzungen an, und ein drittes reagiert auf Infektionen und Entzündungen. Manche dieser Systeme beinhalten ihrerseits wieder Systeme – die angeborene Immunität (Neutrophile und Makrophagen mit der eingebauten Fähigkeit, Krankheitserreger wahrzunehmen und abzutöten) wirkt mit der erlernten Immunität zusammen (den B- und T-Zellen, die sich anpassen und lernen, eine gezielte Immunantwort auf den Krankheitserreger aufzubauen).

In der Biologie ist ein »Organ« definiert als strukturelle oder anatomische Einheit, in der Zellen zusammenwirken und einem gemeinsamen Zweck dienen. Bei kleinen Tieren erfüllt schon eine kleine Ansammlung weniger Zellen eine solche Funktion. Der Fadenwurm Caenorhabditis elegans, ein beliebtes Studienobjekt der Biologie, besitzt ein Nervensystem aus 302 Neuronen. Das ist ungefähr ein Dreihundertmillionstel der Zahl der Neuronen im Gehirn des Menschen.

Als die Lebewesen immer größer und komplexer wurden, mussten zwangsläufig auch Größe und Komplexität der Organe zunehmen. Aber das grundlegende, definierende Merkmal der Organe – eine gemeinsame Funktion, die »Bürgerschaft« von Zellen, die Virchow sich vorgestellt hatte – ist bis heute das Gleiche geblieben. Bei Tieren sind die Organe anatomisch so definiert, dass die Zellen in ihnen gemeinsam – als Zellbürger – tätig werden und physiologische Vorgänge ermöglichen können.

Wie wir noch genauer erfahren werden, gelten für die Zellen in den Organen bis heute die Grundprinzipien der Zellbiologie: Proteinsynthese, Stoffwechsel, Abfallentsorgung, Selbstständigkeit. Aber jede Zelle in jedem Organ ist auch ein Spezialist: Sie erfüllt eine einzigartige Funktion, die dem Organ als Ganzem dient, und koordiniert letztlich irgendeinen Aspekt der Physiologie. Die Organe des Menschen und ihre Zellen mussten also immer stärker spezialisierte Funktionen annehmen. Ein Fadenwurm kann durch die Haut atmen, Menschen brauchen eine Lunge. Und in großen, vielzelligen Organismen wie dem Menschen müssen auch gewaltige Entfernungen überbrückt werden: Die Bauchspeicheldrüse schickt mit jedem Herzschlag Insulin in die Zehen – eine Entfernung, wie die meisten Fadenwürmer sie während ihres ganzen Lebens nicht zurücklegen.

Spezialisierung und Bürgerschaft der Zellen – die zellbiologischen Kennzeichen eines Organs – führen zu den weitreichenden »emergenten« Eigenschaften der Physiologie, das heißt zu Eigenschaften, die sich nur ergeben, wenn zahlreiche Zellen ihre Funktionen koordinieren und zusammenarbeiten. Ein Herzschlag. Ein Gedanke. Und die Wiederherstellung konstanter Verhältnisse – die Koordination der Homöostase.

Wenn wir die Biologie des Menschen verstehen wollen, müssen wir also die Organe verstehen. Und um zu verstehen, was Organe sind, wie ihre Fehlfunktionen zu Krankheiten führen und wie sie sich wieder aufbauen lassen, müssen wir die Biologie der Zellen verstehen, die sie zum Funktionieren bringen.

KAPITEL 16

Die Zelle als Bürger

Vom Nutzen der Zugehörigkeit

Eine ebenso rätselhafte wie universale Erscheinung ist die Masse, die plötzlich da ist, wo vorher nichts war. Einige wenige Leute mögen beisammen gestanden haben, fünf oder zehn oder zwölf, nicht mehr. Nichts ist angekündigt, nichts erwartet worden. Plötzlich ist alles schwarz von Menschen. Von allen Seiten strömen andere zu, es ist, als hätten Straßen nur eine Richtung.
– Elias Canetti, *Masse und Macht*[1]

Denn die Vorstellung von einem Kreislauf des Blutes zerstört die traditionelle Medizin nicht, sondern bringt sie vielmehr voran.
– William Harvey, 1649[2]

Während der ersten dumpfen Tage der Pandemie in New York war ich zum Schreiben nicht in der Lage. Als Arzt war ich »systemrelevant«, und so ging die »systemrelevante Arbeit« weiter. Zwischen Februar und August 2020, als die Ansteckung wie ein virulenter Tornado durch die Stadt fegte, ging ich in mein Arbeitszimmer an der Columbia University, legte die obligatorische N95-Maske an und kümmerte mich um meine Patienten, die versorgt werden mussten. (Die Krebsklinik war noch in Betrieb, allerdings mit einer Minimalbesetzung an Personal. Irgendwie gelang es uns, lebenswichtige Chemotherapien, Transfusionen und andere Behandlungen nach Zeitplan aufrechtzuerhalten.) Einige meiner Patienten zogen sich das Virus zu – eine Frau von über 60 mit einer Vorstufe der Leukämie, eine andere mit einem Myelom, bei der wir die Stammzelltransplantation verschieben mussten –, aber glücklicherweise erlebten wir nur zwei Einweisungen in die Intensivstation und keine Todesfälle. Alle wurden wieder gesund.

Aber ich arbeitete wie ein Roboter, und mein Kopf war leer: Ich starrte oft bis ein oder zwei Uhr nachts auf den Bildschirm, schrieb einen oder zwei Absätze und beförderte sie dann am Morgen in den Papierkorb. Was ich erlebte, war keine Schreibblockade, sondern eine Schreibträgheit: Ich schrieb, das schon, aber alles, was ich zu Papier brachte, schien mir ohne Leben und Energie zu sein. Was mich beschäftigte, war der Zusammenbruch der Infrastruktur und der Homöostase, den wir während der schlimmsten Krise in den Vereinigten Staaten und dann rund um die Welt erlebt hatten.

Als meine Frustration ihren Höhepunkt erreichte, hatte ich geradezu einen Aufsatz hervorgewürgt, der später im *New Yorker* erschien. Er war zum Teil Stoßseufzer, zum Teil ein Plädoyer für Veränderungen, zum Teil auch eine Analyse dessen, was ich mitten in der Pandemie erlebt hatte. Medizin, so schrieb ich, ist kein Arzt mit einer schwarzen Tasche.[3] Sie ist ein kompliziertes Netzwerk aus Systemen und Prozessen. Und Systeme, von denen wir geglaubt hatten, sie würden sich selbst regulieren und korrigieren wie ein gesunder menschlicher Organismus, erwiesen sich als äußerst anfällig für Turbulenzen, wie ein Organismus während einer schweren Krankheit.

Fast ein Jahr lang dachte ich darüber nach, wie Menschen der Krankheit erliegen und wie ein System von Zellen auf den Kampf gegen Eindringlinge ausgerichtet ist. Aber als das Frühjahr 2021 näher rückte, waren die ständigen Kriegsmetaphern nervtötend geworden.

Ich wollte über Normalität und Wiederaufbau nachdenken, über Zellsysteme, aus denen die Infrastruktur der menschlichen Physiologie besteht (und umgekehrt über die zukünftige Reparatur und Wiederherstellung der Systeme, die versagt hatten). Ich wollte über Homöostase und Selbstkorrektur schreiben. Ich war es leid, darüber nachzugrübeln, wie der Körper Dinge – Viren – erkennt, die nicht zu ihm gehören. Ich wollte zur Bürgerschaft zurückkehren, zur Zugehörigkeit.

Der Inbegriff der Zugehörigkeit ist unter allen Organen des Körpers das Herz. Mit »Zugehörigkeit« meinen wir Bindung oder Liebe – und das Herz ist seit Jahrtausenden das Kernstück solcher Gefühle (obwohl wir heute natürlich wissen, dass sich das Gefühlsleben zum größten Teil im Gehirn abspielt). Wenn wir sagen »mein Herz gehört dir«, geben wir den Zusammenhang zwischen Organ und Bindung zu erkennen.

Als ich ein Kind war, gehörte mein Herz meiner Mutter. Mein Vater war eine weiter entfernte Gestalt – zuverlässig und sanft, aber zurückhaltend und auf irgendeine Weise unerreichbar. Seine Mutter – meine Großmutter – wohnte bei uns. Sie war durch den Ortswechsel während der Teilung Indiens gezeichnet und bewohnte ein eigenes Zimmer, kochte sich selbst ihr Essen und wusch ihre Kleidung, fast als sei ein Haus nur eine vorübergehende Unterkunft, die einem jederzeit wieder entrissen werden könnte. Ihre Habseligkeiten lagen zum größten Teil unberührt und in Zeitungspapier verpackt in der Stahltruhe, die sie über die Grenze von Ostpakistan nach Indien mitgenommen hatte. In ihrem Zimmer war nichts außer einem Bett und einer fadenscheinigen Matratze; sie hatte sich von der Möglichkeit der Trennung getrennt. Ich kann mich nicht erinnern, dass sie mich jemals berührt hätte. Ihr Herz war gebrochen.

Mein Übergang ins Erwachsenenalter war durch eine andere Beziehung zu meinem Vater gekennzeichnet. Als ich in Stanford studierte – es war eine Welt ohne Handys und E-Mail –, schrieb ich ihm Briefe. Anfangs waren sie kurz und gekünstelt, aber im Lauf der Zeit wurden sie immer länger und warmherziger. Allmählich sah ich ihn in einem anderen Licht. Der Verlust seiner Heimat schien mir vertraut: Im Jahr 1946, als er gerade erst ein Teenager war, hatte man ihn in seinem Dorf entwurzelt und in eine Nachtfähre nach Kolkata gesteckt, in eine Stadt, die am Rand des Nervenzusammenbruchs stand. Ende der 1950er-Jahre war er erneut umgezogen: Jetzt kam er als junger Manager nach Delhi, in eine Stadt, die einem jungen Mann aus Ostbengalen kulturell und gesellschaftlich so fremd war wie für mich das Leben im Studentenwohnheim in Kalifornien mit Frisbees, Frozen Yoghurt und Bier. Im Jahr 1989, in der fünften Woche meines ersten Semesters, wurde San Francisco vom Loma-Prieta-Erdbeben heimgesucht. Die Stöße waren so stark, dass ich, unter dem Türsturz meiner Wohnheimtür stehend, zusehen konnte, wie der Korridor sich aufbäumte; eine Sinuswelle wanderte durch den Beton, als stünde ich auf dem Rücken einer Schlange, die plötzlich zum Leben erwacht war. Mein Vater hörte die Nachrichten und schrieb mir sofort. Als er 1960 in Delhi sein erstes Haus baute, verwüstete ein Erdbeben das einstöckige Bauwerk, in das er seine ganzen Ersparnisse gesteckt hatte. Er vertraute mir etwas an, was er noch niemandem gesagt hatte: Damals hatte er die ganze Nacht, umgeben von den Trümmern der Dachsparren, auf dem Fundament gesessen und geweint.

Ich hatte Heimweh und wäre gern wenigstens für kurze Zeit zu Hause gewesen. Eines Nachmittags, als ich meine Post abholte, war ein dicker Umschlag dabei: Er hatte mich mit Tickets überrascht, sodass ich in meinem ersten Winter nach Delhi zurückkehren konnte (eigentlich sollte ich bis zum nächsten Sommer in Kalifornien bleiben). Der Flug dauerte 16 Stunden, und ich schlief fast die ganze Zeit, bis die nebelumhüllten Lichter der Stadt in Sicht kamen. Das Flugzeug machte ein Geräusch wie ein kreischender Elefant, als unmittelbar vor der Landung das Fahrwerk ausgefahren wurde. Seit jener Reise bin ich sicher mindestens vier Dutzend Mal nach Indien geflogen – aber das Geräusch lässt mein Herz noch heute in seltsamer Freude höherschlagen.

Der Mann beim Zoll verlangte ein kleines Schmiergeld, und ich hätte ihn am liebsten umarmt: Ich war zu Hause. Noch heute spüre ich das Pochen meines Herzens, als ich den Flughafen verließ. Ich könnte die neuronale Kaskade schildern, die ich erlebte – die wiederkehrenden Erinnerungen, die Adrenalinausschüttung im Blut –, aber während der Reiz im Gehirn ausgelöst wurde, spürte ich das Erlebnis im Herzen. Mein Vater war da wie später jedes Jahr, wenn ich nach Hause kam; er hatte einen weißen Schal umgelegt und einen zweiten dabei, den er mir umlegen konnte. Heimkehr. Zugehörigkeit.

Aber sehen wir einmal von den Metaphern ab: Das Herz ist tatsächlich ein Organ, in dem die Zugehörigkeit der Zellbürger von entscheidender Bedeutung ist. Warum sind Herzzellen etwas Besonderes? Wie können sie Sekunde für Sekunde, Tag für Tag die genau koordinierte Tätigkeit ausführen, die wir als Herzschlag kennen? Betrachten wir das Phänomen einmal genauer: Für viele Menschen ist es sicher das Musterbeispiel für etwas Alltägliches – aber in Wirklichkeit ist es eine erstaunlich komplexe biologische Leistung der Zellen. Das Herz ist ein Paradebeispiel für Kooperation, Bürgersinn und Zugehörigkeit von Zellen.

Aristoteles hielt einst das Herz für den Ersten unter Gleichen – für den wichtigsten Bürger aller Organe, das Zentrum der Lebenskraft im Körper.[4] Die anderen Organe, die um das Herz herum angeordnet sind, waren in seiner Vorstellung nur Wärme- und Kühlkammern. Die Lunge war ein Blasebalg, der sich ausdehnte und zusammenzog, um den Motor zu kühlen. Die Leber war ein prachtvoller Wärmeabfluss, der die übermäßige, von dem lebenswichtigsten Organ produzierte Wärme beseitigte, damit es sich nicht überhitzte. Galen von Pergamon trieb den Gedanken weiter: »Das Herz ist nun einmal der Herdstein und Quell der angeborenen Wärme, durch die das Tier beherrscht wird.«[5]

Aber wenn das Herz als so bedeutend galt, dass alle anderen Organe nur Heiz- und Kühlrohre für seinen Motor darstellen sollten, stellte sich die Frage: Was tut dieses Organ eigentlich? Der mittelalterliche Physiologe Ibn Sina (auch Avicenna genannt), der um 1000 n. Chr. lebte, beschäftigte sich mit der Frage in einer großartigen Abhandlung, der er den Namen *al-Qanun fi at-Tibb* gab – *Der Kanon der Medizin* (das Wort *Quanun* kann man auch mit »Gesetz« übersetzen[6]: Ibn Sina suchte nach allgemeinen Gesetzmäßigkeiten der Physiologie). Ibn Sina konzentrierte sich auf den Puls, bemerkte seine wellenähnliche Eigenschaft und seinen Zusammenhang mit dem Pulsieren des Herzens. War der Puls unregelmäßig, so war es der Herzschlag auch – und solche Formen des Herzklopfens zogen Symptome wie Ohnmacht oder Teilnahmslosigkeit nach sich. Wenn der Herzschlag fadenförmig wurde, verhielt sich der Puls ebenso, und die Symptome waren Vorboten des Todes. Angst ließ den Puls im Einklang mit dem Herzschlag schneller werden. Die gleiche Wirkung, so stellte Ibn Sina fest, hat auch die »Liebeskrankheit« – Sehnsucht oder Zugehörigkeitsgefühl. Ein Bekannter erzählte mir, wie er einmal einen tibetanischen Arzt aufgesucht hatte, der auf den Herzschlag spezialisiert war. Der Arzt stellte ihm einige oberflächliche Fragen und prüfte dann seinen Puls. »Sie haben eine schreckliche Trennung hinter sich«, sagte der Arzt. »Ihr Leben wird nicht mehr so sein wie früher.« Der tibetanische Arzt hatte recht: Irgendetwas am Puls – seine Geschwindigkeit oder seine Trägheit – hatte einen Hinweis auf Sehnsucht und Zugehörigkeitsgefühl geliefert. Das Leben meines

Freundes hatte durch eine Trennung ein für alle Mal seine Wurzeln verloren.

Ibn Sinas Schilderung, dass das Herz die Quelle des Pulsierens und damit eigentlich eine Pumpe ist, war einer der ersten Versuche, die Funktion des Organs zu beschreiben. Aber erst der englische Physiologe William Harvey erkannte den zusammenhängenden Kreislauf im menschlichen Körper mit dem Herz als Pumpe.[7] Harvey hatte in Padua Medizin studiert und war dann nach Cambridge zurückgekehrt, um seine medizinischen Studien fortzusetzen. Im Jahr 1609 wurde er am St. Bartholomew's Hospital zum Arzt mit einem Jahresgehalt von 33 Pfund ernannt. Er war klein, hatte ein rundes Gesicht – »die Augen klein, rund, sehr schwarz und voller Leben; die Haare schwarz wie bei einem Raben und lockig«[8] – und einen einfachen Geschmack. Er wohnte in einem kleinen Haus im heruntergekommenen Ludgate, obwohl seine Stellung als Krankenhausarzt ihm den Zugriff auf zwei viel größere Häuser in der Nähe der Krankenanstalt verschafft hätte. Man ist leicht versucht, seine materielle Sparsamkeit mit seinen sparsamen experimentellen Methoden zu vergleichen. Mit Binden und Stauschläuchen als einzigen Hilfsmitteln und gelegentlich einem Stich in eine Arterie oder Vene machte Harvey sich an die Lösung eines Problems, das die Ärzte seit Jahrhunderten in Verwirrung gestürzt hatte.

Harveys neugierigen Geist, mit dem er Lehrmeinungen infrage stellte, haben wir bereits im Zusammenhang mit Embryologie und Physiologie kennengelernt: Er gehörte zu den lautstärksten Kritikern der Vorstellung, der Embryo sei im Mutterleib schon »vorgeformt« und das Blut sei das wärmende Öl des Körpers. Sein bedeutsamster Beitrag zur Wissenschaft war aber seine bahnbrechende Arbeit über Herz und Kreislauf. Harvey standen keine leistungsfähigen Mikroskope zur Verfügung, und so klärte er die Funktionsweise des Herzens mit einfachsten physiologischen Experimenten auf. Er stach die Arterien von Tieren an, wartete, bis das Blut ausgelaufen war, und stellte fest, dass auch in den Venen kein Blut mehr war: Demnach, so seine Schlussfolgerung, müssen Arterien und Venen in einem Kreislauf verbunden sein. Wenn er die Aorta abband, schwoll das Herz vom Blut an. Band er die wichtigsten Venen ab, leerte sich das Herz: Offensichtlich ließ die Aorta also das Blut aus dem Herzen abfließen, und die Venen leiteten es zum Herzen hin – eine Schlussfolgerung, die für die Erkenntnisse über den Kreislauf von zentraler Bedeutung ist; eigentlich kann man sich kaum vorstellen, wie sie Generationen von Physiologen entgehen konnte.

Am wichtigsten war, was er am Septum beobachtete, der Scheidewand zwischen rechter und linker Herzhälfte: Sie war dick und ohne jede Öffnung. Das Blut der linken Seite musste also zunächst in die Lunge wandern und dann wieder auf der rechten Seite ins Herz eintreten (was in direktem Widerspruch zu Galen und den frühen Anatomen stand: Sie hatten geglaubt, das Blut würde zuerst durch die Lunge strömen und erst dann das Herz erreichen). Als Harvey das schlagende Herz beobachtete, sah er, wie es sich zusammenzog und wieder entspannte. Das Herz musste also die Pumpe sein, die das Blut auf seinem kreisförmigen Weg durch den Körper von den Arterien zu den Venen und wieder zurück antreibt.

Im Jahr 1628 veröffentlichte Harvey seine Erkenntnisse in dem siebenbändigen Werk, das heute unter dem Titel *De Motu Cordis* (»Über die Bewegung des Herzens«) bekannt ist. Damit warf er alle bisherigen Vermutungen über Anatomie und Physiologie des Herzens über den Haufen. Das Herz, so Harvey, ist eine Pumpe, die das Blut in einem Kreislauf durch den Körper treibt – von den Arterien zu den Venen und wieder zurück. Diese Erkenntnis, so schrieb er, »erfreute manche mehr andere weniger: Manche … verleumdeten mich und beschuldigten mich eines Verbrechens, weil ich es gewagt hatte, von den Vorstellungen und Meinungen aller Anatomen abzu-

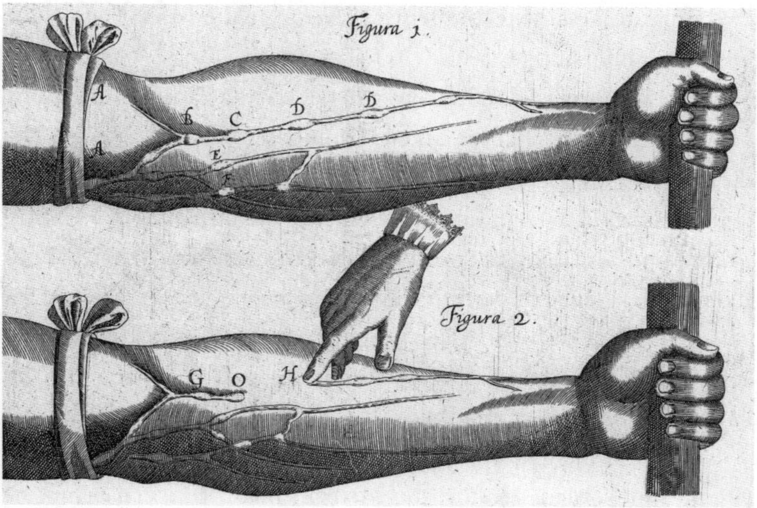

Eine Zeichnung aus *De Motu Cordis* von William Harvey. Mit einfachen Übungen wie dem Abdrücken von Venen und Arterien lässt sich der Blutfluss von den Venen zum Herzen und vom Herzen durch die Arterien demonstrieren.

weichen: Andere wünschten weitere Erklärungen über die Neuigkeiten, welche, wie sie sagten, durchaus einer ernsthaften Überlegung wert seien und vielleicht von beachtlichem Nutzen sein können.«[9]

Heute wissen wir – unter anderem durch Harveys anatomische Untersuchungen –, dass das Herz in Wirklichkeit aus zwei Pumpen besteht, einer linken und einer rechten, die nebeneinanderliegen wie Zwillinge im Mutterleib.

Das Ganze ist ein Kreislauf, also beginnen wir mit der rechten Seite. Die rechte Pumpe nimmt das Blut aus den Körpervenen auf. Es ist ausgelaugt, denn es hat Sauerstoff und Nährstoffe an die Organe abgegeben; dieses »venöse« Blut (das oft dunkler rot gefärbt ist) fließt in die obere rechte Kammer, den rechten Vorhof. Von dort strömt es durch eine Herzklappe in die eigentliche Pumpe, die rechte Herzkammer. Ein kraftvoller Schub der rechten Kammer pumpt das Blut in die Lunge. Das ist die rechte Seite des Kreislaufs: von den Venen über das Herz in die Lunge.

In der Lunge wird das Blut, das von der rechten Herzhälfte kommt, mit Sauerstoff angereichert, und das Kohlendioxid wird beseitigt. Auf diese Weise aufgeladen und gereinigt, wandert das Blut, das jetzt leuchtend hellrot ist, zur linken Herzhälfte. Es sammelt sich im linken Vorhof und wird dann in die linke Herzkammer gedrückt. Diese linke Kammer ist vielleicht der unruhigste Muskel im ganzen Körper: Sie drückt das Blut kraftvoll in den weiten Bogen der Aorta, des dicksten Blutgefäßes. Von dort gelangt das mit Sauerstoff angereicherte Blut in den ganzen Körper einschließlich des Gehirns.

Und dann das Ganze wieder von vorne. »Die Vorstellung von einem Blutkreislauf zerstört die Medizin nicht, sondern bringt sie voran«, schrieb Harvey.

Aber wenn man sich das Herz rein mechanistisch als Pumpe vorstellt, vergisst man eine zentrale Frage: Wie können Zellen eine Pumpe bilden? Die ist schließlich eine höchst koordinierte Maschine. Sie braucht ein Signal, um sich zu erweitern, und ein Signal, um sich zusammenzuziehen. Sie braucht Ventile, die gewährleisten, dass die Flüssigkeit nicht rückwärts fließt. Sie braucht einen Mechanismus, der dafür sorgt, dass die sich zusammenziehende Blase nicht ohne Ziel oder Richtung vor sich hin eiert. Eine unkoordinierte Pumpe ist nicht besser als ein taumelnder Ballon.

Am 17. Januar 1912 schnitt der französische Wissenschaftler Alexis Carrel, der am Rockefeller Institute in New York arbeitete, ein kleines Stück aus dem Herzen eines 18 Tage alten Hühnerfetus heraus und ließ es in einer Kulturflüssigkeit wachsen.[10] »Das Fragment pulsierte einige Tage lang regelmäßig und wuchs kräftig«, notierte er. »Nach dem ersten Waschen … wuchs die Kultur wiederum sehr kräftig.«[11] Auch als er ein Stück davon entfernte und erneut weiterzüchtete, war es immer noch in der Lage, zu pulsieren: Im März, fast drei Monate nachdem er das Gewebe aus dem Herzen des Huhns entnommen hatte, »pulsierte es immer noch mit einer Geschwindigkeit, die zwischen 60 und 84 in der Minute schwankte …«. Erst »am zwölften März wurden die Pulse unregelmäßig, und das Fragment schlug drei- oder viermal hintereinander und blieb dann für ungefähr 20 Sekunden stehen«. Im Lauf von ungefähr drei Monaten hatte ein Stück eines Hühnerherzens in einer Petrischale ungefähr neun Millionen Herzschläge vollzogen.

Carrels Experiment galt allgemein als Beweis, dass Organe außerhalb des Körpers leben und funktionieren können; es wurde aber auch zur Grundlage für eine andere, ebenso wichtige Erkenntnis: Wenn man Herzzellen außerhalb des Organismus wachsen lässt, sind sie in der Lage, *eigenständig* zu pulsieren. Irgendeine innere Eigenschaft der Zellen befähigt sie zu ihrer Pumptätigkeit, zum koordinierten Pulsieren. Im gleichen Jahr hatte der Physiologe W. T. Porter an der Harvard University nachgewiesen, dass die Herzkammern eines Hundes auch dann noch selbstständig pulsieren, wenn man die zum Herzen führenden Nerven durchtrennt. Damit war »live« das Gleiche bewiesen, was Carrel in der Petrischale zuwege gebracht hatte.[12]

Das koordinierte Pulsieren der Herzzellen faszinierte die Physiologen. Der deutsche Biologe Friedrich Bidder hatte in den 1880er-Jahren beobachtet, dass die Zellen des Herzens »sich verzweigen und untereinander in Verbindung stehen, sodass sie ein Kontinuum bilden«.[13] Sie sind eine Art Gesellschaft – eine Bürgerschaft von Zellen. Der Ursprung ihrer Kontraktionskraft lag offensichtlich in ihrer Gemeinsamkeit, ihrer Zugehörigkeit.

Aber wie wurde die Kontraktionskraft erzeugt? Seit den 1940er-Jahren ging der in Ungarn geborene Physiologe Albert Szent-Györgyi der Frage nach, wie eine Zelle die Fähigkeit erwerben kann, sich zusammenzuziehen und wieder zu entspannen.[14] Er hatte sich bereits einen Ruf als einer der bedeutendsten Physiologen seiner Generation erworben: Unter anderem hatte er das Vitamin C entdeckt und herausgefunden, wie Zellen Energie produzieren. Dafür hatte er den Nobelpreis erhalten. Vieles von dem, was wir heute über die Reaktionen in den Mitochondrien und die Produktion energiereicher Moleküle wissen, verdanken wir seinen Arbeiten. Er war ein Mann von energischen Überzeugungen und einer weit gefassten Neugier. Während des Ersten Weltkriegs war er zu einer Sanitätseinheit eingezogen worden, aber er war von dem Gemetzel so abgestoßen und vom Krieg so desillusioniert, dass er sich selbst in den Arm schoss; dann behauptete er, er sei durch feindliches Feuer verwundet worden, und konnte so seine wissenschaftlichen und medizinischen Studien wieder aufnehmen. Er zog von Universität zu Universität, von Institut zu Institut und von Stadt zu Stadt – Prag, Berlin, Cambridge in England und Woods Hole in Massachusetts; überall studierte er die Biochemie der Zellatmung, die Physiologie der Säuren und Basen im Organismus sowie die Vitamine und biochemischen Reaktionen, die für das Leben unentbehrlich sind.

In den 1940er-Jahren richtete er seine unendliche Neugier auf die Erforschung des Herzmuskels. Ihn trieb eine Frage um, die entscheidend war, wenn man die Funktion des Organs verstehen wollte: Wie wird die Pumpkraft erzeugt? Szent-Györgyi ging von Virchows Gedanken aus: Wenn ein Organ in der Lage ist, sich zusammenzuziehen und zu entspannen, müssen seine Zellen in der Lage sein, sich zusammenzuziehen und zu entspannen. In jeder Muskelzelle, so überlegte Szent-Györgyi, muss es ein oder mehrere spezialisierte Moleküle geben, die in der Lage sind, eine gerichtete Kraft zu erzeugen und die Zelle damit zu verkürzen – sie zu kontrahieren. »Um ein System aufzubauen, welches sich verkürzen kann«, schrieb er, »muss die Natur sich langer, dünner Proteinpartikel bedienen.«[15] Eines dieser »dünnen, langen Proteine« hatte man bereits identifiziert. Er schrieb: »Die fadenförmigen, sehr dünnen, langen Proteinpartikel, aus denen die Natur kontraktionsfähige Materie aufgebaut hat, bestehen aus ›Myosin‹.«

Aber ein langes, dünnes Protein ist zunächst einmal nur ein Seil. Bindet man das Seil an die Enden einer Zelle, hat man erste Grundelemente für einen Kontraktionsapparat. Aber wie wird das System aus Seilen straff gezogen und gelockert? Wie Szent-Györgyi und seine Kollegen feststellten, sind die Myosinfasern eng mit einem anderen dichten, organisierten Netzwerk aus langen, dünnen Fasern verbunden – und die bestehen vorwiegend aus einem Protein namens Aktin. Kurz gesagt, gibt es in einer Muskelzelle zwei Systeme miteinander verbundener Fasern: Aktin und Myosin.

Die Kontraktion bewerkstelligt eine Muskelzelle, weil die beiden Fasern – Aktin und Myosin – aneinander vorbeigleiten wie Netze aus Seilen. Wird eine Zelle zur Kontraktion angeregt, bindet ein Teil der Myosinfaser an eine Stelle der Aktinfaser wie eine Hand, die von einem Seil ausgeht und nach dem anderen greift. Dann lässt sie los, greift weiter nach vorn und bindet an die nächste Stelle – wie ein Mann, der an einem Seil hängt und Hand über Hand greift und zieht. *Festhalten. Ziehen. Loslassen. Festhalten. Ziehen. Loslassen.*

In jeder Muskelzelle gibt es Tausende solche Seilzüge, Bänder aus Aktin, die parallel zu Bändern aus Myosin liegen.* Wenn die nebeneinander angeordneten Seile aneinander vorübergleiten – *Festhalten,*

---

* Es gibt im menschlichen Körper drei Grundtypen von Muskelzellen: die des Herzmuskels, die das Hauptthema dieses Kapitels bilden; die der Skelettmuskeln (die beispielsweise Arme oder Beine auf Kommando bewegen) und die der glatten Muskulatur (die sich einheitlich, aber unwillkürlich bewegt und beispielsweise die Flüssigkeit im Darm in Bewegung hält). Alle drei Muskeltypen funktionieren mit Abwandlungen des Aktin-Myosin-Systems in Verbindung mit einer ganzen Reihe weiterer Proteine.

Ziehen, Loslassen –, zerren sie auch an den Rändern der Zelle, die sich auf diese Weise zusammenzieht. Der ganze Vorgang erfordert natürlich Energie; deshalb sind alle Herzzellen und auch die Zellen der anderen Muskeln vollgestopft mit Mitochondrien – sie liefern die Energie, mit der die beiden Fasern gleiten können. (Eine kurze Abschweifung: Das System hat unter anderem die Besonderheit, dass die Energie nicht gebraucht wird, wenn Aktin und Myosin aneinander binden, sondern wenn sie sich lösen. Wenn ein Lebewesen stirbt und keine Energie mehr erzeugt wird, können die Muskelfasern ihren Griff nicht mehr lockern und bleiben dauerhaft gebunden. Die Zellseile in den Muskeln bleiben straff. Deshalb wird der Körper hart – ein Phänomen, das wir als Totenstarre oder *rigor mortis* bezeichnen).

Damit ist aber nur der Kontraktionsvorgang in einer Zelle beschrieben. Damit das Herz als Organ funktioniert, müssen sich all seine Zellen koordiniert zusammenziehen. An dieser Stelle wird die Beobachtung von Friedrich Bidder wichtig: Die Zellen des Herzmuskels bilden anscheinend ein »Kontinuum«. In den 1950er-Jahren entdeckte man durch mikroskopische Untersuchungen, dass Herzzellen untereinander durch winzige Molekülkanäle verbunden sind, die sogenannten Gap Junctions. Jede Zelle ist also von vornherein darauf angelegt, mit ihren Nachbarn zu kommunizieren. Obwohl es viele Zellen sind, verhalten sie sich als Einheit. Wird in einer Zelle ein Kontraktionsreiz erzeugt, wandert er automatisch zur nächsten Zelle, die ebenfalls angeregt wird, und letztlich ziehen sich alle im Einklang zusammen.

Was ist das für ein »Reiz«? Die Antwort: Es handelt sich um die Wanderung von Ionen – vorwiegend Calcium – in die Zellen hinein und aus ihnen hinaus. Dazu liegen spezialisierte Kanäle in den Membranen der Herzzellen. Im Ruhezustand herrscht in der Herzzelle eine niedrige Calciumkonzentration. Wird die Zelle zur Kontraktion angeregt, strömt Calcium ein und setzt die Bewegung in Gang. Der Einstrom des Calciums ist ein sich selbst verstärkender Kreislauf: Immer mehr Ionen werden freigesetzt, was zu einem plötzlichen starken Anstieg der Konzentration führt. Die Verbindungen zwischen den Zellen – die in den 1950er-Jahren entdeckten »Junctions« – tragen die Nachricht der Ionen von Zelle zu Zelle weiter. Aus einer werden viele. Masse erzeugt Macht. Das Organ – ein Kontinuum aus Zellen – verhält sich als einheitliches Ganzes.

Zwei letzte Aspekte an den Zellen des Herzen sind für seine Funktion entscheidend. Erstens liegen Klappen zwischen den Herzkammern, Ventile, die dafür sorgen, dass das Blut nicht in die falsche Richtung fließt. Als Erstes ziehen sich die Zellen der Vorhöfe zusammen, in denen sich das Blut gesammelt hat, und leiten es in die Herzkammern weiter. Wenn die Klappen zwischen Vorhof und Herzkammer sich schließen, entsteht das erste Herzschlaggeräusch: *Lup*. Danach ziehen sich die Zellen der Herzkammer ähnlich koordiniert zusammen. Dabei schließen sich die Auslassklappen der Herzkammer, und das zweite Herzgeräusch entsteht: *Dup. Lup-dup, Lup-dup.* Das Geräusch einer Bürgerschaft, die im Gleichschritt zusammenarbeitet.

Das letzte Element der Pumpe ist ein Rhythmuserzeuger oder Metronom. Wie sich herausgestellt hat, liegen im Herzen spezialisierte, nervenähnliche Zellen, die rhythmische elektrische Impulse erzeugen und damit die Kontraktion anregen. Weitere Nerven – eine Art schnell leitende elektrische Kabel – übertragen die Impulse ins ganze Herz, und zwar zuerst in die Vorhöfe, dann in die Herzkammern. Sobald der Impuls eine Zelle erreicht, sorgen die Verbindungen zwischen den Zellen dafür, dass alle sich gemeinsam zusammenziehen.

Das Ergebnis ist eine erstaunliche Koordination. Der Vorhof zieht sich zusammen. Die Herzkammer zieht sich zusammen. Die Zellen des Herzens bilden eine koordinierte Bürgerschaft. Jede Zelle des

Herzmuskels behält ihre Identität, und doch ist jede Zelle so eng mit ihren Nachbarn verknüpft, dass nur ein Impuls eintreffen muss, damit eine zweckgerichtete, koordinierte Kontraktion stattfindet. Das Herz eiert nicht, seine Kammern ziehen sich mit einem kräftigen Schub zusammen. Wir können uns das Organ vorstellen, als würde es sich fast wie eine einzige zielstrebige Zelle verhalten.

KAPITEL 17

Die nachdenkliche Zelle

Das vielseitige Neuron

Das Hirn – ist weiter als das All –
Stellst du sie Seit an Seit –
Faßt eins das andere in sich –
Und dich – mit Leichtigkeit

Das Hirn ist tiefer als das Meer –
Hältst du sie – Blau an Blau –
Saugt eins das andere in sich auf –
Wie Schwämme – Eimer – ziehn
– Emily Dickinson, ca. 1862[1]

Wenn das Herz zielstrebig ist, dann ist das Gehirn vielseitig. Eine Schwierigkeit müssen wir von vornherein einräumen: Die Funktion eines Organs von derart ungeheurer Komplexität lässt sich unmöglich in einem einzigen Buch behandeln, von einem einzigen Kapitel ganz zu schweigen.

Aber lassen wir die Funktion einmal kurz außen vor und beginnen wir mit dem Aufbau. Als ich Medizin studierte, waren die Studierenden im Anatomiekurs in Gruppen eingeteilt. Meine Gruppe, insgesamt vier Studierende, erhielt ein schwammiges menschliches Gehirn, das man in Formaldehyd eingelegt hatte – ein Geschenk an die medizinische Wissenschaft, hinterlassen von einem Mann in den

Vierzigern, der sich entschlossen hatte, seine Organe zu spenden, und dann bei einem Autounfall ums Leben gekommen war. Es war ein unglaublich seltsames Gefühl, ein Organ von der Größe und Form eines großen Boxhandschuhs in der Hand zu haben und sich vorzustellen, dass es der Sitz von Erinnerungen, Bewusstsein, Sprache, Temperament, Wahrnehmung und Gefühlen war. Liebe. Neid. Hass. Mitleid. All das hatte in irgendeinem Gewirr von Neuronen seinen Platz gehabt. Ich hielt *ihn* in der Hand, so dachte ich, diesen Mann, dessen Namen oder Identität ich niemals erfahren würde. Irgendwo in diesem Organ hatten die Neuronen gelebt, mit denen er sich an das Gesicht seiner Mutter erinnert hatte. Irgendwo war die Erinnerung an den letzten Augenblick, bevor der Wagen von der Straße abgekommen war, und irgendwo war die Melodie seines Lieblingslieds.

Von außen sah das ungewöhnlichste aller Organe ungewöhnlich langweilig aus – ein Gewebeklumpen, eingehüllt in gewundene Wülste aus grauer Materie. Darunter hing das Kleinhirn mit seinen beiden Lappen, jeder so groß wie eine Kinderfaust. Auf beiden Seiten des Gehirns lagen Vorwölbungen – die »Daumen« des Boxhandschuhs, von der Seite gesehen. Ein abgeschnittener, stammartiger Gewebestumpf war die Stelle, an der es einst mit dem Rückenmark verbunden gewesen war.

Als ich aber von der Seite in das Gewebe schnitt, war mir, als öffnete ich eine Zauberkiste. Da waren scheinbar unendlich viele Strukturen – Nervenstränge, flüssigkeitsgefüllte Hohlräume, Säcke, Drüsen und sogenannte Kerne, dichte Haufen von Nervenzellen. Die Hypophyse – eine der wenigen Drüsen im Körper, die nicht paarweise vorhanden sind – hing in der Mitte wie eine winzige Beere herunter. Auch die Zirbeldrüse, die Descartes für den Sitz der Seele gehalten hatte, war in der Mitte verborgen. Jede dieser Drüsen, jeder Kern enthielt eine einzigartige Ausstattung von Zellen, die einer ganz bestimmten und oftmals sehr charakteristischen Funktion gewidmet waren. Wie diese endlose Anordnung verschiedener Strukturen – und eine ebenso endlose Anordnung von Zellen (Neuronen, Hormon produzierende Zellen und Gliazellen, die als Stütze für die Nervenfunktion dienen) – letztlich die tiefgreifenden Funktionen des Gehirns möglich macht, lässt sich in einem Buch über Zellbiologie nicht darlegen. Aber wenn wir auch nur anfangen wollen, das Gehirn zu verstehen, können wir die Funktion der Nervenzellen oder Neuronen betrachten, der wesentlichsten Bausteine in der Gesamtheit dieses Organs.

Ende des 19. Jahrhunderts hielt man die vielseitigsten und rätselhaftesten Zellen des menschlichen Körpers noch nicht einmal für Zellen. Im Mikroskop waren sie meist nicht sichtbar: Der Aufbau eines Neurons lag größtenteils im Verborgenen. Erst 1873 machte der italienische Biologe Camillo Golgi in Pavia eine Entdeckung: Wenn er einem Dünnschnitt des durchsichtigen Nervengewebes eine Lösung von Silbernitrat zusetzte, fand eine chemische Reaktion statt, und das Ergebnis war eine schwarze Färbung, die sich innerhalb mancher Neuronen anreicherte.[2] Jetzt sah Golgi unter dem Mikroskop ein zartes Netzwerk. Er hielt das Netz für eine dauerhafte Verbindung – eine »Vernetzung«, wie er sie nannte. Die Zelltheorie steckte insgesamt noch in den Kinderschuhen – 1838 und 1839 hatten Schwann und Schleiden die Vermutung geäußert, dass alle Organismen aus Zellansammlungen bestehen –, und so fragte sich Golgi, ob vielleicht das ganze Nervensystem ein Spinnennetz aus »Zellanhängen« sei, ein »unentwirrbares Geflecht« aus miteinander verbundenen, zusammenhängenden Zellfortsätzen, wie ein Autor es nannte.[3] Die Theorie war an den Haaren herbeigezogen: In Golgis Vorstellung glich das Nervensystem einem Fischernetz, zusammengesetzt aus fadenartigen, vom Gehirn ausgehenden Verlängerungen.

Ein aufmüpfiger junger Pathologe aus Spanien stellte Golgis Theorie infrage. Santiago Ramón y Cajal war Sportler und ein eifriger Zeichner – »scheu, ungesellig, geheimnistuerisch und abweisend«, wie ein Biograf ihn beschrieb.[4] Er war der Sohn eines Anatomiedozenten, der in der Tradition von Vesalius seinen kleinen Sohn mit auf die Friedhöfe seiner Stadt nahm, um Leichen zu sezieren.[5] Als Kind war Cajal bekannt für seine komplizierten Streiche. Sein erstes »Buch« handelte von der Konstruktion von Steinschleudern – worin sich seine Liebe zur Genauigkeit mit seiner Abscheu gegenüber Autoritäten verband. Außerdem zeichnete er geradezu zwanghaft Vogeleier, Nester, Blätter, Knochen, biologische Fundstücke und anatomische Strukturen: Er war fasziniert von allen Arten natürlicher Objekte und skizzierte sie in seinem Notizbuch. Später bezeichnete er seine Gewohnheit, zu zeichnen, als »unwiderstehliche Manie«.[6] Cajal studierte in Saragossa Medizin und zog später nach Valencia, wo er zum Dozenten für Anatomie und Pathologie ernannt wurde. In Madrid traf er zufällig einen Freund, der gerade aus Paris zurückgekehrt war und dort Golgis Färbemethode erlernt hatte.

Viele Wissenschaftler hatten versucht, Golgis Färbemethode nachzuvollziehen, aber es war eine willkürliche, launische Reaktion, und oft erhielt man nur einen Klumpen aus schwarzem Gewebe. Wenn es klappte, zeigte sich die Silhouette des dichten Netzwerks, das Golgi zu der Annahme veranlasst hatte, das Nervensystem sei ein kompliziertes Geflecht durchgehender Leitungsbahnen. Aber der geniale Cajal probierte immer wieder mit der Methode herum – wobei sich wiederum Gewissenhaftigkeit mit der Ablehnung früherer Autoritäten mischte. Er titrierte das Nitrat bis zu einer ganz bestimmten Verdünnung, schnitt das Gewebe präzise in hauchdünne Scheiben und machte die mit der »schwarzen Reaktion« gefärbten Neuronen mit den besten Mikroskopen sichtbar. Und im Gegensatz zu Golgi sah Cajal, dass die Zellen ganz anders organisiert waren. Es gab im Nervensystem keine verworrene »Vernetzung«, kein Durcheinander fadenförmiger Fortsätze, sondern vielmehr *einzelne* Nervenzellen mit einer raffinierten, zarten Anatomie, die sich ausstreckten und mit anderen *einzelnen* Nervenzellen verbanden.

Er skizzierte die Zellen in Handzeichnungen mit schwarzer Tinte und schuf damit einige der schönsten Abbildungen in der Wissenschaftsgeschichte. Manche Neuronen sahen aus wie Bäume mit tausend Ästen, mit einer dichten Krone aus Fortsätzen am oberen Ende, einem pyramidenförmigen Zellkörper in der Mitte und darunter einer Verlängerung, die aussieht wie ein Stamm. Manche ähnelten explodierenden Sternen, andere einer vielköpfigen Hydra. Manche hatten ungeheuer schlanke, vielfingerige Auswüchse. Manche waren kompakt, manche erstreckten sich von der Oberfläche des Gehirns bis in tiefer liegende Schichten.

Aber wie Cajal entdeckte, haben Neuronen trotz ihrer unvorstellbaren Formenvielfalt einige gemeinsame Merkmale. Sie besitzen einen Zellkörper, Soma genannt, und von diesem gehen oftmals Dutzende, Hunderte oder sogar Tausende von astförmigen Fortsätzen aus, die Dendriten. Und sie besitzen eine »Abflussleitung«, das Axon, das sich bis zur nächsten Zelle erstreckt. Das Interessante dabei: Das Axon eines Neurons, sein Ausfluss, ist vom nächsten Neuron durch einen Zwischenraum getrennt, den man irgendwann als »Synapse« bezeichnete. Das Nervensystem ist verdrahtet, ja, aber die »Drähte« bestehen aus Zellen, die mit Zellen verknüpft sind, die wieder mit Zellen verknüpft sind, und zwischen ihnen liegen Lücken.

Cajals Zeichnungen waren so schön wie genau. Auf ihrer Grundlage formulierte er eine Theorie über den Aufbau des Nervensystems. Information, so erklärte er, wandert in einem Nerven immer in der gleichen Richtung. Die Dendriten – die Fortsätze am Zellkörper der Neuronen, die er beobachtet hatte – »empfangen« den Impuls. Dieser wandert dann durch den Zellkörper, durch das Axon und über die Synapse zur nächsten Nervenzelle. Dort wiederholt sich der Vorgang: Die Dendriten nehmen den Impuls auf, übermitteln ihn an den Zellkörper, und durch das Axon fließt er weiter in die nächste Zelle. Und so weiter und so weiter.

Die Nervenleitung ist demnach also die Wanderung eines Impulses von Zelle zu Zelle. Es gibt kein einzelnes Spinnennetz von »Zellanhängen«, wie Golgi vermutet hatte, und auch keine Vereinigung von Zellbürgern wie im Herzen. Die Nervenzellen »schwatzen« vielmehr miteinander – sie sammeln Input (über die Dendriten) und erzeugen Output (über das Axon). Dieses Geplapper zwischen den Zellen lässt die weitreichenden Eigenschaften des Nervensystems entstehen: Empfindungsfähigkeit, Wahrnehmung, Bewusstsein, Gedächtnis, Denken und Fühlen.

Im Jahr 1906 erhielten Cajal und Golgi für die Aufklärung der Struktur des Nervensystems gemeinsam den Nobelpreis.[7] Es war vielleicht eine der seltsamsten Auszeichnungen in der Geschichte des Preises, denn eigentlich war er weniger ein Preis als vielmehr ein Waffenstillstand: Cajals und Golgis Vorstellungen vom Aufbau des Nervensystems waren genaue Gegensätze. Als später immer leistungsfähigere Mikroskope erfunden wurden, erwies sich Cajals Theorie als richtig: Abgegrenzte Neuronen kommunizieren miteinander, und der Impuls wandert immer in einer Richtung von Zelle zu Zelle. Das Nervensystem besteht tatsächlich aus Leitungen und Schaltkreisen, aber die »Drähte« sind kein zusammenhängendes Netzwerk, sondern einzelne Zellen, die Informationen sammeln und an eine Reihe anderer Neuronen weitergeben können.

Cajal blieb auch dadurch in Erinnerung, dass er nie auch nur ein einziges zellbiologisches Experiment anstellte – zumindest kein Experiment im herkömmlichen Sinn. Wenn man seine Zeichnungen von Neuronen sieht, wird klar, wie viel man allein durch *Sehen* in

Erfahrung bringen kann.[8] Es gilt, zu Gestalten wie Leonardo da Vinci oder Vesalius zurückzukehren, die sich das Zeichnen als Denken vorstellten: Ein aufmerksamer Beobachter und Zeichner kann ebenso gut eine wissenschaftliche Theorie entwickeln wie jemand, der mit Experimenten in die Abläufe eingreift. Cajal skizzierte, was er sah, und seine Überlegungen über die Funktionsweise des Nervensystems erwuchsen ausschließlich aus seinen Zeichnungen der Zellen und den Schlussfolgerungen, die er daraus zog. Er zog Schlussfolgerungen, wie er Linien zog: nicht nur, um etwas zu verdeutlichen, sondern um eine Substanz, eine Wahrheit zu gewinnen. Das war Cajals »unwiderstehliche Manie«: Er zeichnete, bezog daraus Erkenntnisse und schuf die Grundlagen der Neurowissenschaft.

Kehren wir noch einmal kurz zu Cajals Vorstellung von einem Neuron zurück: Es ist eine abgegrenzte Zelle, die einen Impuls – eine Nachricht – an eine andere Zelle weiterleiten kann. Was ist das für eine Nachricht, und wer ist der Überbringer?

Jahrhundertelang hatte in der Wissenschaft die Vorstellung geherrscht, Nerven seien hohle Leitungen, eine Art Röhren, durch die eine Flüssigkeit oder Luft – das »Pneuma« – fließt und eine Informationswelle von einem Nerven zum nächsten trägt, aber auch vom Nerven zu einem Muskel, sodass dieser sich am Ende zusammenzieht. Nach der »Ballontheorie«, wie sie genannt wurde, war der Muskel ein Ballon, und wenn er sich mit Pneuma füllte, schwoll er an wie eine luftgefüllte Gummiblase.

Aus solchen Ideen ließ der italienische Biophysiker Luigi Galvani im Jahr 1791 mit einem Experiment, das den weiteren Verlauf der neurologischen Forschung verändern sollte, buchstäblich die Luft heraus. Der wahrscheinlich nicht belegten Geschichte zufolge sezierte sein Assistent einen toten Frosch mit einem Skalpell und berührte dabei zufällig einen Nerv. Daraufhin sprang ein elektrischer

Funke zu dem Skalpell über, und der Muskel des toten Tiers zuckte, als sei es wieder zum Leben erwacht.[9]

Galvani war erstaunt und wiederholte das Experiment mit mehreren Abwandlungen. Er verband das Froschbein mit dem Rückenmark und benutzte dazu zwei selbst gemachte Drähte, von denen einer aus Eisen, der andere aus Bronze bestand. Brachte er die beiden Drähte in Kontakt, lief Strom durch die Elektroden, und das Bein des Froschs zuckte wiederum. (Galvani nahm an, dass die Elektrizität, die vom Rückenmark zum Muskel lief, eine Eigenschaft des Tiers war – ein Phänomen, das er als tierische Elektrizität bezeichnete. Sein Kollege Alessandro Volta war von Galvanis Experiment fasziniert und fand heraus, dass die wahre Quelle der Elektrizität nicht im Tier liegt, sondern in dem Kontakt zwischen den beiden Metallen, die zum Teil in die Körperflüssigkeiten des toten Froschs eintauchten. Später entwickelte Volta den Gedanken weiter und konstruierte die erste primitive Batterie.)

Galvani widmete einen großen Teil seines Lebens der Erforschung der »tierischen Elektrizität«, einer besonderen Form der biologischen Energie, die er für seine spannendste Entdeckung hielt. Aber das Kernstück seiner Beobachtungen erwies sich später als recht nebensächlich. Die meisten Tiere – von Zitteraalen und Zitterrochen einmal abgesehen – geben keine bioelektrischen Entladungen ab. Als wahre Umwälzung erwies sich Galvanis untergeordnete Entdeckung: der Gedanke, dass es sich bei dem Signal, das von Nerv zu Nerv und von den Nerven zu den Muskeln wandert, nicht um Luft, sondern um Elektrizität handelt – um den Ein- und Ausstrom geladener Teilchen (Ionen).

Im Jahr 1939 erhielt Alan Hodgkin, ein junger Student aus dem englischen Cambridge, von dem Physiologen Andrew Huxley die Einladung, bei der Marine Biological Association in Plymouth die

Nervenleitung zu erforschen.[10] Das Institut war ein großes Backsteingebäude auf dem Citadel Hill, durch dessen Korridore ein erfrischender Seewind wehte. Die Lage war von entscheidender Bedeutung. Von den Fenstern mit Meerblick, die Aussicht auf die Plymouth Bay boten, konnten die Forschenden zusehen, wie die Fischerboote ihren Fang anlandeten. Und von allem, was sie aus dem Ozean zogen, war für die Wissenschaft insbesondere eines von großem Wert: Tintenfische. Diese Tiere besitzen im gesamten Tierreich die größten Neuronen – sie sind fast hundertmal größer als die schlanken, winzigen Zellen, die Cajal in seinen Notizbüchern festgehalten hatte.

Wie man Tintenfische seziert und die Neuronen präpariert, hatte Hodgkin an den Marine Biological Labs im US-amerikanischen Woods Hole gelernt. Die beiden Wissenschaftler stachen die Zelle mit einer winzigen Silberelektrode an, die spitzer war als eine Stecknadel. Sie lernten, wie man Impulse an die Nervenzelle abgeben und den Output aufzeichnen kann; auf diese Weise hörten sie das »Geschwätz« einer einzelnen Nervenzelle mit.

Im September 1939, gerade als Hodgkin und Huxley die Impulse eines Axons aufzeichneten, marschierten die Nazis in Polen ein und stürzten ganz Europa in den Krieg. Nachdem die beiden Wissenschaftler ihre ersten Aufzeichnungen der elektrischen Impulse abgeschlossen hatten, reichten sie ihren Artikel eilig bei *Nature* ein.[11] Es war eine erstaunliche Arbeit mit nur zwei Abbildungen; eine davon zeigte die Versuchsanordnung mit dem Tintenfischaxon und einem hineingestochenen, hauchdünnen Silberdraht.

Atemberaubend war aber die zweite Abbildung. Darin erkennt man einen eintreffenden, kleinen elektrischen Impuls – eine winzige Welle –, gefolgt von einer großen Welle aus Ionen, die in das Neuron fließen. Die große Welle ebbt wieder ab und sinkt, dann kehrt das System in den Normalzustand zurück. Wenn die beiden Wissenschaftler das Axon stimulierten, beobachteten sie immer wieder den gleichen Ladungsanstieg und die Rückkehr in den Ruhezustand. Sie hatten die Dynamik eines Nerven miterlebt, der sein Signal an einen anderen Nerven überträgt.

Wenig später wurde die Zusammenarbeit von Hodgkin und Huxley durch den Krieg für fast sieben Jahre unterbrochen. Der Ingenieur und Bastler Hodgkin erhielt den Auftrag, Sauerstoffmasken und Radargeräte für Piloten herzustellen; Huxley, der Mathematiker, sollte Maschinengewehre durch Nutzung von Gleichungen zielgenauer machen. Im Jahr 1945, kurz nach Kriegsende, nahmen sie ihre Arbeit in Plymouth wieder auf, suchten im Fang der Fischer nach Tintenfischen und arbeiteten sich immer tiefer ins Nervensystem vor. Sie fanden Methoden, um den Stromfluss in den Neuronen genauer zu messen. Der Höhepunkt war ein mathematisches Modell, mit dem sie die Bewegung der Ionen in den Nervenzellen beschreiben konnten.

Heute, fast sieben Jahrzehnte später, nutzen Neurowissenschaftler immer noch die Gleichungen und experimentellen Methoden von Hodgkin und Huxley, um das Nervensystem zu verstehen. In groben Umrissen wissen wir, wie ein Neuron »plappert«. Als Schema, um die Bewegung eines Signals durch einen Nerven nachzuvollziehen, können wir vielleicht eine von Cajals Zeichnungen nutzen. Stellen wir uns den Nerv zunächst im »Ruhezustand« vor. In diesem Zustand enthält das innere Milieu des Neurons eine hohe Konzentration von Kaliumionen, während die Konzentration der Natriumionen sehr gering ist. Dass Natrium aus dem Inneren des Neurons ferngehalten wird, ist entscheidend; wir können uns die Natriumionen als Menschenmenge vorstellen, die vor der Festung steht, durch die Mauern ferngehalten wird und an die Tore hämmert, um eingelassen zu werden. Das natürliche chemische Gleichgewicht würde dafür sorgen, dass Natrium in die Nervenzelle fließt. Im Ruhezustand hindert die Zelle das Natrium jedoch aktiv am Eintreten und wendet Energie auf, um die Ionen draußen zu halten. Das hat zur Folge, dass das ruhende

Neuron eine negative Ladung besitzt, wie Hodgkin und Huxley schon 1939 in ihren ursprünglichen Experimenten entdeckt hatten.

Wenden wir uns nun den Dendriten zu, jenen verzweigten Strukturen, die Cajal gezeichnet hatte. Sie sind der Teil des Neurons, in den der »Input« des Signals fließt. Trifft ein Reiz – in der Regel eine als Neurotransmitter bezeichnete Substanz – auf einen der Dendriten, bindet sie an einen zugehörigen Rezeptor auf der Membran. An dieser Stelle beginnt die Kaskade der Nervenleitung.

Die Bindung des Neurotransmitters an den Rezeptor führt dazu, dass sich Kanäle in der Membran öffnen. Die Tore der Festung werden aufgestoßen, und Natrium fließt in die Zelle. Durch die einströmenden Ionen verändert sich unter dem Strich die Ladung der Zelle: Jedes eintretende Ion sorgt für einen kleinen positiven Puls. Wenn immer mehr Transmittermoleküle binden und immer mehr Kanäle sich öffnen, nimmt die Stärke des Pulses zu. Jetzt strömt eine Gesamtladung durch den Zellkörper.

Stellen wir uns jetzt einmal vor, dass die Armee der eingedrungenen Ionen in Form einer Ladung von den Dendriten zum Zellkörper – dem Soma – fließt und einen entscheidenden Punkt erreicht, den »Axonhügel«. Dort wird der entscheidende biologische Kreislauf in Gang gesetzt, der die Nervenleitung ermöglicht. Ist der beim Axonhügel eintreffende Puls stärker als eine vorgegebene Schwelle, wird der Kreislauf der Ionen zum Selbstläufer. Die Ionen regen die Öffnung weiterer Kanäle im Axon an. Wenn eine Substanz in der Biologie die Ausschüttung der gleichen Substanz begünstigt, ergibt sich eine positive Rückkopplungsschleife – mehr wird immer mehr. Die ionenempfindlichen Kanäle sind der Dreh- und Angelpunkt der Nervenleitung im Axon: Sie sind selbstverbreitend, so, als würde die Menschenmenge immer neue Tore in die Festung öffnen, sodass mehr Menschen hineingelangen. Mehr Natrium strömt durch die Kanäle, und Kaliumionen fließen hinaus.

Der Prozess verstärkt sich selbst: Die hereindrängende Ionenmasse bricht immer neue Tore in die Mauern, und noch mehr Natriumionen strömen ein. Wenn sich immer mehr Kanäle öffnen, sorgen die Welle der einströmenden Natriumionen und das hinausfließende Kalium für den starken positiven Impuls, den Hodgkin und Huxley schon 1939 erstmals beobachtet hatten. Unter dem Strich wird das zuvor negativ geladene Axon stark positiv. Wenn die Kaskade der Nervenleitung einmal in Gang gesetzt ist, lässt sie sich nicht mehr aufhalten: Sie bewegt sich immer weiter am Axon entlang.* Der Prozess pflanzt sich von selbst fort. Eine Gruppe von Kanälen öffnet und schließt sich, sodass ein elektrischer Spitzenwert entsteht. Der erste Spitzenwert öffnet einige Mikrometer weiter am Neuron die nächste Gruppe der Kanäle, sodass in kurzer Entfernung ein zweiter Spitzenwert entsteht. Dann folgt wieder einige Mikrometer weiter ein dritter, und so weiter, bis der Impuls schließlich das Ende des Axons erreicht hat.**

Nachdem die Spannungsspitzen durch das Neuron gelaufen sind, muss das Gleichgewicht wiederhergestellt werden. Hat die Zelle ihre elektrische Welle abgearbeitet, schließen sich die Kanäle. Das Neuron führt einen »Reset« durch, pumpt Natrium nach außen und Kalium

---

* Dieser Leitungsmechanismus innerhalb der Neuronen – bei dem sich Natriumkanäle öffnen und Natrium einströmt – ist nicht in allen Neuronen wirksam. In manchen Fällen nutzen sie in ihren Signalweiterleitungsmechanismen auch andere Ionen, beispielsweise Calcium.

** Die meisten Neuronen sind von einer Hülle umgeben, die der Kunststoffummantelung eines elektrischen Drahts ähnelt. Diese sogenannte Myelinscheide ist entlang des Axons alle paar Mikrometer unterbrochen. An solchen »nicht umhüllten« Stellen der Neuronenmembran liegen die Ionenkanäle, und dort entstehen auch die elektrischen Spannungsspitzen. Die Welle wandert dann am Neuron entlang einige Mikrometer weiter zur nächsten nicht umhüllten Stelle und erzeugt dort den nächsten Spitzenwert.

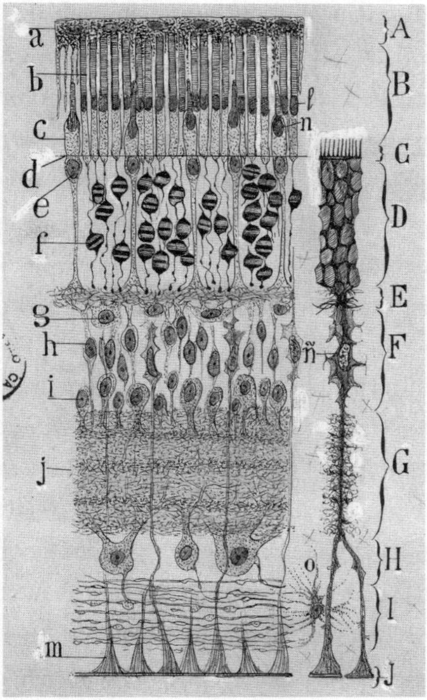

Diese Zeichnung von Santiago Ramón y Cajal zeigt einen Dünnschnitt durch die Netzhaut mit verschiedenen Schichten von Neuronen. Auffällig ist, dass manche Nervenzellen (beispielsweise in der mit »F« beschrifteten Schicht) in einem Knöpfchen enden, das einen Teil der Synapse darstellt. Zu beachten ist auch, dass das Ende des Axons häufig die Dendriten (die zarten Fortsätze des zweiten Neurons) nicht unmittelbar berührt. Wie sich später herausstellte, befinden sich in dem Zwischenraum, auch synaptischer Spalt genannt, chemische Signalsubstanzen (Neurotransmitter), die das zweite Neuron aktivieren oder hemmen. Diese Zwischenräume und ihre Nachbarschaft zu den Dendritenzweigen des zweiten Neurons sind insbesondere in den mit »f« beschrifteten Zellen deutlich zu erkennen.

nach innen, stellt so das Gleichgewicht wieder her und kehrt letztlich in den ursprünglichen, negativ geladenen Ruhezustand zurück.

Wenn man die zarten Linien in den Tiefen von Cajals Zeichnungen genau betrachtet, entdeckt man noch ein weiteres ungewöhnliches Merkmal. Auch in den dünnsten Dünnschnitten, die er anfertigte und zeichnete, und in seinen zartesten Skizzen, in denen die Neuronen sich nicht überlappen, liegt eine winzige Lücke zwischen dem Ende des einen Neurons, an dem der Impuls eintrifft (das heißt am Ende des Axons), und dem Anfang des nächsten Neurons (das heißt dem Anfang der baumähnlichen Dendriten), wo der Impuls vermutlich eine zweite Entladung auslöst.

Betrachten wir beispielsweise in dem Bild noch einmal genau den mit »g« gekennzeichneten Teil. Die »Knöpfchen« oder *boutons* am Ende des Nerven berühren fast die Dendriten des nächsten. Aber eben nur fast. »Es bedarf eines mutigen Charakters«, schrieb der Dichter Kay Ryan, »leere Räume zu lassen«[12] – und Cajal, der Zeichner und Wissenschaftler, war alles andere als ängstlich. Den Zwischenraum – einen Abstand von rund 20 bis 40 Nanometern – ließ er leer. Er ist winzig, man könnte ihn fast übersehen. Vielleicht ist er auch nur ein Artefakt der mikroskopischen Betrachtung oder Färbung. Aber wie die negativen Räume in einem chinesischen Gemälde, so repräsentiert auch dieser Zwischenraum das wichtigste Element der ganzen Zeichnung – und man kann sogar sagen: das wichtigste Element in der gesamten Physiologie des Nervensystems. Das wirft sofort die Frage auf, warum es solche leeren Räume gibt: Welcher Elektriker, der ein Nervensystem als Gewirr von Drähten aufbauen will, wäre so töricht, Lücken zwischen den Leitungen zu lassen? Aber Cajal zeichnete genau das, was er sah – das Pferd der Beobachtungen zog den Wagen der Theorie. Und wie so oft in dieser Geschichte führte das Gesehene auch dieses Mal zu Unglauben.

Wie gelangt ein Nervenimpuls, der durch den Nerv gewandert ist, wie Hodgkin und Huxley es beschrieben hatten, zur nächsten Nervenzelle? In den 1940er- und 1950er-Jahren vertrat der angesehene Neurophysiologe John Eccles, der in der Erforschung der Nervenübertragung eine dominierende Rolle spielte, nachdrücklich die Ansicht, das Signal werde ausschließlich auf elektrischem Weg übertragen. Neuronen waren demnach elektrische Leitungsbahnen – Drähte, so postulierte Eccles. Warum sollten Drähte sich neben elektrischen Impulsen irgendeines anderen Mittels bedienen, um Signale weiterzuleiten? Wer hatte jemals von einem Gerät gehört, in dessen Verdrahtung sich das Mittel der Übertragung von einer Leitung zur anderen veränderte? In einem 1949 erschienenen Lehrbuch schrieb

Eccles' Fachkollege John Fulton: »Die Vorstellung von einem chemischen Vermittler, der am Nervenende freigesetzt wird und auf ein zweites Neuron oder einen Muskel einwirkt, erschien deshalb in vielerlei Hinsicht unbefriedigend.«[13]

In der Wissenschaft ist es manchmal nützlich, zwischen zweierlei Problemen zu unterscheiden. Die einen – man könnte sie »Auge im Sandsturm« nennen – ergeben sich, wenn in einem Fachgebiet eine so ungeheure Verwirrung herrscht, dass keine Gesetzmäßigkeit und kein Fahrplan mehr zu erkennen sind. Wohin man auch blickt, überall ist Sand in der Luft, und was dann notwendig ist, ist ein völlig neuer Gedankengang. Ein gutes Beispiel ist die Quantentheorie. Anfang des 20. Jahrhunderts, als man die Welt der Atome und Elementarteilchen entdeckt hatte, reichten die heuristischen Prinzipien der Newton'schen Physik nicht mehr aus; um aus dem Sandsturm herauszukommen, brauchte man im Zusammenhang mit der atomaren und subatomaren Welt einen völlig neuen gedanklichen Rahmen.

Die Probleme des zweiten Typs sind genau das Umgekehrte – man könnte von »Sand im Auge« sprechen. Alles erscheint vollkommen plausibel, nur irgendeine hässliche Tatsache passt nicht in die schöne Theorie. Die Forschenden sind dann irritiert, als hätten sie ein Sandkorn im Auge – und fragen sich: Warum, warum nur verschwindet diese irritierende, widersprüchliche Tatsache nicht einfach?

In den 1920er- und 1930er-Jahren waren die Lücken zwischen den Neuronen für den englischen Neurophysiologen Henry Dale und seinen lebenslangen Kollegen Otto Loewi zu einem solchen Sand-im-Auge-Problem geworden.[14] Die beiden waren sich einig, dass die Übertragung zwischen Neuronen auf elektronischem Weg erfolgt; über das Signal, das Hodgkin und Huxley durch Belauschen der Impulse beobachtet hatten, gab es nichts zu diskutieren. Aber wenn alles nur eine Kiste voller Drähte war, was sollte man dann von den räumlichen Unterbrechungen zwischen den Nervenzellen halten?

Dale war für seine Zeit eine ungewöhnliche Persönlichkeit: Er hatte in Cambridge studiert, für kurze Zeit in Ehrlichs Institut in Frankfurt gearbeitet und dann zunächst die akademischen Stellungen verlassen, weil er sie für zu riskant hielt. Stattdessen hatte er bei den Wellcome Laboratories in England eine Stelle als Pharmakologe angenommen.[15] Dort baute er auf den Arbeiten von John Langley und Walter Dixon auf: Er isolierte Substanzen, die starke Wirkungen auf das Nervensystem ausüben. Manche von ihnen, darunter das Acetylcholin, verlangsamen den Puls, wenn man sie einer Katze per Infusion verabreicht. Andere beschleunigen den Herzrhythmus. Wieder andere wirken anregend auf die Aktivität der Nervenzellen an den Muskeln. Im Jahr 1914 wurde Dale Direktor des National Institute of Medical Research in Mill Hill vor den Toren Londons. Vorsichtig spekulierte er, solche Substanzen könnten für die Informationen als Überträger oder »Transmitter« zwischen den Nervenzellen wirken, oder vielleicht auch zwischen Neuronen und den von ihnen versorgten Muskelzellen. Bei den Katzen hatten sie gerade diejenigen Nerven stimuliert, die ihre Impulse an das Herz abgeben, und das hatte zur Verlangsamung oder Beschleunigung der Pulsfrequenz geführt. Und diese *Substanzen* hatten den nächsten elektrischen Impuls ausgelöst. Immer wieder kam Dale auf den Gedanken zurück. Nicht nur Elektrizität, sondern auch chemische Substanzen konnten Impulse von den Nerven zu den Muskeln und vielleicht auch von Nervenzelle zu Nervenzelle weitertragen.

In Graz kam Otto Loewi, ein anderer Neurophysiologe, ebenfalls auf die Idee chemischer Neurotransmitter.[16] In der Nacht vor Ostersonntag 1920 – während der kurzen Ruhepause zwischen den Weltkriegen – träumte er von einem Experiment. Später konnte er sich an den Traum kaum erinnern, aber möglicherweise ging es dabei um einen Muskel und einen Nerv eines Froschs. Er schrieb: »Ich wachte auf, schaltete das Licht ein und kritzelte ein paar Notizen auf einen winzigen Zettel aus dünnem Papier. Dann schlief ich wieder ein. Um sechs Uhr morgens fiel mir ein, dass ich in der Nacht etwas Wichtiges aufgeschrieben hatte, aber ich konnte das Gekritzel nicht mehr entziffern. In der nächsten Nacht kam der Gedanke gegen drei Uhr morgens wieder. Es war der Aufbau eines Experiments, mit dem man feststellen konnte, ob die Hypothese von der chemischen Nervenübertragung, die ich 17 Jahre zuvor formuliert hatte, stimmte. Ich stand sofort auf, ging ins Labor und machte entsprechend dem nächtlichen Plan ein einfaches Experiment an einem Froschherzen.«[17]

Am Ostersonntag kurz nach drei Uhr morgens lief Loewi also in sein Labor. Zuerst schnitt er den Vagusnerv eines Froschs durch und trennte ihn damit von einer der wichtigsten Triebkräfte des Herzschlags. Der Vagusnerv schickt einen Impuls aus, der den Puls verlangsamt – und wie erwartet, beschleunigte sich ohne Vagusnerv der Herzschlag des Froschs. Anschließend regte er den intakten Vagusnerv eines zweiten Froschs an, was dazu führte, dass das Herz langsamer schlug. Auch das entsprach der Erwartung: Eine Stimulation des hemmenden Nervs verlangsamt den Puls.

Aber welcher Bestandteil des stimulierten, intakten Vagusnerven hatte den Herzschlag gebremst? Wenn es ein elektrischer Impuls war, was Eccles steif und fest behauptete, konnte er nicht von einer Nervenzelle zur nächsten übertragen werden (Ionen diffundieren während der Übertragung und werden dabei verdünnt). Der experimentelle Kunstgriff lag in der Weitergabe: Loewi sammelte die Substanzen (»das Perfusat«), die aus dem stimulierten Vagusnerv ausgetreten waren, und übertrug sie zum Herzen des ersten Froschs, dessen Puls sich beschleunigt hatte. Die Folge: Auch hier schlug das Herz langsamer. Da Loewi den Vagusnerv bei diesem Frosch durchtrennt hatte, konnte das Signal nicht von dort stammen. Es musste mit dem Perfusat übertragen worden sein.

Kurz gesagt, war kein elektrischer Impuls, sondern eine chemische Substanz, die aus dem einen Vagusnerv stammte, auf ein anderes Tier übertragen worden und hatte dort die Pulsfrequenz beeinflusst. Diese Substanz – ein Neurotransmitter – war, wie sich später herausstellte, genau diejenige, die Henry Dale nachgewiesen hatte: das Acetylcholin.

Ende der 1940er-Jahre, als immer mehr Befunde für die Hypothese von Dale und Loewi sprachen, ließ sich auch Eccles überzeugen. Die beiden erhielten 1936 den Nobelpreis und schrieben, die Bekehrung des angesehenen Kollegen sei so etwas wie »die Bekehrung von Saulus auf der Straße nach Damaskus, als ihm plötzlich ein Licht aufging und es ihm wie Schuppen von den Augen fiel«.[18]

Heute wissen wir, dass die ausgeschütteten Substanzen – die Transmitter – in Vesikeln gespeichert werden, membranumhüllten Hohlräumen am Axonende. Trifft ein elektrischer Impuls dort ein, schütten die Vesikel ihren Inhalt aus. Diese Substanzen durchqueren den Zwischenraum zur nächsten Zelle – die Synapse – und setzen erneut den Anregungsprozess in Gang. Sie binden an Rezeptoren in Dendriten des nächsten Neurons, Ionenkanäle öffnen sich, und im zweiten Neuron setzt sich der Impuls fort.* Dieses Signal wandert dann

---

* Wenige Neuronen von Tieren übertragen ihre Impulse tatsächlich durch elektrische Reize.[19] Sie schütten keine Neurotransmitter aus, sondern sind über besondere Poren, auch Gap Junctions genannt, unmittelbar miteinander verbunden, ganz ähnlich wie die Herzzellen mit ihren Verbindungskanälen. Dabei ist der Abstand zwischen den Neuronen dann nochmals zehnmal geringer als bei einer chemischen Synapse. Solche »elektrischen Synapsen« gibt es zwar, sie sind aber selten. Ihr Hauptvorteil ist die Geschwindigkeit – Elektrizität wandert sehr schnell von einer Zelle zur anderen; deshalb findet man sie häufig in Schaltkreisen, in denen es auf Ge-

zu einer dritten Zelle. Ein plapperndes, aufmerksames Neuron hat mit dem nächsten »gesprochen«. Die beiden Melodien des Neurons verweben sich wie ein Kinderlied: elektrisch, chemisch, elektrisch, chemisch, elektrisch.

Diese Form der Kommunikation hat ein entscheidendes Merkmal: Die Synapse kann das Neuron nicht nur dazu anregen, einen Impuls abzugeben wie in dem zuvor beschriebenen Beispiel, sondern es kann sich auch um eine *inhibitorische* Synapse handeln, die das nächste Neuron weniger anfällig für eine Anregung macht. Ein einzelnes Neuron kann also von anderen Neuronen einen positiven oder negativen Input erhalten und hat dann die Aufgabe, diese ankommenden Signale zu »integrieren«. Die Gesamtheit aller exzitatorischen und inhibitorischen Impulse bestimmt darüber, ob ein Neuron einen Impuls abgibt oder nicht.

Damit habe ich in groben Umrissen skizziert, wie ein Neuron funktioniert und in welchem Zusammenhang diese Funktion mit dem Aufbau des Gehirns steht. Es ist aber nur eine sehr dürre Skizze. Unter allen Zellen unseres Organismus sind die Neuronen vielleicht die kompliziertesten und großartigsten. Grob gesagt, lautet das Prinzip: Wir sollten uns das Neuron nicht als passiven »Draht« vorstellen, sondern als aktiven Integrator.* Und wenn wir wissen, dass jedes

---

schwindigkeit ankommt. Die Meeresschnecke *Aplysia* nutzt während ihrer Fluchtreaktion einen elektrischen Schaltkreis, um Tinte abzugeben und sich darin vor natürlichen Feinden zu verstecken.

* Das wirft eine philosophische und eine biologische Frage auf: Warum sind die Nervenschaltkreise nicht ausschließlich elektrisch? Warum stimmt Eccles' Idee nicht, wonach ein Leitungssystem ausschließlich für Elektrizität aufgebaut sein soll? Warum wechselt es ständig in endlosen Zyklen zwischen elektrischen und chemischen Signalen? Die Antwort liegt vielleicht (wie immer) in der Evolution und der Entwicklung der Nervenschaltkreise. Ein solcher Schaltkreis ist nicht einfach ein Draht, der Signale vom Gehirn

Neuron ein aktiver Integrator ist, können wir uns auch vorstellen, dass wir aus solchen aktiven Leitungsbahnen außerordentlich komplexe Schaltkreise aufbauen können. Diese komplexen Schaltkreise wiederum könnten zur Grundlage für noch komplexere Berechnungsmodule werden, Bausteine, die für Gedächtnis, Empfindungsvermögen, Gefühle, Gedanken und Wahrnehmungen sorgen.[20] Eine

---

an den übrigen Organismus weiterleitet, sondern er ist, wie ich geschrieben habe, ein physiologischer »Integrator«. Zu manchen Zeiten muss das Herz vielleicht schneller oder langsamer schlagen. Oder, um einen komplizierteren Bereich zu nennen: Die Stimmung oder Motivation muss herauf- oder herabreguliert werden. Wären die neuronalen Schaltkreise in einer »geschlossenen Kiste« eines elektrisch verdrahteten Systems eingeschlossen, wäre die Verbindung zur Physiologie des übrigen Körpers sehr umständlich und möglicherweise unmöglich. Außerdem sind chemische Synapsen über die Integration hinaus in der Lage, ein Signal zu verstärken oder zu dämpfen, Phänomene, durch die sie sich noch besser für den Aufbau der notwendigen Schaltkreise für die Verästelungen des Nervensystems eignen. Stellen wir uns einmal einen Laptop vor, eine geschlossene Kiste mit innerer Verdrahtung. Der Laptop »weiß« nicht, wann wir frustriert oder reizbar sind oder schneller oder langsamer arbeiten sollten; er ist nur eine Kiste mit elektrischer Verdrahtung, und seine Schaltkreise haben keine Synapsen in Richtung unserer emotionalen oder mentalen Zustände. Organe können keine geschlossenen Kisten sein. Ein zwischen Neuronen weitergegebenes Signal, Hormone und Transmitter, die vom Blut oder von anderen Neuronen transportiert werden, müssen Schnittstellen zu den anderen Signalen haben und deren Funktion abwandeln. Nur so wird die Physiologie der Nerven mit der Physiologie des übrigen Körpers integriert. Ein löslicher chemischer Vermittler ist dafür die ideale Lösung. Er kann die Aktivität eines Schaltkreises anregen oder verlangsamen. Ein solcher »intelligenter Laptop« ist reaktionsfähig und komplex: Wenn wir ihm sagen, dass wir schlecht gelaunt sind, meldet er sich vielleicht zurück und verhindert, dass wir wütende E-Mails abschicken, die wir später bereuen werden. Nennen wir ihm einen Termin, beschleunigt er seine Tätigkeit.

Ansammlung solcher Berechnungsmodule bildet dann den komplexesten Apparat im Körper des Menschen: das Gehirn.

»Wenn ein Thema … eine glamouröse Aura hat, wenn diejenigen, die sich damit beschäftigen, Preise gewinnen und umfangreiche Forschungsmittel bekommen, sollte man sich von diesem Thema fernhalten«, so ein Ratschlag des Biologen E. O. Wilson.[21] Für Zellbiologen, die das Gehirn erforschten, war das Neuron so ungeheuer glamourös – so rätselhaft, so unvorstellbar komplex, so vielfältig in seinen Funktionen und überaus prachtvoll in seiner Form –, dass es die Begleitzellen, die sich regelmäßig in seiner Umgebung befinden, völlig in den Schatten stellte. Die Gliazellen, auch kurz Glia genannt, glichen dem Assistenten eines Filmstars, der ständig im Schatten des Prominenten steht. Schon ihr Name, der sich von dem griechischen Wort für »Klebstoff« ableitet, deutet auf ein Jahrhundert der Vernachlässigung hin: Die Gliazellen, so glaubte man, seien nicht mehr als der Klebstoff, der die Neuronen zusammenhält. Eine kleine Gruppe hartnäckiger Neurowissenschaftler hatte diese Zellen schon seit Anfang des 20. Jahrhunderts studiert, nachdem Cajal sie in seinen Gehirndünnschnitten beschrieben hatte. Alle anderen hielten sie für bedeutungslos – nicht für den Stoff des Gehirns, sondern für seine Füllmasse.

Gliazellen kommen überall im Nervensystem vor, und zwar ungefähr in der gleichen Anzahl wie die Neuronen.[22] Irgendwann glaubte man, sie seien zehnmal zahlreicher, was der Hypothese von der »Füllmasse des Gehirns« Auftrieb gab. Im Gegensatz zu den Neuronen erzeugen sie keine elektrischen Impulse, aber wie die Neuronen sind sie in Struktur und Funktion außerordentlich vielgestaltig.[23] Manche tragen fettreiche, verzweigte Fortsätze, die sich um die Neuronen legen und eine isolierende Hülle bilden. Diese sogenannte Myelinscheide dient für die Neuronen als elektrische Isolierung wie die

Kunststoffumhüllung von Drähten. Manche sind auch Wanderer und Aasfresser, die tote Zellen und Zelltrümmer aus dem Gehirn beseitigen. Wieder andere liefern dem Gehirn Nährstoffe oder räumen die Transmitter in den Synapsen zwischen den Neuronen ab, um die Nerven zwischen den Signalen wieder in den Ausgangszustand zu versetzen.

Dass die Gliazellen aus dem Schatten der Neurowissenschaft in den Mittelpunkt der Forschung gerückt sind, war eine faszinierende Weiterentwicklung in der zellbiologischen Erforschung des Nervensystems. Vor einigen Jahren besuchte ich an der Harvard University das Labor von Beth Stevens, die schon seit mehr als zehn Jahren die Gliazellen studiert. Wie viele, die in der Vergangenheit in der Neurobiologie tätig waren, so fand auch Stevens über die Neuronen den Weg zur Glia. Seit 2004 arbeitete sie als Postdoc an der Stanford University und beschäftigte sich dort mit der Entstehung der neuronalen Schaltkreise im Auge.

Die Nervenverbindungen zwischen Augen und Gehirn entwickeln sich schon lange vor der Geburt; dabei entstehen die Leitungsbahnen und Schaltkreise, mit denen ein Kind von dem Augenblick an, in dem es aus dem Mutterleib kommt, die Welt visuell wahrnehmen kann.[24] Schon lange bevor sich die Augenlider öffnen, in der frühen Entwicklungsphase des Sehsystems, wandern Wellen spontaner Aktivität von der Netzhaut zum Gehirn wie Tänzer, die vor einer Aufführung ihre Bewegungen üben. Diese Wellen gestalten die Verdrahtung des Gehirns – sie erproben seine zukünftigen Schaltkreise und stärken oder lockern die Verknüpfungen zwischen den Neuronen. (Die Neurobiologin Carla Shatz, die diese Wellen der spontanen Aktivität entdeckte, schrieb: »Zellen, die gemeinsam feuern, werden auch gemeinsam verdrahtet.«[25]) Solche Aufwärmübungen im Fetus – die Herstellung neuronaler Verknüpfungen, bevor die Augen ihre eigentliche Funktion aufnehmen – sind für die Leistungsfähigkeit des Sehsystems entscheidend. Bevor wir die Welt sehen, müssen wir sie träumen.

Während der Übungsphase werden die Synapsen – chemische Verbindungsstellen – zwischen den Nervenzellen in großem Überschuss erzeugt, und in einem späteren Entwicklungsstadium werden sie wieder zurückgestutzt. Für die Bildung von Synapsen besitzt das Neuron besondere Strukturen, die häufig als winzige Schwellungen zu erkennen sind. Sie liegen am Axonende, wo auch die Substanzen gespeichert werden, deren Ausschüttung ein Signal an das nächste Neuron übermittelt. Beim »Zurechtstutzen« der Synapsen werden wahrscheinlich auch diese besonderen Strukturen zurückgeschnitten, und damit verschwindet an der betreffenden Stelle die Synapsenverknüpfung – es ist, als würde man die Verbindung zwischen zwei Drähten entfernen oder herausschneiden. Es handelt sich um ein seltsames Phänomen: Unser Gehirn stellt Verknüpfungen in riesigem Überschuss her, und dann wird der Überschuss wieder dezimiert.

Die Gründe für das Zurückstutzen der Synapsen sind rätselhaft, aber der Vorgang schärft und verstärkt nach heutiger Kenntnis die »richtigen« Synapsen, während solche, die schwach und unnötig sind, entfernt werden. »Das spricht für eine alte intuitive Vorstellung«, sagte mir ein Psychiater in Boston.[26] »Das Geheimnis des Lernens besteht in der systematischen Beseitigung von Überflüssigem. Wir wachsen vorwiegend, indem wir sterben.« Wir sind nicht dazu veranlagt, fest verdrahtet zu sein, und die anatomische Wandelbarkeit ist vielleicht auch der Schlüssel zur Wandelbarkeit unseres Geistes.

Aber wer vollzieht das Zurückstutzen der Synapsen? Im Winter 2004 ging Beth Stevens an das Institut des Neurowissenschaftlers Ben Barres in Stanford. »Als ich mit der Arbeit in Bens Labor anfing, wusste man nur sehr wenig darüber, wie ganz bestimmte Synapsen beseitigt werden«, sagte sie mir. Stevens und Barres konzentrierten sich auf die Neuronen des Sehsystems, auf die Frage, wie das Auge zum Auge des Gehirns wird.

Im Jahr 2007 gaben sie eine verblüffende Entdeckung bekannt[27]: Die Gliazellen sorgen dafür, dass die Synapsenverbindungen im Sehsystem zurückgestutzt werden. Die Arbeit, die in der Fachzeitschrift *Cell* erschien, erregte gewaltige Aufmerksamkeit, warf aber auch eine Fülle neuer Fragen auf. Welche Gliazellen sind im Einzelnen für das Zurückstutzen verantwortlich? Und nach welchem Mechanismus läuft der Vorgang ab? Im folgenden Jahr wechselte Stevens an das Boston Children's Hospital und gründete dort eine eigene Arbeitsgruppe. Als ich sie 2015 an einem eiskalten Märzmorgen besuchte, ging es in dem Labor geschäftig zu. Doktoranden beugten sich über Mikroskope. Eine Frau saß an ihrem Labortisch und war eifrig damit beschäftigt, eine gerade bei einer Biopsie entnommene Gewebeprobe aus einem menschlichen Gehirn in einzelne Zellen zu zerlegen, die sie dann in einer Zellkulturflasche weiterzüchten wollte.

Stevens strahlt eine Art müheloser Energie aus. Wenn sie spricht, zeichnen ihre Hände und Finger die Umrisse von Ideen über die Bildung und das Verschwinden von Synapsen in die Luft. »Die Fragen, die wir in dem neuen Labor in Angriff genommen haben, waren die unmittelbare Fortsetzung meiner Arbeiten in Stanford«, sagte sie.[28]

Bis 2012 hatten Stevens und ihre Studierenden experimentelle Modelle entwickelt, mit denen sie das Zurückstutzen der Synapsen untersuchen konnten; außerdem hatten sie die Zellen identifiziert, die für das Phänomen verantwortlich sind. Sie hatten gesehen, wie spezialisierte, als Mikroglia bezeichnete Zellen – spinnenförmige Gebilde mit vielen Fingern – im Gehirn herumkrochen und nach Zelltrümmern suchten. Dass die Mikrogliazellen dafür zuständig sind, Krankheitserreger und die Reste von Zellen zu beseitigen, wusste man schon seit Jahrzehnten; Stevens beobachtete aber auch, wie sie sich um Synapsen wickelten, die für die Beseitigung vorgesehen waren. Die Mikrogliazellen knabbern an den Synapsenverbindungen zwischen den Neuronen und schneiden sie weg. Sie sind die »ständigen Gärtner« des Gehirns, wie ein Bericht es formulierte.[29]

Besonders verblüffend an der Dezimierung der Synapsen ist vielleicht, dass ein immunologischer Mechanismus dazu dient, die Verknüpfungen zwischen den Neuronen zu beseitigen. Makrophagen aus dem Immunsystem phagozytieren – fressen – Krankheitserreger und Zelltrümmer. Im Gehirn bedienen die Mikrogliazellen sich ähnlicher Proteine und Prozesse zur Kennzeichnung von Synapsen, die weggeknabbert werden sollen – nur nehmen sie keine Krankheitserreger auf, sondern die Teile eines Neurons, die an der Synapsenverbindung beteiligt sind. Es ist wieder einmal ein faszinierender Fall von Zweckentfremdung: Die gleichen Proteine und Vorgänge, mit denen Krankheitserreger aus dem Organismus entfernt werden, wurden so umfunktioniert, dass sie für die Feinabstimmung der Verknüpfungen zwischen Neuronen sorgen können. Die Mikrogliazellen haben sich in der Evolution dazu entwickelt, Stücke unseres eigenen Gehirns »aufzufressen«.

»Nachdem wir wussten, dass die Mikroglia beteiligt sind, stellten sich alle möglichen Fragen«, sagte Stevens. »Woher weiß eine Mikrogliazelle, welche Synapsen sie beseitigen soll? … Wir wissen, dass die Synapsen untereinander in Konkurrenz stehen, und die stärkste Synapse gewinnt. Aber wie wird die schwächste Synapse für die Beseitigung markiert? An solchen Fragen arbeitet unser Labor derzeit.«

Die Dezimierung der neuronalen Verknüpfungen durch die Gliazellen ist heute Gegenstand eingehender Untersuchungen, und das nicht nur im Institut von Stevens. Experimente aus jüngster Zeit legen die Vermutung nahe, dass eine Störung der Gliafunktion während der Dezimierung im Zusammenhang mit der Schizophrenie stehen könnte, einer Krankheit, bei der die Synapsen nicht ordnungsgemäß zurückgestutzt wurden.[30] Andere Funktionen verschiedener Gliazellen hat man mit der Alzheimer-Krankheit, Multipler Sklerose und Autismus in Verbindung gebracht. »Je tiefer wir graben, desto mehr finden wir«, sagte mir Stevens. Man kann heute kaum noch einen Aspekt der Neurobiologie nennen, für den die Gliazellen keine Rolle spielen.

Ich trat aus Stevens' Labor auf die eisverkrusteten Straßen von Boston und rezitierte im Geist die Zeilen des Gedichts »Ein Zug kann einen anderen verbergen« von Kenneth Koch:

> In einer Familie verbirgt eine Schwester manchmal eine andere,
> Bei der Brautwerbung hat man also am besten alle im Blick [...]
> Und im Labor
> Kann eine Erfindung sich hinter einer anderen verstecken,
> Ein Abend verbirgt einen anderen, ein Schatten, ein Nest der Schatten.[31]

Die Neuronen stolzierten jahrzehntelang so glamourös über den Laufsteg der Zellbiologie, dass die Gliazellen dahinter verborgen blieben. Wenn man sich aber um wissenschaftliche Erkenntnisse bemüht oder Erfindungen machen will, hat man am besten alle Zellen im Blick und nicht nur diejenigen, die sich in den Vordergrund drängen. Die Gliazellen sind aus ihrem »Schattennest« herausgetreten. Sie haben sich wie einer ihrer Untertypen wie ein Mantel um das gesamte Feld der Neurobiologie gelegt. Sie sind keineswegs die Assistenten des Prominenten, sondern die neuen Stars des Fachgebiets.

Im Frühjahr 2017 überrollte mich die schwerste Welle von Depressionen, die ich jemals erlebt hatte. Das Wort *Welle* verwende ich absichtlich. Als sie über mich hereinbrach, nachdem sie sich langsam über Monate aufgebaut hatte, hatte ich das Gefühl, als würde ich in einer Flut der Traurigkeit ertrinken, die ich nicht umgehen oder durchschwimmen konnte. Oberflächlich schien ich mein Leben völlig unter Kontrolle zu haben – aber in meinem Inneren fühlte ich mich wie von Trauer durchtränkt. An manchen Tagen erschien es mir unvorstellbar schwierig, aus dem Bett aufzustehen oder auch nur die Zeitung von der Tür zu holen. Einfache Augenblicke der Freude – als mein Kind einen lustigen Hai zeichnete oder als es eine wunderbare Champignonsuppe gab – schienen wie in Kisten eingeschlossen zu sein, und alle Schlüssel hatte man in die Tiefen des Ozeans geworfen.

Warum? Ich wusste es nicht. Zum Teil lag es vielleicht daran, dass ich den Tod meines Vaters, der ein Jahr zuvor gestorben war, verarbeiten musste. Nach seinem Tod hatte ich mich wie besessen in die Arbeit gestürzt und es unterlassen, mir Zeit und Raum zum Trauern zu geben. Teilweise lag es auch daran, dass ich mich mit der Unvermeidlichkeit des Alterns auseinandersetzen musste. Mein fünftes Lebensjahrzehnt ging zu Ende, und mir war, als blickte ich in einen Abgrund. Beim Laufen schmerzten und ächzten die Knie. Wie aus dem Nichts tauchte eine Bauchhernie auf. Die Gedichte, die ich auswendig aufsagen konnte? Jetzt musste ich in meinem Kopf nach fehlenden Worten suchen (»Ich hörte eine Fliege summen – als ich starb –/Die Stille im Zimmer/war wie« … hm … wie … wie … wie was?«). Ich fühlte mich zerrissen. Offiziell trat ich in die mittleren Jahre ein. Was schlaff wurde, war nicht meine Haut, sondern mein Gehirn. Ich hörte eine Fliege summen.

Es wurde immer schlimmer. Ich versuchte, es nicht zur Kenntnis zu nehmen, bis es seinen Höhepunkt erreicht hatte. Ich war wie der sprichwörtliche Frosch im Kochtopf, der den allmählichen Temperaturanstieg erst bemerkt, wenn das Wasser zu kochen beginnt. Jetzt nahm ich Antidepressiva (was half, allerdings nur mäßig gut) und suchte einen Psychiater auf (was viel besser half). Aber die plötzliche Krankheitswelle und ihre Hartnäckigkeit stellten mich vor ein Rätsel.

Ich konnte nichts fühlen außer der »dumpfe[n] Freudlosigkeit«, die der Schriftsteller William Styron in seinem Buch *Sturz in die Nacht* beschreibt.[32]

Ich rief Paul Greengard an, einen Professor der Rockefeller University. Ihn hatte ich einige Jahre zuvor bei einer Klausur in Maine kennengelernt – wir hatten uns gegenseitig als Wissenschaftlerkollegen erkannt, waren eine Meile an dem weißen, windumtosten Kiesstrand entlangspaziert und hatten über Zellen und Biochemie geredet, wobei wir enge Freunde geworden waren. Er war beträchtlich älter als ich: Als wir uns kennenlernten, war er schon 89, aber sein Geist schien immer noch jung. In New York trafen wir uns öfter zum Mittagessen, oder wir unternahmen lange, langsame Spaziergänge auf der York Avenue oder auf dem Universitätsgelände. Unsere Gesprächsthemen waren vielfältig. Neurowissenschaft, Zellbiologie, Universitätstratsch, Politik, Freundschaften, die neueste Ausstellung im Museum of Modern Art, die neuesten Erkenntnisse der Krebsforschung; Paul interessierte sich für alles.

In den 1960er- und 1970er-Jahren war Greengard durch seine Experimente zu neuen Gedanken über die Nervenkommunikation gelangt. Die neurobiologische Erforschung der Synapse hatte vorwiegend dazu geführt, dass die Kommunikation zwischen Neuronen als schneller Prozess beschrieben wurde. Ein elektrischer Impuls trifft am Ende eines Neurons ein, das heißt an der Endplatte des Axons. Dort sorgt er dafür, dass Neurotransmitter in den spezialisierten Hohlraum der Synapse ausgeschüttet werden. Die Substanzen öffnen ihrerseits Kanäle im nächsten Neuron, Ionen strömen ein, und ein weiterer Impuls wird in Gang gesetzt. Dies ist das »elektrische« Gehirn: eine Kiste voller Drähte und Schaltkreise, wobei zwischen den Drähten ein chemisches Signal – der Neurotransmitter – mitwirkt.

Greengard vertrat dagegen die Ansicht, es müsse auch eine andere Art der Nervenübertragung geben. Die von einem Neuron ausgehenden chemischen Reize schaffen dort auch eine Flut »langsamer« Signale. Die Nervenübertragung von einer Zelle zur nächsten verursacht in der Empfängerzelle weitreichende Veränderungen von Biochemie und Stoffwechsel. Eine komplizierte Kaskade chemischer Umsetzungen kommt in Gang: Die Veränderungen betreffen den Stoffwechsel, die Genexpression und die Art und Konzentration chemischer Botenstoffe, die in die Synapse ausgeschüttet werden. Und solche »langsamen« Veränderungen haben ihrerseits Auswirkungen auf die elektrische Weiterleitung eines Impulses von einer Nervenzelle zur anderen. Jahrzehntelang galt die langsame Kaskade als nebensächlich (»Ach, irgendwann wird er schon einlenken«, sagte ein anderer Wissenschaftler über Greengards Arbeiten[33]). Heute wissen wir dagegen, dass die in Neuronen entstehenden biochemischen Veränderungen – die »Greengard-Kaskade« – sich durch das Gehirn ziehen, die Funktion der Neuronen abwandeln und über viele ihrer weiteren Eigenschaften bestimmen.

Bei krankhaften Veränderungen des Gehirns können wir also eine Unterscheidung treffen: Die einen betreffen die »schnellen« Signale (das heißt die schnellen elektrischen Impulse der Neuronen), die anderen haben mit den »langsamen« Signalen zu tun (das heißt mit den biochemischen Kaskaden, die sich in den Nervenzellen verändern); eine dritte Kategorie liegt irgendwo dazwischen.

Depressionen? Als ich Greengard erzählte, welchen trägen Nebel des Kummers ich erlebte, lud er mich zum Mittagessen ein. Es war der Spätherbst 2017. Wir aßen in der Cafeteria der Universität – er war ein langsamer, pingeliger Esser und untersuchte jeden Brocken auf seiner Gabel, als wäre er ein Stück biologisches Material. Erst dann steckte er es in den Mund. Anschließend machten wir einen Spaziergang über das Gelände der Rockefeller University. Alpha, sein Berner Sennenhund, trottete sabbernd an unserer Seite.

»Depressionen sind ein Problem des langsamen Gehirns«, sagte er.[34]

Mir fiel ein Gedicht von Carl Sandburg ein:

Nebel kommen
Auf Katzenfüßen,
Sitzen, starren
Auf Stadt und Hafen,
Sitzen und schweigen
Und wehen davon.[35]

Mein Gehirn fühlte sich ständig vernebelt an, als wäre irgendein Tier auf langsamen, schweigenden Pfoten herabgestiegen, ohne davonzuwehen.

Der Schriftsteller Andrew Solomon bezeichnete Depressionen einmal als »Fehler in der Liebe«.[36] Aber medizinisch betrachtet, liegt das Problem in der Regulation der Neurotransmitter und ihrer Signale. Ein Fehler in der Chemie.

»Welche Substanzen? Welche Signale?«, fragte ich Paul.

Ich wusste, dass der Neurotransmitter Serotonin etwas damit zu tun hat.

Paul erzählte mir, wie die »Gehirnchemikalientheorie« der Depressionen entstanden war. Im Herbst 1951 behandelten Ärzte am Sea View Hospital auf Staten Island Tuberkulosepatienten mit einem neuen Medikament namens Iproniazid und beobachteten, dass Stimmungslage und Verhalten der Kranken sich plötzlich veränderten.[37] Die Stationen, auf denen es angesichts der todgeweihten, teilnahmslosen Patienten in der Regel düster und schweigend zuging, waren »letzte Woche erleuchtet von den glücklichen Gesichtern der Männer und Frauen«, wie ein Journalist es beschrieb. Die Energie strömte, der Appetit kehrte zurück. Viele Patientinnen und Patienten, die monatelang krank und katatonisch gewesen waren, verlangten plötzlich fünf Eier zum Frühstück. Als das Magazin *Life* einen Reporter zu Recherchen in das Krankenhaus schickte, lagen die Patienten nicht mehr teilnahmslos in ihren Betten, sondern spielten Karten oder spazierten forsch durch die Korridore.[38]

Wie sich in weiteren Forschungsarbeiten herausstellte, hatte das Iproniazid als Nebenwirkung den Serotoninspiegel im Gehirn gesteigert. Und der Gedanke, dass Depressionen durch einen Mangel des Neurotransmitters Serotonin in den neuronalen Synapsen entstehen, griff in der Psychiatrie um sich. In der Synapse befindet sich nicht genügend Serotonin, und deshalb werden die elektrischen Schaltkreise, die auf die Substanz ansprechen, nicht ausreichend stimuliert. Die unzureichende Stimulation der stimmungsregulierenden Neuronen führt zur Depression.

Wenn das die ganze Erklärung für Depressionen war, sollte sich die Krise lösen lassen, wenn man den Serotoninspiegel im Gehirn steigerte. In den 1970er-Jahren entwickelte der Biochemiker Arvid Carlsson von der Universität im schwedischen Göteborg in Zusammenarbeit mit dem schwedischen Pharmakonzern Astra AB das Medikament Zimelidin, das die Menge des Neurotransmitters im Gehirn ansteigen ließ.[39] Auf diese ersten Präparate folgten stärker zielgerichtete Wirkstoffe, die den Serotoninspiegel im Gehirn steigern: die selektiven Serotonin-Wiederaufnahmehemmer (*Selective Serotonin Reuptake Inhibitors* oder SSRIs) wie Fluoxetin und Paroxetin (Markennamen unter anderen Prozac und Paxil).* Und tatsächlich kam es

* Der Neurophysiologe Carlsson war zuvor bereits durch Arbeiten über den Neurotransmitter Dopamin und seine Wirkungen bei der Parkinson-Krankheit bekannt geworden. Seine Studien am Dopamin-Vorläufer L-Dopa führten dazu, dass dieser Wirkstoff zu einem Medikament gegen die Bewegungsstörungen der Parkinson-Krankheit entwickelt wurde.

bei manchen Patienten, die mit diesen SSRIs behandelt wurden, zu einer echten Rückbildung der Depression. Die Autorin Elizabeth Wurtzel schilderte das Erlebnis dieser Wandlung in ihrem Memoir *Verdammte schöne Welt.*[40] Bevor sie mit den Antidepressiva behandelt wurde, schwebte sie von einer »Selbstmordphantasie« zur nächsten. Aber schon wenige Wochen nachdem sie mit der Einnahme von Prozac begonnen hatte, war ihr Leben ein ganz anderes. »Eines Morgens wachte ich auf und wollte leben […]. Es war, als sei die Depression von mir gewichen, genau wie der Nebel, der von der Skyline in San Francisco aufsteigt, wenn der Tag fortschreitet. Ob es das Prozac war? Ohne Zweifel.«[41]

Aber die SSRIs fanden durchaus nicht nur ein positives Echo. Experimentelle und klinische Studien lieferten widersprüchliche Ergebnisse: In manchen Fällen stellte sich bei besonders schwer depressiven Patientinnen und Patienten, die den Wirkstoff erhielten, eine messbare Verbesserung der Symptome im Vergleich zu jenen ein, denen man ein Placebo gegeben hatte. In anderen Studien zeigte sich aber nur ein geringfügiger und oftmals sogar verschwindend geringer Effekt. Auch die Zeit, bis die Wirkung eintrat – nicht selten Wochen oder Monate –, deutete nicht darauf hin, dass eine einfache Steigerung des Serotoninspiegels die Aktivität irgendwelcher elektrischer Schaltkreise steigern und damit die Depression heilen konnte. Als ich Paxil und dann Prozac ausprobierte, hob sich der Nebel in meinem Gehirn nicht. Eines lag also auf der Hand: Eine einfache Anpassung des Serotoninspiegels in den Synapsen der stimmungssteuernden Neuronen konnte nicht die Antwort sein.

Paul nickte zustimmend. In seinem Institut an der Rockefeller University hatte man kurz zuvor einen »langsamen« Weg entdeckt, der durch Serotonin in Gang gesetzt wird und möglicherweise für Depressionen verantwortlich ist. Serotonin wirkt den Erkenntnissen von Greengard und anderen zufolge nicht nur als »schneller« Neurotransmitter, und Depression ist nicht einfach eine Fehlfunktion neuronaler Schaltkreise, die man durch eine Steigerung der Serotoninmenge in den Synapsen neu einstellen kann. Vielmehr setzt Serotonin in den Neuronen ein »langsames« Signal in Gang – ein biochemisches Signal, das auf Katzenfüßen angeschlichen kommt. Dazu gehört eine veränderte Aktivität und Funktion mehrerer Proteine, die Greengards Arbeitsgruppe in den Zellen nachgewiesen hatte.

Nach Pauls Überzeugung haben diese Proteine Einfluss auf die Aktivität der Neuronen und sind entscheidend für die langsamen Signale, die für die Regulation einer gleichmäßigen Stimmungs- und Gefühlslage sorgen. Schon früher hatte er nachgewiesen, dass ein solcher Faktor – er heißt DARPP-32 – dafür verantwortlich ist, wie ein Neuron auf Dopamin anspricht, einen anderen Transmitter, der an vielen neurologischen Funktionen beteiligt ist, so unter anderem an den Reaktionen unseres Geistes auf Belohnungen und an Suchterscheinungen.[42]

»Es liegt nicht nur an der *Menge* des Serotonins«, sagte Paul nachdrücklich, wobei er mit den Fingern durch die Luft fuhr. Die Luft von New York war klar und schneidend kalt, sodass sein Atem einen verwehenden Nebelstreifen hinter ihm zurückließ. »Das wäre viel zu einfach. Es liegt daran, was das Serotonin mit den Neuronen *anstellt*. Wie es die Chemie und den Stoffwechsel des Neurons verändert«, sagte er. »Und das kann von Mensch zu Mensch sehr unterschiedlich sein.« Er wandte mir das Gesicht zu. »In deinem Fall könnte es einen Input oder genetische Gründe geben, durch die eine Reaktion schwieriger aufrechtzuerhalten oder wiederherzustellen ist. Zurzeit suchen wir nach neuen Wirkstoffen, die diesen langsamen Weg beeinflussen«, fuhr Greengard fort. Er suchte nach einem ganz neuen gedanklichen Rahmen für die Depression und damit auch nach neuen Wegen, um die Störung zu behandeln.

Unser Spaziergang ging zu Ende. Er hatte mich nicht berührt, und doch fühlte ich mich, als hätte er in mir eine hartnäckige Wunde geheilt. Ich winkte zum Abschied und sah zu, wie er in sein Institut zurückkehrte. Alpha war erschöpft, aber Paul war voller Energie.

Depression ist ein Mangel an Liebe. Aber auf einer noch grundsätzlicheren Ebene ist sie vielleicht auch ein Mangel in den Neuronen, wenn sie – langsam – auf Neurotransmitter ansprechen. Nach Greengards Überzeugung handelt es sich nicht nur um ein Problem der Verdrahtung, sondern um eine Störung in den Zellen – die Störung eines Signals, das von Neurotransmittern ausgeht, irgendwie nicht richtig funktioniert und in einem Neuron einen funktionsunfähigen Zustand herbeiführt. Es ist ein Mangel in unseren Zellen, der zu einem Mangel der Liebe wird.

Paul Greengard starb im April 2019 mit 93 Jahren an einem Herzinfarkt. Ich vermisse ihn schmerzlich.

Helen Mayberg lernte ich an einem Nachmittag im November 2021 am New Yorker Mount Sinai Hospital kennen. Als ich zu ihrem Büro ging, schlug mir der Wind ins Gesicht. Um mich herum wirbelten die Herbstblätter wie Schneeflocken und ließen den Winter vorausahnen. Mayberg ist Neurologin, hat sich auf neuropsychiatrische Erkrankungen spezialisiert und leitet ein Forschungszentrum namens Advanced Circuit Therapeutics. Sie gehört zu denen, die bei der Methode der Tiefen Hirnstimulation (THS) Pionierarbeit geleistet haben. Dabei werden winzige Elektroden chirurgisch tief in bestimmte Teile des Gehirns eingebracht. Durch die Elektroden werden winzige elektrische Stöße an die Zellen des Gehirns weitergeleitet, deren Fehlfunktion möglicherweise für eine neuropsychiatrische Erkrankung verantwortlich ist. Mayberg behandelt also die fraglichen Gehirnareale mit elektrischen Reizen und hat die Hoffnung, dass sich so die hartnäckigsten Formen der Depression, die auf eine normale

Therapie nicht ansprechen, behandeln lassen. Es ist eine Art Zelltherapie – oder eigentlich eine Therapie, die auf Schaltkreise aus Zellen abzielt.

Anfang der 2000er-Jahre wandte Mayberg sich radikal von dem damals üblichen Einsatz von Medikamenten wie Prozac und Paxil ab. Stattdessen versuchte sie mit verschiedenen Methoden, im Gehirn die zellulären Schaltkreise zu kartieren, die möglicherweise für Depressionen verantwortlich sind.[43] Man hatte mit der Tiefen Hirnstimulation bereits die Parkinson-Krankheit behandelt, und dabei war aufgefallen, dass sie die Bewegungskoordination der Betroffenen verbessern kann. Bei hartnäckigen Depressionen hatte man sie aber noch nicht ausprobiert. Mit leistungsfähigen bildgebenden Verfahren, der Kartierung von Neuronenschaltkreisen und neuropsychiatrischen Tests fand Mayberg im Gehirn ein Areal, das als Brodmann-Areal 25 (BA25) bezeichnet wird; dort sind vermutlich die Zellen angesiedelt, die Gefühlslage, Angst, Motivation, Antriebskraft, Selbstreflexion und sogar den Schlaf regulieren, Phänomene, die bei Depressionen deutlich fehlgesteuert sind. Wie Mayberg herausfand, ist BA25 bei Patienten mit hartnäckigen Depressionen überaktiv. Außerdem wusste sie, dass sich die Aktivität eines Gehirnareals durch ständige elektrische Reizung vermindern lässt. Das mag sich nach einem Widerspruch anhören, ist aber keiner: Die chronische elektrische Reizung eines Neuronenschaltkreises mit hohen Frequenzen kann seine Aktivität unterdrücken. Mayberg hatte die Vermutung, dass die elektrische Reizung der Zellen in BA25 auch die Symptome einer chronischen, schweren Depression lindern könnte.

Das Brodmann-Areal 25 ist nicht ohne Weiteres zugänglich. Wenn man sich das menschliche Gehirn als Boxhandschuh in Schlagposition vorstellt, liegt BA25 tief im Zentrum der Faust, ungefähr da, wo der Mittelfinger ansetzen könnte (es gibt auf jeder Seite des Gehirns ein solches Areal). Ein Journalist beschrieb es so: »In zwei blassrosa Kurven aus neuralem Fleisch, die als Gyrus subcallosus bezeichnet werden und in Größe und Form ungefähr an den gebeugten Finger eines Neugeborenen erinnern, liegt das Brodmann-Areal 25 an den Fingerspitzen.«[44] Im Jahr 2003 begann Mayberg in Zusammenarbeit mit Neurochirurgen in Toronto, beiderseits des Gehirns von Patienten, die an einer therapieresistenten Depression litten, Elektroden einzuführen und BA25 zu stimulieren. Die Aufgabe schien ungeheuer heikel zu sein: Es war, als wollte sie die Fingerspitzen des Neugeborenen kitzeln, um es zum Lachen zu bringen.

An der Studie nahmen drei Patienten und drei Patientinnen teil, das Altersspektrum lag zwischen 37 und 48 Jahren. »Ich kann mich noch an jeden Einzelnen erinnern«, erzählte mir Mayberg.[45] »Die erste war eine Krankenschwester mit einer körperlichen Behinderung. Sie bezeichnete sich selbst als vollkommen taub«, als wäre sie ständig narkotisiert. »Wie bei vielen Patienten, die ich vor und nach ihr kennengelernt habe, so waren die Metaphern für ihre Krankheit auch bei ihr sehr anschaulich. Sie war in einem Loch gefangen, einem leeren Raum. Sie war hineingestürzt. Andere sprachen von Höhlen oder von Kraftfeldern, die sie zu irgendetwas drängten. Es war mir damals noch nicht klar, aber auf die Metaphern zu hören, war absolut entscheidend. An ihnen konnte ich erkennen, ob ein Patient auf die Behandlung ansprach oder nicht.«

Um die Elektrode exakt in BA25 zu platzieren, musste der Neurochirurg Andres Lozano, der mit Mayberg zusammenarbeitete, rund um den Kopf des Patienten ein Gestell anbringen, das wie ein dreidimensionales Navigationssystem die Position der Elektrode verfolgte, während der Chirurg sie ins Gehirn einführte. Als Mayberg die Halterungen des Gestells stramm zog, blickte die Patientin sie mit leerem Blick an und ließ weder Angst noch Besorgnis erkennen. »Da war eine Frau, und man wollte ihr Löcher in den Kopf bohren und an

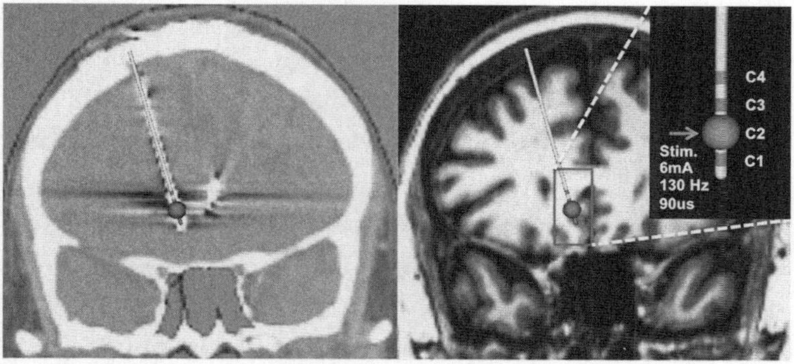

Eine Abbildung aus dem Fachartikel von Mayberg. Man erkennt die Elektrode, die durch den Schädel tief ins Gehirn bis ins Brodmann-Areal 25 geschoben wurde. Mit ständiger elektrischer Stimulation der Neuronen in diesem Bereich wurden hartnäckige Depressionen behandelt.

ihrem Gehirn eine vollkommen unerprobte Methode praktizieren, und alles, was sie wahrnahm, war Taubheit. Nichts. Da wusste ich, wie schlimm es für sie war.«

Mayberg brachte sie in den Operationssaal. »Mensch, was haben wir uns Sorgen gemacht. Wir hatten keine Ahnung, was die Stimulation auslösen würde.« Würde der Blutdruck sinken? Würde ein Schaltkreis eingeschaltet, von dem die Neurowissenschaftler nichts wussten? Würde irgendeine unerwartete Psychose ausgelöst? Der Chirurg bohrte den Schädel der Patientin auf und führte die Elektroden ein. Die Position schien zu stimmen. Mayberg schaltete den Strom ein und steigerte langsam die Frequenz.

»Dann ist es passiert«, sagte Mayberg. »Als wir die richtige Stelle getroffen hatten, sagte sie [die Patientin] plötzlich: ›Was haben Sie gemacht?‹«

»Was meinen Sie?«, fragte Mayberg.

»Sie haben doch irgendetwas gemacht, und dann hat sich die Leere gehoben.«

Die Leere hat sich gehoben. Mayberg schaltete den Stimulator aus.

»Ach, vielleicht habe ich da nur etwas Seltsames gespürt. Macht nichts.«

Mayberg schaltete wieder ein.

Die Leere hatte sich wieder gehoben. »Beschreiben Sie es«, drängte Mayberg.

»Ich weiß nicht genau, ob ich das kann. Es ist wie der Unterschied zwischen Lächeln und Gelächter.«

»Deshalb muss man auf die Metaphern achten«, sagte mir Mayberg. Der Unterschied zwischen einem Lächeln und Gelächter. In ihrem Büro hing ein Bild eines Bachs mit einem tiefen Krater in der Mitte, in den das Wasser von allen Seiten hineinströmte. »Dieses Bild hat mir eine Patientin geschickt, um damit ihre Depression zu beschreiben.« Wieder eine Leere, ein Loch. Senkrechte, unentrinnbare Fallen. Als Mayberg den Stimulator einschaltete, sagte die Frau, sie habe das Gefühl, aus dem Krater herausgeholt zu werden und auf einem Felsen über dem Wasser zu sitzen. Sie konnte ihr früheres Ich in dem Loch sehen – aber sie saß darüber auf einem Felsen. »Solche Bilder, solche Beschreibungen sagen viel mehr aus, als wenn man Kästchen auf einer Depressionsskala abhakt.« Mayberg behandelte noch fünf weitere Patienten mit der TGS, dann veröffentlichte sie ihre Befunde. Wenn der Stimulator eingeschaltet wurde, geschah Folgendes: »Alle Patientinnen und Patienten berichteten spontan über Wirkungen wie ›plötzliche Ruhe oder Leichtigkeit‹, ›Verschwinden der Leere‹, ein Gefühl der verstärkten Wahrnehmung, verstärktes Interesse, ›Verbundenheit‹ und ein plötzliches Hellerwerden des Zimmers, einschließlich einer schärferen Wahrnehmung visueller Details und intensiverer Farben als Reaktion auf die elektrische Stimulation.«[46]

Die Versuchspersonen wurden mitsamt ihrer Elektroden und Batterien nach Hause geschickt. Nach sechs Monaten sprachen vier der sechs weiterhin auf die Stimulation an und zeigten in ihrer Stimmungslage eine deutliche, objektiv messbare Verbesserung. »Das ganze Krankheitsbild bildet sich zurück«, sagte Mayberg später in einem Interview. »In manchen Fällen kann der Effekt äußerst dramatisch sein, in anderen zeigt er sich erst nach einer gewissen Zeit – nach bis zu einem oder zwei Jahren. Anderen Patienten hilft die Tiefe Hirnstimulation offensichtlich nicht, aber die Gründe sind noch unklar.«

Mittlerweile hat Mayberg fast 100 Patientinnen und Patienten behandelt. »Nicht alle sprechen auf die Behandlung an, aber warum, wissen wir nicht«, sagte sie mir. In anderen Fällen setzte der Effekt fast augenblicklich ein. Eine Frau – ebenfalls eine Krankenschwester – beschrieb ihre Krankheit als die völlige Unfähigkeit, emotionale oder auch nur sensorische Verbindungen zu spüren. »Sie sagte mir, sie habe nichts gefühlt, wenn sie die eigenen Kinder auf dem Arm hatte. Keine Empfindung, kein Wohlgefühl, keine Freude.« Wenn Mayberg die THS einschaltete, wandte sich die Patientin zu ihr und sagte: »Wissen Sie, was seltsam ist? Ich spüre eine Verbindung zu Ihnen.« Eine andere Patientin erinnerte sich genau an den Zeitpunkt, zu dem ihre Krankheit eingesetzt hatte. »Sie ist mit ihrem Hund an einem See spazieren gegangen und hatte das Gefühl, dass alle Farben verschwunden waren. Alles war schwarz-weiß. Oder nur grau.« Als Mayberg die THS einschaltete, blickte die Patientin verblüfft drein. »Gerade sind die Farben aufgepoppt.« Wieder eine andere Frau beschrieb ihre Reaktion als Wechsel der Jahreszeiten. Es war noch nicht Frühling, aber sie spürte die Vorboten. »Die Krokusse. Die sind gerade herausgekommen.«

»Es gibt immer noch alle möglichen Rätsel, die ich nicht verstehe«, fuhr Mayberg fort. »Sie wissen ja, dass Depressionen auch eine psychomotorische Komponente haben – oft können die Patienten sich nicht bewegen. Sie liegen im Bett und werden kataton. Wenn wir die THS einschalten, wollen die Patienten sich wieder bewegen, aber als

Tätigkeit wünschen sie sich unter anderem, Zimmer sauber zu machen, den Müll aus der Küche zu räumen, Geschirr zu spülen. Ein Patient suchte, bevor er in seine Depression verfiel, immer den Nervenkitzel. Er war aus Flugzeugen gesprungen. Als wir die THS eingesetzt haben, sagte er, er wolle sich wieder bewegen.«

»Und was wollen Sie tun?«, fragte ich ihn.

»Ich will meine Garage aufräumen.«

Derzeit konzentrieren sich strenger kontrollierte Untersuchungen – randomisierte, kontrollierte, multizentrische Studien – auf die Frage, ob man die THS zur Behandlung therapieresistenter Depressionen einsetzen kann. Eine entscheidende, 2008 begonnene Studie (sie hieß BROADEN für *Brodmann area 25 Deep Brain Neuromodulation*) wurde eingestellt, weil erste Daten nicht annähernd die Wirksamkeit zeigten, die Mayberg in ihren ersten Arbeiten beobachtet hatte.[47] Als 2013 die Daten von ungefähr 90 Patienten zur Verfügung standen, die in den vorangegangenen sechs Monaten mit THS behandelt worden waren, zeigten sich keine besseren Depressionswerte als in der Kontrollgruppe mit Patientinnen und Patienten, die sich dem Eingriff unterzogen hatten, ohne dass der Stimulator eingeschaltet wurde. (Und noch schlimmer: Manche Versuchspersonen litten nach der Einpflanzungsoperation unter verschiedenen Komplikationen. In einigen Fällen kam es zu Infektionen, in anderen zu unerträglichen Kopfschmerzen, und manche berichteten über eine *Zunahme* von Depression und Angstzuständen.) Der Sponsor der Studie, ein Unternehmen namens St. Jude Medical (das später von Abbott übernommen wurde), stellte die Studie ein. Ein Journalist schrieb: »Die schmerzlichen Erfahrungen führten dazu, dass Mayberg wieder zu den ursprünglichen Prinzipien ihrer Forschung zurückkehrte: Prüfe die Kriterien, nach denen du potenzielle Kandidaten für die Tiefe Hirnstimulation auswählst; finde Wege, um das Implantationsverfahren zu verbessern, damit auch Chirurgenteams, die weniger Erfahrung haben, damit zurechtkommen; verbessere die Methoden zur Einstellung des Geräts, nachdem es in einen Patienten implantiert wurde; und am wichtigsten: Finde durch weitere Forschungsarbeiten heraus, warum die THS bei bestimmten Patientinnen oder Patienten nicht wirkt und wie man diese erkennen kann, bevor man sie der Operation unterwirft. Auch das Gegenteil wird studiert: Man will herausfinden, wem man mit der größten Wahrscheinlichkeit und am schnellsten helfen kann, bevor der chirurgische Eingriff stattfindet.«[48]

Mayberg ist überzeugt, dass es verschiedene Gründe gibt, warum die BROADEN-Studie schiefgegangen ist. »Wir müssen den richtigen Patienten finden, das richtige Gehirnareal und die richtige Methode, um die Reaktion zu überwachen. Da haben wir noch vieles zu lernen.« Einige ihrer härtesten Kritiker sind aber nicht überzeugt. (»Elektrozeutika sind in, und Pharmazeutika sind out«, schrieb ein Blogger mit beißendem Sarkasmus, der bei seinen Lesern auf fruchtbaren Boden fiel.[49])

Faszinierend ist allerdings, dass die Patienten aus der abgebrochenen Studie, die sich entschlossen, ihre THS-Geräte eingeschaltet zu lassen, im Lauf vieler Monate starke, objektiv nachweisbare Reaktionen erlebten. Ein Artikel, der 2017 in *Lancet Psychiatry* erschien,[50] berichtete über Patienten, die nach der ursprünglichen sechsmonatigen Analyse weitere zwei Jahre begleitet wurden: Bei 31 Prozent von ihnen bildete sich die Krankheit zurück – fast der gleiche Anteil, den Mayberg auch in ihren ersten Studien dokumentiert hatte. Deshalb lebte die Begeisterung für die THS als Therapie für chronische schwere Depressionen wieder auf. »Wir müssen die Studie nur richtig machen«, sagte Mayberg. Das Fachgebiet hat seine eigene zyklische Stimmungsschwankung erlebt: Hoffnungslosigkeit, gefolgt von überschwänglichem (und vielleicht voreiligem) Optimismus, dann der Rückfall in die Verzweiflung. Und schließlich wächst erneut eine vorsichtige Hoffnung. Mayberg kam mir an jenem Novembernachmittag so vor, als spürte sie die Vorzeichen für den Wechsel der Jahreszeiten. In den Gärten vor dem Mount Sinai Hospital wuchsen zwar keine Krokusse – es war November –, aber ich wusste, dass sie im Februar blühen würden.

Mittlerweile wird die Tiefe Hirnstimulation – die ich mir als »Zellschaltkreistherapie« vorstelle – für verschiedene neuropsychiatrische und neurologische Störungen erprobt, so bei Zwangsstörungen, Suchterkrankungen und anderen. Das Entscheidende dabei: Die elektrische Stimulation von Zellschaltkreisen steht im Begriff, zu einem neuen Zweig der Medizin zu werden. Manche Versuche werden vielleicht gelingen, andere werden scheitern. Aber wenn die Versuche auch nur ein gewisses Maß an Erfolg haben, werden sie neue Personen (und Persönlichkeiten) hervorbringen, Menschen, deren zelluläre Schaltkreise mit »Gehirnschrittmachern« beeinflusst werden. Sie werden vermutlich mit wieder aufladbaren Batterien in Bauchtaschen durch die Welt laufen und an der Sicherheitskontrolle auf dem Flughafen sagen: »Ich habe eine Batterie im Körper und eine Elektrode im Schädel, die Impulse an meine Gehirnzellen schickt und damit meine Stimmung steuert.« Vielleicht werde ich einer von ihnen sein.

KAPITEL 18

Die Zelle als Dirigent

Homöostase, Fixierung und Gleichgewicht

… so, dass jedes Element [jede Zelle] für sich
eine besondere Tätigkeit hat, und dass jedes,
wenn es auch die Anregung zu seiner Tätigkeit
von anderen Teilen empfängt, doch die
eigentliche Leistung von sich ausgehen lässt.
– Rudolf Virchow, 1858[1]

Jetzt zählen wir zwölf
und wir rühren uns nicht.
Einmal auf Erden laßt
uns in keiner Sprache sprechen,
für eine Sekunde stillstehn,
nicht soviel die Arme bewegen
– Pablo Neruda, »Schweigt«[2]

Die meisten Zellen, die wir bis hierher kennengelernt haben, kommunizieren lokal miteinander. Abgesehen von den Zellen des Immunsystems, deren Signale auch weiter entfernte Zellen zu einer Infektions- oder Entzündungsstelle rufen können, haben wir noch nicht viel darüber erfahren, welche Unterhaltungen zwischen Zellen über die großen Entfernungen im Inneren eines Organismus ablaufen. Eine Nervenzelle flüstert der nächsten Nervenzelle über die

Synapse etwas zu. Herzzellen sind physisch so miteinander verbunden, dass ein elektrischer Impuls, der von einer Zelle ausgeht, sich über die Verbindungen auch auf die anderen fortpflanzt. Es gibt viel Gemurmel, aber nur sehr wenig Geschrei.

Ein Organismus kann sich nicht allein auf lokale Kommunikation verlassen. Angenommen, ein Ereignis betrifft nicht nur ein Organsystem, sondern den ganzen Körper. Hunger. Chronische Krankheit. Schlaf. Stress. Auf solche Ereignisse reagiert vielleicht jedes einzelne Organ auf seine Weise. Aber – um auf Virchows Vorstellung vom Körper als Gesellschaft von Zellbürgern zurückzukommen – die Nachrichten zwischen den Organen müssen koordiniert werden. Ein Signal oder Impuls muss zwischen den Zellen wandern und sie über den Gesamtzustand des Organismus in Kenntnis setzen. Solche Signale wandern mit dem Blut von Organ zu Organ. Sie müssen ein Hilfsmittel sein, durch das ein Teil des Organismus mit einem weiter entfernten anderen Teil »zusammentreffen« kann. Solche Signale bezeichnen wir als »Hormone« vom griechischen *hormon*, was so viel wie »antreiben« oder »in Bewegung setzen« bedeutet. In einem gewissen Sinn treiben sie den Körper dazu an, als Ganzes tätig zu werden.

Versteckt in einem Winkel der Bauchhöhle, eingezwängt zwischen dem Magen und den Windungen des Darms, liegt ein blattförmiges Organ – »rätselhaft und verborgen«, wie ein Pathologe es beschrieb.[3] Es hat zwei Teile, die als »Kopf« und »Schwanz« bezeichnet werden und durch einen Mittelabschnitt verbunden sind. Wahrscheinlich einer der Ersten, der darin ein eigenständiges Organ erkannte, war der Anatom Herophilos, der zur Zeit Alexanders des Großen um 300 v. Chr. lebte, aber einen Namen gab er ihm nicht.[4] (Zugegeben: Jemandem eine Entdeckung zuzuschreiben, ohne dass sie einen Namen hat, ist schwierig.) Die Bezeichnung *Pankreas* taucht in der medizinischen Literatur bei Aristoteles zum ersten Mal auf – »ein sogenanntes Pankreas« schrieb er ein wenig abschätzig –, aber der Name gab noch keinen Hinweis auf seine Funktion. Es hieß einfach *Pan* (»alles«) und *kreas* (»Fleisch«). Ein Organ, das ganz aus Fleisch bestand. 400 Jahre nach Herophilos bemerkte Galen im Rahmen seiner anatomischen Untersuchungen, dass das Pankreas mit Sekreten angefüllt war. Aber auch er war sich, was die Funktion anging, nicht sicher – so etwas hielt Galen allerdings kaum einmal davon ab, eine Vermutung zu wagen. »Da die Vene, die Arterie und der Nerv sich hinter dem Magen vereinigen, sind all diese Gefäße am Ort ihrer Aufspaltung leicht verletzlich … Die Natur hat deshalb weise gehandelt und einen Drüsenkörper, Pankreas genannt, geschaffen und unter den Organen und um sie herum angeordnet und die leeren Räume ausgefüllt, sodass keines von ihnen ohne Unterstützung ist und reißen kann.«[5]

Jahrhunderte später zeichnete Vesalius höchst detaillierte Darstellungen des Organs und brachte es in Zusammenhang mit Magen und Leber. Ihm fiel auf, dass es wie ein »großer Drüsenkörper« aussah,[6] und demnach musste es dazu dienen, irgendetwas auszuscheiden, wie Drüsen es immer tun; dann aber kehrte Vesalius zu der Idee von Galen zurück, wonach das Organ vor allem eine Stützfunktion hatte und verhindern sollte, dass der Magen die Blutgefäße gegen die Wirbelsäule drückt. Kurz gesagt, hielt er das Pankreas für ein flüssigkeitsgefülltes Polster. Ein besseres Kissen.

Offensichtlich gab es nur einen, der die Geschichte vom Pankreas als Kissen nicht glaubte, und dabei stützte er sich auf eine einfache anatomische Überlegung. Der Biologe Gabriele Fallopius, der im 16. Jahrhundert in Padua arbeitete, fand das alles nicht plausibel: Für Tiere, die auf vier Beinen gingen, so seine Argumentation, konnte ein hinter dem Magen liegendes Kissen keinen großen Wert haben. »Es wäre für Tiere, die in vornüber gebeugter Position gehen, vollkommen nutzlos«, schrieb er.[7] Aber schon wenig später geriet sein scharfsinniger Gedankengang ebenso wie das Organ, dem er galt, in Vergessenheit.

Die Aufklärung der Funktion der Pankreaszellen begann unheilvoll mit einem Streit zwischen zwei Anatomen, der mit einem Mord endete. Johann Wirsung, der Ältere der beiden, war in Padua ein höchst angesehener deutscher Anatomieprofessor. Er sezierte am 2. März 1642 in einem Krankenhaus, das der Franziskanerkirche angeschlossen war, den Bauch eines gehängten Verbrechers und entnahm das Pankreas. Bei der Obduktion halfen mehrere Assistenten, darunter sein Student Moritz Hoffmann. Als Wirsung das Pankreas entnommen hatte und weiter studierte, fiel ihm ein zuvor unbekanntes Merkmal auf[8]: ein Gang, der sich durch das ganze Organ zieht – später wurde er Ductus pancreaticus oder Wirsung-Gang genannt – und in den Darm mündet. Wirsung veröffentlichte eine Reihe wissenschaftlicher Zeichnungen und beschrieb darin seine Entdeckung; die Bildtafeln schickte er an die führenden Anatomen seiner Zeit, wobei er nur wenige Fragen nach der Funktion eines solchen Gangs stellte. (Man hätte allerdings fragen können: Welchen Grund könnte es dafür geben, dass ein Gang durch ein anatomisches Kissen führt – es sei denn, durch den Gang floss irgendetwas?)

Wirsungs Behauptungen über seine anatomische Entdeckung dürften eine alte Rivalität wieder angefacht haben. Am Abend des 22. August 1643, etwas mehr als ein Jahr nachdem Wirsung die Nachricht über seine bahnbrechende Entdeckung des Pankreasgangs bekannt gemacht hatte, wurde er bei einem Spaziergang in einer Gasse vor seinem Haus in Padua von einem belgischen Mörder angesprochen und erschossen.[9] Die Gründe für dieses eigenartige, brutale Lebensende sind bis heute Gegenstand der Spekulation – aber zumindest fällt ein mögliches Motiv auf. Moritz Hoffmann, der Star unter Wirsungs Schülern, lag mit seinem Mentor in einem erbitterten Streit. Hoffmann behauptete, er habe Wirsung den Pankreasgang bei einem Vogel gezeigt, und der Professor habe dann Hoffmanns Befunde genutzt, um den gleichen Gang bei Menschen nachzuweisen, ohne aber seinen Studenten zu erwähnen. Der meisterhafte Anatom, so behauptete Hoffmann, sei in Wirklichkeit ein meisterhafter Plagiator.

Nun könnte man meinen, dass nach dem Mord an Wirsung ein Schaudern durch das Fachgebiet der Pankreas-Anatomie lief – mir fällt kein anderer Mord ein, dessen Anlass ein anatomischer Gang war –, aber das Interesse an der Funktion des Pankreas war geweckt. Wenn das Organ kein Kissen für den Magen war, welche Aufgabe hatte es dann? Was war das für ein Gang, der sich in seinem Inneren verbarg? Am 25. März 1848, einem Samstagmorgen, machte Claude Bernard – der Pariser Physiologe, der den Begriff der »Homöostase« geprägt hatte – ein entscheidendes Experiment. Es war keine einfache Zeit, wenn man sich auf Wissenschaft konzentrieren wollte. Überall in Europa wüteten Revolutionen. Der französische König hatte gerade abgedankt. Auf den Straßen marschierten die Armeen, aber Bernard hatte sich in sein Labor zurückgezogen. Er interessierte sich mehr für die Wiederherstellung von Gleichgewichten im Organismus, für die Frage, wie Zellen einen gleichmäßigen Zustand aufrechterhalten können (im Gegensatz zu Virchow war er nicht sonderlich erpicht darauf, den Staat in einem gleichmäßigen Zustand zu erhalten).

Er entnahm »Pakreassaft« aus einem Hund und gab einen Klumpen Kerzentalg hinzu. Nach etwa acht Stunden konnte er sehen, dass der Saft aus dem Fett eine Emulsion gemacht hatte: Es war in kleine Teilchen zerfallen, die als Schicht aus milchigen Tröpfchen auf der Flüssigkeitsoberfläche schwammen. Ausgehend von früheren Arbeiten anderer Physiologen, stellte Bernard fest, dass der von den Pankreaszellen abgegebene Saft auch Stärke und Proteine abbaut – er zerlegt also kompliziert gebaute Nahrungsmoleküle in einfachere, verdauliche Einheiten. In seinem 1856 erschienenen Werk *Mémoire sur le Pancréas* legte er seinen Gedanken dar, dass das Pankreas diese Säfte abgibt, um die Verdauung zu ermöglichen.[10] Für diese Säfte war der von Wirsung entdeckte Gang der wichtigste Kanal: Er leitete sie ins Verdauungssystem, wo sie die komplizierten Moleküle der Nahrung in einfachere Verbindungen zerlegten. Endlich hatte er die Funktion der Drüse aufgeklärt.

Aber die Welt musste auch mit Blicken vermessen werden. Als Bernard seine physiologischen Untersuchungen am Pankreas abgeschlossen hatte, stand die Zelltheorie bereits in voller Blüte, und Mikroskopiker hatten ihre Linsen auf die Mikroanatomie der Drüse gerichtet. Im Winter 1869 sah sich der Physiologe Paul Langerhans im Mikroskop winzige Dünnschnitte von Pankreasgewebe an und stellte dabei fest, dass sich in dem Organ noch eine weitere Überraschung verbarg. Wie erwartet, fand er die von Wirsung beschriebenen Gänge; sie waren von großen, länglichen, beerenförmigen Zellen umgeben, die, wie sich später herausstellte, die Verdauungssäfte produzieren – am Ende nannte man sie Acinuszellen (lateinisch *acinus* = Beere). Aber als Langerhans seine Blicke weiter über die Zellen schweifen ließ, fand er noch eine zweite Struktur: kleine, im Pankreas eingebettete und von den Acinuszellen abgegrenzte Inseln aus Zellen, die sich mit einem bestimmten Farbstoff hellblau anfärben ließen. Diese Zellen sahen ganz anders aus als jene, die den Verdauungssaft produzierten.* Sie waren oft weit voneinander entfernt und schienen wie Inselgruppen im Meer des Pankreasgewebes zu schwimmen.

---

* Die Inselzellen produzieren Insulin und ein ganzes Spektrum weiterer Hormone, darunter Glucagon, Somatostatin und Ghrelin.

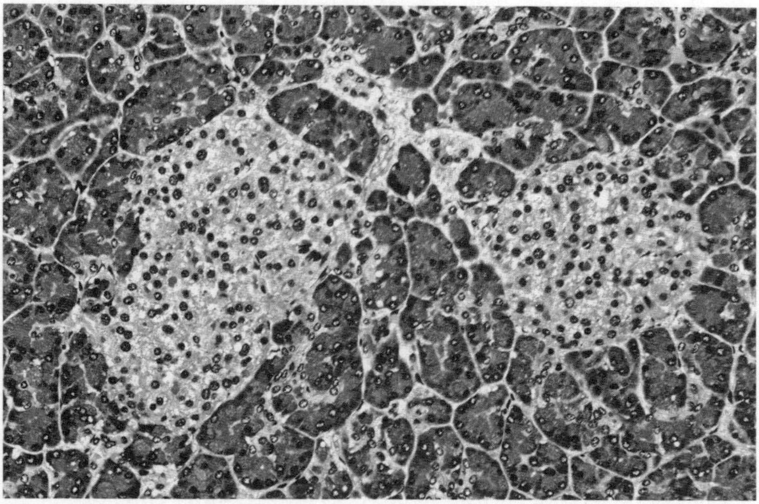

Ein Schnitt durch das Pankreasgewebe mit den zwei wichtigsten Zelltypen. Die großen Acinuszellen produzieren Verdauungsenzyme, zwischen ihnen liegen Inseln aus kleineren Zellen, die das Insulin bilden.

Später bezeichnete man diese Zellgruppen als Langerhanssche Inseln.

Wieder schossen Spekulationen über die Funktion dieser Zellinseln ins Kraut. Das Pankreas, so schien es, hielt immer noch Überraschungen bereit.

Im Juli 1920 arbeitete der Chirurg Frederick Banting in einem Vorort von Toronto.[11] Seine Praxis war klein und lief schlecht, und oft saß er allein ohne jeden Patienten in seinem Sprechzimmer. In jenem Juli verdiente er ganze vier Dollar; im September waren es 48, kaum genug, um seine grundlegenden Bedürfnisse zu befriedigen, vom Fortbestand seiner Praxis ganz zu schweigen. Er fuhr ein mitgenommenes Auto aus fünfter Hand, das noch ungefähr 400 Kilometer hinter sich brachte und dann auseinanderfiel. Im Herbst, als Schulden und Zweifel sich häuften, nahm Banting an der Universität Toronto eine Stelle als medizinischer Demonstrator an – das heißt als Assistent des eigentlichen Dozenten.

An einem späten Abend im Oktober 1920 las er in der Fachzeitschrift *Surgery, Gynecology and Obstetrics* einen Artikel, in dem die Entstehung von Diabetes bei Patienten mit verschiedenen Pankreaserkrankungen beschrieben wurden, darunter Steine, welche die Gänge, durch die normalerweise die Verdauungssäfte fließen, verstopft hatten.[12] Der Autor beschrieb, wie manche derartigen Erkrankungen dazu führten, dass die Acinuszellen, die den Verdauungssaft produzieren, verkümmerten. Seltsam war dabei, dass die Acinuszellen bei verstopften Pankreasgängen in der Regel schon frühzeitig einschrumpften und degenerierten, während die Inselzellen viel länger überlebten. Diabetes, so stellte der Autor fast nebenher fest, entwickelte sich in der Regel erst, wenn auch die Langerhans-Zellen schließlich verkümmert waren.

Banting war fasziniert. Welche Funktion die Inselzellen haben, wusste man nicht; vielleicht standen sie ja in irgendeinem Zusammenhang mit dem Diabetes. Diese Erkrankung des Zuckerstoffwechsels – der Organismus spürt und signalisiert Zucker nicht ausreichend, sodass dieser sich im Blut anreichert und mit dem Urin ausgeschieden wird – war rätselhaft. Eine ganze schlaflose Nacht lang wälzte Banting sich im Bett herum und grübelte über die Idee nach. Vielleicht hatte das Pankreas tatsächlich nicht nur zwei Teile, sondern auch zwei Gesichter. Generationen von Physiologen, darunter Bernard als angesehenster, hatten sich ausschließlich auf seine äußere Funktion konzentriert: auf die Ausscheidung von Verdauungssäften. Und wenn die Inselzellen nun eine zweite Substanz – eine innere Substanz – abgaben, die Glucose spürte und regulierte? Bei einer Fehlfunktion dieser Zellen wäre der Organismus nicht mehr in der Lage, Glucose wahrzunehmen, und der Blutzuckerspiegel würde in die Höhe schießen – das Hauptmerkmal des Diabetes. »Ich dachte über die Vorlesung und den Artikel nach, aber auch über mein Elend und wie ich es schaffen konnte, die Schulden und meine Sorgen loszuwerden«, schrieb Banting. Dann brachte er in groben Umrissen ein Experiment zu Papier.

Wenn er die »äußeren« und »inneren« Funktionen – die Ausscheidungen der Acinus- und der Inselzellen – trennen konnte, fand er vielleicht die Substanz, die für die Steuerung des Blutzuckerspiegels verantwortlich war und den Schlüssel bildete, wenn man den Diabetes verstehen wollte.

»Diabetus«, schrieb er an jenem Abend.

»Die Pankreasgänge von Hunden zubinden. Hunde so lange am Leben erhalten, bis die Acini verkümmern und nur noch die Inseln übrig sind.

Versuchen, die innere Ausscheidung dieser Zellen zu isolieren und damit Glycosurie [Zucker im Urin, ein Symptom des Diabetes] zu lindern.«

Der bekannte Wissenschaftshistoriker Karl Popper erzählte einmal die Geschichte eines Steinzeitmenschen, der gefragt wird, ob er sich die Erfindung des Rads in der fernen Zukunft vorstellen könne. »Beschreibe einmal, wie die Erfindung aussehen wird«, sagt sein Freund. Der Mann hat Schwierigkeiten, die richtigen Worte zu finden. »Es wird rund und fest sein wie eine Scheibe«, sagt er. »Es wird Speichen und eine Nabe haben. Ach, und eine Achse als Verbindung zum anderen Rad, das ebenfalls eine Scheibe ist.« Dann hält der Mann inne und macht sich klar, was er getan hat. Indem er die Erfindung des Rads vorhergesagt hat, hat er es schon erfunden.

In späteren Jahren beschrieb Banting seine Notizen von jenem Oktoberabend ganz ähnlich wie die Erfindung des Rads. Was ihn betraf, hatte er bereits das Hormon entdeckt, das den Blutzuckerspiegel steuert und später den Namen Insulin erhielt.

Aber wo konnte er das Experiment anstellen und den Beweis führen? Angetrieben durch eine Kombination aus Eifer und Faszination, fand er schon bald den Mut, sich an einen der führenden Professoren in Toronto zu wenden, einen ernsten, gelehrten Schotten namens John Macleod: Er wollte einen Versuch mit Hunden anstellen.

Das erste Gespräch am 8. November 1920 war eine Katastrophe.[13] Die beiden trafen sich in Macleods Arbeitszimmer; dort war der Schreibtisch mit Papierstapeln übersät, die der Professor geistesabwesend durchblätterte, während sie sich unterhielten. Macleod hatte sich schon seit Jahrzehnten mit dem Zuckerstoffwechsel beschäftigt und war in dem Fachgebiet führend, ein leidenschaftlicher, aber auch anspruchsvoller Wissenschaftler. Er war nicht beeindruckt. Vielleicht hatte er erwartet, dass Banting weitreichende Kenntnisse über Diabetes und die Reaktion des Stoffwechsels auf Zucker besaß; stattdessen bekam er es mit einem unsicheren jungen Chirurgen zu tun, der kaum Forschungserfahrung hatte, über ein Organ redete, von dem er offensichtlich wenig verstand, und einen ungeschickten, unzusammenhängenden Plan zu seiner Erforschung vorlegte. Dennoch erklärte sich Macleod bereit, Banting das Experiment mit einigen Hunden in seinem Labor zu gestatten. Banting bedrängte ihn unermüdlich, das Experiment musste einfach klappen. Am Ende stellte Macleod zwei Studenten ab, die Banting abwechselnd helfen sollten. Die beiden warfen eine Münze darum, wer als Erster mit Banting arbeiten musste. Das Los fiel auf den begabten jungen Wissenschaftler Charles Best.

Mit ihrem zentralen Experiment begannen Banting und Best in der brütenden Hitze des Sommers 1921. Sie operierten die Hunde in einem staubigen, ungenutzten Labor mit Teerdach auf der obersten Etage des Medizintrakts. Am 17. Mai zeigte Macleod den beiden, wie man bei Hunden das Pankreas entfernt: Der Eingriff war ein zweistufiger Prozess und weitaus heikler, als die Beschreibungen in Zeitschriftenartikeln vermuten ließen. Das Labor war schlecht ausgestattet und die Hitze nahezu unerträglich. Banting, dem der Schweiß heruntertropfte, schnitt die Ärmel seines Laborkittels ab. »Es war uns nahezu unmöglich, die Wunde bei dem sehr heißen Wetter sauber zu halten«, klagte er.

Das Experiment, das Banting sich ausgedacht hatte, war im Prinzip einfach, in der Praxis aber teuflisch kompliziert. Bei einigen Hunden nähten sie die Pankreasgänge zu, sodass die Acinuszellen verkümmerten und nur die Inselzellen übrig blieben; dabei folgten sie der Vorgehensweise in einem chirurgischen Fachartikel, den Banting gelesen hatte.[14] Bei einer zweiten Gruppe von Hunden entfernten sie das ganze Pankreas, sodass weder Acinus- noch Inselzellen und auch keine »Inselsubstanz« übrig blieben. Dann übertrugen sie die Drüsenprodukte zwischen den beiden Gruppen – von denen eine Inselzellen besaß, die andere nicht – und konnten so die Funktion der Inselzellen sowie die von ihnen ausgeschiedene Substanz identifizieren.

Die ersten Versuche scheiterten.[15] Best gab dem ersten Hund eine zu große Dosis des Narkosemittels, sodass er starb. Der zweite verblutete. Ein dritter kam durch eine Infektion ums Leben. Erst nach mehreren Versuchen gelang es Banting und Best, einen Hund so lange am Leben zu erhalten, dass sie auch nur das erste Stadium des Versuchs hinter sich bringen konnten.

Im Spätsommer – die Temperaturen stiegen immer noch – wurde dem Hund 410, einem weißen Terrier, das gesamte Pankreas entnommen.[16] Erwartungsgemäß bekam er einen schwachen Diabetes: Sein Blutzuckerspiegel lag ungefähr doppelt so hoch wie der Normalwert. Es war bei Weitem kein Extremfall, aber Banting und Best hielten ihn für gut genug. Entscheidend war der nächste Schritt: Sie zerkleinerten das Pankreas eines Hundes, dessen Inselzellen noch intakt waren, und spritzten den so gewonnenen Saft dem Terrier. Wenn es die »Inselsubstanz« gab, sollte der Diabetes verschwinden. Eine Stunde später hatte sich der Blutzuckerspiegel des Terriers normalisiert. Sie injizierten eine zweite Dosis, und wiederum kehrte der Blutzuckerspiegel zum Normalwert zurück.

Banting und Best wiederholten das Experiment immer wieder. Sie entnahmen einem Hund mit intakten Inselzellen einen Pankreasextrakt, injizierten ihn einem Hund mit Diabetes und maßen den Blutzuckerspiegel. Nach mehreren Versuchen waren sie zunehmend sicher, dass eine von den Inselzellen ausgeschiedene Substanz den Blutzuckerspiegel sinken ließ. Also dachten sie sich für die Substanz, die sie bisher nur indirekt gesehen hatten, einen Namen aus. Sie entschieden sich für Isletin.

Mit Isletin zu arbeiten, erwies sich als schwierig – die Substanz war launisch, instabil und unberechenbar. Aber Macleod gelangte nach und nach zu der Überzeugung, dass Banting und Best tatsächlich etwas Wichtiges gefunden hatten – auch wenn das Signal nur schwach war. Er stellte einen weiteren Wissenschaftler für das Projekt ab: den jungen kanadischen Biochemiker James Collip, der bereits bewiesen hatte, dass er ein Meister der biochemischen Gewinnungsprozesse war. Er erhielt die Aufgabe, die schwer fassbare Substanz Isletin aus den von Banting und Best hergestellten Pankreasextrakten zu reinigen.

Die ersten, grobschlächtigen Versuche erbrachten enttäuschende Ergebnisse. Collip arbeitete literweise suppenartiges, zermahlenes Pankreasgewebe auf und versuchte, der Blutzucker senkenden Aktivität auf der Spur zu bleiben, die Banting und Best gefunden hatten. Schließlich besaß er eine erste Probe – sie war verdünnt und unsauber, aber immerhin war es ein aus dem Pankreas gewonnenes Präparat.

Die entscheidende Prüfung für das Präparat war die Frage, ob es auch bei einem Menschen den Diabetes linderte. Es war ein heikles klinisches Experiment. Die Versuchsperson war Leonard Thomson, ein Junge von 14 Jahren, der in einer schweren Blutzuckerkrise steckte. Er schied Zucker mit dem Urin aus. Sein abgemagerter, ausgehungerter Körper bestand eigentlich nur noch aus Haut und Knochen. Immer wieder fiel er ins Koma. Im Januar 1922 spritzte Banting ihm den Rohextrakt, aber das Ergebnis war enttäuschend. Bei dem Jungen zeigte sich eine schwache, fast nicht nachweisbare Reaktion, die sich schon bald wieder verflüchtigte.

Banting und Best fühlten sich besiegt: Ihr erstes Experiment mit einem Menschen hatte mit einem Fehlschlag geendet. Aber Collip machte Fortschritte und stellte immer besser gereinigte Extrakte her. Wenn die »Substanz« irgendwo im Pankreas enthalten war, würde er einen Weg – eine Methode – finden, um sie zu reinigen. Er probierte neue Lösungsmittel aus, fand neue Destillationsmethoden, wechselte die Temperaturen und löste Material in unterschiedlichen Alkoholkonzentrationen; schließlich besaß er einen stark gereinigten Extrakt.

Am 23. Januar 1922 ging die Arbeitsgruppe wieder zu Thompson. Der Junge war immer noch schwer krank und erhielt erneut eine Spritze mit Collips besser gereinigtem Extrakt. Die Wirkung setzte sofort ein. Der Blutzuckerspiegel sank drastisch, und der Zucker verschwand aus dem Urin. Der süßliche, fruchtige Ketongeruch in seiner Atemluft, ein unheilvolles Warnzeichen für eine schwere Stoffwechselkrise, verflog. Der Junge, der halb im Koma gelegen hatte, wachte auf.

Jetzt wollte Banting den Extrakt an weiteren Patienten ausprobieren, und dazu brauchte er größere Mengen. Aber der später hinzugekommene Collip weigerte sich, der Arbeitsgruppe das Rezept für die Reinigung mitzuteilen; hatte nicht *er* das Rätsel gelöst? Banting war psychisch und physisch nahezu am Ende seiner Kräfte; der Mann, der vier Jahre lang wie besessen der Substanz nachgejagt war, ging in

Collips Labor und griff nach seinem Mantel. Er stieß Collip auf einen Stuhl, legte ihm die Hände um den Hals und drohte, ihn zu erwürgen. Hätte Best nicht im richtigen Augenblick eingegriffen und die beiden Männer getrennt, das Pankreas wäre der Grund nicht nur für einen Mord, sondern für zwei gewesen.

Am Ende gelangten Collip, Best, Macleod und Banting zu einem brüchigen Burgfrieden. Sie lizenzierten die gereinigte Substanz an die Universität und richteten ein Labor ein, um größere Mengen davon zur Behandlung von Patienten herzustellen. Den Namen änderten sie von Isletin zu Insulin. Eine größere klinische Studie erbrachte den gleichen dramatischen Erfolg: Bei Patienten, die mit Insulin behandelt wurden, sank der Blutzuckerspiegel steil ab. Kinder, die mit einer Ketoazidose nahezu bewusstlos waren, wachten auf. Ausgehungerte, abgemagerte Körper nahmen zu. Schon bald wurde deutlich, dass Insulin der wichtigste Regulator des Zuckerstoffwechsels ist, das Hormon, das die Aufgabe hat, Zucker wahrzunehmen und überall im Organismus ein Signal an die Zellen zu schicken.

Schon 1923, nur zwei Jahre nachdem Banting und Best ihr erstes Experiment angestellt hatten, wurden Banting und Macleod für die Entdeckung des Insulins mit dem Nobelpreis ausgezeichnet. Banting war verärgert darüber, dass man Macleod ausgewählt und Best übergangen hatte, und so erklärte er, er würde sich den Preis privat mit Best teilen. Daraufhin entgegnete Macleod, er werde die Hälfte seines Anteils an Collip abgeben. Die Geschichte hat Macleod, der während des ganzen Projekts zwischen Skepsis und Unterstützung geschwankt hatte, vielleicht zu Recht in den Hintergrund geschoben. Heute wird die Entdeckung des Insulins allgemein Banting und Best zugeschrieben.

Inzwischen wissen wir, dass Insulin von den Betazellen produziert wird, einer Untergruppe der Inselzellen im Pankreas. Seine Ausscheidung wird angeregt, wenn sich Glucose im Blut befindet. Es wandert dann durch den ganzen Körper. Auf Insulin sprechen praktisch alle Gewebe an: Zucker bedeutet, dass die Energiegewinnung und alles, was sich daraus ergibt – die Synthese von Proteinen und Fetten, die Speicherung von Substanzen für den späteren Gebrauch, die Impulse von Neuronen, das Wachstum von Zellen –, sich fortsetzen können. Es ist vielleicht die wichtigste »Langstreckennachricht«, denn es wirkt als zentraler Koordinator und organisiert den Stoffwechsel im gesamten Organismus.

Beim Diabetes Typ 1, einer Krankheit, an der Millionen Menschen auf der ganzen Welt leiden, greifen Immunzellen die Beta-Inselzellen des Pankreas an.[17] Ohne Insulin nimmt der Organismus den vorhandenen Zucker nicht mehr wahr, auch wenn das Blut ihn in ausreichender Menge enthält. Die Körperzellen reagieren so, als sei Zucker knapp, und sehen sich nach anderen Energielieferanten um. Der bereitgestellte Zucker kann nicht abfließen, reichert sich im Blut gefährlich stark an und geht in den Urin über. Zucker, überall Zucker – aber nicht ein Molekül davon sättigt die Zellen. Es ist ein typisches Beispiel für eine Stoffwechselkrise: Obwohl Überfluss herrscht, hungern die Zellen.

Seit der Entdeckung des Insulins hat sich das Leben von Millionen Diabetikern des Typs 1 drastisch gewandelt. Als ich in den 1990er-Jahren Medizin studierte, überwachten Patientinnen und Patienten ihren Blutzuckerspiegel, indem sie Blutstropfen mit einem Gerät testeten, und dann spritzten sie sich anhand einer Tabelle die richtige Dosis des Medikaments. Heute gibt es implantierbare Geräte, die den Blutzuckerspiegel kontinuierlich messen und mit einer Pumpe automatisch die richtige Insulinmenge ins Blut abgeben. Das Ganze ist ein geschlossener Kreislauf.

Der Traum der Diabetesforscher ist es allerdings, Menschen mit einem biologisch künstlichen Pankreas auszustatten. Wenn man die

Betazellen in einem implantierbaren Beutel heranzüchten und dann in einen Menschen einpflanzen könnte, würden sie selbstständig funktionieren: Sie würden den Glucosespiegel wahrnehmen, Insulin abgeben und sich vielleicht sogar teilen, sodass weitere Betazellen entstehen. Eine solche Vorrichtung würde eine Blutversorgung brauchen, die ihr Nährstoffe und Sauerstoff liefert, während gleichzeitig das Insulin abtransportiert wird. Am wichtigsten aber ist, dass sie vor Immunangriffen geschützt werden müsste, das heißt vor der Autoimmunantwort, mit der das eigene Immunsystem die Inselzellen abtötet und die überhaupt erst die Ursache des Diabetes war.

Eine Arbeitsgruppe der Harvard University unter Leitung von Douglas Melton veröffentlichte 2014 eine Methode, mit der man stammzellenähnliche Zellen von Menschen Schritt für Schritt dazu veranlassen kann, Insulin produzierende Betazellen zu bilden.[18] Melton war zu Beginn seiner akademischen Karriere Spezialist für Entwicklungsbiologie und Stammzellen: Er beschäftigte sich mit den Signalen, mit denen sich im Embryo die Organe bilden, und mit der Reaktion der Stammzellen darauf.

Dann erkrankten beide Kinder von Melton an Diabetes Typ 1.[19] Sein Sohn Sam begann schon im Alter von sechs Monaten zu zittern und zu erbrechen – am Ende war er so krank, dass man ihn eilig ins Krankenhaus bringen musste. Sein Urin war voller Zucker. Auch bei Meltons Tochter Emma, die einige Jahre älter war, brach die Krankheit aus. Wie Melton einem Journalisten anvertraute, war seine Frau eine Zeit lang das Pankreas der Kinder – sie stach den Kleinen viermal an Tag in den Finger, maß den Blutzuckerspiegel und spritzte ihnen die richtige Insulindosis.[20] Aber vor dem Hintergrund dieser persönlichen Geschichte wurde Melton im Lauf der Jahre zum Diabetesforscher; er ist eifrig bemüht, menschliche Betazellen – einen künstlich biologischen Pankreas – zu züchten und einzupflanzen.

Melton verfolgt die Strategie, die Entwicklung eines Menschen nachzuvollziehen. Das Leben jedes Menschen beginnt mit einer einzigen pluripotenten Zelle, das heißt mit einer Zelle, die alle Gewebe des Körpers hervorbringen kann; aus ihr geht am Ende auch ein Pankreas hervor, das Zucker wahrnimmt und die Insulin produzierenden Inselzellen enthält. Wenn so etwas im Mutterleib möglich ist, dann, so Meltons Überzeugung, sollte es mit den richtigen Substanzen und Maßnahmen auch in einer Petrischale gelingen. Im Lauf der nächsten 20 Jahre arbeiteten viele Forschende in Meltons Labor daran, menschliche pluripotente Stammzellen in Inselzellen zu verwandeln. Aber immer wieder blieb die Entwicklung im vorletzten Stadium vor der endgültigen Reifung stehen.

Eines Abends im Jahr 2014 stand die Postdoc Felicia Pagliuca noch spätabends in Meltons Labor und machte Experimente.[21] Ihr Mann hatte schon angerufen und sie gefragt, wann sie zum Abendessen nach Hause käme, aber Pagliuca musste noch einen Versuch abschließen. Sie setzte den Stammzellen, die sie auf den Entwicklungsweg der Inselzellen dirigiert hatte, einen Farbstoff zu und hoffte, sie würden sich blau färben – ein Zeichen, dass sie Insulin produzierten. Anfangs sah sie einen schwachen bläulichen Schimmer, aber der wurde immer dunkler. Sie sah noch einmal hin, und dann noch einmal, um sich zu vergewissern, dass ihre Augen sie nicht täuschten. Die Zellen hatten Insulin gebildet.

Noch im gleichen Jahr berichteten Melton, Pagliuca und ihre Mitarbeitenden über den Erfolg. Die herangezüchteten Zellen, so schrieb Meltons Team, »exprimieren Marker, die man in ausgereiften Betazellen findet, lassen Calcium als Reaktion auf Glucose einströmen [ein Zeichen, dass sie den Zucker wahrgenommen hatten], verpacken Insulin in sekretorische Granula und scheiden Insulin in Mengen aus, die mit denen aus ausgewachsenen Betazellen nach einer mehrfach aufeinanderfolgenden Einwirkung von Glucose in vitro vergleichbar sind«.[22] Damit war die Arbeitsgruppe der Herstellung menschlicher Betazellen, die überleben, funktionieren und sich millionenfach vermehren können, so nahe wie möglich gekommen.

Mittlerweile haben die aus Stammzellen entstandenen, Insulin produzierenden Zellen den Weg in die klinische Erprobung gefunden. Eine Strategie besteht darin, Millionen solcher Inselzellen durch eine Infusion unmittelbar in den Organismus des Patienten zu bringen und gleichzeitig mit Immunsuppressiva zu verhindern, dass sie abgestoßen werden. Einer der ersten Patienten, die eine solche Infusion erhielten, war Brian Shelton, ein 57-jähriger Mann aus Ohio mit Diabetes Typ 1; bei ihm wurde der Blutzuckerspiegel offensichtlich unter Kontrolle gebracht,[23] ein wichtiger erster Schritt, wenn man die Wirksamkeit der ganzen Strategie beurteilen will. Mittlerweile werden in rascher Folge weitere Patientinnen und Patienten in die Studie aufgenommen.

In einem möglichen nächsten Schritt könnte man solche Zellen in eine Vorrichtung einschließen, die gegen Immunreaktionen geschützt ist, im Körper stabil bleibt und den Zu- und Abfluss von Nährstoffen ermöglicht. Ein Team um Jeffrey Karp entwickelt derzeit – ebenfalls an der Harvard University – winzige implantierbare Apparaturen, die genau diese Eigenschaften haben.

Irgendwann in Zukunft wird uns vielleicht ein neuer Typ von Diabetikern begegnen, Menschen, die keine Injektionen, Batterien oder piepende Messgeräte mehr brauchen. (Stattdessen werden Batterien und Messgeräte am Körper getragen wie bei der Tiefen Hirnstimulation gegen die Parkinson-Krankheit oder Depressionen.) Nach so vielen Irrtümern und falschen Vorstellungen, nach einem Mord, einem Würgeangriff, einem durch vier geteilten Nobelpreis, aber auch nach jenem unvergesslichen Augenblick, in dem die blaue Farbe sich in einer Zellgruppe ausbreitete, haben wir heute vielleicht das Rätsel dieses zweiteiligen Organs gelöst und es zu einem biologisch künstlichen Selbst gemacht. Wenn wir eines Tages das neue Organ in unseren Körper aufnehmen, wird das Pankreas – der zentrale Koordinator des Stoffwechsels und Produzent des Hormons, auf das alle Gewebe ansprechen – endlich seinem griechischen Namen gerecht werden. Es würde zu einem Teil von uns, eine neue Form von »allem Fleisch«.

Eines Abends gehst du essen. Vielleicht in Venedig – in einem prächtigen Restaurant in der Nähe der Giardini, der öffentlichen Gärten der Stadt nicht weit vom Ufer des Bacino di San Marco. Als Vorspeise gibt es Baccalà mantecato, eine luftige Stockfischcreme, die die Venezianer den Portugiesen gestohlen und als nationalen Küchenklassiker vereinnahmt haben. Es folgen ein Berg getoastetes Brot und eine riesige Schüssel mit Rigatoni, und der Chablis reicht aus, um einen kleinen Kanal zu füllen.

Auf dem Heimweg ist dir vielleicht nicht klar, dass in deinen Zellen ein Sturzbach in Gang gekommen ist. Lassen wir die Verdauung einmal kurz beiseite. Es ist ein Stoffwechselsturzbach einschließlich der Wiederherstellung des chemischen Gleichgewichts, ein kleines Wunder der Zellbiologie, das sich in deinem Körper abspielt, während du zu deinem Hotel zurückspazierst.

Die Kohlenhydrate von Brot und Rigatoni werden zu Zucker abgebaut – letztlich zu Glucose. Der Darm nimmt die Glucose auf, absorbiert sie und befördert sie in den Blutkreislauf. Wenn das Blut ins Pankreas kommt, nimmt dieses den hohen Glucosespiegel wahr und setzt das Insulin in Marsch. Das Insulin wiederum befördert den Zucker aus dem Blut in sämtliche Körperzellen, wo er je nach Bedarf entweder zur Energiegewinnung genutzt oder gespeichert werden kann. Letztlich ist das Gehirn der Empfänger der Signale: Sinkt der Blutzuckerspiegel zu weit ab, reagiert es mit Gegensignalen. Wieder andere Hormone, die von anderen Zellen ausgeschüttet werden, senden das Signal, gespeicherten Zucker ins Blut abzugeben. Die Speicher liegen in den Leberzellen, und die reagieren zumindest vorübergehend, indem sie ihre Glucosevorräte abgeben und das Gleichgewicht wiederherstellen.

Aber was geschieht mit dem vielen Salz? Dein Organismus wurde gerade von Natriumchlorid überschwemmt. Ohne tägliche Wiederherstellung würde dein Blut sich allmählich in Meerwasser verwandeln und hätte den Salzgehalt des Kanals, an dem du gerade gesessen hast. Auch wenn du es vielleicht nicht merkst, bekommst du Durst. Du trinkst ein, zwei, vielleicht drei Gläser Wasser. Jetzt greift ein zweiter Stoffwechselsensor ein. Wenn wir verstehen wollen, wie das Salz ausgeschieden wird, müssen wir die biologischen Eigenschaften der Zellen in einem anderen Koordinierungsorgan verstehen: der Niere.

In jeder Niere liegen vielzellige Strukturen, die Nephra (Einzahl Nephron), die erstmals Ende des 17. Jahrhunderts von Anatomen identifiziert wurden. Jedes Nephron kann man sich als Niere im Miniaturformat vorstellen. Es ist der Ort, an dem Blut und Nierenzellen aufeinandertreffen, hier entstehen die ersten Urintropfen. Das Blut transportiert überschüssiges, in seinem Plasma gelöstes Salz zu den Nieren. Dort gabeln sich die Blutgefäße immer weiter und bilden immer dünnere, dünnwandigere Arterien. Die dünnsten Gefäße winden sich schließlich und bilden einen zarten Klumpen aus Kapillaren, der so porös ist, dass die flüssigen Blutbestandteile, das Plasma – aber nicht die Zellen –, aus den Gefäßen ins Nephron übergehen können – in die kleine Niere.

Anschließend wandert die Flüssigkeit durch eine Membran, die sich um die Gefäße herum erstreckt, und schließlich durch eine Mauer aus spezialisierten Nierenzellen, die eine Art durchlässige Barriere bilden. All diese Übergänge – aus dem Blutgefäß, durch die Membran und durch die Mauer aus Nierenzellen – dienen als Filter. Große Proteine und Zellen werden gezielt zurückgehalten, und nur kleine Moleküle wie Salze, Zucker und Stoffwechselabfallprodukte wandern hindurch. Die Flüssigkeit – der Urin – gelangt dann in ein Sammelgefäß und in ein System von Röhren, die mit Zellen ausgekleidet sind und als Nierenkanälchen bezeichnet werden. Die Kanälchen münden in immer größere Sammelgefäße wie Nebenflüsse, die sich zu einem Fluss vereinigen. Am Ende steht der Harnleiter, ein großer Gang, der den Urin in die Blase leitet.

Aber zurück zu dem Natrium, das du aufgenommen hast. Überschüssiges Natrium sorgt dafür, dass ein Hormonsystem, das von der Niere und den unmittelbar darüber liegenden Nebennieren gesteuert wird, sein Signal abschwächt. Auf solche Veränderungen reagieren die Zellen in den Nierenkanälchen, indem sie das überschüssige Natrium in den Urin ausscheiden, sodass der Natriumspiegel im Blut auf den Normalwert zurückkehrt. Das Salz wird auch von spezialisierten Zellen im Gehirn wahrgenommen, die über die Gesamtkonzentration der Salze im Blut – die sogenannte Osmolalität – wachen. Spüren sie eine hohe Osmolalität, schütten sie ein weiteres Hormon aus, das die Zellen in den Nieren veranlasst, mehr Wasser zurückzuhalten. Nimmt der Körper mehr Wasser auf, wird das Natrium im Blut verdünnt und die Normalkonzentration wiederhergestellt – allerdings um den Preis, dass sich insgesamt mehr Wasser im Körper befindet. Am nächsten Morgen könnten deine Füße angeschwollen sein – aber vielleicht bist du der Ansicht, dass das Baccalà die drückenden Schuhe wert war.

Was geschieht mit Substanzen, die kein Abfall sind? Warum verlieren wir mit dem Urin nicht lebensnotwendige Nährstoffmoleküle oder Zucker? Solche unentbehrlichen Produkte werden von den Zellen in den Sammelgängen durch besondere Kanäle *resorbiert*. Mit dieser Antwort sind wir wieder bei einer seltsamen Strategie, der Zellen sich häufig bedienen: Wir erzeugen Überschuss, stutzen ihn dann zurück und stellen so den Normalzustand wieder her.

Und der Alkohol? Der letzte Typ in dem Trio der koordinierenden Zellen (oder dem Quartett, wenn man das Gehirn mitzählt) sind die Leberzellen oder Hepatozyten. Sie sind mit ihrer Funktion sowohl auf die Speicherung als auch auf die Abfallentsorgung spezialisiert sowie auf Ausscheidung, Proteinsynthese und Dutzende andere Funktionen. Die Abfallentsorgung ist für den Organismus so lebenswichtig – und die Leber ist so stark darauf spezialisiert –, dass es sich lohnt, sie gesondert in den Mittelpunkt zu stellen.

In der Regel halten wir den Stoffwechsel für einen Energiegewinnungsmechanismus. Aber man kann die Sache auch umgekehrt betrachten: Dann ist er ein Mechanismus zur Produktion von Abfallstoffen. Einen Teil davon beseitigen die Nieren, wie zuvor beschrieben, durch den Urin. Doch die Nieren sind keine Entgiftungsfabriken: Ihre Hauptfunktion besteht darin, Abfälle durch den Abfluss zu spülen.

In der Evolution der Leberzellen dagegen haben sich Dutzende von Mechanismen zur Entgiftung und Abfallbeseitigung entwickelt.[24] In einem solchen System wird ein Molekül erzeugt, das sich opfert, indem es sich an eine potenziell toxische Substanz anheftet und sie damit inaktiviert; sowohl das Opfermolekül als auch der Giftstoff werden dann weiter abgebaut, bis das Gift unschädlich gemacht wurde. Andere Abfallprodukte werden durch spezialisierte Reaktionen zerstört. Alkohol beispielsweise wird in einer ganzen Serie von Reaktionen zu harmlosen Substanzen abgebaut. In der Leber gibt es sogar spezialisierte Zellen, die tote oder sterbende Zellen auffressen, darunter auch rote Blutzellen. Was von den toten Zellen noch verwertet werden kann, wird dem Recycling zugeführt. Alles andere wird in den Darm abgegeben oder über die Nieren ausgeschieden. Kurz gesagt, gehören auch Leberzellen zum »Orchester« der Regulation und Gleichmäßigkeit – nur vollziehen sie ihre Steuerung im Gegensatz zu den Inselzellen des Pankreas im lokalen Umfeld. Die Pankreaszellen erhalten die Konstanz im Stoffwechsel aufrecht, die Nieren einen konstanten Salzgehalt. Die Leberzellen sorgen für chemische Gleichmäßigkeit.

Im Frühjahr 2020 wurden Labors geschlossen, weil Covid sich in New York und in der ganzen Welt ausbreitete. Im Krankenhaus bekam ich nur eine begrenzte Anzahl von Patienten zu sehen – unter anderem, weil ich noch ungeimpft war (die Impfstoffe waren noch nicht zugelassen) und fürchtete, eine Infektion an die Kranken weiterzugeben, die mit Chemotherapie behandelt wurden, sodass ihr Immunsystem das tödliche Virus nicht bekämpfen konnte. Dennoch versorgte ich diejenigen, die am schwersten erkrankt und damit am verletzlichsten waren. Die onkologische Abteilung des Krankenhauses arbeitete heldenhaft weiter, aufrechterhalten wurde der Betrieb von den Krankenschwestern.

Wenn ich nicht im Krankenhaus oder im Labor war, saß ich am Wochenende in einem Haus auf einer Klippe, von der ich den Long Island Sound überblicken konnte. Frühmorgens, wenn die geometrischen Gitterlinien der Sonnenstrahlen über den Rasen fielen wie die Lichtstrahlen aus einem Prisma, beobachtete ich zwei Fischadler, die dort ihr Nest gebaut hatten. Sie flogen über den Ozean und schienen dann wie durch ein Wunder in der Luft stillzustehen, selbst wenn launische Windböen aus wechselnden Richtungen kamen. Das gleiche Phänomen beschreibt der Schriftsteller Carl Zimmer bei Fledermäusen. Ihr wundersames Stillstehen in der Luft, so schrieb er, sei ebenfalls eine Form der Homöostase.[25]

Die wichtigsten Organe der Homöostase sind Leber, Pankreas,

Gehirn und Nieren.* Die Betazellen des Pankreas steuern mit dem Hormon Insulin die Stoffwechselhomöostase. Die Nephra in den Nieren steuern den Salz- und Wassergehalt und erhalten im Blut eine gleichmäßige Salzkonzentration aufrecht. Die Leber verhindert neben vielen anderen Funktionen, dass wir in Giftstoffen – darunter auch Ethanol – ertrinken. Das Gehirn koordiniert die Aktivitäten, indem es Konzentrationen wahrnimmt, Hormone abgibt und als Oberkoordinator der Gleichgewichtswiederherstellung tätig wird.

Stille. Bis zwölf zählen. »Jetzt zählen wir alle bis zwölf und sind so lange still.« Vielleicht ist das unsere am stärksten unterschätzte Qualität.

Am Ende werden wir alle durch irgendeinen heftigen Wind der pathologischen Abweichung in einem dieser Zellsysteme aus dem Gleichgewicht gebracht. Aber die vier Wächter der Homöostase wirken zusammen wie ein System von Flug- und Schwanzfedern, stellen sich immer wieder geringfügig um, wenn der Wind die Richtung wechselt, und halten den Organismus so auf einer Position. Wenn diese Systeme Erfolg haben, bleibt alles bestehen. Leben findet statt. Arbeiten sie fehlerhaft, wird das empfindliche Gleichgewicht gestört. Der Fischadler kann nicht mehr unbeweglich schweben.

* Ich schreibe hier ausdrücklich »wichtigsten«. Jede Zelle in jedem Organ unseres Körpers hat eine Form der Homöostase. Manche davon sind einzigartig, andere sind, wie wir in Teil I erfahren haben, allen Zellen gemeinsam.

TEIL 6

WIEDERGEBURT

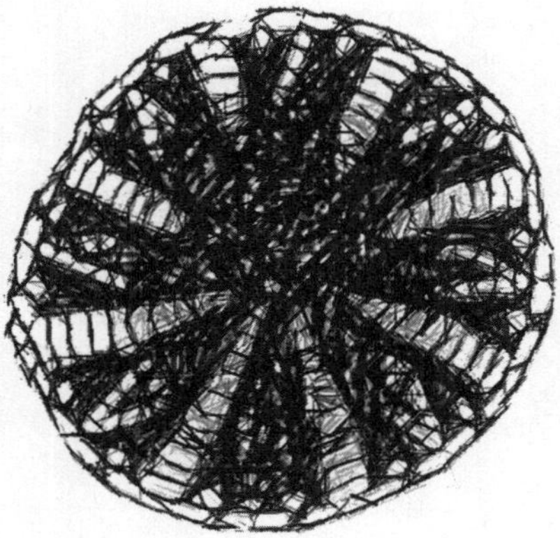

»Das Alter ist ein Kampf«, schrieb Philip Roth.[1] *In Wirklichkeit ist es ein Zermalmen, die stetige Zermürbung durch eine Verletzung nach der anderen, der unaufhaltsame Niedergang von der Funktion zur Fehlfunktion und der unvermeidliche Verlust von Widerstandskraft.*

Menschen begegnen diesem Niedergang mit zwei einander überschneidenden Prozessen: Reparatur und Verjüngung. Mit »Reparatur« meine ich eine Abfolge von Ereignissen in den Zellen, die nach einer Verletzung beginnt. Ihr typisches Kennzeichen ist eine Entzündung, gefolgt vom Zellwachstum, das die Schadstelle verschließt. »Verjüngung« dagegen ist die ständige Erneuerung von Zellen, die in der Regel von einem Reservoir aus Stamm- oder Vorläuferzellen ausgeht und eine Reaktion auf den natürlichen Tod und Verfall von Zellen darstellt. Beide – die Zahl der Stammzellen und ihre Funktionen – werden mit dem Alter drastisch schwächer. Reparaturen laufen langsamer ab. Das Reservoir für die Verjüngung verfällt.

Eines der verbleibenden Rätsel der Zellbiologie lautet: Warum können sich manche Organe im ausgewachsenen Organismus selbst reparieren oder verjüngen, während andere beide Fähigkeiten verlieren? Die blutbildenden Stammzellen können ein Blutsystem vollständig regenerieren. Nach dem Verlust eines Neurons dagegen regeneriert sich an seiner Stelle nahezu nie ein neues Neuron. In anderen Organen sind beide Vorgänge vermischt und ergänzen einander. Am kompliziertesten sind die Verhältnisse vielleicht im Knochen: Er bekämpft den Verfall mit Reparatur und Verjüngung. Zellen, die einen Knochen reparieren können, bleiben auch im Erwachsenenalter erhalten – ihre Funktion verschlechtert sich aber mit den Jahren. Dagegen erleben die Zellen, die in den Gelenken den Knorpel bilden, im Lauf des Lebens einen dramatischen Niedergang. Meine Mutter brach sich das Fußgelenk, aber der Bruch heilte, wenn auch langsam. Ihre Kniegelenke dagegen sind ein für alle Mal angeschwollen und werden nie mehr die Gelenkigkeit aus ihrer Kindheit zurückgewinnen, als sie mit Leichtigkeit auf Guavenbäume kletterte.

Am Ende werden wir uns einem Zelltyp zuwenden, der sich dem Verfall widersetzt: der Krebszelle, oder genauer gesagt den verschiedenen Krebszellen. Liegt es daran, dass manche Krebsformen sich wie Organe verhalten, die ein Verjüngungsreservoir besitzen – Krebsstammzellen? Oder bringen die Zellen einfach neue Zellen hervor wie nach einer Verletzung, wenn ein Organ sich selbst repariert? Ist Krebs eine Erkrankung der Reparatur, der Verjüngung oder beider Vorgänge?

Ein anderes hartnäckiges Rätsel im Zusammenhang mit Krebs lautet: Warum vermehren sich bösartige Zellen in bestimmten Organen, weigern sich aber, in anderen zu wachsen? Hat die Umgebung der Zellen eine Eigenschaft, die Krebserkrankungen begünstigt oder verhindert? Liegt es an ihrer Nährstoffversorgung?

Ganz eindeutig fehlen uns Kenntnisse über die Zellökologie von Krebs. Also werden wir zum Ende unserer Geschichte über Zellen auch Konzepte aus der Ökologie übernehmen. Über Zellen, Zellsysteme, Organe und Gewebe haben wir viele Kenntnisse erworben, aber über ein weiteres Organisationsniveau müssen wir noch viel lernen: über die Ökosysteme der Zellen. Die Musik, die die Komplexität der Zellphysiologie vorantreibt – und umgekehrt auch die Playlist der bösartigen Pathologie –, ist bis heute eines der ungelösten Rätsel der Zellbiologie.

KAPITEL 19

Wenn Zellen sich erneuern

Stammzellen und die Geburt der Transplantation

»He not busy being born is busy dying«
[Wer nicht eifrig damit beschäftigt ist, geboren zu werden, ist eifrig damit beschäftigt, zu sterben …]
Wir sind während des ganzen ersten, langen Anstiegs des Lebens mit Geborenwerden beschäftigt und dann, nach einem Höhepunkt, mit Sterben: Das ist die Logik der Zeile.
– Rachel Kushner, *Harte Leute*[2]

Stammzellen verwandeln sich nicht einfach in andere Zellen (ein Prozess, den man Differenzierung nennt), um aufzubauen, was der Körper braucht, und dann nach getaner Arbeit in aller Stille zu verschwinden. Sie sind mehr als nur die Vorläufer anderer Zellen. Sie verdoppeln sich auch – in einem nicht verfeinerten, undifferenzierten Zustand –, sodass sie sich weiterhin herumtreiben und später dem Ruf folgen können, wenn das Blutsystem einen Wiederaufbau braucht.
– Joe Sornberger, *Dreams and Due Diligence*[3]

Am 6. August 1945, ungefähr um 8 Uhr 15 morgens, fiel knapp 10.000 Meter über der japanischen Stadt Hiroshima eine Atombombe mit dem Spitznamen Little Boy aus einem amerikanischen Kampfflugzeug, einem B-29-Bomber mit dem Spitznamen *Enola Gay.*[4] Ungefähr 45 Sekunden lang fiel die Bombe herab und detonierte dann in der Luft, rund 650 Meter über dem Shima Surgical Hospital, wo die Krankenschwestern und Ärzte arbeiteten und die Kranken in ihren Betten lagen. Sie setzte eine Energie frei, die 15 Kilotonnen TNT entsprach – etwa 35.000 Autobomben, die gleichzeitig hochgingen. Vom Epizentrum breitete sich ein Feuersturm mit einem Radius von mehr als sechs Kilometern aus und zerstörte alles, was ihm im Weg stand. Der Teer auf den Straßen kochte. Glas floss wie Flüssigkeit. Häuser wurden in Schutt und Asche gelegt, wie von einer riesigen, alles verbrennenden Hand. Vor den Steinstufen der Sumitomo-Bank verwandelte sich ein Mann oder eine Frau augenblicklich in Dampf und hinterließ auf dem Stein, den die Feuersbrunst weiß gefärbt hatte, einen Schatten.

Die Wellen des Todes, die darauf folgten, hatten drei Höhepunkte. Etwa 70.000 bis 80.000 Menschen – fast 30 Prozent der Stadtbevölkerung – verbrannten fast augenblicklich. »Ich bemühte mich, den Atompilz zu beschreiben, diese turbulente Masse«, schrieb einer der Heckschützen aus dem Flugzeug. »Ich sah, wie an verschiedenen Stellen Feuer ausbrach wie Flammen, die aus einer Schicht Kohlen in die Höhe schießen […]. Es sah aus, als würde Lava oder Melasse die ganze Stadt bedecken, und sie schien nach außen zu den Vorgebirgen zu fließen, wo die kleinen Täler in die Ebene münden, und auch dort brachen überall Feuer aus.«[5]

Dann kam die zweite Welle durch die Strahlenkrankheit (oder »Atombombenkrankheit«, wie man sie anfangs nannte). Der Psychiater Robert Jay Lifton schrieb: »Die Überlebenden bemerkten bei sich selbst eine seltsame Form der Krankheit. Sie bestand aus Übelkeit, Erbrechen und Appetitlosigkeit; Durchfall mit großen Mengen Blut im Stuhl; Fieber und Schwäche; dunkelrote Flecken an verschiedenen Körperteilen durch Einblutungen in die Haut, … Entzündungen und Geschwüre von Mund, Rachen und Zahnfleisch.«[6]

Aber danach sollte noch eine dritte Welle der Zerstörung folgen. Überlebende, die geringere Strahlendosen abbekommen hatten, litten an Knochenmarkverlust mit der Folge chronischer Anämie. Die Zahl ihrer weißen Blutzellen stagnierte, nahm dann ab und brach im Lauf weniger Monate zusammen. Die Wissenschaftler Irving Weissman und Judith Shizuru formulierten es so: »Diejenigen, die an der niedrigsten tödlichen Strahlungsdosis starben, starben mit ziemlicher Sicherheit an einem Versagen der Hämatopoese [der Blutproduktion].«[7] Dass diese Überlebenden starben, lag nicht am akuten Tod von Blutzellen. Vielmehr fehlte ihnen die Fähigkeit, die ständige *Erneuerung* des Bluts fortzuführen; die Homöostase des Bluts brach zusammen. Das Gleichgewicht zwischen Regeneration und Tod war gestört. Oder, um Bob Dylan zu umschreiben: Zellen, die nicht eifrig damit beschäftigt waren, geboren zu werden, waren eifrig damit beschäftigt, zu sterben.

So makaber es war: Die Hiroshima-Bombe lieferte den Beweis, dass es im menschlichen Körper Zellen gibt, die ständig Blut erzeugen, und das nicht nur für einen Augenblick, sondern während des gesamten Erwachsenenalters. Werden diese Zellen abgetötet, wie es in Hiroshima geschah, bricht irgendwann das gesamte Blutsystem zusammen, weil die natürliche Verfallsquote nicht mehr mit der Verjüngungsquote im Gleichgewicht steht. Später wurden diese Zellen, die das Blut verjüngen, als »blutbildende« oder »hämatopoetische« Stamm- und Vorläuferzellen bezeichnet.

Am Anfang unserer Kenntnisse über Stammzellen stand ein Paradox: ein unvorstellbar gewalttätiger Angriff in dem Versuch, den Frieden am Ende eines unvorstellbar gewalttätigen Krieges wiederherzustellen. Aber Stammzellen sind auch selbst ein biologischer Widerspruch. Ihre beiden Hauptfunktionen scheinen sich auf den ersten Blick genau zu widersprechen. Einerseits muss eine Stammzelle »differenzierte« Zellen mit bestimmten Funktionen hervorbringen; eine Blutstammzelle muss sich teilen und so die Zellen entstehen lassen, die zu ausgereiften Elementen des Bluts werden – weiße Blutzellen, rote Blutzellen, Blutplättchen. Andererseits muss sie sich aber auch durch Teilung selbst erneuern, das heißt, sie muss wieder eine Stammzelle hervorbringen. Würde eine Stammzelle nur die erste Funktion erfüllen und sich zu reifen, funktionsfähigen Zellen differenzieren, wäre das Erneuerungsreservoir irgendwann erschöpft. Im Erwachsenenalter würde die Zahl unserer Blutzellen Jahr für Jahr sinken, bis keine mehr übrig sind. Schafft sie dagegen nur Ersatz für sich selbst – ein Phänomen, das man »Selbsterneuerung« nennt –, würde kein Blut produziert.

Das akrobatische Gleichgewicht zwischen Selbsterhaltung und Selbstlosigkeit – Selbsterneuerung und Differenzierung – macht die Stammzellen für einen Organismus unentbehrlich und ermöglicht im Blut und anderen Geweben die Homöostase. Die Essayistin Cynthia Ozick schrieb einmal, in der Antike habe man geglaubt, dass die feuchte Schleimspur, die eine Schnecke hinter sich zurücklässt, ein Teil der Seele der Schnecke sei.[8] Wenn der Schleim abgestreift wird, erschöpft sich die Schnecke nach und nach, bis der gesamte Organismus verschwindet. Eine Stammzelle (oder im Fall der Schnecke eine schleimproduzierende Zelle) sorgt dafür, dass die feuchte Schleimspur – das heißt neue Zellen – ständig gebildet wird und dass die Schnecke sich nicht so weit abwetzt, dass sie verschwindet.

Hier möge ein seltsamer Vergleich erlaubt sein. Man ist versucht, sich die Stammzelle wie einen Ururgroßvater oder eine Ururgroßmutter vorzustellen. Ihre Nachkommen bringen weitere Nachkommen hervor, und es entsteht eine gewaltige Abstammungslinie, die aus einer einzigen Ururgroßelternzelle hervorgegangen ist.

Aber eine wirkliche Stammzelle muss eine höchst seltsame Urururgroßmutter sein. Sie muss auch eine Kopie ihrer selbst zur Welt bringen, damit die Abstammungslinie sich weiterhin erneuern kann. Die Ururgroßmutter muss also nicht nur ein Kind zur Welt bringen, das sich im weiteren Verlauf zu einer riesigen Abstammungslinie vermehrt, sondern auch ein zweites Exemplar ihrer selbst, eine ewig lebende Zwillingsschwester. Wenn diese sich selbst erneuernde Ururgroßmutter geboren ist, kann sich der Regenerationsprozess grenzenlos fortsetzen. Eine solche Einrichtung hat etwas Mystisches – und tatsächlich finden wir in Mythen häufig Versuche mächtiger Könige oder Götter, Zwillingsgeschwister (Puppen, Voodoo-Gegenstände, heimlich in Tieren untergebrachte Seelen, in Amulette eingeschlossene Zwillingspersönlichkeiten) als Sicherungskopie herzustellen und damit für sich selbst und ihre Sippe einen Neuanfang zu ermöglichen, falls etwas Schreckliches geschieht. Wie die meisten echten Stammzellen, so müssen auch diese mythischen Doppelgänger still ruhen, bis eine Verletzung sie aufweckt. Dann aber werden sie wach und säen die ganze Sippe neu aus. Es ist keine Geburt, sondern eine Wiedergeburt.

Besitzen alle ausgewachsenen Lebewesen Stammzellen? Gibt es solche Zellen in allen Geweben oder nur in manchen? Wie in der Mode, so sind auch in der Wissenschaft manche Trends kurzfristig en vogue, und dann werden sie wieder verworfen. Der deutsche Biologe Ernst Haeckel hatte schon 1868 die Vermutung geäußert, dass alle vielzelligen Lebewesen aus einer einzigen Zelle – einer ersten Zelle – hervorgegangen sind.[9] Denkt man logisch weiter, muss diese erste Zelle in der Lage gewesen sein, sich zu allen Zelltypen zu differenzieren – Blut, Muskeln, Darm, Neuronen. Diese erste Zelle bezeichnete Haeckel als »Stammzelle«. Er gebrauchte den Begriff aber in einem sehr weiten Sinne: Die erste Zelle bringt einen ganzen Organismus hervor, aber lässt sie auch eine Kopie ihrer selbst entstehen?

In den 1890er-Jahren wurde in der Wissenschaft eine Zeit lang darüber diskutiert, ob sich eine solche totipotente Zelle – eine Zelle, die alle Körpergewebe hervorbringen kann – vielleicht irgendwo im ausgewachsenen Organismus verbirgt. (In einem gewissen Sinn besitzen Frauen einen *Vorläufer* einer solchen Zelle – die Eizelle: Wird sie befruchtet, kann sie sich zu allen Geweben eines neuen Organismus weiterentwickeln, aber leider wird dabei nicht die Mutter regeneriert.) Der Zoologe Valentin Hacker studierte 1892 die vielzelligen *Cyclops* (die Hüpferlinge, eine Gattung der Ruderfußkrebse) – sie sind nach dem griechischen Ungeheuer benannt, weil ihre Körper einem einzigen Auge ähneln – und fand eine Zelle, die sich zweiteilte,[10] wobei eine Tochterzelle die Gewebeschichten bildete, die zu Teilen des Organismus wurden, während die andere eine Keimzelle war: Aus dieser Zelle konnten in Zukunft alle Gewebe des Organismus hervorgehen, und damit war sie eine Stammzelle. Hacker übernahm dafür von Haeckel ebenfalls den Begriff »Stammzelle«. Im Vergleich zu dem Kollegen gebrauchte er ihn aber in einem präziseren Sinn: Er meinte damit eine erste Zelle, und aus ihr gingen zwei Tochterzellen hervor, von denen eine den Körper des *Cyclops* entstehen ließ, während die andere immer wieder neue Exemplare von *Cyclops* hervorbringen konnte.

Und die Säugetiere? Unter allen Organen und Geweben eines Säugetierorganismus bot sich vor allem eines für die Suche nach solchen Zellen an: das Blut. Die roten Blutzellen und auch manche weißen Blutzellen (darunter die Neutrophilen) sterben ständig ab und müssen ersetzt werden; wenn es Stammzellen gab, wo sonst als im Blut sollten sie sich aufhalten? Der Zytologe Artur Pappenheim hatte Ende der 1890er-Jahre das Knochenmark untersucht und dort Inseln aus Zellen gefunden, in denen mehrere Typen von Blutzellen regeneriert wurden, als wäre eine einzige Ausgangszelle in der Lage, all diese Zelltypen hervorzubringen.[11] Der Biologe Edmund Wilson wandte den Begriff »Stammzelle« auf Zellen an, die sowohl zur Differenzierung als auch zur Selbsterneuerung in der Lage sind, wie Hacker es bei *Cyclops* beobachtet hatte.[12]

Nachdem die Vorstellung von einer »Stammzelle« zu Beginn des 20. Jahrhunderts in der Biologie an Beliebtheit gewonnen hatte, wurde der Begriff stärker hierarchisch definiert.[13] Eine totipotente Zelle kann alle Zelltypen und Gewebe des Organismus hervorbringen, einschließlich der Plazenta, der Nabelschnur und der Strukturen, die den Embryo ernähren und schützen. Weiter unten auf der Erneuerungsleiter stand die »pluripotente« Zelle; aus ihr können nahezu alle Zelltypen hervorgehen, das heißt alle Gewebe des Fetus wie Gehirn, Knochen und Darm, nicht aber diejenigen, die als Plazenta und andere Versorgungsstrukturen den Fetus mit der Mutter verbinden. Noch eine Stufe niedriger steht die »multipotente« Zelle, die alle Zelltypen eines bestimmten Gewebes wie Blut oder Knochen erzeugen kann.

Von den 1890er- bis Anfang der 1950er-Jahre vertraten manche Biologen die Ansicht, die verschiedenen Elemente des Bluts – weiße Blutzellen, rote Blutzellen und Blutplättchen – würden aus den gleichen »multipotenten« Stammzellen hervorgehen, die im Knochenmark angesiedelt sind. Andere glaubten, jeder Zelltyp gehe aus einer anderen Stammzelle hervor. Aber da sich keine der beiden Vorstellungen zweifelsfrei beweisen ließ, geriet das Interesse an den mystischen Blutstammzellen aus der Mode. In den 1950er-Jahren wurden Stammzellen in der biologischen Fachliteratur kaum noch erwähnt.

Mitte der 1950er-Jahre nahmen die beiden kanadischen Wissenschaftler Ernest McCulloch und James Till ein Gemeinschaftsprojekt in Angriff, um die physiologischen Vorgänge bei der Regeneration der Blutzellen nach Strahleneinwirkung besser zu verstehen.[14] Die beiden waren mit ihrer ganz unterschiedlichen Herkunft ein ungleiches Duo. McCulloch – stämmig, klein, handfest – entstammte dem »alten Geldadel von Toronto«, wie ein Biograf es formulierte.[15] Er hatte einen lebhaften, vielseitigen Geist: »Er dachte sprunghaft und versuchte oft, spielerisch Punkte zu verbinden.« McCulloch hatte am Toronto General Hospital Innere Medizin studiert. Im Jahr 1957 wurde er für kurze Zeit zum Leiter der Abteilung für Hämatologie am Ontario Cancer Institute berufen, aber der eintönige Medizineralltag langweilte ihn; also verließ er das Institut schon bald wieder und wurde Vollzeitwissenschaftler.

Till dagegen war ein hochgewachsener, schlanker Sohn eines Farmers aus Saskatchewan und hatte an der Yale University in Biophysik promoviert. Er konnte pfeilschnell denken, war mathematisch interessiert und erbarmungslos detailversessen. Zu McCullochs wahnsinnigem Erfindergeist steuerte er die Methode bei. Die beiden ergänzten sich auch in ihren Interessen und Erfahrungen. Till war in Strahlenphysik ausgebildet; er wusste, wie man Strahlung kalibriert und ihre Auswirkungen auf den Organismus misst. (Er hatte bei dem berüchtigten pingeligen Harold Johns studiert, der die Auswirkungen der Kobaltstrahlung erforscht hatte.) McCulloch war Hämatologe und interessierte sich für das Blut und seine Entstehung.

Als die beiden 1957 mit ihrem Gemeinschaftsprojekt begannen, war Toronto eine schläfrige Provinzstadt. Wissenschaftliche Neuigkeiten sickerten nur langsam bis hierher durch. Aber nach dem Atombombenabwurf gab es international viel Interesse an der Frage, ob man den Körper und einzelne Organe vor den tödlichen Auswirkungen der Strahlung schützen könne. Till und McCulloch interessierten sich vor allem für die Wirkung der Strahlung auf das Blut. Aber wie sollten sie die Effekte quantitativ erfassen? Sie setzten eine Maus einer hohen Strahlendosis aus und stellten fest, dass die Blutbildung nach ungefähr zweieinhalb Wochen zum Stillstand kam; die Maus starb dann analog zu den Opfern der dritten Todeswelle in

Hiroshima. Es gab nur einen Weg, die Maus zu retten: Man musste ihr Knochenmarkzellen aus einer anderen Maus übertragen. Till und McCulloch verpflanzten Zellen aus dem Knochenmark einer zweiten Maus (dem Organ, in dem das Blut entsteht) und konnten so die bestrahlte Maus retten: Die Blutbildung kam in dem Tier wieder in Gang. Dieser grobe Ansatz – die Rettung eines nahezu toten Tiers – eröffnete der Stammzellbiologie ein ganz neues Forschungsgebiet.

An einem eisigen Sonntagnachmittag im Dezember 1960, wenige Tage vor Weihnachten, verließ Till sein Haus in Toronto und sah sich in seinem Labor die Ergebnisse eines Experiments an. Es war eine einfache Versuchsanordnung: Man hatte Mäuse einer so hohen Strahlendosis ausgesetzt, dass ihre körpereigene Blutbildung zum Erliegen gekommen war, und hatte ihnen dann das Knochenmark anderer Mäuse transplantiert. Man hatte jeder von ihnen eine andere Zahl von Knochenmarkzellen verabreicht, um sie vor dem Tod zu retten.

Till opferte die Mäuse, obduzierte sie und sah sich systematisch alle Organe an. Knochenmark, Leber, Blut, Milz. Auf den ersten Blick gab es nicht viel zu sehen. Als Till die Milz aber genauer betrachtete, fand er winzige weiße Klumpen – Zellkolonien. Mit seiner mathematischen Neigung zählte er die Kolonien in den einzelnen Mäusen und trug die Ergebnisse in ein Diagramm ein. Die Zahl der »Klumpen« entsprach nahezu genau der Zahl der transplantierten Zellen. Je mehr Zellen sie transplantiert hatten, desto mehr Kolonien hatten sich gebildet. Was konnte das bedeuten? Die einfachste Antwort lautete: Die Kolonien entsprachen nicht nur der Zahl transplantierter Zellen, die zufällig in die Milz gelangt waren, sondern waren ein quantitatives Maß für einen besonderen Zelltyp. Diese Zellen mussten von sich aus die Neigung besitzen, in der Milz Kolonien zu bilden – was ein Anzeichen für Regeneration war –, und sie mussten im Knochenmark in einem festen Anteil vorhanden sein (denn je mehr Zellen transplantiert wurden, desto mehr klumpenförmige Kolonien bildeten sich).

Wie Till und McCulloch schon bald herausfanden, war jeder Klumpen eine Kolonie aus Blutzellen, die sich regenerierten. Es war aber nicht irgendein regenerierender Knoten. Die Kolonien brachten *alle* aktiven Elemente des Bluts hervor – rote Blutzellen, weiße Blutzellen und Blutplättchen. Außerdem waren sie außerordentlich selten: Auf jeweils 10.000 Zellen aus dem Knochenmark kam nur eine Kolonie.

Till und McCulloch veröffentlichten ihre Befunde in einer Fachzeitschrift für Strahlenbiologie.[16] Der Artikel trug den Allerweltstitel »Ein direktes Maß für die Strahlungsempfindlichkeit normaler Knochenmarkzellen von Mäusen«; interessant ist, dass hier »Stammzellen« nicht einmal beiläufig erwähnt wurden. »Man muss daran denken, dass sich damals nur eine relativ kleine Gruppe für solche Arbeiten interessierte«, schrieb Till.[17] »Es war lange bevor die große Aufregung über das einsetzte, was in den nächsten zehn Jahren geschah.« Instinktiv wussten Till und McCulloch, dass sie mit ihren Befunden eine ungeheuer bedeutsame Gesetzmäßigkeit aufgedeckt hatten: Wie unerschrockene Gründer, die in einem selbst gebauten Boot einen Ozean überqueren, war ein winziger Anteil der transplantierten Knochenmarkzellen zur Milz gewandert und hatte dort vereinzelte Kolonien zur Regeneration des Bluts aufgebaut – und zwar *aller* wichtigen Zellbestandteile des Bluts. Der Wissenschaftsautor Joe Sornberger formulierte es so: »Der Artikel vermittelte eine ganz neue Sichtweise auf die Blutbildung im Organismus, ganz zu schweigen davon, dass er eine Fülle potenzieller Folgerungen für andere biologische Neubewertungen präsentierte – denn wenn es sich beim Blut so verhält, wie produziert der Körper dann Herzmuskulatur oder Gehirngewebe? Dennoch warf er die wissenschaftliche Welt nicht sofort aus dem Gleis, sondern blieb in der größeren Biologengemeinde weitgehend unbeachtet.«[18]

Anfang der 1960er-Jahre vertieften Till und McCulloch in Zusammenarbeit mit Louis Siminovitch und Andrew Becker ihre Untersuchungen an den koloniebildenden Blutzellen. Zunächst wiesen sie nach, dass manche Kolonien alle drei Zelltypen – rote Blutzellen, weiße Blutzellen und Blutplättchen – produzieren und damit definitionsgemäß »multipotente« Zellen sind. Ein Jahr später bewiesen sie, dass jede Kolonie aus einer einzigen »Gründerzelle« hervorgegangen war. Und als sie schließlich die Zellkolonien aus der Milz isolierten und in bestrahlte Mäuse verpflanzten, stellte sich heraus, dass sie in der Lage waren, weitere multipotente Kolonien hervorzubringen – das typische Kennzeichen für Selbsterneuerung.

Letztlich hatten sie Zellen entdeckt, die nicht nur eine Abstammungslinie von Blutzellen, sondern mehrere hervorbringen können: rote Blutzellen, weiße Blutzellen und Blutplättchen. Sie hatten die blutbildende oder hämatopoetische Stammzelle gefunden. Irving Weissman, der heute an der Stanford University das Stammzellen-Forschungsprogramm leitet, war noch Student, als er den ersten Artikel von Till und McCulloch über die Strahlungsempfindlichkeit las. Später sagte er: »Die eigentliche Entdeckung bestand darin, dass man die Sache umgedreht hatte: von ›das Knochenmark ist eine Blackbox, und wir wissen nichts darüber‹ zu ›im Knochenmark gibt es bestimmte Zellen, die mehrere Zelltypen produzieren können‹.«[19]

Weissman kann sich noch gut erinnern, wie das Experiment in der Welt der Zellbiologie einschlug. Till und McCulloch hatten »ganz neu definiert, wie man über Blut, die entscheidende Quelle des Lebens, nachdenkt«. Bis zu ihren Experimenten »hatte man geglaubt, jeder Zelltyp im Blut würde von einer eigenen Ausgangszelle abstammen«, fuhr er fort. »Aber Till und McCulloch haben genau das Gegenteil bewiesen. Die Mutterzelle der roten Blutzellen, die Mutterzelle der weißen Blutzellen und die Mutterzelle der Blutplättchen stammen von derselben Stammzelle ab. All diese Stammzellen lassen immer mehr Zellen – rote, weiße, Plättchen – entstehen, bis ein ganz neues Blutsystem geschaffen ist. Das hatte auf das Fachgebiet der Knochenmarktransplantation ungeheure Auswirkungen. Wenn man diese Zellen findet, lässt sich damit das gesamte Blutsystem regenerieren.«[20] Mit Stammzellen eines einzigen Typs konnte man einen Menschen mit einem ganz neuen Blutsystem ausstatten.

Weissman machte sich auf die Suche nach diesen Zellen. Wo waren die Stamm- oder Vorläuferzellen angesiedelt? Was konnte man über ihr Verhalten, ihren Stoffwechsel, ihre Größe, Form und Farbe in Erfahrung bringen? Angeregt durch die Experimente von Till und McCulloch, reinigte Weissman die Zellen mit der Durchflusszytometrie, einer Methode, die das Wissenschaftlerehepaar Leonard und Leonore Herzenberg in Stanford entwickelt hatte.[21] Vereinfacht gesagt, färbt man dabei Zellen entsprechend den Proteinkombinationen auf ihrer Oberfläche wie mit Buntstiften in unterschiedlichen Farbkombinationen (eine Zelle: blau und grün, eine andere: grün und rot). Die »Buntstifte« sind Antikörper, die verschiedene Proteinmoleküle auf der Zelloberfläche erkennen und mit unterschiedlich fluoreszierenden Molekülen gekoppelt sind. Mit einer Apparatur kann man die Zellen dann anhand ihrer unterschiedlichen Farbkombinationen trennen.

Weissman probierte Dutzende von Farbkombinationen aus und fand schließlich eine, mit der er die Blutstammzellen aus dem Knochenmark von Mäusen abtrennen konnte.[22] Wie Till und McCulloch prophezeit hatten, waren sie selten – es war noch nicht einmal eine unter 10.000 Zellen –, aber äußerst vielseitig. Als man Weissmans Methode verfeinert hatte und immer mehr Marker hinzukamen, konnte man schließlich eine einzige Blutstammzelle isolieren und mit ihr das gesamte Blutsystem einer Maus regenerieren. Anschließend konnte man aus dieser Maus wiederum eine einzelne derartige Zelle entnehmen und damit das Blut einer zweiten Maus wiederherstellen. Anfang der 1990er-Jahre nutzten Weissman und andere die gleiche Methode, um blutbildende Stammzellen bei Menschen nachzuweisen.

Die hämatopoetischen Stammzellen von Mäusen und Menschen sehen sehr ähnlich aus. Es sind kleine, runde Zellen mit einem kompakten Zellkern. Im Ruhezustand teilen sie sich nur selten. Wenn sie aber in die richtige Mischung aus chemischen Faktoren gebracht werden oder im Knochenmark die richtigen inneren Signale erhalten, beginnen sie, sich hektisch zu vermehren. (Als einer der Ersten fand der australische Wissenschaftler Donald Metcalf in den 1960er-Jahren solche chemischen »Faktoren«, die ganz bestimmten, von den Stammzellen abgeleiteten Zelltypen das Wachstum ermöglichen.[23]) Eine einzige Stammzelle kann Milliarden ausgereifte rote und weiße Blutzellen hervorbringen – und auch ein ganzes Organsystem eines Tiers.

Im Frühjahr 1960 erkrankte die sechsjährige Nancy Lowry.[24] Sie hatte dunkle Augen, dunkle Haare und Stirnfransen, die bis auf die Augenbrauen hingen. Die Zahl ihrer Blutzellen ging zurück; die Kinderärzte diagnostizierten eine Anämie. Bei der Knochenmarkbiopsie zeigte sich, dass sie an aplastischer Anämie litt, einer Störung der Knochenmarkfunktion. Aber Barbara Lowry, Nancys eineiiger Zwillingsschwester, ging es gut. Ihre Blutwerte waren normal, Anzeichen für ein Versagen des Knochenmarks gab es nicht.

Das Knochenmark produziert Blutzellen, denn die müssen regelmäßig ersetzt werden, und bei Nancy sank ihre Zahl rapide. Die Ursachen der Krankheit sind häufig rätselhaft – eine Infektion, eine Immunreaktion oder auch eine Reaktion auf ein Medikament –, aber in ihrer typischen Form füllen sich die Zwischenräume, in denen sich die jungen Blutzellen befinden, nach und nach mit Kügelchen aus weißem Fett.

Die Familie Lowry lebte in Tacoma, einer grünen, regenreichen Ortschaft im US-Bundesstaat Washington. Im Klinikum der University of Washington in Seattle, wo Nancy behandelt wurde, hatten die Ärzte keine Ahnung, wie sie weiter vorgehen sollten. Sie übertrugen ihr rote Blutzellen, aber deren Zahl ging immer wieder zurück. Einer der behandelnden Ärzte kannte den Mediziner und Wissenschaftler E. Donnall (»Don«) Thomas, der bereits versucht hatte, Knochenmark von einem Menschen zum anderen zu übertragen.[25] Thomas arbeitete in Cooperstown im Bundesstaat New York. Ihn baten die Ärzte aus Seattle um Hilfe.

Thomas hatte in den 1950er-Jahren eine neue Therapieform ausprobiert: Er hatte einem Leukämiepatienten die Knochenmarkzellen des gesunden Zwillingsgeschwisters übertragen. Vorläufigen Anhaltspunkten zufolge hatten sich die Blutstammzellen aus dem gespendeten Knochenmark in den Knochen des Patienten »festgesetzt«, aber er hatte dennoch schnell einen Rückfall erlitten. Thomas hatte sich darum bemüht, die Methode der Stammzellenverpflanzung an Hunden zu verfeinern, und dabei geringfügige Erfolge erzielt. Jetzt überredeten ihn die Ärzte aus Seattle, es noch einmal bei einem Menschen zu probieren. Nancys Knochenmark versagte, aber es war nicht von bösartigen Zellen besiedelt. Glücklicherweise waren die Lowry-Schwestern eineiige Zwillinge und vollkommen »histokompatibel«: Man konnte Knochenmark von der einen zur anderen übertragen, ohne dass es abgestoßen wurde. Würden die Blutstammzellen der einen Zwillingsschwester in der anderen »anwachsen«?

Thomas flog nach Seattle. Am 12. August 1960 erhielt Barbara ein Beruhigungsmittel, und ihre Hüften und Beine wurden 50-mal mit einer dicken Kanüle angestochen, damit man die rote Brühe des Knochenmarks entnehmen konnte. Das Mark wurde in Salzlösung verdünnt und tropfte dann in Nancys Kreislauf. Die Ärzte warteten. Die Zellen steuerten die Knochen an und produzierten allmählich normales Blut. Als sie entlassen wurde, war ihr Knochenmark fast vollständig wiederhergestellt. Nancys Blut gehörte in gewisser Weise ihrer Zwillingsschwester.

Nancy Lowry erlebte eine der ersten erfolgreichen Knochenmarktransplantationen der Medizingeschichte. Es war ein Musterbeispiel für praktisch angewandte Zelltherapie – Nancys »Arznei« war kein Medikament und keine Pille gewesen, sondern die *Zellen* ihrer Zwillingsschwester. In Toronto charakterisierten Till und McCulloch die Blutstammzellen von Mäusen. In Stanford fand Weissman am Ende heraus, wie man sie aus menschlichem Knochenmark gewinnt. In Seattle hatte Donnall Thomas die Blutstammzellen medizinisch nutzbar gemacht. Er hatte sie in Menschen »zum Leben erweckt«.

Im Jahr 1963 zog Thomas endgültig nach Seattle. Er richtete sein Labor zuerst am Public Health Service Hospital der Stadt ein, und zwölf Jahre später wechselte er an das neu gegründete Fred Hutchinson Cancer Center – das Hutch, wie die Ärzte es nannten. Er war entschlossen, die Knochenmarktransplantation auch zur Behandlung anderer Krankheiten einzusetzen, insbesondere bei Leukämie. Nancy und Barbara Lowry waren eineiige Zwillinge, und bei einer von ihnen hatte er eine Blutkrankheit, die kein Krebs war, mit den Zellen der anderen heilen können. Solche Fälle waren allerdings äußerst selten. Wie sah die Sache aus, wenn an einer Krankheit bösartige Blutzellen beteiligt waren wie bei der Leukämie? Und wenn es sich bei dem Spender nicht um einen eineiigen Zwilling handelte? Den Verheißungen der Transplantationen stand die Tatsache im Weg, dass unser Immunsystem dazu neigt, Stoffe aus einem anderen Organismus als fremd zu erkennen und abzustoßen; nur bei eineiigen Zwillingen, deren Gewebe genau zueinander passen, stellt sich das Problem nicht.

Thomas erkannte einen Weg, es zu umgehen. Zuerst wollte er versuchen, die bösartigen Blutzellen mit hohen Chemotherapie- und Strahlendosen auszurotten. Dabei würde er das funktionsfähige Knochenmark zerstören und sowohl von krebsartigen als auch von normalen Zellen reinigen.[26] Das wäre eigentlich tödlich, aber die Knochenmarkstammzellen eines eineiigen Zwillings konnten als Ersatz dienen und gesunde neue Zellen entstehen lassen.

Die nächsten Probleme erwuchsen aus Bestrebungen, »allogene« Transplantationen vorzunehmen (griechisch *allo* = »anders«), das heißt, Knochenmark von einem Menschen zu transplantieren, der kein eineiiger Zwilling war. Georges Mathé, der französische Pionier der Knochenmarktransplantation, hatte schon 1958 das Knochenmark von einer ganzen Reihe von Spendern an jugoslawische Forscher übertragen, die versehentlich schädlichen Strahlendosen ausgesetzt gewesen waren und danach an akutem Knochenmarkversagen litten.[27] Die Spenderzellen waren kurz angewachsen, dann aber verschwunden. Einige Zeit nach der Transplantation hatte Mathé dann genau das Gegenteil dessen beobachtet, was er erwartet hatte: Bei den jugoslawischen Wissenschaftlern setzte eine akute verheerende Krankheit ein.

Mathé gelangte zu der Erkenntnis, dass die entsetzliche Krankheit entstand, weil das Spenderknochenmark mit einer Immunantwort den Empfängerorganismus angriff. *Der Gast attackierte den Wirt.* Diese Reaktion ist die Folge eines uralten Systems, das die Souveränität der Organismen aufrechterhält (und eingedrungene Zellen abstößt) – nur verlief die Souveränitätswahrung im Fall der Knochenmarktransplantation in umgekehrter Richtung. Wie eine meuternde Mannschaft, die auf einem unbekannten Schiff zusammengepfercht ist, so erkennen die Immunzellen des Spenders den Körper um sie herum als fremd und greifen ihn an. Das Andere (das Implantat) wird zum Selbst, und das Selbst wird entsprechend zum Fremden.

Andere Pioniere der Organtransplantation hatten bereits herausgefunden, dass man solche Abstoßungskräfte dämpfen kann, wenn Spender und Empfänger einigermaßen gut zusammenpassen. (Erinnern wir uns noch einmal an die Entdeckung der Histokompatibilitätsgene, die darüber bestimmen, ob ein Empfänger ein Transplantat annimmt.) Es gab jetzt Tests, mit denen man die Verträglichkeit vorhersagen konnte, und damit verbesserten sich die Chancen, dass fremde Knochenmarkzellen anwuchsen. Außerdem hatte man verschiedene immununterdrückende Medikamente entwickelt, die den Widerstand des Wirts weiter dämpften, sodass das Allotransplantat (das heißt das Transplantat eines fremden Spenders) vom Organismus angenommen werden konnte.

Im Lauf der nächsten Jahre sammelte Thomas eine Gruppe von Ärzten um sich, die das Fachgebiet der Knochenmarktransplantation weiter voranbrachten.[28]

Einer von ihnen, der hochgewachsene, deutschstämmige Ruderfanatiker Rainer Storb, konzentrierte sich auf Gewebetypisierung und Transplantationstherapie; seine Frau Beverly Torok-Storb war eine scharfsinnige klinische Medizinerin. Der zierliche, in Sibirien geborene, fußballbegeisterte Dr. Alex Fefer hatte nachgewiesen, dass sich das Immunsystem bei Mäusen gegen Tumore wenden konnte (sodass das Immunsystem des Spenders die Leukämie ausmerzt); und Dons Frau Dottie Thomas, die in Labor und Klinik die Tagesgeschäfte führte, wurde von allen »die Mutter der Knochenmarktransplantation« genannt.

Diese Studien, für die Thomas mit dem Nobelpreis ausgezeichnet wurde, bezeichnete er später als »erste klinische Erfolge«. Aber für die Krankenschwestern und Techniker in Seattle, die sich um die Patienten kümmerten, waren sie oftmals ein entsetzliches Erlebnis – von den Patienten selbst ganz zu schweigen. »Von den 100 Leukämiepatienten, bei denen wir in diesen ersten Jahren eine Transplantation vorgenommen hatten, starben 83 innerhalb der ersten Monate«, sagte mir einer der Ärzte.

Den Höhepunkt erreichte die Katastrophe in dieser biblischen Ansammlung von Plagen, wenn die vom Knochenmark des Spenders produzierten Blutzellen eine heftige Immunantwort gegen den Organismus des Patienten aufbauten – das Phänomen der »Graft-versus-host-Reaktion«, das Mathé schon bei seinen ersten Transplantationsexperimenten entdeckt hatte.[29] Manchmal war es ein vorübergehender Sturm, manchmal wurde es zu einer chronischen Gesundheitsstörung. Ob akut oder chronisch, in beiden Formen verlief die Krankheit oftmals tödlich.

Allerdings bemerkten Fred Appelbaum, der damals in dem Ärzteteam an den ersten Knochenmarktransplantationen gegen Leukämie mitwirkte, und andere Forschende bei genauerer Analyse der Daten etwas Interessantes: Der Immunangriff gegen das Selbst – die Reaktion des Transplantats gegen den Wirt – konnte auch zu einem Immunangriff gegen die Leukämie werden.[30] Patientinnen und Patienten, die die Katastrophe überlebten, besiegten auch mit der größten Wahrscheinlichkeit die Leukämie. Damit war definitiv bewiesen, dass ein »neu hochgefahrenes« Immunsystem, das von einem fremden Spender stammte, sich in einem Körper festsetzen und dann den Krebs abstoßen konnte, was zur Heilung einer ansonsten tödlichen Blutkrebserkrankung führte.

Es war ein erstaunlicher, aber auch ernüchternder Befund: Das Gift war das Heilmittel. Als ich Appelbaum an diese ersten Transplantationsversuche erinnerte, bemerkte ich in seinem Gesicht einen wehmütigen Blick, als würde er sich an jeden einzelnen Patienten erinnern.[31] Er hat eine sanfte, väterliche Art, jahrelange Fehlschläge haben ihn demütig werden lassen. Er dachte zurück an die Jahre, in denen niemand überlebt hatte – und dann an die Zeit, als das Team in einem Fall nach dem anderen das langfristige Überleben nach einer Zelltherapie zur Bekämpfung tödlicher Krankheiten miterlebt hatte. Letztlich hatten sie Erfolg gehabt – aber der hatte einen hohen Preis.

Ich lernte Don und Dottie Thomas bei einer Tagung in Chicago kennen. Sie waren mittlerweile gebrechlich und mager. Die beiden hielten sich gegenseitig fest wie zwei gegeneinander gelehnte Spielkarten: Entfernt man die eine, fällt die andere um. Ich reihte mich in die Masse der Bewunderer ein, um den Eltern der Zelltherapie meine Anerkennung zu zollen.

Don ging gemächlich zum Podium und hielt seinen Vortrag. Einst war er wegen seiner hoch aufragenden Gestalt berühmt gewesen, jetzt aber zögerte er beim Sprechen und machte Pausen zwischen den Sätzen. Der Hörsaal war bis auf den letzten Platz gefüllt – fast 5000 Hämatologen hatten sich versammelt, um den Vortrag zu hören –, und die allgemeine Ehrerbietung war mit Händen zu greifen. Don erinnerte an die Anfangszeit der Transplantation und an die heldenhaften Bemühungen – wie auch die heldenhaften Patienten –, die letztlich zu den ersten allogenen Knochenmarktransplantationen geführt hatten.

Im Jahr 2019 flog ich nach Seattle. Ich wollte mit den Krankenschwestern sprechen, die in den ersten Jahren in der Station für Knochenmarktransplantationen gearbeitet hatten. Die meisten von ihnen waren im Ruhestand, aber einige hatten noch Kontakt zu der Klinik. Ich saß in einem Besprechungszimmer wenige Stockwerke über den glitzernden neuen Labors, in denen die Zellen von Patientinnen und Patienten für gentherapeutische Versuche vorbereitet wurden, Studien wie jene, durch die Emily Whitehead mit den CAR-T-Zellen geheilt worden war.

Als die Schwestern hereinkamen, umarmten und küssten sie sich.

Sie erinnerten sich noch an ihre Spitznamen, aber auch an die Namen aller Patientinnen und Patienten, die sie in jenen ersten Jahren behandelt hatten. Einige brachen in Tränen aus. Es war ein unverhofftes Wiedersehen.*

»Erzählen Sie mir von den ersten Patienten«, bat ich.

»Der allererste Patient hatte chronische Leukämie«, sagte mir A. L., eine der Schwestern. »Er hieß Bowlby […], ein älterer Mann«, dann korrigierte sie sich: »Nein, nein, er war erst knapp über 50. Er ist […] an einer Infektion gestorben. Nummer zwei war ein junger Mann mit Leukämie, dann kam ein kleines Mädchen. Sie sind beide gestorben.«

Sie erinnerten sich an Don und Dottie, an das Ehepaar Storb, an Appelbaum und Fefer, die Wegbereiter und Pioniere der Zelltherapie. »Jeden Morgen war einer von ihnen bei der Visite dabei, hat jedem Patienten die Hand gehalten und gefragt, wie die Nacht gewesen war«, sagte eine.

»Im Jahr 1970 hatten wir einen kleinen Jungen mit Leukämie«, erzählte eine andere Schwester. »Er war zehn. Er hat überlebt – ungefähr zehn Jahre – und ist ins College gegangen, aber er hatte mit Lungeninfektionen zu kämpfen. Und dann ist er gestorben.«

Ich erkundigte mich, wie das Krankenhaus ausgesehen hatte und wie es dort zugegangen war.

»Es gab 20 Betten«, berichtete J. M., eine weitere Krankenschwester. »In dem Schwesternzimmer stand auch die Eismaschine. Ich weiß noch, dass es klein war. Es war eng. Jeder hat jeden aufgemuntert. Da war ein Kind, das wollte jeden Abend die gleiche Geschichte hören.

---

* Die Namen der Schwestern nenne ich hier absichtlich nicht. Damit will ich nicht ihren gewaltigen Beitrag zu den Knochenmarktransplantationen schmälern, sondern nur ihre Identität schützen und ihre Privatsphäre wahren.

Von einem Jungen, der in eine Höhle ging und einen Bären getötet hat.« Und so wurde er Nacht für Nacht, während die Chemotherapeutika in seine Venen tropften, mit dieser Geschichte in den Schlaf gewiegt.

Die Bestrahlung der Patienten – mit der ihre Blutzellen abgetötet wurden, damit Platz für das neue Knochenmark war – fand einige Kilometer entfernt in einem höhlenartigen Betonbunker statt. Daneben waren die Hunde untergebracht, die man für die Transplantationsexperimente brauchte, und so mussten die Patienten, die in der Betonkammer eingeschlossen waren, während ihrer Bestrahlung das unaufhörliche Bellen hören.

Anfangs wurde die gesamte Strahlendosis zur Abtötung des Knochenmarks auf einmal verabreicht.* »Nach der Hälfte der Bestrahlung wurde den Patienten so übel, dass es einfach unerträglich war«, sagte eine der Schwestern. »Sie haben gebrochen und gebrochen. Wir mussten die Türen des Bunkers öffnen und hineingehen und ihnen helfen. Richtig starke Antibrechmittel gab es damals noch nicht […], also sind wir mit Wasser hineingegangen, mit Schüsseln und Mundspülungen und feuchten Handtüchern. Und dann war da dieser siebenjährige Junge …«

Sie musste schluchzen. Eine andere Frau stand auf und umarmte sie.

»Erzähl ihm von dem Piloten«, drängte eine der Schwestern.

Der Pilot war Anatoli Grischtschenko. Im Jahr 1986, als das Kernkraftwerk in Tschernobyl in die Luft flog, wurde er mit einem Hubschrauber losgeschickt, um Sand und Beton auf die offenen Schlote

* Später gab man mehrere Dosen im Lauf einiger Tage, was die Übelkeit stark verminderte. Auch neue Antibrechmittel wie Zofran und Kytril trugen erheblich dazu bei, die von der Strahlung verursachten Wellen der Übelkeit abzumildern.

des Reaktors fallen zu lassen, der giftiges, radioaktives Gas ausspuckte – letztlich sollte er damit das Kraftwerk in einen Betonsarkophag verwandeln.[32] Angeblich war er von Kopf bis Fuß in Bleipanzer eingepackt, aber die Radioaktivität drang dennoch in seinen Körper ein und fand den Weg ins Knochenmark.

Im Jahr 1988 wurde bei ihm eine Leukämievorstufe diagnostiziert. Bis 1990 hatte sich die Krankheit zu einer voll ausgeprägten Leukämie entwickelt. In Frankreich fand sich eine Frau, deren Knochenmark nahezu vollständig passte. Ein Arzt des Hutchinson Center flog nach Paris und überwachte die Knochenmarkgewinnung, dann flog er über Nacht mit dem Knochenmark nach Seattle, und dort unterzog sich Grischtschenko der Transplantation.

»Er hat es nicht geschafft«, erzählte mir die Schwester. »Wir haben ihn tagelang beobachtet, aber am Ende ist die Leukämie zurückgekommen.«

So ging es immer wieder. »Wir hatten einen Überlebenden von 1970. Drei von 1971. Und 1972 waren es auch ein paar. Viele Langzeitüberlebende gab es nicht – aber manche haben es 20, 30, 40 Jahre geschafft. Mitte der Achtziger hatten wir wirkliche Langzeitüberlebende. Zehn, zwanzig, einige Dutzend, die nach der Transplantation noch fünf oder zehn Jahre gelebt haben.«

Unten in der Eingangshalle des Hutchinson Center steht eine spiralförmige Skulptur, die den scheinbar unaufhaltsamen, stetigen Fortschritt der Transplantationsmedizin darstellen soll.[33] Ich sah genauer hin und betrachtete die Zahlen, die Jahr für Jahr aufwärtsgingen – fünf, 20, 200, 1000, schließlich mehrere Tausend im Jahr 2021. Auch die Heilungsquote bei tödlichen Krankheiten war gestiegen: In einer Studie hatten Patientinnen und Patienten mit akuter myeloischer Leukämie eine Chance zwischen 20 und 50 Prozent, nach der Transplantation noch fünf Jahre zu überleben.

Eine der Schwestern war nach unten gekommen und betrachtete mit mir die Skulptur. Sie legte mir die Hände auf die Schultern.

»Das war nicht so einfach damals«, sagte sie. Sie wusste, dass die glatte, spiralförmige Linie in Wirklichkeit ein gezacktes Diagramm war – Fehlschläge, unterbrochen durch seltene Erfolge. Aber dann häuften sich die Erfolge. Heute werden jedes Jahr Tausende von Knochenmarktransplantationen bei Dutzenden von Krankheiten durchgeführt. Die Erfolgsquoten sind unterschiedlich, aber die Methode ist heute ein wichtiger Pfeiler der Zelltherapie. In meiner eigenen Klinik kann ich mich an eine Fülle von Patientinnen und Patienten erinnern, die an tödlichen Formen der Leukämie litten und durch Knochenmarktransplantationen geheilt wurden.

Die Krankenschwester zeichnete mit der Hand die glatte Linie der Kurve nach und lächelte. Ich musste an Grischtschenko in seinem Hubschrauber denken – wie er in der Luft hing und von einem Nebel aus giftigem Plutonium umgeben war. Oder an den Jungen, der in seiner Fantasie in die Höhle ging und einen Bären tötete. Ich konnte die entsetzliche Angst des kleinen Kindes in dem Betonbunker spüren, wie es sich vor Übelkeit krümmte, während nebenan die Hunde bellten. Ich dachte an die Krankenschwestern mit ihren feuchten Handtüchern, an diejenigen, die Nachtwache hielten, die Infektionen verhindern wollten, die den Patienten den ganzen Tag die Hand hielten und über sie wachten, als wären es ihre eigenen Kinder. Als die Krankenschwestern die Klinik verließen, standen viele Ärzte und andere Mitarbeitende auf, als sie vorübergingen. Es war die schweigende Anerkennung ihrer vielen großen Leistungen. Und ich merkte, dass auch ich Tränen in den Augen hatte.

Die Geburt der Zelltherapie von Blutkrankheiten war schrecklich.

Stammzellen kommen in den verschiedensten Organen und bei den verschiedensten Lebewesen vor. Unter allen Stammzelltypen sind aber zwei vielleicht bis heute am faszinierendsten und gleichzeitig am stärksten umstritten: die embryonalen Stammzellen (ES-Zellen) und ihre noch seltsameren Vettern, die induzierten pluripotenten Stammzellen (iPS-Zellen).

Im Jahr 1998 beschaffte sich der Embryologe James Thomson, der am Wisconsin Regional Primate Research Center arbeitete, 14 menschliche Embryonen, die bei IVF-Maßnahmen übrig geblieben waren.[34] Er wusste ganz genau, dass das Experiment, das er vorhatte, äußerst umstritten war, und bevor er es in Angriff nahm, hatte er die beiden Bioethiker R. Alta Charo und Norman Fost konsultiert. Die Embryonen wurden in einem Brutschrank am Leben erhalten, bis sie das Blastozystenstadium erreicht hatten, in dem der Embryo eine Hohlkugel von Zellen ist. Normalerweise wächst die Blastozyste in der Gebärmutter heran, unter geeigneten Bedingungen kann man sie aber auch in einer Petrischale züchten. Die Kugel hat zwei erkennbare Strukturen: Eine schleierähnliche Außenhülle bildet später die Plazenta und die Strukturen, die den Embryo mit dem Körper der Mutter verbinden. In der Hülle liegt ein winziger Klumpen aus inneren Zellen, die zum eigentlichen Embryo werden.

Thomson entnahm diese inneren Zellen und züchtete sie auf einer Schicht aus Feeder-Zellen (Fütterzellen) von Mäusen weiter, die den Zellen des menschlichen Embryos Nährstoffe und Stütze boten. (Dies ist eine allgemein übliche Zellkulturmethode. Manche Zellen sind insbesondere in den ersten Tagen nach dem Übergang in die Zellkultur so empfindlich, dass sie allein nicht leben können. Sie brauchen Fütter- oder Helferzellen, die sie in diesem Anfangsstadium »pflegen«.) Im Lauf einiger Tage wuchsen aus den Embryonen fünf menschliche Zelllinien heran, drei »männliche« und zwei »weibliche«. Sie vermehrten sich in der Zellkultur monatelang weiter, ohne dass erkennbare genetische Schäden eintraten und ohne dass sich ihr Wachstumspotenzial veränderte.

Injizierte man diese Zellen in Mäuse mit unterdrücktem Immunsystem, brachten sie eine ganze Reihe von Schichten aus ausgereiftem menschlichen Gewebe hervor – Darm, Knorpel, Knochen, Muskeln, Nerven und Elemente der Haut. Die Zellen waren offensichtlich in der Lage, sich in einer Petrischale selbst zu erneuern und sich zu vielen (möglicherweise allen) menschlichen Gewebetypen zu differenzieren.* Man bezeichnete sie als »humane embryonale Stammzellen« oder hES-Zellen. Eine solche Zelle namens H9 – sie ist »weiblich« mit zwei X-Chromosomen – ist zur Standard-ES-Zelle geworden. Ihre Nachkommen wachsen in Tausenden von Brutschränken in Hunderten von Laboren auf der ganzen Welt, und man hat mit ihnen Tausende von Experimenten angestellt.

Ich habe auch selbst H9 gezüchtet und zugesehen, wie die Zellen sich ständig vermehrten. Ich habe beobachtet, wie sie sich zu verschiedenen ausgereiften Zelltypen differenzierten, so unter anderem zu Knochen- und Knorpelzellen. Noch heute versetzt mich diese Zelllinie immer wieder in Erstaunen: Ich kann nicht durch das Mikroskop in eine Kulturflasche mit H9-Zellen blicken, ohne einen kleinen Schauder zu empfinden, eine Art nervöse Verzagtheit im

---

* Eine technische Ergänzung: Die von Thomson gewonnenen ES-Zellen stammten aus der inneren Zellmasse (aus der später der Embryo hervorgeht) und nicht aus der äußeren Wand aus Zellen (die Plazenta, Nabelschnur und andere sogenannte extraembryonale Strukturen bildet). Diese ES-Zellen sind nicht totipotent, denn beispielsweise die Plazenta geht aus der äußeren Zellschicht hervor und nicht aus der inneren Zellmasse. In jüngerer Zeit hat sich gezeigt, dass ein Teil der ES-Zellen unter geeigneten Kulturbedingungen totipotent bleiben kann – mit anderen Worten, sie können auch extraembryonales Gewebe hervorbringen.[35] Die meisten Fachleute bezeichnen ES-Zellen dennoch nicht als toti-, sondern als pluripotent, denn sie bringen alle Gewebe mit Ausnahme der extraembryonalen Teile hervor.

Hinblick auf die Zukunft. Im Prinzip geben diese ES-Zellen den Anlass zu einem seltsamen Gedankenexperiment: Wie wäre es, wenn man die Zeit zurückdrehen und sie als kleinen Klumpen in den zellulären Mutterleib der Blastozyste injizieren könnte, aus dem sie einst entnommen wurden, und wenn man sie dann in die Gebärmutter einer Frau einpflanzen würde? Vielleicht müssten wir sie mit anderen Zellen aus der inneren Zellmasse mischen – aber würden sie dann, zu ihrem Ursprung zurückgekehrt, zu einem Menschen werden? Wie würden wir dieses neue Lebewesen aus Zellen nennen? Helen-9 vielleicht? Und wenn wir in der Petrischale an H9 eine genetische Veränderung vorgenommen haben, würde dieser Mensch dann ebenfalls die veränderte Eigenschaft tragen und an seine Nachkommen weitergeben? Und wenn aus den H9-Zellen im Menschen eine Eizelle und ein Embryo hervorgehen, würden wir dann Zeugen eines neuen Lebenskreislaufes werden – vom Embryo über die Blastozyste zur ES-Zelle und wieder zum Embryo?

Der Artikel von Thomson erschien 1998 in der Fachzeitschrift *Science* und provozierte sofort einen Aufschrei.[36] Viele Forschende stellten sich auf Thomsons Seite, denn sie glaubten an den besonderen Wert der humanen ES-Zellen: Sie würden uns nicht nur tiefer gehende Kenntnisse über die Embryonalentwicklung des Menschen verschaffen, sondern auch zu unschätzbar wertvollen therapeutischen Hilfsmitteln werden. Thomson selbst formulierte es am Ende seines Artikels zugespitzt so:

> Humane ES-Zellen sollten Erkenntnisse über Entwicklungsvorgänge liefern, die sich an einem intakten menschlichen Embryo nicht unmittelbar untersuchen lassen, aber im klinischen Bereich wichtige Folgerungen haben, beispielsweise Geburtsfehler, Unfruchtbarkeit und Fehlgeburten […]. Besonders wertvoll werden

humane ES-Zellen für die Erforschung der Entwicklung und Funktion von Geweben sein, die sich zwischen Mäusen und Menschen unterscheiden. Übersichtsuntersuchungen auf der Grundlage der In-vitro-Differenzierung humaner ES-Zellen zu bestimmten Zelllinien könnten Zielgene für neue Medikamentenwirkstoffe aufzeigen, aber auch Gene, die sich für eine Geweberegenerationstherapie nutzen lassen, außerdem fruchtschädigende oder giftige Verbindungen.

Die Aufklärung der Mechanismen, welche die Differenzierung steuern, wird eine effiziente, zielgerichtete Differenzierung von ES-Zellen zu bestimmten Zelltypen erleichtern. Die standardisierte Erzeugung großer, gereinigter Populationen […] menschlicher Zellen wie Herzmuskelzellen und Neuronen wird eine potenziell grenzenlose Quelle von Zellen zur Entdeckung von Medikamentenwirkstoffen und für Transplantationstherapien darstellen. Viele Krankheiten, darunter die Parkinson-Krankheit und der jugendliche Diabetes mellitus, entstehen durch den Tod oder die Fehlfunktion eines oder weniger Zelltypen.

Aber die Kritiker, die vorwiegend aus der Religiösen Rechten stammten, wollten davon nichts wissen.[37] Nach ihrer Ansicht waren menschliche Embryonen bei der Erzeugung solcher Zellen zerstört und geschändet worden, und Embryonen, so erklärten sie, seien Menschen. Dass diese durch IVF entstandenen Embryonen noch keine Empfindungsfähigkeit und keine Organe besaßen, dass sie nicht mehr waren als Kugeln aus undifferenzierten Zellen, die man ansonsten ohnehin weggeworfen hätte, beruhigte sie kaum; dass sie jetzt schon Menschen darstellten, so argumentierten Thomsons Kritiker, liege an ihrem *Potenzial*, in Zukunft zu Menschen zu werden. Präsident George W. Bush erließ 2001 unter dem Druck von Gegnern der Stammzellenforschung ein Gesetz, das die Finanzierung von Forschungsarbeiten mit ES-Zellen aus Bundesmitteln auf solche Zellen beschränkte, die man bereits gewonnen hatte (darunter H9)[38]; alle Versuche, neue ES-Zellen herzustellen, sollten nicht staatlich finanziert werden. Auch in Deutschland und Italien wurde die Forschung an menschlichen ES-Zellen engen Beschränkungen unterworfen und in manchen Fällen völlig verboten.

Ungefähr zehn Jahre lang standen den Forschenden nur wenige ausgewählte menschliche ES-Zelllinien zur Verfügung, an denen sie die Embryonalentwicklung und Gewebedifferenzierung erforschen konnten. In den Jahren 2006 und 2007 vollzog sich dann in dem Fachgebiet eine weitere radikale Wendung. Die Frage, die Anfang der 2000er-Jahre alle bewegt hatte, lautete: Werden Stammzellen durch irgendeine Eigenschaft zu etwas Besonderem? Warum kann beispielsweise eine Haut- oder B-Zelle nicht eines Morgens aufwachen und sich entschließen, zur ES-Zelle zu werden, gewissermaßen stromaufwärts zu schwimmen und die Zeit bis zu ihren Ursprüngen zurückzudrehen?

Die Frage hört sich auf den ersten Blick absurd an. Bis in die 1990er-Jahre hatte sich keiner der Fachleute, die ich kannte, die Embryonalentwicklung als Zweibahnstraße vorgestellt. Es ging in einer Richtung und zum Menschen hin, mit allen ausgereiften Zellen – Nerven-, Blut- und Leberzellen. Rückwärts müsste man von einer reifen Zelle – Nerven-, Blut-, Leberzelle – ausgehen und daraus eine embryonale Stammzelle machen. »Das schien völlig verrückt zu sein«, sagte mir ein Wissenschaftler.

Eine Tatsache jedoch hielt die Fantasien von der »Zweibahnstraße« zumindest bei einer kleinen Gruppe von Forschenden am Leben. Die DNA-Sequenz (das Genom) ist in nahezu all unseren Zellen identisch.*

* Heute wissen wir, dass die Genome einzelner Zellen im Organismus sich

Über die Identität einer Zelle bestimmt die Untergruppe der Gene, die – beispielsweise in einer Herz- oder Hautzelle – ein- oder ausgeschaltet ist. Was würde geschehen, wenn man dieses Schema verändern und Stammzellengene in einer Hautzelle ein- oder ausschalten könnte? Würde sich die Hautzelle dann in eine Stammzelle verwandeln, die in der Lage ist, nicht nur Haut hervorzubringen, sondern auch Knochen-, Knorpel-, Herz-, Muskel- und Gehirnzellen – also alle Zellen des Organismus? Und was hält eine Hautzelle davon ab, genau das zu tun?

Im Jahr 2006 nahm der Stammzellforscher Shinya Yamanaka im japanischen Kyoto Fibroblasten aus der Schwanzspitze ausgewachsener Mäuse, spindelförmige Allerweltszellen, die sich in unterschiedlichen Formen an vielen Stellen im Organismus finden und im Vergleich zu Stammzellen reines Füllmaterial sind. In diese Zellen schleuste er vier Gene ein.[39] Auf die Gene war Yamanaka nicht zufällig gestoßen: Er studierte Oct3/4, Sox2, c-Myc und Klf4 schon seit Jahren wegen ihrer einzigartigen Fähigkeit, die Eigenschaften ausgewachsener Zellen so »umzuprogrammieren«, dass sie Stammzellen ähnelten. Ende der 1990er-Jahre hatte er mit 24 Genen angefangen und ihre Auswirkungen in allen möglichen Kombinationen untersucht. In zahlreichen Experimenten hatte er das Spektrum der relevanten Gene immer weiter eingegrenzt, bis er bei den entscheidenden vier angelangt war. (All diese Gene codieren übergeordnete Steuerungsproteine, molekulare Schalter, die Dutzende weiterer Gene ein- und ausschalten.) Wie er nachgewiesen hatte, wirken sie alle entscheidend daran mit, in den ES-Zellen von Menschen und Mäusen den Zustand als Stammzelle aufrechtzuerhalten. Was würde geschehen,

---

im Lauf der Reifung durch Mutationen geringfügig verändern können. Kurz gesagt, ist jeder Mensch eine Chimäre aus Zellen mit nicht ganz gleichen Genomen. Die biologische Bedeutung solcher Unterschiede ist bis heute nicht geklärt.

wenn er eine ausgewachsene Zelle, die keine Stammzelle war – einen ganz gewöhnlichen Fibroblasten –, dazu zwang, alle vier übergeordneten Regulationsgene, die Stammzellen ihre Identität geben, gleichzeitig auszuprägen?

Eines Nachmittags sah sich Kazutoshi Takahashi, ein Postdoc in Yamanakas Labor, im Mikroskop die Fibroblasten an, in denen er die vier entscheidenden Gene zur Ausprägung veranlasst hatte. »Wir haben Kolonien!«, rief er. Yamanaka eilte zu ihm.[40] Tatsächlich, Kolonien. Die Zellen, die normalerweise spindelförmig sind und ganz unscheinbar aussehen, hatten ihre Morphologie verändert und sich in leuchtende, kugelförmige Haufen verwandelt. Wie Yamanaka später feststellte, hatten sich in ihrer DNA chemische Veränderungen abgespielt; die Proteine, die für die Faltung und Verpackung der DNA in den Chromosomen sorgen, hatten sich verändert. Auch der Stoffwechsel der Zellen war anders. Die Fibroblasten hatten sich in Stammzellen verwandelt. Und wie ES-Zellen erneuerten sie sich in der Kultur selbst. Als die Forschenden sie in Mäuse mit unterdrücktem Immunsystem spritzten, bildeten sie verschiedene Formen menschlichen Gewebes – Knochen, Knorpel, Haut, Neuronen. *Und alles leitete sich von einem Hautfibroblasten ab, einer vollständig entwickelten Zelle, die keine andere Funktion zu haben schien, als wie ein Gerüst für die Unversehrtheit des Hautgewebes zu sorgen oder Wunden zu reparieren.*[41]

Das Ergebnis war für die biologische Wissenschaft ein echter Schock, ein Erdbeben, das die Welt der Stammzellen erschütterte. Ich weiß noch, wie ein leitender Biochemiker aus meinem Institut von einem Seminar in Toronto zurückkam, wo Yamanaka seine Befunde präsentiert hatte. Der Kollege war sichtbar aufgewühlt und atemlos vor Unglauben. »Ich kann es einfach nicht glauben«, sagte er zu mir, nachdem er von dem Vortrag zurückgekehrt war. »Aber das Ergebnis wurde immer und immer wieder nachvollzogen. Es muss einfach stimmen.« Yamanaka hatte aus einem Fibroblasten eine Stammzelle gemacht, eine Verwandlung, die man in der Biologie für unmöglich gehalten hatte. Es war, als hätte er die biologische Zeit zurückgedreht. Er hatte einen Erwachsenen nicht nur in ein Baby verwandelt, sondern in einen Embryo.

Im Jahr 2007 verwandelte Yamanaka mit seiner Methode menschliche Hautfibroblasten in ES-ähnliche Zellen.[42] Im folgenden Jahr ersetzte Thomson, der mit den ES-Zellen berühmt geworden war, c-Myc und Klf4 durch zwei andere Gene und verwandelte menschliche Fibroblasten ebenfalls in embryonale Stammzellen. (Insbesondere das Einschalten von c-Myc zur Herstellung ES-ähnlicher Zellen galt als schwierig, denn dieses Gen verursacht auch Krebs, und man machte sich Sorgen, dass die ES-ähnlichen Zellen sich irgendwann als bösartig erweisen würden.) In der Fachsprache wurden diese Zellen als induzierte pluripotente Stammzellen oder iPS-Zellen bezeichnet; das Wort »induziert« deutet darauf hin, dass sie mit genetischen Kunstgriffen von reifen Fibroblasten in pluripotente Zellen verwandelt wurden.

Seit Yamanakas Entdeckung, für die er 2012 mit dem Nobelpreis ausgezeichnet wurde, haben Hunderte von Instituten begonnen, mit iPS-Zellen zu arbeiten. Die Zellen haben einen besonderen Reiz: Man kann eine eigene Zelle nehmen – einen Hautfibroblasten oder eine Blutzelle – und dafür sorgen, dass sie sich in der Zeit rückwärts bewegt und in eine iPS-Zelle verwandelt. Aus dieser Zelle kann man dann herstellen, was man möchte – Knorpel, Neuronen, T-Zellen, Betazellen aus dem Pankreas –, und es sind doch immer noch die eigenen Zellen. Keine Probleme mit Gewebeunverträglichkeit. Keine Immunsuppressiva. Kein Grund zur Sorge, dass der Gast sich immunologisch gegen den Wirt wendet. Und im Prinzip lässt sich der Prozess unendlich fortsetzen – iPS-Zelle wird zur Betazelle wird wieder zur iPS-Zelle wird wieder zur Betazelle (zugegeben, das hat noch niemand versucht). Aber die Rekursivität weckt auch eine andere Fantasie vom neuen Menschen: von einem Menschen, in dem jedes verschlissene Organ oder Gewebe immer wieder regeneriert und ersetzt werden kann.

Manchmal muss ich an die griechische Legende des Schiffs des Theseus denken. Das Boot ist aus vielen Planken gebaut. Diese können Stück für Stück zerfallen und durch neue ersetzt werden, bis keine alte Planke mehr vorhanden ist. Aber hat sich das Boot verändert? Ist es immer noch dasselbe Boot?

Solche Überlegungen muten uns heute metaphysisch an. Aber schon bald können sie physisch werden. Wenn wir aus iPS-Zellen neue Teile für Menschen bauen – was viele Forschende bereits getan haben – und dann umgekehrt aus diesen Teilen wieder neue Teile machen, muss ich auch an Ozicks Schnecke denken. Sie wird davor bewahrt, sich bis zu einem Nichts abzuschaben, und doch hinterlässt sie eine Spur metaphysischer Fragen, während sie sich in unsichere, unbekannte Regionen bewegt. Am Ende ist alles von ihr abgeschabt und ersetzt. Ist sie noch dieselbe Schnecke?

KAPITEL 20

Die Reparaturzelle

Verletzungen, Verfall und Gleichförmigkeit

Zartheit und Fäule / Grenzen aneinander.
Und Fäule ist der / Böse Nachbar
Der immer wieder / Schillernd rüberschleicht.
– Kay Ryan[1]

Als der australische Postdoc Dan Worthley in mein Labor kam, hatte er viele Ozeane überquert, manche davon physischer, andere metaphysischer Natur. Er war ausgebildeter Gastroenterologe – ein Fachgebiet, über das ich nur sehr wenig wusste. Und er war an die Columbia University in New York gekommen, weil er bei Tim Wang an Dickdarmkrebs und der Regeneration von Darmzellen arbeiten wollte (Wang, Professor an der Columbia University, ist ein alter Freund und Kollege von mir).

Mit den modernen Standardmethoden der Gentechnik können wir heute bei Mäusen ein einzelnes Gen so verändern, dass das von ihm codierte Protein mit einem fluoreszierenden Marker versehen ist. Damit wird das Protein zu einem Leuchtfeuer in der Dunkelheit: Im Mikroskop kann man sehen, wo das Molekül sich befindet. Handelt es sich um die Cyclingene, die den Zellzyklus steuern, dann beginnt die Zelle zu leuchten, sobald ein bestimmtes Cyclinprotein gebildet wird, und wenn das Protein abgebaut ist, verschwindet das

Leuchten wieder. Wendet man das gleiche Verfahren auf Aktin an, das Gerüstprotein in den Zellen, leuchtet praktisch die ganze Maus im Dunkeln. Der T-Zell-Rezeptor leuchtet nur auf T-Zellen. Insulin leuchtet in Pankreaszellen. Die leuchtenden Proteine stammen übrigens ursprünglich von Quallen; genetisch betrachtet, kommt ein kleines Stückchen der Maus von einem Lebewesen, das in den Tiefen des Ozeans wabbelt und pulsiert.

Dan Worthley hatte mit der Methode bei Mäusen ein Gen namens Gremlin-1 verändert. Jedes Mal, wenn das zugehörige Protein in einer Zelle produziert wurde, fluoreszierte die Zelle und war damit im Mikroskop sichtbar. Aufgrund früherer Befunde rechnete Dan damit, dass Gremlin-1 in Dickdarmzellen aufleuchten würde. Und tatsächlich fand er es dort in Zellen eines bestimmten Typs. Aber aufgrund einer Kombination aus angeborener Neugier und Pingeligkeit hatte er nach den gleichen Gremlin-1-markierten Zellen auch in anderen Geweben gesucht. Unter anderem fand er sie in Knochen. Damit begann unsere Arbeitsbeziehung.

Wenn man einen Katalog der vernachlässigten, aber unentbehrlichen Organe des Menschen zusammenstellen sollte – oder wenn man vielleicht das Verhältnis zwischen »wirklicher« Bedeutung und »wissenschaftlicher Vernachlässigung« eines Organs in Zahlen fassen würde –, stünden die Knochen wahrscheinlich auf beiden Listen an einer der ersten Stellen. Die Anatomen des Mittelalters sahen in den Knochen prachtvolle Kleiderbügel der Haut oder ein Gerüst für die inneren Organe. (Vesalius widersetzte sich allerdings dem Trend und zeichnete fein gestaltete Skelette, einige seiner Abbildungen stellen detailliert die Anatomie verschiedener Knochen dar.) Am Massachusetts General Hospital, wo ich Anfang der 2000er-Jahre als Assistenzarzt arbeitete, bezeichneten sich die Assistenzärzte in der Abteilung für Orthopädie mit schrägem Humor als *boneheads* (Knochenköpfe), was übersetzt aber auch »Dummköpfe« bedeutet. Und wer könnte schon den tragikomischen Monolog des »Bonehead Bill« aus dem Kriegsgedicht von Robert Service vergessen – ein Soldat, der dazu ausgebildet ist, ohne nachzudenken zu verstümmeln und zu töten: »Es ist mein Job, Leib und Leben zu riskieren/Aber … ob richtig oder falsch?«[2]

In Wirklichkeit ist das Skelett eines der kompliziertesten Systeme aus Zellen. Es wächst bis zu einem bestimmten Punkt, aber dann »weiß« es, wann es das Wachstum einstellen muss. Während des gesamten Erwachsenenalters heilt es sich ständig selbst und repariert sich nach Verletzungen. Es reagiert empfindlich auf Hormone, möglicherweise synthetisiert es sogar selbst Hormone.* Die Hohlräume in den Knochen, in denen sich das Knochenmark befindet, sind die gut geschützte Kinderstube der Blutzellen. In den Knochen können Osteoarthritis und Osteoporose entstehen, zwei der bedeutendsten Alterskrankheiten, die rund um die Welt für Millionen Todesfälle bei älteren Menschen mitverantwortlich sind. Und auch ich persönlich bin betroffen: Der Sturz meines Vaters, sein Schädelbruch und die nachfolgende Blutung waren letztlich die Ursachen für seinen Tod.

Aber zurück zu Dan und seinen Knochen. Im Sommer 2014 fuhr er eines Morgens mit dem Aufzug hinunter in mein Labor – sein eigenes lag drei Etagen höher. Bei sich hatte er eine Schachtel mit Knochenscheiben. Ich könnte jetzt lügen und behaupten, ich sei sofort fasziniert gewesen. Aber so war es nicht; Forschende aus allen möglichen Instituten kommen zu den Postdocs in meinem Labor (und

* Forschungsarbeiten von Gerard Karsenty und Kollegen an der Columbia University deuten darauf hin, dass Knochen nicht nur auf Hormone reagieren, sondern auch Hormone produzieren. Erste Experimente zeigen, dass ein solches Protein, das von Knochenzellen hergestellte Osteocalcin, den Zuckerstoffwechsel, die Gehirnentwicklung und die männliche Fruchtbarkeit beeinflusst; einige dieser Befunde bedürfen allerdings noch der Bestätigung.[3]

auch zu mir) und bitten uns, ihr Material anzusehen; sie fragen, ob an den Knochen etwas Interessantes ist, und das kostet ständig ihre (und meine) Zeit. Höflich bat ich Dan, ein anderes Mal wiederzukommen.

Aber Dan ließ nicht locker. Der kleine, lebhafte, energiegeladene und von einem einzigen Ziel angetriebene Mann war wie vom Teufel besessen. Er kannte mein Interesse an Knochen. Als Onkologe behandle ich die Leukämie, eine Krankheit, die ihren Ursprung bei den blutbildenden Stammzellen im Knochenmark hat. Und ich hatte mich jahrzehntelang mit den Wechselbeziehungen zwischen Knochen- und Blutzellen beschäftigt: Warum gibt es beispielsweise keine Blutstammzellen im Gehirn oder im Darm? Was ist am Knochen so besonders? Einige Antworten hat man auf diesem Gebiet gefunden: Zellen, die im Knochenmark angesiedelt sind, geben den Blutstammzellen besondere Signale, die deren Funktion aufrechterhalten. Im Lauf der Jahre hatte ich auch viel über Anatomie und Physiologie der Knochen gelernt. Ein beliebter Gedanke besagt, man würde eine bestimmte Form von Kompetenzen erwerben, wenn man eine Tätigkeit – beispielsweise das Werfen eines Baseballs – mehr als 10.000 Stunden lang ausführt. In der Zellbiologie bedeutet das, nun ja, dass man etwas sieht: Ich habe sicher mehr als 10.000 Knochenpräparate im Mikroskop betrachtet.

Nach kaum einer Woche war Dan wieder da. Er lauerte mit der gleichen Kombination aus Unterwürfigkeit und Entschlossenheit auf dem Korridor und hatte seine blaue Schachtel mit Präparaten bei sich. Meine Gleichgültigkeit war ihm gleichgültig. Ich seufzte und entschloss mich, einen Blick darauf zu werfen.

Ich dunkelte das Zimmer ab. Das Mikroskop leuchtete auf und ließ diffuses blaugrünes Licht durch den Raum strömen. Dan ging im Hintergrund auf und ab wie ein Tier im Käfig und murmelte etwas von *Gremlins*. Die Präparate waren mit dem Mikrotom hervorragend geschnitten und zeigten die klassische Histologie von Knochen.

Oberflächlich sieht ein Knochen vielleicht wie ein Brocken aus hartem Calcium aus, in Wirklichkeit besteht er aber aus vielfältigen Zellen. Am bekanntesten sind die Knorpelzellen, in der Fachsprache Chondrozyten genannt; außerdem gibt es zwei Zelltypen mit weniger vertrauten Namen: Die »Osteoblasten« lagern Calcium und Proteine ein und bilden Calciumschichten, wobei sie in ihren eigenen Ablagerungen eingeschlossen werden. Sie sind die Zellen, die Knochen aufbauen: In der Regel machen Osteoblasten den Knochen dicker und länger.

Der dritte Typ sind die Osteoklasten, große Zellen mit mehreren Zellkernen, die Knochen fressen. Sie bauen die Knochenmasse ab oder stanzen Löcher hinein, entfernen den Knochen oder gestalten ihn um wie Gärtner, die ständig die Pflanzen beschneiden. Das dynamische Gleichgewicht zwischen Osteoblasten und Osteoklasten – Knochenbauer und Knochenvernichter – ist der Mechanismus, durch den der Knochen seine Homöostase behält. Ohne Osteoblasten wird kein neues Knochengewebe aufgebaut. Haben die Osteoklasten einen Defekt, wird der Knochen dick – die ersten Pathologen sprachen von »Steinknochen«; solche Knochen sehen zwar widerstandsfähig aus, lassen sich aber kaum reparieren. Die Hohlräume in ihrem Inneren werden kleiner, für das Knochenmark ist kaum noch Platz, und eine Krankheit namens Osteopetrose entsteht.*

Doch Knochen werden nicht nur dicker und dünner. Sie werden auch länger. Und im Knochenwachstum steckt ein Rätsel der Zellen.

---

* Ich habe hier nur die Zellen im Knochen aufgeführt.[4] Eine viel größere Zahl von Zelltypen ist im Knochenmark angesiedelt, darunter die Blutstammzellen und die Blut-Vorläuferzellen. Außerdem gibt es dort Stromazellen, die vermutlich für die Blutstammzellen eine Stützfunktion erfüllen. Weiter gibt es Neuronen, Fettspeicherzellen (Adipozyten) und Endothelzellen der Blutgefäße, die das Knochenmark mit Blut versorgen.

Wir haben bereits Ansammlungen von Zellen kennengelernt, die ein Organ heranwachsen lassen. Aber wie kann eine Zellansammlung so gerichtet wirken, dass ein Organ länger wird? In der Frühzeit der Anatomie stellte unter anderem Marie François Xavier Bichat fest, dass Knochen in einem frühen Entwicklungsstadium ein Gerüst aus geleeartigem Knorpel sind. Später wird Calcium eingelagert, und es entsteht die harte Struktur, die wir als Knochen kennen und die von nun an länger wird. Zum größten Teil spielt sich die Längenveränderung an den Enden der Knochen ab; die »Mitte« bleibt relativ gleich. Mitte des 18. Jahrhunderts schlug der Chirurg John Hunter zwei Schrauben in den wachsenden Knochen eines Jugendlichen. Wie er anschließend feststellte, änderte sich ihr Abstand nicht. Hätte er die Schrauben aber an den Enden des Knochens angebracht, hätte er zusehen können, wie der Knochen länger wurde: Die Schrauben rücken auseinander wie die Enden eines Gummibands, wenn man es auseinanderzieht. Kurz gesagt, gibt es an den Enden eines Knochens – aber nicht in der Mitte – Zellen, die neue Zellen hervorbringen und damit für das Längenwachstum sorgen.

Eine besondere Stelle liegt in den langen Knochen an dem Ort, an dem das faustförmige Ende in den Schaft übergeht. Irgendwo an diesem Übergang gibt es im Knochen eine Struktur, die als »Wachstumsfuge« bezeichnet wird. Wenn wir die Hand zur Faust ballen und uns den Unterarm als Schaft eines langen Knochens und die Faust als sein Ende vorstellen, befindet sich die Wachstumsfuge irgendwo im Bereich des Handgelenks.

Solche Wachstumsfugen gibt es bei Kindern und Jugendlichen – in Röntgenaufnahmen sind sie manchmal als weiße Linie zu erkennen –, bei Erwachsenen schließen sie sich aber allmählich. Die Wachstumsfuge ist gewissermaßen der Kindergarten für junge Knochenzellen. Dort entstehen Knorpelzellen und Osteoblasten. Die jungen Knorpelzellen und die knochenbildenden Osteoblasten wandern aus der Wachstumsfuge in den Bereich am Knochenende und lagern zwischen dem Ende und dem Schacht neue Knochenmatrix und Calcium ein – was den Knochen länger werden lässt.

Damit sind wir wieder bei Dan und seinen Präparaten. Dass es die »Wachstumsfugen« gibt, wusste man schon seit Jahrzehnten. Aber wie wird das Knochenwachstum insbesondere während des heftigen Wachstumsschubs in der Pubertät aufrechterhalten, wenn ein junger Mann oder eine junge Frau jede Woche um einen Zentimeter zu wachsen scheint? Vollständig ausgereifte, sogenannte hypertrophe Knorpelzellen wachsen bekanntermaßen nicht mehr und teilen sich nicht – welche Zellen bringen also Woche für Woche neue Knochenzellen hervor? Gibt es ein Reservoir von Skelettzellen, aus denen junge Knorpel- und Knochenzellen entstehen? Die Zellen, die Dan bei seiner Maus markiert hatte, lagen genau in der Wachstumsfuge und bildeten eine saubere, leicht gebogene Reihe, die wie ein ideal geformtes Gebiss aussah. Ich sah es mir an und schaute noch mal hin. Auf einmal war ich ungeheuer fasziniert.

In einer wissenschaftlichen Arbeitsgruppe – meistens zwei Personen – gibt es manchmal einen Augenblick, in dem es einem die Sprache verschlägt. Ein solcher Augenblick trat zwischen Dan und mir ein. Die Sprache – zumindest traditionelle Sprache – verstummte. Wir tauschten Instinkte aus. Zwischen uns gingen die Pheromone der Ideen hin und her, und das oftmals ohne Worte. Nachts blieb ich lange auf, ging herum, dachte darüber nach, welches Experiment wir als Nächstes anstellen sollten. Am nächsten Morgen kam ich ins Labor und stellte fest, dass Dan es bereits gemacht hatte.

Die erste Versuchsreihe war einfach. Was waren das für Zellen? Wo lebten sie? In welchem Zeitraum? In seinem ersten Experiment hatte Dan die Gremlin-1 produzierenden Zellen in der Wachstumsfuge einer jungen Maus sichtbar gemacht. In einem Mäusefetus fand er sie genau an den Stellen, an denen Knochen und Knorpel entstanden. Man braucht sich nur vorzustellen, wie sich ein winziger Fuß oder ein kleiner Finger entwickelt: Genau dort lagen die Zellen und teilten sich eifrig.

Als er dann den weiteren Verlauf verfolgte, beobachtete er etwas Erstaunliches: Die Zellen wanderten von den Knochenspitzen des Neugeborenen in die Wachstumsfuge – die Stelle, an der in langen Knochen der Schaft beginnt – und organisierten sich dort fein säuberlich in einer Schicht. Wenn die Maus älter wurde und das Längenwachstum der Knochen abgeschlossen war, nahm die Zahl dieser Zellen immer weiter ab. Irgendetwas mussten sie also mit der Knochenbildung zu tun haben.

Aber was genau? Das von Dan geschaffene molekulare Leuchtfeuer hat noch eine andere besondere Eigenschaft. Man kann mit seiner Hilfe das Schicksal einer Zelle verfolgen, wenn sie sich teilt. Dazu bedarf es einiger zusätzlicher Kunstgriffe, aber möglich ist es: Wenn eine Zelle das Gremlin-1-Protein produziert (und damit fluoresziert), fluoreszieren ihre Tochterzellen ebenfalls, und auch deren Töchter leuchten im Dunkeln und immer so weiter. Die Methode wird als *lineage tracing* (»Verfolgen von Abstammungslinien«) bezeichnet. Es ist, als würde man alle Mitglieder einer riesigen Großfamilie finden, auch wenn sie räumlich und zeitlich weit verteilt sind. Es ist die molekularbiologische Methode, einen ganzen Stammbaum sichtbar zu machen.

Dan stellte das Experiment mit einer sehr jungen Maus an. Als er die Gremlin produzierenden Zellen verfolgte, stellte er fest, dass sie junge Knorpelzellen hervorbrachten. Das faszinierte mich, denn knorpelbildende Zellen waren immer ein gewisses Rätsel gewesen. Als er das Gewebe aber über immer längere Zeiträume beobachtete, wurde der Stammbaum komplizierter. Als Nächstes leuchteten dickliche, aufgeblasene reife Knorpelzellen auf. Dann folgten die knochenbildenden Osteoblasten. Und schließlich leuchteten Zellen eines vollkommen unbekannten Typs auf, Zellen mit spindelförmigen Fasern, die sich nach außen erstreckten; wir bezeichneten sie als retikuläre Zellen, aber ihre Funktion kannten wir noch nicht. Vielleicht am bemerkenswertesten war, dass die ursprünglichen, mit Gremlin markierten Zellen zumindest bei jungen Mäusen nicht verschwanden. Kurz gesagt, hatte Dan die Zellen gefunden, die in der Wachstumsfuge angesiedelt sind und die beiden Hauptbestandteile des Knochens entstehen lassen: Knorpelzellen, die dann weiter zu Osteoblasten heranreifen. Wir bezeichneten sie als Osteo- (Knochen), Chondro- (Knorpel) und retikuläre Zellen oder kurz »OCHRE«-Zellen.

Dan veröffentlichte seine Befunde zusammen mit mir und Tim Wang 2015 in der Fachzeitschrift *Cell.*[5] Ungefähr zur gleichen Zeit entdeckte Charles Chan, ein ausgezeichneter Postdoc (der heute Assistenzprofessor ist), in Zusammenarbeit mit Irving Weissman in Stanford ebenfalls Skelettstammzellen.[6]

Chan ist spindeldürr und groß, er sieht aus wie ein Punkrocker. Wenn er ins Labor kommt, könnte man meinen, er habe die ganze Nacht durchgemacht. Aber seine Disziplin bei den Experimenten ist nervtötend. Chan, Weissman und Michael Longaker, ein zum Wissenschaftler gewandelter Chirurg, hatten Knochen zerkleinert und mit Weissmans Lieblingsmethode, der Durchflusszytometrie, Populationen von Skelettzellen gereinigt, die Knorpel und Knochen hervorbrachten. Ihr Artikel erschien zur gleichen Zeit wie unserer – beide standen hintereinander in *Cell*. Zwischen den beiden neu entdeckten Zelltypen bestanden erstaunliche genetische, physiologische und histologische Ähnlichkeiten. Eine Zeit lang führten wir einen freundschaftlichen Streit um die Frage, wie wir die Zellen nennen sollten. Aber offensichtlich hat sich OCHRE durchgesetzt, und zufällig ist das auch der englische Name für »Ocker«, eine Farbe, die ich besonders mag.

Die ersten Artikel von Dan und Charles warfen eine ganze Reihe von Fragen auf. Lassen diese Gremlin-markierten Zellen zuerst junge Knorpelzellen als Zwischenstadium und erst später Osteoblasten entstehen? Oder bringen sie beide Zelltypen zur gleichen Zeit hervor? Gibt es innere oder äußere Faktoren, die diese Entscheidung beeinflussen? Wie wird das Gleichgewicht – die Homöostase – aufrechterhalten? Und erneuern diese Zellen sich selbst? Erste Befunde von Experimenten, in denen man diese Zellen in Mausknochen verpflanzte, weisen tatsächlich auf eine Selbsterneuerung hin. Demnach würden die Gremlin-markierten Zellen die Kriterien für echte Skelettstammzellen erfüllen: Sie können sich zu verschiedenen Zelltypen differenzieren und sind zur Selbsterneuerung in der Lage. Die OCHRE-Zellen – mutmaßliche Skelettvorläufer- oder Skelettstammzellen – sind sicher die Entdeckung, auf die ich und meine Arbeitsgruppe besonders stolz sind. Sie bieten eine potenzielle Antwort – eine Theorie –, die zwei uralte Rätsel lösen würde. Wie wächst der Knochen im jugendlichen Alter? Nun, eine besondere Zellpopulation, die in den Wachstumsfugen an den beiden Enden eines Knochens angesiedelt ist, erzeugt Knorpel und Osteoblasten, durch die der Knochen länger wird. Und warum hört das Knochenwachstum irgendwann auf? Weil die Population im Lauf der Zeit immer kleiner wird, bis im früheren Erwachsenenalter nur noch sehr wenige derartige Zellen übrig sind.

Aber das ist noch nicht alles. Die Geschichte sollte eine weitere Wendung nehmen. In Texas fand Sean Morrison, ein früherer Schüler von Weissman und vermutlich der hartnäckigste Stammzellenforscher, den ich kenne, Zellen eines weiteren Typs. Sie liegen im Knochenmark, können Osteoblasten hervorbringen und Knochensubstanz ablagern. Im Gegensatz zu den Gremlin-markierten Zellen entstehen Morrisons Zellen (die nach einem Gen, das sie ausprägen, als LR-

Zellen bezeichnet werden) erst später im Erwachsenenalter, und sie bringen vor allem die Knochensubstanz hervor, die entlang der langen Knochenschale abgelagert wird – also nicht in der Wachstumsfuge, sondern in dem langen röhrenförmigen Knochen zwischen den Fugen.[7] Sie produzieren auch weder Knorpelzellen noch retikuläre Zellen. Bricht der lange Knochenschaft irgendwo in der Mitte, treten die LR-Zellen in Aktion und erzeugen knochenbildende Zellen, die den Schaden reparieren.

Nun könnte man sagen: Was für ein Durcheinander. Aber es ist genau das Gegenteil. Knochen sind nicht nur Organe mit einem einzigen Vorrat an Verjüngungszellen, sondern eine Chimäre der Verjüngung. Sie enthalten für zwei Stellen mindestens zwei Quellen solcher Zellen: einerseits die in den Wachstumsfugen angesiedelten OCR-(oder OCHRE-)Zellen, die für das Längenwachstum sorgen, in einem frühen Entwicklungsstadium entstehen und dann mit fortschreitendem Alter allmählich zerfallen. Und andererseits die LR-Zellen, die erst später im Jugend- und Erwachsenenalter entstehen und an der Aufrechterhaltung der Dicke langer Knochen sowie an der Reparatur von Knochenbrüchen mitwirken.

Morrisons Befunde stellen also eine mögliche Lösung für ein drittes Rätsel dar. Wie können Knochen bei Erwachsenen dicker werden – und Brüche reparieren –, wenn doch die Wachstumsfuge eingeschrumpft und verschwunden ist? Nun, vermutlich weil es als Reserve – nicht in den Wachstumsfugen, sondern im Knochenmark – noch eine andere Zellpopulation gibt, die diese Funktionen erfüllt. Die zuerst entstandenen Zellen (die Dan gefunden hatte) bauen den Knochen schon vor der Geburt auf und lassen ihn länger werden, und im Erwachsenenalter spielen sie eine eher eingeschränkte Rolle für die Erhaltung der Wachstumsfugen. Die Zellen, die später hinzukommen (und von Morrison entdeckt wurden), bilden eine zweite Mannschaft, die Brüche in Ordnung bringt und den Knochen unversehrt erhält. Durch diese Lösung der »zwei Armeen« werden die Funktionen von Knochenbildung und Knochenerhaltung entkoppelt. Warum zwei Armeen? Das wissen wir nicht.

Dan kehrte 2017 nach Australien zurück und ließ mich einsam zurück – aber dann schickte er eine andere Wunderwaffe über den Ozean (was ich sehr zu schätzen wusste). Jia Ng – klein, lebhaft, mit der gleichen konzentrierten Energie und dem zielgerichteten Denken wie Dan – trat 2017 in unser Labor ein, um die Gremlin-markierten Zellen weiter zu studieren. Während Dan die physiologische Frage gestellt hatte (wie wachsen Knochen und Knorpel?), interessierte sich Jia für ihr pathologisches Gegenteil (wie wird alles abgebaut?).

Bei Osteoarthritis verkümmert der Knorpel. Einem alten Dogma zufolge nutzt sich die Knorpelschicht am Ende eines Knochens – beispielsweise des Oberschenkelknochens –, die der Schmierung dient, durch das ständige Reiben zwischen den Knochen allmählich ab. Knorpelzellen an der Gelenkfläche sterben, und dann wird der Knochen unterhalb des Gelenks abgenutzt. Also studierte Jia Mäuse mit Osteoarthritis. Dazu bediente sie sich der Methoden, die Dan in unserem Institut entwickelt hatte.

Die erste Überraschung betraf den Ort des Geschehens: Lage, Lage, Lage. Wir hatten engstirnig geglaubt, die Skelettstammzellen würden sich nur in der Wachstumsfuge befinden und dort neue Knorpel- und Knochenzellen hervorbringen; deshalb hatten wir eine zweite Stelle, an der sie ebenfalls angesiedelt sind, übersehen. Als wir noch einmal hinsahen, fanden wir Gremlin-markierte OCHRE-Zellen auch in einer dünnen, schleierähnlichen Schicht unmittelbar oberhalb des Knochenendes. Verführerisch schimmernd lagen sie an der Verbindungsstelle der beiden Knochen, also genau da, wo die Osteoarthritis ihren Ursprung hat.

Die Begeisterung der folgenden Tage lässt sich kaum beschreiben.

Ich trank morgens schnell eine Tasse Kaffee, packte mein Notebook ein, raste über die Autobahn ins Labor und eilte in den Mikroskopierraum, wo Jia die Präparate mit den Dünnschnitten der vorangegangenen Nacht hinterlassen hatte (sie arbeitete spätabends, ich frühmorgens). Ich schaltete das Mikroskop ein, blickte hindurch und zählte. *Sehen*.

Jia war noch einmal auf Dans Experiment des *lineage tracing* zurückgekommen: Mit einem unauslöschlichen molekularen Tattoo hatte sie eine Zelle, ihre Töchter, ihre Enkel und so weiter markiert. Wie in Dans Experimenten war das Ergebnis eine Überraschung: Die ersten Zellen, die sie markiert hatte, lagen in einer dünnen Schicht unmittelbar an der Gelenkfläche. Im Lauf der ersten Wochen bildeten sie dort eine Knorpelschicht nach der anderen. Und nach einem Monat konnten wir beobachten, wie unterhalb des Knorpels die ersten Knochenzellen auftauchten.

Aber was geschieht mit diesen Zellen bei einer Arthritis? Gemeinsam schrieben wir einen Antrag für ein Forschungsprojekt und äußerten darin die Vermutung, die Gremlin-markierten Zellen (oder OCHRE-Zellen) würden als Reservoir für die Regeneration dienen. Wenn Mäuse Arthritis bekommen, so unsere Überlegung, würden die OCHRE-Zellen versuchen, den verloren gegangenen Knorpel zu regenerieren, ganz ähnlich wie Stamm- oder Vorläuferzellen in anderen verschlissenen oder verletzten Geweben. Osteoarthritis wäre dann die Folge, wenn ein Gewebe mit seinen Regenerationsbemühungen scheitert.

In der Wissenschaftsgeschichte wurde viel darüber geschrieben, welche Freude es macht, wenn man mit einer Hypothese oder Theorie genau richtigliegt. Anfang des 20. Jahrhunderts war Einsteins Erkenntnis über die Konstanz der Lichtgeschwindigkeit eine spektakuläre Bestätigung für frühere experimentelle Beobachtungen von Albert Michelson und Edward Morley. (»Wenn uns nicht das Michelson-Morleysche Experiment in die größte Verlegenheit gebracht hätte, hätte niemand die Relativitätstheorie als eine (halbe) Erlösung empfunden.«[8], schrieb Einstein später.) Es gibt in der Wissenschaft aber noch eine zweite Form der Freude: die besondere Begeisterung, wenn man genau falschliegt. Es ist ein ebenso großes, umgekehrtes Gefühl der Freude: Wenn ein Experiment eine Hypothese widerlegt und die Wahrheit wie auf einem Drehteller genau in die entgegengesetzte Richtung weist.

Drei Wochen nachdem Jia bei den Mäusen die Arthritis ausgelöst hatte (dazu gibt es viele Methoden – unter anderem nutzt man einen Mechanismus, um eines der Oberschenkelgelenke zu schwächen; dabei erzeugt man nur einen geringfügigen Schaden, und die Mäuse erholen sich fast immer), setzten wir uns wieder ans Mikroskop und untersuchten die Knochendünnschnitte. Wir hatten damit gerechnet, dass die durch das fluoreszierende Protein sichtbar gemachten OCHRE-Zellen sich eifrig vermehren würden, um die Verletzung abzufedern. Wieder war der Raum in blaugrünes Licht getaucht.

Aber wir hatten uns gründlich geirrt. Bei jungen Mäusen ohne künstlich ausgelöste Erkrankung lag die Schicht der Gremlin-markierten OCHRE-Zellen unversehrt auf der Oberfläche des Gelenks – es war die gleiche schimmernde Lage aus Zellen. In den geschädigten Mäusen waren die Zellen aber entgegen unserer Erwartung nicht übermäßig aktiv und in Teilung begriffen, um das Gelenk zu schützen, sondern sie waren tot oder lagen im Sterben. *Die Verletzung hatte die Stammzellen abgetötet* – sodass sie nicht mehr für die Entstehung neuen Knorpels sorgen konnten.

Ich schaltete das Mikroskop aus, und innerlich ging mir ein Licht auf. Vielleicht war Osteoarthritis ja eine Stammzellen-Verlustkrankheit. In den ersten Krankheitsstadien nutzten sich die knorpelerzeugenden Stammzellen ab, sodass sie die Knorpelneubildung nicht mehr aufrechterhalten konnten. Das Gleichgewicht zwischen Wachs-

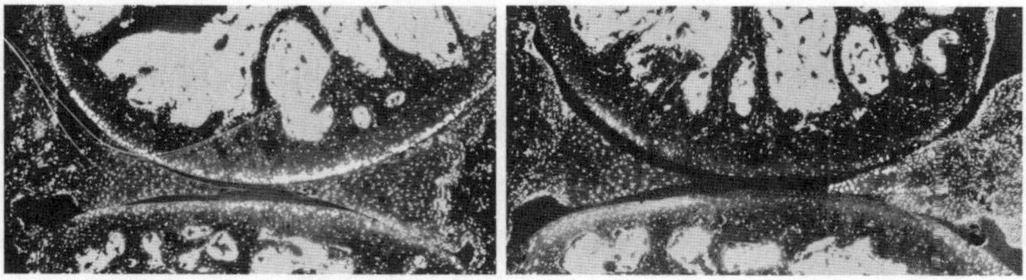

(a) (b)

(a) Gelenk einer jungen Maus mit den durch fluoreszierendes Protein sichtbar gemachten Gremlin-markierten Zellen. **(b)** Dasselbe Gelenk nach einer Verletzung, die Arthritis ausgelöst hat; die Gremlin produzierenden Zellen sterben nach und nach ab und verschwinden. Beide Bilder stammen aus den Arbeiten von Jia Ng.

tum und Niedergang war gestört. Die Verletzung hatte am Gelenk die Fähigkeit des Knorpels beeinträchtigt, sein inneres Gleichgewicht zwischen dem Wachstum neuen Knorpels (über die Stammzellen) und dem Zerfall alten Knorpels (durch Alter und Verletzung) aufrechtzuerhalten.

Zur Bestätigung der Aussage machten wir viele weitere Experimente. Toghrul Jafarov, ein besonnener Postdoc aus Kanada, führte Jias Arbeiten weiter. Mit Methoden, die eine bemerkenswerte Geschicklichkeit erfordern, konnte er die Gremlin-markierten Zellen gezielt abtöten; dazu injizierte er eine chemische Substanz in das Kniegelenk. Im Wesentlichen war es die Umkehr von Jias Experiment (wenn Osteoarthritis ihren Ursprung im Tod der Gremlin-markierten Zellen hat, verursacht dann die Tötung der Gremlin-markierten Zellen auch die Osteoarthritis?). Interessanterweise erkrankten die Mäuse tatsächlich. Selbst junge, bewegliche, ansonsten normale Mäuse litten an zerstörten Gelenken. Sie hinkten, bis die Zellen neuen Knorpel nachwachsen ließen.

Jafarov trieb die Experimente weiter voran. Er inaktivierte ein Gen, das für die Erhaltung der Gremlin produzierenden Zellen von entscheidender Bedeutung ist, und tötete die Zellen damit genetisch ab.

Auch hier bekamen die Mäuse Osteoarthritis, und zwar in einer noch schwereren Form, als wir es zuvor beobachtet hatten. (Als ich diese Knochen sah, musste ich tief durchatmen. An manchen Stellen war der Knorpel so stark erodiert, dass das Ende des Knochens wie ein von Dynamit zerstörter Berg aussah. Die rohen »Felsen« des Knochens lagen frei – sie waren nackt und zerbröselten.)

Er reinigte Gremlin-positive Zellen aus Tieren, züchtete sie in Gewebekultur heran und transplantierte sie in Mäuse. Sie teilten sich, brachten weitere Gremlin-markierte Zellen (allerdings nur wenige) hervor und erzeugten dann wieder Knochen und Knorpel. Er setzte einen Wirkstoff zu, der die Zahl der Gremlin-markierten Zellen im Gelenkspalt anwachsen ließ. Jetzt waren die Mäuse vor Osteoarthritis geschützt.

Im Winter 2021 reichten Toghrul, Jia, Dan und ich unsere Daten zur Veröffentlichung ein. Dabei formulierten wir eine grundlegend neue Hypothese über Osteoarthritis.[9] Demnach entsteht sie nicht nur durch den durch Abnutzung und Reibung ausgelösten Verfall der Knorpelzellen, sondern sie ist in erster Linie ein *Ungleichgewicht*, verursacht durch den Tod der Gremlin-markierten Knorpelvorläuferzellen mit der Folge, dass Knochen und Knorpel nicht den Anforderungen des Gelenks entsprechend gebildet werden. Damit haben wir auch eine Theorie, mit der wir eine vierte uralte Frage beantworten können: Warum wird der Knorpel in den Gelenken bei Erwachsenen nicht ebenso repariert wie ein Knochenbruch? Die Antwort: weil die Reparaturzellen durch die Verletzung absterben.

Zwischen Verletzung und Reparatur liegt ein schmaler Grat, aber wenn wir älter werden, schleichen sich immer mehr Verletzungen ein, und die Regenerationsfähigkeit lässt nach. Osteoarthritis ist eine Verfallskrankheit, die aus einer Störung der Regeneration erwächst. Sie ist eine Beeinträchtigung der *verjüngenden* Homöostase.

Welche allgemeine Gesetzmäßigkeit lässt sich aus diesen Experimenten ableiten? Es ist eines der schwierigsten Rätsel der Zellbiologie, dass die frühe Entstehung der Organe anscheinend einem relativ geordneten Muster folgt*, die Erhaltung und Reparatur der Gewebe im Erwachsenenalter aber eine Eigenart des jeweiligen Gewebes zu sein scheint. Schneidet man eine Leber in der Mitte durch, teilen sich die verbliebenen Leberzellen, und das Organ wächst wieder nahezu zu seiner vollen Größe heran – und das auch bei Erwachsenen. Bricht ein Knochen, lagern die Osteoblasten neue Knochenmasse an und reparieren den Bruch – dieser Prozess verläuft allerdings bei älteren Erwachsenen deutlich langsamer. Schäden anderer Organe dagegen bleiben auf Dauer bestehen. Wenn die Neuronen im Gehirn und Rückenmark ihre Teilung eingestellt haben, teilen sie sich nicht wieder, um Neuronen zu regenerieren** (sie sind »postmitotisch«, das heißt, sie können sich nicht mehr teilen). Auch manche Nierenzellen erneuern sich nicht mehr, nachdem sie einmal abgestorben sind.

Der Knorpel in den Gelenken, das hatten Dan, Jia und Toghrul entdeckt, steht irgendwo dazwischen. Vollständig ausgereifte Knorpelzellen in den Gelenken ausgewachsener Mäuse sind im Wesentlichen postmitotisch. In jungen Mäusen dagegen gibt es ein Reservoir

---

* Wie ich zuvor bereits erwähnt habe, entwickelt sich die innere Zellmasse des Embryos zu drei Schichten weiter, und darauf folgen die Bildung des Notochords und die Einstülpung des Neuralrohrs. Der Embryo ist in verschiedene Teile gegliedert, und die nachfolgende Entstehung der Organe entlang der Körperachse wird einerseits durch äußere Signale gesteuert, von denen die Zellen dazu veranlasst werden, einen bestimmten Weg einzuschlagen, andererseits aber auch durch innere Faktoren in den Zellen, die diese Signale integrieren.

** Seltene Fälle einer Neuronenregeneration sind bei Tieren und Menschen dokumentiert. In ihrer großen Mehrzahl teilen sich Neuronen aber nie mehr und regenerieren sich nach einer Verletzung nicht.

von Zellen, die Knorpel erzeugen können; dieser Vorrat schwindet mit dem Alter und Verletzungen schnell dahin, bis er schließlich überhaupt nicht mehr vorhanden ist.*

Es scheint, als hätte jedes Organ und jedes Zellsystem sich seine eigene Methode für Reparatur und Regeneration ausgesucht. Vögel tun es, Bienen tun es – aber sie tun es auf vogel- und bienen- (oder leber- und neuronen-) spezifische Art und Weise. Dennoch gibt es einige allgemeine Prinzipien: In den Organen liegen »Reparaturzellen«, die Verletzungen und Alterung wahrnehmen. Die Eigenheiten der Reparatur in den einzelnen Organen legen aber die Vermutung nahe, dass die verschiedenen zellulären Erste-Hilfe-Garnituren in jedem Organ anders zusammengestellt wurden. Wenn wir Verletzungen und Reparatur verstehen wollen, müssen wir also Organ für Organ und Zelle für Zelle einzeln betrachten. Vielleicht gibt es aber auch ein allgemeines Prinzip der Reparatur, das wir noch übersehen – ähnlich den allgemeinen Prinzipien der Zellbiologie, die man in anderen Zellsystemen gefunden hat.

Unter zellbiologischen Gesichtspunkten ist es also einfacher, sich Verletzungen oder übrigens auch, abstrakter, Alterung als wütenden Kampf zwischen Verfall und Reparatur vorzustellen, wobei die Geschwindigkeit von beiden in jeder einzelnen Zelle und in jedem einzelnen Organ einzigartig ist. In manchen Organen überfordern Verletzungen die Reparatur. In anderen hält die Reparatur mit den Verletzungen Schritt. Und in wieder anderen Organen herrscht zwischen beiden ein empfindliches Gleichgewicht. Es scheint, als sei der

---

* Ein kürzlich erschienener Artikel von Henry Kronenberg und Kollegen legt die Vermutung nahe, dass ein Teil der ausgereiften Knorpelzellen von den richtigen Signalen »aufgeweckt« werden kann und sich dann wieder teilt.[10] Ob diese Zellen denen ähneln, die Dan, Jia und Toghrul entdeckt haben, bleibt abzuwarten.

Körper in seinem Fließgleichgewicht ständig in der Schwebe. *Tu nicht einfach etwas, sondern bleib stehen.* Aber stehen zu bleiben, still zu stehen, ist kein Stillstand, sondern ein hektischer, aktiver Prozess. Was wie »Stille« aussieht, ist in Wirklichkeit ein dynamischer Krieg zwischen den beiden konkurrierenden Vorgängen. Philip Larkin schrieb:

Im Tod löst man sich auf: was man einst war, fliegt
unwiderruflich mit Lichtgeschwindigkeit auseinander,
und niemand sieht's.[11]

Aber der Tod besteht nicht im Auseinanderfliegen von Organen. Er ist das zermürbende Nagen der Verletzungen, das gegen die Ekstase des Heilens ankämpft. Oder, wie Ryan es formuliert: Zartheit kämpft gegen Fäule.

Die entscheidenden Mitwirkenden in dieser offenen Feldschlacht sind die Zellen – Zellen, die in Geweben und Organen sterben, und Zellen, die Gewebe und Organe regenerieren. Kehren wir noch einmal kurz zum Begriff der Homöostase zurück, der Aufrechterhaltung konstanter Verhältnisse im inneren Milieu. Zum ersten Mal haben wir diesen Gedanken angewendet, als wir verstehen wollten, wie eine Zelle ihre innere Konstanz aufrechterhält. Dann haben wir mit ihrer Hilfe verstanden, wie ein gesunder Körper sich auf Veränderungen von Stoffwechsel und Umwelt einstellt – Salzkonzentration, Abfallentsorgung, Zuckerstoffwechsel. Jetzt wenden wir sie auf die Aufrechterhaltung des Gleichgewichts zwischen Verletzung und Reparatur an. Eigentlich wirkt auch beim Tod – dem absolutesten Absoluten – ein entsprechendes Gleichgewicht zwischen den Kräften von Verfall und Verjüngung. Kippt dieses Gleichgewicht in eine Richtung, weil die Masse der Verletzungen die Geschwindigkeit von Erholung oder Regeneration übersteigt, stürzen wir über die Klippe. Von wechselnden Winden hin und her gestoßen, kann der Fischadler nicht mehr unbeweglich in der Luft stehen bleiben.

KAPITEL 21

Die egoistische Zelle

Die ökologische Gleichung und Krebs

Wenn man keine Ausbildung in Chemie oder Medizin hat, macht man sich vielleicht nicht klar, wie schwierig das Krebsproblem in Wirklichkeit ist. Es ist fast – nicht ganz, aber fast – ebenso schwierig, als wollte man einen Wirkstoff finden, der beispielsweise das linke Ohr auflöst, das rechte aber unversehrt lässt.
– William Woglom, 1947[1]

Am Ende schließt sich der Kreis, und wir kehren zu einer Zelle zurück, die zur unendlichen Wiedergeburt in der Lage ist: zur Krebszelle.* Keine andere Geburt oder Wiedergeburt einer Zelle wurde so eingehend und leidenschaftlich erforscht. Aber trotz jahrzehntelanger Untersuchungen wurden all unsere Bemühungen, die Geburt und Wiedergeburt von Krebs zu vereiteln, ihrerseits vereitelt. Manche Aspekte von Wesen und Entstehungsmechanismus, Regeneration

---

* So etwas wie eine einzige »Krebszelle« gibt es natürlich nicht. Krebs ist eine vielgestaltige Gruppe von Krankheiten, und selbst ein einzelner Krebs kann mehrere Zelltypen enthalten. Ich habe hier nur versucht, einige allgemeine Prinzipien herauszuarbeiten, die den meisten Krebszellen gemeinsam sind. Im weiteren Verlauf werden wir genauer erfahren, wie Krebszellen sich selbst innerhalb ein und desselben erkrankten Menschen voneinander unterscheiden können.

und Verbreitung von Krebs haben wir kennengelernt. Aber vieles bleibt immer noch rätselhaft.

Wenn wir die bösartige Vermehrung von Krebszellen verstehen wollen, können wir bei der Teilung normaler Zellen beginnen.[2] Angenommen, wir haben uns in die Hand geschnitten. Die Reaktion auf die Verletzung können wir als Kaskade von Ereignissen in den Zellen betrachten, durch die das Gewebe nach einer Verletzung wiederhergestellt wird – Homöostase in Aktion. Blut tritt aus. Durch den Gewebeschaden veranlasst, sammeln sich Blutplättchen und Gerinnungsfaktoren rund um die Wunde. Neutrophile nehmen ein Gefahrensignal wahr, sammeln sich an der Verletzungsstelle und setzen eine erste Reaktion auf Infektionen in Gang; sie stehen Wache und gewährleisten, dass Krankheitserreger keine Chance haben, die Grenzen des Selbst zu durchbrechen. Ein Gerinnsel bildet sich, und die Wunde ist vorübergehend verschlossen.

Dann beginnt die Heilung. Wenn es eine flache Wunde ist, legen die Hautkanten sich aneinander. In eine tiefe Wunde kriechen Fibroblasten – spindelförmige Zellen, die in praktisch allen Geweben vorkommen – aus dem Bereich unter der Haut in die Tiefe und lagern unterhalb der Wunde ein Proteingerüst ab. Anschließend vermehren sich über dem Gerüst die Hautzellen und decken die Wunde ab, wobei unter Umständen eine Narbe zurückbleibt. Wenn die Zellen sich gegenseitig berühren, stellen sie die Teilung ein. Damit der ganze Prozess koordiniert wird, ist eine Fülle von Zellen erforderlich. Irgendwann ist die Wunde geheilt.

Aber hier liegt ein zellbiologisches Rätsel: Was veranlasst die Hautzellen, sich zu vermehren? Und, was für Krebs von noch größerer Bedeutung ist: Was veranlasst sie, damit aufzuhören? Warum wächst uns nicht jedes Mal, wenn wir uns in den Finger schneiden, eine neue Extremität wie bei einem Baum, der einen neuen Zweig bekommt?

Ein Teil der Antwort führt uns zurück zum Anfang dieses Buchs, zu den von Hunt, Hartwell und Nurse entdeckten Genen, die für die Steuerung der Zellteilung sorgen. Wenn wir uns schneiden, aktivieren Signale aus der Wunde und von den Zellen, die darauf ansprechen – also innere und äußere Anhaltspunkte –, eine Kaskade von Genen, und die Reparaturzellen beginnen mit der Teilung. Wenn die Heilung abgeschlossen ist und die Hautzellen einander berühren, veranlasst eine andere Gruppe von Signalen die Zellen, aus dem Zyklus auszusteigen. Man kann sich diese Signale wie Gas- und Bremspedal in einem Auto vorstellen: Ist die Straße frei (unmittelbar nach der Verletzung), beschleunigt das Auto, wird der Verkehr aber dichter, verlangsamt sich die Zellteilung und kommt schließlich zum Stillstand. Eine solche gesteuerte Zellteilung spielt sich in jedem Menschen jeden Tag viele Millionen Mal ab. Sie ist das Mittel, mit dem sich aus einer einzigen Zelle ein ganzer Organismus entwickelt. Warum wachsen nicht manche Embryonen zum Zwanzigfachen ihrer Größe heran? Das ist die Grundfrage der Embryonalentwicklung. Warum wachsen uns nicht jedes Mal, wenn wir uns schneiden, neue Gliedmaßen? Das ist die Grundfrage der Reparatur und Regeneration von Organen. Warum platzte Nancy Lowry nicht durch das viele Blut, nachdem man ihr die Zellen ihrer Schwester transplantiert hatte? Das ist die wichtigste Frage, wenn wir verstehen wollen, wie Blutstammzellen neue Vorläuferzellen hervorbringen, aber offensichtlich ihre Tätigkeit einstellen, wenn die Blutzellen wieder ihre normale Zahl erreicht haben.

Krebs ist in gewisser Weise eine Störung der inneren Homöostase: Sein typisches Kennzeichen ist eine falsch regulierte Zellteilung. Die Gene, die das Gas- und Bremspedal betätigen, sind defekt – das heißt mutiert –, und das hat zur Folge, dass die von ihnen codierten Proteine, die der Steuerung der Zellteilung dienen, nicht mehr im richtigen Zusammenhang funktionieren. Das Bremspedal ist dauerhaft durchgetreten, oder die Bremsen versagen ständig. In der Regel treibt eine Kombination aus beiden Vorgängen – durchgetretene Gaspedalgene und Versagen der Bremsen – das fehlerhafte Wachstum einer Krebszelle voran. Die Autos rasen durch den Verkehrsstau, häufen sich übereinander und verursachen Tumore. Oder sie suchen hektisch nach Ausweichrouten und werden zu Metastasen. Ich möchte Krebszellen keine Persönlichkeit andichten. Das Ganze ist ein darwinistischer Prozess und erfordert natürliche Selektion: Erfolgreich sind diejenigen Zellen, die sich am besten zum Überleben eignen. Sie werden von der natürlichen Selektion ausgewählt, weil sie unter ungeeigneten Umständen und in Geweben, in die sie nicht gehören, am besten an Wachstum und Teilung angepasst sind. Die natürliche Selektion schafft Zellen, die keinem Gesetz der Zugehörigkeit gehorchen, sondern nur den Gesetzen, die sie für sich selbst geschaffen haben.

Wie bereits erwähnt, werden die »Fehlfunktionen« in den Gaspedal- oder Bremsgenen durch Mutationen verursacht, Veränderungen der DNA (und damit auch der Proteine), die ihre Funktion beeinträchtigen, sodass sie in der Regel dauerhaft »ein-« oder »ausgeschaltet« sind. Die ständig durchgetretenen »Gaspedale« nennt man Onkogene; die »klemmenden« Bremsen heißen Tumorsuppressorgene. Die meisten dieser krebsverursachenden Gene wirken nicht unmittelbar auf den Zellzyklus ein (einige allerdings schon). Viele sind vielmehr die Befehlshaber der Befehlshaber: Sie rekrutieren andere Proteine, die wieder andere rekrutieren, bis eine bösartige Kaskade der Proteinsignale die Zelle letztlich in eine Art hektische Mitose treibt – sie teilt sich unkontrolliert immer weiter. Zellen häufen sich übereinander und dringen in Gewebe vor, in die sie nicht gehören. Sie brechen die Gesetze des zellulären Bürgersinns.

Viele derartige Gene haben neben der Steuerung der Zellteilung weitere Funktionen: Sie aktivieren oder unterdrücken die Ausprägung anderer Gene. Manche von ihnen beziehen den Zellstoffwechsel ein und versetzen ihn in die Lage, mit Nährstoffen die bösartige Wiedergeburt der Krebszellen voranzutreiben. Manche verändern auch die normale Hemmung, die bei Zellen eintritt, wenn sie sich gegenseitig berühren; Krebszellen häufen sich auch dann übereinander, wenn normale Zellen die Teilung einstellen würden.

Krebs hat unter anderem die erstaunliche Eigenschaft, dass jede Probe von Krebsgewebe eine einzigartige Kombination von Mutationen trägt. Im Brustkrebs einer Frau liegen Mutationen vielleicht in 32 Genen; bei der zweiten Frau sind es 36, von denen nur zwölf mit der ersten übereinstimmen. Äußerlich sehen die Zellen der beiden Brustkrebsfälle unter Umständen im Mikroskop des Pathologen genau gleich aus, und dennoch können sie sich *genetisch* unterscheiden – sie verhalten sich unterschiedlich und erfordern möglicherweise eine radikal unterschiedliche Therapie.

Die Uneinheitlichkeit der »Mutations-Fingerabdrücke« – die unterschiedlichen Kombinationen von Mutationen – reicht sogar bis auf die Ebene der einzelnen Zellen. Denken wir noch einmal an den Brusttumor der Frau mit seinen 32 Mutationen. Möglicherweise trägt eine einzelne Krebszelle nur zwölf davon, und unmittelbar neben ihr liegt eine Zelle mit 16 der 32 Veränderungen – von denen einige die gleichen sind wie bei der ersten Zelle, andere aber nicht. *Selbst ein einzelner Tumor ist also ein Mosaik aus mutierten Zellen, eine Ansammlung unterschiedlicher Krankheiten.*

Bis heute gibt es keine einfache Methode, um herauszufinden, welche dieser Mutationen die pathologischen Eigenschaften des Tumors herbeiführen und welche nur während der Teilung der Zellen als Folge der tumorverursachenden Mutationen aufgetreten sind. Manche, beispielsweise Mutationen im Gen c-myc, sind bei verschiedenen Krebserkrankungen so häufig, dass es sich mit ziemlicher Sicherheit um »Treiber« handelt. Andere kommen ausschließlich in bestimmten Formen von Krebs vor, etwa bei Leukämie oder einer bestimmten Variante eines Lymphoms. In manchen Fällen wissen wir, wie Gene das falsch regulierte, bösartige Wachstum ermöglichen. In anderen wissen wir es nicht.[3]

Als ich Sam P. im März 2017 im Krankenhaus besuchen wollte, wurde ich gebeten, draußen zu warten. Ihm war übel, und er hatte sich ins Badezimmer begeben. Als es ihm besser ging, half ihm eine Krankenschwester, sich wieder ins Bett zu legen.

Es war gegen Abend, und er schaltete die Lampe an seinem Bett ein. Dann bat er die Schwester, mit mir unter vier Augen sprechen zu können.

»Es ist vorbei, nicht wahr?«, fragte er und sah mir geradewegs ins Gesicht. Es war, als wollte er mir mit seinen Blicken ein Loch mitten ins Gehirn bohren. »Sei ehrlich«, sagte er.

War es wirklich vorbei? Die Frage brachte mich ins Grübeln. Wir hatten es hier mit einem sehr seltsamen Fall zu tun: Einige seiner Tumore sprachen auf die Immuntherapie an, andere blieben hartnäckig. Und jedes Mal, wenn wir die Dosis der Immunmedikamente steigerten, warf uns eine Autoimmunhepatitis – ein Horror autotoxicus der Leber – wieder zurück. Es war, als hätte jede einzelne Tumormetastase ihr eigenes Programm der Wiedergeburt und des Widerstands; jede hatte sich in ihrer eigenen Nische im Körper niedergelassen, jede verhielt sich, als wäre sie eine unabhängige, auf einer Insel gefangene Gemeinschaft von Siedlern. Wir kämpften an vielen Fronten gleichzeitig – wobei wir manchmal gewannen und manchmal verloren. Jedes Mal, wenn wir den Krebs unter evolutionären Druck setzten – beispielsweise mit einem Immuntherapeutikum –, wich irgendeine Zelle dem Druck aus und gründete eine neue widerstandsfähige Kolonie.

Ich sagte ihm die Wahrheit: »Ich weiß es nicht, und ich werde es bis ganz zum Ende nicht wissen.« Die Krankenschwester kam wieder herein und wechselte die Infusionslösung. Wir wechselten das Thema. Eines habe ich im Zusammenhang mit Krebs gelernt: Er gleicht einem zielstrebigen Vernehmungsbeamten und erlaubt einem nicht, das Thema zu wechseln – selbst wenn man glaubt, man sei dazu in der Lage.

Vor einigen Monaten, als er noch bei der Zeitung arbeitete, hatte ich zugesehen, wie er mit einigen seiner Freunde eine Musik-Playlist zusammenstellte. Ich hatte mir die Playlist geben lassen, weil ich eine Party ausrichten wollte. Und wie sich herausgestellt hatte, enthielt sie meine Lieblingslieder.

»Was hörst du jetzt?«, fragte ich. Eine Zeit lang dämpfte versöhnlicher Small Talk die Spannung, und ein Hauch von Normalität wehte durch das Zimmer. Zwei Typen, die sich über Playlists unterhalten. Rock'n'Roll, Hip-Hop, Rap. Wir sprachen noch eine Stunde miteinander. Dann war mir, als wäre ich an einem Punkt gelangt, an dem sich die unvermeidlichen Fragen nicht mehr vermeiden ließen. Der zielstrebige Vernehmungsbeamte war wieder da.

»Irgendwelche Ratschläge, Doc?«, fragte er. »Was passiert am Ende?«

Was passiert am Ende? Das ist eine ebenso alte wie unbeantwortete Frage. Ich dachte zurück an Patienten, die diesen unbestimmten Kampf – gewinnen, verlieren, gewinnen – bereits geführt hatten, und mir fiel ein, was sie in ihren letzten Wochen gebraucht hatten. Ich sagte ihm, er solle sich drei Dinge überlegen, die er noch erreichen könne. Jemandem verzeihen. Von jemandem Verzeihung bekommen. Und jemandem sagen, dass er ihn liebte.

Wir hatten eine Art von Wahrheit ausgetauscht. Es war, als hätte er begriffen, warum ich ihn besucht hatte.

Dann überfiel ihn aus heiterem Himmel eine neue Welle der Übelkeit. Die Schwester wurde gerufen und brachte eine Schüssel. »Bis zum nächsten Mal«, sagte er. »Nächste Woche?«

»Bis zum nächsten Mal«, sagte ich mit fester Stimme.

Ich sah Sam nie wieder. Er starb noch in der gleichen Woche. Ich glaube nicht an die Wiedergeburt, manche Hindus und andere aber schon.

Es gehört zu den Seltsamkeiten bei der Wiedergeburt einer Krebszelle, dass die genetischen Programme, mit denen Krebszellen ihr bösartiges Wachstum aufrechterhalten, zu einem gewissen Teil auch bei den Stammzellen vorhanden sind. Wenn man sich ansieht, welche Gene beispielsweise in Leukämie-Stammzellen »ein-« und »ausgeschaltet« werden, so findet man auffällige Überschneidungen mit den entsprechenden Genen in normalen Blutstammzellen (was es wieder einmal nahezu unmöglich macht, ein Medikament zu finden, das die Krebszellen abtötet, die normalen Stammzellen aber verschont). Wenn man sich ansieht, welche Gene in Knochenkrebszellen ein- oder ausgeschaltet sind, findet man eine ähnliche Kombination wie bei den ein- und ausgeschalteten Genen in Skelettstammzellen. Und die Überschneidungen setzen sich fort: Eines der vier Gene, die Shinya Yamanaka eingeschaltet hatte, um normale Zellen in stammzellenähnliche Zellen zu verwandeln (die iPS-Zellen, die ihm den Nobelpreis einbrachten), heißt c-Myc, und genau dasselbe Gen wird, wenn es falsch reguliert ist, zu einem der wichtigsten Antreiber verschiedener Krebsformen. Kurz gesagt, besteht zwischen Krebs- und Stammzellen eine unangenehm enge Beziehung.

Das wirft zwei wichtige Fragen auf. Erstens: *Werden Stammzellen bösartig?* Und umgekehrt: Gibt es in der Population der Krebszellen innerhalb des Organismus eine Unterpopulation von Zellen, die für die fortgesetzte Regeneration der Krebserkrankung verantwortlich sind, genauso, wie es Stammzellenreservoire in Blut und Knochen gibt? Ist dies das Geheimnis des ständigen Krebswachstums – eine geheime, spezialisierte Unterpopulation von Zellen, die als Reservoir für die Regeneration dient? Die erste Frage betrifft die Herkunft: *Woher stammen Krebszellen?* In der zweiten geht es um Regeneration: *Warum wachsen bösartige Zellen immer weiter, während das Wachstum anderer Zellen kontrolliert und eingeschränkt wird?*

Diese Fragen liefern den Onkologen und Krebsbiologen bis heute den Stoff für hitzige Diskussionen. Betrachten wir noch einmal die erste Frage. Mit Sicherheit kann man Stammzellen oder ihre unmittelbaren Abkömmlinge in Modellsystemen krebsartig verändern. In Forschungsarbeiten mit Blut hat sich gezeigt, dass man bei Mäusen nur ein einziges Gen in einen Abkömmling einer Blutstammzelle einschleusen muss, damit eine tödliche Leukämie entsteht. Dieses Gen – eigentlich handelt es sich um zwei durch eine Mutation verschmolzene Gene – codiert ein Protein mit vielen »Fingern«, das in einer Kaskade nach der anderen eine Fülle weiterer Gene ein- und ausschalten kann, sodass die Stammzelle zur aggressiven Leukämiezelle wird.[4] Auf dem weiteren Weg dieser Zellen in Richtung der Leukämie sammeln sich dann noch mehr Mutationen an.

Viel schwieriger ist das Umgekehrte zu erreichen: Kann man eine vollständig ausgereifte, differenzierte Zelle – einen durch und durch guten Zellbürger – in einen bösartigen Akteur verwandeln? Ja, das ist möglich, aber dazu braucht es eine Menge genetischer Kunstgriffe – man muss zahlreiche sehr wirksame krebsanregende genetische Signale in die Zelle einschleusen. Erinnern wir uns noch einmal an die Gliazellen, die wir als Bestandteil des Nervensystems kennengelernt haben. Sie sind vollkommen ausgereift und wachsen nicht unkontrolliert. Ein Team von Forschenden unter Leitung von Ronald DePinho, der damals an der Harvard University arbeitete (und heute in Texas tätig ist), nahm 2002 solche ausgereiften Gliazellen aus einer Maus, sorgte dafür, dass sie krebsverursachende Gene ausprägten, und machte sie damit zu einem Glioblastom, einem tödlichen Gehirntumor.[5] Geschieht so etwas auch in der Natur? Das wissen wir nicht.

Wie steht es mit der zweiten Frage? Gibt es Krebsstammzellen, die als Reservoir für unbegrenztes Wachstum dienen? Die Arbeitsgruppe von John Dick in Toronto konnte nachweisen, dass ein winziger Anteil der Leukämiezellen im Knochenmark in der Lage ist, die ganze Leukämie von Anfang an zu regenerieren, ganz ähnlich, wie eine Population weniger Blutzellen das ganze Blut neu besiedeln kann (Dick bezeichnete diese Zellen als »Leukämie-Stammzellen«[6]). Mit anderen Worten: Bei manchen Krebserkrankungen gibt es eine »Hierarchie« – eine kleine Untergruppe der Krebszellen besitzt die einzigartige Fähigkeit, sich in großem Umfang zu vermehren und die Krankheit voranschreiten zu lassen, während die übrigen Krebszellen kaum oder gar nicht zur Vermehrung in der Lage sind. Solche Krebsstammzellen gleichen den Wurzeln einer invasiven Pflanze. Man kann die Pflanze nicht entfernen, ohne die Wurzeln herauszureißen – und nach dem gleichen Prinzip kann man auch den Krebs nicht abtöten, solange die Krebsstammzellen nicht tot sind.

Aber die Theorie, dass es Stammzellen für *alle* Krebsformen gibt, hat ihre Kritiker. In Texas vertrat Sean Morrison die Ansicht, dass das Modell der Krebsstammzellen für manche Krebsformen nicht gilt; eine davon ist das Melanom: Hier sind die meisten Zellen in der Lage, sich stark zu vermehren und zum Fortschreiten der Krankheit beizutragen.[7] Die Zellen behalten also stammzellenähnliche Fähigkeiten. Bei solchen Krebserkrankungen kann die Therapie nur dann Erfolg haben, wenn man so viele Krebszellen wie möglich vernichtet.

Bei wieder anderen Krebsformen könnte das Modell der Krebsstammzellen von einem Patienten zum anderen unterschiedlich aussehen. Bei manchen Brust- und Gehirntumoren zum Beispiel könnte es Krebsstammzellen und andere Krebszellen geben, während eine solche Hierarchie bei anderen Krebserkrankungen von Brust oder Gehirn nicht existiert. Die normalen Gesetze der Physiologie und der Stammzellen gelten hier nicht, denn Krebszellen können eine ungeheure Flexibilität erreichen, einfach indem sie mit den Schaltern mancher Gene spielen.*

»Sieh mal«, sagte mir Morrison, »das wird alles immer komplizierter. Manche Krebsformen, beispielsweise die myeloischen Leukämien, funktionieren tatsächlich nach einem Krebsstammzellenmodell. Aber bei manchen anderen gibt es keine plausible Hierarchie, und man wird einen Patienten nicht heilen können, indem man einfach auf eine seltene Subpopulation von Zellen zielt. Wir haben noch viel Arbeit vor uns, bis wir herausgefunden haben, welche Krebsformen oder auch welche einzelnen Patienten in die jeweilige Kategorie gehören.«

So viel allerdings ist sicher: Manche Krebs- und Stammzellen sind tiefgreifend »umprogrammiert«. In ihnen werden Gene ein- und ausgeschaltet, was ihre ständige Wiedergeburt ermöglicht. Der Unterschied besteht nur darin, dass das Programm bei Krebszellen ständig eingeschaltet ist – ihre Mutationen sind festgelegt und erlauben es der Zelle nicht, das Programm der ständigen Vermehrung zu verändern. In normalen, gesunden Stammzellen ist das Programm flexibel – die Zelle kann sich beispielsweise zu Osteoblasten, Knorpelzellen, roten Blutzellen oder Neutrophilen differenzieren. Stammzellen können ihr Identitätsprogramm verändern; wie bereits erwähnt, bringen sie Egoismus (Selbsterneuerung) und Aufopferung (Differenzierung) ins Gleichgewicht. Die Krebszelle dagegen steckt in der

* Damit kein Missverständnis aufkommt: Krebszellen besitzen keine Vernunft und kein Gehirn, mit denen sie Schalter ein- oder ausschalten könnten. Die *Evolution* selektioniert Zellen, wenn diese bestimmte Gene eingeschaltet haben, die ständiges Nachwachsen ermöglichen.

Falle – sie ist gefangen in einem Programm der ständigen Wiedergeburt. Damit ist sie das Musterbeispiel einer egoistischen Zelle.

Noch schlimmer ist etwas anderes: Wenn man Evolutionsdruck ausübt – das heißt, wenn man einen Arzneistoff gegen ein bestimmtes Gen richtet –, können die Krebszellen mit ihrer Uneinheitlichkeit und Flexibilität ein anderes Genprogramm wählen und damit der Medizin Widerstand leisten. Eine Zelle mit einer Resistenzmutation wächst weiter. Eine solche Zelle hat ein geringfügig verändertes genetisches Programm (das meine ich mit »Flexibilität«). Eine Zelle an einer anderen Metastasenstelle liegt außerhalb der Reichweite des Medikaments, kann ein neues genetisches Programm aktivieren und sich damit der Erkennung und Vernichtung entziehen.

In den letzten Jahrzehnten hat man versucht, Krebs durch Angriffe auf bestimmte Gene oder bestimmte Mutationen der Krebszellen zu bekämpfen. In manchen Fällen hat man damit bemerkenswerte Erfolge erzielt: beispielsweise mit Herceptin gegen HER2-positiven Brustkrebs oder mit Glivec bei chronisch-myeloischer Leukämie.[8] Aber Versuche, im Rahmen der sogenannten personalisierten Krebsmedizin auf andere Mutationen zu zielen, haben sich nur als mäßig erfolgreich erwiesen oder sind sogar völlig gescheitert. Teilweise lag es daran, dass die Zellen resistent wurden, teilweise auch an der Uneinheitlichkeit der Krebszellen und an den Gemeinsamkeiten zwischen Krebszellen und normalen Zellen, insbesondere den Stammzellen; sie setzen der medikamentösen Therapie eine natürliche Grenze, damit die Wirkstoffe nicht für den Organismus giftig werden. Es ist die zellbiologische Version des entsetzlich Erhabenen, wie Kant es genannt haben könnte.

Als ich Sams Zimmer im Krankenhaus verließ, musste ich an seine Playlist denken. Man kann sich vorstellen, dass alle Gene in den Zellen – ihr gesamtes Genom – eine festgelegte, vorausgewählte Playlist sind. Stammzellen können sich auswählen, welche Lieder sie in welcher Reihenfolge abspielen wollen, wenn sie von der Selbsterneuerung zur Differenzierung übergehen. Wenn sie sich selbst erneuern, spielen sie eine bestimmte Auswahl. Wenn sie sich differenzieren, spielen sie eine andere Auswahl.

Bei Krebs erlauben die festgelegten Mutationen nicht, dass die Reihenfolge der Lieder sich ändert. Das Gaspedal ist in der Vollgasposition verklemmt, und die Bremsen sind dauerhaft ausgeschaltet. Anders als bei normalen Stammzellen hat der Organismus deshalb kaum Möglichkeiten, die Aktivität zu steuern. Die Playlist ist vorgegeben. Immer und immer wieder wird die gleiche Reihe von Liedern gespielt wie eine boshafte Melodie, die man nicht mehr aus dem Kopf bekommt. Und wenn wir beispielsweise mit Medikamenten oder Immuntherapie einen Selektionsdruck ausüben, wechselt die Zelle zu einer neuen Liste von Genen, oder sie würfelt die Lieder sogar durcheinander und erzeugt einen verrückten Remix aus Hip-Hop und Chopin, mit dem die bösartige Zelle dem Medikament entgeht. Dann wiederholt sich alles: Jetzt hat die Krebszelle ein neues, festes, boshaftes Thema, das sie nicht mehr aus dem Kopf bekommt.

Als man Mitte der 2000er-Jahre erstmals die lange Liste der Gene zusammenstellte, die das Wachstum von Krebszellen vorantreiben, herrschte allgemein Begeisterung: Man glaubte, man habe den Schlüssel für die Heilung von Krebs gefunden.

»Sie haben eine Leukämie mit Mutationen in TET2, DNMT3 A und SF3B1«, sagte ich dann vielleicht einer verblüfften Patientin. Dabei sah ich sie triumphierend an, als hätte ich das Kreuzworträtsel in der Sonntagszeitung gelöst.

Sie starrte mich an, als käme ich vom Mars.

Dann stellte sie die einfachste Frage, die man sich vorstellen kann: »Heißt das, Sie wissen, mit welchen Medikamenten Sie mich heilen können?«

»Ja. Schon bald«, sagte ich dann voller Überschwang. Die einfache Geschichte ging so: Isoliere die Krebszellen, finde die veränderten Gene, suche Medikamente, die sich gegen diese Gene richten, und töte den Krebs, ohne den Patienten zu schädigen.

Um zu beweisen, dass diese Idee richtig war (wie konnte sie nicht richtig sein?[9]), stellten Forschende zweierlei Studien an. Die erste Kategorie wurde als »Korbstudien« bezeichnet: Man gab verschiedene Krebsformen (Lunge, Brust, Melanom), die zufällig die gleichen Mutationen gemeinsam hatten, in einen Korb und behandelte sie mit dem gleichen Medikament nach dem Prinzip: gleiche Mutation, gleiches Medikament, gleicher Korb, gleiche Reaktion – oder etwa nicht? Die Ergebnisse waren ernüchternd. In einer 2015 erschienenen bahnbrechenden Studie hatten 122 Patientinnen und Patienten mit unterschiedlichen Krebsformen – Lunge, Dickdarm, Schilddrüse – die gleiche Mutation gemeinsam und wurden entsprechend mit dem gleichen Wirkstoff namens Vemurafenib behandelt.[10] In manchen Fällen wirkte das Medikament – bei Lungenkrebs sprachen 42 Prozent darauf an –, in anderen dagegen überhaupt nicht: Für Dickdarmkrebs lag die Erfolgsquote bei null Prozent. Und auch die meisten positiven Reaktionen waren nicht von Dauer, sondern nach einer vorübergehenden Rückbildung standen die Kranken wieder ganz am Anfang.

Der zweite Typ, die »Schirmversuche«, war das Gegenteil. Hier suchte man bei einem Krebstyp, beispielsweise bei Lungenkrebs, nach verschiedenen Mutationen, und jeder Lungenkrebsfall mit einer bestimmten Kombination von Mutationen wurde unter einen anderen Schirm eingeordnet. Entsprechend erhielt jeder Krebspatient je nach der Mutationskombination andere Medikamente. Unterschiedliche Mutationen, unterschiedliche Schirme, unterschiedliche Therapien und demnach spezifische Reaktionen – oder etwa nicht? Auch das klappte nicht. Eine große Studie mit dem Namen BATTLE-2 lieferte ebenfalls ernüchternde Daten – in den meisten Fällen sprach der Krebs kaum auf die Therapie an.[11] »Letztlich«, so kommentierte ein Gutachter niedergeschlagen, »lieferte die Studie keine neuen, vielversprechenden Therapieverfahren.«[12]

»Wir, die Forschenden in der Biomedizin, sind süchtig nach Daten wie Alkoholiker nach billigem Schnaps«, schrieb der Krebsbiologe Michael Yaffe vom Massachusetts Institute of Technology in der Fachzeitschrift *Science Signaling*.[13] »Wie in dem alten Witz von dem Betrunkenen, der unter der Straßenlaterne nach seiner verlorenen Brieftasche sucht, so suchen auch Biomediziner meist unter der Sequenzlampe, wo das ›Licht am hellsten ist‹ [weil man dort am besten sehen kann] – das heißt, wo die Daten so schnell wie möglich zu beschaffen sind. Wie Datenjunkies schauen wir immer noch auf die Genomsequenzierung, auch wenn die klinisch nützlichen Informationen woanders liegen.«

Sequenzierung ist Verführung. Sie liefert kein Wissen, sondern Daten. Wo also liegen die »wirklich klinisch nützlichen Informationen«? Nach meiner Überzeugung irgendwo an einer Schnittstelle zwischen den Mutationen in der Krebszelle und der Identität der Zelle als solcher. Im *Kontext*. Im Zelltyp (Lunge? Leber? Pankreas?). In dem Ort, an dem sie lebt und wächst. In ihrem Ursprung im Embryo und ihrem Entwicklungsweg. In den besonderen Faktoren, die einer Zelle ihre einzigartige Identität verleihen. In den Nährstoffen, die ihr Leben erhalten. In den Nachbarzellen, von denen sie abhängig ist.

Vielleicht wird uns eine neue Generation von Krebstherapiemethoden über diese Sucht hinweghelfen. Jahrzehntelang hatten wir uns Krebs als Produkt einer einzigen bösartigen Zelle vorgestellt. Die »Krebszelle« wurde zum Sinnbild für die Bösartigkeit der Krankheit, für die Selbstständigkeit von Zellen, die über die Stränge schlagen (es gibt sogar eine Fachzeitschrift mit dem Titel *Cancer Cell*). Die Krebszelle steht im Mittelpunkt unserer Aufmerksamkeit. Töten wir die Zellen, besiegen wir den Krebs. »Dieser Tumor dringt ins Gehirn ein«, sagt ein Chirurg im Operationssaal zum anderen. (Wer dagegen sagt, die Erkältung habe uns erwischt?) Subjekt, Verb, Objekt: Krebs ist der autonome Handelnde, der Aggressor, die Triebkraft. Der Wirt – der Patient oder die Patientin – schaut stumm zu und ist das betroffene, passive Opfer. Der Kontext, den der kranke Mensch herstellt, das besondere Verhalten seiner Krebszellen, ihre Lage, ihre schwer fassbare Beweglichkeit, die Immunantwort darauf – warum soll das alles eine Rolle spielen?

Bei Sam verhielt sich jede Metastase anders; sein Körper war bei Weitem nicht nur der passive Zuschauer. Die Metastasen in seiner Leber verhielten sich anders als die am äußeren Ohrläppchen. Und einige seiner Organe blieben auf rätselhafte Weise verschont, während andere dicht besiedelt waren.

Im Kern lautet die Frage: Wie kommt es, dass Krebsmetastasen an manchen Stellen überleben, während andere Organe – insbesondere Nieren und Milz – anscheinend nie von Metastasen befallen werden? Vielleicht sollte man sich Krebszellen, wie Organe und Organismen, als Gemeinschaft vorstellen – und eine solche Gemeinschaft kann sich nur zu einer bestimmten Zeit an einem bestimmten Ort ansiedeln. Die Metaphern für den Krebs verändern sich. Krebs als Gemeinschaftsunternehmen. Krebs als fehlgeleitete Ökologie. Krebs als boshafter Pakt zwischen einer über die Stränge schlagenden Zelle und der Umwelt, die sie sich zunutze macht – ein Waffenstillstand zwischen der Zelle und dem Gewebe, in dem sie gedeiht. »Krebs ist ebenso wenig eine Krankheit der Zellen wie ein Verkehrsstau eine Krankheit der Autos ist«, schrieb der britische Arzt und Krebsforscher D. W. Smithers schon 1962 in der Fachzeitschrift *Lancet*.[14] »Ein Verkehrsstau entsteht durch das Versagen der normalen Beziehung zwischen den fahrenden Autos und ihrer Umwelt; er kann sich bilden, ob die Autos nun normal funktionieren oder nicht.« Smithers war mit seiner Provokation zu weit gegangen. Der lautstarke Aufschrei folgte auf dem Fuß (Bob Weinberg, einer der einflussreichsten Krebsforscher, sagte mir, es sei »völliger Unsinn«). Aber Smithers wollte – wenn auch natürlich auf provokative Weise – die Aufmerksamkeit von der Krebszelle weg und auf das *Verhalten* dieser Zellen in ihrer echten Umgebung hin lenken.

Also erfinden wir neue Metaphern für die Krankheit. Vergessen wir die Mutationen und greifen wir den Stoffwechsel an. Manche Krebszellen werden beispielsweise stark abhängig (im medizinischen Jargon »süchtig«) von bestimmten Nährstoffen und Stoffwechselwegen. Wie der deutsche Physiologe Otto Warburg schon in den 1920er-Jahren entdeckte, gewinnen viele Krebszellen ihre Energie mit einer schnellen, billigen Methode des Glucoseverbrauchs.[15] Selbst wenn Sauerstoff in Hülle und Fülle zur Verfügung steht, bevorzugen sie die sauerstofffreie Gärung anstelle der langsamen Verbrennung, die wir im Zusammenhang mit den Mitochondrien kennengelernt haben. Normale Zellen dagegen bedienen sich bei ihrer Energiegewinnung fast immer einer Kombination aus langsamen und schnellen – sauerstoffabhängigen und sauerstoffunabhängigen – Verbrennungsmechanismen. Könnte man diese Besonderheit im Stoffwechsel bösartiger Zellen nutzen, um einen Weg zur Krebsbekämpfung zu finden?*

---

* Warum Krebszellen diesen schnellen und billigen (aber höchst ineffizienten) Mechanismus der Energiegewinnung bevorzugen, weiß man nicht. Immerhin entstehen bei der sauerstoffabhängigen »aeroben« Zellatmung 36 ATP-Moleküle, die sauerstoffunabhängige »anaerobe« Gärung dagegen liefert nur zwei – ein Unterschied um den Faktor 18. Warum nutzen Krebs-

Eine andere klinische Studie betreibt meine Arbeitsgruppe derzeit zusammen mit einem Team der Cornell University und mit Lewis Cantley, der mittlerweile an der Harvard University arbeitet, wobei wir die enervierend allgemeingültige Tatsache nutzen wollen, dass Krebs von anderen Zucker- oder Proteinstoffwechseln abhängiger ist

---

zellen einen ineffizienten Energiegewinnungsmechanismus, wenn sie sich doch viel mehr Energie beschaffen könnten und die Ressourcen keine Einschränkung darstellen (eine Leukämiezelle zum Beispiel badet buchstäblich im Blut, und das enthält ausreichend Nährstoffe und Sauerstoff für die aerobe Zellatmung)? Zum Teil könnte die Antwort darin liegen, dass durch sauerstoffabhängige Energiegewinnungsreaktionen giftige Nebenprodukte entstehen, stark reaktionsfähige Moleküle, die für Zellen schädlich sind und beseitigt werden müssen. Unter diesen giftigen Nebenprodukten der sauerstoffabhängigen Zellatmung sind auch Substanzen, die Mutationen in der DNA auslösen, und damit wiederum können sie in den Zellen einen Apparat aktivieren, der die Zellteilung unterbindet (erinnern wir uns noch einmal an den Kontrollpunkt G2, an dem die Zellen die Qualität ihrer DNA überprüfen). Krebszellen haben sich möglicherweise in der Evolution dazu entwickelt, »das Beste daraus zu machen« – was letztlich bedeutet, dass sie Energieeffizienz opfern, um den giftigen Nebenprodukten zu entgehen. Das ist eine von vielen Hypothesen; auch andere Gründe, warum Krebszellen eine Vorliebe für die Gärung haben, werden genannt. In jüngster Zeit haben Arbeiten von Forschenden wie Ralph DeBerardinis gezeigt, dass der Warburg-Effekt – das heißt die Tatsache, dass die Krebszellen sich zur Energiegewinnung nicht der Mitochondrien bedienen – durch die künstlichen Wachstumsbedingungen von Krebszellen im Labor im Vergleich zu ihrem Wachstum im Organismus übertrieben werden könnte.[16] Wenn wir Krebszellen im Labor züchten, setzen wir der Kultur in der Regel eine hohe Glucosekonzentration zu, und dadurch könnte sich der Stoffwechsel in Richtung des Reaktionswegs außerhalb der Mitochondrien verschieben. Dennoch ist der Warburg-Effekt real: Auch manche »echten« Tumore in Menschen – und nicht im Labor – gewinnen ihre Energie vorwiegend nicht mit den Mitochondrien, aber das Ausmaß des Effekts haben wir möglicherweise überschätzt.

als normale Zellen. In Zusammenarbeit mit Cantley haben wir entdeckt, dass manche (aber nicht alle) Krebsformen sich mit Insulin – dessen Ausschüttung durch Glucose angeregt wird – resistent gegen ansonsten sehr wirksame Krebsmedikamente machen. Mit anderen Worten: Die Krebszellen werden tatsächlich von dem Wirkstoff vergiftet, aber wie hinterhältige Verbrecher lernen sie, die Giftwirkung mithilfe von Insulin zu umgehen. Damit stellt sich die Frage, inwieweit Zellen ganz unabhängig von den Mutationen auf einzigartige Weise von bestimmten Nährstoffen abhängig sind. Angenommen, wir blockieren die Wege, auf denen Krebszellen die Nährstoffe nutzen, und behandeln die bösartigen Zellen dann mit Medikamenten: Werden sie dann auf die Wirkstoffe wieder ansprechen? Und was geschieht, wenn wir dem Organismus das Prolin entziehen, eine Aminosäure, nach der manche Krebstumore süchtig sind, und sie damit aushungern?

Man kann sich auch auf die Umgehung der Immunität konzentrieren. Jim Allison und Tasuku Honjo gingen von dem Gedanken aus, dass jeder Krebs irgendwann Wege finden muss, um sich dem Immunsystem zu widersetzen. Nimmt man dem Krebs seine Tarnkappe, hat man eine Therapie, die anscheinend nicht vom Immunsystem abhängig ist. Der Wissenschaftler Judah Folkman hatte in den 1990er-Jahren die Idee, dem Krebs die Blutversorgung zu entziehen. Oder man schafft gentechnisch veränderte T-Zellen, um wie bei Emily Whitehead die Leukämie anzugreifen.

Aber zuerst müssen wir die Physiologie einer Krebszelle in ihrem Wachstumszusammenhang erkennen, genau wie wir jede andere Zelle verstehen: Wir müssen wissen, in welchem Organ sie lebt, von welchen unterstützenden Zellen sie umgeben ist, welche Signale sie aussendet, welche Abhängigkeiten und Verletzlichkeiten sie besitzt.

Rätsel über Rätsel. Gentechnisch veränderte T-Zellen wirken gut gegen Leukämie und Lymphome, versagen aber bei Eierstock- und

Brustkrebs. Warum? Bei Sam beseitigte die Immuntherapie die Tumore in seiner Haut, aber nicht in seiner Lunge. Warum? Und wie einer meiner Postdocs entdeckte, verlangsamt unsere Methode des Insulinentzugs auf dem Weg über die Nahrung das Krebswachstum in Endometrium und Pankreas, aber sie beschleunigt bei Mäusen die Entwicklung mancher Leukämieformen. Warum? Wir wissen gar nicht, was wir nicht wissen.*

---

* Da sich dieses Kapitel auf die Krebszelle, ihr Verhalten, ihre Fortbewegung und ihren Stoffwechsel konzentriert, habe ich mich bewusst entschlossen, Krebsvorbeugung und Früherkennung nicht anzusprechen. Manche dieser Themen sind Gegenstand meines früheren Buchs *Der König aller Krankheiten: Krebs – eine Biographie*; neuere Fortschritte bei Vorbeugung und Früherkennung werden in einer zukünftigen Neuauflage berücksichtigt werden.

KAPITEL 22

Das Lied der Zelle

Ich weiß nicht, was ist mir lieber:
die schöne Modulation
oder die schöne Andeutung,
der Triller der Amsel
oder sein Verhauchen.
– Wallace Stevens,
»Dreizehn Arten, eine Amsel zu betrachten«[1]

In seinem 2021 erschienenen Buch über Ökologie und Klima mit dem Titel *The Nutmeg's Curse: Parables for a Planet in Crisis* erzählt Amitav Ghosh die Geschichte eines angesehenen Botanikprofessors, der sich von einem jungen Mann aus einem kleinen Dorf durch den Regenwald führen lässt. Der junge Mann kann alle Pflanzenarten benennen. Seine scharfe Beobachtungsgabe verblüfft den Professor, und der macht ihm Komplimente über seine Kenntnisse. Aber der Mann ist bedrückt. »Er nickt und erwidert mit gesenktem Blick: ›Ja, die Namen aller Büsche habe ich gelernt, aber ich kenne noch nicht die Lieder.‹«[2]

Das Wort »Lied« mag vielen als Metapher erscheinen. Nach meiner Lesart ist es aber alles andere als eine Metapher. Der junge Mann beklagt, dass er noch nicht die *Vernetzung* der einzelnen Bewohner des Regenwalds – ihre Ökologie, ihre gegenseitige Abhängigkeit – kennt und nicht weiß, wie der Wald als Ganzes handelt und lebt. Ein

»Lied« kann einerseits eine innere Nachricht – ein Summen – sein, andererseits aber auch ebenso gut von außen kommen: als Nachricht, ausgesandt von einem Lebewesen an ein anderes als Signal der Verbundenheit und Kooperation (Lieder werden häufig gemeinsam oder abwechselnd gesungen). Wir haben Namen für Zellen und auch für Zellsysteme, aber die *Lieder* der Zellbiologie haben wir noch nicht gelernt.

Hier liegt also die Herausforderung. Wir haben den Organismus in einzelne Organe und Systeme unterteilt – Organe wie Nieren, Herz oder Leber, die bestimmte Funktionen ausführen, und Systeme von Zellen (Immunzellen, Neuronen), die solche Funktionen möglich machen. Wir haben die Signale nachgewiesen, die zwischen ihnen hin und her wandern – manche davon über kurze, andere über längere Entfernungen. Das ist bereits ein gewaltiger Fortschritt seit der Zeit von Hooke und Leeuwenhoek, die sich den menschlichen Organismus erstmals als Ansammlung einheitlicher, unabhängiger lebender Bausteine vorstellten. Es bringt uns näher zu Virchow, der im Körper eine Gemeinschaft von Bürgern sah.

Aber unsere Kenntnisse über die Vernetzung der Zellen haben immer noch Lücken. Immer noch leben wir in einer Welt, in der wir uns die Zelle wie Leeuwenhoek als »lebendes Atom« vorstellen, als einheitlich, einzeln und isoliert, als Raumschiff, das im Raum des Körpers schwebt. Solange wir diese atomistische Welt nicht verlassen, werden wir nicht die Frage beantworten können, die schon der englische Chirurg Stephen Paget stellte: Leber und Milz liegen anatomisch nebeneinander und besitzen die gleiche Durchblutung – warum ist dennoch eines dieser Organe (die Leber) einer der häufigsten Orte von Krebsmetastasen, während sie in dem anderen (der Milz) kaum einmal vorkommen? Und warum besteht für Patienten mit bestimmten Nervenverfallskrankheiten – darunter die

Parkinson-Krankheit – ein deutlich geringeres Krebsrisiko? Oder warum sprechen – das erzählte mir Helen Mayberg – Patienten, die ihre Depression als »existenzielle Langeweile« (ihre Worte) bezeichnen, in der Regel nicht auf die Tiefe Hirnstimulation an, während dies bei solchen, die berichten, sie würden »senkrecht in Löcher fallen«, häufig der Fall ist? Wie der niedergeschlagene Mann im Regenwald, so haben auch wir die Namen der Büsche gelernt, aber nicht die Lieder, die zwischen den Bäumen hin und her gehen.

Vor Jahren erzählte mir ein Freund eine Geschichte, die noch heute in mir widerhallt. Er ging mit seinem Großvater, der aus dem südafrikanischen Kapstadt zu Besuch war, spazieren; der Großvater blieb in Newton in Massachusetts zufällig an einem Wohnblock stehen, in dem sich viele eingewanderte Juden der ersten und zweiten Generation niedergelassen hatten. Der Urgroßvater meines Freundes war aus Litauen nach Südafrika ausgewandert. Der Großvater ging zu dem Haus und wollte sich die Namen auf den Klingelschildern der Wohnungen ansehen. »Aber Opa«, protestierte mein Freund, »wir kennen doch niemanden in diesem Haus.« Der Großvater blieb stehen und lächelte. »O nein«, sagte er, »wir kennen alle, die in diesem Haus wohnen.«

Um aus Zellen einen neuen Menschen aufzubauen, müssen wir nicht nur Namen kennen, sondern auch die Verbindungen zwischen den Namen. Nicht Adressen, sondern Wohnviertel; nicht Personalausweise, sondern Persönlichkeiten, Geschichten und die Vergangenheit, die sie begleitet.

Jetzt, da wir uns dem Ende dieses Buchs nähern, sollten wir vielleicht innehalten und über eine der größten philosophischen Hinterlassenschaften aus der Wissenschaft des 20. Jahrhunderts – und über ihre Grenzen – nachdenken. »Atomismus« ist die Vorstellung, dass Materie, Informationen und biologische Objekte aus Grundeinheiten aufgebaut sind. Atome, Bytes, Gene, wie ich in einem früheren Buch geschrieben habe. Wir können hinzufügen: Zellen. Wir sind aus Bausteinen aufgebaut – aus Bausteinen, die in Form, Größe und Funktion außerordentlich vielfältig und doch einheitlich sind.

Warum? Über die Antworten können wir nur spekulieren. In der biologischen Evolution können sich komplexe Organismen vielleicht einfacher entwickeln, wenn ihre einheitlichen Bausteine sich immer wieder wandeln und zu unterschiedlichen Organsystemen kombiniert werden, von denen jedes eine spezialisierte Funktion hat, während gleichzeitig gemeinsame Eigenschaften aller Zellen (Stoffwechsel, Abfallentsorgung, Proteinsynthese) beibehalten werden. Eine Herzzelle, ein Neuron, eine Pankreas- und eine Nierenzelle greifen auf solche gemeinsamen Eigenschaften zurück: Mitochondrien zur Energiegewinnung, eine Lipidmembran als Abgrenzung, Ribosomen für die Proteinsynthese, ER und Golgi-Apparat für den Export von Proteinen, membrandurchspannende Poren, die Signale ein- und austreten lassen, einen Zellkern als Aufbewahrungsort für das Genom. Und doch sind sie trotz solcher Gemeinsamkeiten in ihren Funktionen sehr vielfältig. Eine Herzzelle nutzt die Energie aus den Mitochondrien, um sich zusammenzuziehen und als Pumpe tätig zu werden. Eine Betazelle aus dem Pankreas nutzt die gleiche Energie, um das Hormon Insulin zu synthetisieren und auszuschütten. Eine Nierenzelle nutzt die membrandurchspannenden Kanäle zur Regulation des Salzhaushalts. Ein Neuron nutzt andere Membrankanäle, um Signale auszusenden, die Wahrnehmung, Empfindungsfähigkeit und Bewusstsein ermöglichen. Denken wir nur daran, welch unterschiedliche Bauwerke wir mit 1000 unterschiedlich geformten Legosteinen aufbauen könnten.

Vielleicht sollten wir die Antwort auch unter Evolutionsgesichtspunkten formulieren. Erinnern wir uns noch einmal: Aus Einzellern entwickelten sich vielzellige Lebewesen – und das nicht nur einmal, sondern viele Male unabhängig voneinander. Die Triebkräfte dieser Evolution waren nach heutiger Kenntnis die Möglichkeit, natürlichen Feinden zu entgehen, eine effizientere Konkurrenz um knappe Ressourcen und die Einsparung von Energie durch Spezialisierung und Diversifizierung. Die einheitlichen Bausteine – die Zellen – fanden Mechanismen, um diese Spezialisierung und Diversifizierung zu erreichen; dazu kombinierten sie die allen gemeinsamen Programme (Stoffwechsel, Proteinsynthese, Abfallentsorgung) mit spezialisierten Fähigkeiten (Kontraktionsfähigkeit bei Muskelzellen, Insulinausscheidung bei den Betazellen des Pankreas). Zellen fanden sich zusammen, änderten ihre Ziele, entwickelten sich auseinander – und eroberten die Welt.

Aber so leistungsfähig der »Atomismus« auch ist: Wie wir erfahren haben, stößt seine Erklärungskraft an ihre Grenzen. Vieles an der physikalischen, chemischen und biologischen Welt können wir mit der evolutionsbedingten Anhäufung atomistischer Einheiten erklären, aber diese Erklärungen reichen nicht aus. Gene als solche sind eine verblüffend unvollständige Erklärung für die Komplexität und Vielfalt der Lebewesen; um Physiologie und Schicksal der Organismen zu erklären, müssen wir die Wechselbeziehungen zwischen Genen sowie zwischen Genen und Umwelt einbeziehen. Die Genetikerin Barbara McClintock war ihrer Zeit um Jahrzehnte voraus, als sie das Genom als »empfindsames Organ der Zelle« bezeichnete.[3] In den Worten »Organ« und »empfindsam« spiegeln sich Gedanken wider, die den Genetikern in den Fünfziger- und Sechzigerjahren völlig fremd waren. McClintock sprach sich gegen die atomistische Sichtweise aus, mit der die Genetiker jedes Gen einzeln betrachteten; stattdessen, so ihre Ansicht, könne man das Genom nur als Ganzes deuten – als »empfindsames Organ«, das auf seine Umwelt reagiert.

Nach der gleichen Logik sind auch Zellen eine unvollständige Erklärung für die Komplexität der Organismen. Wir müssen die Wechselbeziehungen zwischen ihnen sowie zwischen Zellen und Umwelt einbeziehen, womit wir eine ganzheitliche Betrachtungsweise in die Zellbiologie bringen. Für solche Wechselbeziehungen verfügen wir nur über unterentwickelte Begriffe wie Ökologie, Soziologie oder »Interaktom«, aber Modelle, Gleichungen und Mechanismen, mit denen wir sie verstehen könnten, fehlen. Mir kommt immer wieder der Gedanke, dass Krankheit eine Verletzung der Gesellschaftsverträge zwischen den Zellen ist.

Zum Teil liegt das Problem darin, dass das Wort »ganzheitlich« wissenschaftlich beschmutzt wurde. Es wurde zum Synonym für den Vorgang, alles, was wir wissen, in einen schlecht funktionierenden Mixer mit unscharfen Messern zu stecken (wobei oft auch eine gehörige Portion Schwachsinn im Spiel ist). Oder, um Orwell abzuwandeln: Eine Gleichung gut, vier Gleichungen schlecht.

Und dann wurde alles noch schlimmer. Eine Variante des postmodernen wissenschaftlichen Denkens warf die Gleichungen zusammen mit den Wandtafeln, auf denen sie geschrieben standen, in den Müll; das Kind wurde mit dem Bade ausgeschüttet. Aber auch das ist ein ebenso großer, gegenteiliger Unsinn: Eine newtonsche Kugel, die durch den newtonschen Raum geworfen wird, folgt den newtonschen Gesetzen. Die Gesetze, die über ihre Bahn bestimmen, sind ebenso real und greifbar wie zu der Zeit, als das Universum entstand. Ebenso sind eine Zelle und ein Gen etwas Reales. Sie sind nur nicht isoliert »real«. Grundsätzlich sind sie kooperative, integrative Einheiten, und gemeinsam bauen sie die Organismen auf, halten sie instand und reparieren sie. Ich kann es niemandem ersparen, beide Gedanken gleichzeitig im Kopf zu behalten. Aber vielleicht helfen hier Erfahrungen mit nichtwestlicher Philosophie: Kooperation und Einheit – Selbstlosigkeit und Selbstachtung – schließen sich gegenseitig nicht aus. Sie existieren nebeneinander.

Allgemeingültige Prinzipien stellen uns zufrieden – eine Gleichung gut –, denn sie befriedigen unseren Glauben an ein geordnetes Universum. Aber warum muss »Ordnung« so militärisch, so singulär, so *unifest* (im Gegensatz zu manifest) sein? Vielleicht ist es ein Manifest für die Zukunft der Zellbiologie, dass wir »Atomismus« und »Holismus« zusammenführen müssen. Die Vielzelligkeit hat sich immer und immer wieder entwickelt, weil Zellen zwar ihre Grenzen aufrechterhalten, aber in einer Bürgergesellschaft viele Vorteile finden. Vielleicht sollten auch wir allmählich von dem Einen zu den Vielen voranschreiten. Das ist mehr als alles andere der Vorteil, wenn man Zellsysteme und darüber hinaus auch Ökosysteme von Zellen versteht. Wir müssen alle kennen, die in dem Haus wohnen.

Im Januar 1902, gerade als in Deutschland der *danse macabre* der sektenhaften Abspaltung, die auf der Pseudowissenschaft von Rassenlehre und biologischer Anthropologie beruhte, um ihn herumzuwirbeln begann, stolperte Rudolf Virchow, der von Termin zu Termin hetzte, auf der Leipziger Straße in Berlin beim Aussteigen aus einer Straßenbahn. Er stürzte und brach sich das Bein.

Der Oberschenkelknochen war gebrochen. Mittlerweile war Virchow schon schwach und gebrechlich, ein »kleiner, gelbhäutiger, eulengesichtiger, bebrillter Mann«, wie ein Assistent ihn beschrieb, »mit dem eigentümlich stechenden und doch leicht verschleierten Auge, an dem die Armut von Wimpern auffiel. Die Augenlider waren papierdünn, wie pergamenten … Er zehrte gerade an einer belegten Berliner Schrippe. Neben dem Teller stand eine kleine Weiße. Das war das einzige Frühstück, welches dieser Heros … einnahm.«[4]

Eine Kaskade der Zellpathologie war losgetreten worden. Der gebrochene Oberschenkelhals war vermutlich eine Folge spröder Knochen, und die Knochen werden spröde, wenn sie im Alter nicht mehr in der Lage sind, ihre Struktur unversehrt aufrechtzuerhalten oder zu reparieren.

Während des Sommers wurde er wieder gesund, aber dann folgten weitere Rückschläge: eine Infektion durch ein geschwächtes Immunsystem (auch das eine Veränderung der Zellen), die sich dann zu einem Herzversagen (einer Fehlfunktion der Herzzellen) auswuchs. System für System verfielen die Zellgesellschaften, die den Menschen aufrechterhalten hatten. Er starb am 5. September 1902.

Bis zu seinem Tod hatte Virchow weiter an seinen Kenntnissen über die Physiologie der Zellen und ihr Gegenteil, die Zellpathologie, gearbeitet. Die vielen bahnbrechenden Gedanken, zu denen er den Anlass gab, und ihre vielen Fortsetzungen im Lauf der nachfolgenden Jahrzehnte sind sein bleibendes Erbe und die Lehren dieses Buchs. Seine grundlegenden Lehrsätze der Zellbiologie wurden zu mindestens zehn Regeln erweitert, die ich aufzählen kann, aber wenn wir unsere Erkenntnisse über Zellen weiter vertiefen, werden noch mehr hinzukommen:

1. Alle Zellen stammen von Zellen ab.
2. Die erste menschliche Zelle lässt alle Gewebe in einem Menschen entstehen. Entsprechend kann man im Prinzip jede Zelle des menschlichen Körpers aus einer embryonalen Zelle oder Stammzelle gewinnen.
3. Zellen sind zwar in Form und Funktion sehr unterschiedlich, alle haben aber weitreichende physiologische Gemeinsamkeiten.
4. Diese physiologischen Ähnlichkeiten können von den Zellen für unterschiedliche Funktionen abgewandelt werden. Eine Immunzelle nutzt ihren molekularen Verdauungsapparat, um Mikroben zu fressen; eine Gliazelle nutzt ähnliche Mechanismen, um Synapsen im Gehirn zurückzustutzen.
5. Systeme aus Zellen mit spezialisierten Funktionen, die untereinander über kurze und lange Entfernungen mit Nachrichten

kommunizieren, können physiologische Leistungen vollbringen, zu denen einzelne Zellen nicht in der Lage sind, wie die Wundheilung, die Übermittlung von Stoffwechselzuständen, Empfindungen, Kognition, Homöostase, Immunität. Der menschliche Körper funktioniert als Bürgerschaft kooperierender Zellen. Zerfällt die Bürgerschaft, kippen wir vom Wohlbefinden zur Krankheit.

6. Die Zellphysiologie ist also die Grundlage der Physiologie des Menschen, und die Zellpathologie ist die Grundlage für die Pathologie des Menschen.
7. Die Prozesse von Verfall, Reparatur und Verjüngung sind in den einzelnen Organen unterschiedlich. In manchen Organen sind spezialisierte Zellen für eine ständige Reparatur und Verjüngung verantwortlich (Blut verjüngt sich während des gesamten Erwachsenenalters, allerdings mit verminderter Geschwindigkeit), in anderen Organen fehlen solche Zellen (Nervenzellen verjüngen sich kaum einmal). Das Gleichgewicht zwischen Verletzung/Verfall und Reparatur/Verjüngung führt letztlich dazu, dass ein Organ unversehrt bleibt oder verfällt.
8. Neben Kenntnissen über einzelne Zellen wird die Entschlüsselung der inneren Gesetze des Zellenbürgertums – Toleranz, Kommunikation, Spezialisierung, Vielgestaltigkeit, Abgrenzung, Kooperation, Nischen und ökologische Beziehungen – letztlich dazu führen, dass eine ganz neue Form der Zellmedizin entsteht.
9. Die Fähigkeit, aus unseren Bausteinen – den Zellen – neue Menschen aufzubauen, liegt heute großteils in medizinischer Reichweite; Zelltechnik kann die Zellpathologie in vielen Fällen lindern oder sogar rückgängig machen.
10. Die Zelltechnik hat uns schon heute in die Lage versetzt, Teile von Menschen mit umgestalteten Zellen nachzubauen. Wenn

unsere Kenntnisse in diesem Bereich weiter wachsen, werden sich neue medizinische und ethische Dilemmata ergeben, und sie werden unsere grundlegenden Vorstellungen davon, wer wir sind und wie stark wir uns verändern wollen, verstärken und infrage stellen.

Diese Grundsätze treiben uns auch heute an und überraschen uns sogar. Als Ärzte lernen wir solche Prinzipien kennen. Als Patienten leben wir sie. Wenn die Menschen in einen neuen Bereich der Medizin eintreten, werden wir lernen müssen, wie wir sie uns zu eigen machen, infrage stellen und in unsere Kultur, unsere Gesellschaft und unser Selbst aufnehmen.

EPILOG

»Bessere Versionen meiner selbst«

Könnten wir doch weniger menschlich sein.
Könnten wir uns aus dem Spektrum
Der Sturzbäche des Gegebenen befreien
Ohne dass unsere Taschen sich vom Kleingeld beulen,
Das wir nicht gestohlen haben – und doch
gestohlen haben müssen.
Wer würde es nicht tun?
– Kay Ryan, »The Test We Set Ourselves«, 2010[1]

Aber ich habe auch Dinge gemacht
Die eines Tages vielleicht
Bessere Versionen meiner selbst sein werden.
– Walter Schrank, »Battle Cries of Every Size«[2]

Ein paar Wochen bevor Paul Greengard starb, machten wir noch einmal einen Spaziergang auf den glitschigen Marmorfliesen an der Rockefeller University. Wir kamen an dem Gebäude vorbei, in dessen Keller George Palade sein erstes Labor eingerichtet hatte, um Teile und Teile von Teilen der Zelle mit biochemischen und elektronenmikroskopischen Untersuchungen zu analysieren. Ein Teil des Universitätsgeländes war abgesperrt und voller Gerüste – Arbeiter bauten ein neues Institut. Ich wollte mit Greengard über die Erzeugung neuer Menschen sprechen.

»Du meinst genetisch?«, fragte er.[3]

Damit spielte er auf neue Methoden wie das Redigieren von Genen an, mit denen Forschende wie He Jiankui versucht hatten, gezielt Veränderungen ins Genom des Menschen einzufügen.

Aber ich meinte nicht die Genetik – oder jedenfalls nicht nur. Denken wir noch einmal an Emily Whitehead: Ihr Immunsystem wurde mit T-Zellen, die zur Tötung von Krebszellen ausgerüstet waren, neu aufgebaut. Oder an Louise Brown, das erste Baby, das nach einer IVF zur Welt kam. Oder an den AIDS-Patienten Timothy Ray Brown, der von einem Spender mit HIV-resistenten Zellen eine Knochenmarktransplantation erhalten hatte. Auch er war mit neuen Zellen neu aufgebaut worden. Nancy Lowry lebte mit dem Blut ihrer Schwester. Helen Mayberg hatte ihren ersten Patientinnen winzige elektrische Stimulatoren und Elektroden eingebaut, deren Energiestöße durch die Neuronen in ihrem Gehirn liefen.

Warum sollte man den Aufbau von Teilen eines Menschen nicht auf andere Zellsysteme erweitern? Warum nicht das versagende Pankreas bei Diabetikern des Typs 1 mit Insulin produzierenden Zellen neu aufbauen oder neue Knorpel in die knirschenden Gelenke einer Frau mit Arthritis einbringen? Ich erzählte ihm von Verve und wie man dort versuchte, Menschen mit Leberzellen auszustatten, die dauerhaft den Cholesterinspiegel senkten.

Greengard nickte. Er hatte gerade einen Vortrag über neuronale Organoide gehört, winzige Haufen von Neuronen, die im Labor in einer matrixähnlichen Lösung gezüchtet werden und sich selbst zu kleinen Kugeln organisieren. Die Forschenden bezeichneten sie bereits als »Minigehirne«, was zweifellos eine Übertreibung war; aber zuzusehen, wie winzige Kugeln aus menschlichen Neuronen Impulse abgaben und untereinander kommunizierten, hatte zweifellos etwas Gespenstisches. War in einem solchen kleinen Organ jemals ein Gedanke abgelaufen, ganz gleich, wie konfus er vielleicht war? Und empfanden sie etwas, wenn wir sie anstachen?

Eines Morgens zeigte mir Toghrul Jafarov, der Postdoc in meinem Labor, eine Kultur voller Gremlin produzierender Zellen, die er einer Maus entnommen hatte. Sie leuchteten grün, denn in ihr Genom hatte man das Gen für das fluoreszierende Quallenprotein GFP eingebaut.

Anfangs gab es nicht viel zu sehen: Die Zellen lagen nur in ihrer Kulturflasche. Aber dann teilten sie sich – zuerst langsam, später hektisch. Sie bildeten in ihrem Umfeld winzige Knorpelkreise.

Als die Flasche mit Millionen Zellen gefüllt war, saugte Jafarov einige davon mit einer winzigen Kanüle, die ungefähr so dick war wie zwei menschliche Haare, ein und injizierte sie in die Kniegelenke von Mäusen. Er hatte das Verfahren schon seit Monaten entwickelt und allmählich perfektioniert: Er musste in die Gelenke mit der Nadel eindringen, ohne Verletzungen hervorzurufen, wie ein geübter Taucher, der ins Wasser gleitet, ohne dass es platscht.

Einige Wochen später zeigte er mir das Knie. Die Zellen hatten in dem Gelenk eine dünne Knorpelschicht gebildet. Wir hatten eine Kniechimäre hergestellt, in deren Zellen ein Quallenprotein innerhalb der Maus in aller Stille leuchtete. Das Ganze war bei Weitem nicht ideal – nur wenige Zellen waren angewachsen –, aber es war eindeutig der erste Schritt zum Aufbau eines neuen Gelenks aus Zellen.

In *Alles, was wir geben mussten*, dem seltsamsten Roman von Kazuo Ishiguro, werden wir in eine Zukunft versetzt, in der das Klonen von Menschen gestattet ist.[4] Wir lernen eine Gruppe von Schulkindern kennen. Sie leben in einem Internat namens Hailsham – vielleicht eine verschleierte Anspielung darauf, dass sie in einer Pseudoschule (engl. *sham*) untergebracht sind. Nach und nach bemerken die Schülerinnen und Schüler, dass sie nur zu dem Zweck leben, als Spender für die Erwachsenen zu dienen, aus denen sie geklont wurden. Stück für Stück werden ihnen Organe entnommen und an ihre älteren

Klone »gespendet«. Nachdem die Organe entnommen wurden, müssen die Kinder zwangsläufig sterben.

An einer Stelle im Roman entdeckt Kathy, eines der Kinder, einige Zeichnungen von Tom, einem Freund und späteren Geliebten. »Umso größer war meine Überraschung«, sagt sie, »als ich jetzt sah, wie dicht und detailliert jede einzelne Zeichnung war. Tatsächlich brauchte ich eine Weile, bis ich erkannte, dass es Tiere waren. Der erste Eindruck war so, als hätte man die hintere Verkleidung eines Radioapparats abgenommen: Winzige Kanäle, verschlungene Leitungen, Miniaturschrauben und Rädchen waren hier mit geradezu manischer Präzision gezeichnet worden, und erst wenn man das Blatt ein Stück von sich fern hielt, erkannte man, dass es ein Wesen war, ein Gürteltier zum Beispiel oder ein Vogel[5] … Trotz ihrer unruhigen, metallischen Züge war an jedem Einzelnen etwas Sanftes, je Verletzliches.«[6]

Die »winzigen Kanäle, verschlungenen Leitungen, Miniaturschrauben und Rädchen« sind vielleicht Metaphern für die Anatomie – für Organe und Zellen, die als bewegliche Ersatzteile entnommen, neu zusammengesetzt und dann wie Bausteine von einem Menschen zum anderen übertragen werden können. Der Kritiker Louis Menand schrieb dazu im *New Yorker*: »Der schattenhafte Hintergrund in *Alles, was wir geben mussten* sind die Gentechnik und die damit verwandten Methoden.«[7] Aber das stimmt nicht ganz. Der Hintergrund ist die *Zell*technik.

Ich las den Roman von Ishiguro, während Jafarov die Knorpelzellen aus einer Maus entnahm und auf eine andere übertrug. Die erste Maus musste dazu getötet werden. Das Experiment war nicht umsonst: Er suchte nach einer Heilung für die Arthritis, eine quälende Krankheit, die Hunderttausende von Menschen bewegungsunfähig macht. Dennoch kann ich diese Zeilen nicht schreiben und an das Experiment denken, ohne einen Anflug von Gewissensbissen zu spüren, und die Sorge darüber, was eine solche Zukunft bringen könnte, lässt mich schaudern.

Die »neuen Menschen« sind uns in diesem Buch immer wieder begegnet. Wir haben Ideen kennengelernt, die davon handeln, wie man Menschen mithilfe von Zellen Stück für Stück erneuern kann. Manche dieser Ideen liegen vielleicht noch in der fernen Zukunft. Einiges geschieht aber auch schon, während ich diese Zeilen schreibe. Wie ich bereits erwähnt habe, stellt eine Gruppe von Forschenden unter Mitwirkung von Jeffrey Karp und Douglas Melton ein »künstliches Pankreas« her und hofft, dieses neue Organ in Menschen mit Diabetes Typ 1 einpflanzen zu können. Die beiden Unternehmen Vertex und ViaCyte rekrutieren Patienten, um ihnen Insulin produzierende Pankreaszellen zu verabreichen, die aus Stammzellen entstanden sind. An der Mayo Clinic erzeugen Forschende eine biologisch künstliche Leber aus Leberzellen.[8] Herzen wurden bisher aus Toten entnommen – aber ein ehrgeiziges zelltechnisches Projekt verfolgt das Ziel, aus Stammzellen gewonnene Herzmuskelzellen in ein Kollagengerüst einzubauen, das einem Herzen ähnelt, und so aus Zellen ein biologisch künstliches Herz zu erzeugen.

Der Roman von Ishiguro wird als Science-Fiction eingeordnet. Fiktiv ist er tatsächlich: Ich kann mir nicht vorstellen, Menschen zu klonen und zu töten, um sie als Organspender zu nutzen. Aber wie steht es mit der Zelltechnik als Mittel zur Verbesserung von Menschen? Toghrul Jafarov plant ein Experiment, in dem er Knochen-Knorpel-Stammzellen in die Gliedmaßen und Gelenke sehr junger Mäuse injizieren möchte. Werden solche Tiere größer – haben sie Gliedmaßen wie Kaninchen, nur dass sie im Körper einer Maus stecken? »Mauskaninchen«? Auch dieses Experiment wird nicht vergeblich sein. Es gibt sehr kleinwüchsige Menschen, und manche von ihnen wären gern größer. Allerdings nicht alle: Manche haben eine sehr geringe Körpergröße und erklären, sie könnten damit sehr gut leben. Manche sind gesund und glücklich. Ihnen eine »Behinderung« zuzuschreiben, heißt in ihren Augen, dass uns anderen eine einzigartige »Fähigkeit« beigemessen wird (kann man Körpergröße als Fähigkeit interpretieren?).

Aber wie sieht die Sache aus, wenn ein »normaler« Mensch seine Körpergröße durch Zelltherapie steigern will? Das scheint durchaus keine Science-Fiction zu sein, es könnte in unserer Fantasie von einer schattenhaften Zukunft vorkommen. Würden wir es ihnen verbieten – und wenn ja, warum?

Solchen Fragen ging der Philosoph Michael Sandel eine Zeit lang nach.[9] Ich lernte ihn vor Jahren in Aspen in Colorado kurz kennen, nachdem er einen Vortrag über Gentechnik und das Klonen von Menschen im Streben nach Perfektion gehalten hatte. Es war ein wunderschöner Nachmittag zwischen den Bergen und rauschenden Blättern von Aspen. Sandel sah mit blauem Sakko und Krawatte gepflegt und professoral aus. (Tatsächlich ist er Professor am philosophischen Institut der Harvard University.) Der Vortrag war eine Provokation. Sandel stellte das Streben der Menschen nach Verbesserung infrage und stützte seine Argumentation letztlich auf eine »Offenheit für das Ungebetene«, wie der verstorbene Theologe William May es genannt hatte.[10]

Das »Ungebetene« – die Unwägbarkeiten oder Geschenke des Zufalls –, so Sandel, ist ein unverzichtbarer Bestandteil der menschlichen Natur. Unsere Kinder überraschen uns mit ihren Gaben, und diese Überraschungen, aber auch unsere Reaktionen darauf, würden ausgelöscht, wenn jeder von uns sich auf die Suche nach Verbesserung und Perfektion begeben würde. Die »ungebetenen Geschenke« aus dem Weg zu räumen, würde einen unentbehrlichen Teil des menschlichen Geistes verletzen. Besser schlägt man sich mit den Unwägbarkeiten herum und macht das Beste daraus.

Im Jahr 2004 bekräftigte Sandel seine Gedanken in einem Aufsatz mit dem Titel »The Case Against Perfection«, den er wenig später zu einem Buch erweiterte (deutscher Titel »Plädoyer gegen die Perfektion«). In einer Rezension des Buchs in der *Times* schrieb der Ethiker William Saletan: »Sandels tiefer liegende Sorge ist der Gedanke, dass manche Formen der Verbesserung die im praktischen Leben der Menschen eingebetteten Normen verletzen.[11] Baseball zum Beispiel soll eine Reihe von Begabungen entwickeln und feiern. Steroide verzerren das Spiel. Eltern sollten ihre Kinder nicht nur mit bedingter, sondern auch mit bedingungsloser Liebe großziehen. Das Geschlecht eines Babys vorab auszuwählen, ist ein Verrat an dieser Beziehung.«

Um sich gegen die Verbesserung von Menschen auszusprechen, so fährt Saletan fort, »braucht Sandel etwas tiefer Gehendes: eine gemeinsame Grundlage für die verschiedenen Normen in Sport, Kunst und Elternschaft. Er glaubt, er habe sie in der Idee der Begabung gefunden. Ein guter Elternteil, ein guter Sportler oder Künstler zu sein bedeutet bis zu einem gewissen Grad, *dass man den Rohstoff, den man mitbekommen hat, annimmt und schätzt* [Kursivierung von mir]. Stärke deinen Körper, aber respektiere ihn. Fordere dein Kind, aber liebe es. Feiere die Natur. Versuche nicht, alles zu steuern [...] Warum sollten wir unser Los als Geschenk annehmen? Weil der Verlust einer solchen Ehrerbietung unsere moralische Landschaft verändern würde.«

Früher fand ich Sandels Argumentation überzeugend, aber nachdem die vereinten Kräfte von Genetik und Zelltechnik ihren Geltungsbereich immer mehr erweitern und neue Tiefen von Körper und Persönlichkeit des Menschen erreichen, hat sich die »moralische Landschaft« drastisch gewandelt: Die Grenzen zwischen der Befreiung von verheerenden Krankheiten (extremer Kleinwuchs oder Muskelschwund) und der Verbesserung von Eigenschaften (Steigerung der Körpergröße oder Muskelaufbau) verschwimmen. Verbesserung ist die neue Befreiung geworden. Und je mehr die Grenzen zwischen Krankheit und Verbesserung verschwimmen, desto leichter nimmt man den »Rohstoff«, von dem Saletan schreibt, genau als solchen wahr: Er ist »roh« und wartet darauf, zu etwas anderem geformt zu werden – zu einem neuen, neu aufgebauten Menschen. »Gekocht«, das Gegenteil von »roh«, hat eine Nebenbedeutung der Verbesserung, aber auch des Betrugs. Ist Verbesserung denn Betrug? Wie sieht es aus, wenn man sie zur Vorbeugung gegen eine Krankheit benutzt, die auftreten kann oder auch nicht? Soll man knorpelbildende Stammzellen in ein alterndes Knie spritzen, *bevor* es an Osteoarthritis leidet – also im Zustand der Noch-nicht-Krankheit?

Im Silicon Valley, nicht weit von der Klinik der Stanford University entfernt, in der Kinder mit Leukämie auf Transplantationen zur Bildung neuen Bluts warten, bietet ein Start-up namens Ambrosia Transfusionen passenden jungen Blutplasmas an, das »von Jugendlichen zwischen 16 und 25 Jahren gewonnen wurde« und angeblich den gebrechlichen, aber sehr wohlhabenden schrumpfenden Körpern alternder Milliardäre neue Jugend einhauchen soll.[12] Statt altes Blut von Toten zu entnehmen, verabreicht man den Alten junges Blut – eine Art umgekehrter Einbalsamierung (ich bin versucht, eine Analogie zu den Vampiren zu ziehen, aber vielleicht finden wir für diese angsteinflößende Art der versuchten zellulären Verjüngung eine neue schönrednerische Sprachregelung – »Wiederbalsamierung« oder »Entmumifizierung«). Ein Liter »junges Blut« kostet 8000 Dollar, zwei Liter gibt es im Sonderangebot für 12.000. Die US-Arzneimittelbehörde FDA gab 2019 eine strenge Warnung gegen das Vorhaben heraus, die Begründung lautete mangelnder Nutzen; Ambrosia dagegen behauptet, die Therapie würde funktionieren.

»Das Rohmaterial, das uns mitgegeben wurde, annehmen und schätzen.« Welches Rohmaterial? Sandel und Saletan konzentrieren sich mit ihrer Diskussion auf Gene – und tatsächlich haben Gentherapie, das Redigieren von Genen und genetische Selektion den Ethikern, Ärzten und Philosophen während der letzten zehn Jahre viel Beschäftigung geboten. Aber Gene ohne Zellen sind leblos. Das wirkliche »Rohmaterial« des menschlichen Körpers ist nicht die Information, sondern die Wege, auf denen die Information mit Leben erfüllt, entschlüsselt, verändert und integriert wird – das heißt die Zellen. »Die Genomrevolution hat zu einer Art moralischem Schwindelgefühl geführt«, schreibt Sandel.[13] Aber vielleicht wird die Zellrevolution dieses moralische Schwindelgefühl auf einen neuen Stand bringen.

William K. war ein junger Mann mit einer uralten Krankheit. Ich lernte ihn kennen, als ich in Boston als Stipendiat für Hämatologie arbeitete – zuerst sah ich ihn auf der Station, dann in meiner Klinik. Er war 21 und litt an Sichelzellanämie. Ungefähr einmal im Monat kam er mit einer »Krise« ins Krankenhaus – zu den Symptomen gehörten so unvorstellbar heftige Schmerzen in Knochen und Brust, dass nur eine ständige Morphiuminfusion sie lindern konnte.

Über die Sichelzellanämie wissen wir auf zellulärer und molekularer Ebene gut Bescheid. Sie ist eine Erkrankung des Hämoglobins, jener Moleküle in den roten Blutzellen, die den Sauerstoff transportieren und vielleicht eine der kompliziertesten von der Evolution entwickelten Molekülmaschinen sind. Hämoglobin ist ein Komplex aus vier Proteinen, der wie ein vierblättriges Kleeblatt geformt ist. Zwei »Blätter« bestehen aus einem Protein namens Alpha-Globin, die beiden anderen heißen Beta-Globin.

In der Mitte jedes dieser Proteinmoleküle ist eine andere Substanz eingebettet: das Häm. Und in der Mitte des Häm liegt ein Eisenatom. Das Ganze hat etwas von einer russischen Puppe. Rote Blutzellen enthalten Hämoglobinmoleküle, und die enthalten Häm, und die wiederum halten Eisenatome fest. Das Eisen bindet den Sauerstoff und lässt ihn wieder frei.

Der komplizierte Apparat rund um die vier Eisenatome im Hämoglobinmolekül erfüllt einen ganz bestimmten Zweck. Rote Blutzellen können Sauerstoff nicht einfach binden und festhalten, sie müssen ihn freisetzen. Die roten Blutzellen nehmen ihre Ladung – den Sauerstoff – in den Lungenkapillaren auf und transportieren sie durch den Organismus. Gelangen die Zellen dort in eine sauerstoffarme Umgebung – weil der Herzmuskel Minute für Minute pumpt und sie herumschiebt –, verbiegt sich das Hämoglobin ganz buchstäblich und lässt den von den Eisenatomen gebundenen Sauerstoff los. Das Hämoglobin ist das verborgene Geheimnis des Bluts, ein Proteinkomplex, der für unser Leben so unentbehrlich ist, dass in unserer Evolution eigens Zellen entstanden sind, deren Hauptaufgabe es ist, ihn wie eine Art Reisekoffer herumzutragen.

Aber das System der Sauerstofflieferungen versagt, wenn das Hämoglobin, der Träger des Sauerstoffs, falsch geformt ist. Menschen mit Sichelzellanämie haben in beiden Kopien des Gens für Beta-Globin eine Mutation geerbt. Es ist eine äußerst geringfügige Veränderung: Sie führt dazu, dass im Beta-Globin eine einzige Aminosäure ausgetauscht ist. Aber das hat verheerende Folgen: Die einzelne Veränderung lässt ein Protein entstehen, das kein »Klumpen« mehr ist, sondern in einer sauerstoffarmen Umgebung faserförmige Ansammlungen bildet. Die faserigen Klumpen verformen die gesamte rote Blutzelle: Sie sieht nicht mehr aus wie eine Münze und kann auch nicht leicht im Blut schwimmen, sondern da das Hämoglobin an der Zellmembran zieht, schrumpft sie zu einer Art Mondsichel zusammen, die sich im Blut nicht mehr ohne Weiteres bewegen kann. Die verformten Blutzellen verstopfen die Blutgefäße, und das insbesondere in Geweben mit geringem Sauerstoffgehalt wie dem Knochenmark, den Spitzen von Fingern und Zehen oder bestimmten Regionen des Darms. Die verstopften Kapillaren erzeugen Schmerzen, als würde man einen Korkenzieher in die Knochen treiben. (William beschrieb die Episoden wie den erzwungenen Gang in eine Folterkammer. »Und dann werden alle Türen rund um dich herum verschlossen.«) Das Ganze ist gewissermaßen ein Infarkt des Knochenmarks oder des Darms. Der medizinische Fachausdruck für das Krankheitsbild lautet »Sichelzellkrise«.

William K. durchlebte jeden Monat eine solche Episode. Wenn er dann ins Krankenhaus kam, wand er sich in Qualen. Ließen die Schmerzen teilweise nach, wurde er mit Schmerztabletten nach Hause entlassen. Aber die doppelten Dämonen – die Möglichkeit einer Opioidabhängigkeit und die Erwartung der nächsten Krise – hingen über ihm und ebenso auch über mir. Als medizinischer Betreuer hatte ich die Aufgabe, die Dämonen im Zaum zu halten und ihm genug Medikamente zu geben, damit die Schmerzen unter Kontrolle blieben, ohne aber über das Ziel hinauszuschießen.

Zwischen 2019 und 2021 berichteten mehrere Arbeitsgruppen unabhängig voneinander über die Erprobung gentherapeutischer Strategien zur Behandlung der Sichelzellanämie.[14] Eine solche Strategie besteht darin, Blutstammzellen des Patienten zu entnehmen wie bei einer normalen Transplantation. Anschließend wird eine korrigierte Kopie des Beta-Globin-Gens mit einem Virus in die Stammzellen eingeschleust. Diese Blutstammzellen, die jetzt die korrekte Version des Gens tragen, bringt man wieder in den Patienten zurück, und das Blut, das aus den Stammzellen hervorgeht, enthält auf Dauer das richtige Gen. (Obwohl mehrere Patientinnen und Patienten behandelt wurden und von nützlichen Wirkungen profitierten, wurde die Studie abgebrochen, weil zwei Versuchspersonen eine leukämieähnliche Krankheit bekamen. Ob es sich dabei um eine Folge des Virus oder der für die Transplantation erforderlichen Chemotherapie handelte, ist bisher nicht bekannt.[15])

Eine andere, in ihrem Ansatz sehr erfindungsreiche Strategie nutzt eine Besonderheit in der Physiologie des Menschen aus. Die Blutzellen eines Fetus produzieren eine andere Form des Hämoglobins als die Zellen eines Erwachsenen. In der Flüssigkeit im Mutterleib, wo eine äußerst geringe Sauerstoffkonzentration herrscht, muss der Fetus den Sauerstoff besonders energisch aus den Blutzellen seiner Mutter gewinnen können, die durch die Nabelschnur zu ihm fließen (später im Leben, wenn die eigene Lunge funktioniert, wechseln die Zellen zum Hämoglobin der Erwachsenen). Die Blutzellen des Fetus tragen also eine besondere Form des Hämoglobins; dieses »fetale Hämoglobin« ist so gestaltet, dass es Sauerstoff in der Umgebung des Fetus gewinnen kann. Wie das Hämoglobin der Erwachsenen enthält es vier Proteinketten, von denen zwei ebenfalls als Alpha und die beiden anderen als Gamma bezeichnet werden. Da keine dieser Ketten von dem Gen für Beta-Hämoglobin codiert wird (das bei der Sichelzellanämie mutiert ist), entstehen keine Sichelzellen; die Zellen sind vielmehr völlig normal, werden nicht vom Hämoglobin verformt und funktionieren in einer sauerstoffarmen Umgebung besonders gut.

Stuart Orkin und David Williams fanden in Zusammenarbeit mit einem Team von Forschenden und einem Unternehmen für Zelltherapie einen Weg, um das fetale Hämoglobin in Blutstammzellen dauerhaft zu aktivieren und damit die Sichelzellform des Erwachsenenhämoglobins auszuschalten.[16] Aus Patienten werden Blutstammzellen entnommen, ihre Gene werden so redigiert, dass sie auch im Erwachsenen das fetale Hämoglobin produzieren, und dann wieder in die Patienten transplantiert. Damit verwandeln sich die erwachsenen roten Blutzellen in fetale Zellen und sind nicht mehr anfällig für die Sichelzellkrankheit. Altes Blut wird wieder jung.

In einer 2021 veröffentlichten Studie wurde eine Frau von 33 Jahren, die an Sichelzellanämie litt, mit dieser Methode behandelt.[17] Im Lauf der nächsten 15 Monate stieg die Hämoglobinmenge in ihrem

Blut fast um das Doppelte. In den beiden Jahren vor der Therapie hatte sie jedes Jahr sieben bis neun schwere Schmerzkrisen durchgemacht. In den eineinhalb Jahren nach der Therapie war es keine einzige. In dieser Studie wurde bisher nicht über Leukämie berichtet. Ebenso kann man noch keine Aussage darüber machen, ob sich im Lauf der Zeit unerwünschte Wirkungen einstellen, aber es besteht zumindest die Chance, dass die Frau von der Sichelzellanämie geheilt wurde. An der Stanford University nutzt eine andere Arbeitsgruppe unter Leitung von Matthew Porteus die Methode des Redigierens von Genen, um die Sichelzellmutation im Beta-Hämoglobin umzuschreiben. Hier wird also nicht das fetale Hämoglobin aktiviert, sondern die verantwortliche Mutation wird umgestaltet.[18] Porteus' Strategie befindet sich ebenfalls in der klinischen Erprobung, erste Ergebnisse sind vielversprechend.[19]

Ob William K. sich entschließen wird, sich mit einem dieser neuen Therapieverfahren behandeln zu lassen, weiß ich nicht. Ich bin nicht mehr sein Arzt. Aber da ich ihn im Lauf von zehn Jahren genau kennengelernt habe – und da ich seine Abenteuerlust, die entsetzlich häufigen Schmerzkrisen und die ständige Angst vor der Opioidabhängigkeit kenne –, habe ich den Verdacht, dass er sich für eine solche Studie anmelden wird.

Wenn er die Transplantation erhält, wird er ebenfalls eine Grenze überschreiten. Er wird ein neuer Mensch werden, aufgebaut aus seinen eigenen, umgestalteten Zellen. Er wird eine neue Summe neuer Teile sein.

DANKSAGUNG

Dass dieses Buch entstehen konnte, verdanke ich unzähligen Menschen. Zuallererst meinen vielen Leserinnen und Lesern, darunter Sarah Sze, Sujoy Bhattacharyya, Ranu Bhattacharyya, Nell Breyer, Leela Mukherjee-Sze, Aria Mukherjee-Sze und Lisa Yuskavage.

Eine ungeheure Menge an wissenschaftlichen Informationen kam von Sean Morrison (Stammzellen), Cori Bargmann (Entwicklung), Nick Lane und Martin Kemp (Evolution), Marc Flajolet (das Gehirn), Barry Coller (Blutplättchen), Laura Otis (Historisches), Paul Nurse (Zellzyklus), Irving Weissman (Immunologie), Helen Mayberg (Neurologie), Tom Whitehead, Carl June, Bruce Levine und Stephan Grupp (CAR-T-Therapie), Harold Varmus (Krebs), Ron Levy (Antikörpertherapie) und Fred Applebaum (Transplantation). Unentbehrlich waren auch die Gespräche mit Laura Otis, Paul Greengard, Enzo Cerundolo und Francisco Marty. Ein besonders bewegender Bericht über die Frühzeit der Immuntherapie stammte von den Krankenschwestern des Fred Hutchinson Cancer Research Center.

Erwähnen möchte ich auch meine ungeheure Dankbarkeit gegenüber Nan Graham, meinem Lektor bei Scribner; Stuart Williams bei Bodley Head; und Meru Gokhale bei Penguin Random House. Unentbehrliche Unterstützung kam von Rana Dasgupta, meiner Agentin Sarah Chalfant und der Agentur Wylie. Jerry Marshall und Alexandra Truitt recherchierten für den großartigen Bildteil.

Sabrina Pyun sorgte für die militärisch exakte Einhaltung des Zeitplans, und Rachel Roji erledigte heldenhaft die Aufgabe, Anmerkungen und Literaturverzeichnis zusammenzustellen. Philip Bashe erbrachte beim Copyediting eine großartige Leistung, sodass kein Komma und keine Fußnote unbemerkt blieben.

Kiki Smith lieferte großzügig die faszinierenden Zeichnungen von Zellen, die dieses Buch zieren. Zu ihr kann ich nur sagen: Danke, danke, danke!

ANMERKUNGEN

1 Wallace Stevens, »On the Road Home«, in: *Selected Poems: A New Collection*, hrsg. von John N. Serio (New York: Alfred A. Knopf, 2009), 119.

2 Friedrich Nietzsche, »Rhythmische Untersuchungen«, in: *Friedrich Nietzsche, Werke, Kritische Gesamtausgabe*, Abt. 2, Bd. 3, hrsg. von Fritz Bornmann und Mario Carpitella (Vorlesungsaufzeichnungen [SS 1870–SS 1871]; Berlin: de Gruyter, 1993), 325.

Vorspiel:
Die Elementarteile des Organismus

1 Arthur Conan Doyle, *The Adventures of Sherlock Holmes* (Hertfordshire: Wordsworth, 1996), 378 [dt. »Der verkrüppelte Mann«, übers. von A. u. K. H. Berger. Berlin: Aufbau digital].

2 Schwanns Erinnerungen an das Abendessen sind festgehalten in einer Rede, die er 1878 hielt; aufgezeichnet ist das Ereignis auch in Theodor Schwann, *Mikroskopische Untersuchungen über die Uebereinstimmung in der Struktur und dem Wachsthum der Thiere und Pflanzen* (Berlin: Sander, 1839); Laura Otis, *Müller's Lab* (New York: Oxford University Press, 2007), 62–64; Marcel Florkin, *Naissance et dêviation de la théorie cellulaire dans l'œuvre de Théodore Schwann* (Paris: Hermann, 1960), 62.

3 Ulrich Charpa, »Matthias Jakob Schleiden (1804–1881): The History of Jewish Interest in Science and the Methodology of Microscopic Botany«, in: *Aleph: Historical Studies in Science and Judaism*, Bd. 3 (Bloomington: Indiana University Press, 2003), 213–245.

4 Einzelheiten über seine Sammlung finden sich in Matthias Jakob Schleiden, »Beiträge zur Phytogenesis«, in: *Archiv für Anatomie, Physiologie und Wissenschaftliche Medicin* (1838), 137–176.

5 Matthias Jakob Schleiden, »Contributions to Our Knowledge of Phytogenesis«, in: *Scientific Memoirs, Selected from the Transactions of Foreign Academies of Science and Learned Societies and from Foreign Journals*, Bd. 2, hrsg. von Richard Taylor (London: Richard and John E. Taylor, 1841), 281.

6 Eine andere Triebkraft für Schwanns Interesse an der Einheitlichkeit der Zellen als Bausteine von Tieren und Pflanzen war ein weiterer Gedanke: Wenn Tiere und Pflanzen aus eigenständigen, unabhängigen lebenden Einheiten aufgebaut sind, besteht keine Notwendigkeit, sich auf eine besondere »Lebensflüssigkeit« zu berufen, die für das Leben oder die Geburt der Zellen verantwortlich ist – eine Idee, an der Johannes Müller halsstarrig festhielt. Schleiden, sein Student, glaubte ebenfalls an Lebensflüssigkeiten, hatte aber über den Ursprung der Zellen seine eigene Theorie: Er meinte, sie entstünden durch einen analogen Vorgang wie Kristalle, eine Vorstellung, die sich später als völlig falsch erwies. Die Geschichte der Zelltheorie beginnt also mit einem folgenschweren Fehler. Die Gemeinsamkeiten, die Schleiden und Schwann bei Pflanzen- und Tiergewebe erkannten – etwa dass alle Lebewesen aus Zellen bestehen –, waren vollkommen richtig, aber Schleidens Theorie (die Schwann zweifellos anerkannte, auch wenn seine Zweifel wuchsen) über die Entstehung dieser Zellen wurde, wie wir in Kürze genauer erfahren werden, insbesondere von Rudolf Virchow widerlegt. Ob Schleiden wirklich schon vor seinem Gespräch mit Schwann die Vermutung hatte, dass sämtliche Pflanzengewebe aus Zellen bestehen, oder ob ihn erst die Unterhaltung veranlasste, sein Material noch einmal zu untersuchen und ihre überall vorhandenen Zellstrukturen in neuem Licht zu betrachten, lässt sich kaum feststellen. Ich habe mich deshalb in der Frage, zu welchen Schlussfolgerungen Schleiden schon vor diesem Abendessen mit Schwann gelangt war und wie viel unmittelbar danach kam, vorsichtig ausgedrückt. Der Zeitpunkt des Essens (1837), die wenig später erfolgte Veröffentlichung von Schleidens Aufsatz (1838) und der gut dokumentierte Besuch in Schwanns Labor, wo er die Ähnlichkeiten zwischen Tier- und Pflanzenzellen beobachtete, legen die Vermutung nahe, dass das Gespräch mit Schwann entscheidend dazu beitrug, Schleidens Gedanken über die grundlegende Bedeutung und Allgemeingültigkeit der Zelltheorie voranzubringen. Auch die Tatsache, dass Schleiden und Schwann bereitwillig gegenseitig ihre Rolle als Mitbegründer und nicht als Rivalen in der Entstehung der modernen Zelltheorie anerkannten, lässt vermuten, dass ihr Austausch – beispielsweise Unterhaltungen beim Essen – zumindest dazu beigetragen haben muss, Schleidens Überzeugung zu stärken, dass sämtliche Pflanzengewebe aus Zellen bestehen. Im Gegensatz zu Schleiden äußerte sich Schwann klarer über die Bedeutung des abendlichen Gesprächs im Jahr 1837: Es veränderte die grundlegende Ausrichtung seiner Forschung. In der erwähnten Rede von 1878 räumte er bereitwillig ein, dass Schleidens Beobachtungen über die Entwicklung von Pflanzen von entscheidender Bedeutung für seine spätere Entdeckung waren, dass auch Tiergewebe aus Zellen aufgebaut sind.

7 Florkin, *Naissance et dêviation de la théorie cellulaire*, 45.

8 Schleiden, »Beiträge zur Phytogenesis«, 137–176.

9 Schleiden, »Beiträge zur Phytogenesis«, 160.

10 Schwann, *Mikroskopische Untersuchungen*.

11 Sara Parker, »Matthias Jacob Schleiden (1804–1881)«, Embryo Project Encyclopedia, zuletzt verändert am 29. Mai 2017, https://embryo.asu.edu/pages/matthias-jacob-schleiden-1804-1881.

12 Otis, *Müller's Lab*, 65.

13 Siddhartha Mukherjee, »The Promise and Price of Cellular Therapies«, in: *New Yorker* online, zuletzt verändert am 15. Juli 2019; »Cancer's Invasion Equation«, in: *New Yorker* online; »How Does the Coronavirus Behave Inside a Patient?«, in: *New Yorker* online, zuletzt verändert am 26. März 2020.

14 Roy Porter, *Die Kunst des Heilens*, übers. von J. Wissmann (Heidelberg: Spektrum Akademischer Verlag, 2000).

15 Henry Harris, *The Birth of the Cell* (New Haven, CT: Yale University Press, 2000).

Einleitung: »Wir kommen zuletzt auf die Zelle zurück«

1 Rudolf Virchow, *Archiv für pathologische Anatomie*, Bd. 8, zitiert nach https://www.pathologie.uni-wuerzburg.de/geschichte/virchow-in-wuerzburg/forschung/zellularpathologie/erstpublikation/.

2 Details über die Erkrankung von Sam P. nach persönlichen Gesprächen mit ihm und seinem Arzt 2016. Namen und charakteristische Einzelheiten wurden aus Gründen des Persönlichkeitsschutzes verändert.

3 Details über die Erkrankung von Emily Whitehead nach persönlichen Gesprächen mit ihr, ihren Eltern und ihren Ärzten 2019; entnommen aus Mukherjee, »Promise and Price of Cellular Therapies«.

4 Antoni van Leeuwenhoek, »Observations, Communicated to the Publisher by Mr. Antony Van Leeuwenhoeck, in a Dutch Letter of the 9th Octob. 1676. Here English'd: Concerning Little Animals by Him Observed in Rain-Well-Sea- and Snow Water; as Also in Water Wherein Pepper Had Lain Infused«, *Philosophical Transactions of the Royal Society* 12, Nr. 133 (25. März 1677), 821–832.

5 »CAR T-cell Therapy«, National Cancer Institute Dictionary online, abgerufen Dezember 2021, https://www.cancer.gov/publications/dictionaries/cancer-terms/def/car-t-cell-therapy.

6 Serhiy A. Tsokolov, »Why Is the Definition of Life So Elusive? Epistemological Considerations«, *Astrobiology* 9, Nr. 4 (2009), 401–412.

7 Damit kein Missverständnis aufkommt: Solche »emergenten« Eigenschaften sind keine definierenden Merkmale des Lebens, sondern Eigenschaften, die sich in der Evolution vielzelliger Lebewesen aus Systemen lebender Zellen entwickelt haben.

8 Nicht alle Zellen haben diese Eigenschaften. In komplexen Lebewesen führt beispielsweise die Spezialisierung von Zellen dazu, dass die Nährstoffspeicherung in bestimmten Zellen stattfindet, die Abfallentsorgung dagegen in anderen. Einzellige Organismen wie Hefe oder Bakterien verfügen unter Umständen über spezialisierte subzelluläre Strukturen, die solche Funktionen erfüllen, aber in Menschen und anderen vielzelligen Organismen haben sich spezialisierte Organe entwickelt, in denen spezialisierte Zellen solche Aufgaben wahrnehmen.

9 Akiko Iwasaki, Gespräch mit dem Autor, Februar 2020. Siehe auch »SARS-CoV-2 Variant Classifications and Definitions«, Centers for Disease Control and Prevention online, zuletzt verändert am 1. Dezember 2021, https://www.cdc.gov/coronavirus/2019-ncov/variants/variant-classifications.html. Siehe auch »Severe Acute Respiratory Syndrome (SARS)«, World Health Organization online, abgerufen im Dezember 2021, https://www.who.int/health-topics/severe-acute-respiratory-syndrome#tab=tab_1.

10 Ebd. Siehe auch John Simmons, *The Scientific 100: A Ranking of the*

Most Influential Scientists, Past and Present (New York: Kensington, 2000), 88–92. Siehe auch George A. Silver, »Virchow, The Heroic Model in Medicine: Health Policy by Accolade«, in: *American Journal of Public Health* 77, Nr. 1 (1987), 82–88.

11 Virchow, *Archiv für pathologische Anatomie*, Bd. 8.

Kapitel 1:
Die ursprüngliche Zelle

1 Rudolf Virchow, »R. V. an seinen Vater 22. 2. 1842«, in: *Sämtliche Werke*, Bd. 59, hrsg. von Christian Andree (Hildesheim: Georg Olms, 2015), 157.

2 Elliot Weisenberg, »Rudolf Virchow, Pathologist, Anthropologist, and Social Thinker«, in: *Hektoen International* 1, Nr. 2 (Winter 2009), https://hekint.org/2017/01/29/rudolf-virchow-pathologist-anthropologist-and-6social-thinker/.

3 C. D. O'Malley, *Andreas Vesalius of Brussels 1514–1564* (Berkeley: University of California Press, 1964). Siehe auch David Schneider, *The Invention of Surgery: A History of Modern Medicine – from the Renaissance to the Implant Revolution* (New York: Pegasus Books, 2020), 68–98.

4 Andreas Vesalius, *De Humani Corporis Fabrica. On the Fabric of the Human Body, Vol. 1, Book 1: The Bones and Cartilages*, übers. von William Frank Richardson und John Burd Carman (San Francisco: Norman, 1998), li-lii.

5 Andreas Vesalius, *The Illustrations from the Works of Andreas Vesalius of Brussels*, hrsg. von Charles O'Malley und J. B. Saunders (New York: Dover, 2013).

6 Vesalius, *Fabric of the Human Body, Vol. 7.*

7 Nicolaus Copernicus, *De revolutionibus. Das neue Weltbild* (Hamburg: Felix Meiner, 1990).

8 Ignaz Semmelweis, *Die Ätiologie, der Begriff und die Prophylaxe des Kindbettfiebers*, 1861, https://www.deutschestextarchiv.de/book/show/semmelweis_kindbettfieber_1861.

9 Izet Masic, »The Most Influential Scientists in the Development of Public Health (2): Rudolf Ludwig Virchow (1821–1902)«, in: *Materia Socio-medica* 31, Nr. 2 (Juni 2019), 151–52, doi:10.5455/msm.2019.31.151-152.

10 Rudolf Virchow, *Der Briefwechsel mit den Eltern 1839–1864*: *zum ersten*

Mal vollständig in historisch-kritischer Edition (Blackwell Wissenschafts-Verlag, 2001), 32.

11 Rudolf Virchow, »R. V. an seinen Vater 4. 7. 1844«, in: *Sämtliche Werke*, Bd. 59, hrsg. von Christian Andree (Hildesheim: Georg Olms, 2015), 246.

12 Rudolf Virchow, »R. V. an seinen Vater 13. 12. 1839«, in: *Sämtliche Werke*, Bd. 59, hrsg. von Christian Andree (Hildesheim: Georg Olms, 2015), 39.

13 Rudolf Virchow, »R. V. an seinen Vater 22. 2. 1842«, in: *Sämtliche Werke*, Bd. 59, hrsg. von Christian Andree (Hildesheim: Georg Olms, 2015), 157.

14 Manfred Stürzbecher, »Die Prosektur der Berliner Charité im Briefwechsel zwischen Robert Froriep und Rudolf Virchow«, in: *Beiträge zur Berliner Medizingeschichte*, 186, Brief von Virchow an Froriep, 2. März 1847.

Kapitel 2:
Die sichtbare Zelle

1 Gregor Mendel, »Versuche über Pflanzen-Hybriden«, in: *Verhandlungen des naturforschenden Vereines in Brünn*, Band IV (Abhandlungen 1865), Brünn 1866, 3–47.

2 Nicolai Vavilov, »The Origin, Variation, Immunity and Breeding of Cultivated Plants«, übers. von K. Starr Chester, in: *Chronica Botanica* 13, Nr. 1/6 (1951).

3 Charles Darwin, *Der Ursprung der Arten*, übers. von E. Schönfeld (Stuttgart: Klett-Cotta, 2018).

4 »Lens Crafters Circa 1590: Invention of the Microscope«, in: *APS Physics*, This Month in Physics History, 13, Nr. 3 (März 2004), 2, https://www.aps.org/publications/apsnews/200403/history.cfm.

5 »Hans Lipperhey«, in: *Oxford Dictionary of Scientists* online, Oxford Reference, abgerufen Dezember 2021, https://www.oxfordreference.com/view/10.1093/oi/authority.20110803100108176.

6 Donald J. Harreld, »The Dutch Economy in the Golden Age (16th-17th Centuries)«, in: *EH.Net Encyclopedia of Economic and Business History*, hrsg. von Robert Whaples, zuletzt verändert am 12. August 2004, http://eh.net/encyclopedia/the-dutch-economy-in-the-golden-age-16th-17th-centuries/. Siehe auch Charles Wilson, »Cloth Production and Interna-

tional Competition in the Seventeenth Century«, in: *Economic History Review* 13, Nr. 2 (1960), 209–221.

7 Leeuwenhoek, »Observations, Communicated to the Publisher«, 821–31. Siehe auch J. R. Porter, »Antony van Leeuwenhoek: Tercentenary of His Discovery of Bacteria«, in: *Bacteriological Reviews* 40, Nr. 2 (1976), 260–269.

8 Leeuwenhoek, »Observations, Communicated to the Publisher«, 821–831.

9 Ebd.

10 Ebd.

11 M. Karamanou et al., »Anton van Leeuwenhoek (1632–1723): Father of Micromorphology and Discoverer of Spermatozoa«, in: *Revista Argentina de Microbiologia* 42, Nr. 4 (2010), 311–314. Siehe auch S. S. Howards, »Antonie van Leeuwenhoek and the Discovery of Sperm«, in: *Fertility and Sterility* 67, Nr. 1 (1997), 16–17.

12 Lisa Yount, *Antoni van Leeuwenhoek: Genius Discoverer of Microscopic Life* (Berkeley: Enslow, 2015), 62.

13 Nick Lane, »The Unseen World: Reflections on Leeuwenhoek (1677) ›Concerning Little Animals‹«, in: *Philosophical Transactions of the Royal Society B 370*, Nr. 1666 (April 19, 2015), https://doi.org/10.1098/rstb.2014.0344.

14 Steven Shapin, *A Social History of Truth: Civility and Science in the Seventeenth Century* (Chicago: University of Chicago Press, 2011), 307. Siehe auch Robert Hooke an Antoni van Leeuwenhoek, 1. Dezember 1677, zitiert in Antony van Leeuwenhoek, *Antony van Leeuwenhoek and His Little Animals: Being Some Account of the Father of Protozoology & Bacteriology and His Multifarious Discoveries in These Disciplines*, hrsg. und übers. von Clifford Dobell (1932; New York: Russell and Russell, 1958), 183.

15 Lane, »The Unseen World«.

16 Leeuwenhoek an Unbekannt, 12. Juni 1763, zitiert in Carl C. Gaither und Alma E. Cavazos-Gaither (Hrsg.), *Gaither's Dictionary of Scientific Quotations* (New York: Springer, 2008), 734.

17 Allan Chapman, *England's Leonardo: Robert Hooke and the Seventeenth-Century Scientific Revolution* (Bristol: Institute of Physics, 2005).

18 Ben Johnson, »The Great Fire of London«, in: *Historic UK: The History and Heritage Accommodation Guide*, abgerufen Dezember 2021, https://

www.historic-uk.com/HistoryUK/HistoryofEngland/The-Great-Fire-of-London/.

19 Robert Hooke, Vorwort, in: *Microphagia: Or Some Physiological Descriptions of Minute Bodies Made by Magnifying Glasses with Observations and Inquiries Thereupon* (London: Royal Society, 1665).

20 Samuel Pepys, *The Diary of Samuel Pepys*, hrsg. von Henry B. Wheatley, übers. Mynors Bright (London: George Bell and Sons, 1893), verfügbar bei Project Gutenberg, https://www.gutenberg.org/files/4200/4200-h/4200-h.htm.

21 Martin Kemp, »Hooke's Housefly«, in: *Nature* 393 (25. Juni 1998), 745, https://doi.org/10.1038/31608.

22 Hooke, *Microphagia*.

23 Ebd., 110.

24 Ebd.

25 Thomas Birch (Hrsg.), *The History of the Royal Society of London, for Improving the Knowledge, from its First Rise* (London: A. Millar, 1757), 352.

26 Antonie van Leeuwenhoek, »To Robert Hooke«, 12. November 1680, Brief 33 in *Alle de brieven: 1679–1683*. Bd. 3, De Digitale Bibliotheek voor de Nederlandse Letteren (DBNL), 333.

27 Antonie van Leeuwenhoek, *The Select Works of Antony van Leeuwenhoek, Containing His Microscopal Discoveries in Many of the Works of Nature*, hrsg. und übers. von Samuel Hoole (London: G. Sidney, 1800), iv.

28 Harris, *Birth of the Cell*, 2.

29 Ebd., 7.

30 Isaac Newton, *Die mathematischen Prinzipien der Physik*, übers. von V. Schüller (Berlin: de Gruyter, 1999).

31 Dies war nicht das erste Mal, dass Hooke und Newton aneinandergerieten. In den 1670er-Jahren hatte Newton bei der Royal Society sein Experiment vorgestellt, in dem weißes Licht durch ein Prisma fiel und dabei in ein ununterbrochenes Regenbogenspektrum verschiedener Farben zerlegt wurde. Wurden diese durch ein weiteres Prisma wieder eingefangen, wurde das weiße Licht wiederhergestellt. Hooke, der damals Kurator der Gesellschaft war, stimmte nicht mit Newton überein und schrieb eine abfällige Rezension über den Aufsatz, woraufhin Newton, der ohnehin bereits wegen der Veröffentlichung seiner Arbeiten unter Verfolgungswahn litt, einen selbstgerechten Wutanfall bekam.

Die beiden Genies im England des 17. Jahrhunderts, die beide über ein übersteigertes Ego verfügten, diskutierten im Lauf der nächsten Jahrzehnte weiter; der Höhepunkt war erreicht, als Hooke darauf bestand, das allgemeine Gravitationsgesetz sei sein Verdienst gewesen.

32 Der Biologieprofessor Dr. Larry Griffing aus Texas untersuchte 2019 das Gemälde eines nicht benannten Wissenschaftlers, das Mary Beale um 1680 gemalt hatte. Griffing hielt es für ein Porträt von Hooke: »Portraits«, RobertHooke.org, abgerufen Dezember 2021, http://roberthooke.org.uk/?page_id=227.

Kapitel 3: Zellen überall

1 Hooke, *Microphagia*, 111.

2 Schwann, *Mikroskopische Untersuchungen*, 10.

3 Leslie Clarence Dunn, *A Short History of Genetics: The Development of Some of the Main Lines of Thought, 1864–1939* (Ames: Iowa State University Press, 1991), 15.

4 Leonard Fabian Hirst, *The Conquest of Plague: A Study of the Evolution of Epidemiology* (Oxford: Clarendon Press, 1953), 82.

5 Ebd., 81.

6 Xavier Bichat, *Traité Des Membranes en Général et De Diverses Membranes en Particulier* (Paris: Chez Richard, Caille et Ravier, 1816). Siehe auch Harris, *Birth of the Cell*, 18.

7 Dora B. Weiner, *Raspail: Scientist and Reformer* (New York: Columbia University Press, 1968).

8 Pierre Eloi Fouquier und Matthieu Joseph Bonaventure Orfila, *Procès et défense de F. V. Raspail poursuivi le 19 mai 1846, en exercice illégal de la medicine* (Paris: Schneider et Langrand, 1846), 21.

9 Mitte der 1840er-Jahre hatte Raspail seine Interessen verändert und sich entschlossen, sich mit Keimfreiheit, sanitären Verhältnissen und Sozialmedizin zu beschäftigen, und das insbesondere bei Gefängnisinsassen und Armen. Nach seiner Überzeugung wurden die meisten Krankheiten von Parasiten und Würmern verursacht, er neigte aber nie dazu, Bakterien für eine Ursache von Ansteckung zu halten. Im Jahr 1843 veröffentlichte er die *Histoire naturelle de la santé et de la maladie* und das *Manuel annuaire de la santé*. Die beiden höchst erfolgreichen Bücher beschäftigten sich mit persönlicher Sauberkeit und Hygiene einschließlich Empfehlungen für Ernährung, Bewegung, geistige Aktivitäten und dem Nutzen der frischen Luft. In seinen späteren Jahren ging Raspail in die Politik und wurde in die Deputiertenkammer gewählt. Dort setzte er sich weiterhin für medizinische Reformen für die Häftlinge und Armen sowie für eine bessere sanitäre Ausstattung der Städte ein, wie es der Arzt John Snow in London getan hatte. Vielleicht am besten ist dieser Mann, der aus der medizinischen Literatur fast verschwunden ist, in einem Gemälde von Vincent van Gogh in Erinnerung geblieben: In *Stilleben mit Zwiebeln* liegt ein Exemplar von Raspails *Manuel* neben einem Teller mit Zwiebeln. Van Gogh war Hypochonder und hatte das Buch vermutlich auf der Straße gekauft, aber dass das Werk eines so bissigen Mannes neben einem Teller mit Tränen verursachendem Gemüse liegt, erscheint irgendwie passend. (François-Vincent Raspail, *Histoire naturelle de la santé et de la maladie chez les végétaux et chez les animaux en général, et en particulier chez l'homme* [Paris: Elibron Classics, 2006], und *Manuel-annuaire de la santé pour 1864, ou médecine et pharmacie domestiques* [Paris: Simon Bacon, 1854].)

10 Weiner, *Raspail.* Weitere Einzelheiten auch bei Dora Weiner, »François-Vincent Raspail: Doctor and Champion of the Poor«, in: *French Historical Studies* 1, Nr. 2 (1959), 149–171.

11 Detailiert beschrieben in Harris, *Birth of the Cell*, 33.

12 Samuel Taylor Coleridge, »Die Äolsharfe«, übers. von E. Mertner, in: S. T. Coleridge, *Gedichte englisch und deutsch* (Stuttgart: Philipp Reclam jun., 1973), 27.

13 Matthias Jakob Schleiden, »Beiträge zur Phytogenesis«, in: *Archiv für Anatomie, Physiologie und wissenschaftliche Medicin 1838*, S. 137–176. Näheres auch in Raphaële Andrault, »Nicolas Hartsoeker, Essai de dioptrique, 1694«, in: Raphaële Andrault et al. (Hrsg.), *Médecine et philosophie de la nature humaine de l'âge classique aux Lumières: Anthologie* (Paris: Classiques Garnier, 2014).

14 Schleiden, »Beiträge zur Phytogenesis«, 137–176.

15 Schwann, *Mikroskopische Untersuchungen*, 6.

16 Ebd., 1.

17 Laura Otis, ihre Eltern und ihre Ärzte, Gespräch mit dem Autor, 2022.

18 J. Müller, *Elements of Physiology*, hrsg. von John Bell, übers. von W. M. Baly (Philadelphia: Lea and Blanchard, 1843), 15.

19 Schwann, *Mikroskopische Untersuchungen*, 263.

20 Ebd., 265.

21 Harris, *Birth of the Cell*, 102.

22 Rudolf Virchow, »Weisses Blut, 1845«, in: *Gesammelte Abhandlungen zur Wissenschaftlichen Medicin*, hrsg. von Rudolf Virchow (Frankfurt: Meidinger Sohn, 1856), 149–154; Virchow, »Die Leukämie«, in ebd., 190–212.

23 John Hughes Bennett, »Case of Hypertrophy of the Spleen and Liver, Which Death Took Place from Suppuration of the Blood«, in: *Edinburgh Medical and Surgical Journal* 64 (1845), 413–423.

24 John Hughes Bennett, »On the Discovery of Leucocythemia«, in: *Monthly Journal of Medical Science* 10, Nr. 58 (1854), 374–381.

25 Byron A. Boyd, *Rudolf Virchow: The Scientist as Citizen* (New York: Garland, 1991).

26 Rudolf Virchow, »Erinnerungsblätter«, in: *Archiv für Pathologische Anatomie und Physiologie und für Klinische Medicin* 4, Nr. 4 (1852), 541–548. Siehe auch Theodore M. Brown und Elizabeth Fee, »Rudolf Carl Virchow: Medical Scientist, Social Reformer, Role Model«, in: *American Journal of Public Health* 96, Nr. 12 (December 2006), 2104–5, doi:10.2105/AJPH.2005.078436.

27 Kurd Schulz, *Rudolf Virchow und die Oberschlesische Typhusepidemie von 1848. Jahrbuch der Schlesischen Friedrich-Wilhelms-Universität zu Breslau*, Bd. 19 (Der Göttinger Arbeitskreis, 1978).

28 Rudolf Virchow, zitiert in Weisenberg, »Rudolf Virchow, Pathologist, Anthropologist, and Social Thinker«.

29 François Raspail, »Classification Generalé des Graminées«, in: *Annales des Sciences Naturelles*, Bd. 6, zsgst. von Jean Victor Audouin, A. D. Brongniart und Jean-Baptiste Dumas (Paris: Libraire de L'Académie Royale de Médicine, 1825), 287–92. Siehe auch Silver, »Virchow, the Heroic Model in Medicine«, 82–88.

30 Zitiert in Lelland J. Rather, *A Commentary on the Medical Writings of Rudolf Virchow: Based on Schwalbe's Virchow-Bibliographie*, 1843–1901 (San Francisco: Norman, 1990), 53.

31 Rudolf Virchow, *Die Cellularpathologie in ihrer Begründung auf physiologische und pathologische Gewebelehre* (Berlin: Hirschwald, 1859).

32 Zitiert in Rather, *Commentary on the Medical Writings of Rudolf Virchow*, 19.

33 Näheres zu Virchows Antwort auf den Rassismus in Rudolf Virchow, »Descendenz und Pathologie«, in: *Archiv für Pathologische Anatomie und Physiologie und für Klinische Medicin* 103, Nr. 3 (1886), 413–436.

34 Zitiert in Rather, *Commentary on the Medical Writings of Rudolf Virchow*, 4.

35 Zitiert in ebd., 101. Siehe auch »Eine Antwort an Herrn Spiess«, in: *Virch. Arch.* XIII (1858), 481–490, 490.

36 Einzelheiten über den Fall von M. K. aus meinen persönlichen Gesprächen mit M. K., 2002. Namen und charakteristische Einzelheiten wurden aus Gründen des Persönlichkeitsschutzes verändert.

37 »Severe Combined Immunodeficiency (SCID)«, National Institute of Allergy and Infectious Diseases (NIAID) online, zuletzt verändert 4. April 2019, https://www.niaid.nih.gov/diseases-conditions/severe-combined-immunodeficiency-scid#:~:text=Severe%20combined%20immunodeficiency%20(SCID)%20is,highly%20susceptible%20to%20severe%20infections.

38 Rudolf Virchow, »Vorlesung I«, in: *Celluarpathologie in ihrer Begründung auf physiologische und pathologische Gewebelehre* (Berlin, 1859).

Kapitel 4: Wenn Zellen krank machen

1 Elizabeth Pennisi, »The Power of Many«, in: *Science* 360, Nr. 6396 (29. Juni 2018), 1388–91, doi:10.1126/science.360.6396.1388.

2 Francesco Redi, *Experiments on the Generation of Insects*, übers. von Mab Bigelow (Chicago: Open Court, 1909).

3 Ebd. Siehe auch Paul Nurse, »The Incredible Life and Times of Biological Cells«, in: *Science* 289, Nr. 5485 (8. September 2000), 1711–1716, doi:10.1126/science.289.5485.1711.

4 René Vallery-Radot, *The Life of Pasteur*, Bd. 1., übers. von R. L. Devonshire (New York: Doubleday, Page, 1920), 141.

5 Thomas D. Brock, *Robert Koch: A Life in Medicine and Bacteriology* (Madison: Science Tech, 1988), 32.

6 Robert Koch, »The Etiology of Anthrax, Founded on the Course of Development of Bacillus Anthracis« (1876), in: *Essays of Robert Koch*, hrsg. und übers. von K. Codell Carter (New York: Greenwood Press, 1987), 1–18.

7 Zitiert in Thomas Goetz, *The Remedy: Robert Koch, Arthur Conan Doyle, and the Quest to Cure Tuberculosis* (New York: Gotham Books, 2014), 74. Siehe auch Steve M. Blevins und Michael S. Bronze, »Robert Koch and the ›Golden Age‹ of Bacteriology«, in: *International Journal of Infectious Diseases* 14, Nr. 9 (September 2010), e744-e51.

8 Zitiert in Robert Koch, »Über die Milzbrandimpfung. Eine Entgegnung auf den von Pasteur in Genf gehaltenen Vortrag«, in: *Gesammelte Werke von Robert Koch*, hrsg. von J. Schwalbe, G. Gaffky und E. Pfuhl (Leipzig: Verlag von Georg Thieme, 1912), 207–231.

9 Ebd. Siehe auch Robert Koch, »On the Anthrax Inoculation«, in: *Essays of Robert Koch*, 97–107.

10 Agnes Ullmann, »Pasteur-Koch: Distinctive Ways of Thinking About Infectious Diseases«, in: *Microbe* 2, Nr. 8 (August 2007), 383–387, http://www.antimicrobe.org/h04c.files/history/Microbe%202007%20 Pasteur-Koch.pdf. Siehe auch Richard M. Swiderski, *Anthrax: A History* (Jefferson: McFarland, 2004), 60.

11 Semmelweis, *Kindbettfieber*.

12 Ebd., 81.

13 Ebd., 19.

14 John Snow, *On the Mode of Communication of Cholera* (London: John Churchill, 1849).

15 John Snow, »The Cholera Near Golden-Square, and at Deptford«, in: *Medical Times and Gazette* 9 (23. September 1854), 321–322.

16 Snow, *Mode of Communication of Cholera*, 15.

17 Dennis Pitt und Jean-Michel Aubin, »Joseph Lister: Father of Modern Surgery«, in: *Canadian Journal of Surgery* 55, Nr. 5 (Oktober 2012), e8-e9, doi:10.1503/cjs.007112.

18 Felix Bosch und Laia Rosich, »The Contributions of Paul Ehrlich to Pharmacology: A Tribute on the Occasion of the Centenary of His Nobel Prize«, in: *Pharmacology* 82, Nr. 3 (Oktober 2008), 171–179, doi:10.1159/000149583.

19 Siang Yong Tan und Yvonne Tatsumura, »Alexander Fleming (1881–1955): Discoverer of Penicillin«, in: *Singapore Medical Journal* 56, Nr. 7 (2015), 366–367, doi:10.11622/smedj.2015105.

20 H. Boyd Woodruff, »Selman A. Waksman, Winner of the 1952 Nobel

Prize for Physiology or Medicine«, in: *Applied and Environmental Microbiology* 80, Nr. 1 (Januar 2014), 2–8, doi:10.1128/AEM.01143-13.

21 Ed Yong, *Winzige Gefährten: Wie Mikroben uns eine umfassende Ansicht vom Leben vermitteln*, übers. von S. Vogel (München: Antje Kunstmann, 2018).

22 Francisco Marty, Gespräch mit dem Autor Februar 2018.

23 Carl R. Woese and G. E. Fox. »Phylogenetic Structure of the Prokaryotic Domain: The Primary Kingdoms«, in: *Proceedings of the National Academy of Sciences of the United States of America* 74, Nr. 11 (November 1977), 5088–5090, https://doi.org/10.1073/pnas.74.11.5088.

24 Carl R. Woese, O. Kandler und M. L. Wheelis, »Towards a Natural System of Organisms: Proposal for the Domains Archaea, Bacteria, and Eucarya«, in: *Proceedings of the National Academy of Sciences of the United States of America* 87, Nr. 12 (Juni 1990), 4576–4579, doi:10.1073/pnas.87.12.4576.

25 Ernst Mayr, »Two Empires or Three?«, in: *Proceedings of the National Academy of Sciences of the United States of America* 95, Nr. 17 (18. August 1998), 9720–9723, https://doi.org/10.1073/pnas.95.17.9720.

26 Virginia Morell, »Microbiology's Scarred Revolutionary«, in: *Science* 276, Nr. 5313 (2. Mai 1997), 699–702, doi:10.1126/science.276.5313.699.

27 Nick Lane, *Der Funke des Lebens: Energie und Evolution*, übers. von M. Niehaus, M. Wiese und J. Wissmann (Darmstadt: Theiss, 2017), 16.

28 Jack Szostak, David Bartel und P. Luigi Luisi, »Synthesizing Life«, in: *Nature* 409 (Januar 2001), 387–390, https://doi.org/10.1038/35053176.

29 Ting F. Zhu und Jack W. Szostak, »Coupled Growth and Division of Model Protocell Membranes«, in: *Journal of the American Chemical Society* 131, Nr. 15 (April 2009), 5705–5713.

30 Lane, *Der Funke des Lebens*, 8.

31 James T. Staley und Gustavo Caetano-Anollés, »Archaea-First and the Co-Evolutionary Diversification of Domains of Life«, in: *BioEssays* 40, Nr. 8 (August 2018), e1800036, doi:10.1002/bies.201800036. Siehe auch »BioEssays: Archaea-First and the Co-Evolutionary Diversification of the Domains of Life«, YouTube, 8:52, WBLifeSciences, https://www.youtube.com/watch?v=9yVWn_Q9faY&ab_channel=CrashCourse.

32 Lane, *Der Funke des Lebens*, 9.

Kapitel 5: Die organisierte Zelle

1 François-Vincent Raspail, zitiert in Lewis Wolpert, *Wie wir leben und warum wir sterben: Das geheime Leben der Zellen*, übers. von E. Ranke (München: Beck, 2009), 22.

2 George Palade, Rede beim Nobelbankett, 10. Dezember 1974, Nobel Prize online, http://nobelprize.org/nobel_prizes/medicine/laureates/1974/palade-speech.html.

3 Rather, *Commentary on the Medical Writings of Rudolf Virchow*, 38.

4 Ernest Overton, *Über die osmotischen Eigenschaften der lebenden Pflanzen- und Tierzelle* (Zürich: Fäsi & Beer, 1895), 159–84. Siehe auch Overton, *Über die allgemeinen osmotischen Eigenschaften der Zelle, ihre vermutlichen Ursachen und ihre Bedeutung für die Physiologie* (Zürich: Fäsi & Beer, 1899). Siehe auch Overton, »The Probable Origin and Physiological Significance of Cellular Osmotic Properties«, in: *Papers on Biological Membrane Structure*, hrsg. von Daniel Branton und Roderic B. Park (Boston: Little, Brown, 1968), 45–52. Siehe auch Jonathan Lombard, »Once upon a Time the Cell Membranes: 175 Years of Cell Boundary Research«, in: *Biology Direct* 9, Nr. 32 (19. Dezember 2014), https://doi.org/10.1186/s13062-014-0032-7.

5 Evert Gorter und François Grendel, »On Bimolecular Layers of Lipoids on the Chromocytes of the Blood«, in: *Journal of Experimental Medicine* 41, Nr. 4 (31. März 1925), 439–443, doi:10.1084/jem.41.4.439.

6 Seymour Singer und Garth Nicolson, »The Fluid Mosaic Model of the Structure of Cell Membranes«, in: *Science* 175, Nr. 4023 (18. Februar 1972), 720–31, doi:10.1126/science.175.4023.720.

7 Orion D. Weiner et al., »Spatial Control of Actin Polymerization During Neutrophil Chemotaxis«, in: *Nature Cell Biology* 1, Nr. 2 (Juni 1999), 75–81, https://doi.org/10.1038/10042.

8 James D. Jamieson, »A Tribute to George E. Palade«, in: *Journal of Clinical Investigation* 118, Nr. 11 (3. November 2008), 3517–3518, doi:10.1172/JCI37749.

9 Richard Altmann, *Die Elementarorganismen und ihre Beziehungen zu den Zellen* (Leipzig: Verlag von Veit, 1890), 125.

10 Lynn Sagan, »On the Origin of Mitosing Cells«, in: *Journal of Theoretical Biology* 14, Nr. 3 (März 1967), 225–74, doi:10.1016/0022-5193(67)90079-3.

11 Lane, *Der Funke des Lebens,* 12.

12 Eugene I. Rabinowitch, »Photosynthesis – Historical Development of Scientific Interpretation and Significance of the Process«, in: *The Physical and Economic Foundation of Natural Resources: I. Photosynthesis – Basic Features of the Process* (Washington, DC: Interior and Insular Affairs Committee, House of Representatives, United States Congress, 1952), 7–10.

13 George Palade, zitiert in Andrew Pollack, »George Palade, Nobel Winner for Work Inspiring Modern Cell Biology, Dies at 95«, in: *New York Times* (8. Oktober 2008), B19.

14 Paul Greengard, Gespräch mit dem Autor, Februar 2019.

15 Ebd. Siehe auch George Palade, »Intracellular Aspects of the Process of Protein Secretion« (Nobelvortrag, Stockholm, 12. Dezember 1974).

16 G. E. Palade, »Keith Roberts Porter and the Development of Contemporary Cell Biology«, in: *Journal of Cell Biology* 75, Nr. 1 (November 1977), D3-D10, https://doi.org/10.1083/jcb.75.1.D1.

17 Leider verließ Claude 1949 das Rockefeller Institute und kehrte in seine belgische Heimat zurück. Im Jahr 1974 teilte er sich mit Palade und Christian de Duve, einem weiteren Zellbiologen, den Nobelpreis. Palade, »Keith Roberts Porter and the Development of Contemporary Cell Biology«, D3-D18.

18 Palade, »Intracellular Aspects of the Process of Protein Secretion«, Nobelvortrag.

19 George E. Palade, »Intracellular Aspects of the Process of Protein Synthesis«, in: *Science* 189, Nr. 4200 (1. August 1975), 347–358, doi:10.1126/science.1096303.

20 David D. Sabatini und Milton Adesnik, »Christian de Duve: Explorer of the Cell Who Discovered New Organelles by Using a Centrifuge«, in: *Proceedings of the National Academy of Sciences of the United States of America* 110, Nr. 33 (13. August 2013), 13234–13235, doi:10.1073/pnas.1312084110.

21 Barry Starr, »A Long and Winding DNA«, KQED online, zuletzt verändert am 2. Februar 2009, https://www.kqed.org/quest/1219/a-long-and-winding-dna.

22 Thoru Pederson, »The Nucleus Introduced«, in: *Cold Spring Harbor Perspectives in Biology* 3, Nr. 5 (1. Mai 2011), a000521, doi:10.1101/cshperspect.a000521.

23 Claude Bernard, *Lectures on the Phenomena of Life Common to Animals and Plants*, übers. von Hebbel E. Hoff, Roger Guillemin und Lucienne Guillemin (Springfield: Charles C. Thomas, 1974).

24 Valerie Byrne Rudisill, *Born with a Bomb: Suddenly Blind from Leber's Hereditary Optic Neuropathy*, hrsg. von Margie Sabol und Leslie Byrne (Bloomington: AuthorHouse, 2012).

25 Weitere Einzelheiten über die hereditäre Optikusatrophie (LHON): »Leber Hereditary Optic Neuropathy (Sudden Vision Loss)«, Cleveland Clinic online, zuletzt verändert am 26. Februar 2021.

26 D. C. Wallace et al., »Mitochondrial DNA Mutation Associated with Leber's Hereditary Optic Neuropathy«, in: *Science* 242, Nr. 4884 (9. Dezember 1988), 1427–1430, doi:10.1126/science.3201231.

27 Jared, zitiert in Rudisill, *Born with a Bomb*.

28 Ebd.

29 Byron Lam et al., »Trial End Points and Natural History in Patients with G11778 A Leber Hereditary Optic Neuropathy«, in: *JAMA Ophthalmology* 132, Nr. 4 (1. April 2014), 428–36, doi:10.1001/jamaophthalmol.2013.7971.

30 Shuo Yang et al., »Long-term Outcomes of Gene Therapy for the Treatment of Leber's Hereditary Optic Neuropathy«, in: *eBioMedicine* (10. August 2016), 258–268, doi:10.1016/j.ebiom.2016.07.002.

31 Nancy J. Newman et al., »Efficacy and Safety of Intravitreal Gene Therapy for Leber Hereditary Optic Neuropathy Treated Within 6 Months of Disease Onset«, in: *Ophthalmology* 128, Nr. 5 (Mai 2021), 649–660, doi: 10.1016/j.ophtha.2020.12.012.

Kapitel 6: Wenn Zellen sich teilen

1 Andrew Solomon, *Weit vom Stamm: Wenn Kinder ganz anders als ihre Eltern sind,* übers. von H. Dedekind et al.; Frankfurt a. M.: S. Fischer, 2013, 11.

2 Zitiert in Jacques Monod, *Zufall und Notwendigkeit*, übers. von F. Griese (München: dtv, 1975), 36.

3 Neidhard Paweletz, »Walther Flemming: Pioneer of Mitosis Research«, in: *Nature Reviews Molecular Cell Biology* 2, Nr. 1 (1. Januar 2001), 72–75, https://doi.org/10.1038/35048077.

4 Walther Flemming, »Contributions to the Knowledge of the Cell and Its Vital Processes: Part 2«, in: *Journal of Cell Biology* 25, Nr. 1 (1. April 1965), 1–69, https://www.ncbi.nlm.nih.gov/pmc/articles/PMC2106612/.

5 Walter Sutton, »The Chromosomes in Heredity«, in: *Biological Bulletin* 4, Nr. 5 (April 1903), 231–251, https://doi.org/1535741; Theodor Boveri, *Ergebnisse über die Konstitution der chromatischen Substanz des Zellkerns* (Jena: Verlag von Gustav Fischer, 1904).

6 Flemming, »Contributions to the Knowledge of the Cell and Its Vital Processes: Part 2«, 1–9.

7 »The p53 Tumor Suppressor Protein«, in: *Genes and Disease* (Bethesda: National Center for Biotechnology Information, zuletzt verändert am 31. Januar 2021), 215–216, https://www.ncbi.nlm.nih.gov/books/NBK22268/.

8 Paul Nurse, Gespräch mit dem Autor, März 2017. »Sir Paul Nurse: I Looked at My Birth Certificate. That Was Not My Mother's Name«, in: *Guardian* (International edition) online, zuletzt verändert am 9. August 2014, https://www.theguardian.com/culture/2014/aug/09/paul-nurse-birth-certificate-not-mothers-name.

9 Tim Hunt, »Biographical«, Nobel Prize online, abgerufen am 20. Februar 2022, https://www.nobelprize.org/prizes/medicine/2001/hunt/biographical/.

10 Tim Hunt, »Protein Synthesis, Proteolysis, and Cell Cycle Transitions« (Nobelvortrag, Stockholm, 9. Dezember 2021).

11 Nurse, Gespräch mit dem Autor, März 2017.

12 Stuart Lavietes, »Dr. L. B. Shettles, 93, Pioneer in Human Fertility«, in: *New York Times* (16. Februar 2003), 1041.

13 Einzelheiten zu dem Experiment von Landrum Shettles: Tabitha M. Powledge, »A Report from the Del Zio Trial«, in: *Hastings Center Report* 8, Nr. 5 (Oktober 1978), 15–17, https://www.jstor.org/stable/3561442.

14 Zitiert in »Test Tube Babies: Landrum Shettles«, in: *PBS American Experience* online, abgerufen am 14. März 2022, https://www.pbs.org/wgbh/americanexperience/features/babies-bio-shettles/.

15 Einzelheiten zu den Arbeiten von Robert Edwards und Patrick Steptoe: Martin H. Johnson, »Robert Edwards: The Path to IVF«, in: *Reproductive Biomedicine Online* 23, Nr. 2 (23. August 2011), 245–262, doi:10.1016/j.rbmo.2011.04.010. Siehe auch James Le Fanu, *The Rise and Fall of Modern Medicine* (New York: Carroll & Graf, 2000), 157–176.

16 Robert Geoffrey Edwards und Patrick Christopher Steptoe, *A Matter of Life: The Story of a Medical Breakthrough* (New York: William Morrow, 1980), 17.

17 John Rock und Miriam F. Menkin, »In Vitro Fertilization and Cleavage of Human Ovarian Eggs«, in: *Science* 100, Nr. 2588 (4. August 1944), 105–107, doi:10.1126/science.100.2588.105.

18 M. C. Chang, »Fertilizing Capacity of Spermatozoa Deposited into the Fallopian Tubes«, in: *Nature* 168, Nr. 4277 (20. Oktober 1951), 697–698, doi:10.1038/168697b0.

19 Edwards und Steptoe, *A Matter of Life*, 43.

20 Ebd., 44.

21 Ebd., 45.

22 Ebd.

23 Ebd., 62.

24 Zitiert in »Recipient of the 2019 IETS Pioneer Award: Dr. Barry Bavister«, in: *Reproduction, Fertility and Development* 31, Nr. 3 (2019), vii-viii, https://doi.org/10.1071/RDv31n3_PA.

25 Jean Purdy, zitiert in ebd.

26 Robert G. Edwards, Barry D. Bavister und Patrick C. Steptoe, »Early Stages of Fertilization In Vitro of Human Oocytes Matured In Vitro«, in: *Nature* 221, Nr. 5181 (15. Februar 1969), 632–35, https://doi.org/10.1038/221632a0.

27 Johnson, »Robert Edwards: The Path to IVF«, 245–262.

28 Martin H. Johnson et al., »Why the Medical Research Council Refused Robert Edwards and Patrick Steptoe Support for Research on Human Conception in 1971«, in: *Human Reproduction* 25, Nr. 9 (September 2010), 2157–2174, doi: 10.1093/humrep/deq155.

29 Robin Marantz Henig, *Pandora's Baby: How the First Test Tube Babies Sparked the Reproductive Revolution* (Boston: Houghton Mifflin, 2004).

30 Martin Hutchinson, »I Helped Deliver Louise«, BBC News online, zuletzt verändert am 24. Juli 2003, http://news.bbc.co.uk/2/hi/health/3077913.stm.

31 Ebd.

32 Victoria Derbyshire, »First IVF Birth: ›It Makes Me Feel Really Special‹«, BBC News Two online, zuletzt verändert am 23. Juli 2015, https://www.bbc.co.uk/programmes/p02xv7jc.

33 Zitiert in Ciara Nugent, »What It Was Like to Grow Up as the World's

First ›Test-Tube Baby‹«, *Time* online, zuletzt verändert am 25. Juli 2018, https://time.com/5344145/louise-brown-test-tube-baby/.

34 Titelseite, *Time* (31. Juli 1978), verfügbar online unter http://content.time.com/time/magazine/0,9263,7601780731,00.html.

35 Derbyshire, »First IVF Birth«. Siehe auch Elaine Woo und *Los Angeles Times*, »Lesley Brown, British Mother of First In Vitro Baby, Dies at 64«, in: *Washington Post* online, Health & Science (25. Juni 2012), https://www.washingtonpost.com/national/health-science/lesley-brown-british-mother-of-first-in-vitro-baby-dies-at-64/2012/06/25/gJQAkavb2V_story.html.

36 Robert G. Edwards, »Meiosis in Ovarian Oocytes of Adult Mammals«, in: *Nature* 196 (3. November 1962), 446–450, https://doi.org/10.1038/196446a0.

37 Deepak Adhikari et al., »Inhibitory Phosphorylation of Cdk1 Mediates Prolonged Prophase I Arrest in Female Germ Cells and Is Essential for Female Reproductive Lifespan«, in: *Cell Research* 26 (2016), 1212–1225, https://doi.org/10.1038/cr.2016.119.

38 Krysta Conger, »Earlier, More Accurate Prediction of Embryo Survival Enabled by Research«, Stanford Medicine News Center (2. Oktober 2010), https://med.stanford.edu/news/all-news/2010/10/earlier-more-accurate-prediction-of-embryo-survival-enabled-by-research.html.

39 Ebd.

Kapitel 7: Die manipulierte Zelle

1 Jon Cohen, »The Untold Story of the ›Circle of Trust‹ Behind the World's First Gene-Edited Baby«, *Science* online, Asia/Pacific News, zuletzt verändert am 1. August 2019, https://www.science.org/content/article/untold-story-circle-trust-behind-world-s-first-gene-edited-babies.

2 Ebd.

3 Richard Gardner und Robert Edwards, »Control of the Sex Ratio at Full Term in the Rabbit by Transferring Sexed Blastocysts«, in: *Nature* 218 (27. April 1968), 346–348, https://doi.org/10.1038/218346a0.

4 Ebd.

5 Https://www.broadinstitute.org/what-broad/areas-focus/project-spotlight/crispr-timeline.

6 L. Meyer et al., »Early Protective Effect of CCR-5 Delta 32 Heterozygosity on HIV-1 Disease Progression: Relationship with Viral Load. The SEROCO Study Group«, in: *AIDS* 11, Nr. 11 (September 1997), F73-F78, doi:10.1097/00002030-199711000-00001.

7 »28 Nov 2018 – International Summit on Human Genome Editing – He Jiankui Presentation and Q&A«, YouTube, 1:04.28, WCSethics, https://www.youtube.com/watch?v=tLZufCrjrN0.

8 Pam Belluck, »Gene-Edited Babies: What a Chinese Scientist Told an American Mentor«, in: *New York Times* (14. April 2019), A1.

9 Cohen, »Untold Story of the ›Circle of Trust‹«.

10 Ebd.

11 Robin Lovell-Badge, Vorstellung, »28 Nov 2018 – International Summit on Human Genome Editing – He Jiankui Presentation and Q&A«, YouTube.

12 David Cyranoski, »First CRISPR Babies: Six Questions That Remain«, in: *Nature* online, News, zuletzt verändert am 30. November 2018, https://www.nature.com/articles/d41586-018-07607-3.

13 Mark Terry, »Reviewers of Chinese CRISPR Research: ›Ludicrous‹ and ›Dubious at Best‹«, BioSpace, zuletzt verändert am 5. Dezember 2019, https://www.biospace.com/article/peer-review-of-china-crispr-scandal-research-shows-deep-flaws-and-questionable-results/.

14 Badge, Einführung, »28 Nov 2018 – International Summit on Human Genome Editing – He Jiankui Presentation and Q&A«, YouTube. Siehe auch US National Academy of Sciences and US National Academy of Medicine, the Royal Society of the United Kingdom, and the Academy of Sciences of Hong Kong, *Second International Summit on Human Genome Editing: Continuing the Global Discussion, November, 27–29, University of Hong Kong, China* (Washington, DC: National Academies Press, 2018).

15 Cohen, »Untold Story of the ›Circle of Trust‹«.

16 David Cyranoski, »CRISPR-baby Scientist Fails to Satisfy Critics«, in: *Nature* online, News, zuletzt verändert am 30. November 2018, https://www.nature.com/articles/d41586-018-07573-w.

17 David Cyranoski, »Russian ›CRISPR-baby‹ Scientist Has Started Editing Genes in Human Eggs with Goal of Altering Deaf Gene«, in: *Nature* online, News, zuletzt verändert am 18. Oktober 2019, https://www.nature.com/articles/d41586-019-03018-0.

18 Nick Lane, Gespräch mit dem Autor, Januar 2022.

19 László Nagy, zitiert in Pennisi, »The Power of Many«, 1388–1391.

20 Richard K. Grosberg und Richard R. Strathmann, »The Evolution of Multicellularity: A Minor Major Transition?«, in: *Annual Review of Ecology, Evolution, and Systematics* 38 (Dezember 2007), 621–654, doi/10.1146/annurev.ecolsys.36.102403.114735.

21 Ebd.

22 William C. Ratcliff et al., »Experimental Evolution of Multicellularity«, in: *Proceedings of the National Academy of Sciences of the United States of America* 109, Nr. 5 (2012), 1595–600, https://doi.org/10.1073/pnas.1115323109.

23 William Ratcliff, Gespräch mit dem Autor, Dezember 2021.

24 Ebd.

25 Elizabeth Pennisi, »Evolutionary Time Travel«, in: *Science* 334, Nr. 6058 (18. November 2011), 893–895, doi:10.1126/science.334.6058.893.

26 Enrico Sandro Colizzi, Renske M. A. Vroomans und Roeland M. H. Merks, »Evolution of Multicellularity by Collective Integration of Spatial Information«, in: *eLife* 9 (16. Oktober 2020), e56349, doi:10.7554/eLife.56349. Siehe auch Matthew D. Herron et al., »De Novo Origins of Multicellularity in Response to Predation«, in: *Scientific Reports* 9 (20. Februar 2019), https://doi.org/10.1038/s41598-019-39558-8.

Kapitel 8: Die Zelle in der Entwicklung

1 Ignaz Döllinger, zitiert in Janina Wellmann, *Die Form des Werdens* (Göttingen: Wallstein, 2010), 11.

2 Caspar Friedrich Wolff, »Theoria Generationis« (Dissertation, Universität Halle, 1759).

3 Johann Wolfgang von Goethe, »Brief an Frau von Stein«, 9. Juli 1786, in: *Goethes Werke*, Weimarer Ausgabe (Weimar 1887–1912), IV. Abteilung, Bd. 7, 242.138.

4 Joseph Needham, *History of Embryology* (Cambridge: University of Cambridge Press, 1934).

5 Einen ausführlichen Überblick über die Entwicklung des Trophoblasten geben Martin Knöfler et al., »Human Placenta and Trophoblast Development: Key Molecular Mechanisms and Model Systems«, in: *Cellular and Molecular Life Sciences* 76, Nr. 18 (September 2019), 3479–96, doi: 10.1007/s00018-019-03104-6.

6 Lewis Thomas, *Die Meduse und die Schnecke: Gedanken eines Biologen über die Mysterien von Mensch und Natur*, übers. von W. Theimer (Köln: Kiepenheuer und Witsch, 1981), 151.

7 Edward M. De Robertis, »Spemann's Organizer and Self-Regulation in Amphibian Embryos«, in: *Nature Reviews Molecular Cell Biology* 7, Nr. 4 (April 2006), 296–302, doi:10.1038/nrm1855.

8 Scott F. Gilbert, *Development Biology*, Bd. 2 (Sunderland: Sinauer Associates, 2010), 241–286. Siehe auch Richard Harland, »Induction into the Hall of Fame: Tracing the Lineage of Spemann's Organizer«, in: *Development* 135, Nr. 20 (15. Oktober 2008), 3321–3323, fig. 1, https://doi.org/10.1242/dev.021196. Siehe auch Robert C. King, William D. Stansfield und Pamela K. Mulligan, »Heteroplastic Transplantation«, in: *A Dictionary of Genetics*, 7. Aufl. (New York: Oxford University Press, 2007), 205. Siehe auch »Hans Spemann, the Nobel Prize in Physiology or Medicine 1935«, The Nobel Prize online, abgerufen am 4. Februar 2022, https://www.nobelprize.org/prizes/medicine/1935/spemann/facts/. Siehe auch Samuel Philbrick und Erica O'Neil, »Spemann-Mangold Organizer«, The Embryo Project Encyclopedia, zuletzt verändert am 12. Januar 2012, http://embryo.asu.edu/pages/spemann-mangold-organizer. Siehe auch Hans Spemann und Hilde Mangold, »Induction of Embryonic Primordia by Implantation of Organizers from a Different Species«, in: *International Journal of Developmental Biology* 45, Nr. 1 (2001), 13–38.

9 Katie Thomas, »The Story of Thalidomide in the U.S., Told Through Documents«, in: *New York Times* (23. März 2020). Siehe auch James H. Kim und Anthony R. Scialli, »Thalidomide: The Tragedy of Birth Defects and the Effective Treatment of Disease«, in: *Toxicological Sciences* 122, Nr. 1 (2011), 1–6.

10 Interagency Coordination in Drug Research and Regulations: Hearings Before the Subcommittee on Reorganization and International Organizations of the Committee on Government Operations, US Senate, 87th Congress. 93 (1961) (Brief von Frances O. Kelsey).

11 Ebd.

12 Thomas, »Story of Thalidomide in the U.S.«.

13 Ebd.

14 Tomoko Asatsuma-Okumura, Takumi Ito und Hiroshi Handa, »Molecular Mechanisms of the Teratogenic Effects of Thalidomide«, in: *Pharmaceuticals* 13, Nr. 5 (2020), 95.

15 Robert D. McFadden, »Frances Oldham Kelsey, Who Saved U.S. Babies from Thalidomide, Dies at 101«, in: *New York Times* (7. August 2015).

Kapitel 9: Die ruhelose Zelle

1 Maureen A. O'Malley und Staffan Müller-Wille, »The Cell as Nexus: Connections Between the History, Philosophy and Science of Cell Biology«, in: *Studies in History and Philosophy of Science Part C: Studies in History and Philosophy of Biological and Biomedical Sciences* 41, Nr. 3 (September 2010), 169–171, doi:10.1016/j.shpsc.2010.07.005.

2 Rudolf Virchow, »R. V. an seinen Vater 22. 2. 1842«, in: *Sämtliche Werke*, Bd. 59, hrsg. von Christian Andree (Hildesheim: Georg Olms, 2015), 157.

3 Rachel Hajar, »The Air of History: Early Medicine to Galen (Part 1)«, in: *Heart Views* 13, Nr. 3 (Juli-September 2012), 120–128, doi:10.4103/1995-705X.102164.

4 William Harvey, *On the Motion of the Heart and Blood in Animals*, hrsg. von Alexander Bowie, übers. von Robert Willis (London: George Bell and Sons, 1889).

5 Ebd., 48.

6 William Harvey, »An Anatomical Study on the Motion of the Heart and the Blood in Animals«, in: *Medicine and Western Civilisation*, hrsg. von David J. Rothman, Steven Marcus und Stephanie A. Kiceluk (New Brunswick: Rutgers University Press, 1995), 68–78.

7 Antonie van Leeuwenhoek, »Mr. H. Oldenburg«, 14. August 1675, Brief 18 in *Alle de brieven: 1673–1676*. De Digitale Bibliotheek voor de Nederlandse Letteren (DBNL), 301.

8 Marcello Malpighi, »De Polypo Cordis Dissertatio«, Italien, 1666.

9 William Hewson, »On the Figure and Composition of the Red Particles of the Blood, Commonly Called Red Globules«, in: *Philosophical Transactions of the Royal Society of London* 63 (1773), 303–323.

10 Friedrich Hünefeld, *Der Chemismus in der thierischen Organisation: Physiologisch-chemische Untersuchungen der materiellen Veränderungen oder des Bildungslebens im thierischen Organismus, insbesondere des Blutbildungsprocesses, der Natur der Blutkörperchen und ihrer Kernchen: Ein Beitrag zur Physiologie und Heilmittellehre* (Leipzig: Brockhaus, 1840).

11 Peter Sahlins, »The Beast Within: Animals in the First Xenotransfusion Experiments in France, ca. 1667–68«, in: *Representations* 129, Nr. 1 (2015), 25–55, https://doi.org/10.1525/rep.2015.129.1.25.

12 Karl Landsteiner, »On Individual Differences in Human Blood« (Nobelvortrag, Stockholm, 11. Dezember 1930).

13 Ebd.

14 Reuben Ottenberg und David J. Kaliski, »Accidents in Transfusion: Their Prevention by Preliminary Blood Examination – Based on an Experience of One Hundred Twenty-eight Transfusions«, in: *Journal of the American Medical Association (JAMA)* 61, Nr. 24 (13. Dezember 1913), 2138–2140, doi:10.1001/jama.1913.04350250024007.

15 Geoffrey Keynes, *Blood Transfusion* (Oxford: Oxford Medical, 1922), 17.

16 Ennio C. Rossi und Toby L. Simon, »Transfusions in the New Millennium«, in: *Rossi's Principles of Transfusion Medicine*, hrsg. von Toby L. Simon et al. (Oxford: Wiley Blackwell, 2016), 8.

17 A. C. Taylor an Bruce Robertson, Brief, 14. August 1917, L. Bruce Robertson Fonds, Archives of Ontario, Toronto.

18 »History of Blood Transfusion«, American Red Cross Blood Services online, abgerufen 15. März 2022, https://www.redcrossblood.org/donate-blood/blood-donation-process/what-happens-to-donated-blood/blood-transfusions/history-blood-transfusion.html.

19 »Blood Program in World War II«, in: *Annals of Internal Medicine* 62, Nr. 5 (1. Mai 1965), 1102, https://doi.org /10.7326/0003-4819-62-5-1102_1.

Kapitel 10: Die heilende Zelle

1 William Shakespeare, *Hamlet*, V. Akt, 1. Szene, übers. von A. W. Schlegel.

2 Douglas B. Brewer, »Max Schultze (1865), G. Bizzozero (1882) and the Discovery of the Platelet«, in: *British Journal of Haematology* 133, Nr. 3 (Mai 2006), 251–258, https://doi.org/10.1111/j.1365-2141.2006.06036.x.

3 Max Schultze, »Ein heizbarer Objecttisch und seine Verwendung bei Untersuchungen des Blutes«, in: *Archiv für mikroskopische Anatomie* 1 (Dezember 1865), 40–41, https://doi.org/10.1007/BF02961404.
4 Ebd.
5 Giulio Bizzozero, »Su di un nuovo elemento morfologico del sangue dei mammiferi e sulla sua importanza nella trombosi e nella coagulazione«, in: *Osservatore Gazetta delle Cliniche* 17 (1881), 785–787.
6 Ebd.
7 I. M. Nilsson, »The History of von Willebrand Disease«, in: *Haemophilia* 5, supp. Nr. 2 (Mai 2002), 7–11, doi: 10.1046/j.1365-2516.1999.0050s2007.x.
8 William Osler, *The Principles and Practice of Medicine* (New York: D. Appleton, 1899). Siehe auch William Osler, »Lecture III: Abstracts of the Cartwright Lectures: On Certain Problems in the Physiology of the Blood Corpuscles« (Vortrag, Association of the Alumni of the College of Physicians and Surgeons, New York, 23. März 1886), 917–919.
9 Joseph L. Goldstein et al., »Heterozygous Familial Hypercholesterolemia: Failure of Normal Allele to Compensate for Mutant Allele at a Regulated Genetic Locus«, in: *Cell* 9, Nr. 2 (1. Oktober 1976), 195–203, https://doi.org/10.1016/0092-8674(76)90110-0.
10 James Le Fanu, *The Rise and Fall of Modern Medicine* (London: Abacus, 2000), 322.
11 G. Tsoucalas, M. Karamanou und G. Androutsos, »Travelling Through Time with Aspirin, a Healing Companion«, in: *European Journal of Inflammation* 9, Nr. 1 (1. Januar 2011), 13–16, https://doi.org/10.1177/1721727X1100900102.
12 Lawrence L. Craven, »Coronary Thrombosis Can Be Prevented«, in: *Journal of Insurance Medicine* 5, Nr. 4 (1950), 47–48.
13 Marc S. Sabatine und Eugene Braunwald, »Thrombolysis in Myocardial Infarction (TIMI) Study Group: JACC Focus Seminar 2/8«, in: *Journal of the American College of Cardiology* 77, Nr. 22 (2021), 2822–2845, doi: 10.1016/j.jacc.2021.01.060. Siehe auch X. R. Xu et al., »The Impact of Different Doses of Atorvastatin on Plasma Endothelin and Platelet Function in Acute ST-segment Elevation Myocardial Infarction After Emergency Percutaneous Coronary Intervention«, in: *Zhonghua nei ke za zhi* 55, Nr. 12 (2016), 932–936, doi: 10.3760/cma.j.issn.0578-1426.2016.12.005.

Kapitel 11:
Die wachsame Zelle

1 Benjamin Franklin, *Benjamin Franklin: Autobiographie,* übers. von Berthold Auerbach, rev. von Heinz Förster (München: Beck, 2010), 140/141.

2 Gabriel Andral, *Essai D'Hematologie Pathologique* (Paris: Fortin, Masson et Cie Libraires, 1843).

3 William Addison, *Experimental and Practical Researches on Inflammation and on the Origin and Nature of Tubercles of the Lung* (London: J. Churchill, 1843), 10.

4 Ebd., 62.

5 Ebd., 57.

6 Ebd., 61.

7 Siddhartha Mukherjee, »Before Virus, After Virus: A Reckoning«, in: *Cell* 183 (15. Oktober 2020), 308–314, doi: 10.1016/j.cell.2020.09.042.

8 Ilya Mechnikov, »On the Present State of the Question of Immunity in Infectious Diseases« (Nobelvortrag, Stockholm, 11. Dezember 1908).

9 Ebd.

10 Elias Metchnikoff, »Über eine Sprosspilzkrankheit der Daphnien: Beitrag zur Lehre über den Kampf der Phagocyten gegen Krankheitserreger«, in: *Archiv für Pathologische Anatomie und Physiologie und für Klinische Medicin* 96 (1884), 177–195.

11 Mechnikov, »Present State of the Question of Immunity«.

12 Katia D. Filippo und Sara M. Rankin, »The Secretive Life of Neutrophils Revealed by Intravital Microscopy«, in: *Frontiers in Cell and Developmental Biology* 8, Nr. 1236 (10. November 2020), https://doi.org/10.3389/fcell.2020.603230. Siehe auch Pei Xiong Liew und Paul Kubes, »The Neutrophil's Role During Health and Disease«, in: *Physiological Reviews* 99, Nr. 2 (Februar 2019), 1223–1248, doi:10.1152/physrev.00012.2018.

13 Paul R. Ehrlich, *The Collected Papers of Paul Ehrlich*, hrsg. von F. Himmelweit, Henry Hallett Dale und Martha Marquardt (London: Elsevier Science & Technology, 1956), 3.

14 Zitiert in O. P. Jaggi, *Medicine in India* (Oxford: Oxford University Press, 2000), 138.

15 Arthur Boylston, »The Origins of Inoculation«, in: *Journal of the Royal*

Society of Medicine 105, Nr. 7 (Juli 2012), 309–313, doi:10.1258/jrsm.2012.12k044.

16 Wee Kek Koon, »Powdered Pus up the Nose and Other Chinese Precursors to Vaccinations«, in: *South China Morning Post* online, Opinion, 6. April 2020, https://www.scmp.com/magazines/post-magazine/short-reads/article/3078436/powdered-pus-nose-and-other-chinese-precursors.

17 Ahmed Bayoumi, »The History and Traditional Treatment of Smallpox in the Sudan«, *Journal of Eastern African Research & Development* 6, Nr. 1 (1976): 1–10, https://www.jstor.org/stable/43661421.

18 Lady Mary Wortley Montagu, *Letters of the Right Honourable Lady M- -y W- -y M- -u: Written During Her Travels in Europe, Asia, and Africa, to Persons of Distinction, Men of Letters, &c. in Different Parts of Europe* (London: S. Payne, A. Cook, and H. Hill, 1767), 137–140.

19 Anne Marie Moulin, *Le dernier langage de la médecine: Histoire de l'immunologie de Pasteur au Sida* (Paris: Presses universitaires de France, 1991), 23.

20 Stefan Riedel, »Edward Jenner and the History of Smallpox and Vaccination«, in: *Baylor University Medical Center Proceedings* 18, Nr. 1 (2005), 21–25, https://doi.org/10.1080/08998280.2005.11928028. Siehe auch Susan Brink, »What's the Real Story About the Milkmaid and the Smallpox Vaccine?«, National Public Radio (NPR) online, History, 1. Februar 2018.

21 Edward Jenner, »An Inquiry into the Causes and Effects of the Variole Vaccine, or Cow-pox, 1798«, in: *The Three Original Publications on Vaccination Against Smallpox by Edward Jenner*, Louisiana State University, Law Center, https://biotech.law.lsu.edu/cphl/history/articles/jenner.htm#top.

22 James F. Hammarsten, William Tattersall und James E. Hammarsten, »Who Discovered Smallpox Vaccination? Edward Jenner or Benjamin Jesty?«, in: *Transactions of the American Clinical and Climatological Association* 90 (1979), 44–55, https://www.ncbi.nlm.nih.gov/pmc/articles/PMC2279376/pdf/tacca00099-0087.pdf.

23 Mar Naranjo-Gomez et al., »Neutrophils Are Essential for Induction of Vaccine-like Effects by Antiviral Monoclonal Antibody Immunotherapies«, in: *JCI Insight* 3, Nr. 9 (3. Mai 2018), e97339, veröffentlicht online 3. Mai 2018, doi:10.1172/jci.insight.97339. Siehe auch Jean Louis Palgen et al., »Prime and Boost Vaccination Elicit a Distinct Innate Myeloid Cell Immune Response«, in: *Scientific Reports* 8, Nr. 3087 (2018), https://doi.org/10.1038/s41598-018-21222-2.

Kapitel 12: Die Zelle als Verteidiger

1 Robert Burns, »Watend durch den Bach« (1782), in: Robert Burns, *Lieder und Balladen*, übers. von A. Winterfeld (Berlin: Hofmann & Comp., 1860), 11.

2 Cay-Rüdiger Prüll, »Part of a Scientific Master Plan? Paul Ehrlich and the Origins of his Receptor Concept«, in: *Medical History* 47, Nr. 3 (Juli 2003), 332–356, https://www.ncbi.nlm.nih.gov/pmc/articles/PMC1044632/.

3 Paul Ehrlich, »Ehrlich, P. (1891), Experimentelle Untersuchungen über Immunität. I. Über Ricin«, in: *Deutsche Medizinische Wochenschrift* 17, Nr. 32 (1891), 976–979.

4 Emil von Behring und Shibasaburo Kitasato, »Über das Zustandekommen der Diphtherie-Immunität und der Tetanus-Immunität bei Thieren«, in: *Deutsche Medizinische Wochenschrift* 49 (1890), 1113–1114, https://doi.org/10.17192/eb2013.0164.

5 J. Lindenmann, »Origin of the Terms ›Antibody‹ and ›Antigen‹«, in: *Scandinavian Journal of Immunology* 19, Nr. 4 (April 1984), 281–285, doi:10.1111/j.1365-3083.1984.tb00931.x.

6 Emil von Behring, »Untersuchungen über das Zustandekommen der Diphtherie-Immunität bei Thieren«, in: *Deutsche Medizinische Wochenschrift* 50 (1890), 1145–1148. Siehe auch William Bulloch, *The History of Bacteriology* (London: Oxford University Press, 1938). Siehe auch L. Brieger, S. Kitasato und A. Wassermann, »Über Immunität und Giftfestigung«, in: *Zeitschrift für Hygiene und Infektionskrankheiten* 12 (1892), 254–255. Siehe auch L. Deutsch, »Contribution à l'étude de l'origine des anticorps typhiques«, in: *Annales de l'Institut Pasteur* 13 (1899), 689–727. Siehe auch Paul Ehrlich, »Experimentelle Untersuchungen über Immunität. II. Ueber Abrin«, *Deutsche Medizinische Wochenschrift* 17 (1891), 1218–1219; und »Über Immunität durch Vererbung und Säugung«, in: *Zeitschrift für Hygiene und Infektionskrankheiten, medizinische Mikrobiologie, Immunologie und Virologie* 12 (1892), 183–203.

7 Lindenmann, »Origin of the Terms ›Antibody‹ and ›Antigen‹«, 281–285.

8 Rodney R. Porter, »Structural Studies of Immunoglobulins« (Nobelvortrag, Stockholm, 12. Dezember 1972).

9 Gerald M. Edelman, »Antibody Structure and Molecular Immunology« (Nobelvortrag, Stockholm, 12. Dezember 1972).

10 Linus Pauling, »A Theory of the Structure and Process of Formation of Antibodies«, in: *Journal of the American Chemical Society* 62, Nr. 10 (1940), 2643–2657.

11 Joshua Lederberg, »Genes and Antibodies«, in: *Science* 129, Nr. 3364 (1959), 1649–1653.

12 Frank Macfarlane Burnet, »A Modification of Jerne's Theory of Antibody Production Using the Concept of Clonal Selection«, in: *CA: A Cancer Journal for Clinicians* 26, Nr. 2 (März-April 1976), 119–121. Siehe auch Burnet, »Immunological Recognition of Self« (Nobelvortrag, Stockholm, 12. Dezember 1960).

13 Lewis Thomas, *Das Leben überlebt: Geheimnis der Zellen*, übers. von M. Carroux (Köln: Kiepenheurer und Witsch, 1976), 132/133.

14 Ebd., 133.

15 Susumu Tonegawa, »Somatic Generation of Antibody Diversity«, in: *Nature* 302 (1983), 575–581.

16 Georges Köhler und Cesar Milstein, »Continuous Cultures of Fused Cells Secreting Antibody of Predefined Specificity«, in: *Nature* 256 (7. August 1975), 495–497, https://doi.org/10.1038/256495a0.

17 Lee Nadler et al., »Serotherapy of a Patient with a Monoclonal Antibody Directed Against a Human Lymphoma-Associated Antigen«, in: *Cancer Research* 40, Nr. 9 (September 1980), 3147–3154, PMID: 7427932.

18 Ron Levy, Gespräch mit dem Autor, Dezember 2021.

Kapitel 13: Die urteilsfähige Zelle

1 Jacques Miller, »Revisiting Thymus Function«, in: *Frontiers in Immunology* 5 (28. August 2014), 411, https://doi.org/10.3389/fimmu.2014.00411.

2 Jacques F. Miller, »Discovering the Origins of Immunological Competence«, in: *Annual Review of Immunology* 17 (1999), 1–17, doi:10.1146/annurev.immunol.17.1.1.

3 Ebd.

4 Margo H. Furman und Hidde L. Ploegh, »Lessons from Viral Manipulation of Protein Disposal Pathways«, in: *Journal of Clinical Investigation* 110, Nr. 7 (2002), 875–879, https://doi.org/10.1172/JCI16831.

5 Alain Townsend, »Vincenzo Cerundolo 1959–2020«, in: *Nature* Immunology 21, Nr. 3 (März 2020), 243, doi: 10.1038/s41590-020-0617-5.

6 Rolf M. Zinkernagel und Peter C. Doherty, »Immunological Surveillance Against Altered Self Components by Sensitised T Lymphocytes in Lymphocytes Choriomeningitis«, in: *Nature* 251, Nr. 5475 (11. Oktober 1974), 547–548, doi: 10.1038/251547a0.

7 Alain Townsend, Gespräch mit dem Autor, 2019.

8 Pam Bjorkman und P. Parham, »Structure, Function, and Diversity of Class I Major Histocompatibility Complex Molecules«, in: *Annual Review of Biochemistry* 59 (1990), 253–288, doi:10.1146/annurev.bi.59.070190.001345.

9 Alain Townsend und Andrew McMichael, »MHC Protein Structure: Those Images That Yet Fresh Images Beget«, in: *Nature* 329, Nr. 6139 (8.–14. Oktober 1987), 482–83, doi:10.1038/329482a0.

10 William Butler Yeats, »Byzanz«, übers. von G. Falkner und N. Matoczs, in: William Butler Yeats, *Die Gedichte* (München: Luchterhand, 2005), 279/280.

11 James Allison, B. W. McIntyre und D. Bloch, »Tumor-Specific Antigen of Murine T-Lymphoma Defined with Monoclonal Antibody«, in: *Journal of Immunology* 129, Nr. 5 (November 1982), 2293–2300, PMID: 6181166. Siehe auch Yusuke Yanagi et al., »A Human T cell-Specific cDNA Clone Encodes a Protein Having Extensive Homology to Immunoglobulin Chains«, in: *Nature* 308 (8. März 1984), 145–149, https://doi.org/10.1038/308145a0. Siehe auch Stephen M. Hedrick et al., »Isolation of cDNA Clones Encoding T cell-Specific Membrane-Associated Proteins«, in: *Nature* 308 (8. März 1984), 149–153, https://doi.org/10.1038/308149a0.

12 Javier A. Carrero und Emil R. Unanue, »Lymphocyte Apoptosis as an Immune Subversion Strategy of Microbial Pathogens«, in: *Trends in Immunology* 27, Nr. 11 (November 2006), 497–503, https://doi.org/10.1016/j.it.2006.09.005.

13 Charles A. Janeway et al., *Immunobiology: The Immune System in Health and Disease*, 5. Aufl. (New York: Garland Science, 2001), 114–130, https://www.ncbi.nlm.nih.gov/books/NBK27098/.

14 Lewis Thomas, *A Long Line of Cells: Collected Essays* (New York: Book of the Month Club, 1990), 71.

15 Philip D. Greenberg, »Ralph M. Steinman: A Man, a Microscope, a Cell, and So Much More«, in: *Proceedings of the National Academy of Sciences of the United States of America* 108, Nr. 52 (8. Dezember 2011), 20871–20872, https://doi.org/10.1073/pnas.1119293109.

16 Mirko D. Grmek, *History of AIDS: Emergence and Origin of a Modern Pandemic*, übers. von Russell C. Maulitz und Jacalyn Duffin (Princeton: Princeton University Press, 1993), 3.

17 Ebd., 5.

18 Robert D. McFadden, »Frances Oldham Kelsey, Who Saved U. S. Babies from Thalidomide, Dies at 101«, in: *New York Times* (8. August 2015), A1.

19 »Pneumocystis Pneumonia – Los Angeles«, in: *US Centers for Disease Control Morbidity and Mortality Weekly Report* (MMWR) 30, Nr. 21 (5. Juni 1981), 1–3, https://stacks.cdc.gov/view/cdc/1261.

20 Ebd.

21 Ebd.

22 Kenneth B. Hymes et al., »Kaposi's Sarcoma in Homosexual Men – A Report of Eight Cases«, in: *Lancet* 318, Nr. 8247 (19. September 1981), 598–600, doi:10.1016/s0140-6736(81)92740-9.

23 Robert O. Brennan und David T. Durack, »Gay Compromise Syndrome«, in: *Lancet* 318, Nr. 8259 (12. Dezember 1981), Letters to the Editor, 1338–1339, https://doi.org/10.1016/S0140-6736(81)91352-0.

24 Grmek, *History of AIDS*, 6–12.

25 »Acquired Immuno-Deficiency Syndrome – AIDS«, in: *US Centers for Disease Control Morbidity and Mortality Weekly Report* (MMWR) 31, Nr. 37 (24. September 1982), 507, 513–514, verfügbar unter https://stacks.cdc.gov/view/cdc/35049.

26 M. S. Gottlieb et al., »Pneumocystis Carinii Pneumonia and Mucosal Candidiasis in Previously Healthy Homosexual Men: Evidence of a New Acquired Cellular Immunodeficiency«, in: *New England Journal of Medicine* 305, Nr. 24 (10. Dezember 1981), 1425–1431, doi:10.1056/NEJM198112103052401. Siehe auch H. Masur et al., »An Outbreak of Community-Acquired Pneumocystis Carinii Pneumonia: Initial Manifestation of Cellular Immune Dysfunction«, in: *New England Journal of Medicine* 305, Nr. 24 (10. Dezember 1981), 1431–1438, doi:10.1056/

NEJM198112103052402. Siehe auch F. P. Siegal et al., »Severe Acquired Immunodeficiency in Male Homosexuals, Manifested by Chronic Perianal Ulcerative Herpes Simplex Lesions«, in: *New England Journal of Medicine* 305, Nr. 24 (10. Dezember 1981), 1439–1444, doi:10.1056/NEJM198112103052403.

27 Jonathan M. Kagan et al., »A Brief Chronicle of CD4 as a Biomarker for HIV/AIDS: A Tribute to the Memory of John L. Fahey«, in: *Forum on Immunopathological Diseases and Therapeutics* 6, Nr. 1/2 (2015), 55–64, doi:10.1615/ForumImmunDisTher.2016014169.

28 Françoise Barré-Sinoussi et al., »Isolation of a T-Lymphotropic Retrovirus from a Patient at Risk for Acquired Immune Deficiency Syndrome (AIDS)«, in: *Science* 220, Nr. 4599 (20. Mai 1983), 868–71, doi:10.1126/science.6189183.

29 J. Schüpbach et al., »Serological Analysis of a Subgroup of Human T-Lymphotropic Retroviruses (HTLV-III) Associated with AIDS«, in: *Science* 224, Nr. 4648 (4. Mai 1984), 503–505, doi:10.1126/science.6200937; Robert C. Gallo et al., »Frequent Detection and Isolation of Cytopathic Retroviruses (HTLV-III) from Patients with AIDS and at Risk for AIDS«, in: *Science* 224, Nr. 4648 (4. Mai 1984), 500–503, doi: 10.1126/science.6200936; M. G. Sarngadharan et al., »Antibodies Reactive with Human T-Lymphotropic Retroviruses (HTLV-III) in the Serum of Patients with AIDS«, in: *Science* 224, Nr. 4648 (4. Mai 1984), 506–508, doi:10.1126/science.6324345; und M. Popovic et al., »Detection, Isolation, and Continuous Production of Cytopathic Retroviruses (HTLV-III) from Patients with AIDS and Pre-AIDS«, in: *Science* 224, Nr. 4648 (4. Mai 1984), 497–500, doi: 10.1126/science.6200935.

30 Robert C. Gallo, »The Early Years of HIV/AIDS«, in: *Science* 298, Nr. 5599 (29. November 2002), 1728–1730, doi: 10.1126/science.1078050.

31 Eine umfassende Zusammenstellung von Veröffentlichungen auf diesem Gebiet findet sich in Ruth Kulstad (Hrsg.), *AIDS: Papers from Science, 1982–1985* (Washington, DC: American Association for the Advancement of Science, 1986).

32 Salman Rushdie, *Mitternachtskinder*, übers. von K. Graf (München: Piper, 1983, und weitere Ausgaben).

33 L. Gyuay et al., »Intrapartum and Neonatal Single-Dose Nevirapine Compared with Zidovudine for Prevention of Mother-to-Child Transmission of HIV-1 in Kampala, Uganda: HIVNET 012 Randomised

Trial«, in: *Lancet* 354, Nr. 9181 (4. September 1999), 795–802, https://www.sciencedirect.com/science/article/pii/S0140673699800087.

34 Timothy Ray Brown, »I Am the Berlin Patient: A Personal Reflection«, in: *AIDS Research and Human Retroviruses* 31, Nr. 1 (1. Januar 2015), 2–3, doi:10.1089/aid.2014.0224. Siehe auch Sabin Russell, »Timothy Ray Brown, Who Inspired Millions Living with HIV, Dies of Leukemia«, Hutch News Stories, Fred Hutchinson Cancer Research Center online, zuletzt verändert am 30. September 2020, https://www.fredhutch.org/en/news/center-news/2020/09/timothy-ray-brown-obit.html.

35 Brown, »I Am the Berlin Patient«, 2–3.

Kapitel 14:
Die tolerante Zelle

1 Walt Whitman, »Gesang meiner Selbst«, in: *Grasblätter*, übers. von Jürgen Brôcan (München: Hanser, 2009), 41.

2 Lewis Carroll, *Alice in Wonderland* (Auckland: Floating Press, 2009), 35 [dt. *Alice im Wunderland*, verschiedene Ausgaben].

3 Elda Gaino, Giorgio Bavestrello und Giuseppe Magnino, »Self/Non Self Recognition in Sponges«, in: *Italian Journal of Zoology* 66, Nr. 4 (1999), 299–315, doi:10.1080/11250009909356270.

4 Aristoteles, *De Anima*, übers. von R. D. Hicks (New York: Cosimo Classics, 2008).

5 Brian Black, *The Character of the Self in Ancient India: Priests, Kings, and Women in the Early Upanishads* (Albany: State University of New York Press, 2007).

6 Marios Loukas et al., »Anatomy in Ancient India: A Focus on Susruta Samhita«, in: *Journal of Anatomy* 217, Nr. 6 (Dezember 2010), 646–650, doi:10.1111/j.1469-7580.2010.01294.x.

7 James F. George und Laura J. Pinderski, »Peter Medawar and the Science of Transplantation: A Parable«, in: *Journal of Heart and Lung Transplantation* 29, Nr. 9 (1. September 2001), 927, https//:doi.org/10.1016/S1053-2498)01)00345-X.

8 Ebd.

9 George D. Snell, »Studies in Histocompatibility« (Nobelvortrag, Stockholm, 8. Dezember 1980).

10 Ray D. Owen, »Immunogenetic Consequences of Vascular Anastomoses Between Bovine Twins«, in: *Science* 102, Nr. 2651 (19. Oktober 1945), 400–401, doi: 10.1126/science.102.2651.400.

11 Macfarlane Burnet, *Self and Not-Self* (London: Cambridge University Press, 1969), 25.

12 J. W. Kappler, M. Roehm und P. Marrack, »T Cell Tolerance by Clonal Elimination in the Thymus«, in: *Cell* 49, Nr. 2 (24. April 1987), 273–280, doi:10.1016/0092-8674(87)90568-x.

13 Carolin Daniel, Jens Nolting und Harald von Boehmer, »Mechanisms of Self-Nonself Discrimination and Possible Clinical Relevance«, in: *Immunotherapy* 1, Nr. 4 (Juli 2009), 631–644, doi:10.2217/imt.09.29.

14 Paul Ehrlich, *Collected Studies on Immunity* (New York: John Wiley & Sons, 1906), 388.

15 William Shakespeare, »Tom, der Hirt, vor Frost erstarrt«, in: *Liebes Leid und Lust*, V. Akt, 2. Szene, übers. von W. Graf Baudissin (verschiedene Ausgaben).

16 William B. Coley, »The Treatment of Inoperable Sarcoma with the Mixed Toxins of Erysipelas and Bacillus Prodigiosus: Immediate and Final Results in One Hundred Forty Cases«, in: *Journal of the American Medical Association (JAMA)* 31, Nr. 9 (27. August 1898), 456–465, doi:-10.1001/jama.1898.92450090022001g; William B. Coley, »The Treatment of Malignant Tumors by Repeated Inoculation of Erysipelas«, in: *Journal of the American Medical Association (JAMA)* 20, Nr. 22 (3. Juni 1893), 615–616, doi:10.1001/jama.1893.02420490019007; und William B. Coley »II. Contribution to the Knowledge of Sarcoma«, in: *Annals of Surgery* 14, Nr. 3 (September 1891), 199–200, doi:10.1097/00000658-189112000-00015.

17 Steven A. Rosenberg und Nicholas P. Restifo, »Adoptive Cell Transfer as Personalized Immunotherapy for Human Cancer«, in: *Science* 348, Nr. 6230 (April 2015), 62–68, doi:10.1126/science.aaa4967.

18 James P. Allison, »Immune Checkpoint Blockade in Cancer Therapy« (Nobelvortrag, Stockholm, 7. Dezember 2018).

19 Tasuku Honjo, »Serendipities of Acquired Immunity« (Nobelvortrag, Stockholm, 7. Dezember 2018).

20 Julie R. Brahmer et al., »Safety and Activity of anti-PD-L1 Antibody in Patients with Advanced Cancer«, in: *New England Journal of Medicine* 366, Nr. 26 (28. Juni 2012), 2455–2465, doi:10.1056/NEJMoa1200694. Siehe auch Omid Hamid et al., »Safety and Tumor Responses with

Lambrolizumab (anti-PD-1) in Melanoma«, in: *New England Journal of Medicine* 369, Nr. 2 (11. Juli 2013), 134–144, doi:10.1056/NEJMoa1305133.

Kapitel 15: Die Pandemie

1 Giovanni Boccaccio, *Das Dekameron*, übers. von K. Witte (München: Winkler, 1964), http://www.zeno.org/Literatur/M/Boccaccio,+Giovanni/Novellensammlung/Das+Dekameron/Erster+Tag/%5BEinleitung%5D.

2 Mechelle L. Holshue et al., »First Case of 2019 Novel Coronavirus in the United States«, in: *New England Journal of Medicine* 382, Nr. 10 (2020), 929–936, doi: 10.1056/NEJMoa2001191.

3 *The Wire* und Murad Banaji, »As Delta Tore Through India, Deaths Skyrocketed in Eastern UP, Analysis Finds«, in: *The Wire*, 11. Februar 2022, https://science.thewire.in/health/covid-19-excess-deaths-eastern-uttar-pradesh-cjp-investigation/.

4 Mayank Aggarwal, »Indian Journalist Live-Tweeting Wait for Hospital Bed Dies from Covid«, in: *Independent*, Asia, India, 21. April 2021, https://www.independent.co.uk/asia/india/india-journalist-tweet-covid-death-b1834362.html.

5 Akiko Iwasaki, Gespräch mit dem Autor, April 2020.

6 Camilla Rothe et al., »Transmission of 2019-nCoV Infection from an Asymptomatic Contact in Germany«, in: *New England Journal of Medicine* 328 (2020), 970–971, doi: 10.1056/NEJMc2001468.

7 Caspar I. van der Made et al., »Presence of Genetic Variants Among Young Men with Severe COVID-19«, in: *Journal of the American Medical Association (JAMA)* 324, Nr. 7 (2020), 663–673, doi: 10.1001/jama.2020.13719.

8 Daniel Blanco-Melo et al., »Imbalanced Host Response to SARS-CoV-2 Drives Development of COVID-19«, in: *Cell* 181, Nr. 5 (2020), 1036–1045, doi: 10.1016/j.cell.2020.04.026.

9 Ben tenOever, Gespräch mit dem Autor, Januar 2020.

10 Qian Zhang et al., »Inborn Errors of Type I IFN Immunity in Patients with Life-Threatening COVID-19«, in: *Science* 370, Nr. 6515 (2020), eabd4570, doi: 10.1126/science.abd4570. Siehe auch Paul Bastard et al., »Autoantibodies Against Type I IFNs in Patients with Life-Threatening

COVID-19«, in: *Science* 370, Nr. 6515 (2020), eabd4585, doi: 10.1126/science.abd4585.

11 James Somers, »How the Coronavirus Hacks the Immune System«, in: *New Yorker* (2. November 2020), https://www.newyorker.com/magazine/2020/11/09/how-the-coronavirus-hacks-the-immune-system.

12 Akiko Iwasaki, Gespräch mit dem Autor, April 2020.

13 Zadie Smith, »Fascinated to Presume: In Defense of Fiction«, in: *New York Review of Books* (24. Oktober 2019), https://www.nybooks.com/articles/2019/10/24/zadie-smith-in-defense-of-fiction/.

Kapitel 16: Die Zelle als Bürger

1 Elias Canetti, *Masse und Macht* (Berlin: Dt. Buchgem., 1982), 12.

2 William Harvey, *The Circulation of the Blood: Two Anatomical Essays*, übers. von Kenneth J. Franklin (Oxford: Blackwell Scientific Publications, 1958), 12.

3 Siddhartha Mukherjee, »What the Coronavirus Crisis Reveals about American Medicine«, in: *New Yorker* (27. April 2020), https://www.newyorker.com/magazine/2020/05/04/what-the-coronavirus-crisis-reveals-about-american-medicine.

4 Aristoteles, *Über die Seele,* verschiedene Ausgaben und Übersetzungen.

5 Galen, »Über den Nutzen der Körperteile«, in: *Antike Heilkunst – Ausgewählte Texte*, hrsg. von J. Kollesch u. D. Nickel (Stuttgart: Reclam, 1994), 80–94.

6 Izet Masic, »Thousand-Year Anniversary of the Historical Book: ›Kitab al-Qanun fit-Tibb‹ – The Canon of Medicine, Written by Abdullah ibn Sina«, in: *Journal of Research in Medical Sciences* 17, Nr. 11 (2012), 993–1000, https://www.ncbi.nlm.nih.gov/pmc/articles/PMC3702097/.

7 D'Arcy Power, *William Harvey: Masters of Medicine* (London: T. Fisher Unwin, 1897). Siehe auch W. C. Aird, »Discovery of the Cardiovascular System: From Galen to William Harvey«, in: *Journal of Thrombosis and Hemostasis* 9, Nr. 1 (2011), 118–129, doi: 10.1111/j.1538-7836.2011.04312.x.

8 Edgar F. Mauer, »Harvey in London«, in: *Bulletin of the History of Medicine* 33, Nr. 1 (1959), 21–36, https://www.jstor.org/stable/44450586.

9 William Harvey, *On the Motion of the Heart and Blood in Animals*,

übers. von Robert Willis, hrsg. von Jarrett A. Carty (Eugene: Resource Publications, 2016), 36.

10 Hannah Landecker, *Culturing Life: How Cells Became Technologies* (Cambridge: Harvard University Press, 2007), 75.

11 Alexis Carrel, »On the Permanent Life of Tissue Outside of the Organism«, in: *Journal of Experimental Medicine* 15, Nr. 5 (1912), 516–530, https://www.ncbi.nlm.nih.gov/pmc/articles/PMC2124948/pdf/516.pdf.

12 W. T. Porter, »Coordination of Heart Muscle Without Nerve Cells«, in: *Journal of the Boston Society of Medical Sciences* 3, Nr. 2 (1898), https://pubmed.ncbi.nlm.nih.gov/19971205/.

13 Carl J. Wiggers, »Some Significant Advances in Cardiac Physiology During the Nineteenth Century«, in: *Bulletin of the History of Medicine* 34, Nr. 1 (1960), 1–15, https://www.jstor.org/stable/44446654.

14 Beáta Bugyi and Miklós Kellermayer, »The Discovery of Actin: ›To See What Everyone Else Has Seen, and to Think What Nobody Has Thought‹«, in: *Journal of Muscle Research and Cell Motility* 41 (2020), 3–9, https://doi.org/10.1007/s10974-019-09515-z. Siehe auch Andrzej Grzybowski und Krzysztof Pietrzak, »Albert Szent Györrgi (1893–1986): The Scientist who Discovered Vitamine C«, in: *Clinics in Dermatology* 31 (2013), 327–331, https://www.cidjournal.com/action/showPdf?pii=S0738-081X%2812%2900171-X. Siehe auch Albert Szent-Györgyi, »Contraction in the Heart Muscle Fibre«, in: *Bulletin of the New York Academy of Medicine* 28, Nr. 1 (1952), 3–10, https://www.ncbi.nlm.nih.gov/pmc/articles/PMC1877124/pdf/bullnyacadmed00430-0012.pdf.

15 Ebd.

Kapitel 17: Die nachdenkliche Zelle

1 Emily Dickinson, »Das Hirn«, übers. von E. Hesse, in: *Englische und amerikanische Dichtung*, Bd. 4 (München: C. H.Beck, 2000), 85.

2 Camillo Golgi, »The Neuron Doctrine – Theory and Facts« (Nobelvortrag, Schweden, 11. Dezember 1906), https://www.nobelprize.org/uploads/2018/06/golgi-lecture.pdf.

3 Ennio Pannese, »The Golgi Stain: Invention, Diffusion and Impact on Neurosciences«, in: *Journal of the History of the Neurosciences* 8, Nr. 2 (1999), 132–40, doi: 10.1076/jhin.8.2.132.1847.

4 Larry W. Swanson, Eric Newman, Alfonso Araque und Janet M. Dubinsky, *The Beautiful Brain: The Drawings of Santiago Ramon y Cajal* (New York: Abrams, 2017), 12.

5 Marina Bentivoglio, »Life and Discoveries of Santiago Ramón y Cajal«, *Nobelprize* (20. April 1998), https://www.nobelprize.org/prizes/medicine/1906/cajal/article/. Siehe auch Luis Ramón y Cajal, »Cajal, as Seen by His Son«, *Cajal Club* (1984), https://cajalclub.org/wp-content/uploads/sites/9568/2019/08/Cajal-As-Seen-By-His-Son-by-Luis-Ram%C3%B3n-y-Cajal-p.-73.pdf, und Santiago Ramón y Cajal, »The Structure and Connections of Neurons«, (Nobelvortrag, Schweden, 12. Dezember 1906), https://www.nobelprize.org/uploads/2018/06/cajal-lecture.pdf.

6 Santiago Ramón y Cajal, *Recollections of My Life*, übers. von E. Horne Craigie und Juan Cano (Cambridge: MIT Press, 1996), 36.

7 »The Nobel Prize in Physiology or Medicine 1906«, *Nobelprize*, https://www.nobelprize.org/prizes/medicine/1906/summary/.

8 Pablo Garcia-Lopez, Virginia Garcia-Marin und Miguel Freire, »The Histological Slides and Drawings of Cajal«, in: *Frontiers in Neuroanatomy* 4, Nr. 9 (2010), doi: 10.3389/neuro.05.009.2010.

9 Henry Schmidt, »Frogs and Animal Electricity«, *Explore Whipple Collections, Whipple Museum of the History of Science* (University of Cambridge), https://www.whipplemuseum.cam.ac.uk/explore-whipple-collections/frogs/frogs-and-animal-electricity.

10 Christof J. Schwiening, »A Brief Historical Perspective: Hodgkin and Huxley«, in: *Journal of Physiology* 590, Nr. 11 (2012), 2571–2575, doi: 10.1113/jphysiol.2012.230458.

11 Alan Hodgkin und Andrew Huxley, »Action Potentials Recorded from Inside a Nerve Fibre«, in: *Nature* 144, Nr. 3651 (1939), 710–11, doi: 10.1038/144710a0.

12 Kay Ryan, »Leaving Spaces«, in: *The Best of It: New and Selected Poems* (New York: Grove Press, 2010), 38.

13 J. F. Fulton, *Phsiologie des Nervensystems*, übers. von H. Förster u. P. Glees (Stuttgart: Enke, 1952).

14 Henry Dale, »Some Recent Extensions of the Chemical Transmission of the Effects of Nerve Impulses« (Nobelvortrag 12. Dezember 1936), https://www.nobelprize.org/prizes/medicine/1936/dale/lecture/.

15 *Report of the Wellcome Research Laboratories at the Gordon Memorial*

College, Khartoum, Bd. 3 (Khartoum: Wellcome Research Laboratories, 1908), 138.

16 Otto Loewi, »The Chemical Transmission of Nerve Action« (Nobelvortrag, 12. Dezember 1936), https://www.nobelprize.org/prizes/medicine/1936/loewi/lecture/. Siehe auch Alli N. McCoy und Yong Siang Tan, »Otto Loewi (1873–1961): Dreamer and Nobel Laureate«, in: *Singapore Medical Journal* 55, Nr. 1 (2014), 3–4, doi: 10.11622/smedj.2014002.

17 Otto Loewi, »An Autobiographical Sketch«, in: *Perspectives in Biology and Medicine* 4, Nr. 1 (1960), 3–25, https://muse.jhu.edu/article/404651/pdf.

18 Don Todman, »Henry Dale and the Discovery of Chemical Synaptic Transmission«, in: *European Neurology* 60 (2008), 162–164, https://doi.org/10.1159/000145336.

19 Stephen G. Rayport und Eric R. Kandel, »Epileptogenic Agents Enhance Transmission at an Identified Weak Electrical Synapse in Aplysia«, in: *Science* 213, Nr. 4506 (1981), 462–464, https://www.jstor.org/stable/1686531.

20 Annapurna Uppala et al., »Impact of Neurotransmitters on Health through Emotions«, in: *International Journal of Recent Scientific Research* 6, Nr. 10 (2015), 6632–6636, doi: 10.1126/science.1089662.

21 Edward O. Wilson, *Letters to a Young Scientist* (New York: Liveright, 2013), 46.

22 Christopher S. von Bartheld, Jami Bahney und Suzana Herculano-Houzel, »The Search for True Numbers of Neurons and Glial Cells in the Human Brain: A Review of 150 Years of Cell Counting«, in: *Journal of Comparative Neurology* 524, Nr. 18 (2016), 3865–95, doi:10.1002/cne.24040.

23 Sarah Jäkel und Leda Dimou, »Glial Cells and Their Function in the Adult Brain: A Journey through the History of Their Ablation«, in: *Frontiers in Cellular Neuroscience* 11 (2017), https://doi.org/10.3389/fncel.2017.00024.

24 Dorothy P. Schafer et al., »Microglia Sculpt Postnatal Neural Circuits in an Activity and Complement-Dependent Manner«, in: *Neuron* 74, Nr. 4 (2012), 691–705, doi: 10.1016/j.neuron.2012.03.026.

25 Carla J. Shatz, »The Developing Brain«, in: *Scientific American* 267, Nr. 3 (1992), 60–67, https://www.jstor.org/stable/24939213.

26 Hans Agrawal, Gespräch mit dem Autor, Oktober 2015.

27 Beth Stevens et al., »The Classical Complement Cascade Mediates CNS

Synapse Elimination«, in: *Cell* 131, Nr. 6 (2007), 1164–1178, https://doi.org/10.1016/j.cell.2007.10.036.

28 Beth Stevens, Gespräch mit dem Autor, Februar 2016.

29 Virginia Hughes, »Microglia: The Constant Gardeners«, in: *Nature* 485 (2012), 570–572, https://doi.org/10.1038/485570a.

30 Andrea Dietz, Steven A. Goldman und Maiken Nedergaard, »Glial Cells in Schizophrenia: A Unified Hypothesis«, in: *Lancet Psychiatry* 7, Nr. 3 (2019), 272–281, doi: 10.1016/S2215-0366(19)30302-5.

31 Kenneth Koch, »One Train May Hide Another«, in: *One Train* (New York: Alfred A. Knopf, 1994).

32 William Styron, *Sturz in die Nacht*, übers. von W. Winkler (Berlin: Ullstein, 2010), 14.

33 Paul Greengard, Gespräch mit dem Autor, Januar 2019.

34 Ebd. Siehe auch Jung-Hyuck Ahn et al., »The B«/PR72 Subunit Mediates Ca2+-dependent Dephosphorylation of DARPP-32 by Protein Phosphatase 2 A«, in: *Proceedings of the National* Academy of Sciences 104, Nr. 23 (2007), 9876–9881, doi:10.1073/pnas.0703589104.

35 Carl Sandburg, »Nebel«, in: *Guten Morgen, Amerika.* Ausgewählte Gedichte. Üb. v. A. Czach (Berlin: Herbig 1948), 8.

36 Andrew Solomon, *The Noonday Demon: An Atlas of Depression* (New York: Scribner, 2001), 33 [dt. *Saturns Schatten*, übers. von G. Gockel et al.; Frankfurt a. M.: Fischer Taschenbuch Verlag, 2019].

37 Robert A. Maxwell und Shohreh B. Eckhardt, *Drug Discovery: A Casebook and Analysis* (New York: Springer Science+Business Media, 1990), 143–154. Siehe auch Siddhartha Mukherjee, »Post-Prozac Nation«, in: *New York Times Magazine* (19. April 2012), https://www.nytimes.com/2012/04/22/magazine/the-science-and-history-of-treating-depression.html.; und Alexis Wnuk, »Rethinking Serotonin's Role in Depression«, in: *Brain-Facts* (8. März 2019), https://www.sfn.org/sitecore/content/home/brainfacts2/diseases-and-disorders/mental-health/2019/rethinking-serotonins-role-in-depression-030819.

38 »TB Milestone: Two New Drugs Give Real Hope of Defeating the Dread Disease«, in: *Life* 32, Nr. 9 (1952), 20–21.

39 Arvid Carlsson, »A Half-Century of Neurotransmitter Research: Impact on Neurology and Psychiatry« (Nobelvortrag, Schweden, 8. Dezember 2000), https://www.nobelprize.org/uploads/2018/06/carlsson-lecture.pdf.

40 Elizabeth Wurtzel, *Verdammte schöne Welt: Mein Leben mit der Psychopille*, übers. von C. Bergfeld u. C. Landgrebe (München: dtv, 1996), 148.

41 Ebd., 325 f.

42 Per Svenningsson et al., »P11 and Its Role in Depression and Therapeutic Responses to Antidepressants«, in: *Nature Reviews Neuroscience* 14 (2013), 673–680, doi: 10.1038/nrn3564. Für Greengards klassischen Aufsatz über die Dopamin-Signalübertragung siehe John W. Kebabian, Gary L. Petzold und Paul Greengard, »Dopamine-Sensitive Adenylate Cyclase in Caudate Nucleus of Rat Brain, and Its Similarity to the ›Dopamine Receptor‹«, in: *Proceedings of the National Academy of Science* 69, Nr. 8 (August 1972), 2145–2149. doi:10.1073/pnas.69.8.2145.

43 Helen S. Mayberg, »Targeted Electrode-Based Modulation of Neural Circuits for Depression«, in: *Journal of Clinical Investigation* 119, Nr. 4 (2009), 717–725, doi: 10.1172/JCI38454.

44 David Dobbs, »Why a ›Lifesaving‹ Depression Treatment Didn't Pass Clinical Trials«, in: *Atlantic* (17. April 2018), https://www.theatlantic.com/science/archive/2018/04/zapping-peoples-brains-didnt-cure-their-depression-until-it-did/558032/.

45 Helen Mayberg, Gespräch mit dem Autor, November 2021.

46 Helen S. Mayberg et al., »Deep Brain Stimulation for Treatment-Resistant Depression«, in: *Neuron* 45 (2005), 651–660, doi: 10.1016/j.neuron.2005.02.014. Siehe auch H. Johansen-Berg et al., »Anatomical Connectivity of the Subgenual Cingulate Region Targeted with Deep Brain Stimulation for Treatment-Resistant Depression«, in: *Cerebral Cortex* 18, Nr. 6 (2008), 1374–1383, doi: 10.1093/cercor/bhm167.

47 Dobbs, »Why a ›Lifesaving‹ Depression Treatment Didn't Pass Clinical Trials«.

48 Peter Tarr, »›A Cloud Has Been Lifted‹: What Deep-Brain Stimulation Tells Us About Depression and Depression Treatments«, in: *Brain and Behavior Research Foundation* (17. September 2018), https://www.bbrfoundation.org/content/cloud-has-been-lifted-what-deep-brain-stimulation-tells-us-about-depression-and-depression.

49 »BROADEN Trial of DBS for Treatment-Resistant Depression Halted by the FDA«, in: *The Neurocritic* (18. Januar 2014), https://neurocritic.blogspot.com/2014/01/broaden-trial-of-dbs-for-treatment.html.

50 Paul E. Holtzheimer et al., »Subcallosal Cingulate Deep Brain Stimulation for Treatment-Resistant Depression: A Multisite, Randomised,

Sham-Controlled Trial«, in: *Lancet Psychiatry* 4, Nr. 11 (2017), 839–49, doi: 10.1016/S2215-0366(17)30371-1.

Kapitel 18: Die Zelle als Dirigent

1 Rudolf Virchow, *Die Cellularpathologie in ihrer Begründung auf physiologische und pathologische Gewebe* (Berlin: August Hirschwald, 1858), 13.

2 Pablo Neruda, »Schweigt«, übers. von E. Arendt und K. Hayek-Arendt, in: Neruda, *Das lyrische Werk,* Bd. 2 (München: Luchterhand, 1985), 909.

3 Salvador Navarro, »A Brief History of the Anatomy and Physiology of a Mysterious and Hidden Gland Called the Pancreas«, in: *Gastroenterología y hepatología* 37, Nr. 9 (2014), 527–534, doi: 10.1016/j.gastrohep.2014.06.007.

4 John M. Howard und Walter Hess, *History of the Pancreas: Mysteries of a Hidden Organ* (New York: Springer Science+Business Media, 2002).

5 Zitiert in ebd., 6.

6 Ebd., 12.

7 Ebd., 15.

8 Ebd., 16.

9 Sanjay A. Pai, »Death and the Doctor«, in: *Canadian Medical Association Journal* 167, Nr. 12 (2002), 1377–1378, https://www.ncbi.nlm.nih.gov/pmc/articles/PMC138651/.

10 Claude Bernard, »Sur L'usage du suc pancréatique«, in: *Bulletin de la Société Philomatique* (1848), 34–36. Siehe auch Claude Bernard, *Mémoire sur le pancréas, et sur le role du suc pancréatique dans les phénomènes digestifs; particulièrement dans la digestion des matières grasses neutres* (Paris: Kessinger Publishing, 2010).

11 Michael Bliss, *Banting: A Biography* (Toronto: University of Toronto Press, 1992).

12 Lars Rydén und Jan Lindsten, »The History of the Nobel Prize for the Discovery of Insulin«, in: *Diabetes Research and Clinical Practice* 175 (2021), https://doi.org/10.1016/j.diabres.2021.108819.

13 Ian Whitford, Sana Qureshi und Alessandra L. Szulc, »The Discovery of Insulin: Is There Glory Enough for All?«, in: *Einstein Journal of Bio-*

logy and Medicine 28, Nr. 1 (2016), 12–17, https://einsteinmed.edu/uploadedFiles/Pulications/EJBM/28.1_12-17_Whitford.pdf.

14 Siang Yong Tan und Jason Merchant, »Frederick Banting (1891–1941): Discoverer of Insulin«, in: *Singapore Medical Journal* 58, Nr. 1 (2017), 2–3, doi: 10.11622/smedj.2017002.

15 »Banting & Best: Progress and Uncertainty in the Lab«, in: *Defining Moments Canada* (n. d.), Insulin100: The Discovery and Development, https://definingmomentscanada.ca/insulin100/timeline/banting-best-progress-and-uncertainty-in-the-lab/.

16 Michael Bliss, *The Discovery of Insulin* (Toronto: McClelland & Stewart, 2021), 67–72.

17 Justin M. Gregory, Daniel Jensen Moore und Jill H. Simmons, »Type 1 Diabetes Mellitus«, in: *Pediatrics in Review* 34, Nr. 5 (2013), 203–215, doi: 10.1542/pir.34-5-203.

18 Douglas Melton, »The Promise of Stem Cell-Derived Islet Replacement Therapy«, in: *Diabetologia* 64 (2021), 1030–1036, https://doi.org/10.1007/s00125-020-05367-2.

19 David Ewing Duncan, »Doug Melton: Crossing Boundaries«, in: *Discover* (5. Juni 2005), https://www.discovermagazine.com/health/doug-melton-crossing-boundaries.

20 Karen Weintraub, »The Quest to Cure Diabetes: From Insulin to the Body's Own Cells«, in: *WBUR* (27. Juni 2019), The Price of Health, https://www.wbur.org/news/2019/06/27/future-innovation-diabetes-drugs.

21 Gina Kolata, »A Cure for Type 1 Diabetes? For One Man, It Seems to Have Worked«, in: *New York Times* (27. November 2021), https://www.nytimes.com/2021/11/27/health/diabetes-cure-stem-cells.html.

22 Felicia W. Pagliuca et al., »Generation of Functional Human Pancreatic β Cells in Vitro«, in: *Cell* 159, Nr. 2 (2014), 428–439, doi: 10.1016/j.cell.2014.09.040.

23 Kolata, »A Cure for Type 1 Diabetes?«.

24 John Y. L. Chiang, »Liver Physiology: Metabolism and Detoxification«, in: *Pathobiology of Human Disease*, hrsg. von Linda M. McManus und Richard N. Mitchell (San Diego: Elsevier, 2014), 1770–82, doi: 10.1016/B978-0-12-386456-7.04202-7.

25 Carl Zimmer, *Life's Edge: The Search for What It Means to Be Alive* (New York: Penguin Random House, 2021), 128–137.

Teil 6: Wiedergeburt

1 Philip Roth, *Jedermann*, übers. von W. Schmitz (München: Hanser, 2006), 137.

Kapitel 19: Wenn Zellen sich erneuern

2 Rachel Kushner, *Harte Leute*, übers. von B. Abarbanell (Hamburg: Rowohlt, 2022), 284/285.

3 Joe Sornberger, *Dreams and Due Diligence: Till and McCulloch's Stem Cell Discovery and Legacy* (Toronto: University of Toronto Press, 2011), 30–31.

4 Jessie Kratz, »Little Boy: The First Atomic Bomb«, in: *Pieces of History, National Archives* (6. August 2020), https://prologue.blogs.archives.gov/2020/08/06/little-boy-the-first-atomic-bomb/. Siehe auch Katie Serena, »See the Eerie Shadows of Hiroshima That Were Burned into the Ground by the Atomic Bomb«, in: *All That's Interesting* (19. März 2018), https://allthatsinteresting.com/hiroshima-shadows.

5 George R. Caron und Charlotte E. Meares, *Fire of a Thousand Suns: The George R. »Bob« Caron Story: Tail Gunner of the Enola Gay* (Littleton: Web Publishing, 1995).

6 Robert Jay Lifton, »On Death and Death Symbolism«, in: *American Scholar* 34, Nr. 2 (1965), 257–272, https://www.jstor.org/stable/41209276.

7 Irving L. Weissman und Judith A. Shizuru, »The Origins of the Identification and Isolation of Hematopoietic Stem Cells, and Their Capability to Induce Donor-Specific Transplantation Tolerance and Treat Autoimmune Diseases«, in: *Blood* 112, Nr. 9 (2008), 3543–3553, doi: 10.1182/blood-2008-08-078220.

8 Cynthia Ozick, *Metaphor and Memory* (London: Atlantic Books, 2017), 109.

9 Ernst Haeckel, *Natürliche Schöpfungsgeschichte. Gemeinverständliche wissenschaftliche Vorträge über die Entwickelungslehre im Allgemeinen und diejenige von Darwin, Göthe und Lamarck im Besonderen, über die Anwendung derselben auf den Ursprung des Menschen und andern damit zusammenhängende Grundfragen der Naturwissenschaft. Mit Tafeln, Holzschnitten, systematischen und genealogischen Tabellen* (Berlin: Verlag von Georg Reimer, 1868). Siehe auch Miguel Ramalho-Santos

und Holger Willenbring, »On the Origin of the Term ›Stem Cell‹«, in: *Cell* 1, Nr. 1 (2007), 35–38, https://doi.org/10.1016/j.stem.2007.05.013.

10 Valentin Hacker, »Die Kerntheilungsvorgänge bei der Mesoderm- und Entodermbildung von Cyclops«, in: *Archiv für mikroskopische Anatomie* (1892), 556–581, https://www.biodiversitylibrary.org/item/49530#page/7/mode/1up.

11 Artur Pappenheim, »Ueber Entwickelung und Ausbildung der Erythroblasten«, in: *Archiv für mikroskopische Anatomie* (1896), 587–643, https://doi.org/10.1007/BF0196990.

12 Edmund Wilson, *The Cell in Development and Inheritance* (New York: Macmillan, 1897).

13 Wojciech Zakrzewski et al., »Stem Cells: Past, Present and Future«, in: *Stem Cell Research and Therapy* 10, Nr. 68 (2019), https://doi.org/10.1186/s13287-019-1165-5.

14 Lawrence K. Altman, »Ernest McCulloch, Crucial Figure in Stem Cell Research, Dies at 84«, in: *New York Times* (1. Februar 2011), https://www.nytimes.com/2011/02/01/health/research/01mcculloch.html.

15 Joe Sornberger, *Dreams and Due Diligence: Till and McCulloch's Stem Cell Discovery and Legacy* (Toronto: University of Toronto Press, 2011). Siehe auch Edward Shorter, *Partnership for Excellence: Medicine at the University of Toronto and Academic Hospitals* (Toronto: University of Toronto Press, 2013), 107–114.

16 James E. Till und Ernest McCulloch, »A Direct Measurement of the Radiation Sensitivity of Normal Mouse Bone Marrow Cells«, in: *Radiation Research* 14, Nr. 2 (1961), 213–222, https://tspace.library.utoronto.ca/retrieve/4606/RadRes_1961_14_213.pdf.

17 Sornberger, *Dreams and Due Diligence*, 33.

18 Ebd.

19 Ebd., 38.

20 Irving Weissman, Gespräch mit dem Autor, 2019.

21 Gerald J. Spangrude, Shelly Heimfeld und Irving L. Weissman, »Purification and Characterization of Mouse Hematopoietic Stem Cells«, in: *Science* 241, Nr. 4861 (1988), 58–62, doi: 10.1126/science.2898810. Siehe auch Hideo Ema et al., »Quantification of Self-Renewal Capacity in Single Hematopoietic Stem Cells from Normal and Lnk-Deficient Mice«, in: *Developmental Cell* 8, Nr. 6 (2006), 907–914, https://doi.org/10.1016/j.devcel.2005.03.019.

22 Spangrude, Heimfeld und Weissman, »Purification and Characterization of Mouse Hematopoietic Stem Cells«, 58–62, doi: 10.1126/science.2898810. Siehe auch C. M. Baum et al., »Isolation of a Candidate Human Hematopoietic Stem-Cell Population«, in: *Proceedings of the National Academy of Sciences of the United States of America* 89, Nr. 7 (1992), 2804–2808, doi: 10.1073/pnas.89.7.2804, und B. Péault, I. Weissman und C. Baum, »Analysis of Candidate Human Blood Stem Cells in ›Humanized‹ Immune-Deficiency SCID Mice«, in: *Leukemia* 7, suppl. 2 (1993), S98-101, https://pubmed.ncbi.nlm.nih.gov/7689676/.

23 W. Robinson, D. Metcalf und T. R. Bradley, »Stimulation by Normal and Leukemic Mouse Sera of Colony Formation in Vitro by Mouse Bone Marrow Cells«, in: *Journal of Cellular Therapy* 69, Nr. 1 (1967), 83–91, https://doi.org/10.1002/jcp.1040690111. Siehe auch E. R. Stanley und Donald Metcalf, »Partial Purification and Some Properties of the Factor in Normal and Leukaemic Human Urine Stimulating Mouse Bone Marrow Colony Growth in Vitro«, in: *Australian Journal of Experimental Biology and Medical Science* 47, Nr. 4 (1969), 467–483, doi: 10.1038/icb.1969.51.

24 Carrie Madren, »First Successful Bone Marrow Transplant Patient Surviving and Thriving at 60«, in: *American Association for the Advancement of Science* (2. Oktober 2014), https://www.aaas.org/first-successful-bone-marrow-transplant-patient-surviving-and-thriving-60. Siehe auch Siddhartha Mukherjee, »The Promise and Price of Cellular Therapies«, in: *New Yorker* (15. Juli 2019), Annals of Medicine, https://www.newyorker.com/magazine/2019/07/22/the-promise-and-price-of-cellular-therapies.

25 Frederick R. Appelbaum, »Edward Donnall Thomas (1920–2012)«, in: *The Hematologist* 10, Nr. 1 (1. Januar 2013), https://doi.org/10.1182/hem.V10.1.1088.

26 Israel Henig und Tsila Zuckerman, »Hematopoietic Stem Cell Transplantation – 50 Years of Evolution and Future Perspectives«, in: *Rambam Maimonides Medical Journal* 5, Nr. 4 (2014), doi: 10.5041/RMMJ.10162.

27 Geoff Watts, »Georges Mathé«, in: *Lancet* 376, Nr. 9753 (2010), 1640, https://doi.org/10.1016/S0140-6736(10)62088-0. Siehe auch Douglas Martin, »Dr. Georges Mathé, Transplant Pioneer, Dies at 88«, in: *New York Times* (20. Oktober 2010), https://www.nytimes.com/2010/10/21/health/research/21mathe.html.

28 Sandi Doughton, »Dr. Alex Fefer, 72, Whose Research Led to First Cancer Vaccine, Dies«, in: *Seattle Times* (29. Oktober 2010), https://www.seattletimes.com/seattle-news/obituaries/dr-alex-fefer-72-whose-research-led-to-first-cancer-vaccine-dies/. Siehe auch Gabriel Campanario, »At 79, Noted Scientist Still Rows to Work and for Play«, in: *Seattle Times* (15. August 2014), https://www.seattletimes.com/seattle-news/at-79-noted-scientist-still-rows-to-work-and-for-play/, und Susan Keown, »Inspiring a New Generation of Researchers: Beverly Torok-Storb, Transplant Biologist and Mentor«, *Fred Hutchinson Cancer Research Center*, Spotlight on Beverly Torok-Storb, Fred Hutch (7. Juli 2014), https://www.fredhutch.org/en/faculty-lab-directory/torok-storb-beverly/torok-storb-spotlight.html?&link=btn.

29 Marco Mielcarek et al., »CD34 Cell Dose and Chronic Graft-Versus-Host Disease after Human Leukocyte Antigen-Matched Sibling Hematopoietic Stem Cell Transplantation«, in: *Leukemia & Lymphoma* 45, Nr. 1 (2004), 27–34, doi: 10.1080/10428190310001511103.

30 Frederick R. Appelbaum, »Haematopoietic Cell Transplantation as Immunotherapy«, in: *Nature* 411 (2001), 385–389, doi: https://doi.org/10.1038/35077251.

31 Frederick Appelbaum, Gespräch mit dem Autor, Juni 2019.

32 »Anatoly Grishchenko, Pilot at Chernobyl, 53«, in: *New York Times* (4. Juli 1990), https://www.nytimes.com/1990/07/04/obituaries/anatoly-grishchenko-pilot-at-chernobyl-53.html. Siehe auch Tim Klass, »Chernobyl Helicopter Pilot Getting Bone-Marrow Transplant in Seattle«, *AP News* (13. April 1990), https://apnews.com/article/5b6c22bda9eba1lec76 7dffa5bbb665b.

33 Avichai Shimoni et al., »Long-Term Survival and Late Events after Allogeneic Stem Cell Transplantation from HLA-Matched Siblings for Acute Myeloid Leukemia with Myeloablative Compared to Reduced-Intensity Conditioning: A Report on Behalf of the Acute Leukemia Working Party of European Group for Blood and Marrow Transplantation«, in: *Journal of Hematology & Oncology* 9 (2016), https://doi.org/10.1186/s13045-016-0347-1. Siehe auch »Acute Myeloid Leukemia (AML) – Adult«, *Transplant Indications and Outcomes, Disease-Specific Indications and Outcomes. Be the Match*. National Marrow Donor Program, https://bethematchclinical.org/transplant-indications-and-outcomes/disease-specific-indications-and-outcomes/aml---adult/.

34 Gina Kolata, »Man Who Helped Start Stem Cell War May End It«, in: *New York Times* (22. November 2007), https://www.nytimes.com/2007/11/22/science/22stem.html.

35 Sophie M. Morgani et al., »Totipotent Embryonic Stem Cells Arise in Ground-State Culture Conditions«, in: *Cell Reports* 3, Nr. 6 (2013), 1945–57, doi: 10.1016/j.celrep.2013.04.034.

36 James A. Thomson et al., »Embryonic Stem Cell Lines Derived from Human Blastocysts«, in: *Science* 282, Nr. 5391 (1998), 1145–1147, doi: 10.1126/science.282.5391.1145.

37 David Cyranoski, »How Human Embryonic Stem Cells Sparked a Revolution«, in: *Nature* (20. März 2018), https://www.nature.com/articles/d41586-018-03268-4.

38 Varnee Murugan, »Embryonic Stem Cell Research: A Decade of Debate from Bush to Obama«, in: *Yale Journal of Biology and Medicine* 82, Nr. 3 (2009), 101–103, https://www.ncbi.nlm.nih.gov/pmc/articles/PMC2744932/#:~:text=On%20August%209%2C%202001%2C%20U.S.,still%20be%20eligible%20for%20funding.

39 Kazutoshi Takahashi und Shinya Yamanaka, »Induction of Pluripotent Stem Cells from Mouse Embryonic and Adult Fibroblast Cultures by Defined Factors«, in: *Cell* 126, Nr. 4 (2006), 663–76, doi: 10.1016/j.cell.2006.07.024. Siehe auch Shinya Yamanaka, »The Winding Road to Pluripotency« (Nobelvortrag, Schweden, 7. Dezember 2012), https://www.nobelprize.org/uploads/2018/06/yamanaka-lecture.pdf.

40 Megan Scudellari, »A Decade of iPS Cells«, in: *Nature* 534 (2016), 310–312, doi: 10.1038/534310a.

41 M. J. Evans und M. H. Kaufman, »Establishment in Culture of Pluripotential Cells from Mouse Embryos«, in: *Nature* 292 (1981), 154–56, https://doi.org/10.1038/292154a0.

42 Kazutoshi Takahashi et al., »Induction of Pluripotent Stem Cells from Adult Human Fibroblasts by Defined Factors«, in: *Cell* 131, Nr. 5 (2007), 861–72, https://doi.org/10.1016/j.cell.2007.11.019.

Kapitel 20: Die Reparaturzelle

1 Ryan, »Tenderness and Rot«, *The Best of It*, 232.

2 Robert Service, »Bonehead Bill«, *Best Poems Encyclopedia*, »Canadian

Poets«, https://www.best-poems.net/robert_w_service/bonehead_bill.html.

3 Sarah C. Moser und Bram C. J. van der Eerden, »Osteocalcin – A Versatile Bone-Derived Hormone«, in: *Frontiers in Endocrinology* 9 (Januar 2019), 794, https://doi.org/10.3389/fendo.2018.00794. Siehe auch Cassandra R. Diegel et al., »An Osteocalcin-Deficient Mouse Strain Without Endocrine Abnormalities«, in: *PLoS Genetics* 16, Nr. 5 (2020), e1008361, https://doi.org/10.1371/journal.pgen.1008361, und T. Moriishi et al., »Osteocalcin Is Necessary for the Alignment of Apatite Crystallites, but Not Glucose Metabolism, Testosterone Synthesis, or Muscle Mass«, in: *PLoS Genetics* 16, Nr. 5 (2020), e1008586, https://doi.org/10.1371/journal.pgen.1008586.

4 Li Ding et al., »Clonal Evolution in Relapsed Acute Myeloid Leukaemia Revealed by Whole-Genome Sequencing«, in: *Nature* 481 (2012), 506–510, https://doi.org/10.1038/nature10738. Siehe auch Li Ding und Sean J. Morrison, »Haematopoietic Stem Cells and Early Lymphoid Progenitors Occupy Distinct Bone Marrow Niches«, in: *Nature* 495, Nr. 7440 (2013), 231–235, doi: 10.1038/nature11885, und L. M. Calvi et al., »Osteoblastic Cells Regulate the Haematopoietic Stem Cell Niche«, in: *Nature* 425, Nr. 6960 (2003), 841–846, doi: 10.1038/nature02040.

5 Daniel L. Worthley et al., »Gremlin 1 Identifies a Skeletal Stem Cell with Bone, Cartilage, and Reticular Stromal Potential«, in: *Cell* 160, Nr. 1–2 (2015), 269–284, doi: 10.1016/j.cell.2014.11.042.

6 Charles K. F. Chan et al., »Identification of the Human Skeletal Stem Cell«, in: *Cell* 175, Nr. 1 (2018), 43–56.e21, doi: 10.1016/j.cell.2018.07.029.

7 Bo O. Zhou et al., »Leptin-Receptor-Expressing Mesenchymal Stromal Cells Represent the Main Source of Bone Formed by Adult Bone Marrow«, in: *Cell Stem Cell* 15, Nr. 2 (August 2014), 154–168, doi: 10.1016/j.stem.2014.06.008.

8 Albrecht Fölsing, *Albert Einstein: Eine Biographie* (Frankfurt am Main: Suhrkamp, 2005), 249.

9 Ng Jia, Toghrul Jafarov und Siddhartha Mukherjee, unveröffentlichte Daten.

10 Koji Mizuhashi et al., »Resting Zone of the Growth Plate Houses a Unique Class of Skeletal Stem Cells«, in: *Nature* 563 (2018), 254–258, https://doi.org/10.1038/s41586-018-0662-5.

11 Philip Larkin, »The Old Fools«, *High Windows* (London: Faber & Faber,

2012) [dt. »Die alten Narren«, *High Windows = Hohe Fenster*. Üb. v. R. Glabotki; Stuttgart: Literarisches Bureau Christ & Fez, 2016, 29].

Kapitel 21: Die egoistische Zelle

1 William H. Woglom, »General Review of Cancer Therapy«, in: *Approaches to Tumor Chemotherapy*, hrsg. von F. R. Moulton (Washington, DC: American Association for the Advancement of Sciences, 1947), 1–10.

2 Ein allgemeiner Überblick über Krebs: Vincent DeVita, Samuel Hellman und Steven Rosenberg, *Cancer: Principles & Practice of Oncology*, 2. Aufl., hrsg. von Ramaswamy Govindan (Philadelphia: Lippincott Williams & Wilkins, 2012). Siehe auch Siddhartha Mukherjee, *Der König aller Krankheiten: Krebs – eine Biographie*, übers. von B. Schaden (Berlin: Ullstein Taschenbuch Verlag, 2022).

3 Allgemeiner Überblick über »treibende« und »bremsende« Mutationen: K. Anderson et al., »Genetic Variegation of Clonal Architecture and Propagating Cells in Leukaemia«, in: *Nature* 469 (2011), 356–361, https://doi.org/10.1038/nature09650. Siehe auch Noemi Andor et al., »Pan-Cancer Analysis of the Extent and Consequences of Intratumor Heterogeneity«, in: *Nature Medicine* 22 (2016), 105–113, https://doi.org/10.1038/nm.3984, und Fabio Vandin, »Computational Methods for Characterizing Cancer Mutational Heterogeneity«, in: *Frontiers in Genetics* 8, Nr. 83 (2017), doi: 10.3389/fgene.2017.00083.

4 Andrei V. Krivstov et al., »Transformation from Committed Progenitor to Leukaemia Stem Cell Initiated by MLL-AF9«, in: *Nature* 442, Nr. 7104 (2006), 818–822, doi: 10.1038/nature04980.

5 Robert M. Bachoo et al., »Epidermal Growth Factor Receptor and Ink4a/Arf: Convergent Mechanisms Governing Terminal Differentiation and Transformation Along the Neural Stem Cell to Astrocyte Axis«, in: *Cancer Cell* 1, Nr. 3 (2002), 269–277, doi: 10.1016/s1535-6108(02)00046-6. Siehe auch E. C. Holland, »Gliomagenesis: Genetic Alterations and Mouse Models«, *Nature Reviews Genetics* 2, Nr. 2 (2001), 120–129, doi: 10.1038/35052535.

6 John E. Dick und Tsvee Lapidot, »Biology of Normal and Acute Myeloid Leukemia Stem Cells«, in: *International Journal of Hematology* 82, Nr. 5 (2005), 389–396, doi: 10.1532/IJH97.05144.

7 Elsa Quintana et al., »Efficient Tumor Formation by Single Human Melanoma Cells«, in: *Nature* 456 (2008), 593–598, doi: https://doi.org/10.1038/nature07567.

8 Ian Collins und Paul Workman, »New Approaches to Molecular Cancer Therapeutics«, in: *Nature Chemical Biology* 2 (2006), 689–700, doi: https://doi.org/10.1038/nchembio840.

9 Jay J. H. Park et al., »An Overview of Precision Oncology Basket and Umbrella Trials for Clinicians«, in: *CA: A Cancer Journal for Clinicians* 70, Nr. 2 (2020), 125–137, https://doi.org/10.3322/caac.21600.

10 David M. Hyman et al., »Vemurafenib in Multiple Nonmelanoma Cancers with BRAF V600 Mutations«, in: *New England Journal of Medicine* 373 (2015), 726–736, doi: 10.1056/NEJMoa1502309.

11 Chul Kim und Giuseppe Giaccone, »Lessons Learned from BATTLE-2 in the War on Cancer: The Use of Bayesian Method in Clinical Trial Design«, in: *Annals of Translational Medicine* 4, Nr. 23 (2016), 466, doi: 10.21037/atm.2016.11.48.

12 Sawsan Rashdan und David E. Gerber, »Going into BATTLE: Umbrella and Basket Clinical Trials to Accelerate the Study of Biomarker-Based Therapies«, in: *Annals of Translational Medicine* 4, Nr. 24 (2016), 529, doi: 10.21037/atm.2016.12.57.

13 Michael B. Yaffe, »The Scientific Drunk and the Lamppost: Massive Sequencing Efforts in Cancer Discovery and Treatment«, in: *Science Signaling* 6, Nr. 269 (2013), pe13, doi: 10.1126/scisignal.2003684.

14 D. W. Smithers und M. D. Cantab, »Cancer: An Attack on Cytologism«, in: *Lancet* 279, Nr. 7228 (1962), 493–499, https://doi.org/10.1016/S0140-6736(62)91475-7.

15 Otto Warburg, K. Posener und E. Negelein, »Über den Stoffwechsel der Tumoren«, in: *Biochemische Zeitschrift* 152 (1924), 319–344.

16 Ralph J. DeBerardinis und Navdeep S. Chandel, »We Need to Talk About the Warburg Effect«, in: *Nature Metabolism* 2, Nr. 2 (2020), 127–29, doi: 10.1038/s42255-020-0172-2.

Kapitel 22: Das Lied der Zelle

1 Wallace Stevens, »Dreizehn Arten, eine Amsel zu betrachten«, übers. von H. M. Enzensberger; in: *Museum der modernen Poesie. Eingerichtet von H. M. Enzensberger* (München: dtv, 1964).
2 Amitav Ghosh, *The Nutmeg's Curse: Parables for a Planet in Crisis* (Chicago: University of Chicago Press, 2021), 96.
3 Barbara McClintock, »The Significance of Responses of the Genome to Challenge«, (Nobelvortrag, Schweden, 8. Dezember 1983), https://www.nobelprize.org/uploads/2018/06/mcclintock-lecture.pdf.
4 Carl Ludwig Schleich, *Besonnte Vergangenheit*, zitiert nach https://www.projekt-gutenberg.org/schleich/besonnte/chap012.html.

Epilog: »Bessere Versionen meiner selbst«

1 Kay Ryan, »The Test We Set Ourselves«, *The Best of It*, 66.
2 Walter Schrank, *Battle Cries of Every Size* (Blurb, 2021), 45.
3 Paul Greengard, Gespräch mit dem Autor, Februar 2019.
4 Kazuo Ishiguro, *Alles, was wir geben mussten*, übers. von B. Schaden (München: btb, 2006).
5 Ebd., 218.
6 Ebd., 219.
7 Louis Menand, »Something About Kathy«, in: *New Yorker* (28. März 2005).
8 Doris A. Taylor et al., »Building a Total Bioartificial Heart: Harnessing Nature to Overcome the Current Hurdles«, in: *Artificial Organs* 42, Nr. 10 (2018), 970–982, doi: 10.1111/aor.13336.
9 Michael J. Sandel, »The Case Against Perfection«, in: *Atlantic* (April 2004), https://www.theatlantic.com/magazine/archive/2004/04/the-case-against-perfection/302927/.
10 Zitiert in ebd.
11 William Saletan, »Tinkering with Humans«, in: *New York Times* (8. Juli 2007), https://www.nytimes.com/2007/07/08/books/review/Saletan.html.
12 Luke Darby, »Silicon Valley Doofs Are Spending $ 8,000 to Inject

Themselves with the Blood of Young People«, in: *GQ* (20. Februar 2019), https://www.gq.com/story/silicon-valley-young-blood.

13 Sandel, »The Case Against Perfection«.

14 Ornob Alam, »Sickle-Cell Anemia Gene Therapy«, in: *Nature Genetics* 53, Nr. 8 (2021), 1119, doi: 10.1038/s41588-021-00918-8. Siehe auch Arthur Bank, »On the Road to Gene Therapy for Beta-Thalassemia and Sickle Cell Anemia«, in: *Pediatric Hematology and Oncology* 25, Nr. 1 (2008), 1–4, doi: 10.1080/08880010701773829. G. Lucarelli et al., »Allogeneic Cellular Gene Therapy in Hemoglobinopathies – Evaluation of Hematopoietic SCT in Sickle Cell Anemia«, in: *Bone Marrow Transplantation* 47, Nr. 2 (2012), 227–230, doi: 10.1038/bmt.2011.79. R. Alami et al., »Anti-Beta S-Ribozyme Reduces Beta S mRNA Levels in Transgenic Mice: Potential Application to the Gene Therapy of Sickle Cell Anemia«, in: *Blood Cells, Molecules and Diseases* 25, Nr. 2 (1999), 110–119, doi: 10.1006/bcmd.1999.0235. A. Larochelle et al., »Engraftment of Immune-Deficient Mice with Primitive Hematopoietic Cells from Beta-Thalassemia and Sickle Cell Anemia Patients: Implications for Evaluating Human Gene Therapy Protocols«, in: *Human Molecular Genetics* 4, Nr. 2 (1995), 163–172, doi: 10.1093/hmg/4.2.163. W. Misaki, »Bone Marrow Transplantation (BMT) and Gene Replacement Therapy (GRT) in Sickle Cell Anemia«, in: *Nigerian Journal of Medicine* 17, Nr. 3 (2008), 251–256, doi: 10.4314/njm.v17i3.37390. Siehe auch Julie Kanter et al., »Biologic and Clinical Efficacy of LentiGlobin for Sickle Cell Disease«, in: *New England Journal of Medicine* 10, Nr. 1056 (2021), https://www.nejm.org/doi/full/10.1056/NEJMoa2117175.

15 Sunita Goyal et al., »Acute Myeloid Leukemia Case after Gene Therapy for Sickle Cell Disease«, in: *New England Journal of Medicine* (2022), https://www.nejm.org/doi/full/10.1056/NEJMoa2109167. Siehe auch Nick Paul Taylor, »Bluebird Stops Gene Therapy Trials after 2 Sickle Cell Patients Develop Cancer«, in: *Fierce Biotech* (16. Februar 2021), https://www.fiercebiotech.com/biotech/bluebird-stops-gene-therapy-trials-after-2-sickle-cell-patients-develop-cancer.

16 Christian Brendel et al., »Lineage-Specific BCL11 A Knockdown Circumvents Toxicities and Reverses Sickle Phenotype«, in: *Journal of Clinical Investigation* 126, Nr. 10 (2016), 3868–3878, doi: 10.1172/JCI87885.

17 Erica B. Esrick et al., »Post-Transcriptional Genetic Silencing of

BCL11 A to Treat Sickle Cell Disease«, in: *New England Journal of Medicine* 384 (2021), 205–215, doi: 10.1056/NEJMoa2029392.

18 Adam C. Wilkinson et al., »Cas9-AAV6 Gene Correction of Beta-Globin in Autologous HSCs Improves Sickle Cell Disease Erythropoiesis in Mice«, in: *Nature Communications* 12, Nr. 1 (2021), 686, doi: 10.1038/s41467-021-20909-x.

19 Michael Eisenstein, »Graphite Bio: Gene Editing Blood Stem Cells for Sickle Cell Disease«, in: *Nature* (7. Juli 2021), https://www.nature.com/articles/d41587-021-00010-w.

ABBILDUNGSVERZEICHNIS

Bildteil

1 Courtesy of Emily Whitehead Foundation
2 Courtesy of the National Library of Medicine
3 Courtesy of Rijksmuseum, Amsterdam
4 © WorldPhotos / Alamy Stock Photo
5 © Bettmann / Getty
6 Courtesy of The Rockefeller Archive Center
7 © Central Press / Getty
8 © Anthony Wallace / Getty
9 © Science Source
10 © Leonard Mccombe / The LIFE Picture Collection / Shutterstock
11 © picture alliance / REUTERS / Anthony P. Bolante
12 Courtesy of National Archives
13 Courtesy of Wellcome Collection
14 © Gerard Julien / Getty
15 Courtesy of Instituto Cajal del Consjo Superior de Investigaciones Científicas, Madrid, © 2022 CSIC
16 Courtesy of The Thomas Fisher Rare Book Library, University of Toronto
17 © Peter Foley / EPA / Shutterstock
18 © picture alliance / REUTERS / Anthony P. Bolante

Bilder im Text

S. 51: © John Hammond / Royal Academy of Arts, London
S. 59a: © Sarin Images / The Granger Collection
S. 59b: © Division of Medicine and Science, National Museum of American History, Smithsonian Institution

S. 63 oben: © Universal Images Group / Getty

S. 63 unten: Courtesy of Dr. Lesley Robertson, Delft School of Microbiology at Delft University of Technology

S. 66: Micrographia: or some physiological descriptions of minute bodies made by magnifying glasses. With observations and inquiries thereupon, by R. Hooke. Wellcome Collection. Attribution 4.0 International (CC BY 4.0) Courtesy of Wellcome Collection

S. 68: Micrographia: or some physiological descriptions of minute bodies made by magnifying glasses. With observations and inquiries thereupon, by R. Hooke. Wellcome Collection. Attribution 4.0 International (CC BY 4.0) Courtesy of Wellcome Collection

S. 95: Courtesy of Archiv für Pathologische Anatomie und Physiologie, 1847, first issue. Wikimedia Commons, CC BY 1.0

S. 107: The anthrax bacillus: ten examples, as seen through a microscope. Colour photograph, ca. 1948, after A. Assmann, ca. 1876, after R. Koch and F. Cohn, ca. 1876. Wellcome Collection. Attribution 4.0 International (CC BY 4.0) Courtesy of Wellcome Collection

S. 114: On the mode of communication of cholera, by John Snow. Wellcome Collection. Public Domain Mark. Courtesy of Wellcome Collection

S. 136: © Don W. Fawcett / Science Source

S. 148: Zeichnung vom Autor

S. 150: © Don W. Fawcett / Science Source

S. 151: Zeichnung vom Autor

S. 168: Adapted from Walther Flemming, CC0. Anderson et al. eLife 2019;8:e46962. DOI: https://doi.org/10.7554/eLife.46962

S. 221: William C. Ratcliff, R. Ford Denison, Mark Borrello, Michael Travisano Proceedings of the National Academy of Sciences Jan 2012, 109 (5) 1595–1600; DOI: 10.1073/pnas.1115323109Courtesy of Michael Travisano, Ph. D.

S. 233: Zeichnung vom Autor

S. 269: Bizzozero, Julius. »Ueber einen neuen Formbestandtheil des Blutes und dessen Rolle bei der Thrombose und der Blutgerinnung.« Archiv für pathologische Anatomie und Physiologie und für klinische Medicin 90, no. 2 (1882): 261–332.

S. 303: Proceedings of the Royal Society of London. Wellcome Collection. Attribution 4.0 International (CC BY 4.0)

S. 304: Zeichnung vom Autor

S. 417: Exercitatio anatomica de motu cordis et sanguinis in animalibus, by Guilielmi Harvei. Wellcome Collection. Public Domain Mark

S. 437: Courtesy of Instituto Cajal del Consjo Superior de Investigaciones Científicas, Madrid, © 2022 CSIC

S. 461: Figure 1 from: DOI:10.1001/jamaneurol.2015.2564. Courtesy of Dr. Ki Sueng Choi

S. 473: © Ed Reschke / Getty Images

S. 541: Courtesy des Autors

S. 43, 129, 243, 387, 405, 491: Kiki Smith

REGISTER

»Eine grandiose Kulturgeschichte des Krebses.«

SPIEGEL

Krebs ist ein Überlebenskünstler: Er verändert sich, er passt sich an, er entwickelt sich weiter, er wächst. Er ist uns biologisch so nahe, dass wir uns oft selbst zerstören, wenn wir ihn vernichten. Die Suche nach der »Heilung« von Krebs hat sich allmählich zum Maßstab unseres wissenschaftlichen und medizinischen Fortschritts entwickelt.

Siddhartha Mukherjee

Der König aller Krankheiten

Krebs – eine Biographie

Aus dem Amerikanischen von Barbara Schaden
Klappenbroschur
Auch als E-Book erhältlich
www.ullstein.de

ullstein